2.1
卡通太阳

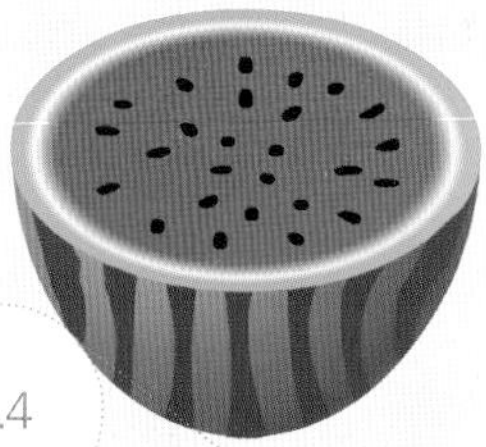
2.4
西瓜

2.3
小蘑菇

2.7.1
月亮

3.2
海宝

2.7.4
啤酒杯子

2.7.6
云聊标志

2.7.3
咖啡杯子

3.7.1
大象

2.7.5
桌球

2.2
爱心

2.5
灯笼

3.3
维尼熊

3.1 卡通小熊

3.7.3 小兔子

3.7.5 Kitty 猫

3.6 卡通小猫

3.5 卡通小狗

3.7.4 卡通小羊

4.5.3 街角场景

4.5.1 城堡场景

3.7.6 晨晨兔

3.4 皮卡丘

3.6 卡通小猫

3.7.2 卡通小鹿

4.1 雪地场景

4.3 海滩场景

4.5.2 乡村小路场景

4.5.4 春天小路场景

5.12.10 真实人物跑步动画

5.12.9 小人运动动画

5.12.1 倒下的铅笔

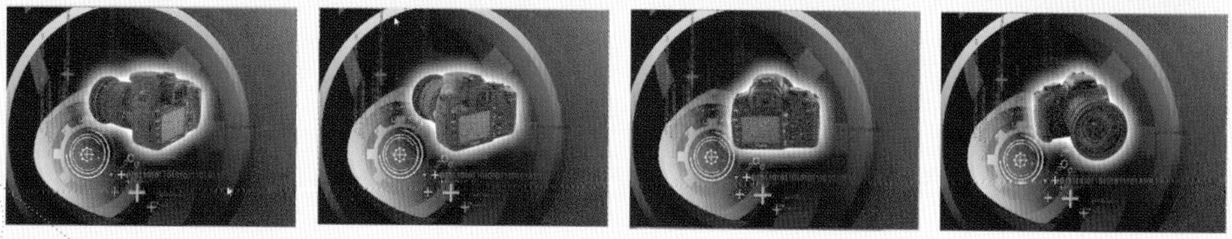

5.8 3D 逐针动画

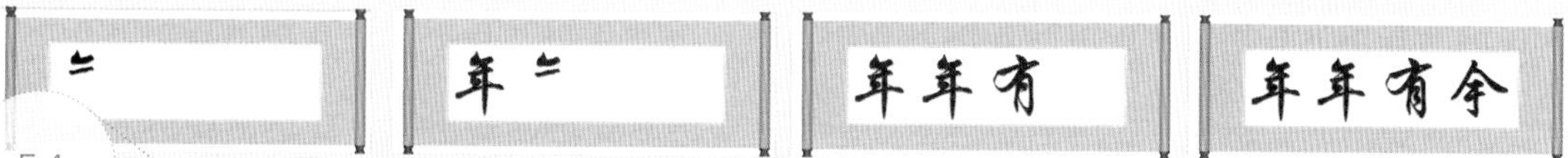

5.4 写字动画

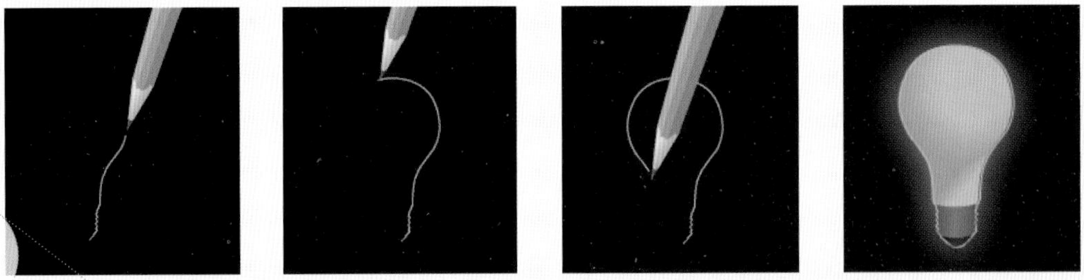

6.6

点亮灯炮动画

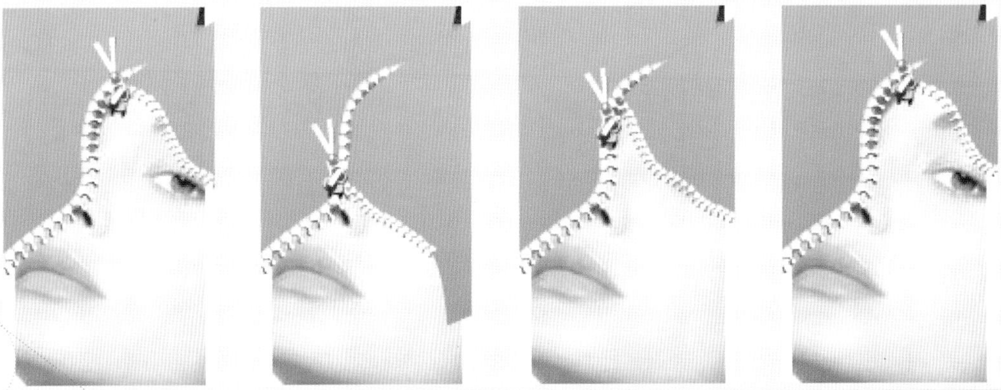

7.11

拉链拉开动画

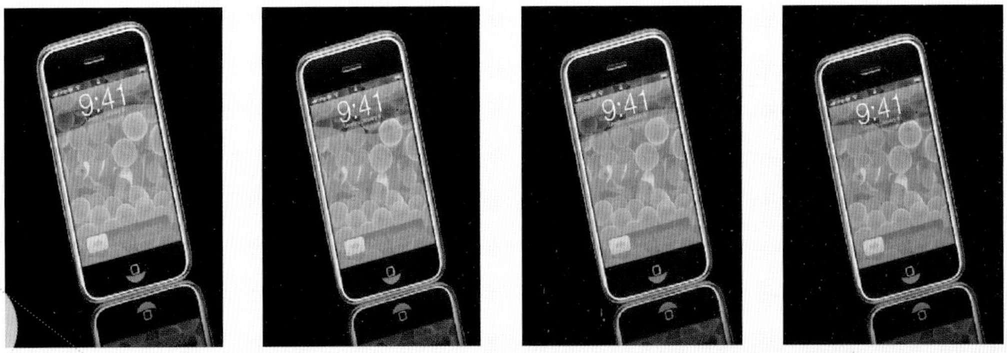

7.10

屏幕内的波浪效果

7.14.2

点状遮罩效果

5.1 人物滑行动画

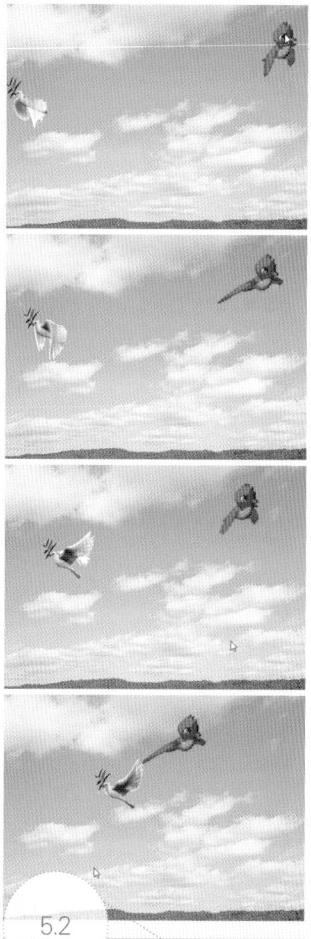

5.2 小鸟飞行动画

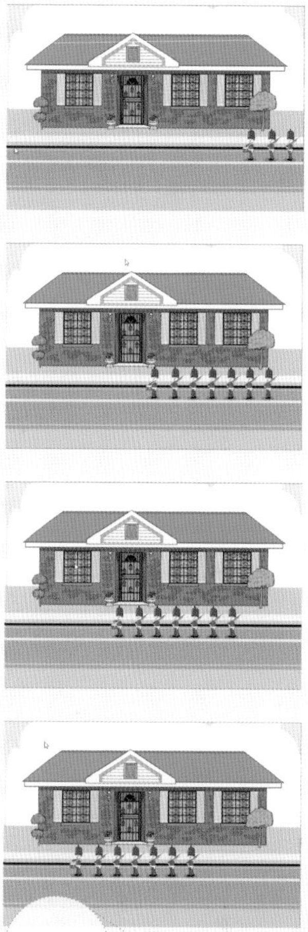

5.12.6 仪仗队行进动画

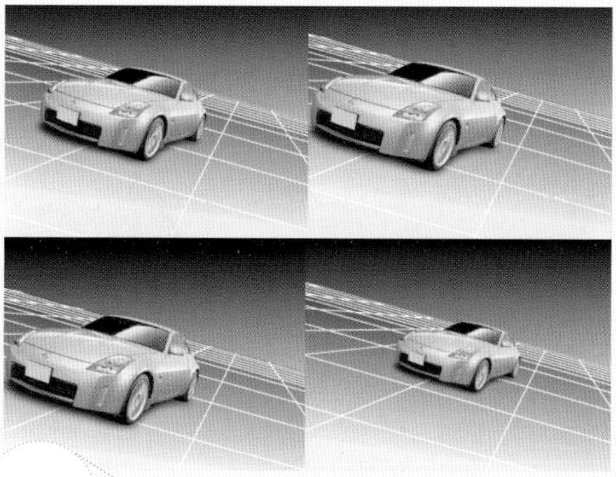

6.7 线条空间运动效果

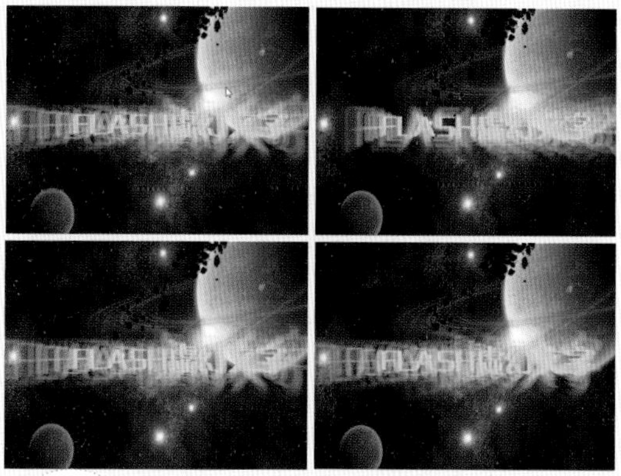

8.11.7 虚幻文字效果

5.6 人物跑步动画

6.3 足球运动动画

15.1 问候贺卡

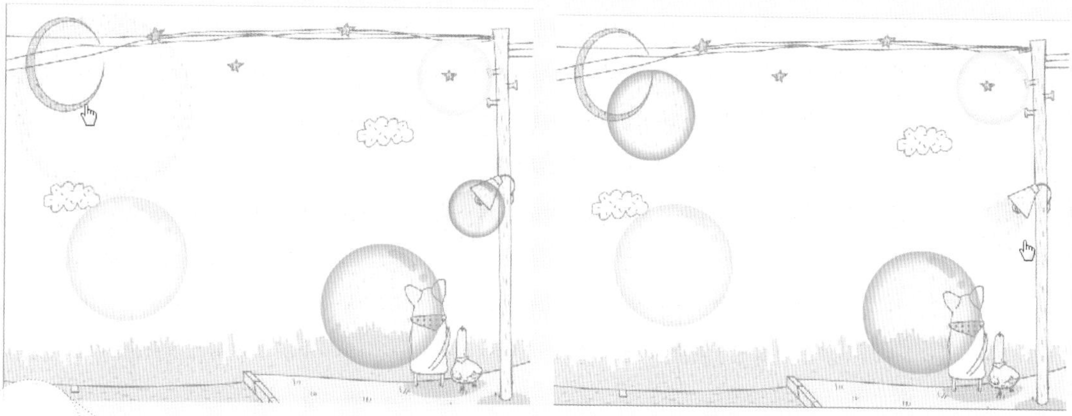

11章

逐渐升高音效的按钮

8.5

诗词展示动画

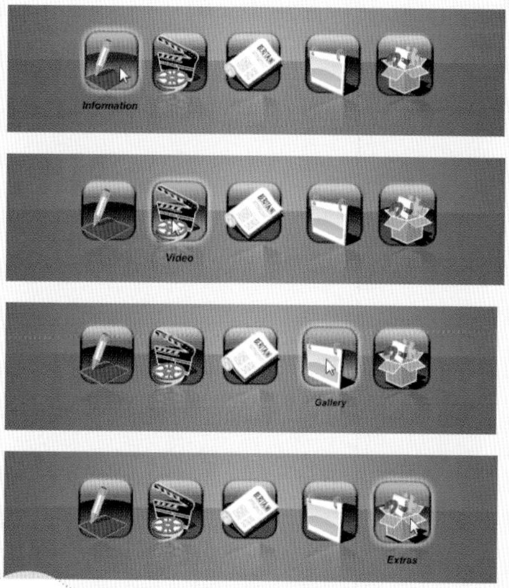

9.9.6

触碰导航按钮

13.1

旋转下拉菜单设计

14.5.3 音乐宣传片头

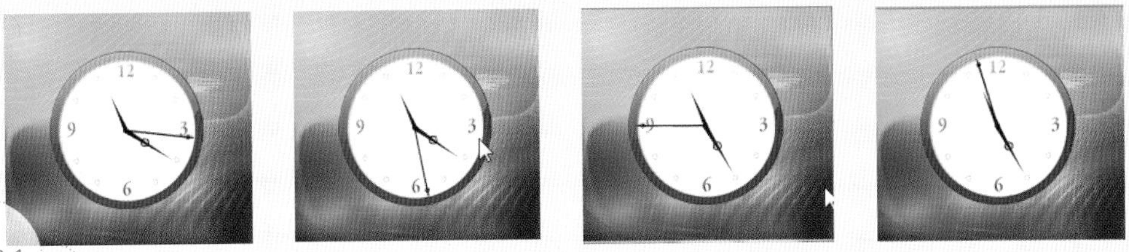

16.12.1 时钟动画

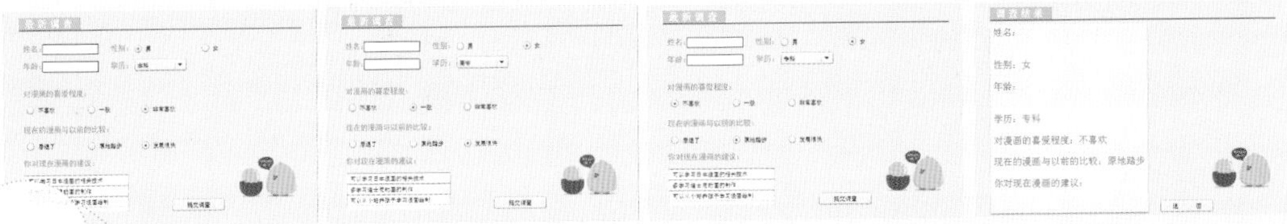

16.3 制作问卷调查

16.12.2 简易计算器

16.12.7 代码控制的放大镜效果

罗雅文 / 编著

Flash CC 高手成长之路

清华大学出版社
北京

内 容 简 介

本书共分为16章，详细讲解了Flash CC在动画制作中的各种技巧和方法，具体包括基本图形、角色、场景的绘制方法，逐帧动画、运动动画、遮罩动画、文字特效动画的设置技巧，以及按钮特效动画、鼠标特效动画、音频应用、视频应用、网页设计、片头设计、贺卡制作、脚本的应用等。本书对每个范例的制作都做了精心准备，由浅入深，制作步骤详尽易懂，并且配有课后练习，供大家在学习完范例的知识点后进行巩固与提升。

本书非常适合初中级Flash用户阅读，同时也可以作为高等院校相关专业的教材和辅导用书。

图书在版编目（CIP）数据

Flash CC高手成长之路/罗雅文编著.--北京：清华大学出版社，2014
ISBN　978-7-302-37041-3

Ⅰ.①F…　Ⅱ.①罗…　Ⅲ.①动画制作软件　Ⅳ.①TP391.41

中国版本图书馆CIP数据核字（2014）第143025号

责任编辑：陈绿春
封面设计：潘国文
责任校对：胡伟民
责任印制：何　芊

出版发行：清华大学出版社
网　　址：http://www.tup.com.cn，　http://www.wqbook.com
地　　址：北京清华大学学研大厦A座　　　**邮　　编**：100084
社 总 机：010-62770175　　　**邮　　购**：010-62786544
投稿与读者服务：010-62776969，c-service@tup.tsinghua.edu.cn
质 量 反 馈：010-62772015，zhiliang@tup.tsinghua.edu.cn
印 刷 者：北京鑫丰华彩印有限公司
装 订 者：三河溧源装订厂
经　　销：全国新华书店
开　　本：203mm×260mm　　**印　张**：20.5　　**插　页**：4　　**字　数**：590千字
（附光盘1张）
版　　次：2014年10月第1版　　　**印　次**：2014年10月第1次印刷
印　　数：1～3000
定　　价：79.00元

产品编号：056871-01

前言

在很多人眼里，对Flash软件的认识都是狭义的，有的人认为是用来绘图的，有的人认为是用来制作动画的。其实Flash软件所涉及的领域很广，权威的解释为：Flash是一种创作工具，设计人员和开发人员可使用它来创建演示文稿、应用程序和其他允许用户交互的内容。Flash可以包含简单的动画、视频内容、复杂演示文稿和应用程序，以及介于它们之间的任何内容。通常使用Flash创作的各个内容单元称为“应用程序”，即使它们可能只是很简单的动画，你也可以通过添加图片、声音、视频和特殊效果，构建包含丰富媒体的Flash应用程序。

对于新手来说可能对上述文字并不能理解，但在学习完本书的内容后，可以来回顾一下，相信你会有深刻的体会。

本书内容丰富、结构清晰、讲解细致，下面简要介绍一下本书的章节构成。

第1章是序章，主要介绍Flash CC的新功能和特征，以及动画播放机制等。

第2~4章介绍了Flash中绘图功能的相关应用，分别讲解了基本图形、动画角色和动画场景的绘制方法。

第5~7章介绍了Flash的动画应用，包括逐帧动画、运动动画、遮罩动画的制作方法。

第8章介绍了文字特效动画的制作方法和相关应用。

第9、10章介绍了如何制作按钮特效动画和鼠标特效动画。

第11、12章介绍了音效应用和视频应用的相关知识。

第13~15章介绍了如何利用前面学过的知识进行实际应用，包括网页设计、片头动画和贺卡制作。

第16章介绍了脚本应用的相关知识，帮助读者理解脚本知识并能够熟练应用。

本书所有案例均由Flash CC制作，建议读者使用相应版本软件进行学习，另外本书附赠1张光盘，内容包括案例源文件和相关素材文件，以方便读者进行学习。

本书由罗雅文主笔，参加编写的还包括方亮、黄钟凌、李超、李远红、李靖岚、李丽、李小洪、李友睦、李智强、廖朝鹏、林日辉、凌秀、刘坤、刘培、陆文伟、罗超、马耀先、毛春洁、牟志刚、彭刚、邱超、沈守春、唐智勇、江洋、王成、王栋、王贵群、王怀乐、汪启贵、王晓平、王英、王玉雄、肖杰、徐伟忠、薛愉、杨登华、姚磊、叶雷、叶涛、尤鉴峰、赵晓钦、钟福玉、周夏露、朱静洁、朱婷、左静、陈建和陈军龙等。

如果读者朋友在阅读本书的过程中遇到任何与本书相关的技术问题，请发邮件至438780356@qq.com，笔者将忠心为你提供帮助。

编者

目录

contents

第6章 运动动画篇

第7章 遮罩动画篇

第8章 文字特效动画篇

目录

第14章 片头动画篇

第15章 贺卡制作篇

第16章 脚本应用篇

第1章

序章

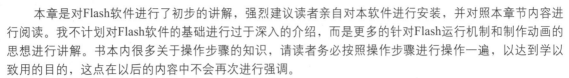

本章是对Flash软件进行了初步的讲解，强烈建议读者亲自对本软件进行安装，并对照本章节内容进行阅读。我不计划对Flash软件的基础进行过于深入的介绍，而是更多的针对Flash运行机制和制作动画的思想进行讲解。书本内很多关于操作步骤的知识，请读者务必按照操作步骤进行操作一遍，以达到学以致用的目的，这点在以后的内容中不会再次进行强调。

本章学习重点：

1．了解Flash CC的新功能和特征

2．掌握Flash动画的播放机制

3．图层和帧的综合应用

4．Flash的使用习惯

1.1 Flash CC 的新功能和特征

大家使用的Flash CC中，因为内置了访问每个未来版本的权利，所以在使用中，总是会让我们有最新的版本。Flash CC版本的出现支持云同步设置，可以把您的设置和快捷方式运用到多台电脑上去。为我们随时随地的创意设计实现无缝的对接，让我的设计分享更加的便捷，如图1-1所示。

图1-1　云同步设置

Flash CC主要支持64位的系统，是从头重新开发出来的。它更加模块化，并提供前所未有的速度和稳定性。轻松管理多个大型文件，发布更加迅速，反应更加灵敏的时间轴，如图1-2所示。

图1-2　速度和稳定性

可以把您制作的内容导出为全高清（HD）视频和音频，即使是从复杂的时间表或脚本驱动的动画，都能做到不丢帧。更新的CreateJS工具包增强HTML5支持，变得更有创意，包括按钮，热区和运动曲线的新功能，如图1-3所示。

图1-3　增强HTML5支持

简化的用户界面让您清晰地关注您的内容。对话框和面板更直观和更容易浏览。可以选择浅色或深色之间的用户界面，如图1-4所示。

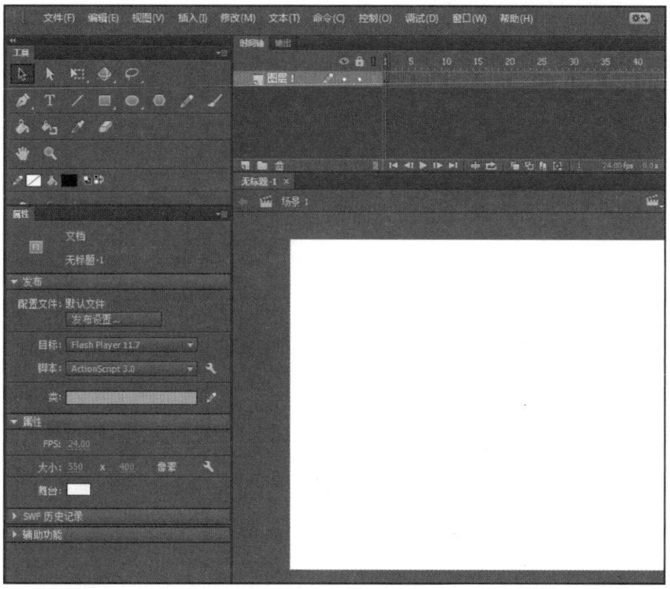

图1-4　简化的用户界面

可通过USB把多个iOS和Android移动设备直接连接到您的计算机，以更少的步骤测试和调试您的内容，使我们的使用更加地方便快捷，大大提高制作效率，如图1-5所示。

图1-5　手机设备连接到计算机

使用新的代码编辑器更有效地写代码，内置开源的Scintilla库。使用新的“查找和替换”面板在多个文件中搜索，以更快地更新代码，如图1-6所示。

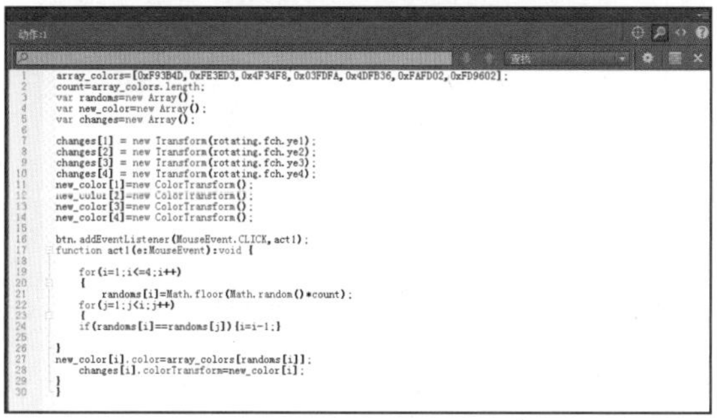

图1-6　更新的代码编辑器

立即查看全部预览，使用Flash Professional的任何形状工具画的填充和描边颜色。你的设计将比以往任何时候都更快地初具规模，如图1-7所示。

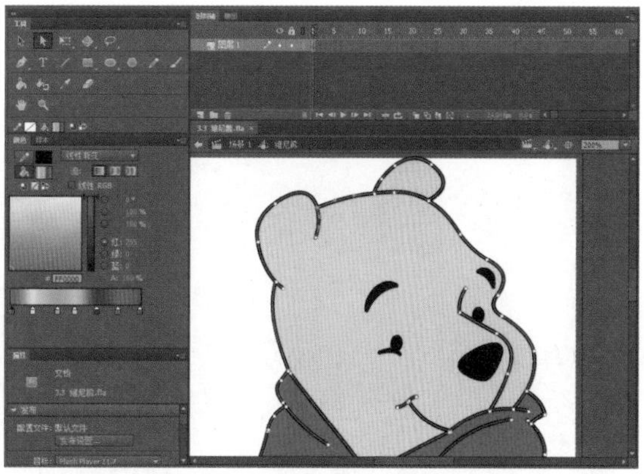

图1-7　全部预览

在时间轴面板管理多个选定层的属性。 轻松交换舞台上的多个符号或位图、图像。选择多个层上的对象，一次单击，就可以将它们分发到不同关键帧。具有无限的画板（在Flash Professional CC中直译为“粘贴板”）/工作区，轻松管理大型背景或定位在舞台之外的内容，如图1-8所示。

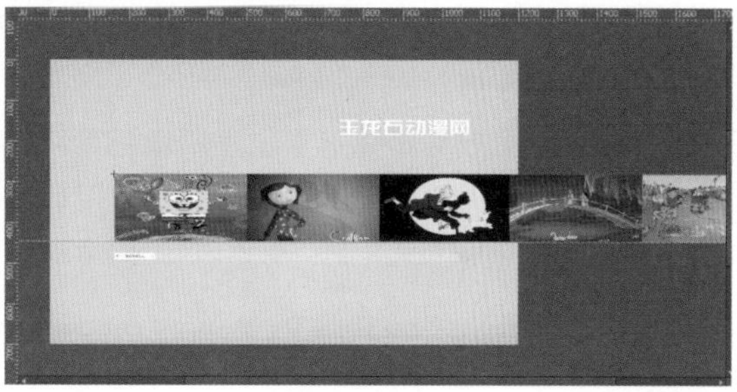

图1-8　无限画板

新版Flash CC通过与Scout整合，让您在工作流程的初期，检测代码潜在的问题不需要任何第三方工具，不需要Flash Builder 4.7，而且支持高级数据分析！加上可以自定义元数据API，设计布局，对话框，游戏素材或游戏关卡，使用一套新的JavaScript API，在Flash Professional中创建这些元素时，还可以为他们分配属性，同时Flash CC这款软件中，去掉了AS2，取而代之的是AS3，在Flash CC中的AS3有快速的代码查找使用窗口的功能（窗口——动作），方便使用，依据个人习惯，还可以以输入的形式，来编写相应的代码。同时Flash CC中去掉了喷涂工具、骨骼工具，但是不影响整体的使用，整体来说新版Flash CC性能更加强悍！

1.2 Flash动画播放机制

Flash软件很好地利用了人的视觉延迟的特点，利用了翻书动画的原理而设计出了帧结构的播放模式。为了更形象地理解关于播放机制的内容，读者可以打开Flash CS5软件，选择【菜单栏】里的【文件】命令，在弹出的下拉列表里单击【新建】菜单项，如图1-9所示。

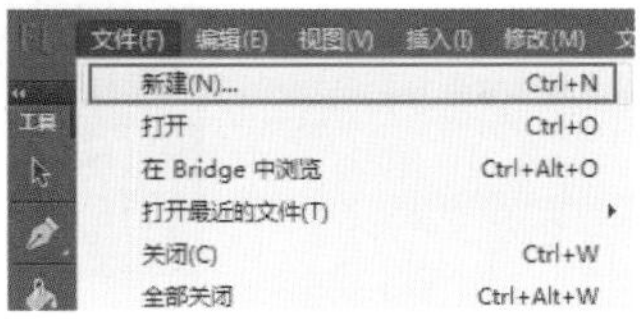

图1-9 单击【文件】菜单

在打开的【新建文档】对话框里选择【Flash文件（ActionScript 3.0）】选项后单击确定按钮，这样便新建了一个空白的Flash文档，如图1-10所示。

可以在软件界面中部偏上的位置看到【时间轴】面板，如图1-11所示。

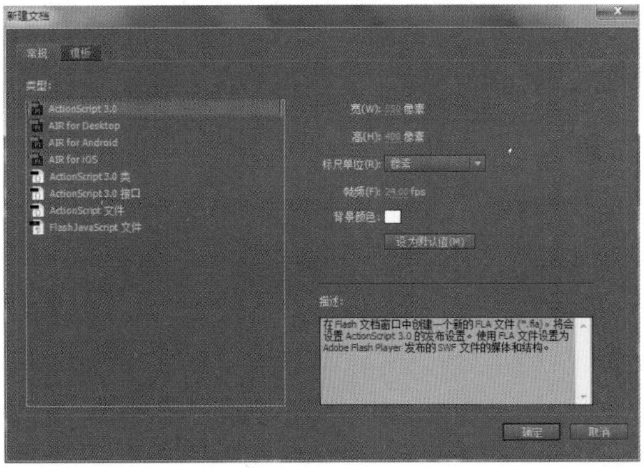

图 1-10 新建一个空白Flash文档

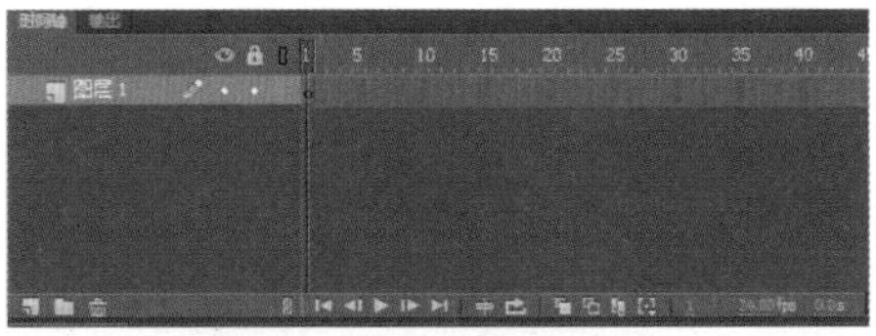

图1-11 时间轴视图

关于时间轴，在学习制作动画之前，我们所必须要掌握的内容包括图层、帧这2个概念。

1.2.1 图层

图层为动画制作提供了层次感，读者可以把图层想象成一张张透明的胶片，处于上面的图层始终是盖在下面的图层上方，假设有3个图层，如图1-12所示。

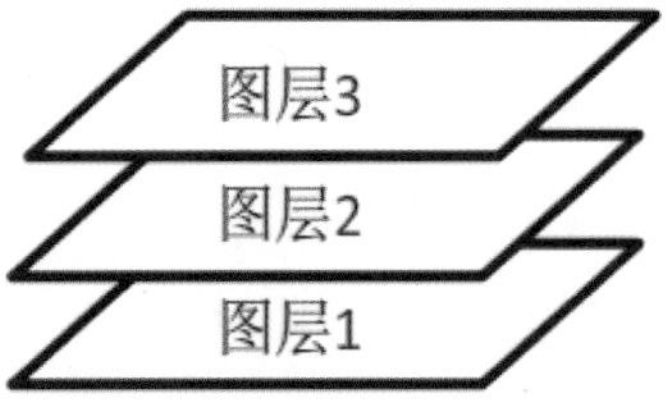

图1-12 假设存在的图层

如果把图层3染成完全不透明的任何一种颜色，那么无论图层1和图层2上面有什么内容都无法显示出来，关于这点如果读者觉得比较抽象，可以把图层替换成胶片来进行想象，这是在动画制作上的一个很重要的概念。关于图层，我们可以做以下操作：

1、新建图层

新建图层按钮在时间轴面板，如图1-13所示的位置。

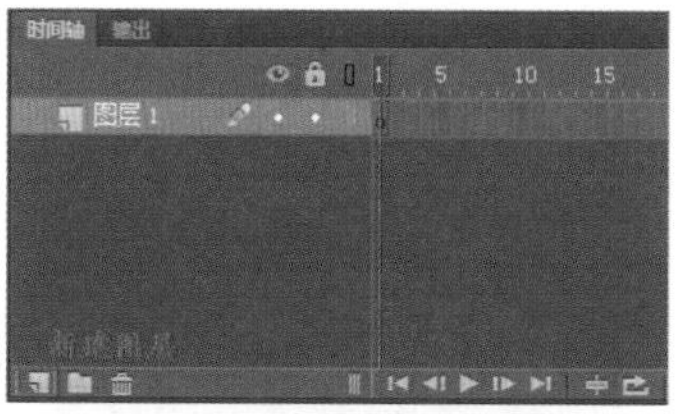

图1-13 新建图层按钮

单击新建图层按钮后，即可在当前选中的图层（蓝色高亮状态即为选中状态）上面建立一个图层，如图1-14所示。

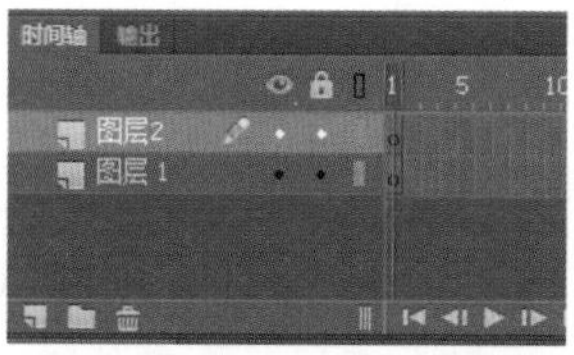

图1-14 新建一个图层后

正常情况下，新建的Flash文档默认只有一个图层，并且默认命名为“图层1”。每当新建一个图层后，默认是以当前图层序号加1的样式进行命名的。如果需要对图层名字进行修改，可以在需要修改名字的图层上单击鼠标右键，在弹出的菜单里选择【属性】项，弹出的【图层属性】对话框，在【名称】文本框内填入需要修改的图层名字后单击【确认】按钮即可。也可以直接双击图层名字，待图层名字变成可修改状态时，即可直接输入图层名字，此操作如图1-15所示。

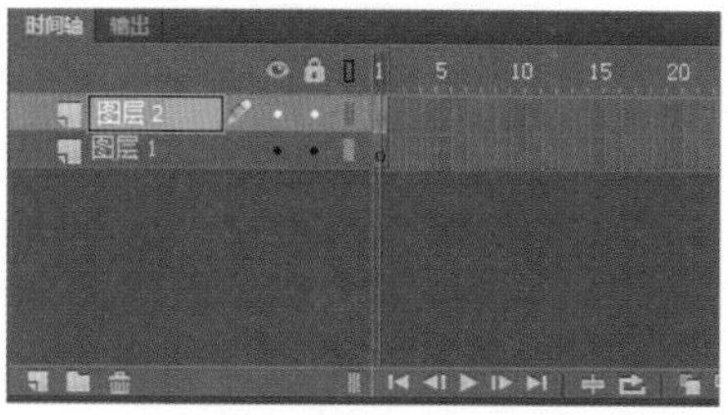

图1-15 修改图层名字

> **提示：**
>
> 拥有良好的图层命名习惯是Flash动画制作的良好习惯。一个结构良好的动画，应该把动画的不同部分安置在合理的图层上，并且有着相应的图层名字做标识。假如有一个图层内管理着一个小兔子的跳动，那么给这个图层命名为“兔子跳动”，就非常合理了。关于图层命名的良好习惯的培养，待读者亲自制作大型一点的动画就能理解到其中的方便之处了。

2、新建文件夹

这里所提到的新建文件夹指的是图层里的命令，其功能和计算机里普遍意义的文件夹功能类似，这里的文件夹是用来集中管理各类图层的。此操作过程与新建图层类似，单击新建文件夹按钮后，会在当前选中的图层或者文件夹的上方建立一个文件夹，操作如图1-16所示。

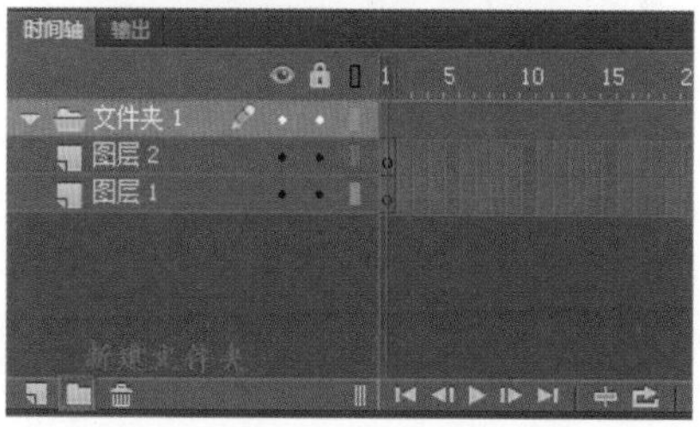

图1-16 新建文件夹按钮以及单击新建文件夹按钮后的效果

如图1-16所示的图层1和文件夹1此时的状态是并列关系，而没有任何包含关系。如果想要将图层1放到文件夹1内，可以进行拖动操作。单击图层1并按住鼠标左键不松开，拖动到文件夹1的下方时，会出现如图1-17和图1-18两种情形。

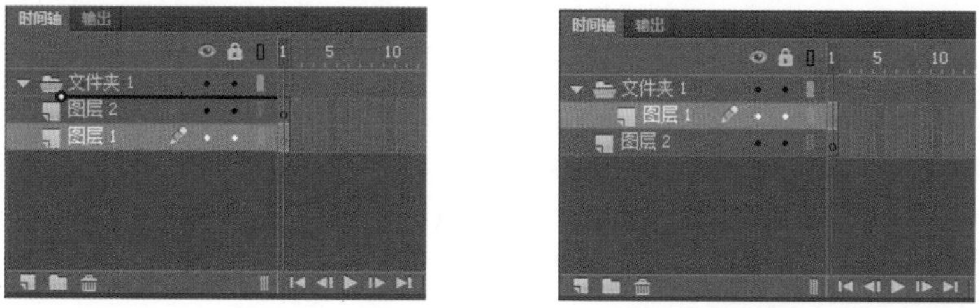

图1-17 拖动图层1到文件夹1下方并且鼠标处于文件夹1图标的右侧以及松开鼠标后的效果

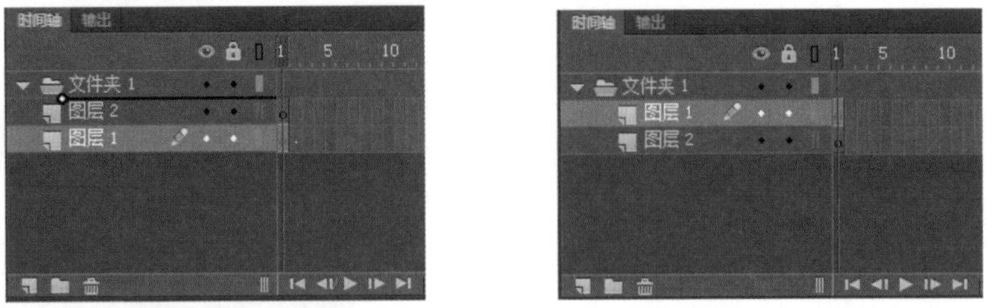

图1-18 拖动图层1到文件夹1下方并且鼠标处于文件夹1图标的左侧以及松开鼠标后的效果

可以看出，当拖动图层1到文件夹1下方，鼠标处于文件夹1图标的右侧时，松开始鼠标后，图层1处于文件夹1下方并且向右缩进了一个图标的单位，这说明图层1此时已经被文件夹1包含进去了。而图1-18的操作并没有把图层1放置进文件夹1，而只是放置在了图层2的上方。 这是图层之间交换层叠顺序的操作，请读者自行操作以体会之间的区别。

3、删除

删除操作能够删除图层和文件夹。点击该按钮后，将会对高亮选中状态下的图层或文件夹进行删除操作。删除图层将会把图层内的所有内容删除，删除文件夹将会把文件夹内的所有内容包括包含的图层全部删除。注意在删除文件夹时，如果文件夹下不是空的，则会顾及到里面是否含有不必要删除的内容，而弹出是否删除的警告框，仔细考虑后再做决定吧，如图1-19所示。

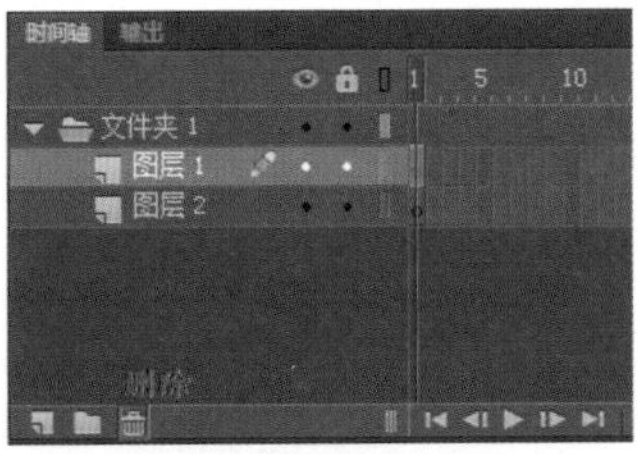

图1-19 删除按钮

1.2.2 帧

关于帧的概念，我们需要了解帧的播放模式、帧的类型这两个概念。

帧是动画的基元，正如时间轴上的分布。我们可以把动画想象成一个二维平面，由不同的图层层叠而构成Y轴，由帧构成X轴，而时间是在帧上，即X轴上流淌，并且流淌的脚步是放在帧上的，这个脚步我们称之为播放头。这里便要引入帧频（frame per second）这个概念，帧频是每秒钟播放帧的个数，间接地表示了动画的播放速率，在这里可以看做是时间在X轴上的流淌速度，比如播放头当前停留在第一帧，即时间还没有开始流淌的状态，帧频为24帧/每秒，状态如图1-20所示。

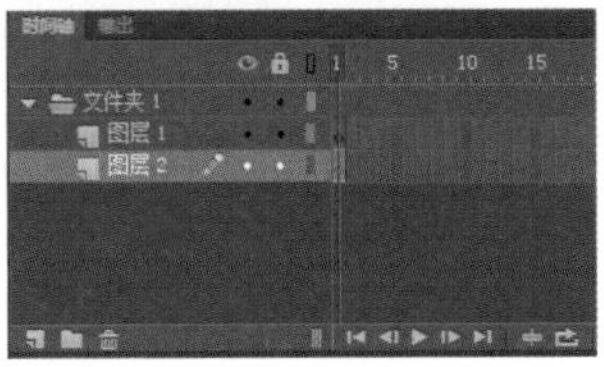

图1-20 播放头停留在第一帧的位置

那么当时间经过了0.5秒，通过简单运算可以知道，播放头应该是停在24*0.5=12帧的位置，如图1-21所示。

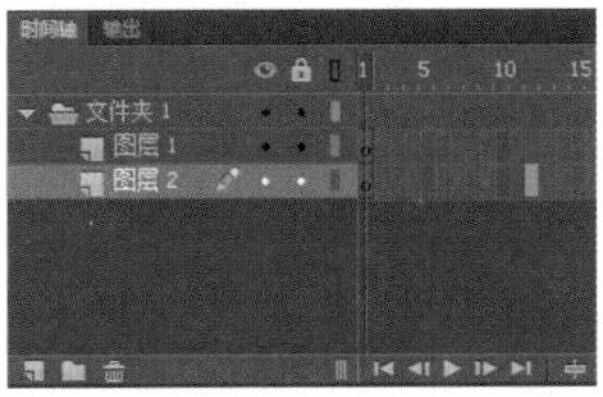

图1-21 经过0.5秒后播放头停留的位置

总之，我们需要了解的是，真正的动画播放，不是日常所看到的简单运动，而是像播放唱片一样，播放头在哪帧，显示的就是哪帧上的东西。

1.2.3 帧的类型

总的来说，帧分为三种类型：普通帧、关键帧、空白关键帧。

普通帧是最普遍的一种帧，普通帧上面不能放置东西，它表示的是一种“时间蔓延到了这里”或是“播放头能播放到这里”的意思，对于动画来说，起到了延续时间的作用。

关键帧是动画的基本构成，关键帧上面能放置对象，当播放头播放到某一关键帧上时，将会显示该帧上的所有对象，一般的动画都是建立在起始两个关键帧之间的。

空白关键帧是里面不包含任何对象的关键帧，它可以进行对象的放置操作，但是如果保持为空白状态的话，当播放头播放到该空白关键帧上的时候，将不会显示任何东西。三者在实际视图中如图1-22所示。

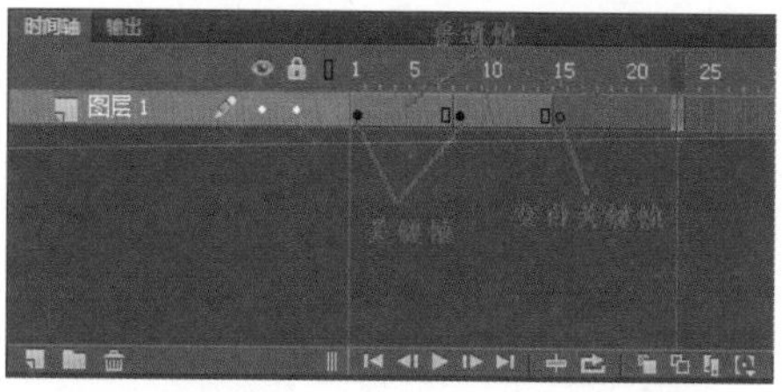

图1-22　普通帧、关键帧、空白关键帧

为了更加深刻理解上面的内容，下面以一个综合的例子对上述知识进行讲解，目前读者只需要按照示例的步骤进行操作即可，对于不明白的地方暂时不需要详细进行了解。

1.3　图层和帧的综合应用

01 运行Flash CC软件，选择【菜单栏】|【文件】|【新建】命令，将会弹出【新建文档】对话框。

02 在【新建文档】对话框里的常规选项卡里选择ActionScript 3.0，并点击对话框右下角的确定按钮以新建一个空白Flash文档。

03 单击工具栏内的【文本工具】，在舞台的白色区域上单击鼠标左键，输入以下文字：“这是我的”。

04 单击工具栏内的【选择工具】，单击选择刚才输入的文字，将属性面板内的数值调节成如1-23所示。

05 在图层1的时间轴上第五帧单击右键，在弹出的菜单里选择【插入空白关键帧】命令，操作后如图1-24所示。

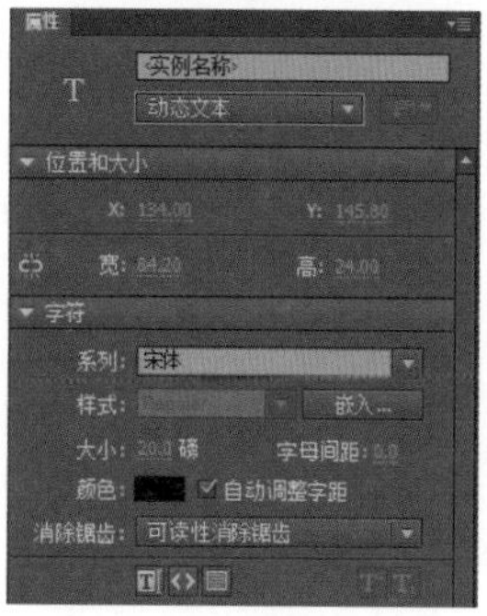

图1-23　文字属性调整

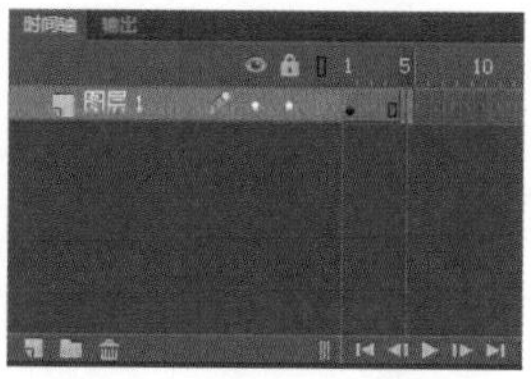

图1-24　插入空白关键帧后

06 按照第3步的操作，在舞台的空白区域输入“第一个FLASH作品”文字，并在第10帧处单击鼠标右键，在弹出的菜单里选择【插入帧】命令，该操作后如图1-25所示。

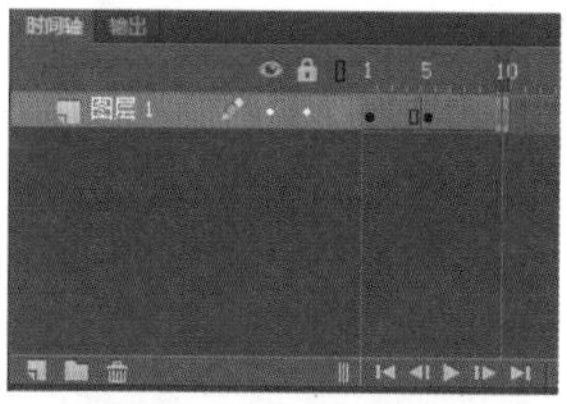

图1-25　插入普通帧后

07 单击时间轴内的【新建图层】按钮，此时会在图层1的上方新建一个名为“图层2”的图层，拖动图层2至图层1的下方，如图1-26所示。

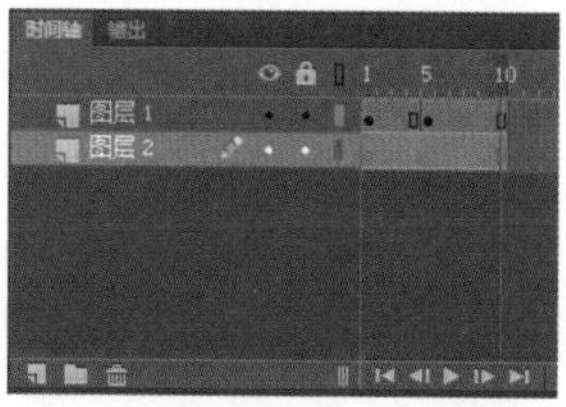

图1-26　新建图层2并拖动到图层1下方

08 单击图层2的第1帧，再单击工具栏内的【矩形工具】，在属性面板内进行颜色调节，颜色选择如图1-27所示。

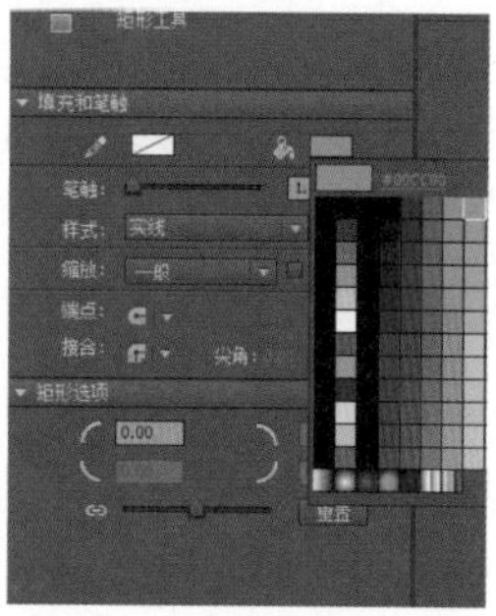

图1-27　选择矩形填充颜色

09 在舞台上使用【矩形工具】绘制出一个能够占满整个舞台空白区域的矩形，并在图层2的第5帧单击鼠标右键，在弹出的菜单里选择【插入关键帧】选项，操作后如图1-28所示。

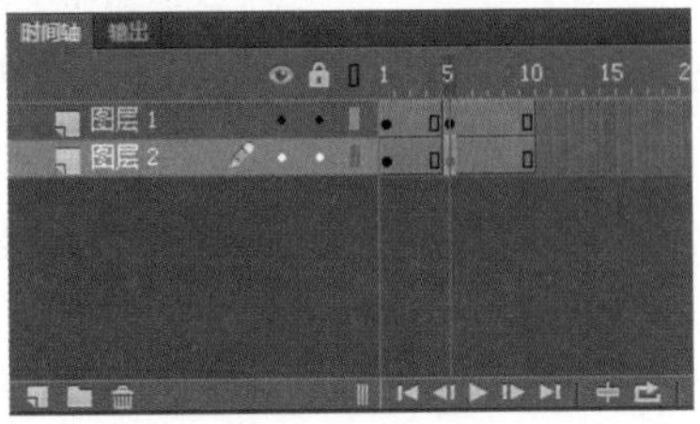

图1-28 在图层2的第5帧插入关键帧

10 单击工具栏内的【选择工具】，双击舞台内的矩形区域，使矩形区域变成如图1-29所示的状态，表示整个矩形包括线条同时被选中。

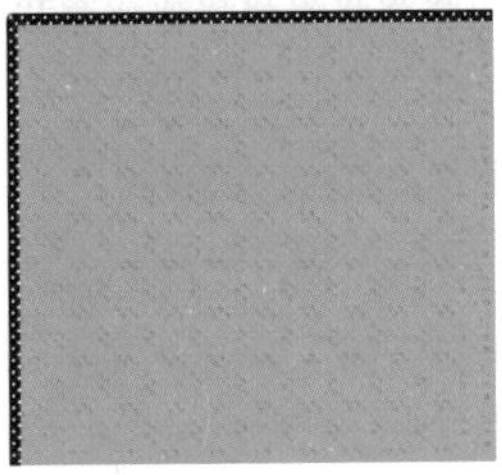

图1-29 选中矩形

11 在属性面板内将颜色更改为如图1-30所示的状态。

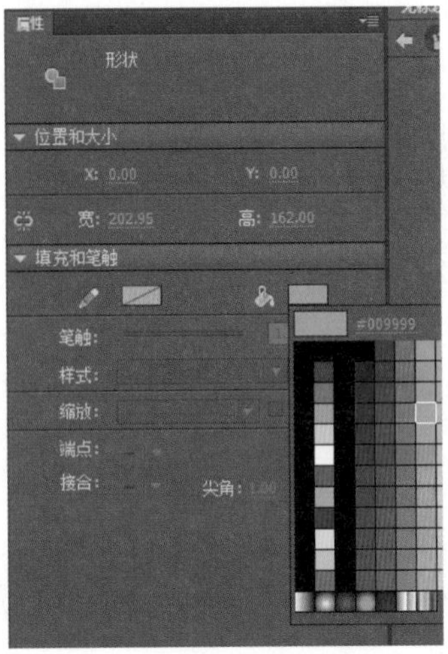

图1-30 更改矩形的颜色

12 执行菜单栏里的【新建】|【保存】命令，并在弹出的【另存为】对话框里输入要保存的文件名："effect1 图层和帧的综合应用"。单击【保存】按钮以完成保存操作。

13 使用组合键Ctrl+Enter测试影片，即可看到制作的效果，效果为不同的文字和不同颜色的背景交替播放。

总结：本实例使用了图层和帧的相关知识，并结合了一些工具的使用。第一次能否做出正确的效果并不重要，重要的是读者必须尽快地建立起图层和帧的播放模式的概念，这对以后的学习会有很大帮助。

1.4 关于Flash的使用习惯

任何一款需要长期使用的软件，都需要有一个良好的使用习惯。而这里所说的使用习惯，便是关于快捷键的使用。

能够熟练地使用快捷键进行Flash的设计制作，将会比使用鼠标单击操作快2倍以上。如果存在一个按键只按一下便能实现插入关键帧的功能，将完美地代替在想要插入关键帧的地方单击鼠标右键再选择【插入关键帧】命令的操作，何况这个按键是的确存在的。

在后续的章节中，初期会对某些操作的快捷键进行描述，后期将会随着内容的深入而逐渐减少，希望读者在学习的过程中积累这些相关的知识。

下面列出一些最常用的功能快捷键。

选择工具（V）

任意变形工具（Q）

钢笔工具（P）

文本工具（T）

线条工具（N）

矩形工具（R）

铅笔工具（Y）

刷子工具（B）

颜料桶工具（K）

插入普通帧（F5）

插入关键帧（F6）

插入空白关键帧（F7）

删除帧（Shift + F5）

转换为元件（F8）

创建新元件（Ctrl + F8）

第2章

基本图形绘制篇

本章主要介绍一些简单的绘制技巧，并且在案例讲解过程中对内置的绘图工具进行详细介绍。绘图和编辑图形不但是创作Flash动画的基本功，也是进行多媒体创作的主要技能。只有基本功扎实，才能在以后的学习和创作道路上一帆风顺。使用Flash绘图和编辑图形是Flash动画创作的三大基本功之一。在绘图的过程中要学习怎样使用元件来组织图形元素，这也是Flash动画的一大特点。能够灵活使用各种绘图工具，即使读者没有美术功底，也能很轻松地绘制出想要的东西。

本章学习重点：

1．选择工具的使用技巧
2．创建新元件的操作方法
3．填充颜色的操作方法
4．绘制工具的使用技巧
5．元件的复制、粘贴操作

2.1 卡通太阳

本案例的最终效果，如图2-1所示。

图2-1 案例最终效果

01 执行【文件】|【新建】命令，在打开的【新建文档】对话框里选择【Flash文件（ActionScript 3.0）】选项后，单击【确定】按钮（新建Flash文档的快捷键为Ctrl＋N）。

02 执行【插入】|【新建元件】命令，如图2-2所示，之后将弹出【创建新元件】对话框，在名称文本框内输入“太阳”字样，类型选择【图形】选项，并单击【确认】按钮，以创建一个元件名为“太阳”的新元件，如图2-3所示。

03 在工具栏找到【椭圆工具】，单击该按钮不放开，1秒左右便会从该按钮处弹出下拉列表，从列表内选择【椭圆工具】，如图2-4所示。

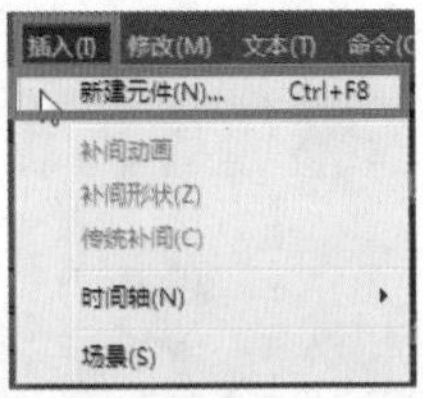

图2-2 插入菜单

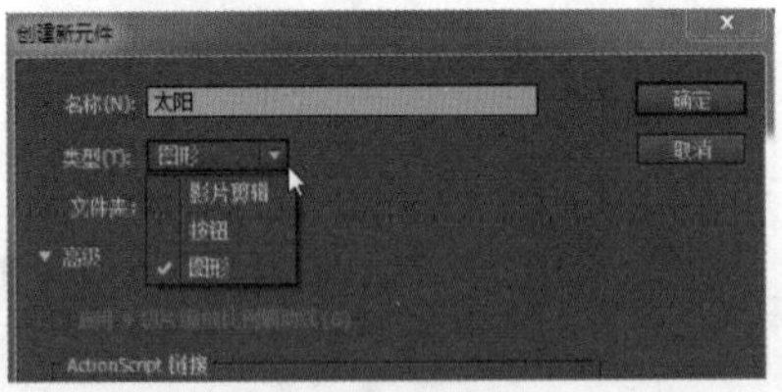

图2-3 创建新元件

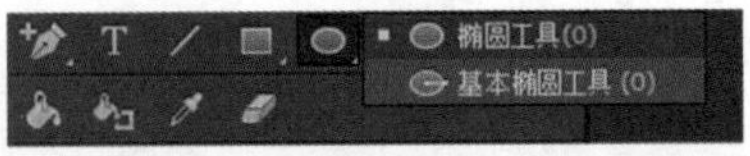

图2-4 工具栏

技巧提示：

工具栏内有一些工具像椭圆工具一样，图标的右下角有小三角形，说明有与该工具性质或功能相似的工具包含在该按钮内，例如【椭圆工具】按钮内就包含了【椭圆工具】和【基本椭圆工具】。想要使用这些隐藏起来的工具，只需要按住隐藏该工具的按钮直到弹出下拉列表即可。

04 将颜色面板内的数据修改成如图2-5所示的状态。

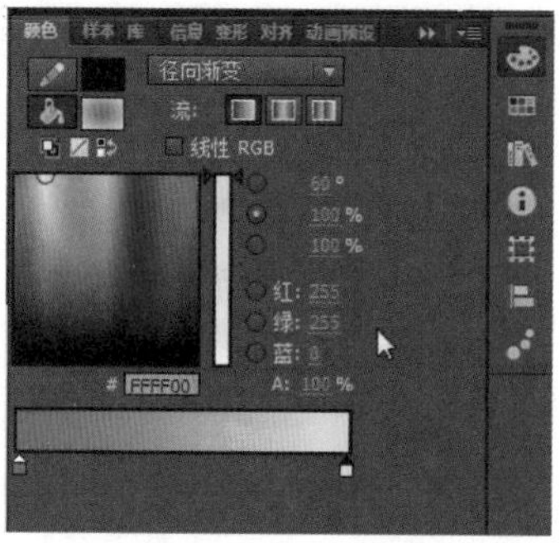

图2-5 颜色面板

技巧提示：

关于颜色面板内的数据调节，需要掌握描边或填充颜色的种类，具体包括：

1.无：即不使用颜色进行填充，当描边使用“无”时表示不使用描边，填充使用“无”时表示不使用填充。

2.纯色：即使用某一种单色，不会有任何渐变效果。

3.线性渐变：表示所使用到的颜色按照一条直线进行排列。

4.径向渐变：表示所使用到的颜色按照从圆心向外扩散的顺序排列。

5.位图填充：使用特定的位图进行填充，暂时不需要掌握。

对于渐变调节，当鼠标放在最下方的颜色条框的下方呈现状态时，即可添加颜色渐变点，添加颜色渐变点可以绘制出更加复杂的颜色渐变。可以按住Ctrl键再次单击颜色点以删除不需要的颜色渐变点。在有渐变的情况下，最少需要两个颜色渐变点。

05 下面需要绘制一个正圆形，按Shift键便能够实现。按住Shift键不松开便可以在舞台上绘制一个正圆形，如图2-6所示。

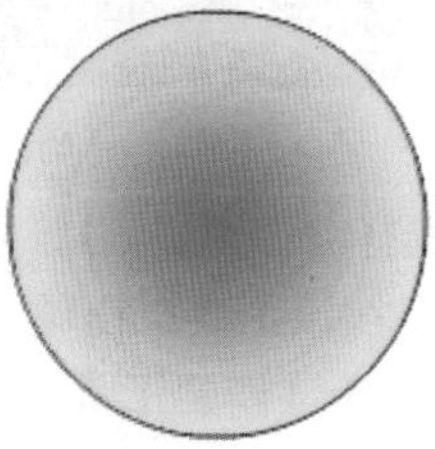

图2-6 绘制一个正圆形

06 单击工具栏内的【选择工具】（或按快捷键V），双击圆形的外围以全选描边。

技巧提示：

【选择工具】是Flash中最常用的工具。在Flash中，鼠标必须有一个状态，即必须使用工具栏里的一个工具，而默认软件开启时使用的工具便是【选择工具】。【选择工具】的作用广范，可以选择描边、填充、帧、元件、补间等，并且可以对选中的对象进行移动和变形等操作。【选择工具】的图标在不同的情况下会显示出不同的状态，记住这些情况会更加方便选择相应的对象，对于有描边和填充的几何形状，【选择工具】在不同的区域可呈现以下几种情况：

放置在空白区域的描边

放置在描边上的状态

放置在填充上的状态

07 全选描边后，在属性面板内将笔触粗细改为4像素。执行【修改】|【形状】|【将线条转换为填充】命令。此时在使用【选择工具】的前提下，将鼠标放置在描边的外边缘，当鼠标呈现如图2-7所示状态时，向外面拖曳鼠标。

图2-7 鼠标放置在线条上并拖曳鼠标后的效果

08 按照这个方法，将外轮廓调节成稍微无规律的形状，也可以将内轮廓调整一下，如图2-8所示。

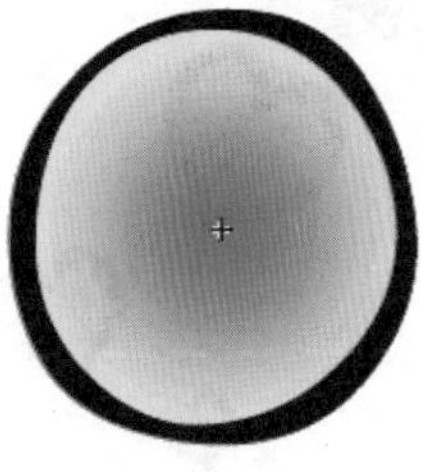

图2-8 调节内外轮廓

09 新建一个图层，在工具栏内选择【刷子工具】，选择一个合适的笔刷大小，颜色为黑色。在舞台上绘制一个墨镜的图形。修改笔触大小，选择笔触颜色为白色，再为墨镜绘制高光效果。如图2-9所示。

图2-9　墨镜图形和绘制高光后的效果

10 使用【选择工具】框选墨镜图形，移动到圆形的上方合适位置，如图2-10所示。

图2-10　将墨镜放置到合适的位置

11 在工具栏内选择【刷子工具】，选择橙黄色和一个合适的笔触，在太阳的周围绘制线条，模拟光芒效果。绘制完成后如图2-11所示，单击时间轴下的场景1，返回到主场景上。

图2-11　绘制完成后的效果

12 执行【窗口】|【库】命令，将会在右边看到【库】面板。在其中能看到一个名字为“太阳”的元件，这便是刚才所绘制的元件。单击该元件并将其拖曳到舞台的中央，保存文件名为“effect 2 绘制太阳”。按【Ctrl + Enter】测试影片。

2.2　爱心

本案例最终效果，如图2-12所示。

图2-12　案例最终效果

01 新建一个空白Flash文档，以文件名为“绘制爱心”保存文件。

02 执行【插入】|【新建元件】命令，弹出【创建新元件】对话框，在名称文本框内输入“太阳”，类型选择【图形】选项，并单击【确认】按钮，以创建一个元件名为“爱心”的新元件。观察时间轴下方的显示，如图2-13所示则表示已经进入了名为“爱心”的元件内部，在这个情况下所看到的舞台部分属于“爱心”元件的范围。

图2-13　主场景和元件的关系

03 在工具栏内选择【椭圆工具】（隐藏在【矩形工具】中，长按该工具按钮1秒左右，即可在下拉列表中选择【椭圆工具】），在属性面板内设置线条粗细为10像素，颜色为黑色，填充颜色为红色。按住【Shift】键并在舞台上绘制一个正圆形，按住【Alt】键的同时，使用【选择工具】在正圆形的正上方向下拖曳，效果如图2-14所示。

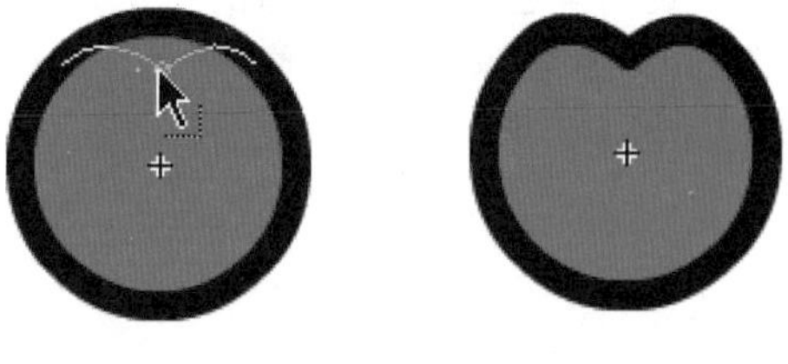

图2-14 拖曳正圆的边缘与拖曳后的效果

04 用同样的方法在图形的正下方向下拖曳，并对其他部位进行细微调节，得到如图2-15所示的效果。

图2-15 调整后的爱心的形状

05 新建一个图层，选择工具栏内的【椭圆工具】，在选择线条颜色时，按照如图2-16所示进行设置，即可设置为图形无线条，选择填充色为白色。在爱心的两侧绘制两个圆形，效果如图2-17所示。

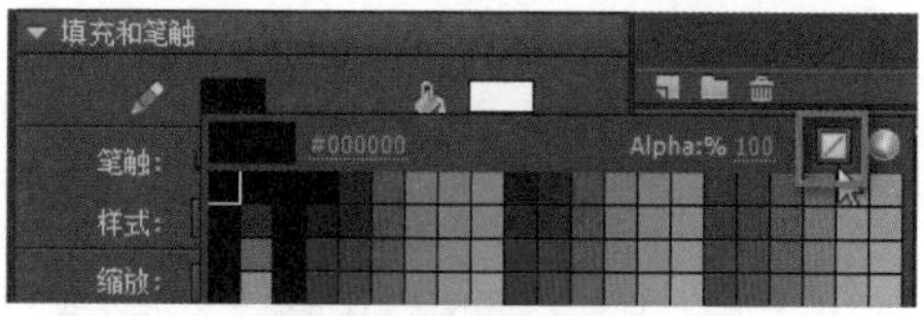

图2-16 设置图形无线条

图2-17 取消线条并在爱心上绘制两个圆形

06 使用【选择工具】的改变形状功能，将两个圆形调整为合适的形状，形成爱心的高光效果，修改完后如图2-18所示。

图2-18 设置爱心的高光效果

07 返回到场景1，将爱心元件从库里拖曳到舞台上，选择工具栏内的【任意变形工具】，并选中拖曳到舞台上的爱心元件中，此时在元件的周围出现了一个包含6个调节柄的方框。拖曳任意一个调节柄，即可对元件进行缩放或旋转操作。重复以上步骤，重复拖曳出一些爱心元件放置在舞台上并进行旋转或缩放，最终效果如图2-19所示。按【Ctrl + Enter】测试影片。

图2-19 绘制完成后进行排布

技巧提示：

【任意变形工具】是Flash里用来对元件进行缩放或旋转的工具，对于使用了【任意变形工具】而出现了6个调节柄的元件来说，处于顶点上的4个调节柄较为特殊。当鼠标放在调节柄上时，当显示为时，则表示可以进行旋转操作；当显示为或时，则表示可以进行相应方向的拉伸操作；当显示为时，则表示可以进行相应方向的梯形变化。至于这几种情况的操作，可以通过本案例进行各种不同的尝试。

2.3 小蘑菇

本案例最终效果，如图2-20所示。

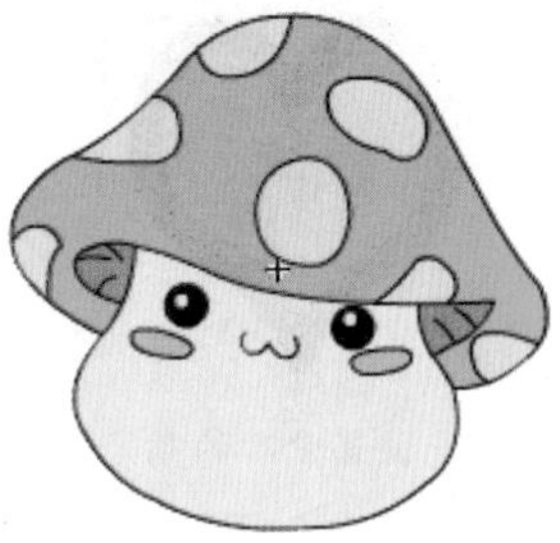

图2-20　案例最终效果

01 新建一个空白Flash文档，另存为“绘制小蘑菇”。

02 执行【插入】|【新建元件】命令（或按快捷键【Ctrl + F8】），弹出【创建新元件】对话框，在名称文本框内输入“小蘑菇”，类型选择【图形】选项，并单击【确认】按钮以创建一个元件名为“小蘑菇”的新元件。

03 在工具栏内选择【线条工具】，并配合【选择工具】绘制一个小蘑菇的轮廓，如图2-21所示。

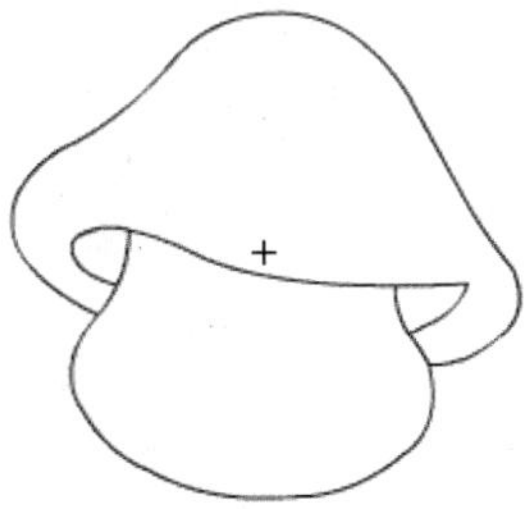

图2-21　绘制小蘑菇的轮廓

04 再次使用【线条工具】和【选择工具】绘制小蘑菇的上半部分，如图2-22所示。

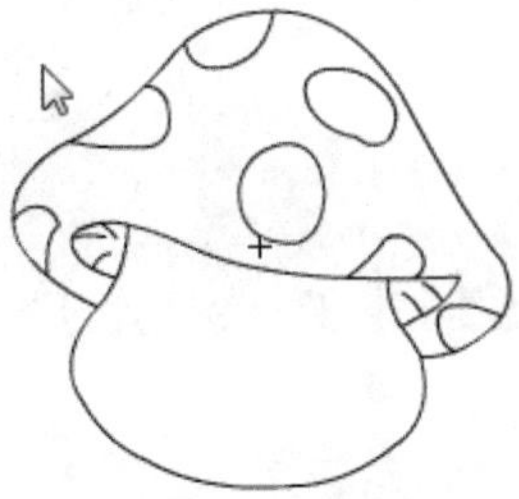

图2-22　绘制小蘑菇的上半部分

05 选择【椭圆工具】，在属性面板中将填充颜色设置为黑色，在小蘑菇的合适位置按住【Shift】键绘制一个正圆形，作为小蘑菇的眼珠，如图2-23所示。

图2-23　绘制小蘑菇的眼珠

06 仍然选择【椭圆工具】，将填充颜色改为白色，在刚才绘制的眼珠上再绘制一个小一点的正圆形，以作为蘑菇眼睛的高光部分，如图2-24所示。

图2-24　绘制眼睛的高光部分

07 使用【选择工具】同时选中蘑菇的眼睛部分，复制并粘贴至合适位置，作为小蘑菇的另一只眼睛。

08 使用【椭圆工具】，取消填充颜色，在刚才绘制的眼睛下方，绘制两个椭圆形，作为小蘑菇的脸蛋，并用【线条工具】绘制小蘑菇的嘴巴，如图2-25所示。

图2-25　复制眼睛并绘制脸蛋和嘴巴

09 至此，小蘑菇的轮廓已完成，接下来要填充颜色。首先选择【颜料桶工具】将填充颜色设置为橘色，在小蘑菇的顶部填上颜色，如图2-26所示。

10 如果发现填充不上颜色，按快捷键【A】或者选择工具栏中的【部分选取工具】，选择小蘑菇顶部的边缘线，查看路径是否闭合，如图2-27所示。

11 最后将小蘑菇的颜色填充完整，回到场景1，将蘑菇的元件拖入舞台的合适位置，最后效果如图2-28所示。按【Ctrl＋Enter】测试影片。

图2-26　在小蘑菇顶部填充颜色

图2-27　检查路径

图2-28　小蘑菇完成效果

2.4　西瓜

本案例最终效果，如图2-29所示。

图2-29　案例最终效果

01 新建一个空白Flash文档，并以文件名为“绘制西瓜”保存。

02 使用【矩形工具】绘制一个深绿色的矩形，如图2-30所示。

图2-30　绘制一个深绿色矩形

03 使用【选择工具】调整图形为锯齿形状，选择图形后按快捷键【Ctrl+C】复制，然后按快捷键【Ctrl+V】粘贴多个图形，并调整位置，如图2-31所示。

图2-31　调整矩形并多次复制

技巧提示：

Windows系统自带的【Ctrl+C】复制和【Ctrl+V】粘贴的操作，在Flash里都能正常运行，包括帧的复制和粘贴、绘制对象的复制和粘贴、文字的复制和粘贴等。对于绘制对象，Flash内有一个特殊的操作叫作“粘贴到当前位置”，快捷键为【Ctrl + Shift + V】，意思是从哪里复制的就粘贴到哪里，这样可以实现新粘贴的对象和原来的对象在同一个位置，便于让新粘贴出来的对象和原来的对象对齐。

04 使用【椭圆工具】在图形上绘制一个填充色为“无”的椭圆形，如图2-32所示。

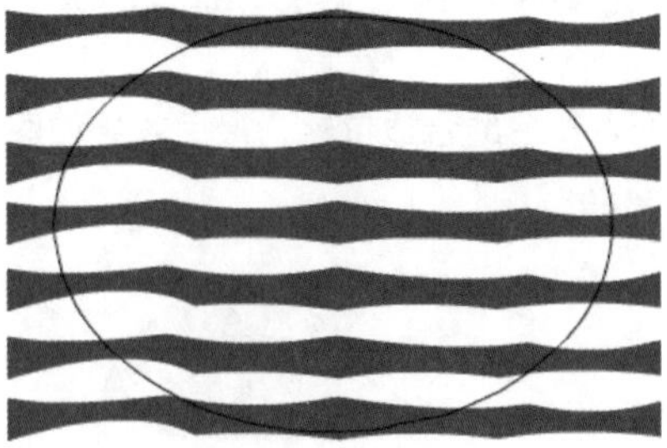

图2-32　绘制一个椭圆形

05 用【任意变形工具】选择图形并封套，调整封套效果来调整图形形状，如图2-33所示。用【选择工具】将圆形外部的多余部分删除，按【Ctrl+G】组合图形。

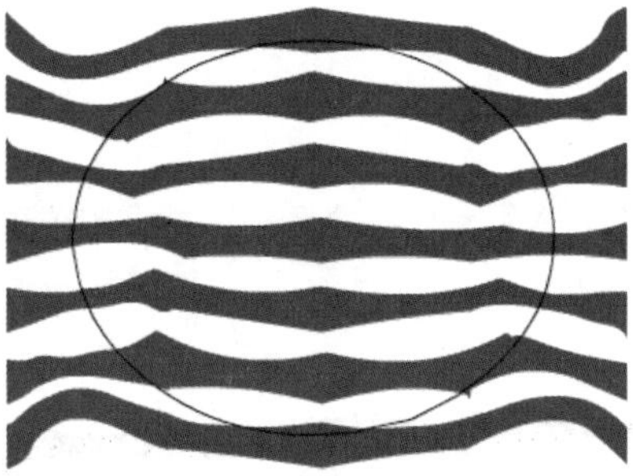

图2-33　调整封套形状

06 用【椭圆工具】在舞台上的空白位置绘制一个与上一个图形大小相同的椭圆形，在属性面板中设置填充色为“径向渐变”并设置颜色，如图2-34所示。

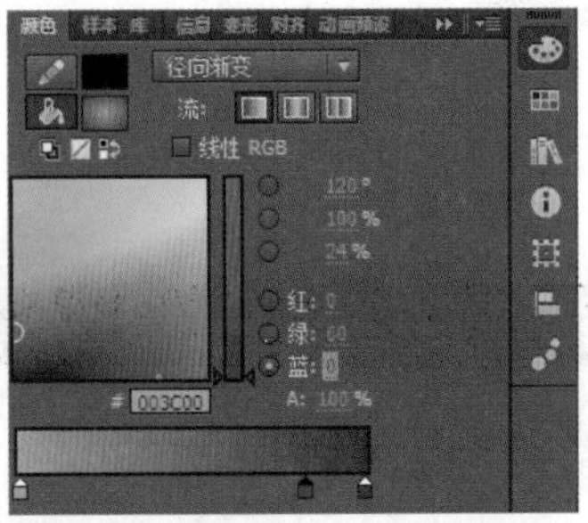

图2-34　设置椭圆形填充颜色

07 使用【颜料桶工具】填充椭圆形颜色，选择形状，按后按【Ctrl+G】组合图形。选择条纹图形，按Ctrl+G组合图形，用【选择工具】将两个图形重合，并将有纹理的一个图形放在上面。如图2-35所示。

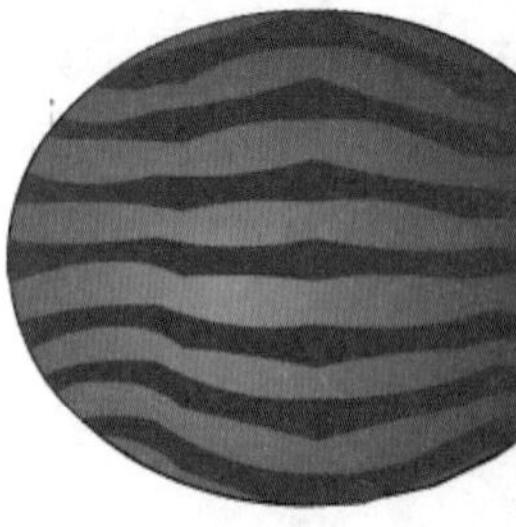

图2-35　填充颜色并将两个图形重合

08 选择全部图形，按【Ctrl+B】分离图形，双击边缘线，执行【修改】|【形状】|【扩展填充】命令。在打开的【扩展填充】对话框中设置“距离”为10像素，单击【确定】按钮。选择【颜料桶工具】，填充设置为“径向渐变”，在“颜色”面板中添加4个色标，并分别设置6个色标的颜色，如图2-36所示。

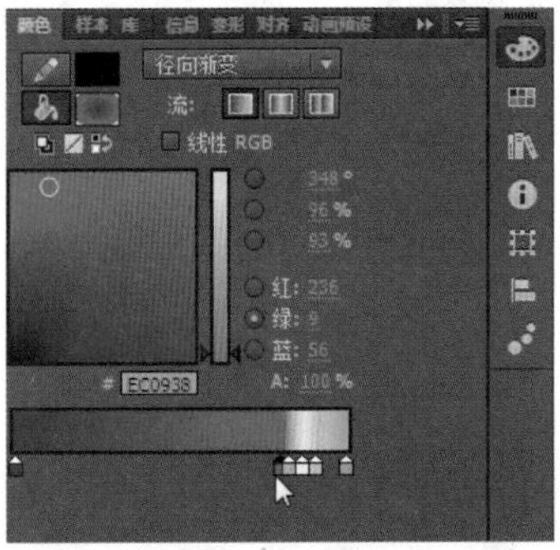

图2-36　设置颜色

09 在舞台空白位置，绘制一个直径与西瓜宽度相同的西瓜瓣，双击轮廓线将其删除，用【刷子工具】在西瓜瓣中绘制一些黑色的小点作为西瓜籽。如图2-37所示。

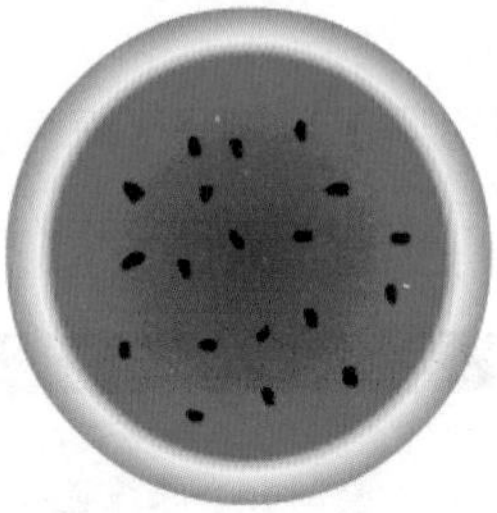

图2-37　绘制西瓜瓣

10 使用【任意变形工具】选择西瓜瓣，将其变形，如图2-38所示。

11 选择一个西瓜图形，执行【修改】|【变形】|【顺时针旋转90度】命令，旋转图形。将西瓜瓣放置在西瓜上面，并与之适当重合，如图2-39所示。

12 选择位于西瓜瓣上面的部分并删除，最终效果如图2-40所示。

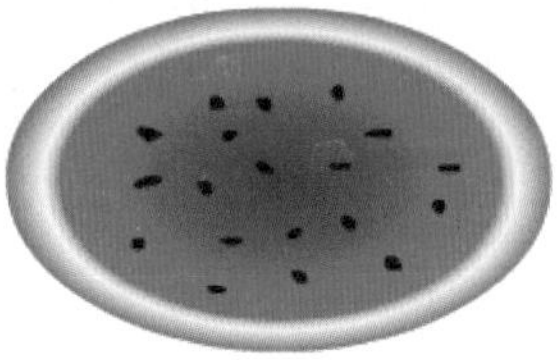

图2-38　将西瓜瓣变形

图2-39　旋转西瓜图形并放置西瓜瓣的位置

图2-40　案例最终效果

13 按【Ctrl+Enter】键测试影片。

2.5　灯笼

本案例最终效果，如图2-41所示。

图2-41　案例最终效果

01 新建一个空白Flash文档，并以文件名为“绘制灯笼”保存该文件。

02 按【Ctrl+F8】新建一个图形元件，命名为“灯笼”，单击【确定】按钮以进入该元件。

03 在工具栏内选择【线条工具】，并按住【Shift】键在舞台中间绘制一条竖线。选择工具栏内的【椭圆工具】在舞台的另一侧绘制一个椭圆形，如果绘制的椭圆形包含填充，可以使用【选择工具】选中填充并按【Delete】键删除。使用【任意变形工具】选中椭圆形的线条，周围将会出现6个调节柄及中心的一个点表示圆心位置。此时使用方向键进行位置的调节，直到将椭圆形的圆心调节到与线条重合。调节前后效果，如图2-42所示。

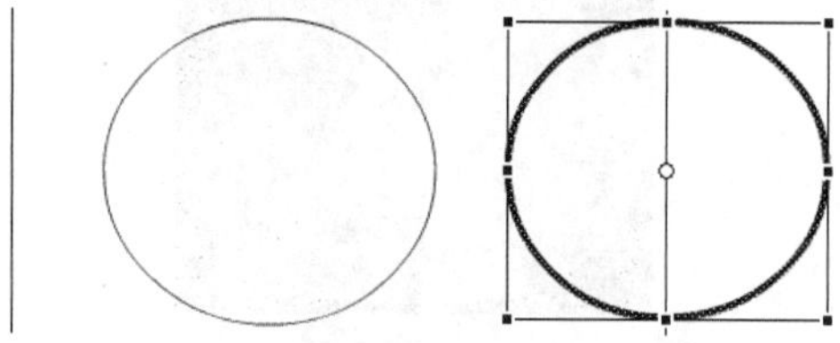

图2-42　调节椭圆形的圆心与线条重合

> **技巧提示：**
>
> 在使用方向键移动对象时，按一下方向键是向对应方向移动像素，对于相对需要移动较大距离的操作，可以按住【Shift】键再按对应的方向键，即可实现以10像素为单位移动。

04 使用【选择工具】选中右边一半圆形的线条，使用方向键向右边移动一定距离，选中最开始绘制的竖线并按【Delete】键删除该线条，再使用【线条工具】按住【Shift】键在椭圆形的上下绘制直线以封闭该图形，效果如图2-43所示。

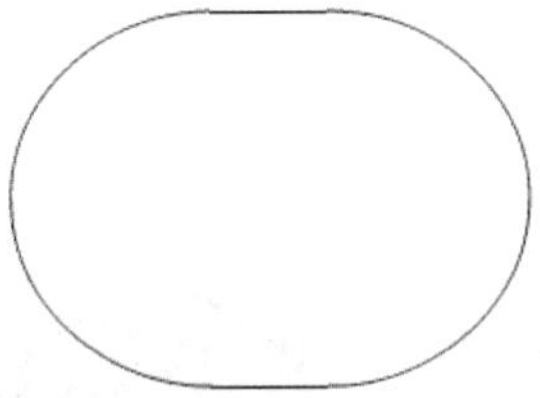

图2-43　绘制线条封闭的图形

05 使用【颜料桶工具】，并在颜色面板内选择【径向渐变】，使用一种由红色过渡到黄色的渐变，在刚才绘制图形的中间单击以填充该渐变色，效果如图2-44所示。

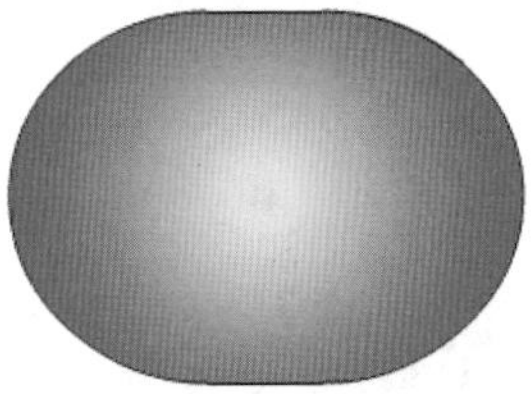

图2-44　填充径向渐变

06 使用【选择工具】双击全选外围线条，在属性面板内将线条粗细改为3像素，再使用【渐变变形工具】将原来的渐变旋转90°。使用【选择工具】单击舞台空白区域，在属性面板中将背景颜色调为较黑的颜色，便于显示灯笼的效果。效果如图2-45所示。

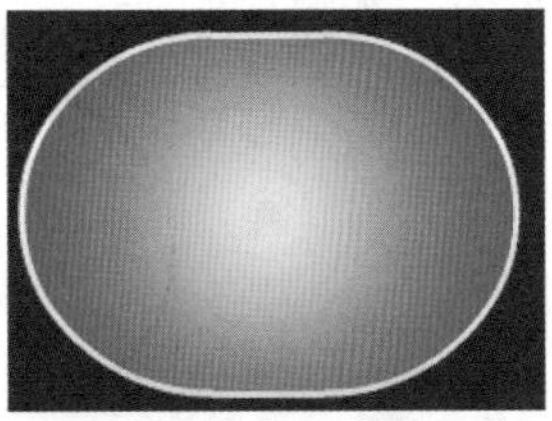

图2-45　改变线条粗细、颜色，以及背景颜色

07 使用【选择工具】选择左边的弧线，按【Ctrl+C】复制该线条，再按【Ctrl+Shift+V】将线条粘贴在当前位置。使用【任意变形工具】（快捷键为Q）改变新粘贴线条的弧度，使之小于最左边那条，调节到合适的弧度后，再次复制新的线条，并粘贴到当前位置，再次调节线条弧度，使之再小于这一条线的弧度，重复以上步骤。右边也按照此方法进行，效果如图2-46所示。

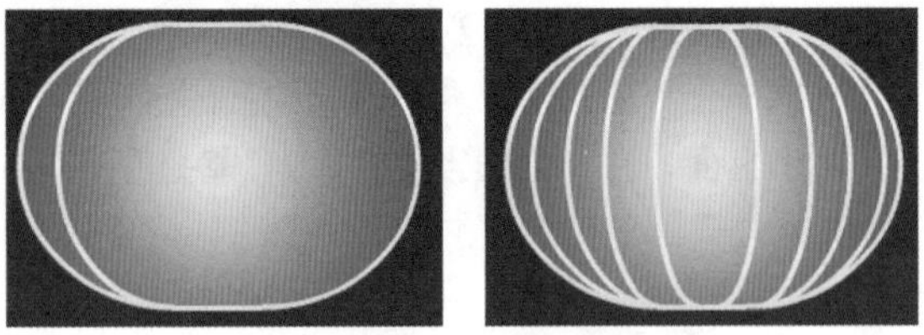

图2-46　复制并调整线条

08 在工具栏选择【矩形工具】，取消线条，颜色使用由一种暗黄色到白色再到暗黄色的线性渐变，绘制后的效果如图2-47所示。

图2-47　绘制一个矩形

09 将绘制的矩形复制一份，并将两个矩形放置在灯笼的上下部分，再使用【钢笔工具】在上端绘制红色线条。效果如图2-48所示。

图2-48　绘制灯笼上下部分

10 在工具栏选择【文本工具】（快捷键为T），在属性面板内将字符大小调节为130像素，字体选择华文隶书，在灯笼中间输入一个“福”字，并调整好位置，保存文件。最终效果如图2-49所示。按【Ctrl + Enter】测试影片。

图2-49　灯笼最终效果

2.6　俏皮猫

本案例最终效果，如图2-50所示。

图2-50　案例最终效果

01 新建一个空白Flash文档，以“绘制俏皮猫”为文件名保存。

02 新建一个元件名为“俏皮猫”的图形元件，并进入到该元件内部进行编辑。

03 选择【线条工具】（快捷键为N），属性设置如图2-51所示。

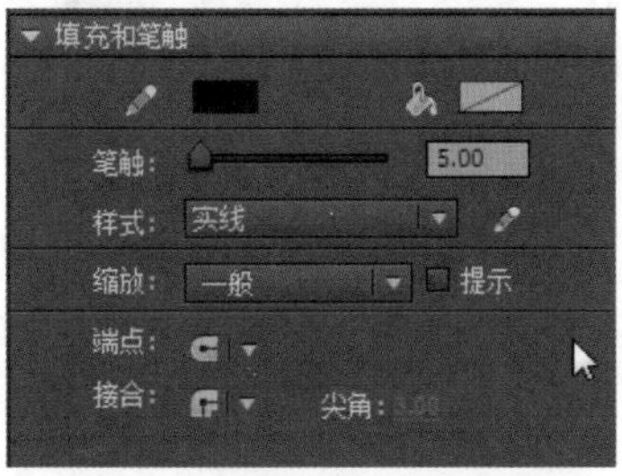

图2-51　设置线条工具属性

04 在舞台上绘制俏皮猫的大概轮廓，如图2-52所示。

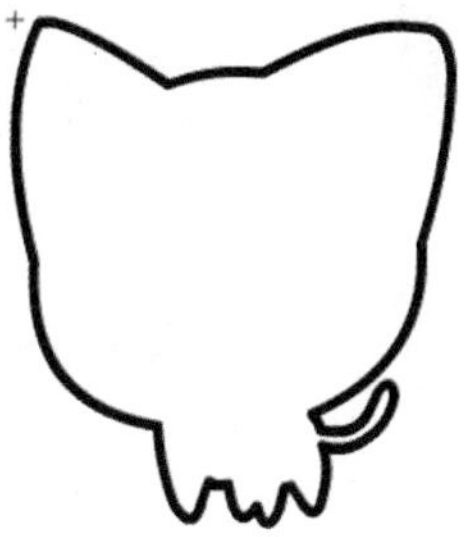

图2-52　绘制俏皮猫的轮廓

05 继续使用【线条工具】，但是要将属性面板上笔触的高度设置为2，绘制出俏皮猫的体态，如图2-53所示。

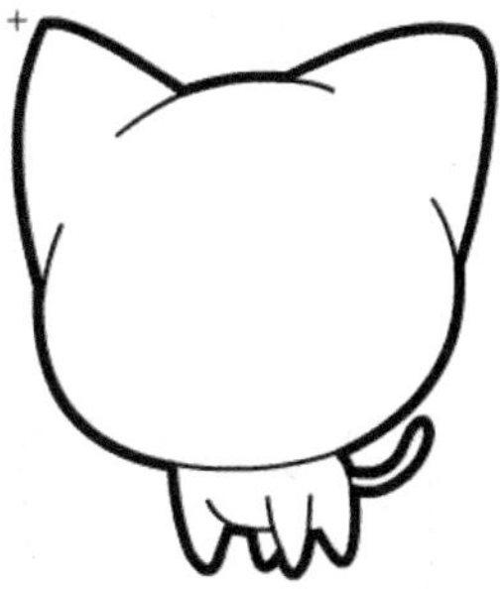

图2-53　绘制俏皮猫的体态

06 使用【椭圆工具】，将笔触高度设置为3，取消填充色，在俏皮猫头部合适位置绘制眼睛和脸蛋，如图2-54所示。

图2-54　绘制眼睛和脸蛋

07 使用【选择工具】选择两个眼睛的椭圆形，执行【修改】|【形状】|【将线条转化为填充】命令，然后对眼睛的轮廓进行修改，如图2-55所示。

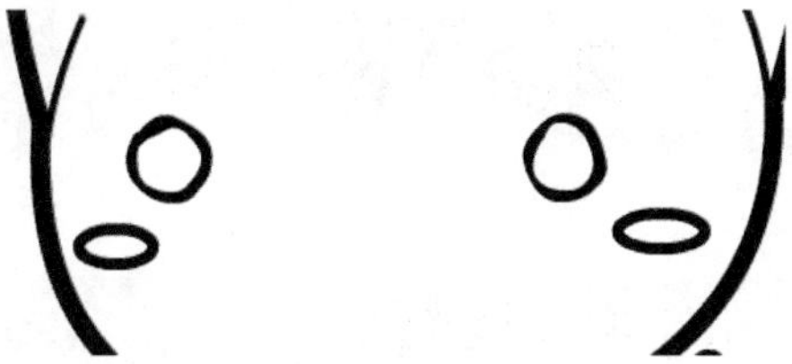

图2-55　将线条转化为填充并修改

08 继续使用【线条工具】，绘制俏皮猫的嘴巴，笔触高度为2。如图2-56所示。

图2-56　绘制嘴巴

09 最后绘制阴影部分，线条笔触高度为1即可，如图2-57所示。

图2-57　绘制阴影

10 选择【颜料桶工具】选择自己喜欢的颜色，为俏皮猫的身体上色，如图2-58所示。

图2-58　身体上色

11 接下来为阴影上色，颜色比身体颜色深一点即可，并删除阴影轮廓线。如图2-59所示。

图2-59　为阴影上色

12 为脸蛋上色为粉红色，删除轮廓线，选中脸蛋并执行【修改】|【形状】|【柔化填充边缘】命令，在弹出的对话框中设置“柔化”为5像素，眼睛和牙齿为白色。最终效果如图2-60所示，按【Ctrl + Enter】测试影片。

图2-60　最后效果

2.7　课后练习

2.7.1　月亮

本案例的练习为绘制月亮，最终效果请查看配套光盘相关目录下的“2.7.1　月亮”文件。本案例大致制作流程如下：

01 使用【椭圆工具】绘制外圈的圆形，并将填充设置为径向填充。

02 在绘制的圆球上再绘制一些正圆形。

03 绘制一些有径向渐变填充的椭圆形。

04 绘制右侧高光部分。

案例效果

2.7.2 爱心气球

本案例的练习为绘制爱心气球，最终效果请查看配套光盘相关目录下的“2.7.2 爱心气球”文件。本案例制作流程如下：

01 使用【椭圆工具】绘制圆形并调整其形状为爱心形状。

02 设置线条的颜色和内部的颜色为粉色系的颜色。

03 使用【钢笔工具】绘制出高光部分的轮廓，并填充高光的颜色。

04 在气球上绘制白色圆点。

案例效果

2.7.3 咖啡杯子

本案例的练习为绘制咖啡杯子，最终效果请查看配套光盘相关目录下的“2.7.3 咖啡杯子”文件，本案例大致制作流程如下：

01 使用【椭圆工具】绘制咖啡杯和咖啡，填充为线性渐变。

02 用【钢笔工具】绘制咖啡杯的把手和阴影。

03 调节图层顺序，完成制作。

案例效果

2.7.4 啤酒杯子

本案例的练习为绘制啤酒杯子，最终效果请查看配套光盘相关目录下的“2.7.4 啤酒杯子”文件。本案例大致制作流程如下：

01 绘制线性渐变的背景，此处分为两部分进行绘制，以实现地面的效果。

02 绘制酒杯的轮廓，线条尽量保持闭合，并填充线性渐变，以及高光的线性渐变。

03 绘制液体部分的渐变。

04 绘制啤酒沫部分。

案例效果

2.7.5 桌球

本案例的练习为绘制桌球，最终效果请查看配套光盘相关目录下的“2.7.5 桌球”文件。本案例大致制作流程如下：

01 用【矩形工具】绘制一个纯绿色背景。

02 使用【椭圆工具】绘制一个正圆形，并填充为径向渐变。

03 再绘制几个高光的圆形并设置为组，放置在最开始的圆形上方。

04 绘制一个阴影的圆形作为球的阴影部分。

05 使用【文本工具】输入数字8，并将其打散。

案例效果

2.7.6 云聊标志

本案例的练习为绘制云聊标志，最终效果请查看配套光盘相关目录下的“2.7.6 云聊标志”文件。本案例大致制作流程如下：

01 使用【矩形工具】绘制背景，填充颜色。

02 使用【钢笔工具】绘制云朵轮廓、填充渐变，并将轮廓线加粗。

03 使用【线条工具】绘制聊天框，并填充渐变颜色、删除轮廓线。

04 使用【文字工具】添加相应文字。

案例效果

第3章

角色绘制篇

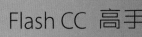

通过第2章的学习，我们学习了绘制的基础知识，相信大家通过反复练习已经对绘图工具的使用有了较为深刻的理解。但是在Flash动画制作中，所需要的素材可能偏向于更加复杂化、更加结构化以及更加实用化的方向。在素材的绘制上，可能需要更加合理的分层，以及良好的命名习惯，本章将更加全面地对这方面的知识进行学习。

本章学习重点：

1．渐变颜色的操作方法

2．线条的变化方法

3．高光颜色的合理使用

4．填充颜色区域的掌握

5．掌握钢笔工具的使用技巧

3.1 卡通熊

本案例最终效果，如图3-1所示。

图3-1　案例最终效果

01 新建一个空白Flash文档，以文件名为“绘制卡通小熊”保存该文件。

02 新建一个图形元件，并命名为“小熊头部”，进入该元件编辑。

03 使用【椭圆工具】，首先取消填充，在舞台上绘制一个椭圆形，并在椭圆形的左右上方分别绘制两个小圆形，删除多余的线条，效果如图3-2所示。

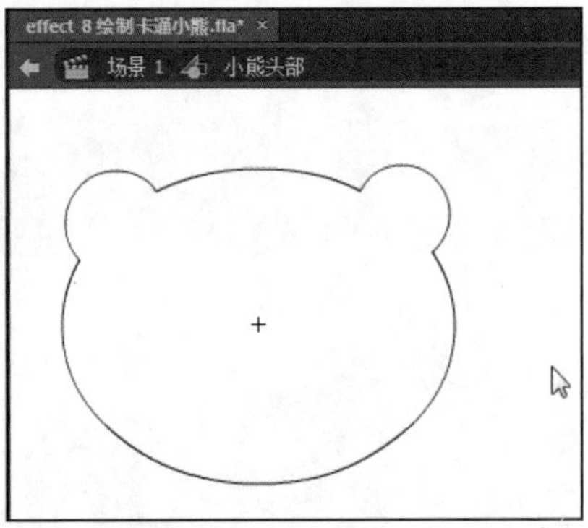

图3-2　绘制椭圆并删除多余线条

04 再次使用【椭圆工具】在刚才绘制的图形内部绘制椭圆形并删除多余的线条，如图3-3所示。

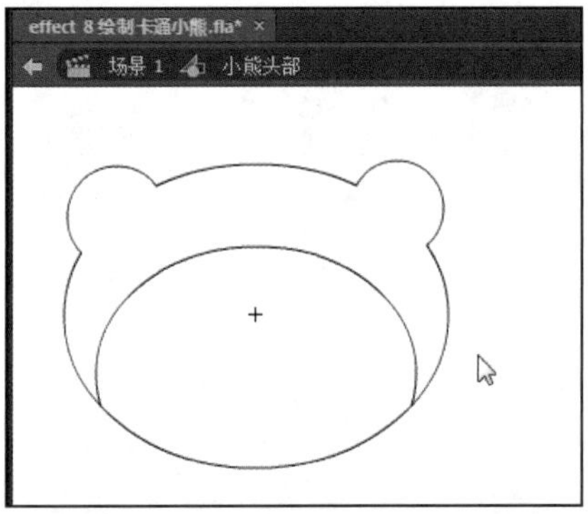

图3-3　再次绘制一个椭圆形并删除多余线条

05 使用【线条工具】在内部绘制几条线并调整位置，如图3-4所示。

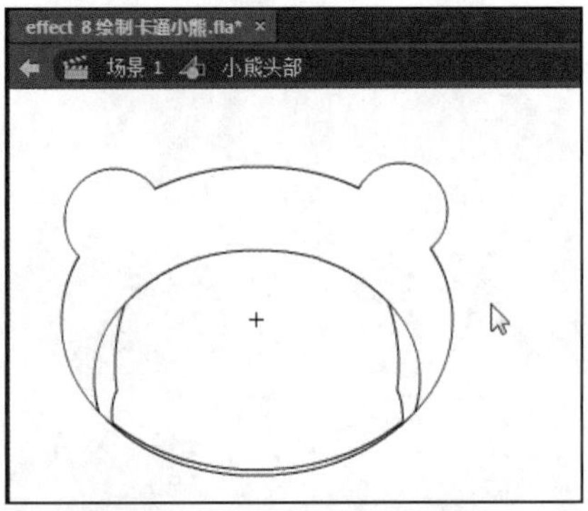

图3-4　使用线条工具绘制

06 使用【椭圆工具】绘制出小熊的眼睛，并放置到合适的位置，如图3-5所示。

图3-5　绘制小熊的眼睛

07 使用【椭圆工具】和【选择工具】绘制出几个椭圆形并调节好对应的形状，以绘制出小熊的鼻子、嘴巴和腮红，效果如图3-6所示。

图3-6　绘制小熊的鼻子、嘴巴和腮红

08 使用【线条工具】和【椭圆工具】绘制出耳朵上的轮廓和帽子上的“熊”图形子，效果如图3-7所示。

图3-7　绘制耳朵轮廓和帽子

09 使用【颜料桶工具】为相应的区域上色，效果如图3-8所示。

图3-8　上色后的效果

10 新建一个名称为“小熊身体”的图形元件，并进入该元件进行编辑。使用【钢笔工具】绘制一个形状，效果如图3-9所示。

11 再使用【钢笔工具】绘制出手和脚的轮廓，如图3-10所示。

12 为衣服上添加两个纽扣后再上色，上色后的效果如图3-11所示。

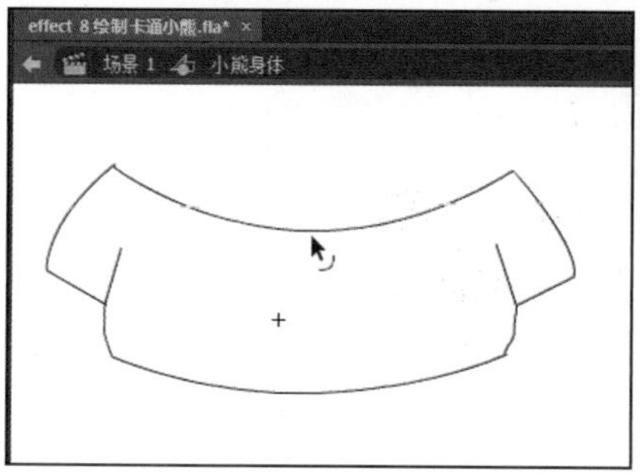

图3-9　绘制衣服的路径

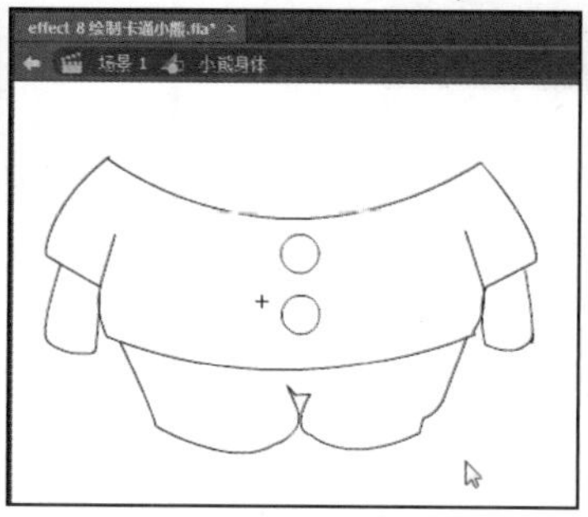

图3-10　绘制身体的轮廓

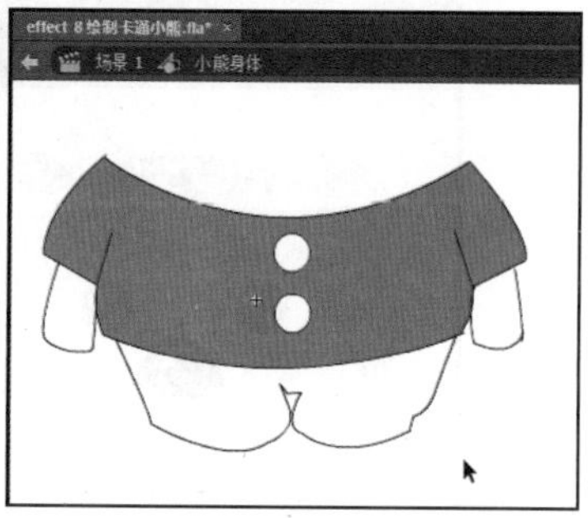

图3-11　为身体上色

13 新建一个元件，命名为“小熊”，进入该元件的编辑界面后，将“小熊头部”和“小熊身体”两个元件从库中拖曳到“小熊”元件中，并使用【任意变形工具】调节大小和位置，最终效果如图3-12所示。

图3-12　小熊效果

14 在库内找到“小熊头部”元件，在其上单击右键并在弹出的下拉列表中选择【直接复制】选项，在弹出的对话框中输入直接复制后的名字，这里改为“小熊头部2”，双击库内的“小熊头部2”以进入该元件内编辑。

15 此时可以发现这与原来的“小熊头部”元件除了元件名不同外没有任何其他的区别，但是这个元件和“小熊头部”元件已经分开成两个元件了，修改这个元件不会影响原来的“小熊头部”元件。使用【选择工具】对这个新的元件进行一点点改动，效果如图3-13所示。

图3-13　直接复制原来的元件并进行修改

16 新建一个元件名为“小熊身体2”，使用【钢笔工具】绘制出另外一套小熊的衣服。效果如图3-14所示。

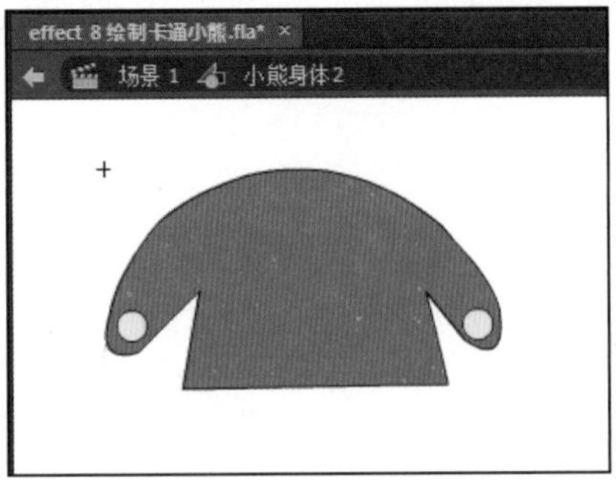

图3-14　小熊2的衣服

17 使用【椭圆工具】绘制脚部并删除多余线条，并对对应区域进行上色，如图3-15所示。

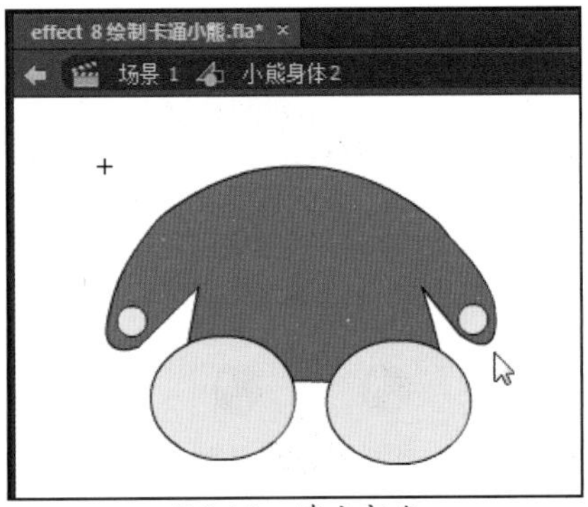

图3-15　填充颜色

18 新建一个名为“小熊2”的元件，并将库内的“小熊头部2”和“小熊身体2”元件拖进该元件内进行调整和整合，效果如图3-16所示。

图3-16　组合后的小熊2元件

19 将“小熊”和“小熊2”元件从库内拖曳至场景1中，调整大小并摆放至合适的位置，保存文件，最终效果如图3-17所示。按【Ctrl + Enter】测试影片。

图3-17　最终效果图

3.2　海宝

本案例最终效果，如图3-18所示。

图3-18　案例最终效果

01 新建一个空白Flash文档，以文件名为“绘制海宝”保存该文件。

02 将图层1重命名为“身体”，使用【钢笔工具】绘制出海宝形象的轮廓，可能这里对鼠标的操作要求比较高，可以多使用【钢笔工具】反复练习以更熟练地使用该工具，绘制后如图3-19所示。

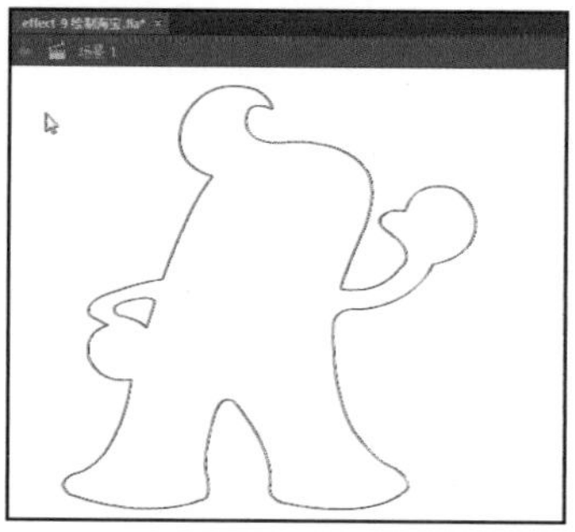

图3-19　绘制海宝的轮廓

03 选择【颜料桶工具】设置“填充颜色”为海蓝色（#00CBFF）如图3-20所示。

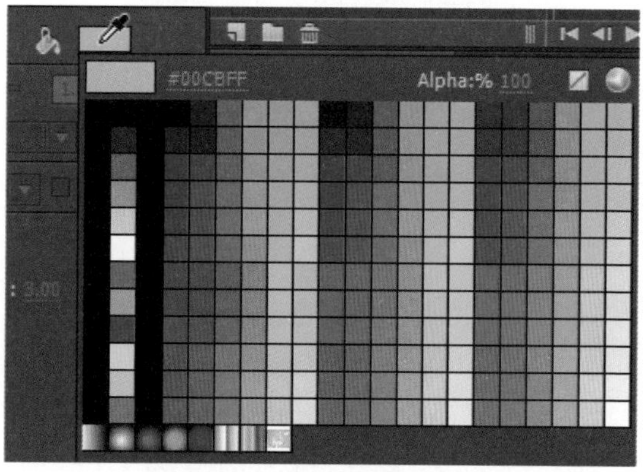

图3-20　设置颜料桶颜色

04 为海宝形象填充颜色，再使用【选择工具】选中周围黑色的轮廓，按【Delete】键将其删除，并将海宝形象全部选中按【Ctrl+G】对其进行组合。效果如图3-21所示。

图3-21　填充颜色并删除黑色轮廓线

05 回到场景1，新建图层并命名为“眼睛”，选择【椭圆工具】，设置“填充颜色”、“笔触颜色”和“笔触高度”分别为白色、深蓝色（#095AA6）和2。如图3-22所示。

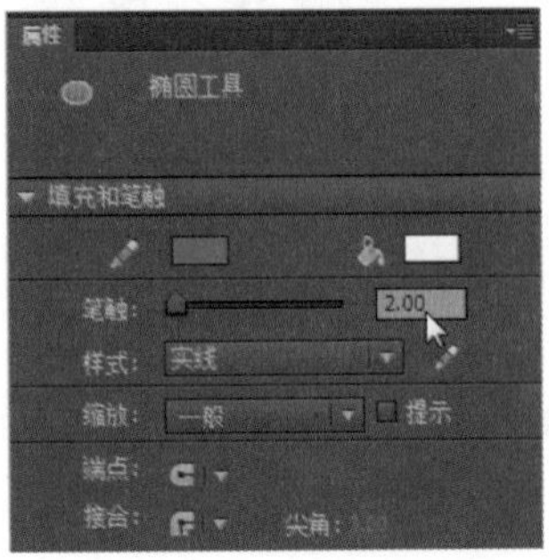

图3-22　设置椭圆工具属性

06 绘制椭圆形，调节适当的位置和大小，作为海宝的眼球，并按【Ctrl+G】对其进行组合。如图3-23所示。

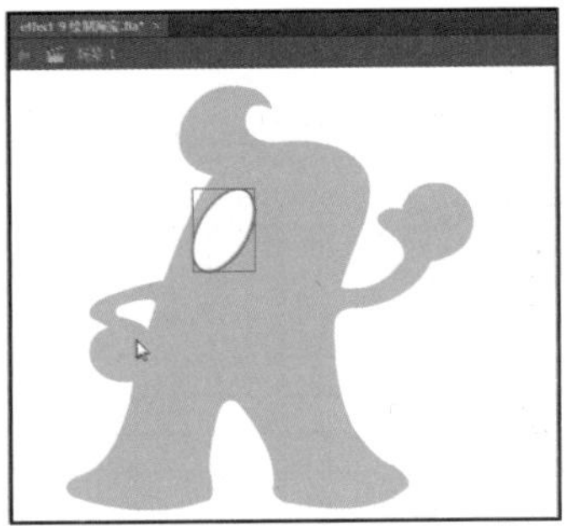

图3-23　绘制海宝的眼球

07 选择【钢笔工具】，沿着眼球的右侧轮廓绘制一个弧形，以作为眼球的阴影部分轮廓。如图3-24所示。

图3-24　绘制眼球的阴影轮廓

08 选择【颜料桶工具】，设置填充颜色为灰色，为之前绘制的弧形填充颜色，并删除轮廓线，按【Ctrl+G】将其组合。如图3-25所示。

图3-25　为弧形填充颜色并删除轮廓线

09 选择【椭圆工具】，在“属性”面板中设置“填充颜色”为浅蓝到深蓝的径向渐变颜色，如图3-26所示。

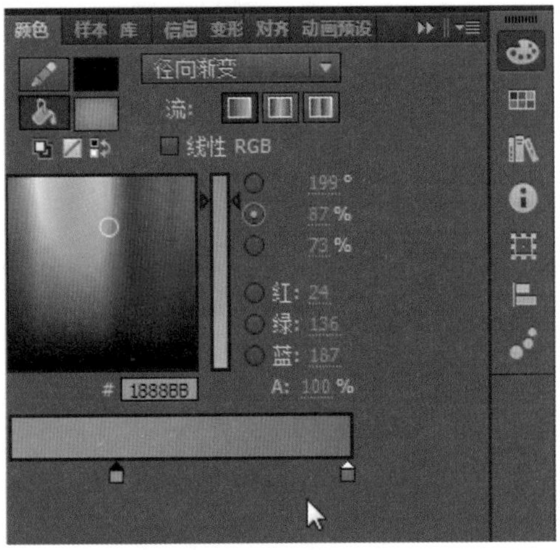

图3-26　椭圆工具的属性设置

10 在眼睛内绘制一个小椭圆形，效果如图3-27所示。按【Ctrl+G】进行组合。

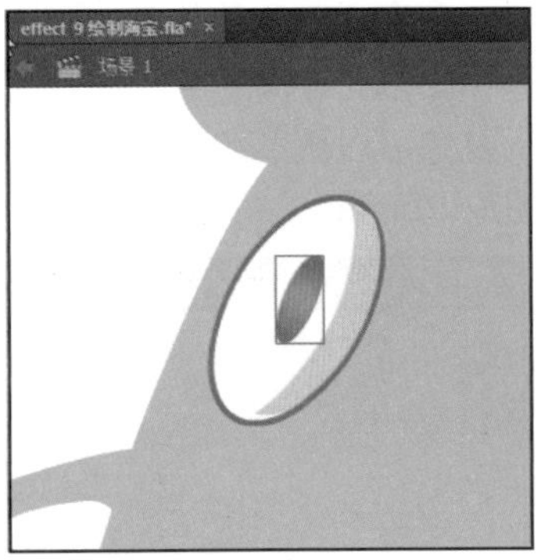

图3-27　绘制一个小椭圆形

11 再次使用【椭圆工具】，在眼睛内的小椭圆形上再绘制一个更小的椭圆形，并为其填充白色，作为眼珠的反光部位，按【Ctrl+G】

组合。至此，完成海宝一只眼睛的绘制，如图3-28所示。

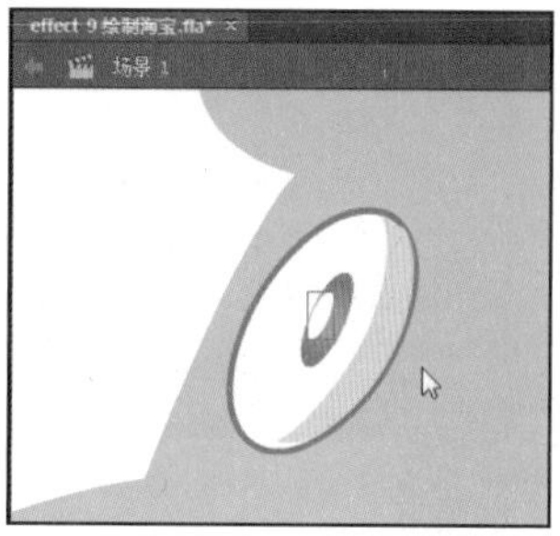

图3-28　绘制眼珠的反光部分

12 使用【选择工具】选择“眼睛”图层绘制的眼睛，复制并粘贴作为吉祥物的另一只眼睛，并对复制图形的位置和角度进行调整，以符合视线的角度，如图3-29所示。

图3-29　复制粘贴出海宝的第二只眼睛并调整角度

13 新建“嘴”图层，使用【钢笔工具】在眼睛的下方绘制一个弧形的闭合图形轮廓，如图3-30所示。

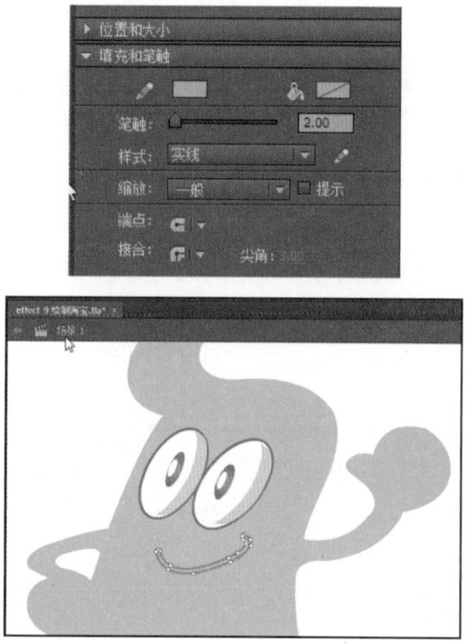

图3-30　绘制嘴的轮廓

14 选择【颜料桶】工具，设置填充颜色为白色，为嘴填充颜色，不需要删除轮廓线，按【Ctrl+G】组合，以作为海宝的大嘴。如图3-31所示。

图3-31　为嘴填充颜色

15 新建“浮雕”图层，拖至“身体”图层的上方，如图3-32所示。

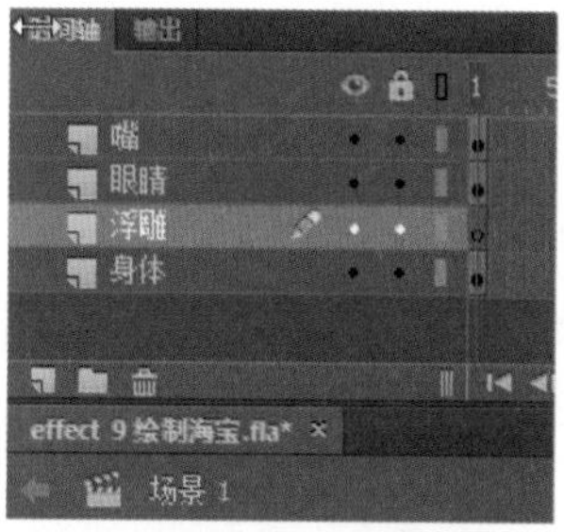

图3-32　新建“浮雕”图层

16 将“身体”图层中的海宝身体图形复制，并在“浮雕”图层按【Ctrl+Shift+V】原位粘贴，如图3-33所示。

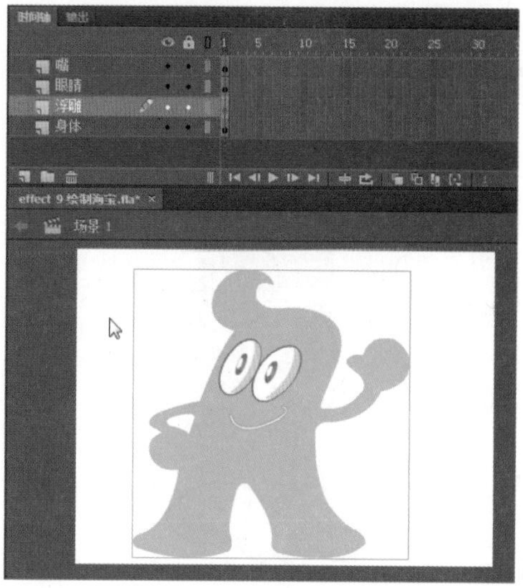

图3-33　复制海宝身体图形并原位粘贴至“浮雕”图层

17 按【F8】将其转换为“元件1”影片剪辑元件，如图3-34所示。

18 保持“浮雕”实例为选中状态，在属性面板的“滤镜”卷展栏中为实例添加“发光”滤镜，并设置相应的参数，为海宝添加立体的效果，如图3-35所示。

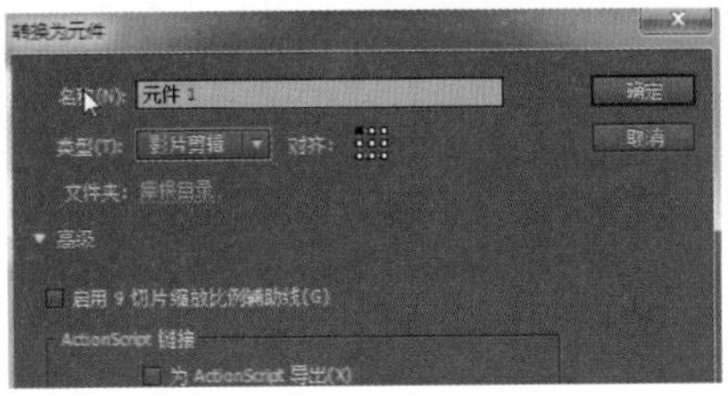

图3-34　转换为影片剪辑元件

图3-35　为海宝添加发光滤镜

19 至此，完成海宝的绘制，按【Ctrl+S】保存该文件，按快捷键【Ctrl+Enter】对该动画进行测试预览，如图3-36所示。

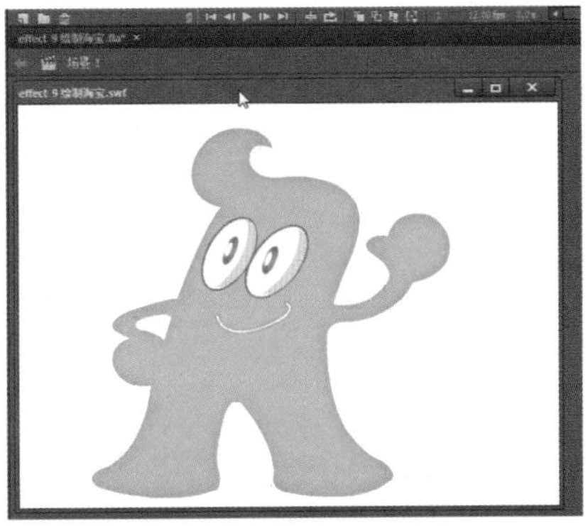

图3-36　案例最终效果

3.3 维尼熊

本案例最终效果，如图3-37所示。

图3-37　案例最终效果

01 新建一个空白Flash文档，以文件名为“绘制维尼熊”保存该文件。

02 设置舞台大小为300×500，按【Ctrl+F8】新建名为“维尼熊”的图形元件，点击【确定】按钮进入元件进行编辑，如图3-38所示。

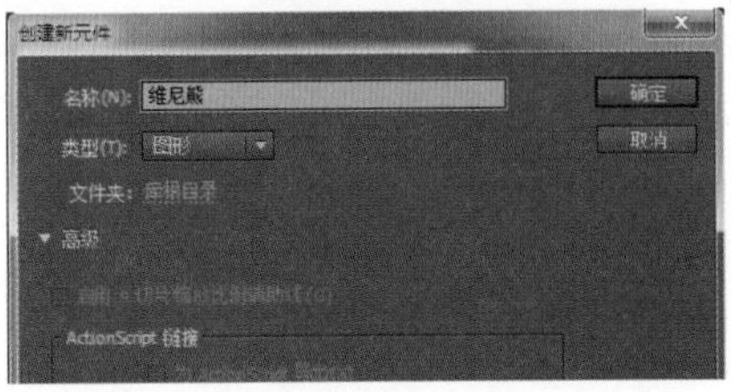

图3-38　新建元件

03 选择【钢笔工具】，在属性面板中设置笔触的颜色、高度，再取消填充颜色，如图3-39所示。

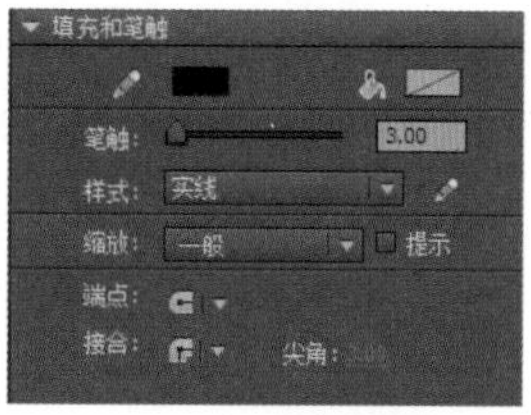

图3-39　设置钢笔工具的属性

04 使用【钢笔工具】绘制维尼熊的头部轮廓，如图3-40所示。

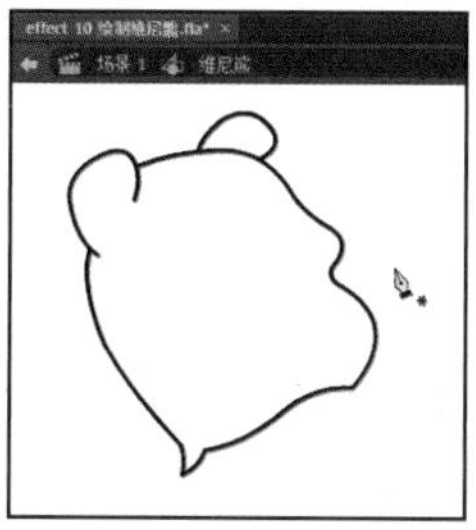

图3-40　绘制维尼熊的头部轮廓

05 继续绘制维尼熊的脸部、眼睛、鼻子和嘴巴。如图3-41所示。

图3-41　绘制脸部

06 接下来绘制维尼熊的衣服和手臂轮廓，如图3-42所示。

图3-42　绘制维尼熊的衣服和手臂

07 最后绘制维尼熊的身体和腿，如图3-43所示。

图3-43　绘制身体和腿

08 选择【颜料桶工具】，在属性面板中进行如图3-44所示的设置。

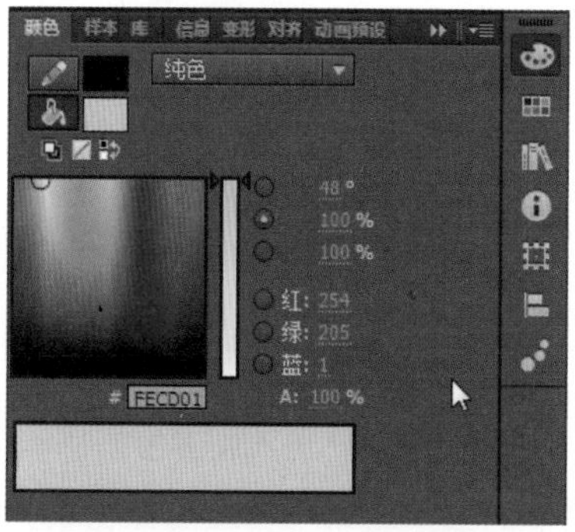

图3-44　设置颜料桶的颜色

09 为维尼熊的身体部分上色，如图3-45所示。

图3-45　为维尼熊的身体上色

10 如果发现颜色无法填充，按快捷键【A】或者在工具栏选择【部分选取工具】选中要填色部分的轮廓线，检查这个轮廓线的节点是否全部闭合。如图3-46所示。

图3-46　检查节点

11 改变颜料桶的颜色，为维尼熊的衣服上色，如图3-47所示。

图3-47　为衣服上色

12 把剩下的空白区域用合适的颜色填充，如图3-48所示。

图3-48　把维尼熊的颜色填充完整

13 回到场景1，并打开库，能看到库中有刚才进行编辑的“维尼熊”图形元件，如图3-49所示。

图3-49　库中的元件

14 将库内的元件拖入舞台中，在属性面板中设置实例的属性，如图3-50所示。

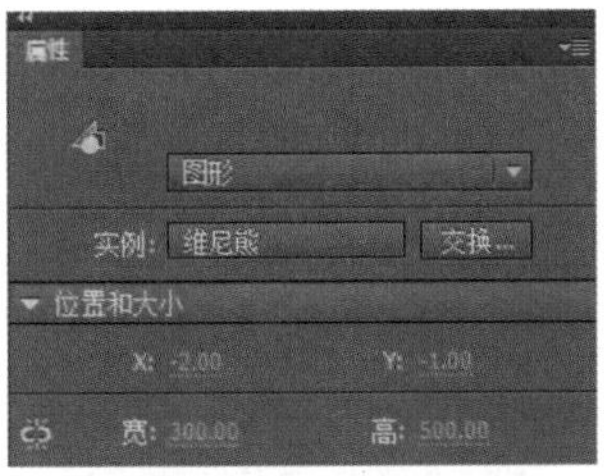

图3-50　设置实例的属性

15 至此，该动画已完成，最终效果如图3-51所示。按【Ctrl + Enter】测试影片。

图3-51　案例最终效果

3.4　皮卡丘

本案例最终效果，如图3-52所示。

图3-52　案例最终效果

01 新建一个空白Flash文档，并以文件名“绘制皮卡丘”保存文件。

02 按快捷键【Ctrl + F8】新建一个图形元件，并命名为“皮卡丘”，进入该元件编辑。

03 使用【钢笔工具】绘制出皮卡丘头部的线条，如图3-53所示。

04 接着绘制出身体部分的线条轮廓，效果如图3-54所示。

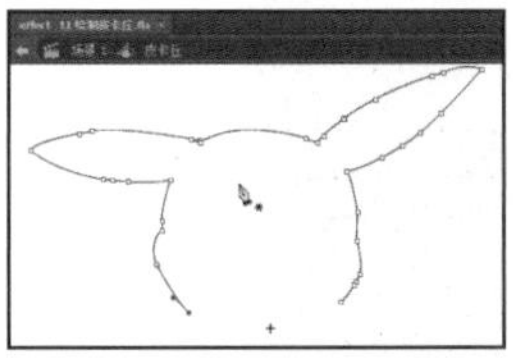

图3-53　绘制出皮卡丘的头部线条

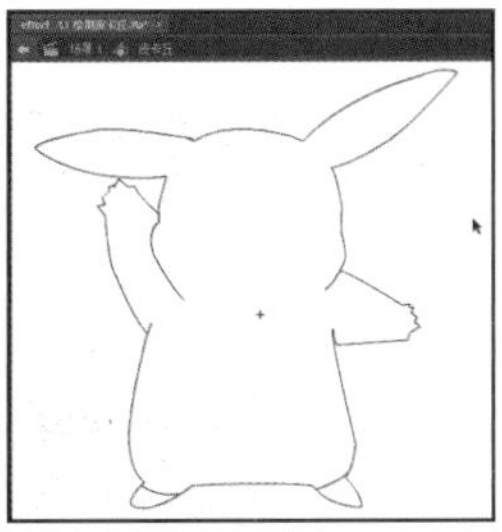

图3-54　绘制身体部分轮廓

05 绘制尾部的轮廓线条，如图3-55所示。

06 使用【椭圆工具】绘制皮卡丘的脸部表情部分，如图3-56所示。

图3-55　绘制尾部的轮廓线条

图3-56　绘制表情部分

07 将其他线条补充完整，如图3-57所示。

08 进行第一次的上色，使用合适的颜色对不同区域使用【颜料桶工具】，效果如图3-58所示。

图3-57　补充剩余线条

图3-58　第一次上色

09 使用【钢笔工具】绘制需要添加阴影部分的分割线，如图3-59所示。

10 使用【颜料桶工具】填充上对应的阴影和高光色，并删除分割线，如图3-60所示。

图3-59　添加阴影、高光的分割线

图3-60　完成阴影部分的填充

11 返回到场景1，在舞台上使用【矩形工具】绘制一个如图3-61所示的线性渐变矩形，使用【选择工具】双击全选整个矩形，并在属性面板内将该矩形的x、y值设置为0，宽设置为550像素，高设置为400像素，（Flash文档默认大小为550×400。像这样设置，可以将矩形的大小和位置正好设置成与舞台完全重合的状态）。

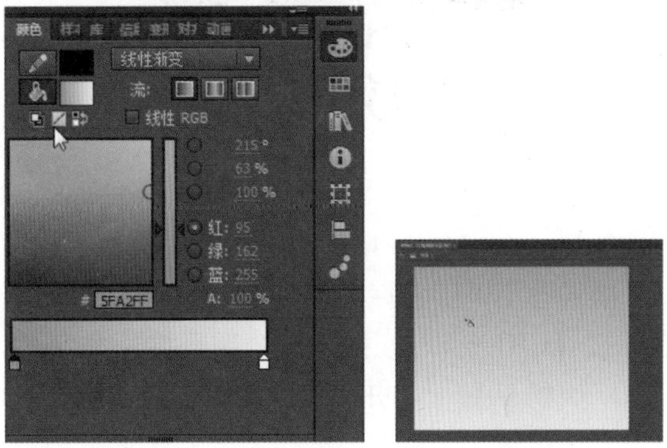

图3-61　绘制一个线性渐变的矩形

12 将刚才绘制的皮卡丘从库内拖曳到舞台上，并选择【文本工具】（快捷键T），使用字体为Broadway，颜色任意选择一种即可，在舞台上输入文字“HELLO!”，使用【选择工具】将这些元素拖曳到合适的位置，保存文件，最终效果如图3-62所示。按【Ctrl + Enter】测试影片。

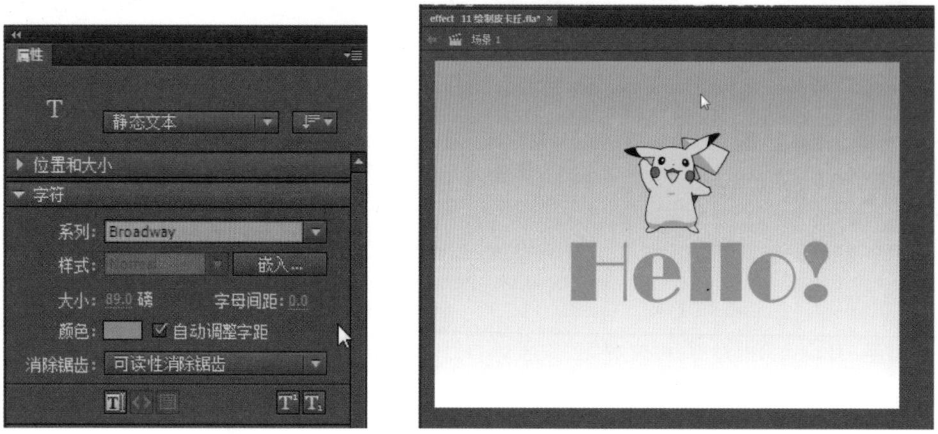

图3-62　最终效果图

3.5　卡通小狗

本案例最终效果，如图3-63所示。

图3-63　案例最终效果

01 新建一个空白的Flash文档，并以文件名“绘制卡通小狗”保存文件。

02 按【Ctrl + F8】插入一个新元件，命名为“小狗 头部”，并单击【确定】按钮以进入元件编辑。

03 使用【钢笔工具】，在舞台上绘制小狗头部的外围线条轮廓。【钢笔工具】属性设置及绘制轮廓效果，如图3-64所示。

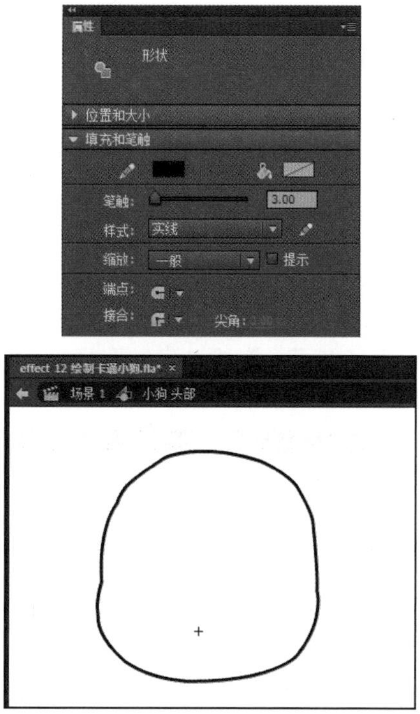

图3-64　使用【钢笔工具】绘制小狗的轮廓

04 继续绘制小狗头部其他部分的线条轮廓，效果如图3-65所示。

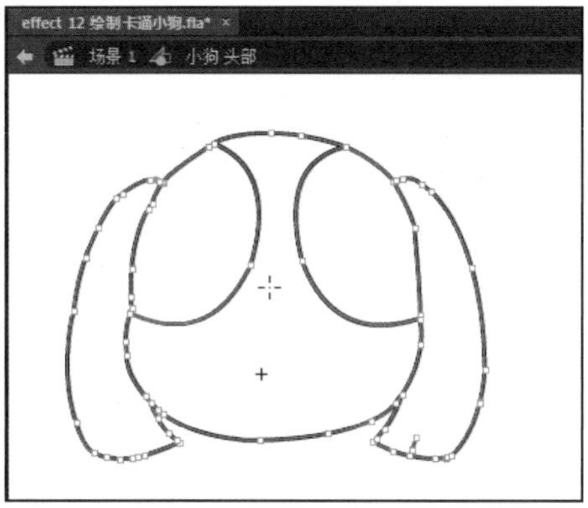

图3-65　绘制头部其他部分的轮廓

05 按【Ctrl + F8】新建一个名为“小狗 眼睛”的元件，并单击【确定】按钮进入元件编辑。如图3-66所示。

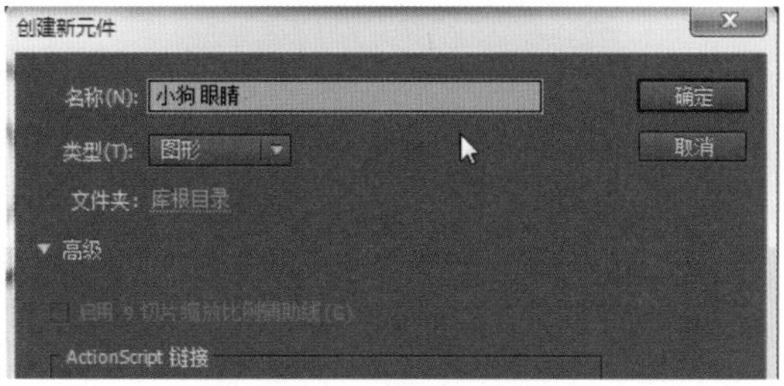

图3-66　新建一个元件

06 使用【椭圆工具】并按住【Shift】键绘制出两个同心正圆形，效果如图3-67所示。

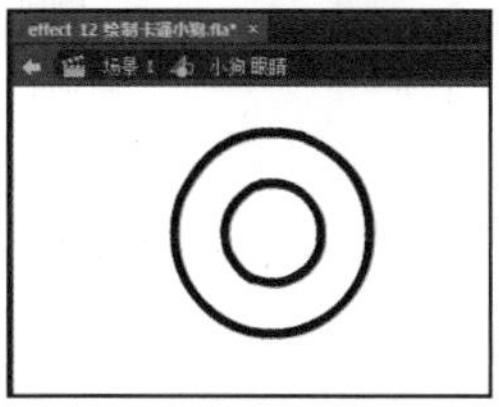

图3-67　绘制两个同心正圆形

07 使用【钢笔工具】绘制出如图3-68所示的一个形状。

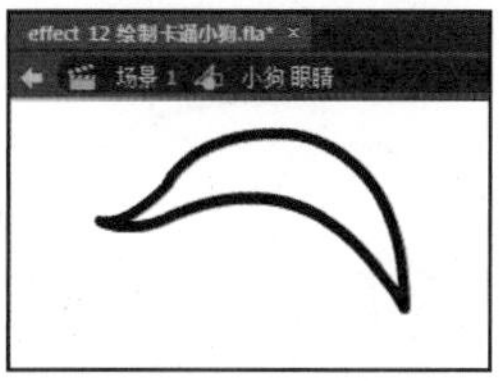

图3-68　使用【钢笔工具】绘制形状

08 把刚才绘制的两个形状放在一起，再使用【选择工具】选择并删除多余线条，删除前后如图3-69所示。

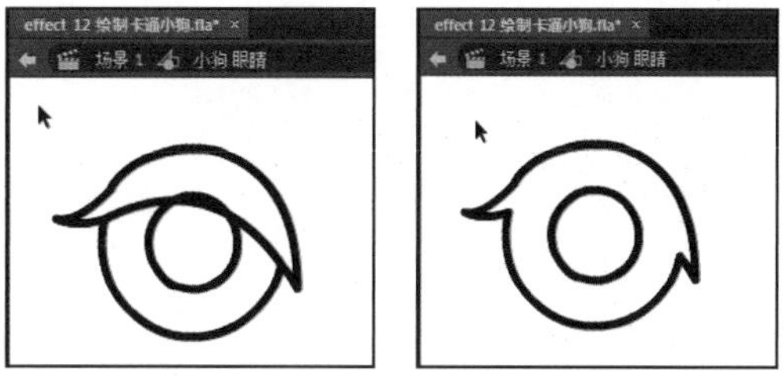

图3-69　合并两个绘制的图形并删除多余线条

09 使用【钢笔工具】在上图绘制一条曲线，并删除多余部分，删除前后效果如图3-70所示。

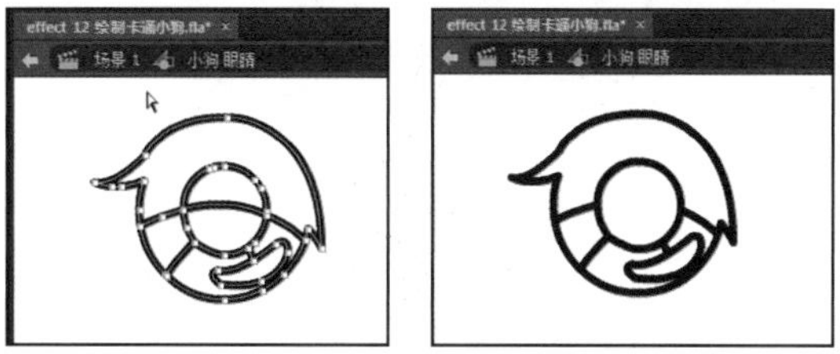

图3-70　绘制曲线并删除多余线条

10 使用【颜料桶工具】进行如图3-71所示设置，并为上部分填充黑色，黑色颜色代码为#000000，可输入在红色文本框内并按回车键确认。

图3-71　选择颜色并填充

11 再次设置【颜料桶工具】属性栏内的值，如图3-72所示，并对相应区域进行填充。

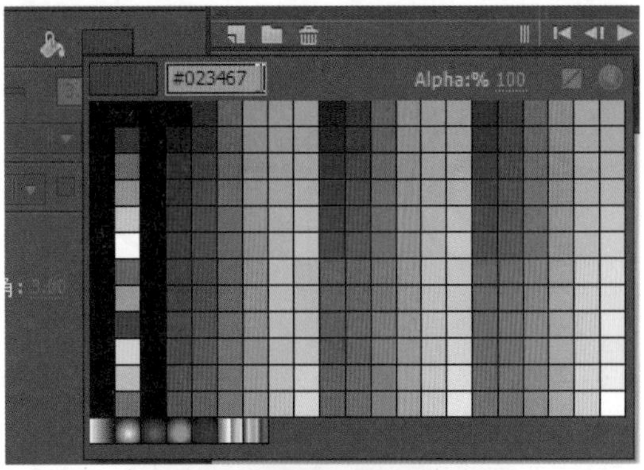

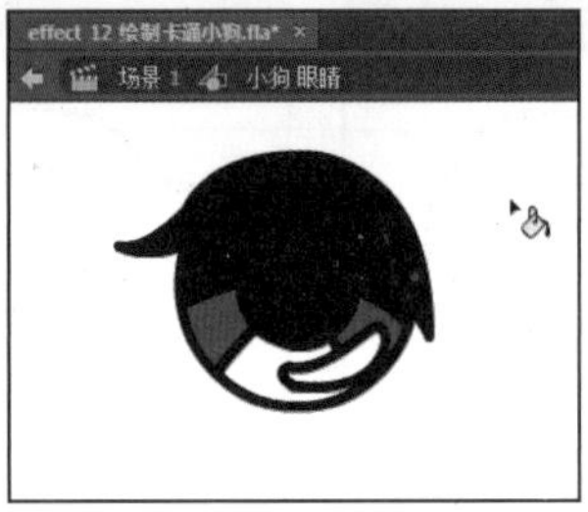

图3-72　再次进行填充

12 重复上述操作对其他部分填充颜色，并使用【选择工具】删除多余的线条，效果如图3-73所示。

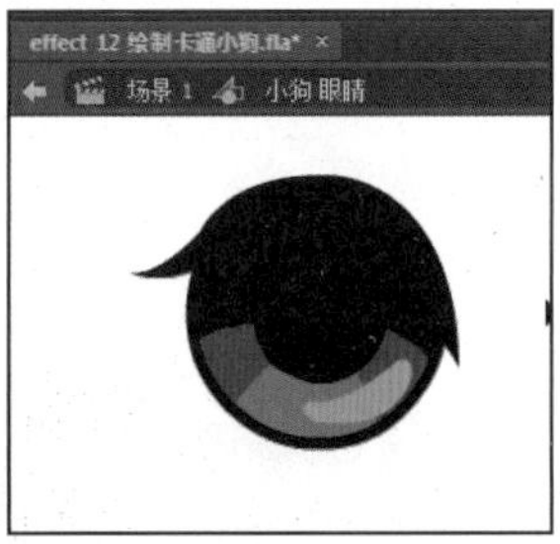

图3-73　填充其他部分颜色并删除多余线条

13 使用【椭圆工具】绘制一个白色填充的正圆形，并拖曳到眼睛的合适位置作为高光效果，如图3-74所示。

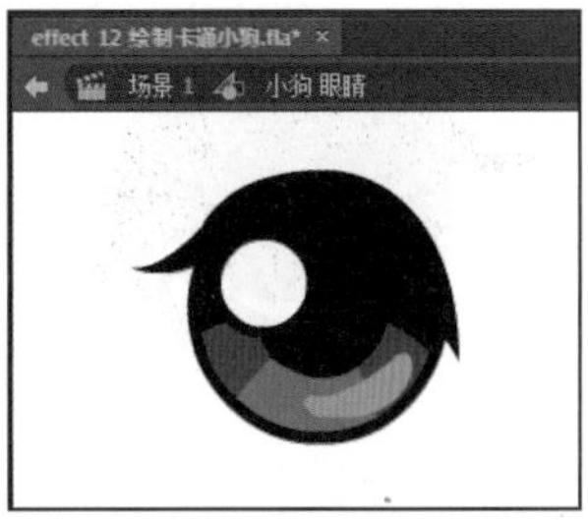

图3-74　绘制高光效果

14 使用同样的方法绘制出右边的眼睛，如图3-75所示。

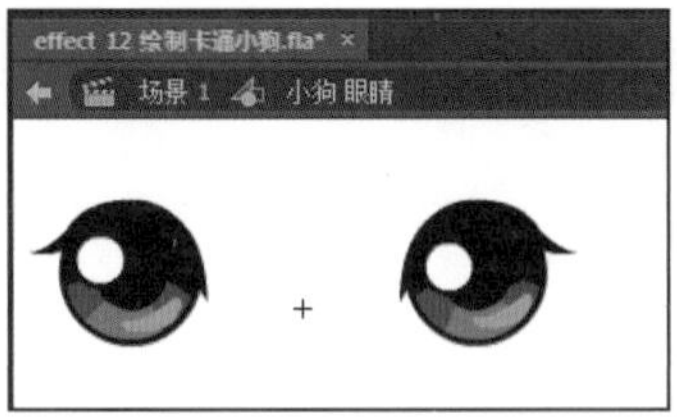

图3-75　绘制右边眼睛

15 在库中找到“小狗 头部”元件，双击进入该元件进行编辑，新建一个图层，并将原来的图层改名为“小狗 头部”，将新建的图层改名为“小狗 眼睛”，并将“小狗 眼睛”元件从库中拖曳到舞台的这个图层上，如图3-76所示。

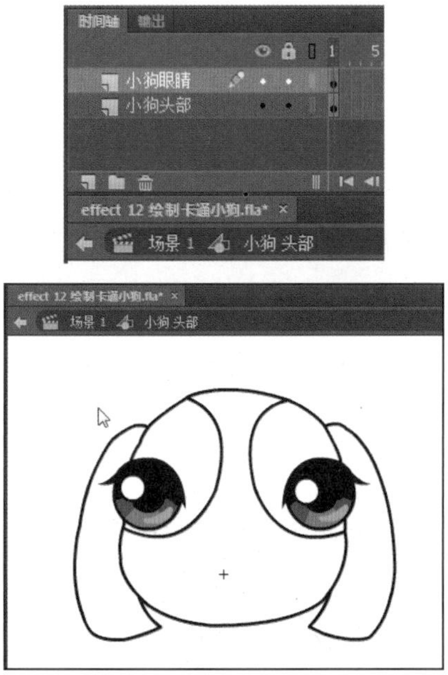

图3-76　把眼睛元件拖曳到舞台的合适位置

16 使用【钢笔工具】绘制小狗的鼻子和嘴巴，如图3-77所示。

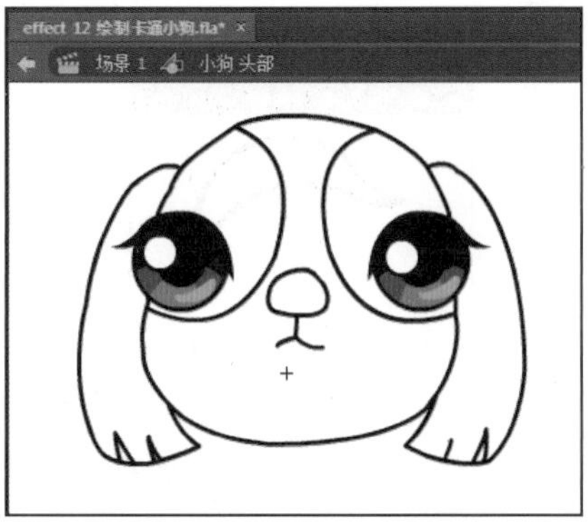

图3-77　绘制其他部分的线条

17 使用【颜料桶工具】为相应区域进行第一步上色，如图3-78所示。

图3-78　进行第一步上色

18 使用【钢笔工具】在如图3-79所示的区域绘制线条，为颜色层次做准备。

图3-79　绘制高光线条

19 为相应区域上色，并删除多余线条，如图3-80所示。

图3-80　对相应区域上色并删除多余线条

20 按【Ctrl + F8】新建一个元件名为“小狗 身体”的图形元件，并单击【确定】按钮以进入元件内编辑，如图3-81所示。

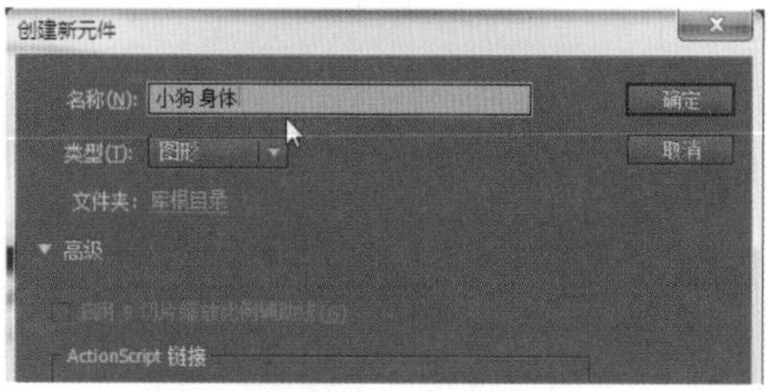

图3-81　新建小狗身体元件

21 使用【钢笔工具】绘制如图3-82所示的轮廓。

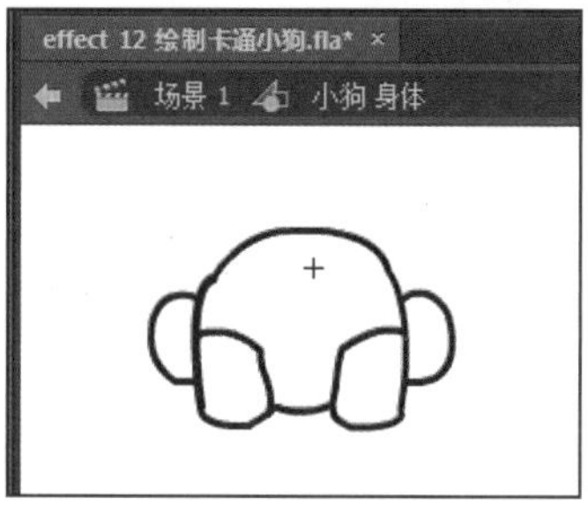

图3-82　绘制身体轮廓

22 使用【钢笔工具】对手和脚的轮廓进行描绘，如图3-83所示。

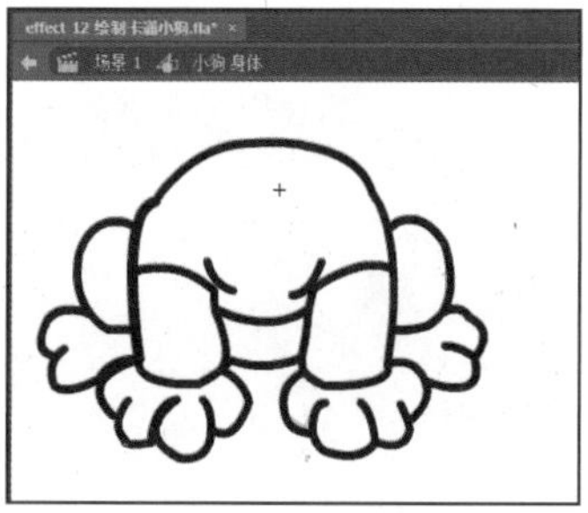

图3-83　绘制其他部位的轮廓

23 使用【颜料桶工具】对身体部位进行第一次上色，如图3-84所示。

图3-84　对身体部分进行第一次上色

24 使用【钢笔工具】或【线条工具】绘制阴影部位的轮廓，如图3-85所示。

25 分别对相应区域使用【颜料桶工具】进行上

色，上色完成后删除多余线条，效果如图3-86所示。

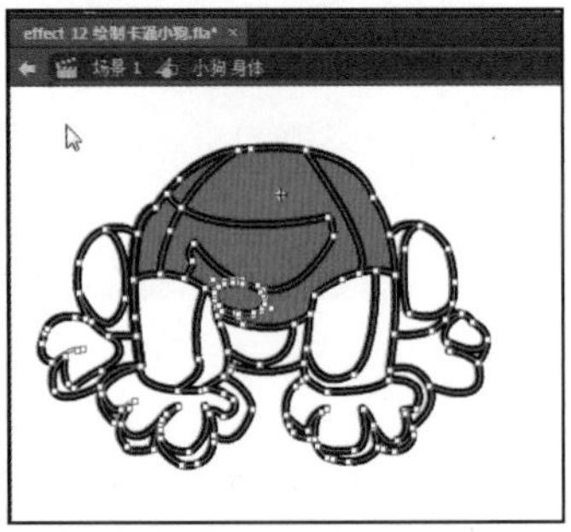

图3-85　绘制阴影部位的轮廓

图3-86　填充阴影部位的颜色

26 按【Ctrl + F8】新建一个图形元件，命名为“小狗”，单击【确定】按钮进入该元件内部进行编辑。如图3-87所示。

27 将“小狗 头部”和“小狗 身体”图形元件从库内拖曳至“小狗”元件内，并调节好位置，如果发现身体的层级处于头部的上方，则可以选中身体并点击右键，在弹出的菜单里选择【排列】|【移至底层】命令即可，完成后点击时间轴下方的“场景1”按钮以返回舞台，将“小狗”元件从库内拖曳到舞台上并保存文件。最终效果如图3-88所示。

图3-87　新建一个“小狗”元件

图3-88　最终效果图

本案例较为频繁地使用了【钢笔工具】，并对阴影部分的效果做了较为详细的示范，可能对于读者来说，一次性完成本案例的效果有较大的难度，不过本案例意在使读者对【钢笔工具】更加熟练的掌握，因为【钢笔工具】在绘制复杂轮廓中占有较大的地位，希望读者通过本案例的学习对该工具的使用更加娴熟。按【Ctrl + Enter】测试影片。

3.6　卡通小猫

本案例最终效果，如图3-89所示。

图3-89　案例最终效果

本案例将对“组”的概念进行讲解，并且通过“组”绘制类型相似的卡通形象。

01 新建一个空白Flash文档，并以文件名为“绘制卡通小猫”保存文件。

02 按快捷键【P】选择【钢笔工具】并在属性面板内设置其属性，如图3-90所示。

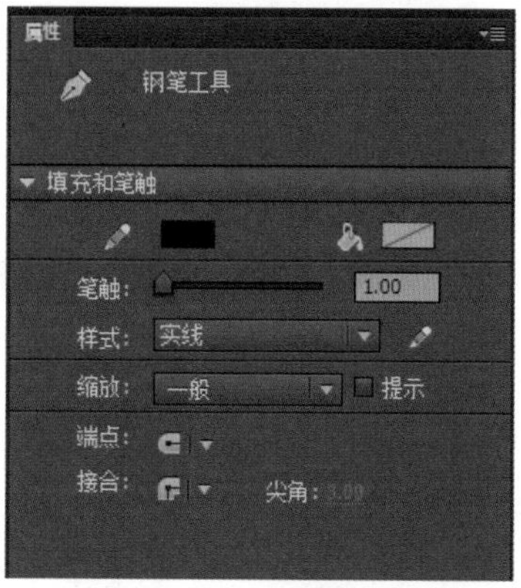

图3-90　设置【钢笔工具】属性

03 在舞台上绘制如图3-91所示的轮廓。

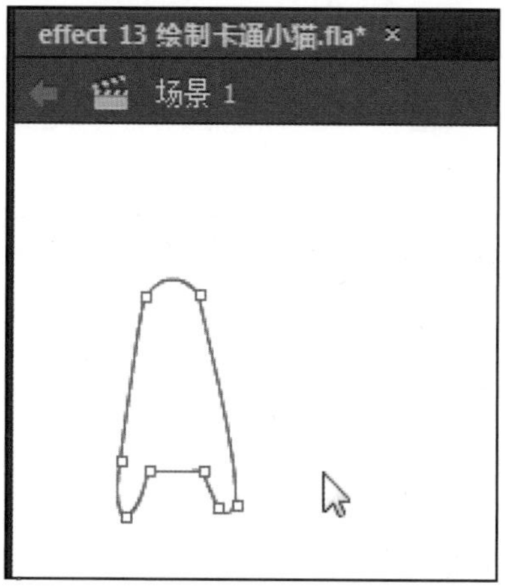

图3-91　绘制一个轮廓

04 使用【选择工具】框选所绘制的轮廓，或者双击线条以全选所有线条，执行【修改】|【组合】，或者按【Ctrl + G】，如图3-92所示。

05 如果上一步骤成功，可以看到刚才选中的线条不会再呈现出选择线条时的像素样式，而是外围有一个蓝色边框，效果如图3-93所示，与元件有点相似，但是其实和元件有本质的区别，它不会在库内存储，并且从它复制出的对象没有属性保留性，这点会在之后的讲解中介绍。

图3-92　执行“组合”命令

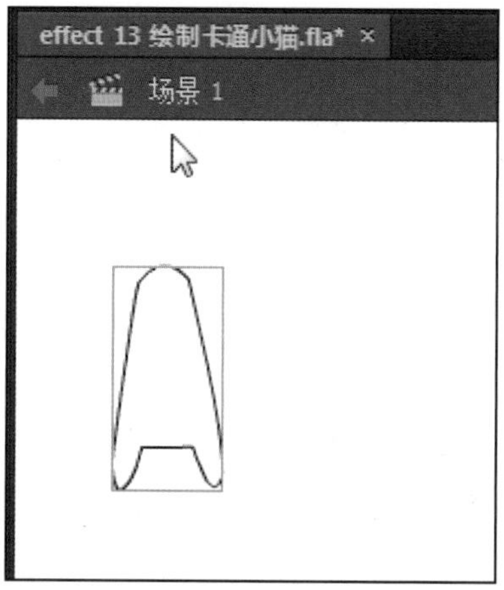

图3-93　成功添加为“组”后的轮廓

06 添加为“组”后的对象，也可以像元件一样，双击进入其内部编辑，但是组没有名字。与元件一样的是，在没有进入其内部时，无法对内部进行任何编辑操作，如图3-94所示为进入“组”的内部时，时间轴下方的显示效果，因为已经进入“组”的内部，故线条轮廓呈现可以编辑的状态。

07 返回场景1，以同样的方式使用【椭圆工具】在舞台上绘制一个圆形并选中，按【Ctrl + G】添加为组，放置在刚才绘制的轮廓上方，如图3-95所示。

08 全选两个组，按快捷键【Ctrl + C】复制，并粘贴一份放置在舞台外面以备下次使用，如图3-96所示。

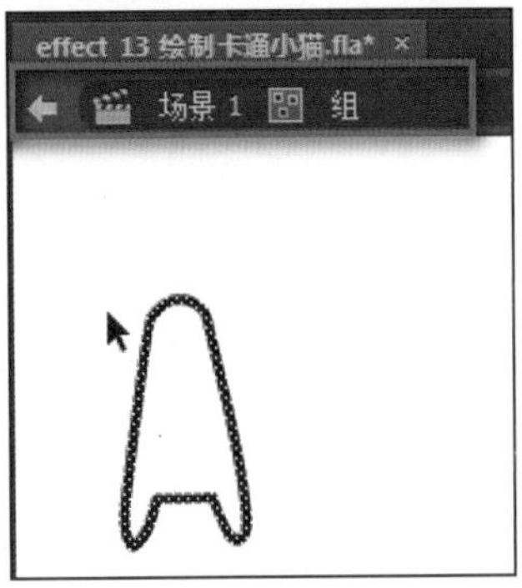

图3-94　进入“组”的内部

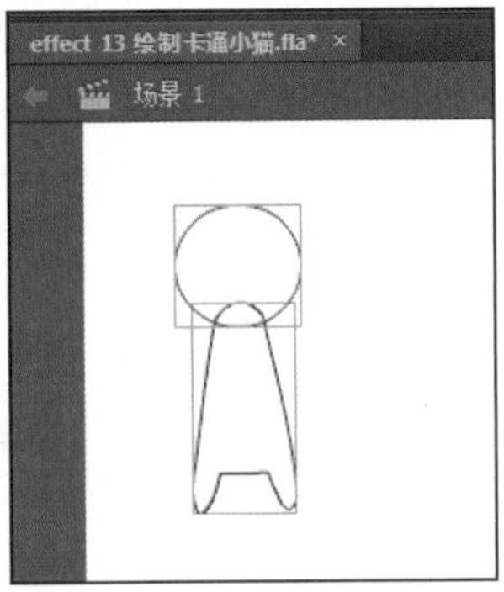

图3-95　绘制一个圆形并添加为组

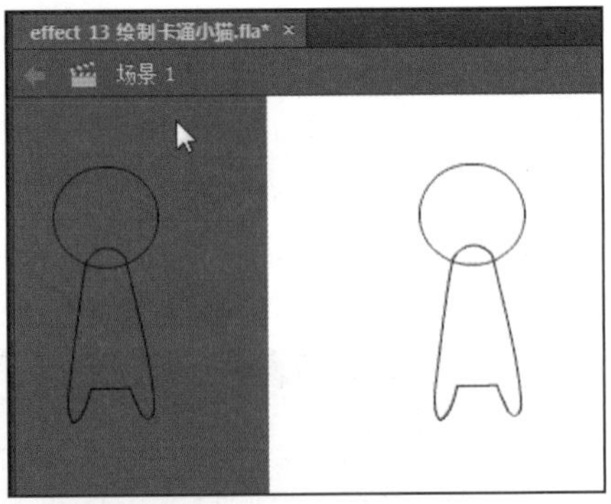

图3-96　将两个组粘贴一份备用

09 使用【选择工具】分别双击舞台中的两个组，并进入各自内部进行编辑，对轮廓进行进一步修饰，如图3-97所示。

图3-97　在各自组内进行轮廓编辑

10 采用同样的方法进入各自的组内，并使用【颜料桶工具】进行上色，这样便完成了一个小猫角色的绘制，上色后的效果如图3-98所示。

图3-98　在各个组内部进行颜色填充

11 刚才放置在舞台外部的两个组，现在能再次派上用场，如图3-99所示，可以再次复制这两个组，粘贴到舞台上，并且再次绘制另外一个猫的卡通角色。

图3-99　刚才绘制的组

12 复制该轮廓，粘贴在舞台上，此时可以再次使用上面同样的方法为其绘制出不同的轮廓，如图3-100所示。

图3-100　绘制新的卡通形象轮廓

13 使用【颜料桶工具】为新绘制的形象上色，如图3-101所示。

图3-101　为新绘制的形象上色

14 可以使用同样的方法，再次绘制另外一个卡通猫的形象，移动所有的猫到合适的位置，保存文件，最终效果如图3-102所示。按【Ctrl + Enter】测试影片。

图3-102　最终效果图

3.7　课后练习

3.7.1　大象

本案例的练习为绘制卡通大象，最终效果请查看配套光盘相关素材目录下的“3.7.1 卡通大象”文件。本案例大致制作流程如下：

01 使用【钢笔工具】绘制出大象的外轮廓。
02 为大象的身体做大致的颜色渐变设置。
03 描出高光部分的轮廓，并填充较深的颜色。
04 绘制眼睛部分和高光。
05 绘制一些圆形作为大象身上的斑点。

最终效果

3.7.2　卡通小鹿

本案例的练习为绘制卡通小鹿，最终效果请查看配套光盘相关目录下的“3.7.2 卡通小鹿”文件。本案例大致制作流程如下：

01 使用【钢笔工具】绘制出小鹿的外轮廓。
02 为小鹿的身体做大致的颜色渐变设置。
03 描出高光部分的轮廓，并填充较深的颜色。
04 绘制眼睛部分和高光。
05 绘制一些圆形作为小鹿身上的斑点。

最终效果

3.7.3 卡通小兔子

本案例的练习为绘制卡通小兔子，最终效果请查看配套光盘相关目录下的“3.7.3 卡通小兔子”文件。本案例大致制作流程如下：

01 使用【钢笔工具】绘制小兔子的轮廓线条，并为内部填充上第一次的颜色。

02 再次绘制内部高光的轮廓线条，并再次填充更深的颜色。

03 绘制脸部部分的轮廓，并填充颜色。

最终效果

3.7.4 卡通小羊

本案例的练习为绘制卡通小羊，最终效果请查看配套光盘相关目录下的“3.7.4 卡通小羊”文件。本案例大致制作流程如下：

01 用【钢笔工具】绘制小羊的外围轮廓，并填充颜色。

02 为阴影部分绘制轮廓并填充相应的颜色。

03 绘制眼睛和铃铛，以及头、角部分。

最终效果

3.7.5 Kitty猫

本案例的练习为绘制kitty猫，最终效果请查看配套光盘相关目录下的“3.7.5 Kitty猫”文件。本案例大致制作流程如下：

01 使用【钢笔工具】绘制Kitty猫的整体轮廓。

02 使用【椭圆工具】绘制出Kitty猫的眼睛和鼻子。

03 使用【线条工具】绘制小胡子。

04 填充合适的颜色。

最终效果

3.7.6 晨晨兔

本案例的练习为绘制晨晨兔，最终效果请查看配套光盘相关目录下的“3.7.6 晨晨兔”文件。本案例大致制作流程如下：

01 新建图形元件，使用【钢笔工具】绘制晨晨兔的头部和耳朵轮廓，并填充合适的颜色。

02 再次新建图形元件，绘制出身体，并填充相应颜色。

03 最后把两个元件拖曳到舞台，摆放到合适位置。

最终效果

第4章

场景绘制篇

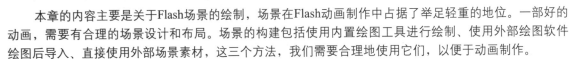

本章的内容主要是关于Flash场景的绘制，场景在Flash动画制作中占据了举足轻重的地位。一部好的动画，需要有合理的场景设计和布局。场景的构建包括使用内置绘图工具进行绘制、使用外部绘图软件绘图后导入、直接使用外部场景素材，这三个方法，我们需要合理地使用它们，以便于动画制作。

本章学习重点：

1．熟悉渐变颜色的方向控制

2．熟悉对图层的操作

3．了解元件的层叠关系

4．掌握旋转复制元件

5．掌握多边形工具并熟练钢笔工具的使用

6．了解元件的高级设置

4.1 雪地场景

本案例最终效果，如图4-1所示。

图4-1 案例最终效果

01 新建一个空白Flash文档，并以“绘制雪地场景”为文件名进行保存。

02 双击位于时间轴上的“图层1”，并更改名字为“背景”，如图4-2所示。

03 选择菜单栏内的【矩形工具】，在颜色面板内将填充颜色的属性设置为如图4-3所示的状态。

04 使用上6面所设置的颜色在舞台上绘制一个矩形，绘制完成后，双击该矩形的填充以选中整个矩形。在属性面板内将“位置和大小”设置为如图4-4所示的状态，因为空白Flash默认的舞台尺寸为550 ×400，所以按照图示设置后，将会使矩形左上角对齐舞台左上角，并且铺满整个舞台。

图4-2 修改图层名字

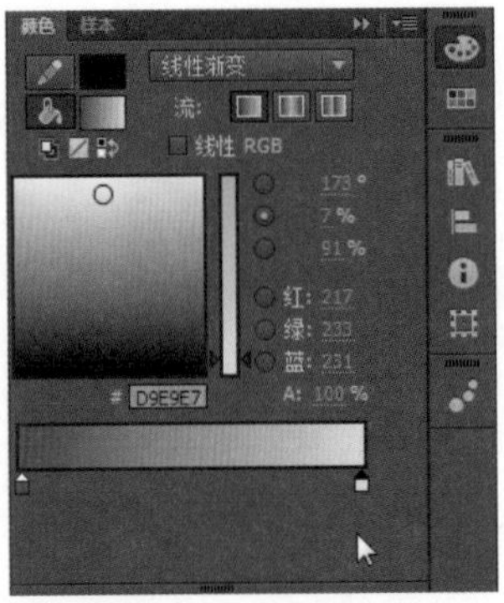

图4-3 设置渐变填充

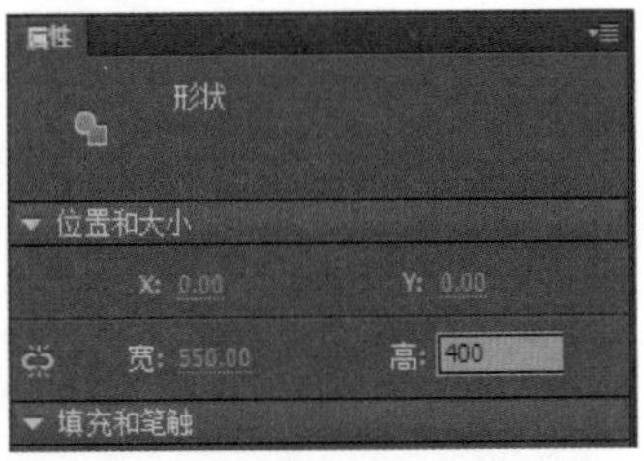

图4-4 设置矩形的位置和大小

05 用【渐变变形工具】将矩形的填充旋转90°，旋转后的样式如图4-5所示，以呈现自上而下的渐变效果，颜色由上到下逐渐变浅。

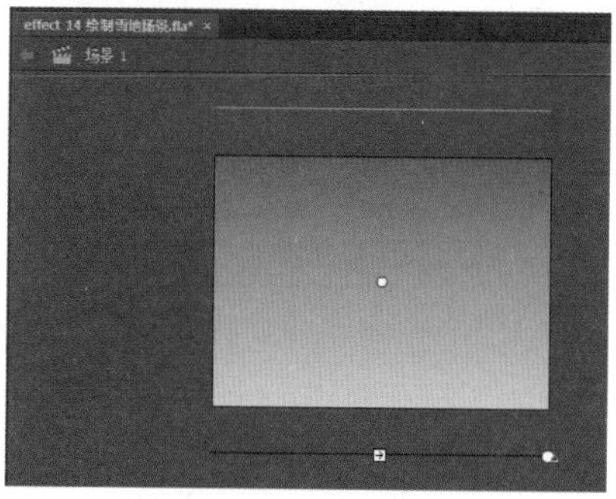

图4-5　调整渐变的方向

06 新建一个图层，并命名为“雪山”，如图4-6所示，该图层将会出现在“背景”图层的上方，并锁定“背景”图层。

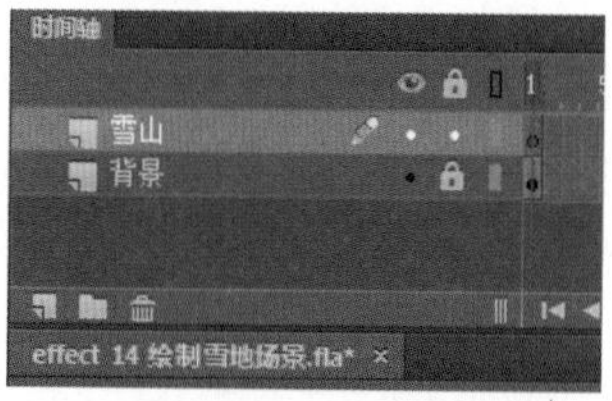

图4-6　新建一个“雪山”图层并锁定“背景”图层

07 使用【钢笔工具】绘制如图4-7所示的雪山轮廓。

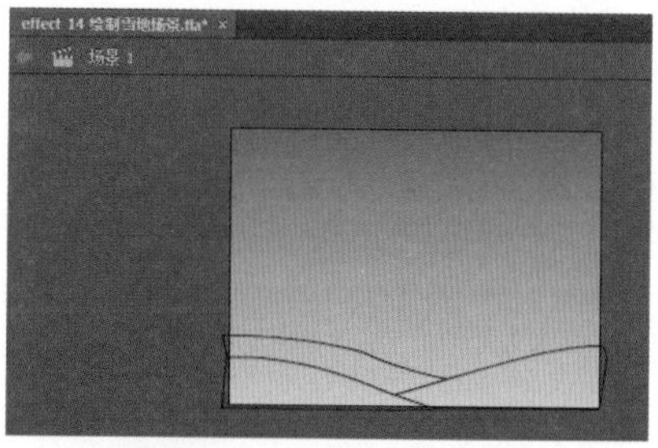

图4-7　绘制雪山轮廓

08 选择工具栏内的【颜料桶工具】，将颜色面板内的填充颜色改为如图4-8所示的颜色。

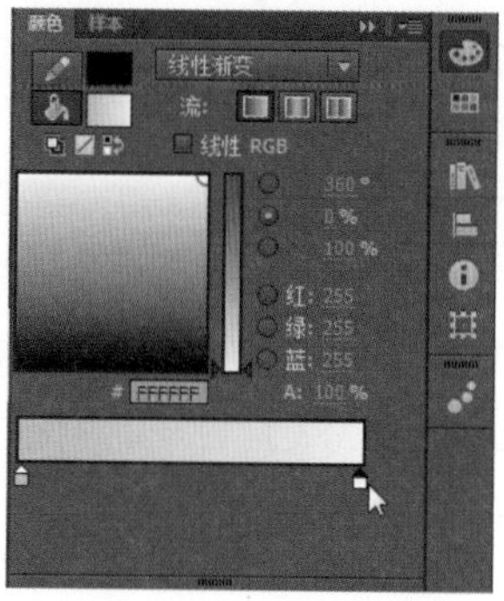

图4-8　设置渐变填充样式

09 使用【颜料桶工具】为雪山上色，再使用【渐变变形工具】将渐变的方向改变为垂直方向。修改完后将线条轮廓全选并删除，如图4-9所示。

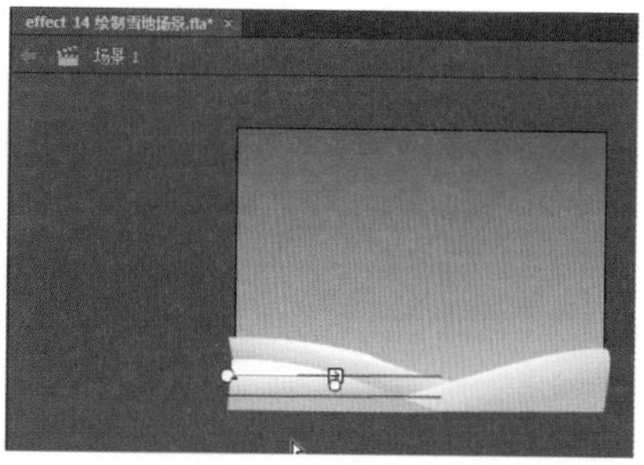

图4-9　填充颜色后修改渐变方向

10 再次新建一个“房屋”图层，将其拖曳到图层“雪山”的下方，如图4-10所示。

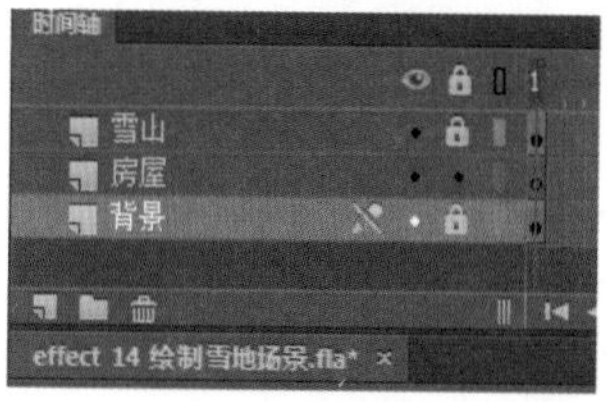

图4-10　新建一个图层并锁定雪山图层

11 选择【矩形工具】，在颜色面板内设置如图4-11所示的渐变填充颜色，并将属性面板内的“矩形选项”内的“矩形边角半径”设置为8。

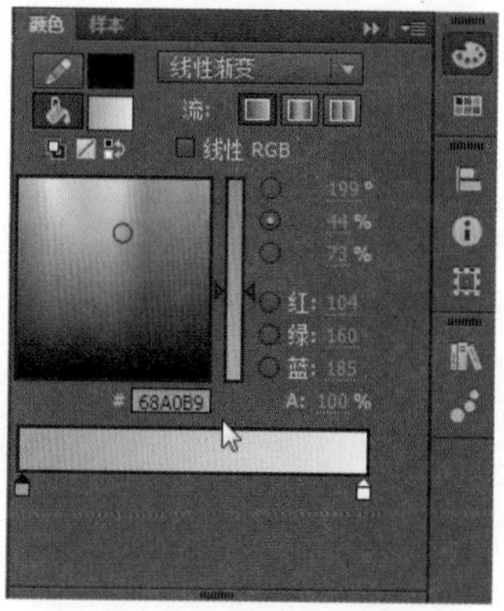

图4-11　设置填充渐变

12 绘制一个矩形，并使用【渐变变形工具】调整渐变为如图4-12所示的方向。完成后可以在矩形内绘制一些颜色较深的小矩形作为窗户，并使用快捷键【Ctrl + G】将该矩形构成一个单独的组，以避免和其他绘制的房屋产生像素上的重叠。

图4-12　绘制矩形并改变填充方向

13 绘制更多样式的房屋和窗户，并合理使用层叠排序以使所有的房屋都在合理的位置。完成后如图4-13所示。

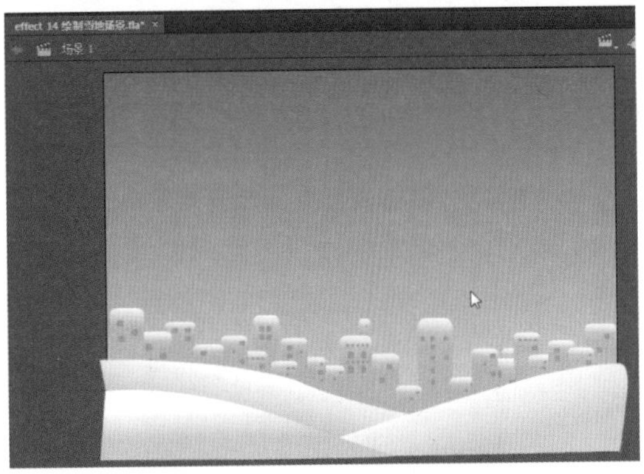

图4-13　绘制所有其他的房屋

14 锁定“房屋”图层，在图层“雪山”的上方再次新建一个图层，并命名为“雪花”，如图4-14所示。

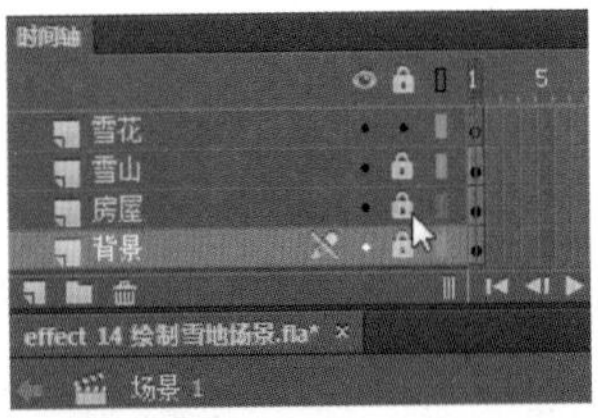

图4-14　新建一个“雪花”图层

15 在舞台空白的地方使用【线条工具】用白色的线条绘制如图4-15所示的线条轮廓。

图4-15　绘制线条轮廓

16 全选上面所绘制的线条后，按【Ctrl + G】组合，使用【任意变形工具】将空心的旋转点移动到如图4-16所示的位置。

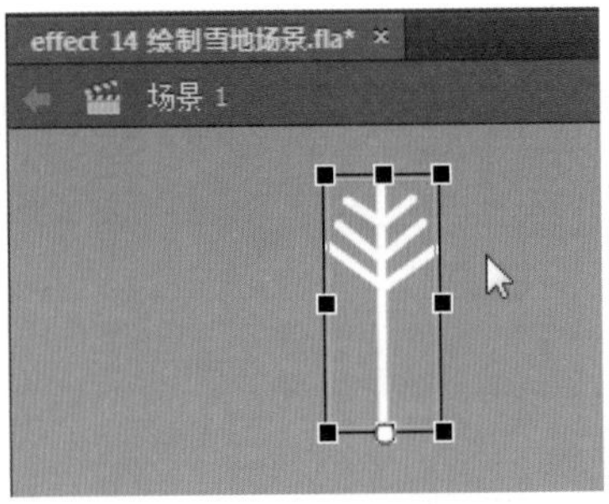

图4-16　移动旋转点

17 打开“变形”面板，将数值调节为如图4-17所示的状态，并点击右下方的“重置选区和变形”按钮。

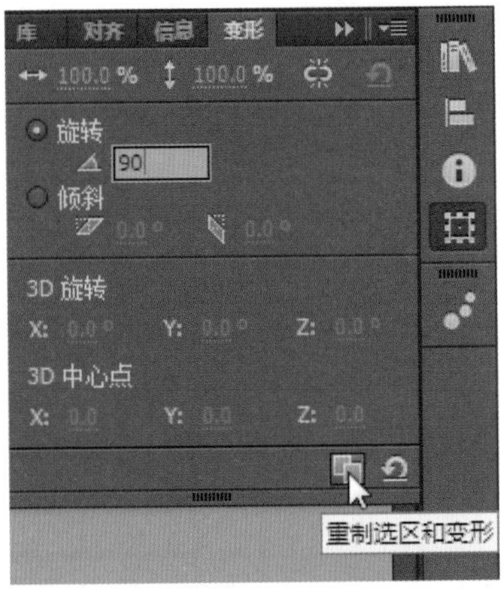

图4-17　修改变形面板内数值

18 重复点击几次“重置选区和变形”按钮后，将会把刚才的图形复制为如图4-18所示的状态。

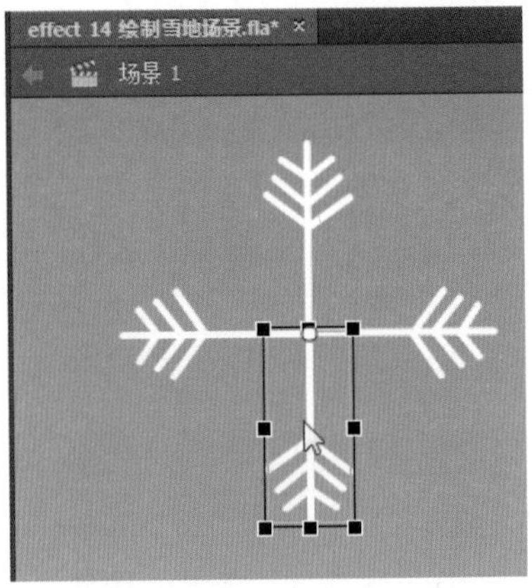

图4-18　使用变形将图形复制

19 使用上面的方法或结合复制、粘贴及【钢笔工具】，并将完成的图形按【F8】转换为图形元件，并且命名为“雪花”，调整雪花为如图4-19所示的状态。

20 使用复制、粘贴命令并配合【任意变形工具】，将雪花放置在舞台的各个位置，在选中雪花的状态下，在属性面板内将“色彩效果”里的样式选择Alpha选项，之后可以修改透明度，如图4-20所示。

图4-19　绘制雪花的其他部分

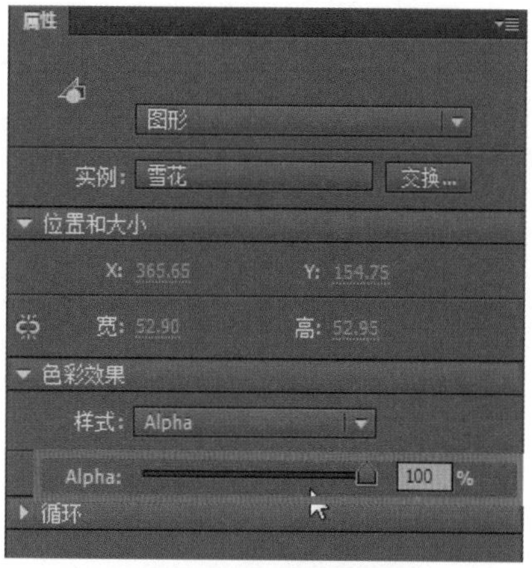

图4-20　修改透明度

21 摆好所有的雪花并保存文件，效果如图4-21所示。按【Ctrl + Enter】测试影片。

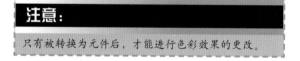

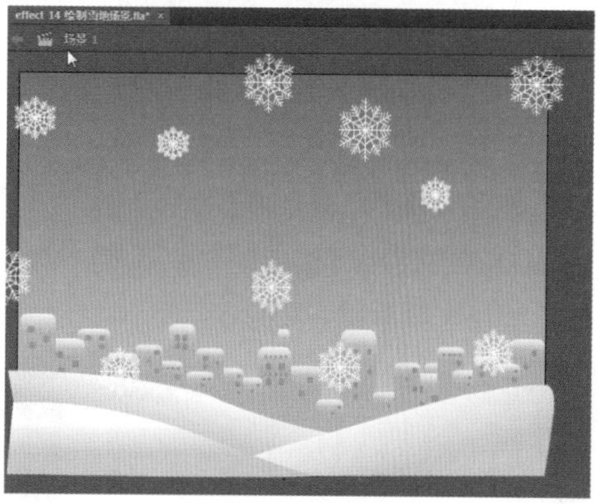

图4-21　最终效果图

注意：

只有被转换为元件后，才能进行色彩效果的更改。

4.2　草原场景

本案例最终效果，如图4-22所示。

图4-22　案例最终效果

01 新建一个空白Flash文档，并以文件名“绘制草原场景”保存文件。

02 将舞台大小更改为600×480，如图4-23所示。

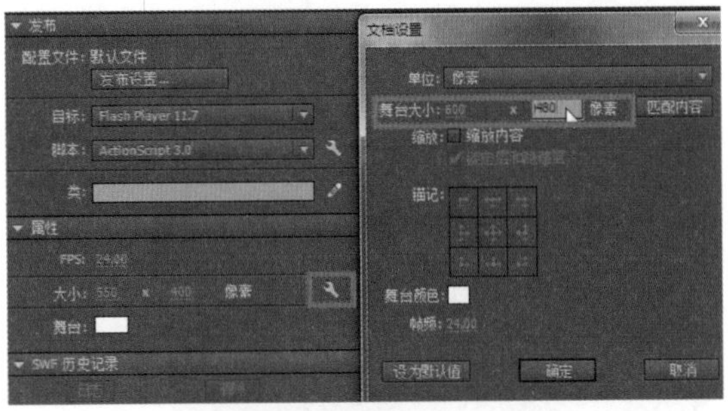

图4-23 设置舞台尺寸

03 在时间轴内将图层1改名为“草地”，如图4-24所示。

图4-24 修改图层名称

04 在舞台下方使用【钢笔工具】绘制草地的轮廓，如图4-25所示。

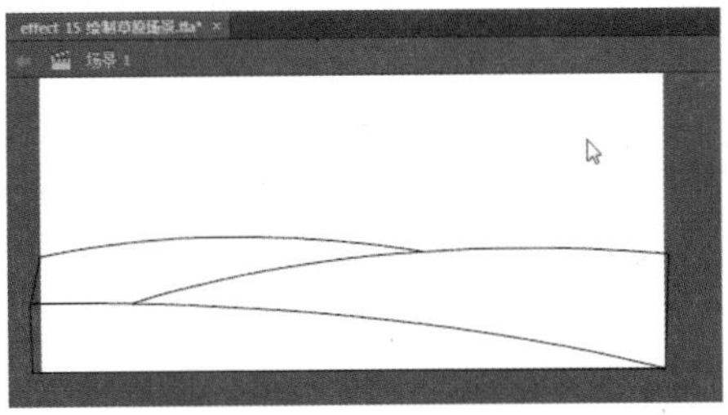

图4-25 绘制草地轮廓

05 使用【颜料桶工具】，并在颜色面板内将渐变设置为图4-26所示的状态。

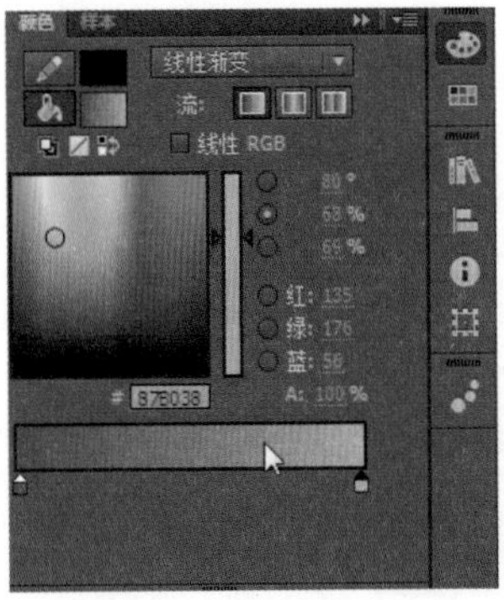

图4-26 设置渐变样式

06 为草地部分填充该渐变颜色，并使用【渐变变形工具】修改渐变的方向，颜色由上到下变深。之后删除之前绘制的轮廓线条，如图4-27所示。

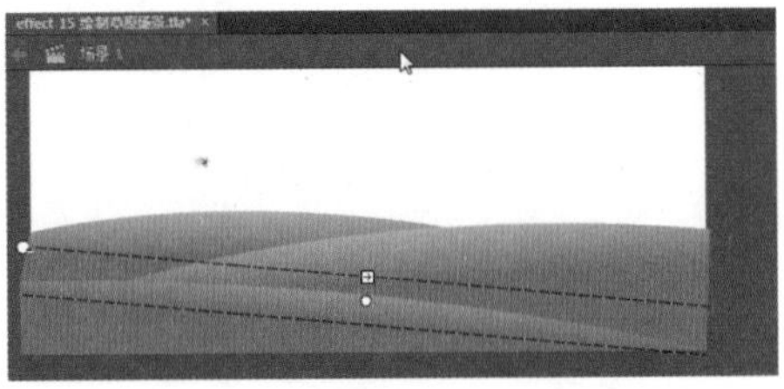

图4-27 修改渐变方向并删除轮廓线条

07 新建一个图层，命名为“云朵”，拖曳该图层使该图层位于“草地”图层的下方，如图4-28所示。

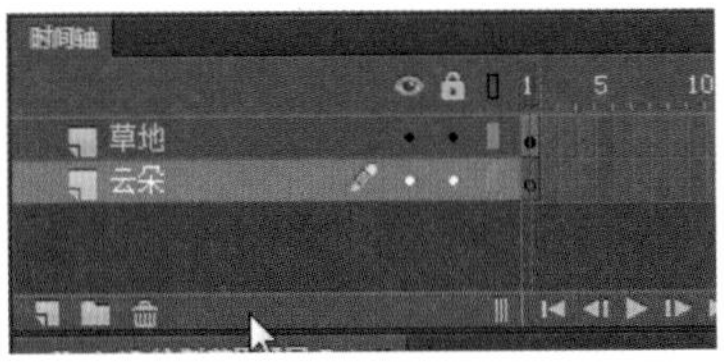

图4-28 新建“云朵”图层

08 使用【钢笔工具】在舞台空白部分绘制云朵的轮廓，如图4-29所示。

图4-29 绘制云朵的轮廓

09 在其他位置用同样方法绘制更多样式不同的云朵，并安排好位置。如图4-30所示。

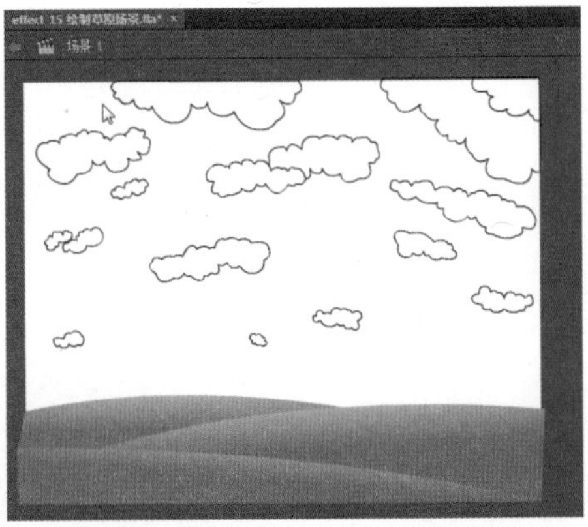

图4-30 绘制其他云朵的轮廓线条

10 选择【颜料桶工具】，并在颜色面板内将渐变颜色改为如图4-31所示的状态。

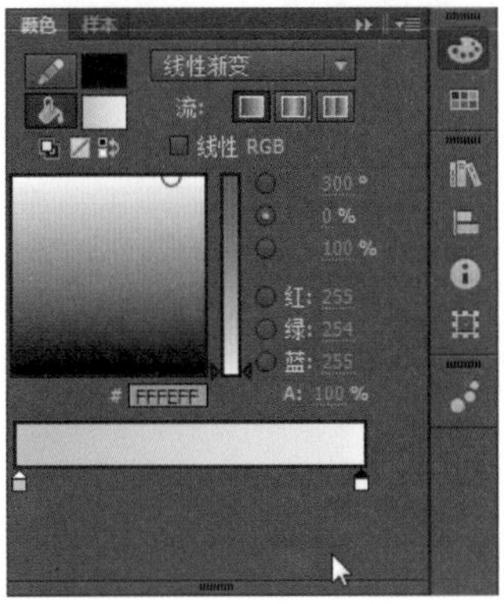

图4-31　设置渐变样式

11 为所有云朵进行填充颜色，并使用【渐变变形工具】改变一些渐变的方向，随后删除所有云朵的线条轮廓，如图4-32所示。

图4-32　填充颜色并删除轮廓线条

12 或许此时云朵看不太清楚，但还需要一个背景来衬托。设置一个如图4-33所示的渐变样式。

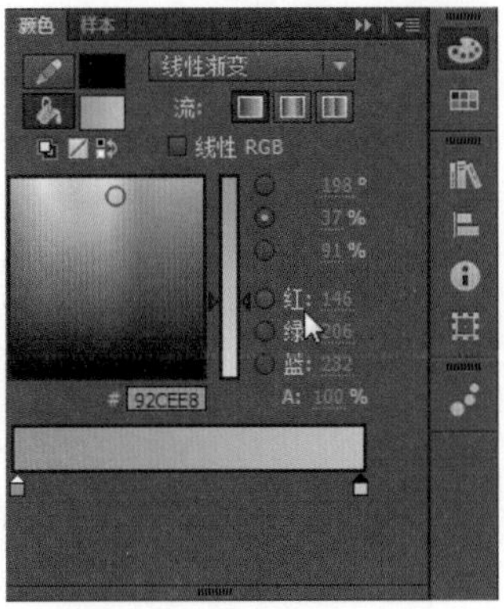

图4-33　设置渐变样式

13 新建一个图层，命名为“背景”，并拖曳该图层到所有图层的下面，并锁定云朵层，如图4-34所示。

图4-34　新建背景图层

14 使用【矩形工具】绘制一个矩形，该矩形将使用到刚才设置的渐变填充，绘制完成后选中该矩形并在属性面板内将数据设置成如图4-35所示的状态。

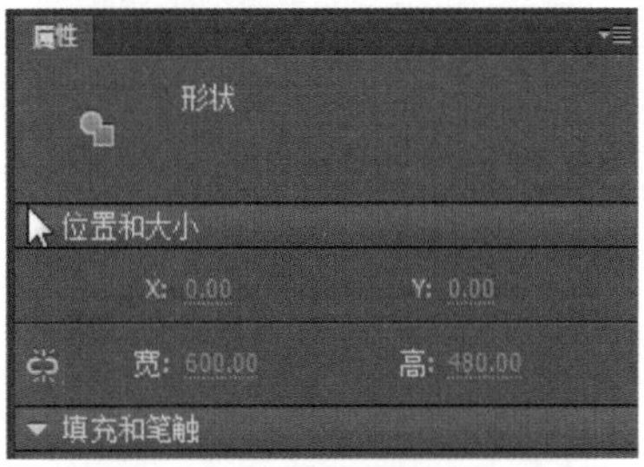

图4-35　设置矩形位置和大小

15 使用【渐变变形工具】改变矩形的渐变方向，效果如图4-36所示。

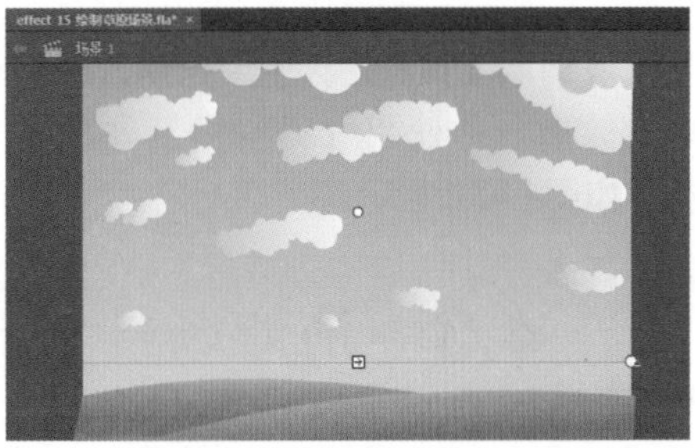

图4-36　改变矩形的渐变方向

16 新建一个图层，命名为“树”，并拖曳至“草地”图层的下方，并锁定“背景”图层。

17 使用【钢笔工具】绘制一个树的轮廓，如图4-37所示。

图4-37　绘制树的轮廓

18 使用【颜料桶工具】为树填充合适的颜色，并删除轮廓线条，如图4-38所示。

图4-38　填充颜色并删除线条

19 在“树”图层的上方新建一个图层，命名为“鸟”，如图4-39所示。

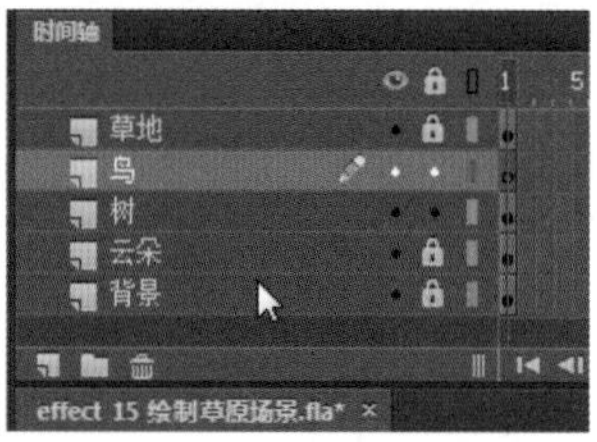

图4-39　新建“鸟”图层

20 使用【钢笔工具】在天空中绘制几个简单的鸟的轮廓，并使用【颜料桶工具】填充颜色，如图4-40所示。

图4-40　绘制小鸟

21 保存文件，可以看到最终效果如图4-41所示。按【Ctrl + Enter】测试影片。

图4-41　最终效果图

4.3　海滩场景

本案例最终效果，如图4-42所示。

图4-42　案例最终效果

01 新建一个空白Flash文件，并以文件名为“绘制海滩场景”保存文件。

02 将图层1重命名为“背景”，并使用【矩形工具】在舞台上绘制一个矩形，选择一种天空蓝，并在属性面板内设置其属性，如图4-43所示。

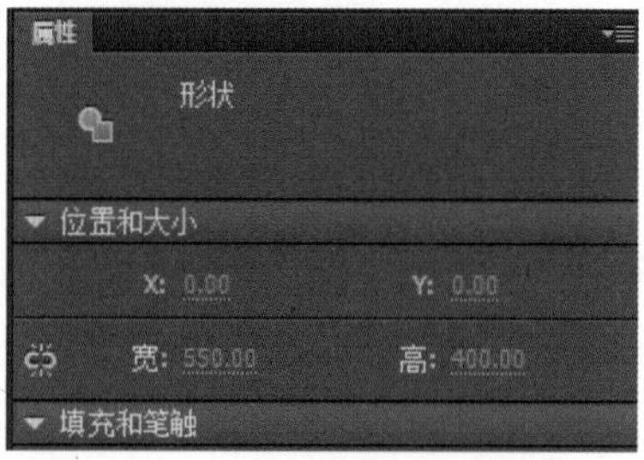

图4-43　设置矩形的位置和大小

03 锁定“背景”图层，新建一个图层，命名为“海”，放置于“背景”图层的上方，如图4-44所示。

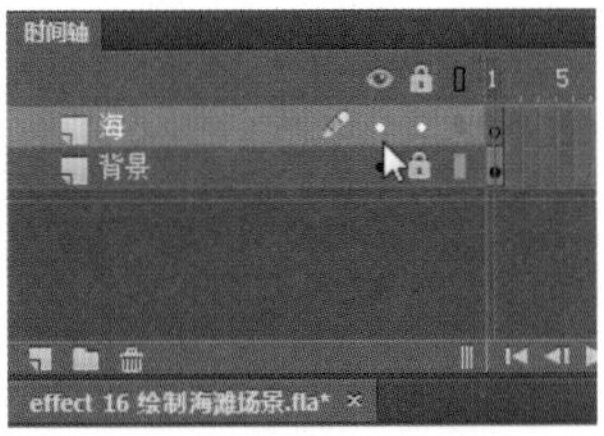

图4-44　新建“海”图层

04 使用【矩形工具】在舞台下方绘制一个矩形构成海面，颜色选择较深的蓝色，如图4-45所示。

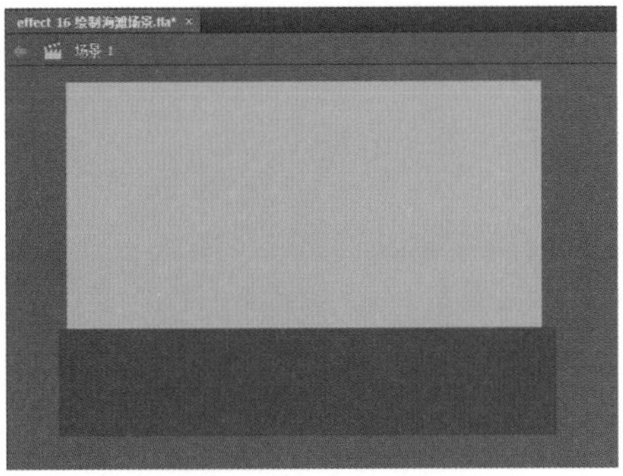

图4-45　绘制较为深色的矩形

05 使用【钢笔工具】在海面绘制几个简单的波浪形状，并填充较浅的蓝色，如图4-46所示。

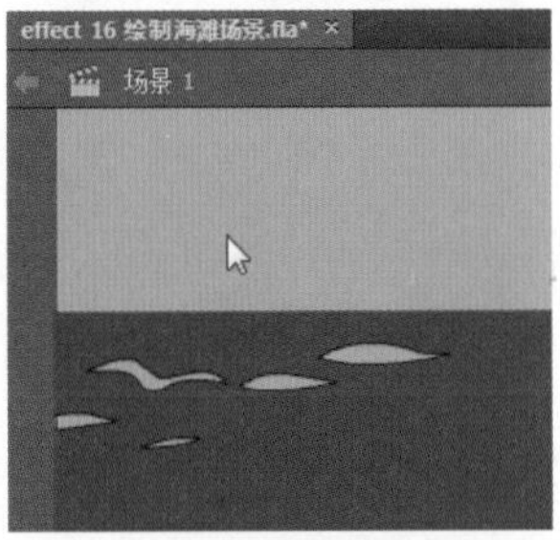

图4-46　绘制波浪

06 删除波浪的线条，锁定图层“海”。新建一个图层，命名为“沙滩”，拖曳该图层位于图层“海”的上方。

07 使用【钢笔工具】绘制如图4-47所示的沙滩轮廓。

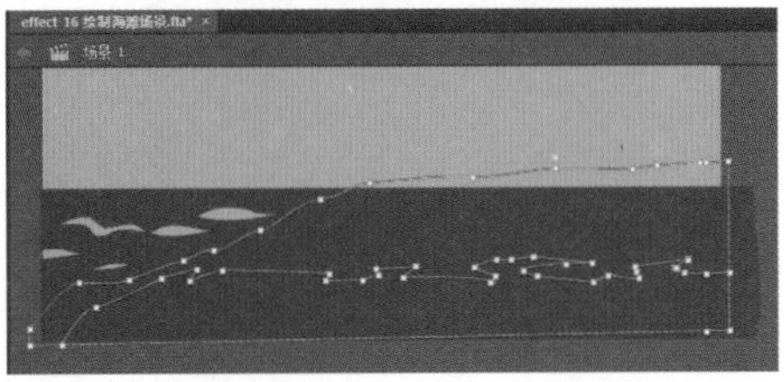

图4-47　绘制沙滩的轮廓

08 使用【颜料桶工具】为沙滩的不同区域上色，上色后删除沙滩轮廓线条，效果如图4-48所示。

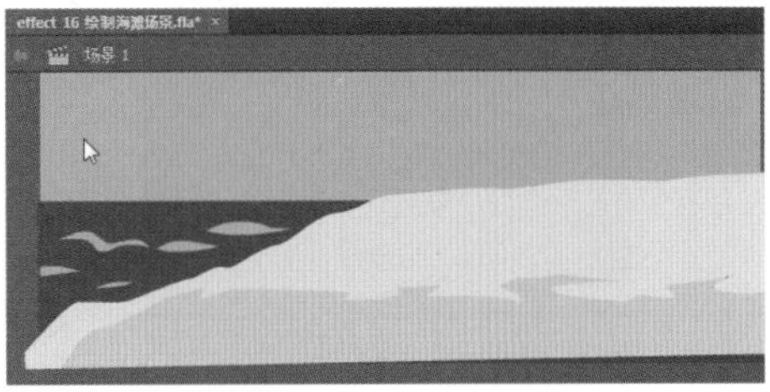

图4-48　为沙滩填充颜色

09 新建一个图层，命名为“云”，并且将其拖曳至“海”和“背景”图层中间，如图4-49所示。

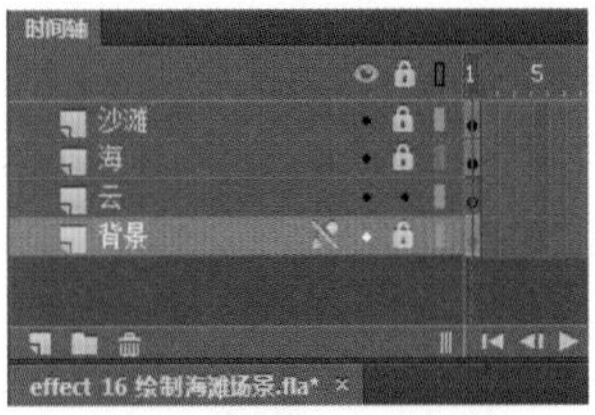

图4-49　新建“云”图层

10 使用【钢笔工具】在“云”图层上绘制一些不同样式的云朵轮廓，如图4-50所示。

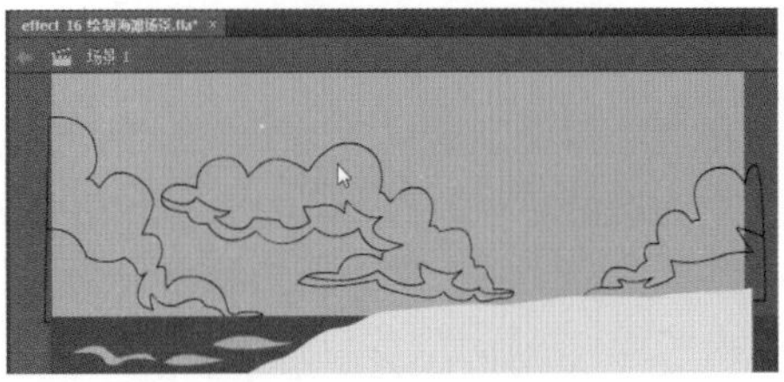

图4-50　绘制云朵的线条

11 使用【颜料桶工具】为云朵上色，上色完成后删除云朵的轮廓线条，效果如图4-51所示。

图4-51　为云朵添加填充并删除轮廓线条

12 新建一个图层，命名为“太阳伞”，将其拖动到所有图层的上方，并把图层“云”锁定，如图4-52所示。

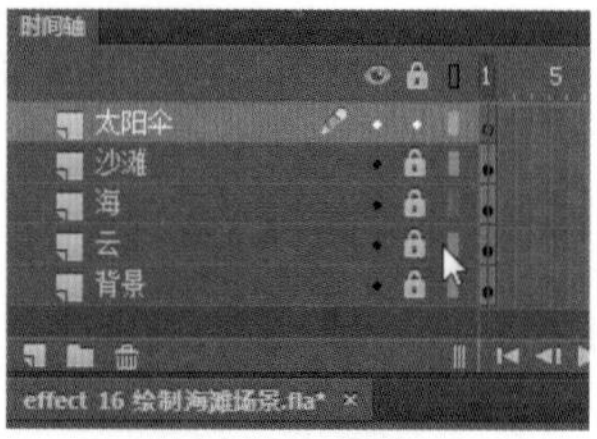

图4-52　新建一个图层并拖曳至最上层

13 使用【钢笔工具】绘制一个太阳伞的轮廓，如图4-53所示。

图4-53　绘制太阳伞的轮廓

14 使用【颜料桶工具】为太阳伞的不同区域填充不同的颜色，并按【Ctrl + G】组合所有伞的部位，之后在伞的下方绘制一个阴影，效果如图4-54所示。

图4-54　为太阳伞填充颜色并添加阴影

15 新建一个图层，命名为“毯子”，并使之在最顶层，使用【线条工具】绘制如图4-55所示的轮廓。

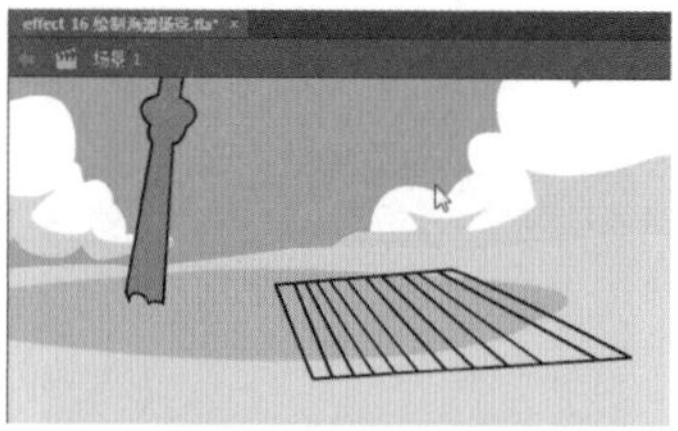

图4-55　绘制轮廓

16 使用【颜料桶工具】填充颜色，效果如图4-56所示。

图4-56　为毯子上色

17 新建一个图层，命名为“太阳”。选择【椭圆工具】后，在颜色面板内将颜色设置为如图4-57所示的状态，颜色由完全不透明的白色渐变到完全透明的白色。

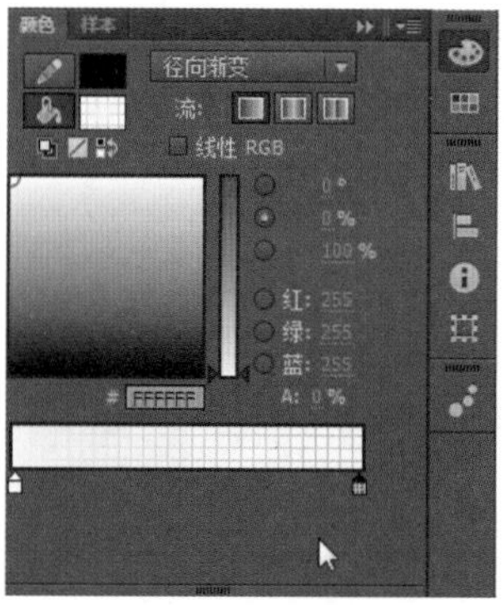

图4-57　渐变设置

18 在舞台左上角绘制一个正圆形，绘制完成后使用【渐变变形工具】调整渐变，如图4-58所示。

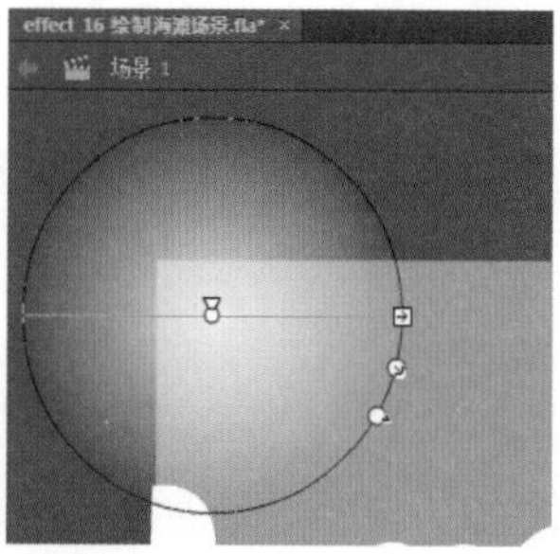

图4-58　绘制圆形并调整渐变

19 将刚才绘制的圆形选中后按【Ctrl + G】组合，并使用【椭圆工具】在旁边绘制一些普通白色的正圆形，以表示光晕效果，如图4-59所示。

图4-59　绘制光晕效果

20 保存文件，最终效果图如图4-60所示。按【Ctrl + Enter】测试影片。

图4-60　最终效果图

4.4　夜间场景

本案例最终效果，如图4-61所示。

图4-61　案例最终效果

01 创建一个空白Flash文件，并以文件名为“绘制夜间场景”保存文件。

02 在属性面板中设置舞台的尺寸为560 × 350，如图4-62所示。

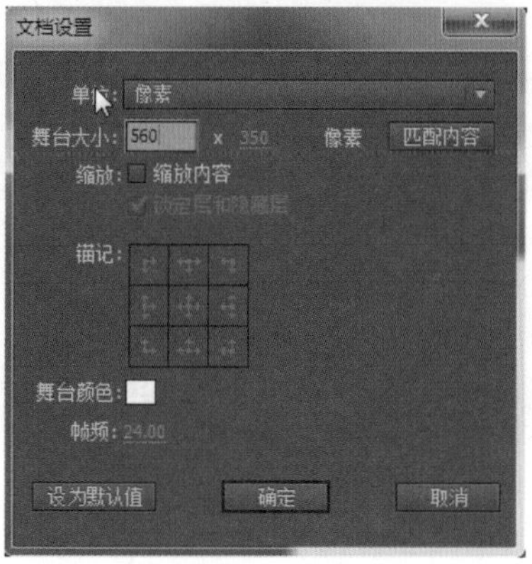

图4-62　设置舞台尺寸

03 按组合键【Ctrl + F8】新建一个影片剪辑元件，并命名为“背景”，如图4-63所示。

图4-63　创建新影片剪辑元件

04 点击【确定】按钮后进入影片剪辑内部，选择工具栏中的【矩形工具】，并在颜色面板中设置填充颜色属性如图4-64所示。

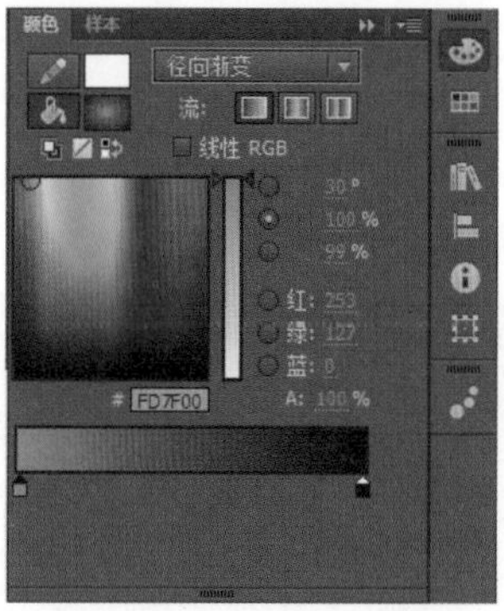

图4-64　设置渐变颜色

05 在舞台上使用【矩形工具】绘制一个矩形，再使用【渐变变形工具】调整渐变，如图4-65所示。

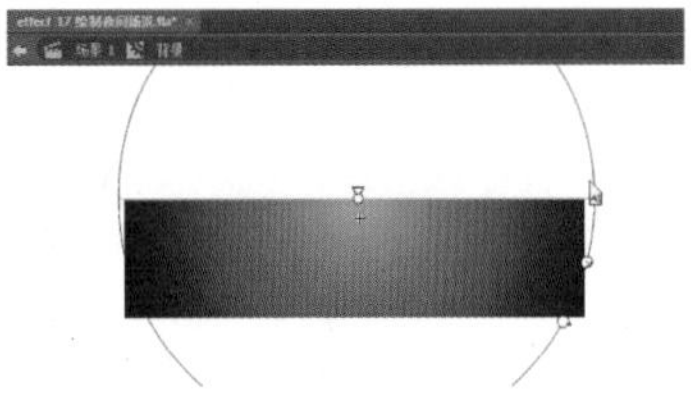

图4-65 调整渐变形状

06 再次设置颜色面板中的颜色，如图4-66所示。

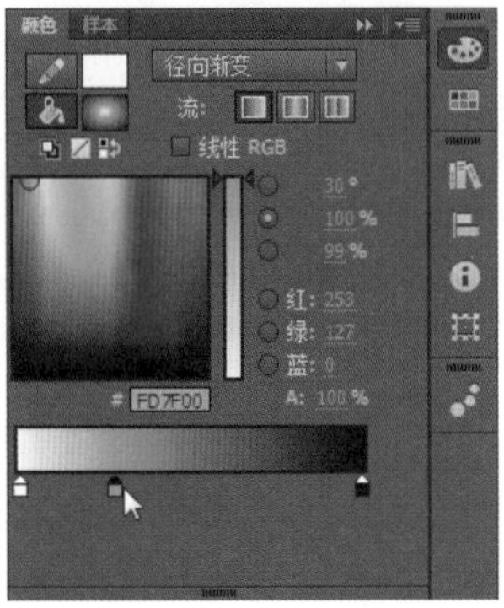

图4-66 设置渐变颜色

07 使用【矩形工具】在刚才绘制的矩形上再次绘制一个矩形，并使用【渐变变形工具】调整渐变颜色，如图4-67所示。

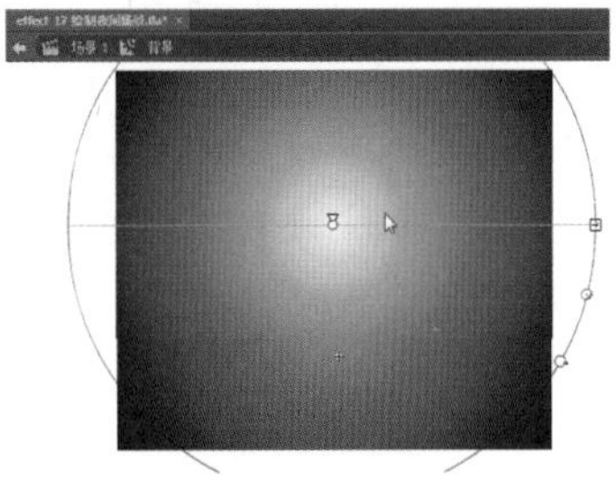

图4-67 调整渐变颜色

08 返回主场景，将图层1重命名为“背景”，并将库中的“背景”元件拖曳至舞台上，并在属性面板中设置影片剪辑的色彩效果，如图4-68所示。

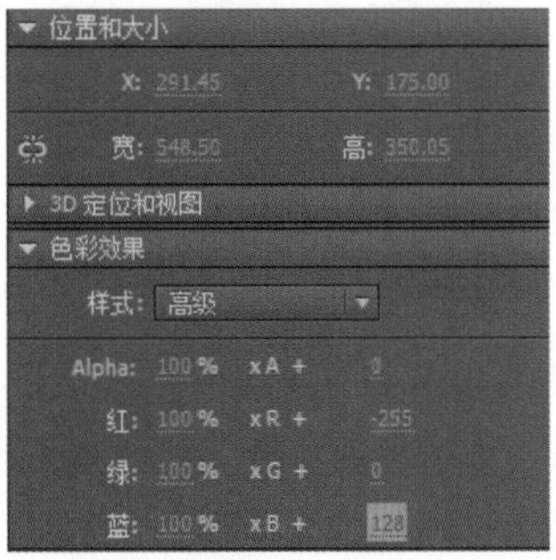

图4-68 设置影片剪辑的色彩效果

09 完成后的影片剪辑效果，如图4-69所示。

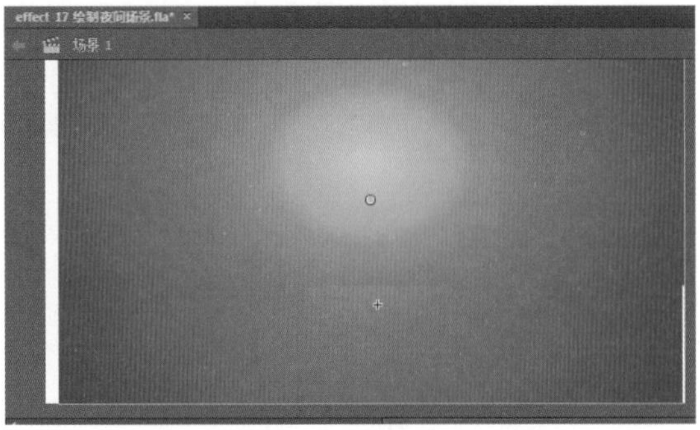

图4-69 设置色彩效果后的样式

10 隐藏背景层，新建一个图层，命名为“树丛”，并选择工具栏内的【钢笔工具】，绘制如图4-70所示的轮廓，轮廓较为复杂，可以分多次绘制，大致效果达到即可，实现树丛的感觉，并填充黑色。

图4-70 绘制树丛的轮廓

11 最终效果如图4-71所示，按【Ctrl + Enter】测试影片。

图4-71 最终效果图

4.5　课后练习

4.5.1　城堡场景

本案例的练习为绘制城堡场景，最终效果请查看配套光盘相关目录下的“4.5.1 城堡场景”文件。本案例大致制作流程为下：

01 绘制一个线性渐变填充的矩形背景。

02 绘制城堡外围的轮廓线条。

03 绘制窗户和顶棚的纹理。

04 为所有的间隙填充颜色。

案例效果

4.5.2　乡村小路场景

本案例的练习为绘制乡村小路场景，最终效果请查看配套光盘相关目录下的“4.5.2 乡村小路场景”文件。本案例大致制作流程为下：

01 使用【矩形工具】绘制天空背景，填充渐变色，天空中的白色云雾使用【钢笔工具】绘制轮廓，填充渐变，并调整透明度。

02 使用【钢笔工具】绘制树丛轮廓，并填充渐变。

03 同样绘制出花朵与叶子的轮廓，填充合适的颜色，绘制完成可复制粘贴以形成完美的花簇。

04 接下来绘制栅栏、草地和小路，并填充颜色。

案例效果

4.5.3 街角场景

本案例的练习为绘制街角场景，最终效果请查看配套光盘相关目录下的“4.5.3 街角场景”文件。本案例大致制作流程为下：

01 绘制天空和云层，填充颜色，云层颜色需调节透明度。

02 绘制远方建筑的轮廓，填充颜色。

03 采用同样方法绘制近景树木、花坛的轮廓，按照由远及近的顺序绘制，填充合适的颜色。

04 绘制路灯、垃圾桶、椅子和路牌轮廓与填充。

案例效果

4.5.4 春天小路场景

本案例的练习为绘制春天小路场景，最终效果请查看配套光盘相关目录下的“4.5.4 春天小路场景”文件。本案例大致制作流程为下：

01 使用【矩形工具】绘制天蓝色到白色的渐变背景矩形。

02 使用【钢笔工具】绘制草地和道路的轮廓，并填充相应颜色。

03 再次绘制一些矩形并调整形状组成房屋，并填充相应的颜色。

04 绘制一些花朵的轮廓，并填充不同的颜色，多粘贴一些花朵到草地上。

案例效果

第5章

逐帧动画篇

逐帧动画是动画中最基本的组成部分，它就像以前小时候玩的“翻书动画”一样。虽然制作起来相对复杂，但是制作出来的效果往往比别的动画播放起来更加流畅、精致。同样的，我们也可以在需要使用较为精细的动画时，认真地绘制出需要的逐帧动画，或使用素材进行组合从而w形成逐帧动画。

本章学习重点：

1．学习外部素材的使用

2．了解帧的基本操作

3．熟练影片元件的创建

4．了解补间动画的制作

5．熟练元件的操作

5.1 人物滑行动画

本案例的动画效果，如图5-1所示。

图5-1　最终案例效果

01 新建一个空白Flash文档。

02 将合适的图片素材导入到舞台内，执行【文件】|【导入】|【导入到库】命令，如图5-2所示。

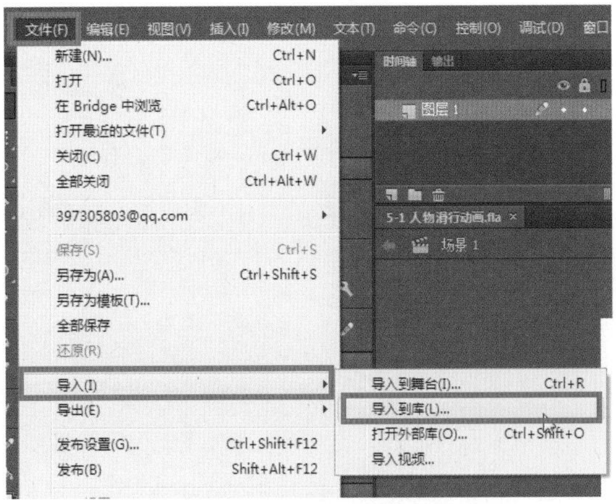

图5-2　导入外部素材

03 在弹出的对话框内浏览需要导入的素材，可以选择多张图片进行导入，导入之后，库里将会增加刚才所导入的图片，如图5-3所示。

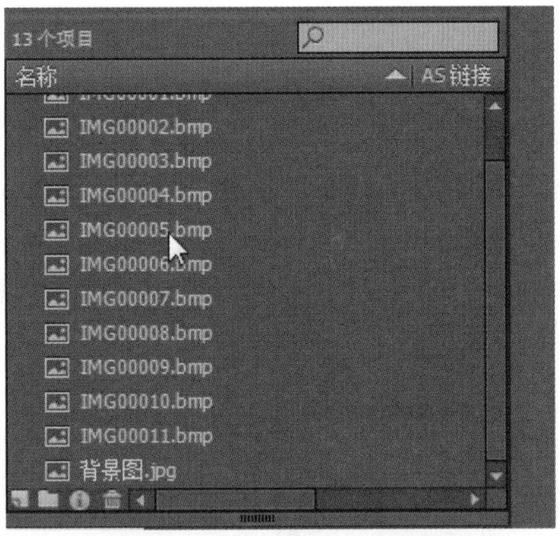

图5-3　导入素材后的库

04 将图层1重命名为“背景层”，如图5-4所示。

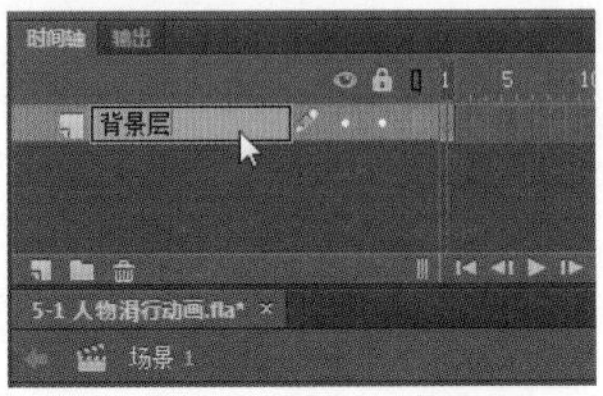

图5-4　重命名图层

05 将刚才导入进来的“背景图.jpg”图片从库

内拖曳至舞台上，并调节其位置和宽高使其正好占满整个舞台，如图5-5所示。

图5-5 将背景图拖曳至场景

06 按组合键【Ctrl + F8】新建一个影片剪辑元件，命名为“人物”，单击【确定】按钮以进入该元件内进行编辑，如图5-6所示。

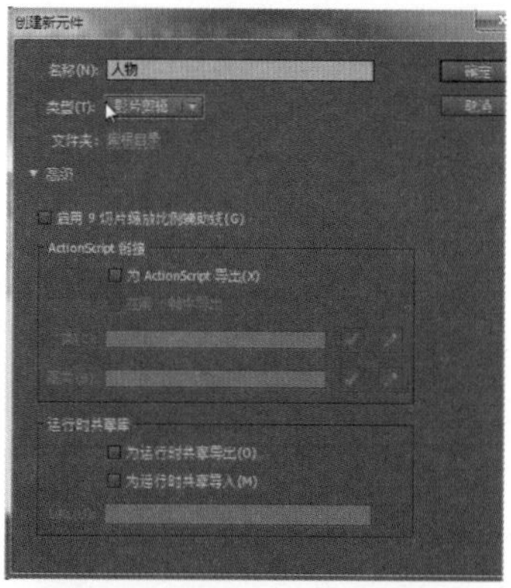

图5-6　新建一个人物影片剪辑

07 选择库内文件名序号最小的人物运动的素材图，将其拖曳到舞台上，使用【任意变形工具】配合方向键移动该图形，并使它的中心点对准元件注册点，如图5-7所示。

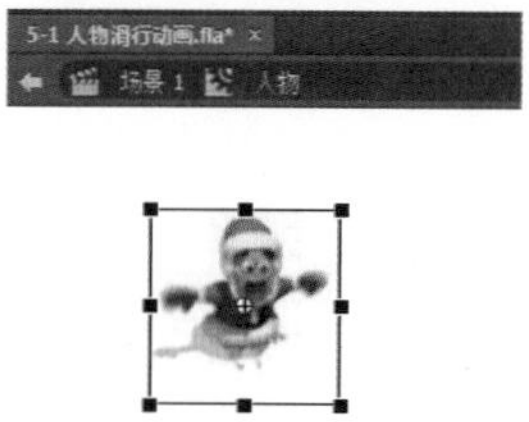

图5-7　移动图片使其中心对准注册点

08 此时在时间轴上可以看到图层1的第1帧变成了关键帧，说明第1帧上已经有了内容。接下来在第3帧的位置点击右键，在弹出的菜单内选择【插入空白关键帧】选项（也可以在选中第3帧后按【F7】键）如图5-8所示。

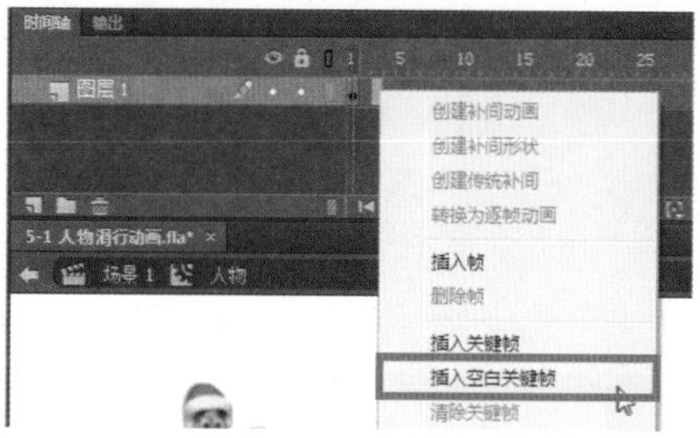

图5-8　插入空白关键帧

09 插入空白关键帧后，将看不到刚才导入的图片了，因为刚才的图片是处于第1帧的位置，而现在已经到了第3帧，并且插入的是空白关键帧，表示第3帧目前没有任何东西在上面。接下来可以重复上面的步骤，将刚才图片序列的下一张图片素材拖曳到舞台上，并且也使其中心点对准中心点，如图5-9所示。

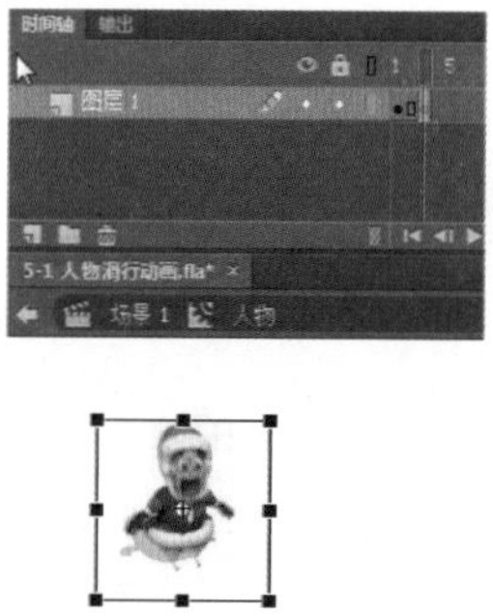

图5-9　重复上面的步骤并对齐中心点

10 再次重复上面的步骤，并且每隔一帧插入空白关键帧，将下一张图拖曳进来，直到将最后一张图处理完毕，时间轴将为如图5-10所示的状态。

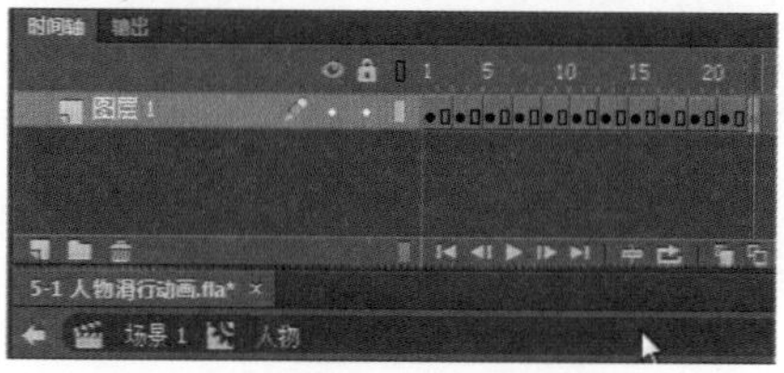

图5-10　添加完成后的时间轴状态

11 经过上面的步骤，做出了人物运动的影片剪辑，点击时间轴下方的【场景1】按钮以返回主场景。

12 在“背景”图层之上新建一个图层，命名为“人物”，并将库内的“人物”元件拖曳到舞台的合适位置，如图5-11所示。

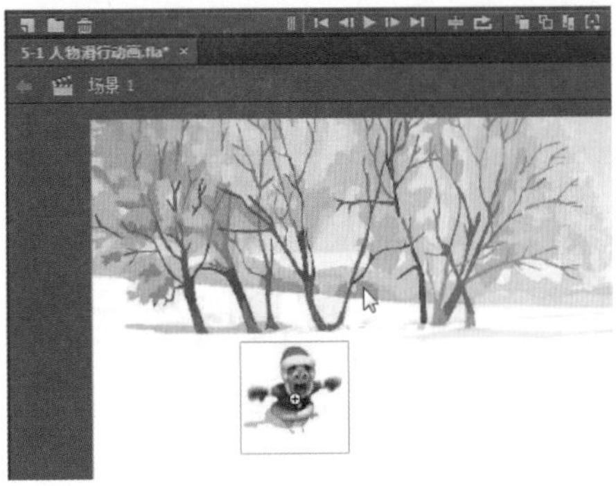

图5-11 将人物元件拖曳到舞台的合适位置

13 在“人物”图层的第30帧点击右键，在弹出的菜单中选择【插入关键帧】选项，也可以在选中第30帧的情况下按快捷键【F6】以插入一个关键帧，此操作后将会在第30帧添加一个实心的圆点，如图5-12所示。

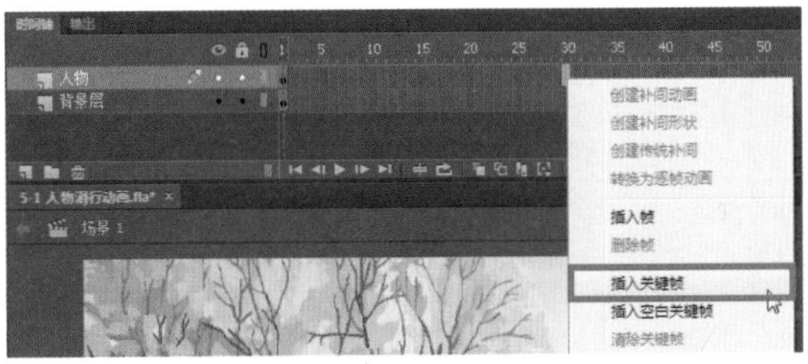

图5-12 插入关键帧

14 在“人物”图层的第1帧和第30帧中间的任意一帧点击右键，并在弹出的菜单中选择【插入传统补间】选项，此操作后将在第1到第30帧中间添加一段有箭头的线段，如图5-13所示。

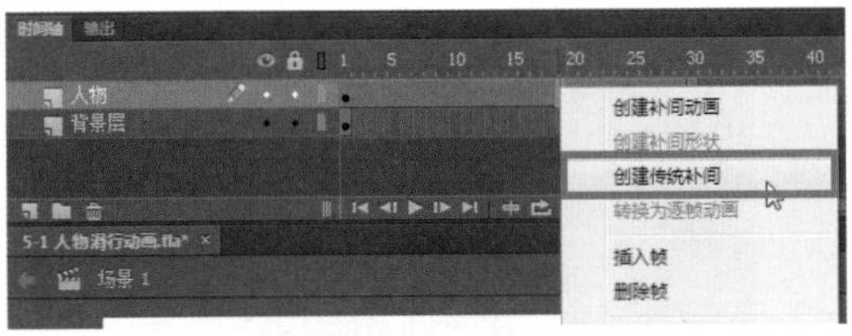

图5-13 插入传统补间

15 因为只扩展了“人物”图层的时间轴，在第2帧以后将看不到背景图层，所以也需要扩展“背景”图层的时间轴，在“背景”图层的第30帧单击右键，在弹出的菜单里选择【插入帧】选项，也可以在选中该帧后按快捷键【F5】插入帧。如图5-14所示。

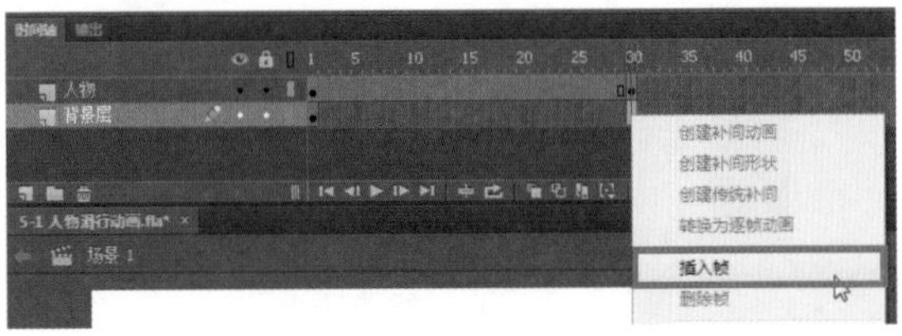

图5-14 插入帧

16 使用【任意变形工具】单击“人物”图层第1帧的人物元件，并按住【Shift】键等宽高比缩小该元件，再到“人物”图层的第30帧单击人物元件，将其向右下方拖曳较少距离，目的是让该元件从第1帧播放到第30帧时的动画表现形式为：从左上角往右下角运动，并且由小变大。

17 保存文件，按组合键【Ctrl+Enter】测试影片，可以看到一个小人在雪地里滑行的动作，并且在滑行的过程中还在不断扭动身体，如图5-15所示。

图5-15 最终效果

5.2 小鸟飞行动画

本案例效果，如图5-16所示。

图5-16　最终案例效果

01 新建一个空白Flash文档，执行【文件】|【导入】|【导入到库】命令，将素材图片导入到库中。

02 新建影片剪辑元件“红鸟”，将图形“红鸟1”从库中拖曳至影片剪辑的第1帧，并使用【任意变形工具】将其注册点对准舞台的中心点，如图5-17所示。

图5-17　将红鸟1从库内拖曳出来并对齐舞台中心点

03 选中第3帧并按快捷键【F7】插入空白关键帧，把“红鸟2”图形拖曳至舞台与上一步相同位置，接下来重复以上步骤，每隔一帧插入一个空白关键帧并将下一个图形放进来并调整位置。最终时间轴如图5-18所示，并且此时拖动播放头可以看到小鸟原地扇动翅膀的逐帧动画。

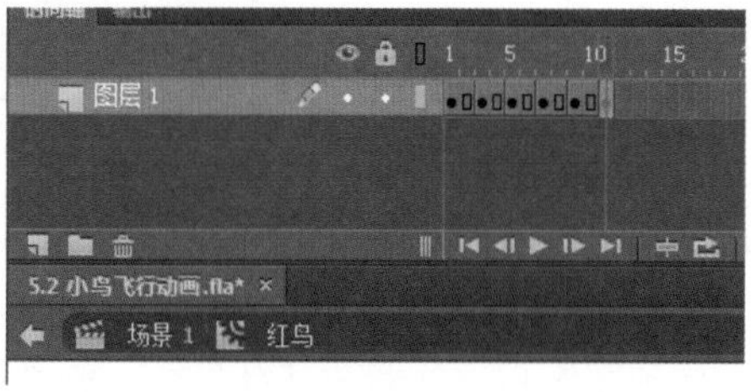

图5-18　添加完红鸟图片后的时间轴

04 按照相同的步骤，新建一个影片剪辑元件，命名为“白鸟”，并进入该元件内部进行编辑，制作和“红鸟”动画一样模式的动画。最终完成后的效果，如图5-19所示。

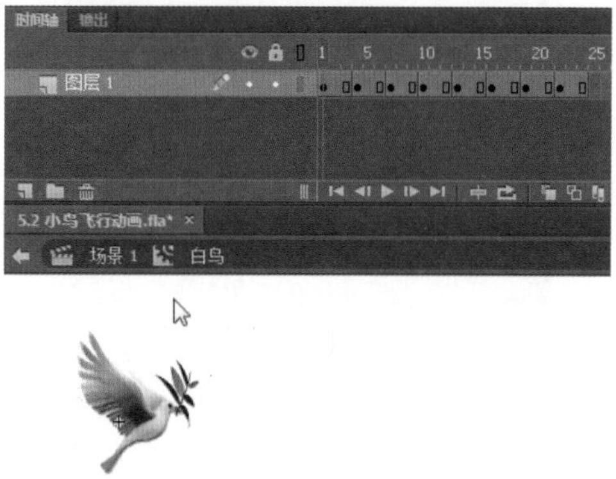

图5-19　制作白鸟飞行的动画

05 点击【场景1】按钮返回主场景，将图层1重命名为“背景”，如图5-20所示。

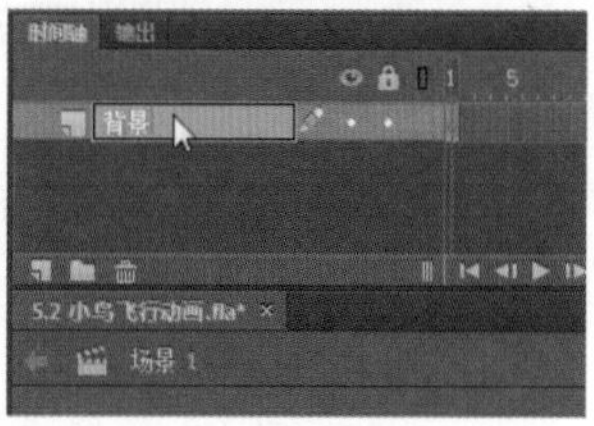

图5-20　将图层1重命名

06 将库内的背景图拖曳至舞台，并调整其位置和大小，使其占满整个舞台，如图5-21所示。

图5-21　将背景图拖曳至舞台并调整位置和大小

07 新建一个图层，命名为“红鸟”，并将“红鸟”影片剪辑从库中拖曳至该图层的第1帧，如图5-22所示。

图5-22　拖曳红鸟元件至红鸟图层的第1帧

08 在“红鸟”图层的第20帧按快捷键【F6】插入关键帧，并选中第20帧的红鸟，按数次组合键【Shift + 右方向键】将红鸟从原来的位置向右平移，直到移出舞台，如图5-23所示。

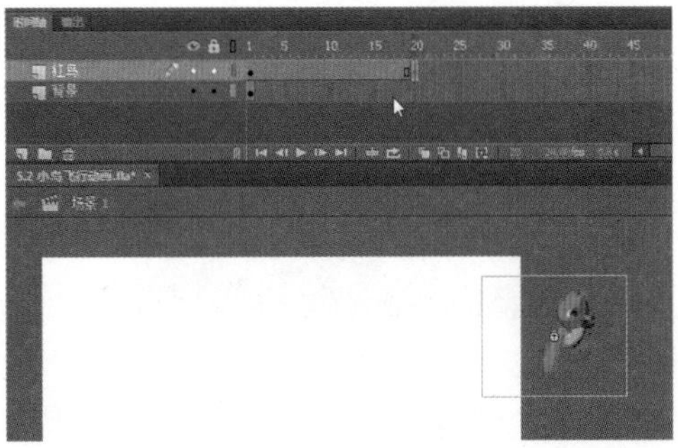

图5-23　移动红鸟元件出舞台范围

09 选中“红鸟”图层第1帧的红鸟，并按数次组合键【Shift + 左方向键】将红鸟从原来的位置向左平移，直到移出舞台最左边，如图5-24所示。

图5-24　移动第1帧的红鸟出舞台最左边

10 在“红鸟”图层第1帧到第20帧中间任意一帧点击右键，并在弹出的菜单中选择【创建传统补间】选项，以创建出一个小鸟从左边一直飞到右边的补间动画。单击“背景”图层第20帧并按【F5】键插入帧，以使“背景”图层的内容也能播放到第20帧。如图5-25所示。

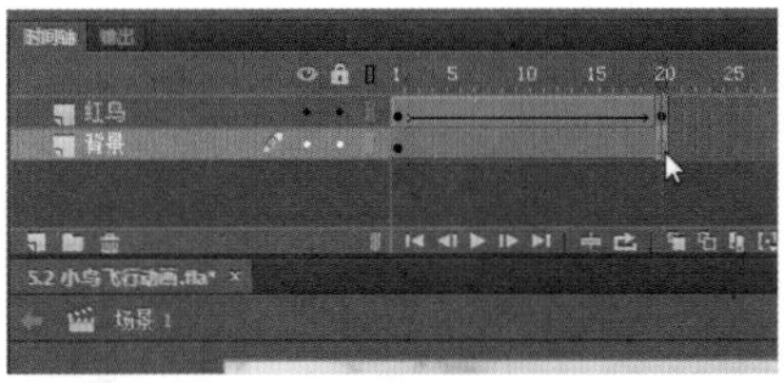

图5-25　在“背景”图层第20帧插入帧

11 再次新建一个图层，并命名为“白鸟”，将库中的“白鸟”影片剪辑拖曳至该图层的第1帧处，如图5-26所示。

图5-26　新建图层并置入蓝鸟元件

12 选中“白鸟”图层第1帧的白鸟元件，执行

【修改】|【变形】|【水平翻转】命令，将白鸟元件水平翻转过来，如图5-27所示。

图5-27　翻转蓝鸟元件

13 在“白鸟”图层的第20帧按【F6】键插入关键帧，并将其向左平移出舞台，如图5-28所示。

图5-28　将第20帧的蓝鸟平移出舞台最左边

14 将“白鸟”图层第1帧的白鸟向右平移出舞台最右边，如图5-29所示。

15 在“蓝白鸟”图层第1帧到第20帧中间的任意一帧单击右键，并在弹出的菜单中选择【创建传统补间】选项，将创建一个白鸟从右边飞向左边的动画。

16 保存文件后，按组合键【Ctrl + Enter】测试影片，效果为红鸟和白鸟相互向相反的方向飞翔，如果觉得飞行的速度过快，可以用鼠标拖选所有图层中的一帧或几帧，如图5-30所示，再按合理次数的【F5】键以延长播放时间，达到减缓播放速度的目的。

图5-29　将第1帧的蓝鸟拖曳出舞台最右边

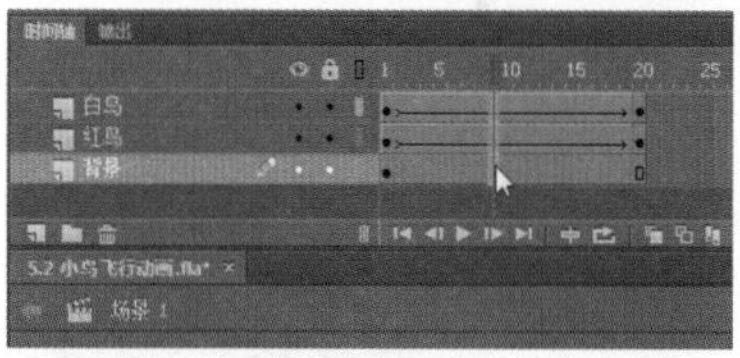

图5-30　选中所有图层的一帧

5.3　街舞宣传动画

本案例效果如图5-31所示。

图5-31　案例最终效果

01 新建一个空白Flash文档，并将人物跳街舞的图片素材及背景图导入到库中，导入完成后的库，如图5-32所示。

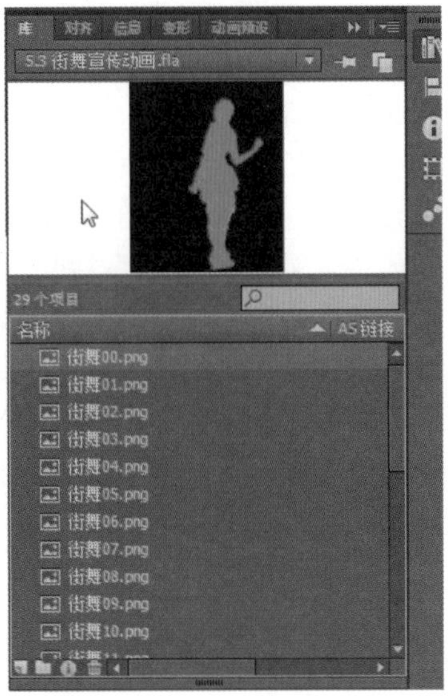

图5-32　导入所有的图片素材

02 按组合键【Ctrl + F8】新建一个影片剪辑元件，命名为“跳街舞”，并单击【确定】按钮以进入该元件内部进行编辑。

03 将图形“街舞00”从库中拖曳至舞台，并使用【任意变形工具】将它的中心点对准舞台的中心点，如图5-33所示。

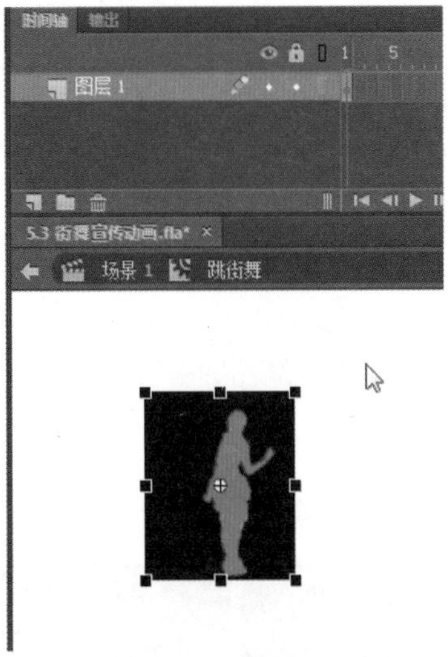

图5-33　拖曳第1张图到舞台的第1帧

04 重复上面的步骤，并且每隔一帧按【F7】键插入空白关键帧，将下一张图片拖曳进去，并使用【任意变形工具】调整其位置，所有的图片处理完成后，时间轴如图5-34所示，这样便做出了一个人物跳街舞的逐帧动画。

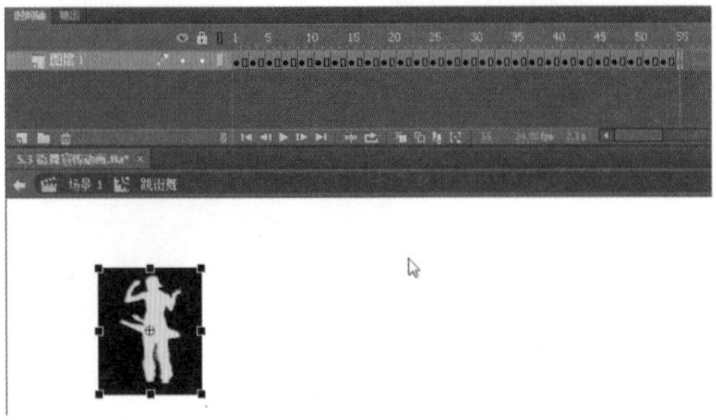

图5-34　制作出人物跳街舞的逐帧动画

05 单击“场景1”以返回主场景，并将图层1重命名为“背景”，将库中的“背景图.jpg”图形拖曳至舞台，并调节其位置和大小使其占满整个舞台，如图5-35所示。

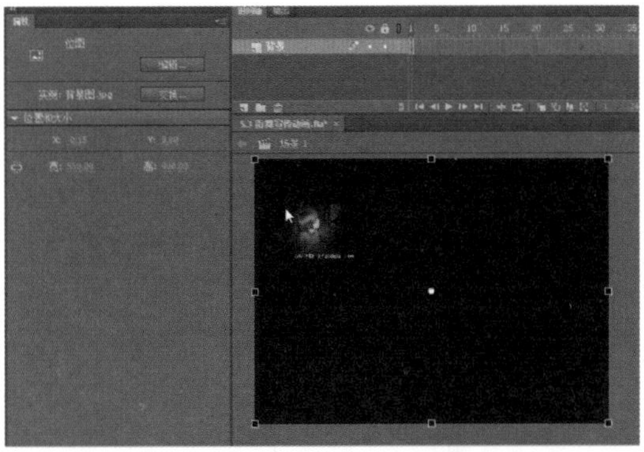

图5-35　调整背景的位置和大小

06 新建一个图层，命名为“街舞”，并将影片剪辑元件“跳街舞”从库中拖曳至该图层的第1帧的合适位置，再按组合键【Ctrl + C】复制该元件，并粘贴该元件到舞台的另外一边，如图5-36所示。

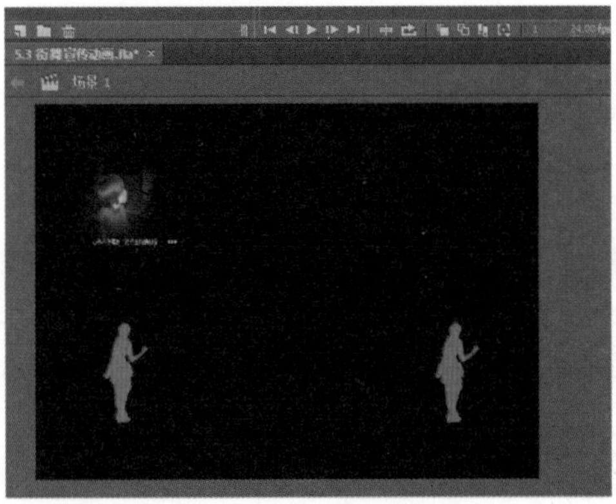

图5-36　粘贴一份该元件到舞台另外一边

07 按组合键【Ctrl +F8】新建一个影片剪辑元件，并命名为“探照灯”，之后单击【确定】按钮以进入该元件内。使用【矩形工具】在舞台上绘制一个长方形，并使用【选择工具】改变其形状，如图5-37所示。

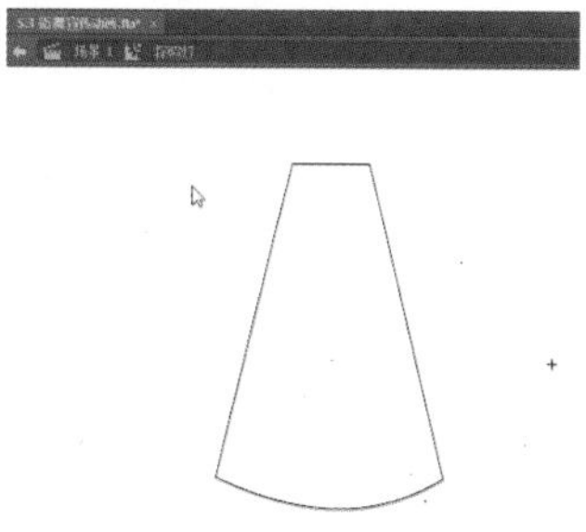

图5-37 绘制矩形并改变其形状

08 单击刚才绘制形状的填充部分，并在颜色面板内将数据设置为如图5-38所示的由黄色渐变到透明白色的线性渐变。

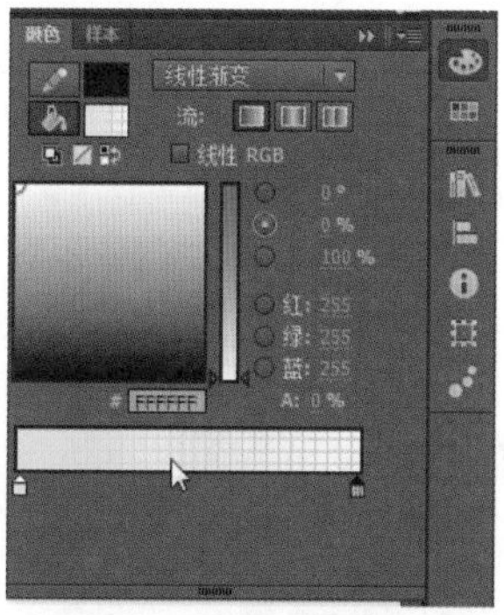

图5-38 设置渐变颜色

09 使用【渐变变形工具】将矩形的渐变方向更改成如图5-39所示的样式，并删除外围轮廓线条。

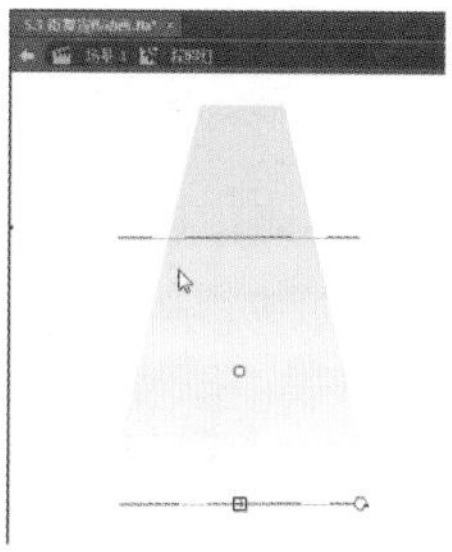

图5-39 改变渐变方向

10 在第2帧按【F6】键插入关键帧，再次打开颜色面板，将刚才的渐变颜色里的黄色改成另外一种颜色，白色部分不变，如图5-40所示。

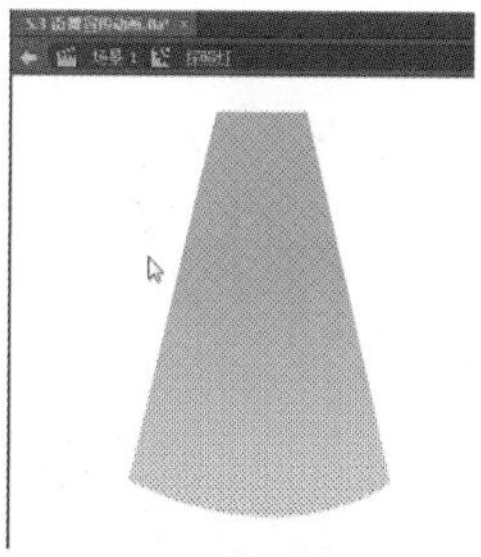

图5-40 修改第2帧的渐变颜色

11 重复以上的步骤，插入4~5个关键帧并改为不同的颜色，并单击时间轴下的“场景1”以返回主场景。

12 新建一个图层，命名为“探照灯”，并将库中的“探照灯”元件拖曳至该图层的第1帧，调整好位置，效果如图5-41所示。

13 按住【Shift】键并使用【选择工具】选择两个探照灯效果，并在属性面板里合适地调节两个探照灯效果的透明度，如图5-42所示。

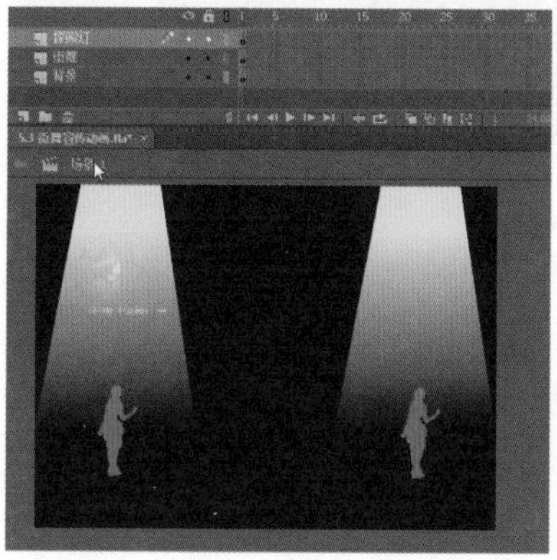

图5-41 将探照灯元件拖曳至舞台

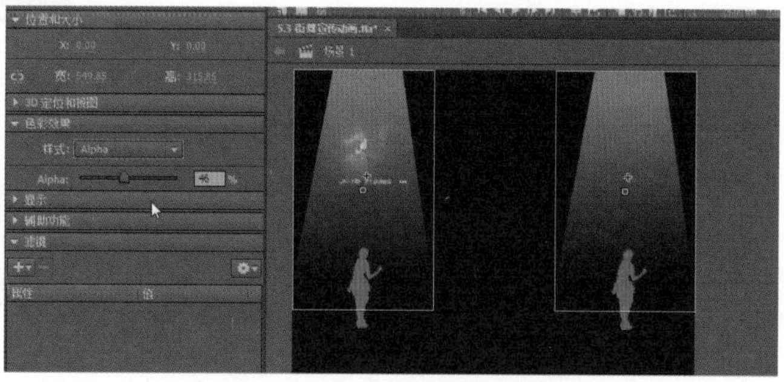

图5-42 修改探照灯效果的透明度

14 新建一个图层，命名为“文字”，并使用工具栏里的【文本工具】设置如图5-43所示的属性，当然可以换成任何自己喜欢的字体。

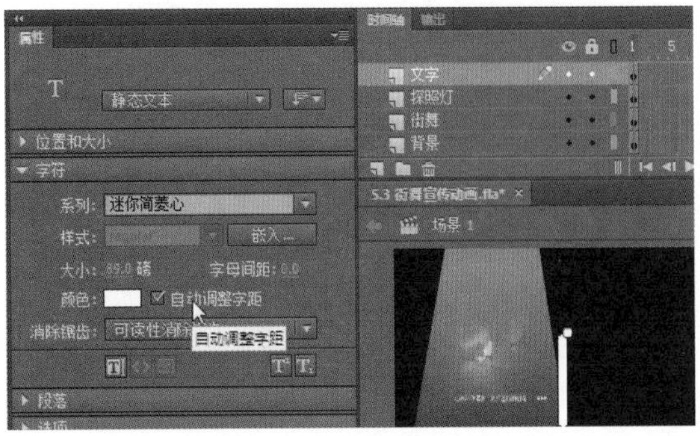

图5-43 设置文本属性

15 在“文字”图层使用【文本工具】输入“街舞盟”字样，并调整位置，效果如图5-44所示。

图5-44 输入“街舞盟”字样

16 在“街舞盟”3个字保持选中的状态下，按【F8】键将其转换为影片剪辑元件，并命名为“街舞盟”，如图5-45所示。

17 新建完成后，直接在舞台中双击该元件以进入该元件内进行编辑，此时在第2帧按【F6】键插入关键帧，并任意改变字体的颜色，如图5-46所示。

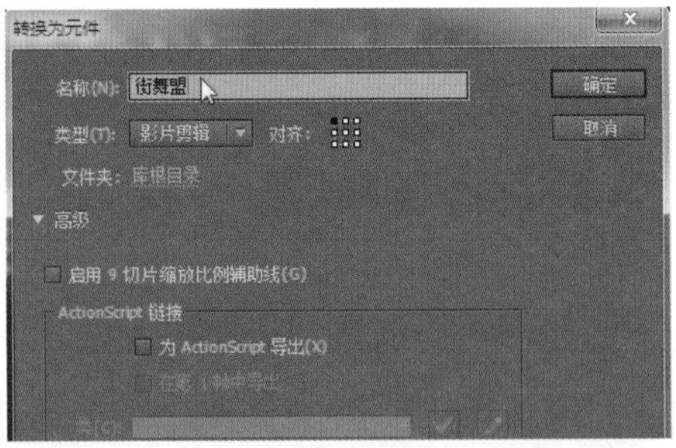

图5-45 转换为元件

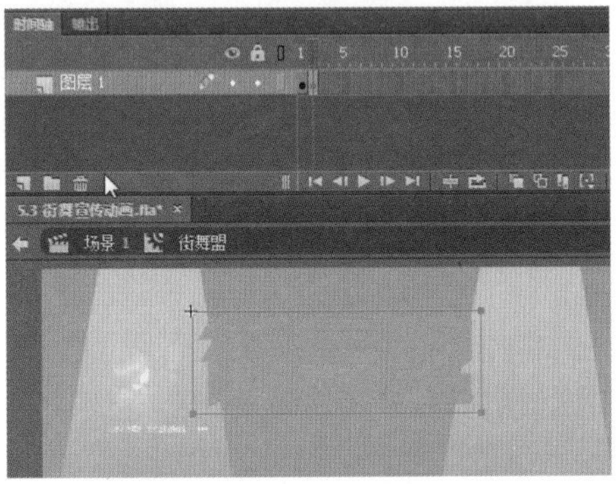

图5-46 修改第2帧文字的颜色

18 重复上述步骤，再插入3~4个关键帧并分别修改颜色，以制作出文字闪烁的逐帧动画，完成后单击“场景1”以返回主场景。

19 保存文件，并按【Ctrl + Enter】组合键测试影片，可以看到效果为人物在跳街舞，而文字和探照灯均为闪烁效果，如图5-47所示。

图5-47 案例最终效果

5.4 写字动画

本案例效果如图5-48所示。

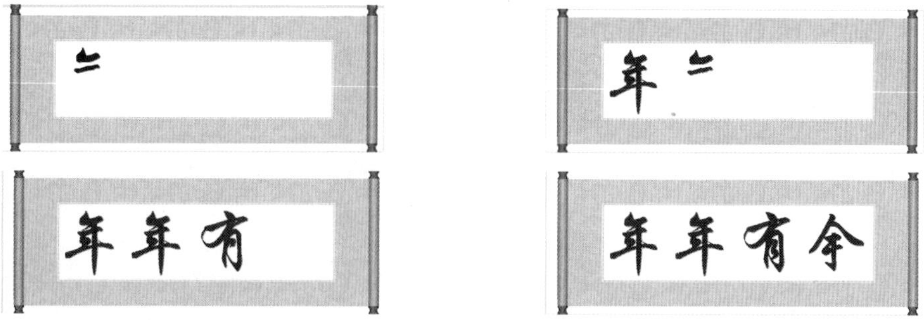

图5-48　案例最终效果图

01 打开本案例的素材文件，单击舞台空白区域后，在属性面板内将舞台大小调节为550×220，如图5-49所示。

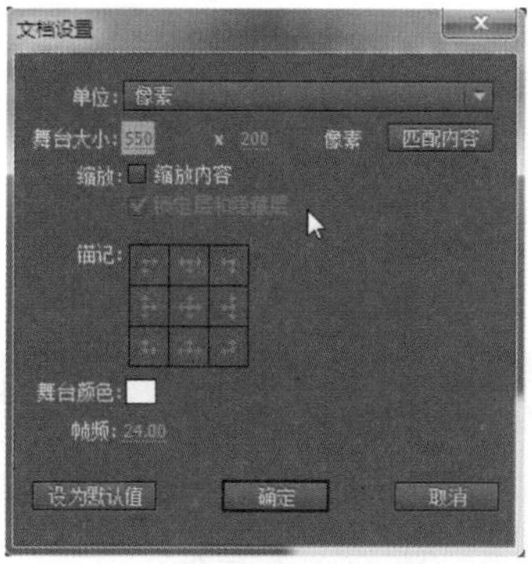

图5-49　修改舞台尺寸

02 将“画卷”影片剪辑元件从库中拖曳至舞台上，并将图层1重命名为“背景层”，如图5-50所示。

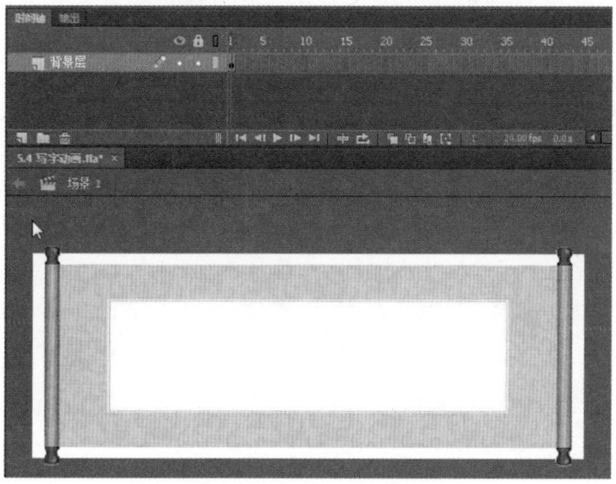

图5-50　将“画卷”拖曳到舞台上

03 在“背景层”图层上面再新建一个图层，并命名为“文字”，选择工具栏里的【文本工具】，在属性面板内设置为如图5-51所示的状态。

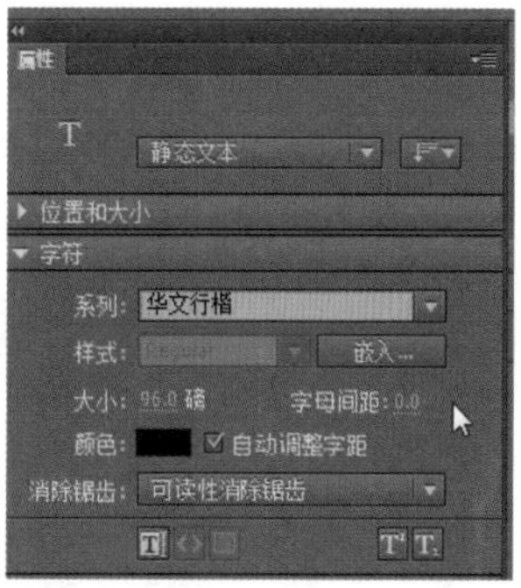

图5-51　设置文本工具的属性

04 在“文字”图层上输入“年年有余”字样，并拖曳至画卷的中间，如图5-52所示。

图5-52　输入文字

05 选中文本框，按组合键【Ctrl + B】将其打散，原本4个文字经过一次打散操作将变成每个文字占据一个单独的文本框，再次执行一次打散操作，即可将所有文本框彻底打散为像素结构，如图5-53所示。

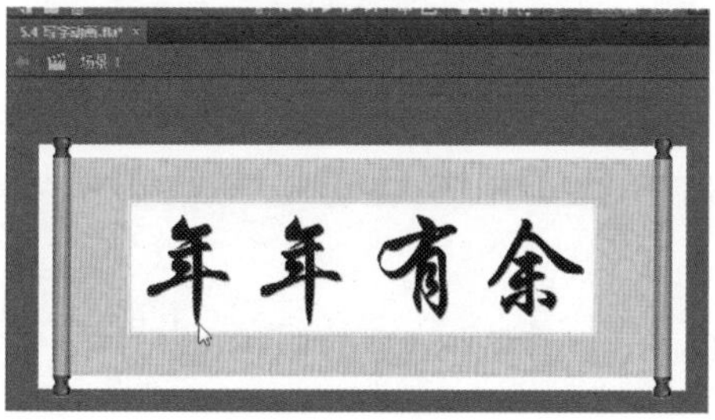

图5-53　将文本框完全打散

06 复制刚才打散的部分，选择工具栏内的【橡皮擦工具】，小心地擦除舞台上的文字，只剩下第一个字的第一笔，如图5-54所示。

图5-54 擦除除了第一笔的所有部分

07 图层“文字”的第3帧按快捷键【F7】插入空白关键帧，并按组合键【Ctrl + Shift + V】将刚才复制的完整文字部分原位粘贴到舞台上，如图5-55所示。

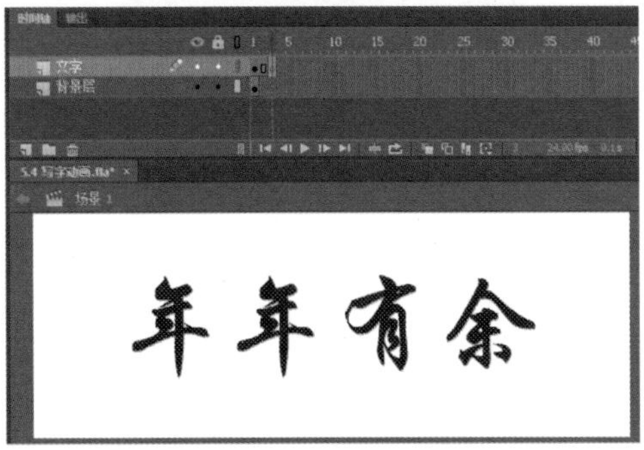

图5-55 粘贴刚才的文字

08 再次使用【橡皮擦工具】擦除文字，这次留下第1~2笔，如图5-56所示。

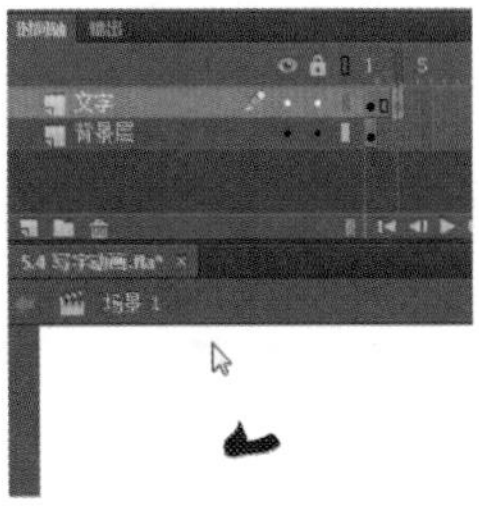

图5-56 留下第1~2笔画

09 重复上面的步骤，每隔一帧按快捷键【F7】插入空白关键帧，再按组合键【Ctrl + Shift + V】原位粘贴文字，依次擦除文字，每次保留下一笔，有时候如果一笔太长，可以分两段进行处理，直到处理完所有的文字，最终处理完后如图5-57所示。

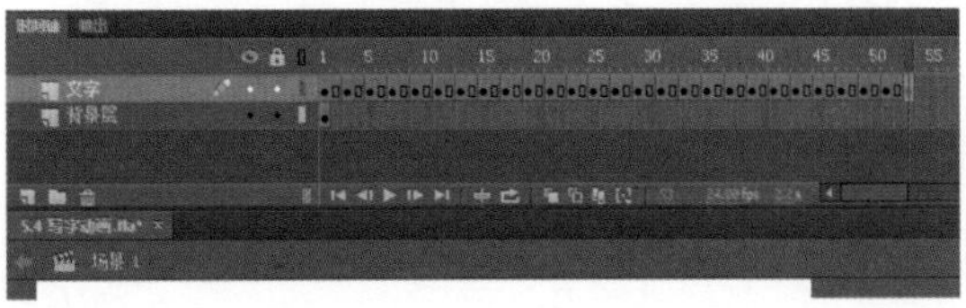

图5-57 完成后的时间轴

10 找到“文字”层的最后一帧，在“背景层”图层的同样一帧上按快捷键【F5】插入帧，使背景和文字一直同时存在，如图5-58所示。

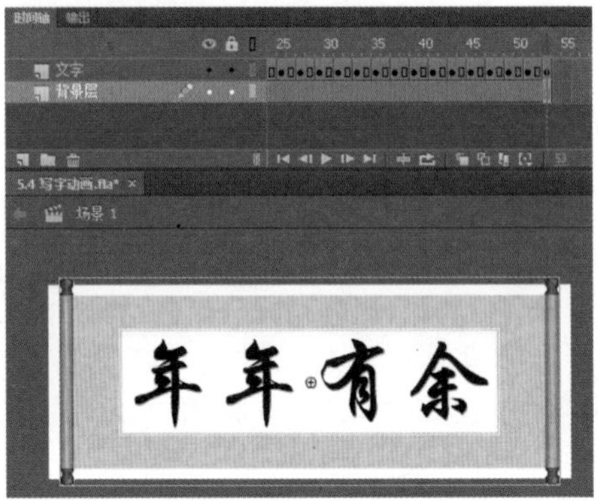

图5-58 在背景层插入帧

11 在“文字”层的最后一帧单击右键，在弹出的菜单中选择“动作”选项，并在弹出的“动作”面板中输入如图5-59的脚本，注意标点全部为半角标点。

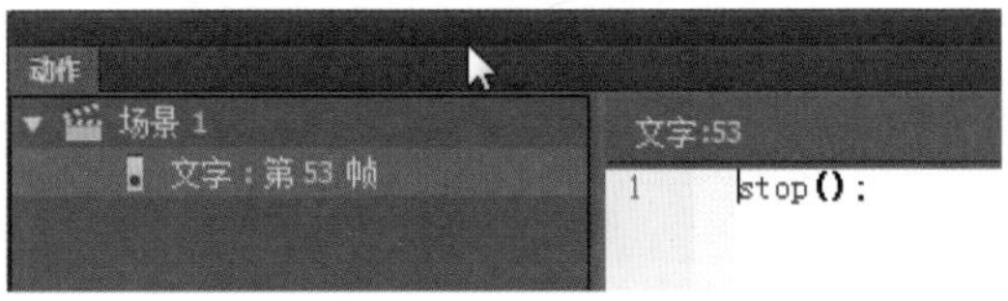

图5-59 输入停止脚本

12 此时可以保存文件，按组合键【Ctrl +Enter】测试影片，最终效果如图5-60所示。

图5-60 最终效果图

13 如果觉得影片的播放速度过快，可以修改影片的播放帧频，单击舞台任意空白位置，在属性面板中找到FPS属性，减小其参数可以减慢影片的播放速度，如图5-61所示。

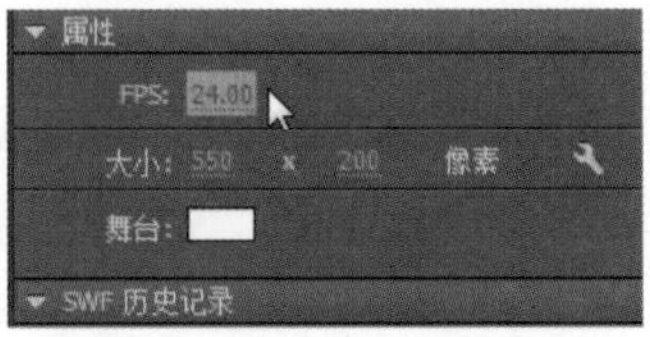

图5-61 调节FPS可以控制影片播放速度

5.5 水面波动动画

本案例效果如图5-62所示。

图5-62 案例最终效果

01 打开本案例的素材文件，在属性面板中将舞台尺寸修改为240×432，如图5-63所示。

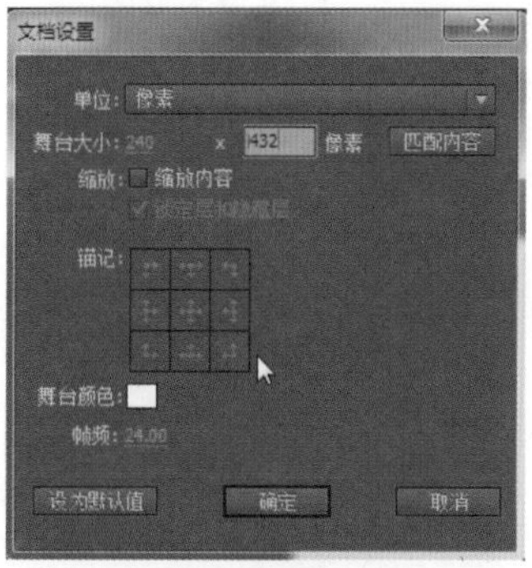

图5-63 设置舞台尺寸

02 按组合键【Ctrl + F8】新建一个影片剪辑元件，命名为“水流”，如图5-64所示。

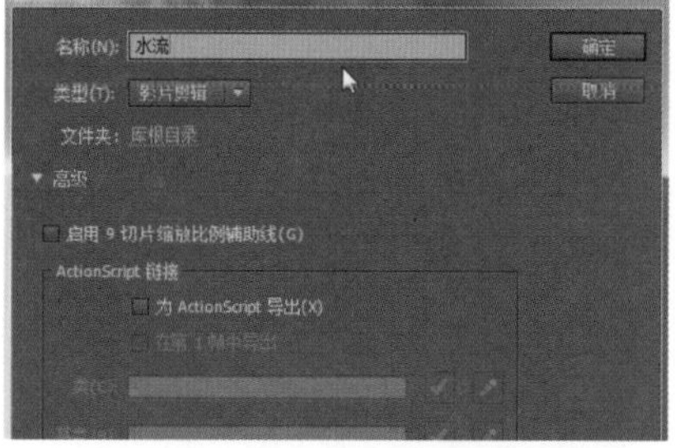

图5-64 新建影片剪辑元件

03 单击【确定】按钮后进入影片剪辑内，将库中的“水面1”图片素材拖曳到舞台上，并在属性面板内将属性修改为如图5-65所示的状态。

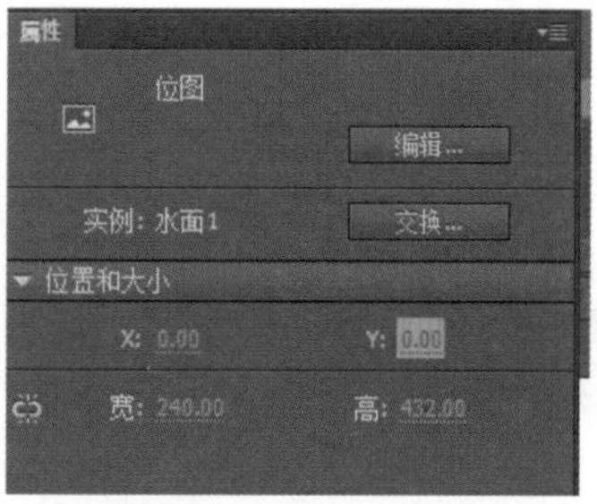

图5-65 设置图片的属性

04 在时间轴的第5帧上按快捷键【F7】插入空白关键帧，并将“水面2”图片素材拖曳至舞台，与上一步一样设置图片的位置，如图5-66所示。

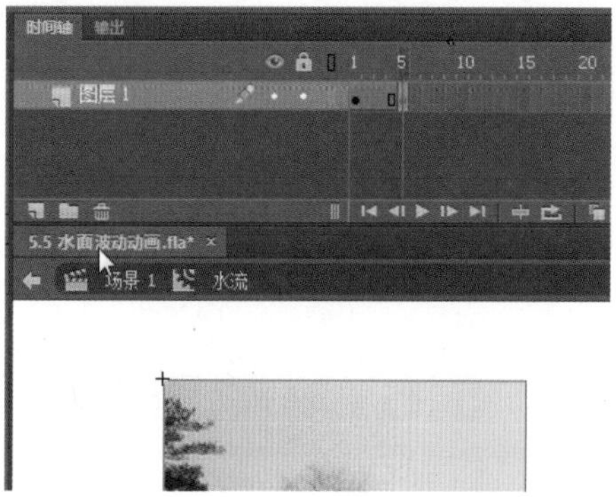

图5-66 插入空白关键帧

05 重复上面的步骤，在第10帧插入空白关键帧，拖曳进“水面3”素材，在第15帧处插入空白关键帧，拖曳进“水面4”素材。最后在第20帧处按快捷键【F5】插入帧，如图5-67所示。

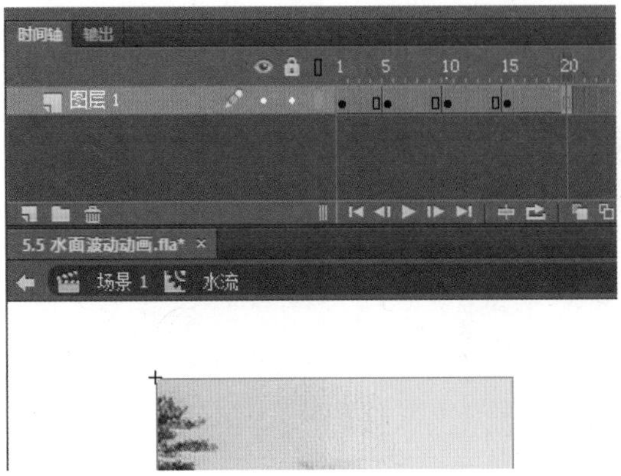

图5-67　插入空白关键帧

06 单击时间轴下方的“场景1”以返回主场景，将“水流”元件从库中拖曳到舞台上，并在属性面板内设置如图5-68所示的参数。

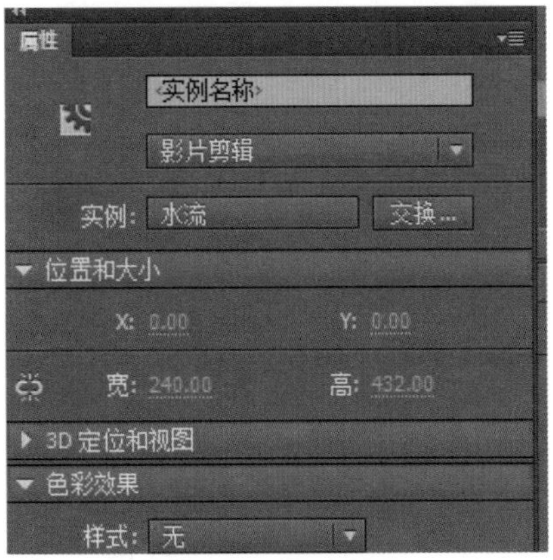

图5-68　设置影片剪辑的属性

07 选择【文本工具】，在属性面板内修改工具的属性，如图5-69所示。

08 使用【文本工具】在舞台上输入“天长地久”字样，并调节位置，如图5-70所示。

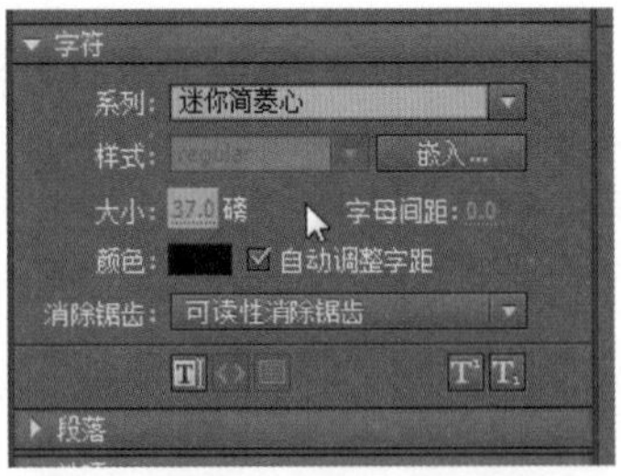

图5-69　设置文本工具属性

图5-70　输入文本

09 按组合键【Ctrl + Enter】测试影片，效果如图5-71所示。

图5-71　最终效果图

5.6　人物跑步动画

本案例效果，如图5-72所示。

图5-72　案例最终效果

01 打开本案例的素材文件，库内有如图5-73所示的素材。

图5-73　库内的图片素材

02 将图层1重命名为“背景层”，将库内的“背景图”素材拖曳至舞台上，并在属性面板内将图片属性修改为如图5-74所示的状态。

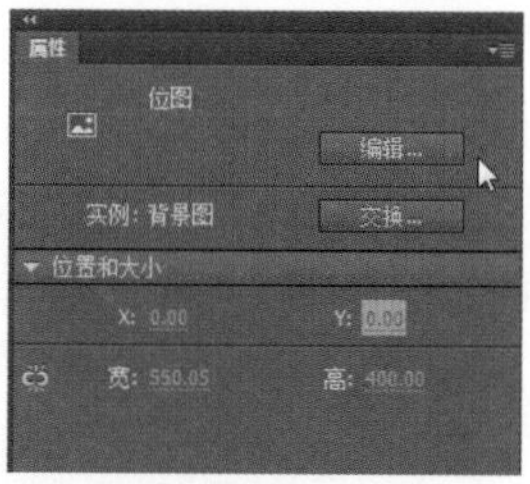

图5-74　修改图片位置和大小

03 在背景图层的第100帧处按快捷键【F5】插入帧，锁定背景图层。新建一个图层，命名为“人物跑动”，如图5-75所示。

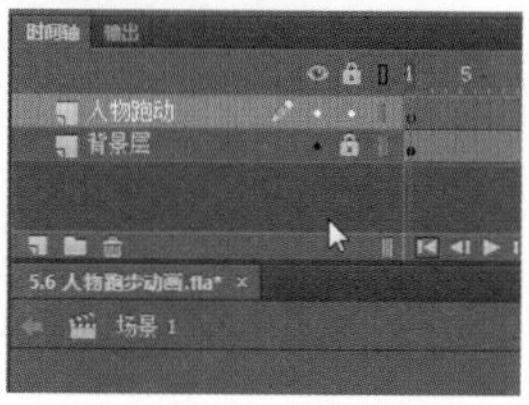

图5-75　新建图层

04 按组合键【Ctrl + F8】新建一个影片剪辑元件，并命名为“人物”，如图5-76所示。

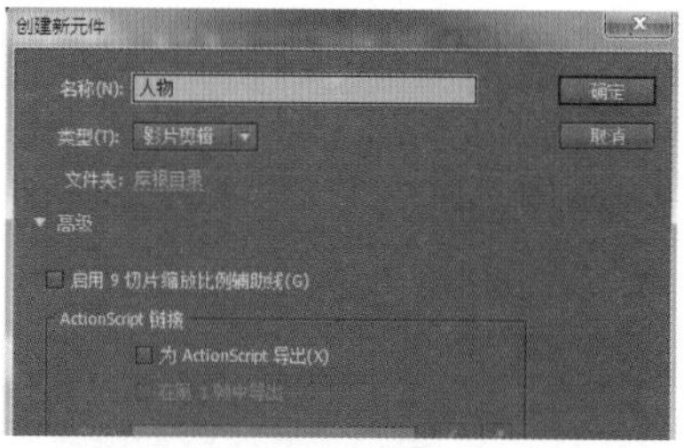

图5-76　创建新元件

05 单击【确定】按钮后进入新建的元件内部，将库中的“位图1”图片素材拖曳至舞台上，并在属性面板中调节属性，如图5-77所示。

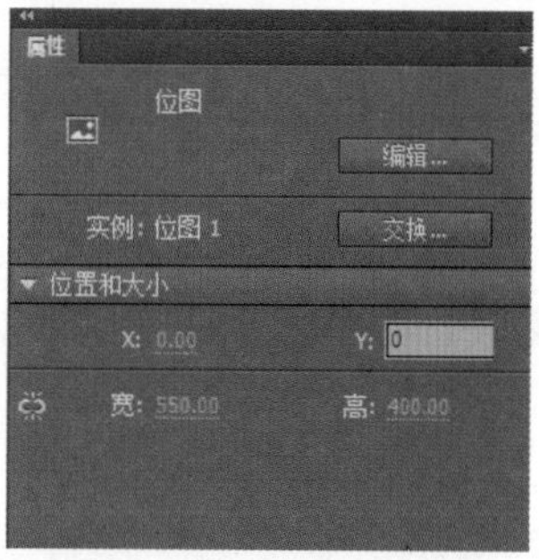

图5-77　调节位图的属性

06 在第2帧处按快捷键【F7】插入空白关键帧，并将“位图2”图片素材拖曳至舞台上，与上一步一样调节位图的属性，时间轴如图5-78所示。

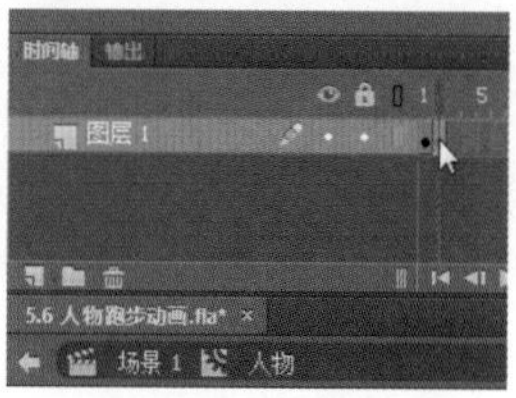

图5-78　时间轴结构

07 重复上面的步骤，每添加一个新的空白关键帧，从库中拖曳出下一张图片素材并调节图片的属性，最终时间轴如图5-79所示。

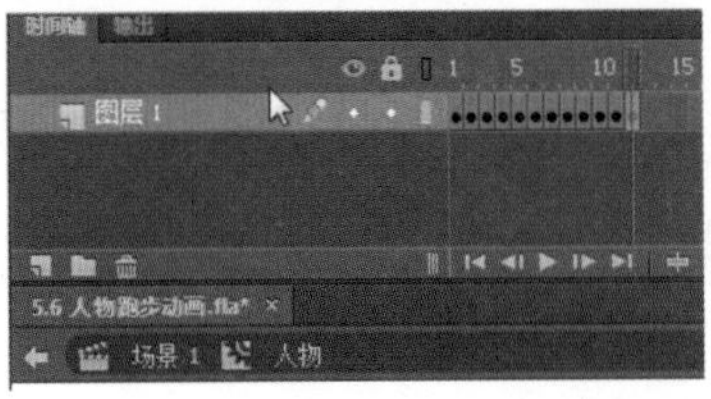

图5-79　添加完成后的时间轴

08 单击时间轴下方的“场景1”以返回主场景，将“人物”影片剪辑元件从库中拖曳至舞台上，并使用【任意变形工具】按住【Shift】键等比修改人物剪辑的大小并调整位置，如图5-80所示。

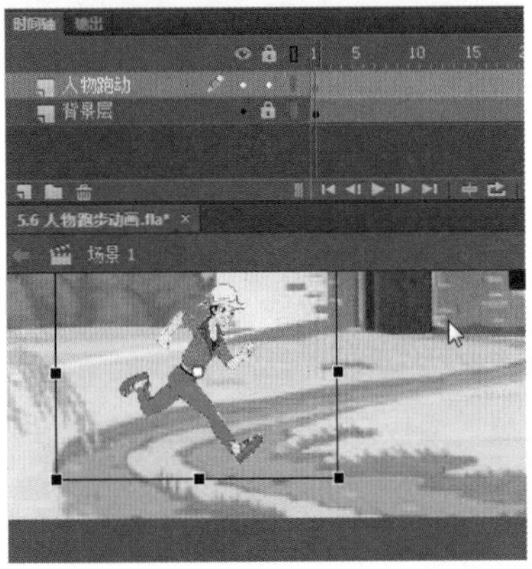

图5-80　调节人物的大小

09 选中人物影片剪辑，执行【修改】|【变形】|【水平翻转】命令，将人物水平翻转过来，并将其拖曳到舞台外面，如图5-81所示。

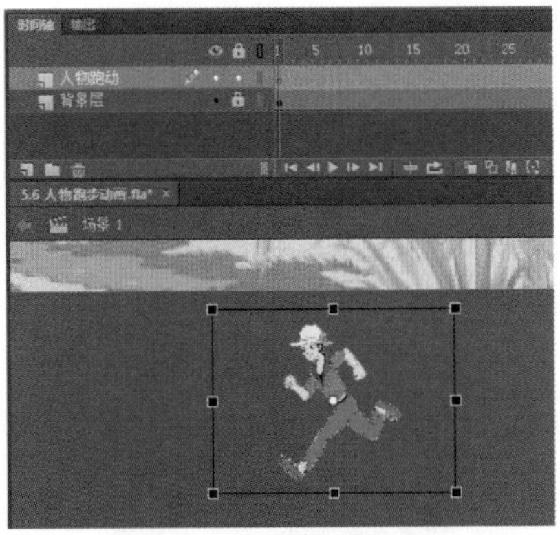

图5-81　水平翻转人物

10 在“人物跑动”图层的第30帧按快捷键【F6】插入关键帧，并将第30帧上的人物拖动到如图5-82所示的位置，并使用【任意变形工具】将其稍微缩小。

图5-82　调整人物位置和大小

11 在“人物跑动”图层的第31帧按快捷键【F6】插入关键帧，选中该帧上的人物，执行【修改】|【变形】|【水平翻转】命令，将人物再次水平翻转过来，如图5-83所示。

图5-83　再次翻转人物

12 在“人物跑动”图层的第60帧按快捷键【F6】插入关键帧，并将第60帧上的人物拖动到如图5-84所示的位置，并使用【任意变形工具】将其再次缩小。

图5-84　再次缩小人物

13 在61帧处再次按【F6】键插入关键帧，使用上面的方法将人物再次翻转过来，如图5-85所示。

图5-85　再次翻转人物

14 在第100帧处按【F6】键入关键帧，并将第100帧上的人物再次缩小，调整位置到背景图的门口，在所有的关键帧之间两两区域中间单击右键，选择【创建传统补间】选项，如图5-86所示。

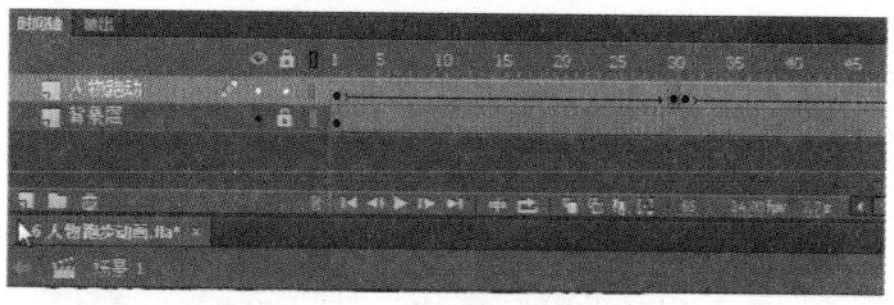

图5-86　创建传统补间

15 保存文件，按组合键【Ctrl + Enter】测试影片，效果如图5-87所示。

图5-87　最终效果图

5.7　北极熊行走动画

本案例效果如图5-88所示。

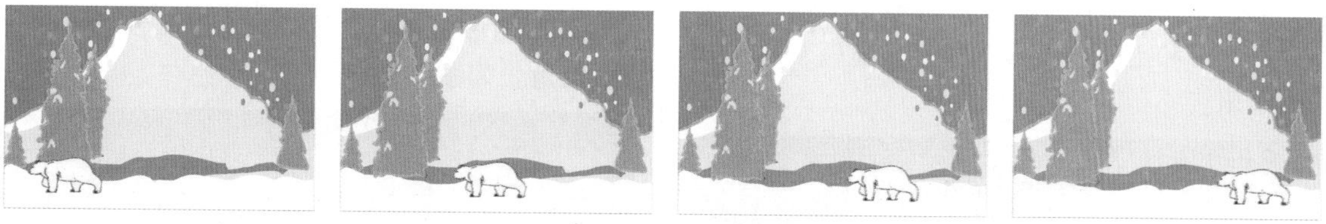

图5-88　案例最终效果

01 打开本案例的素材文件，库内有如图5-89所示的图片素材。

02 按组合键【Ctrl + F8】新建一个影片剪辑元件，并命名为“北极熊走”，如图5-90所示。

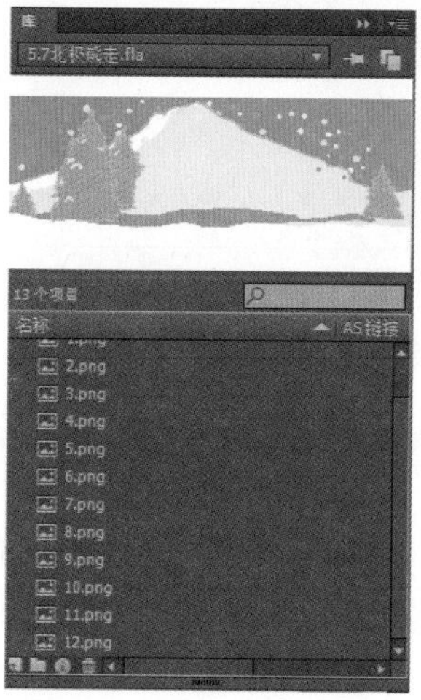

图5-89　库内的图片素材

图5-90　新建影片剪辑元件

03 单击【确定】按钮后进入影片剪辑内部，将库中的“1”图片素材拖曳至舞台上，并使用【任意变形工具】调节其位置，如图5-91所示。

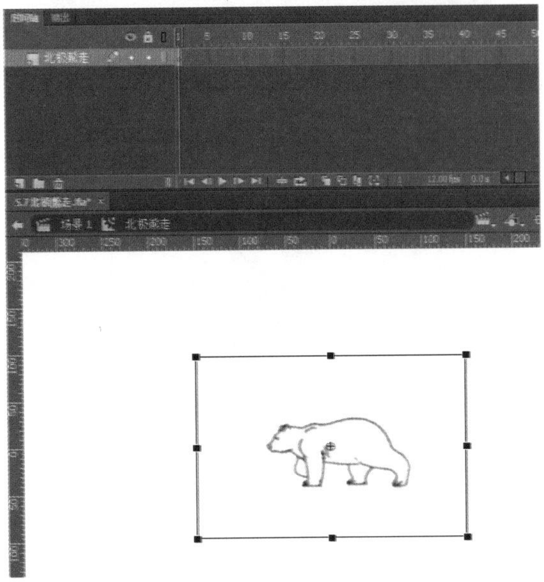

图5-91　调整图片的位置

04 在第3帧上按快捷键【F7】键插入空白关键帧，并将“2”图片素材拖曳至该帧上的舞台，和上一步一样调整其位置，如图5-92所示。

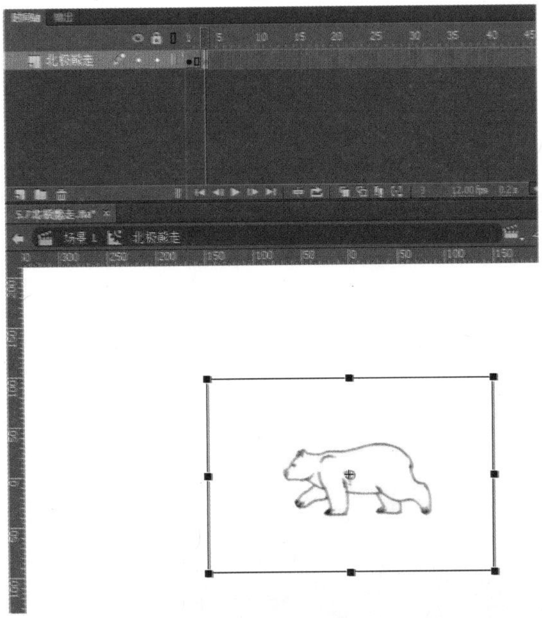

图5-92　调整图片的位置

05 采用同样的方法，在奇数的帧上面添加剩下的图片，并在最后一张图片所在的帧之后1帧再次按快捷键【F5】以延长该帧上图片的时间，如图5-93所示。

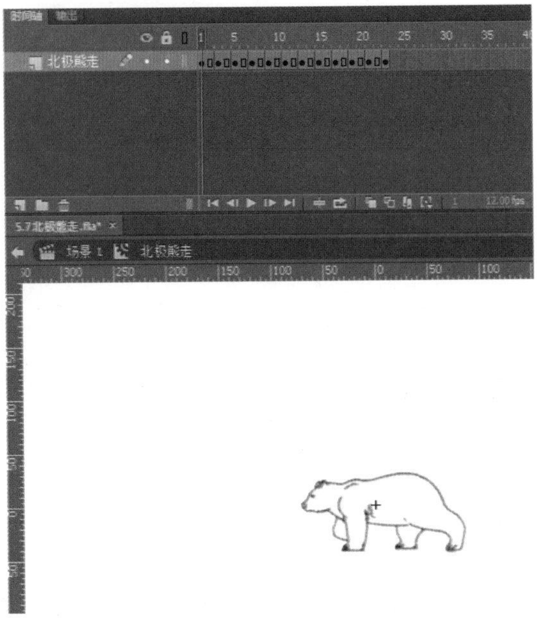

图5-93　处理后续的图片

06 单击时间轴下方的“场景1”以返回主场景，将图层1重命名为“背景图”，并将库中的“北极”图片素材拖曳至舞台上并调整位置，如图5-94所示。

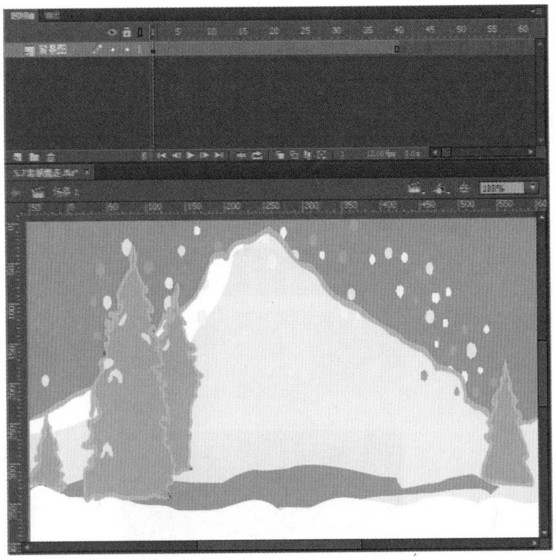

图5-94　拖曳背景图片

07 新建一个图层，命名为“北极熊走”，并将“北极熊走”影片剪辑素材拖曳至舞台上，调整位置，并做相应的补间动画。如图5-95所示。

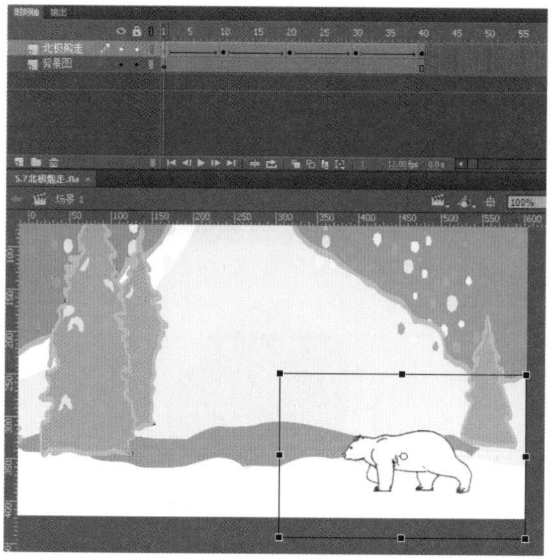

图5-95　将北极熊的动画拖曳至舞台上

08 保存文件，并按【Ctrl + Enter】测试影片，北极熊走动的最终效果，如图5-96所示。

图5-96　最终效果图

5.8　3D逐帧动画

本案例的效果如图5-97所示。

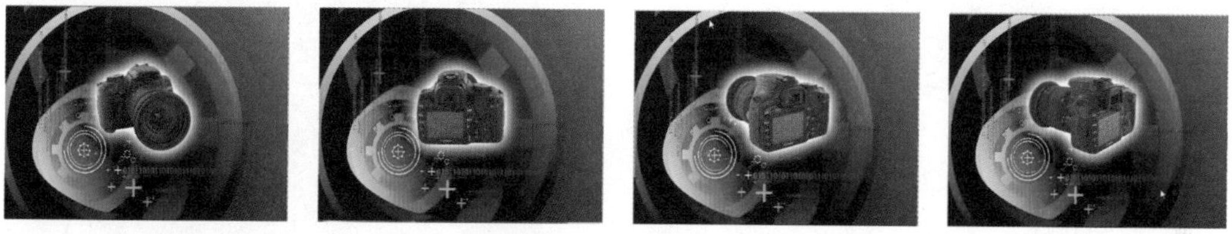

图5-97　案例最终效果

01 打开本案例的素材文件，里面有一些相机的3D展示图和一张背景图片，如图5-98所示。

02 将图层1重命名为"背景层"，并将库中的图片素材"背景图"拖曳至舞台上，调整其位置使其与舞台左上角对齐，如图5-99所示。

图5-98　库中的图片素材

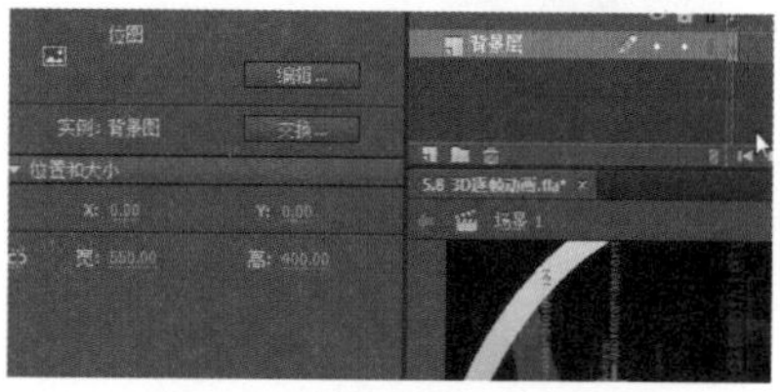

图5-99　调整背景图的位置

03 按组合键【Ctrl+F8】新建一个影片剪辑元件，命名为“相机3D动画”，如图5-100所示。

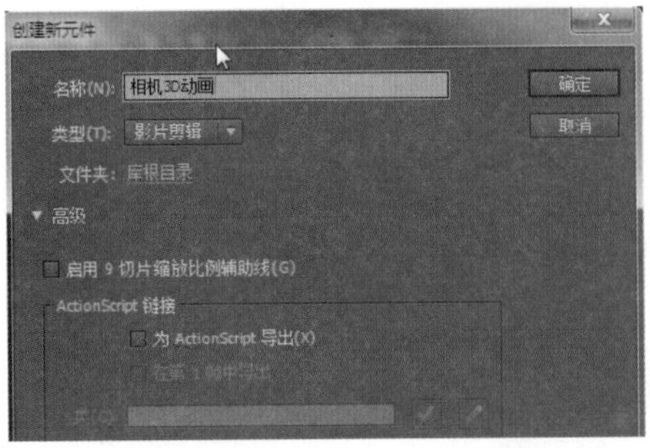

图5-100　新建影片剪辑元件

04 单击【确定】按钮后进入影片剪辑内部，将库内的“pic1”图片素材拖曳至舞台上，并使用【任意变形工具】选中后，调整其注册点对准舞台中心，如图5-101所示。

图5-101　调整图片位置

05 在第2帧按快捷键【F7】插入关键帧，并将“pic2”图片素材拖曳至舞台上，同上一步一样调整图片位置，如图5-102所示。

图5-102　调整图片的位置

06 重复上面的步骤，之后的每一帧都按【F7】键插入空白关键帧，并拖曳进下一张图片直到将所有图片都处理完成，如图5-103所示。

图5-103　处理剩下的图片

07 单击时间轴下方的“场景1”以返回主场景，新建一个图层，命名为“相机动画”，并将库中的“相机3D动画”拖曳至该图层的舞台中央，如图5-104所示。

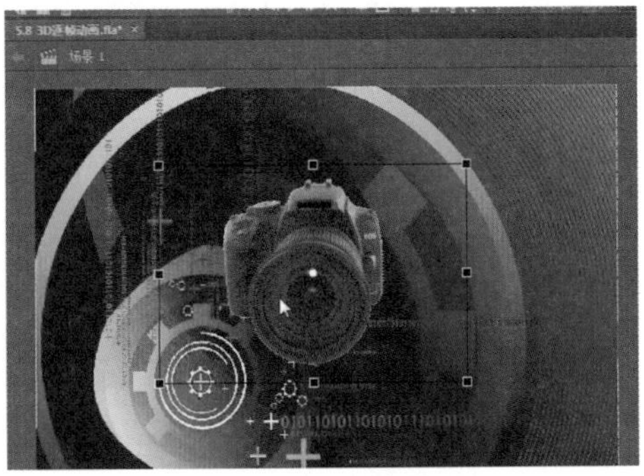

图5-104　将相机3D动画拖曳至舞台中央

08 选中该影片剪辑，在属性面板中的滤镜选项中，将其滤镜修改为如图5-105所示的状态。

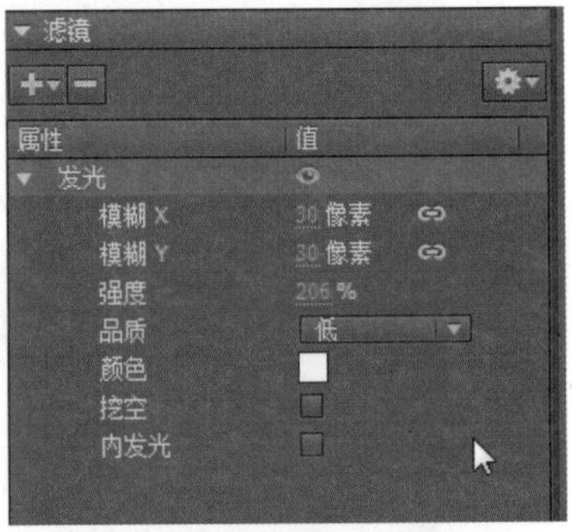

图5-105　设置滤镜

09 单击舞台任意空白位置，将属性面板中的帧频修改为12，如图5-106所示。

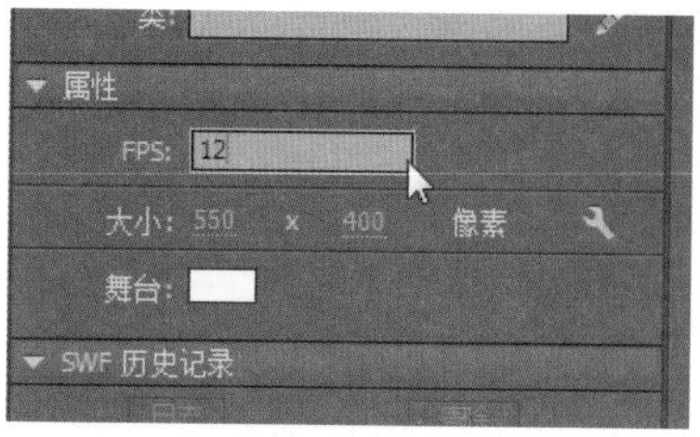

图5-106　修改帧频

10 保存文件，按【Ctrl + Enter】测试影片，效果如图5-107所示。

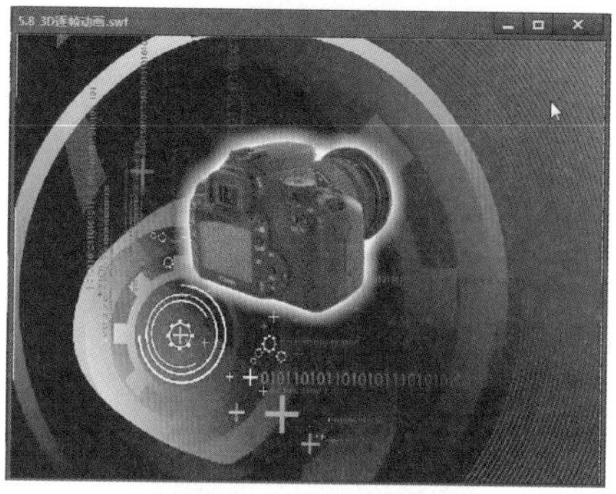

图5-107　最终效果图

5.9　音频跳动动画

本案例的效果如图5-108所示。

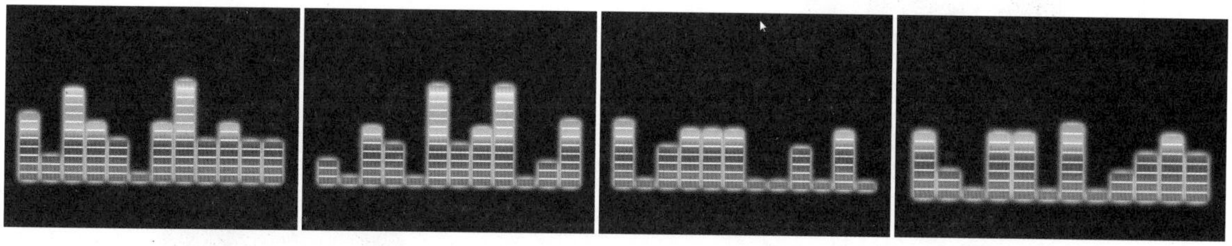

图5-108　案例最终效果

01 新建一个空白的Flash文档，在属性面板中设置舞台的尺寸为200×100，并将舞台的背景颜色设置为黑色，如图5-109所示。

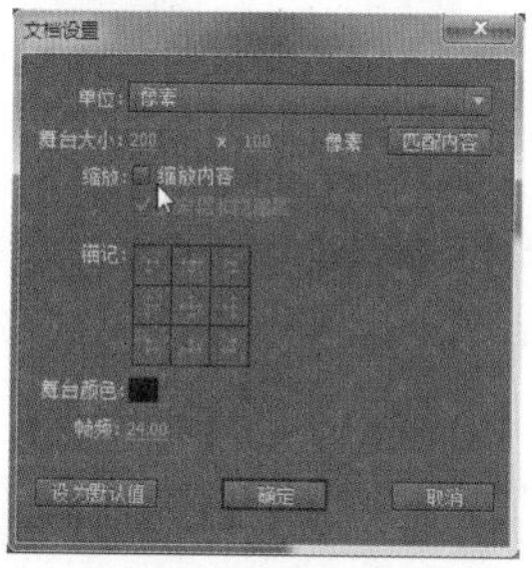

图5-109　设置舞台的尺寸和背景颜色

02 按组合键【Ctrl + F8】新建一个影片剪辑元件，并命名为“单个音频”，如图5-110所示。

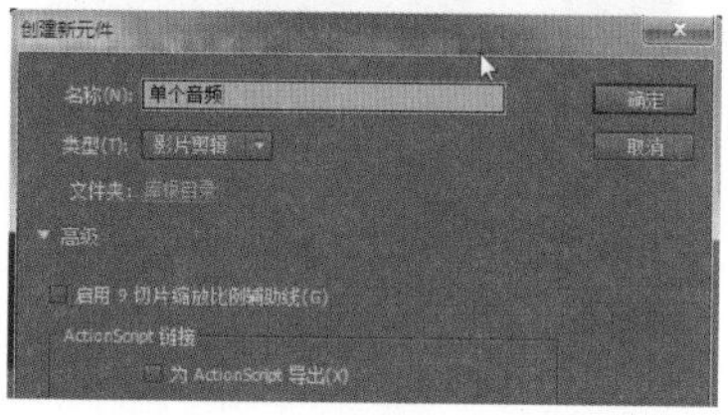

图5-110　新建影片剪辑元件

03 选择【矩形工具】，在属性面板中设置【矩形工具】的属性，并在舞台上绘制一个较为扁平的矩形，如图5-111所示。

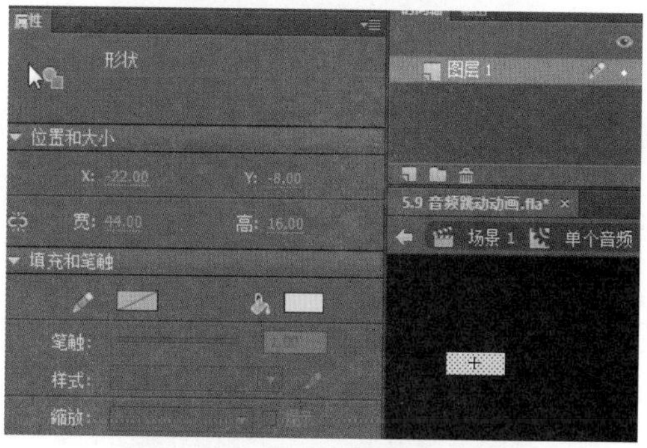

图5-111　绘制矩形

04 使用【选择工具】选中刚才绘制的矩形，按组合键【Ctrl + C复】制该矩形，并再次按组合键【Ctrl + Shift + V】原位粘贴该矩形，之后使用方向键将新粘贴的矩形向上移动，如图5-112所示。

05 使用上一步的方法，连续粘贴出多个矩形，并保持所有矩形之间的间隔相同，如图

5-113所示。

图5-112　粘贴一个矩形并移动位置

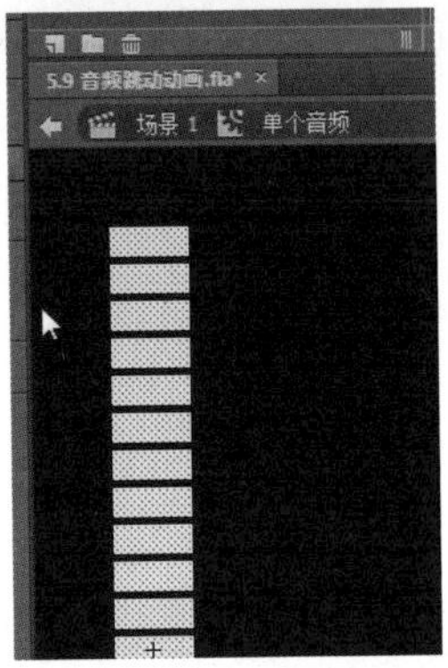

图5-113　粘贴多个矩形

06 使用鼠标选中后续的10个帧，并按快捷键【F6】在其间的每一个帧都插入关键帧，如图5-114所示。

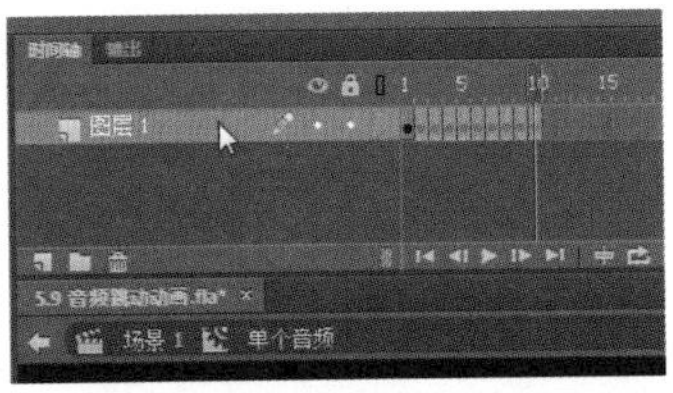

图5-114　插入关键帧

07 随便1~10帧中选择一些帧，并将其中的矩形从上面删除一些矩形，使每一帧上的矩形数量尽可能不同，如图5-115所示为将第4帧上的矩形删除一些的状态。

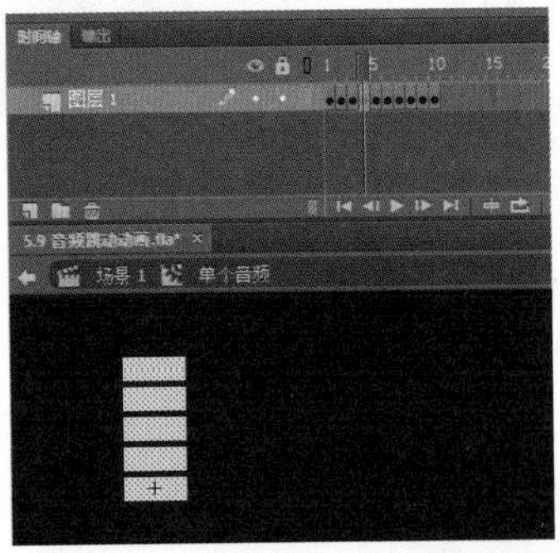

图5-115　从上面删除某些帧上的矩形

08 新建一个图层，并将该图层拖动到刚才绘制矩形图层的下方，选择【矩形工具】，并在颜色面板进行作如下图5-116所示的设置。

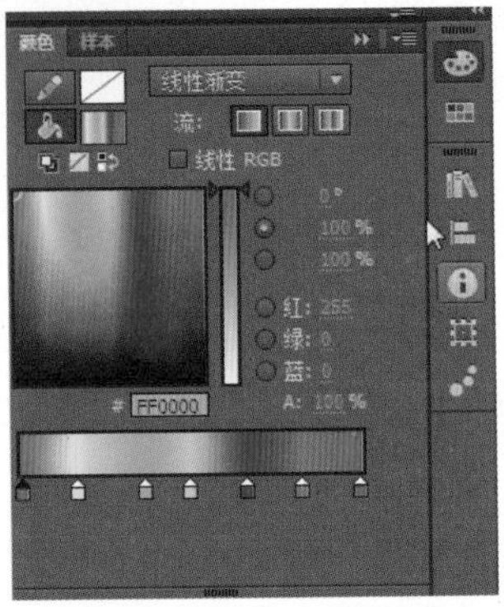

图5-116　设置矩形工具的颜色属性

09 使用【矩形工具】在新图层上绘制一个矩形，绘制的矩形要比刚才绘制的小矩形的最大尺寸要宽、要高一点，并使用【渐变变形工具】调整其渐变方向，如图5-117所示。

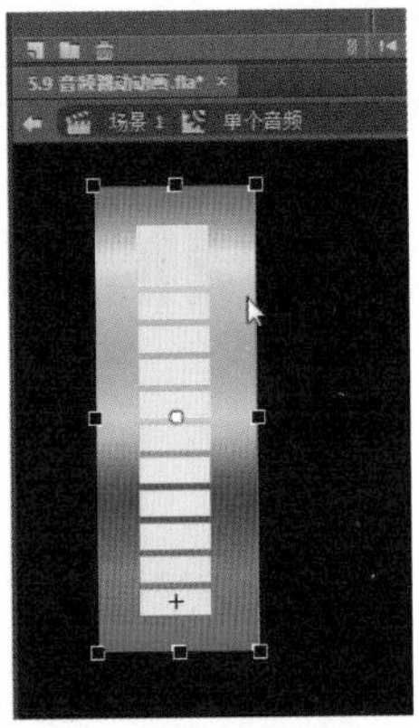

图5-117　绘制矩形

10 在上面的图层上单击右键，在弹出的菜单中选择【遮罩层】选项，将上面的图层转换为遮罩层，如图5-118所示。

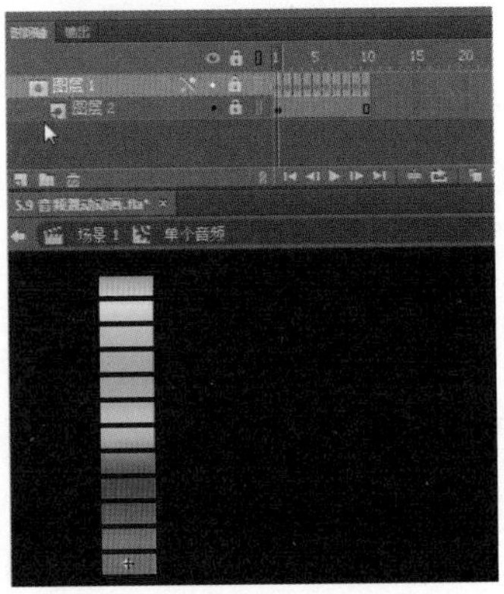

图5-118　设置遮罩层

11 在上面图层的第1帧上按快捷键【F9】打开动作面板，在其中输入gotoAndPlay(uint(Math.random() * 10));脚本，如图5-119所示。

12 单击时间轴下方的“场景1”以返回主场景，将库中的“单个音频”影片剪辑拖曳至舞台上，使用【任意变形工具】调节其大小，并多次粘贴复制几个同样的元件在水平轴上，如图5-120所示。

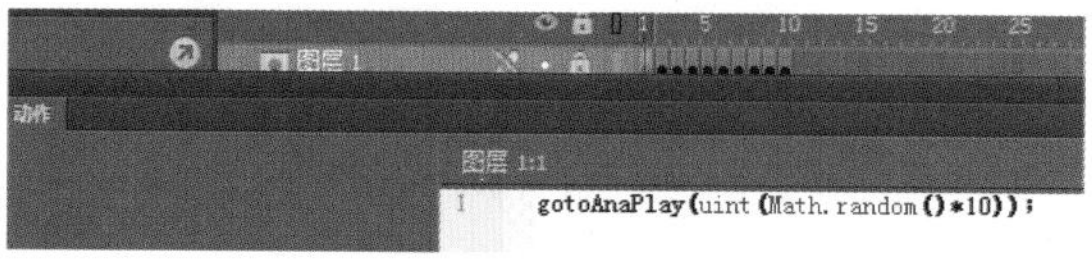

图5-119 输入脚本

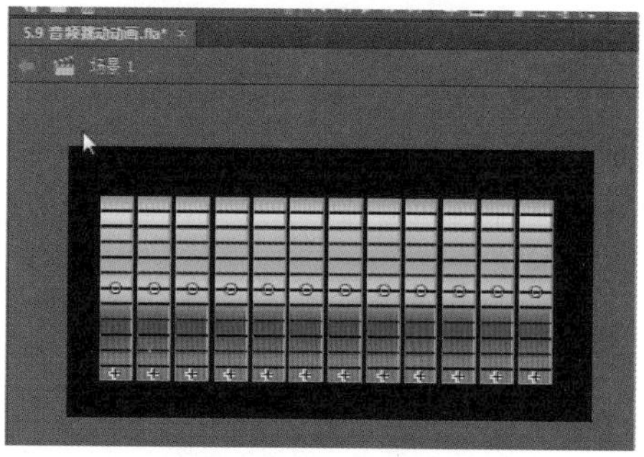

图5-120 粘贴多个影片剪辑

13 选中所有舞台上的元件，在属性面板中设置它们的滤镜，如图5-121所示。

14 保存文件，并按组合键【Ctrl + Enter】测试影片效果，如图5-122所示。

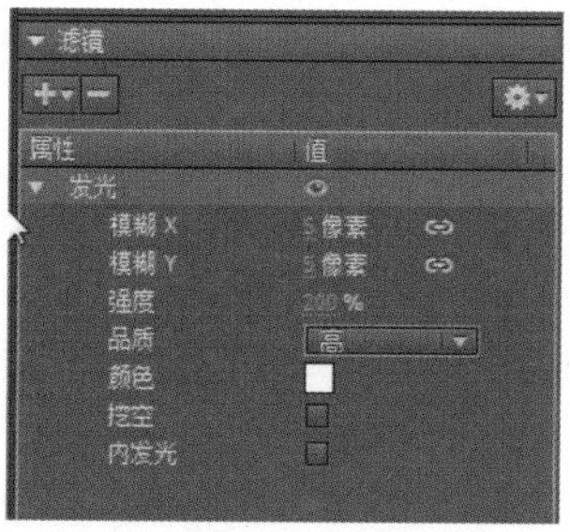

图5-121 设置滤镜

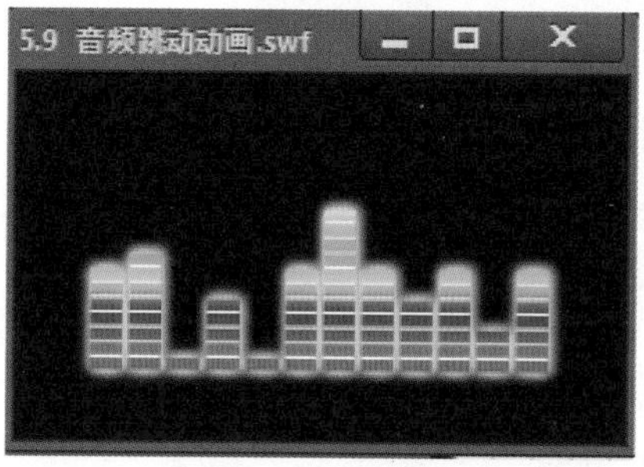

图5-122 最终效果图

5.10 植物生长动画

本案例的效果如图5-123所示。

图5-123 案例最终效果

01 新建Flash文档，设置舞台大小属性，并调整帧频为12，如图5-124所示。

图5-124　设置舞台大小和帧频

02 将本案例素材导入库中，如图5-125所示。

图5-125　库中的素材

03 将图层1改名为“背景”，并将库中的“背景”素材拖至舞台，调整大小和位置，并在100帧处插入帧。如图5-156所示。

图5-126　设置背景

04 新建图层2，改名为“生长的植物”，在第1帧处拖入“pic 1”素材，并调整合适的位置和大小，如图5-127所示。

05 在该图层第3帧处插入空白关键帧，将“pic 3”放置在“pic 2”相同的位置，将接下来的pic 2~pic8均如此放置，如图5-128所示。

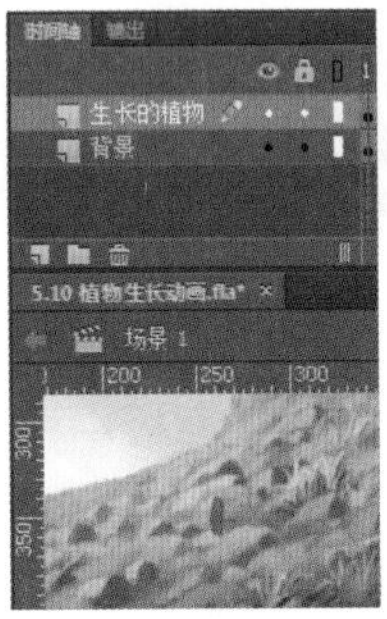

图5-127　新建图层并编辑　　图5-128　逐帧放置生长的植物素材

06 在该图层第19帧处插入空白关键帧，将“pic 9”拖入舞台，与之前的素材位置相同。接下来每隔4帧放置一张素材，编辑“pic 10~pic 15”以此制作植物缓慢生长的效果，如图5-129所示。

图5-129　植物缓慢生长的效果

07 新建图层并命名为“草丛”，并将库中绘制好的“草丛”素材拖至合适位置，如图5-130所示。

图5-130　新建“草丛”图层并编辑该图层

08 至此动画完成后按【Ctrl+Enter】测试，如图5-131所示。

图5-131　最终效果

5.11　昆虫拟人行走动画

本案例的效果，如图5-132所示。

图5-132　案例最终效果

01 打开本案例的素材文件，库内的有一些已经完成好的效果素材，如图5-133所示。

02 将图层1重命名为“背景”，并将库中的“背景”影片剪辑元件拖曳至舞台上，并调节其位置和大小，如图5-134所示。

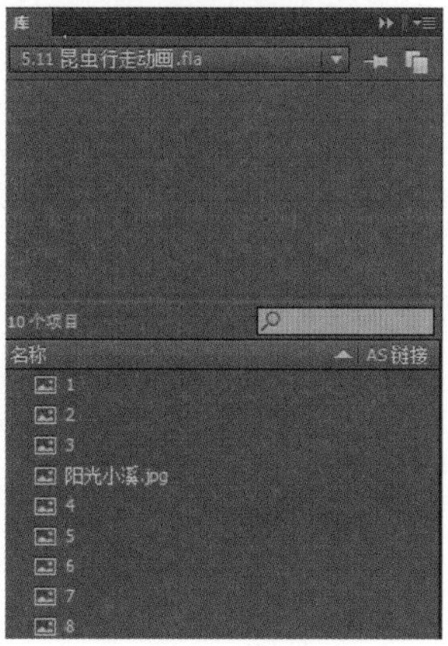

图5-133　库内的素材

图5-134　调节背景的大小和位置

03 新建影片剪辑元件“行走”，如图5-135所示。

图5-135　新建元件“行走”

04 在元件“行走”中新建8个关键帧，将位图“1”至位图“8”依次放入，并调整彼此的位置，如图5-136所示。

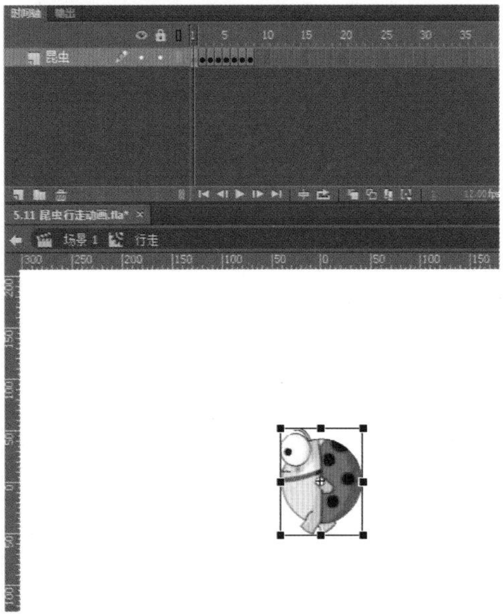

图5-136　将“行走”元件导入并调整位置

05 单击时间轴下方的“场景1”以返回主场景，新建一个图层，命名为“造型”，并将刚才制作的元件“行走”影片剪辑拖曳至舞台上，调整位置和大小，如图5-137所示。

图5-137　调整元件“行走”的位置与大小

06 在29帧按下【F6】键新建关键帧，移动元件“行走”位置，如图5-138所示。

图5-138　调整位置

07 选中图层“造型”0~29帧间的非空白帧，点击鼠标右键，选择“创建传统补间”选项，如图5-139所示。

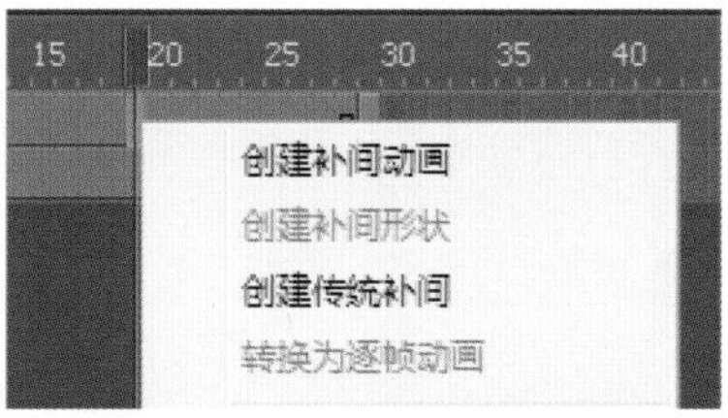

图5-139　创建传统补间

08 按住组合键【Shift+S】保存文件，同时按住组合键【Ctrl+Enter】观看最终效果。如图5-140所示。

图5-140　最终效果

5.12 课后练习

5.12.1 倒下的铅笔

本案例的练习为倒下的铅笔的效果，最终效果请查看配套光盘相关目录下的“5.12.1 倒下的铅笔”文件。本案例大致制作流程如下：

01 新建“倒下的铅笔”图形元件。

02 使用【线条工具】绘制一条直线和铅笔轮廓，并分别组合。

03 在铅笔所在图层制作铅笔倒下的逐帧动画。

案例最终效果

5.12.2 草地场景动画

本案例的练习为制作草地场景的效果，最终效果请查看配套光盘相关目录下的“5.12.2 草地场景动画”文件。本案例大致制作流程如下：

01 新建草丛慢慢晃动的影片剪辑，在其中制作逐帧动画。

02 在主舞台上放置背景图片。

03 将草的逐帧动画多复制几份，放置在舞台下方。

案例最终效果

5.12.3 发散特效动画

本案例的练习为制作发散特效，最终效果请查看配套光盘相关目录下的“5.12.3 发散特效动画”文件。本案例大致制作流程如下：

01 将库中的图片，按顺序放置到各个帧上。

02 调整所有图片的位置和大小。

案例最终效果

5.12.4 和平鸽飞行动画

本案例的练习为制作和平鸽飞行的动画，最终效果请查看配套光盘相关目录下的“5.12.4 和平鸽飞行动画”文件。本案例大致制作流程如下：

01 将天空的背景图片放置在舞台上。

02 制作鸽子扇动翅膀的动画。

03 将鸽子运动的动画放置在舞台上，并制作从左下角飞到右上角的补间动画。

案例最终效果

5.12.5 江南水乡动画

本案例的练习为制作江南水乡动画，最终效果请查看配套光盘相关目录下的“5.12.5 江南水乡动画”文件。本案例大致制作流程如下：

01 将背景图放置在背景图层上。

02 制作水面波纹荡漾的逐帧动画。

03 将制作的波纹逐帧动画放置在背景图上方，并调整其位置与背景图相应位置重合。

案例最终效果

5.12.6 仪仗队行进动画

本案例的练习为制作仪仗队行进动画，最终效果请查看配套光盘相关目录下的“5.12.6 仪仗队行进动画”文件。本案例大致制作流程如下：

01 将背景图拖曳至舞台上，并调节位置和大小。

02 使用素材单独制作仪仗队的两种人物运动动画。

03 新建一个元件，将两种人物的运动动画排列好位置。

04 将多个人物运动的影片剪辑放置在舞台上，并制作从右往左慢慢运动的动画。

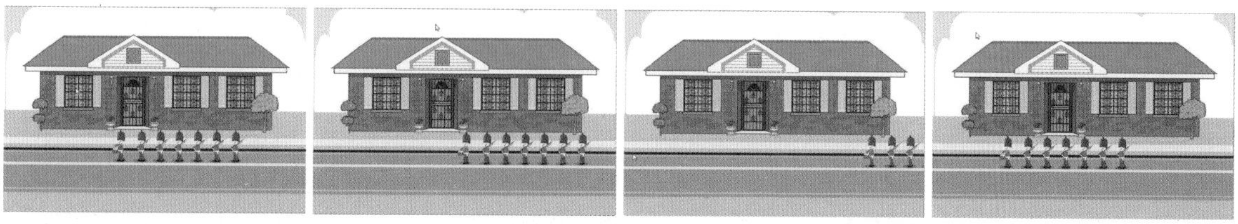

案例最终效果

5.12.7　天使飞翔动画

本案例的练习为制作天使飞翔动画，最终效果请查看配套光盘相关目录下的“5.12.7 天使飞翔动画”文件。本案例大致制作流程如下：

01 使用素材制作天使扇动翅膀的逐帧动画。

02 将背景图片拖曳至舞台上，并调整位置和大小。

03 将天使飞翔的元件拖曳至舞台上，并制作从下往上的补间动画。

04 可以在另外一个位置也制作一个天使飞翔的动画。

案例最终效果

5.12.8　火焰的动画

本案例的练习为制作火焰的动画，最终效果请查看配套光盘相关目录下的“5.12.8 制作火焰”文件。本案例大致制作流程如下：

01 将背景图片拖曳至舞台上，并调整位置和大小。

02 使用素材制作火焰燃烧的动画。

03 再新建一个元件，将火焰的动画拖曳进去，并将柴火放在火焰下合适的位置。

04 将火焰的动画拖曳至主舞台上。

案例最终效果

5.12.9 小人运动动画

本案例的练习为制作小人运动动画，最终效果请查看配套光盘相关目录下的“5.12.9 制作小人运动动画”文件。本案例大致制作流程如下：

01 将背景图片拖曳至舞台上，并调整位置和大小。

02 使用提供的素材制作火柴人走路的逐帧动画。

03 将走路的动画放置在舞台上。

案例最终效果

5.12.10 真实人物跑步动画

本案例的练习为制作真实人物跑步动画，最终效果请查看配套光盘相关目录下的“5.12.10 真实人物跑步动画”文件。本案例大致制作流程如下：

01 使用素材制作人物跑动的逐帧动画。

02 将背景图片拖曳至舞台，并调整位置和大小。

03 将人物运动动画拖曳至舞台上。

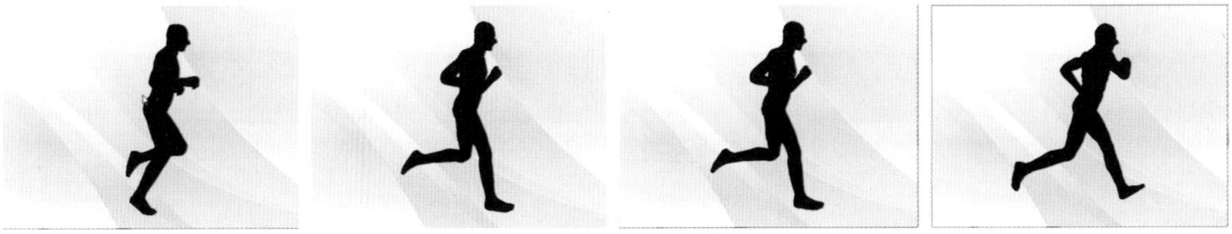

案例最终效果

第6章

运动动画篇

运动动画的效果，大致包含了位置变化和形状变化两种，通常的效果都可以用两者之一或通过两者组合实现。例如，常见的运动轨迹动画是指运动对象按照预先设定好的运动轨迹进行运动的动画。本章会学到一个新的图层类型——引导图层。该图层内的内容在播放时将不会显示出来，而是用来存放该图层内含的普通图层内的对象的运动轨迹的。有了运动轨迹动画，即可按照相应的需要，随心所欲地控制对象的运动了。除非特别需要，使用运动轨迹动画要尽量保持一个引导图层对应一个对象的运动。

本章学习重点：

1．学习外部素材的使用

2．了解针对基本操作

3．熟练影片元件的创建

4．了解补间动画的制作

5．熟练元件的操作

6.1 蝴蝶飞舞动画

本案例的效果如图6-1所示。

图6-1 案例最终效果

01 新建空白Flash文档，执行【文件】|【导入】|【导入到库】命令，将外部的蝴蝶飞舞的素材导入到库中。导入完成后的库，如图6-2所示。

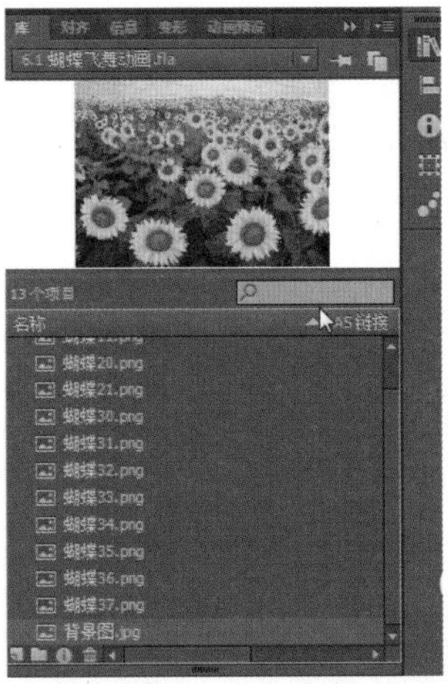

图6-2 导入素材后的库内素材

02 按组合键【Ctrl + F8】新建一个影片剪辑元件，并命名为“蝴蝶1”，单击【确定】按钮进入该元件内部进行编辑，如图6-3所示。

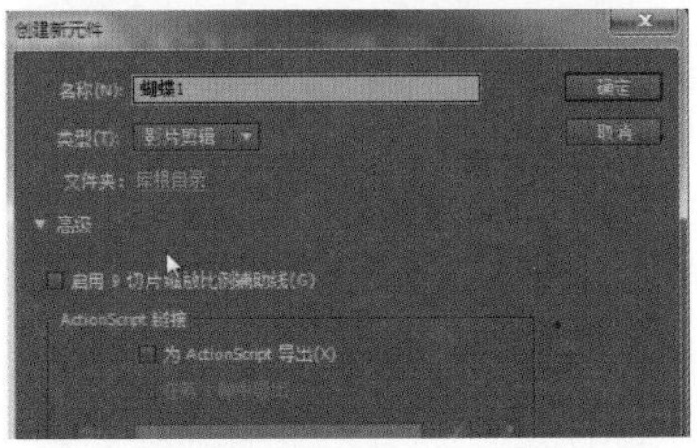

图6-3 新建“蝴蝶1”影片剪辑元件

03 在“蝴蝶1”元件内，将“蝴蝶10.png”图形素材拖曳到舞台上，并使用【任意变形工具】调节其中心对准注册点，如图6-4所示。

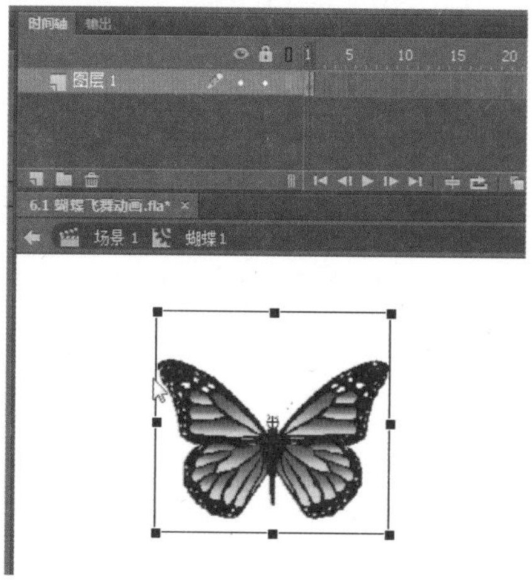

图6-4　将图形对准舞台注册点

04 选中第3帧并按快捷键【F7】以插入一个空白关键帧，将“蝴蝶11.png”拖曳至舞台，并调整位置。单击选中第5帧，并按快捷键【F5】插入帧，以让蝴蝶的第二个动作播放时间和第一个动作播放时间相等，这样便制作出了蝴蝶飞行的逐帧动画，如图6-5所示。

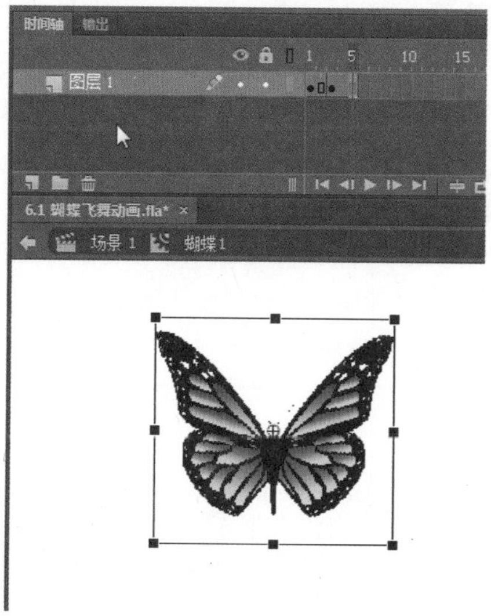

图6-5　放入第二张图片素材

05 同样的方法，新建“蝴蝶2”影片剪辑元件，并每隔一帧放置一张图片素材，调整其位置对准舞台注册点，如图6-6所示。

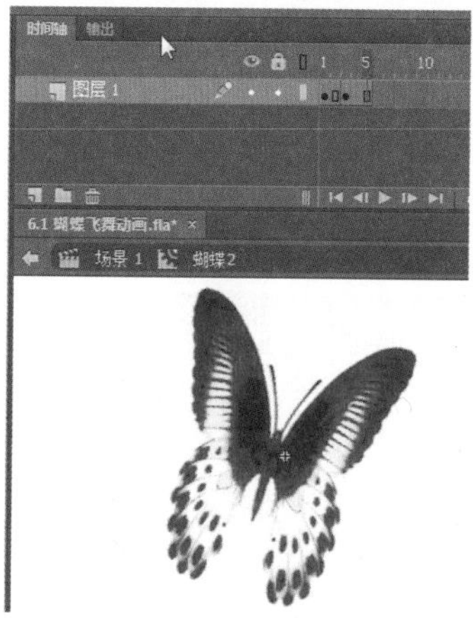

图6-6　新建第二个蝴蝶的逐帧动画

06 新建第三个蝴蝶的影片剪辑元件，并命名为“蝴蝶3”，每隔一帧插入空白关键帧并将图形素材拖曳进该帧中，最后按【F5】键插入帧以延长最后一个图片素材的播放时间，如图6-7所示。

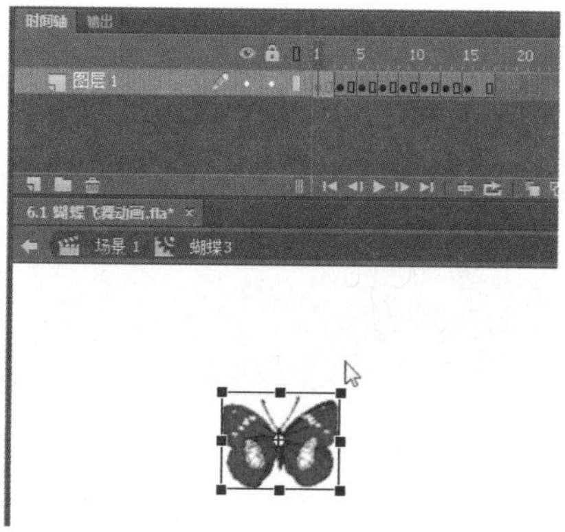

图6-7　新建蝴蝶3影片剪辑

07 单击时间轴下方的“场景1”以返回主场景，并将主场景时间轴内的图层1重命名为“背景”，并将库中的“背景图”素材拖曳到舞台，调节其位置和大小直至占满整个舞台，如图6-8所示。

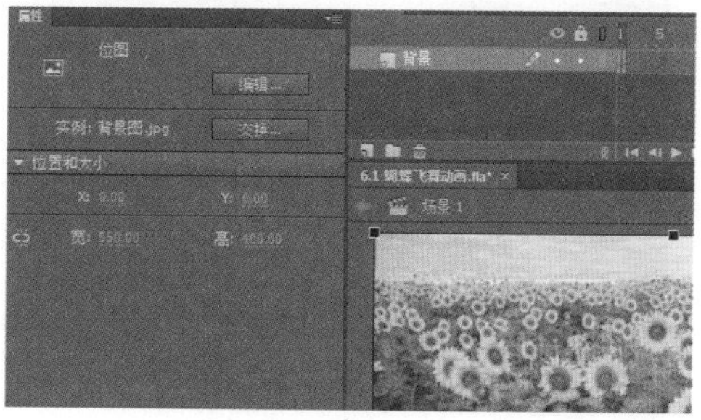

图6-8　调整背景图位置和大小

08 新建一个图层，命名为“蝴蝶1飞行”，并将影片剪辑元件“蝴蝶1”从库中拖曳至该图层第1帧的舞台外的任意位置。

09 使用【任意变形工具】调整元件“蝴蝶1”的大小和角度，如图6-9所示。

图6-9 调整蝴蝶1的位置和大小

10 选中“蝴蝶1飞行”图层的第100帧，按快捷键【F6】插入关键帧，并在该图层1~100帧中任意位置单击右键，在弹出的菜单内选择【创建传统补间】选项，效果如图6-10所示。

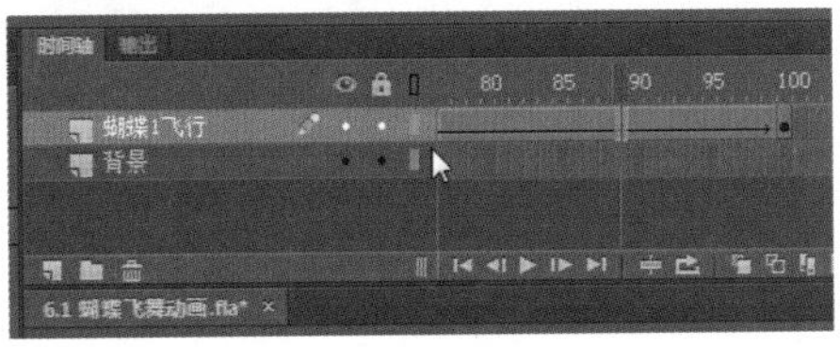

图6-10 创建补间动画

11 右键单击“蝴蝶1飞行”图层，在弹出的菜单中选择【添加传统运动引导层】选项，如图6-11所示。

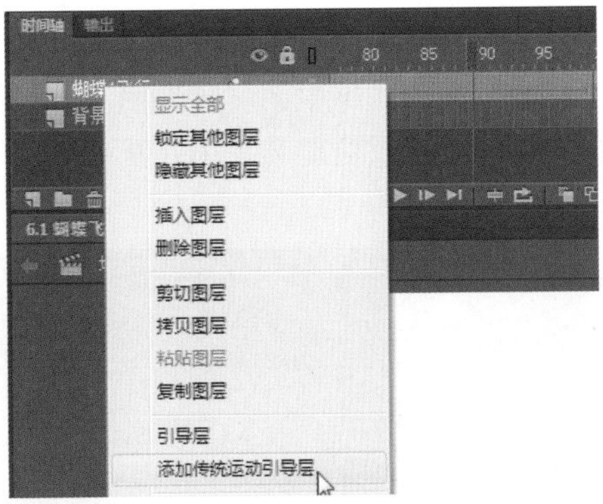

图6-11 选择添加传统运动引导层

12 选择该选项后，将会在本图层上方添加一个引导图层，为其重命名为“蝴蝶1轨迹”，如图6-12所示。

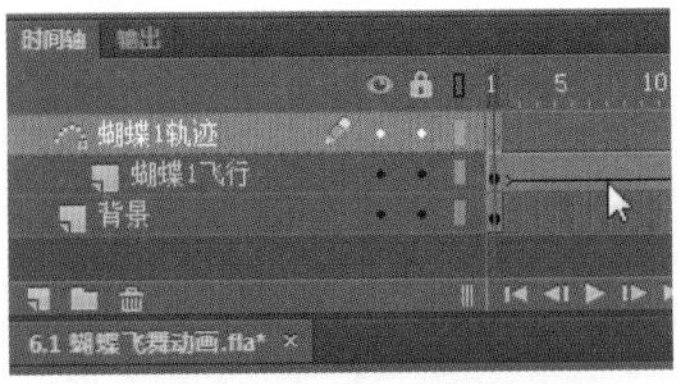

图6-12 为引导层命名

提示：

普通图层的样子为 
添加引导成功的引导图层样式为

添加引导失败的引导图层样式为

这里要注意的是失败的引导图层将不会起到引导作用，并且不会对动画播放产生任何影响，不过有的动画制作者喜欢用引导失败的引导图层作为辅助设计图层，因为在上面绘制的东西在真正播放时并不会显示，所以可以用来存放一些作为辅助设计的东西。

13 选择引导层的第1帧，使用【钢笔工具】绘制蝴蝶1的飞行轨迹。轨迹样式可以任意，不过最好为尽量简洁的一条线，并且尽量从需要控制的对象开始绘制，线条的样式不影响效果，如图6-13所示为任意绘制的一条曲线轨迹。

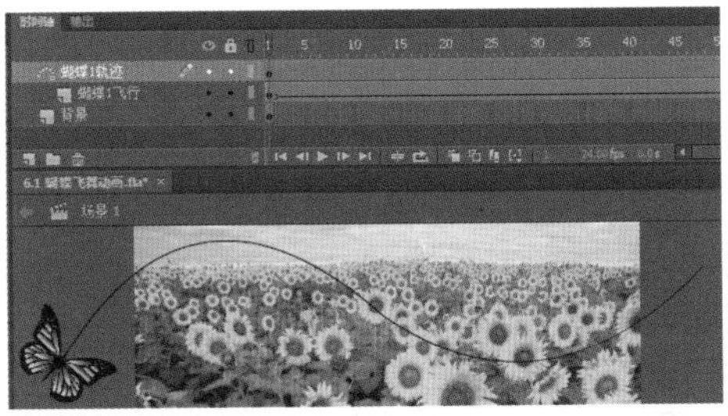

图6-13 绘制运动轨迹

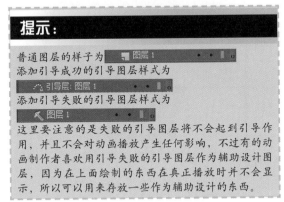

14 将“蝴蝶1飞行”图层上的第100帧上的蝴蝶元件拖曳到刚才绘制的轨迹末端，如图6-14所示。

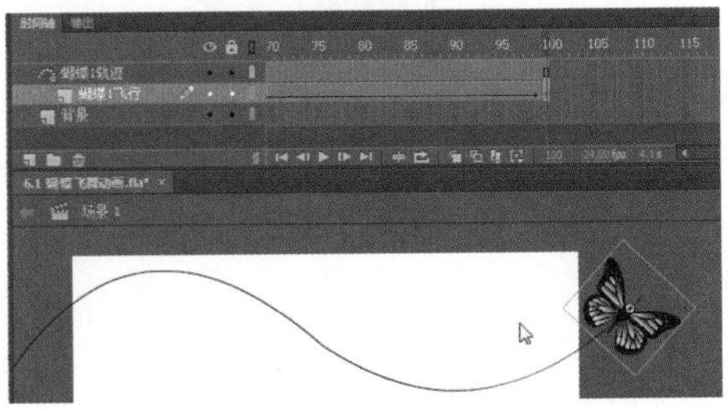

图6-14 将元件拖曳至轨迹末端

15 此时拖动播放头，可以看到蝴蝶沿着绘制的轨迹飞行。如图6-15所示。

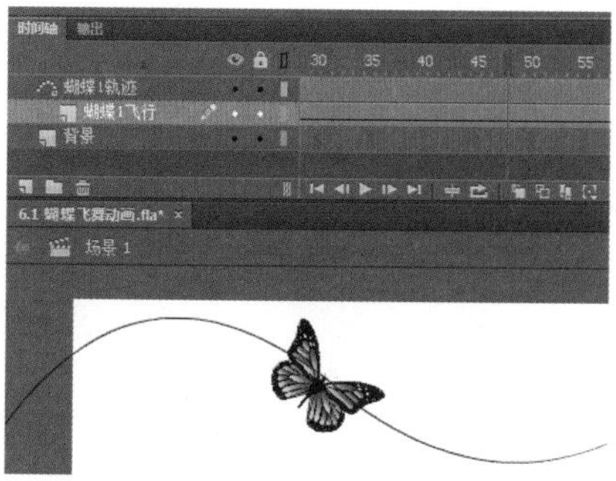

图6-15　蝴蝶沿着绘制的轨迹飞行

注意：

如果有时候发现对象并没有按照轨迹线进行运动或运动轨迹混乱，请检查：

1.是否线条过于复杂或者交叉太多，请试试更加简洁的线条。

2.中心点是否处于运动轨迹上，如果没有，可以使用【任意变形工具】查看到对象的中心点，并拖曳使其中心点落在轨迹上。

16 在最上面引导层的上面再次新建图层，并命名为“蝴蝶2飞行”，将“蝴蝶2”元件从库中拖曳至舞台外的一个位置，并调整其大小和角度，如图6-16所示。

图6-16　调整蝴蝶2的大小和角度

17 在该图层的第100帧位置插入关键帧，并在中间创建传统补见动画，如图6-17所示。

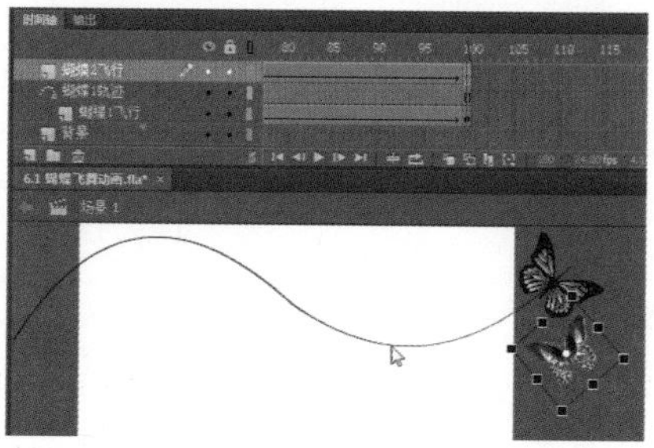

图6-17　创建传统补间动画

18 右键单击“蝴蝶2飞行”图层，并在弹出菜单中选择【创建传统运动引导层】选项，并将新建出来的引导层重命名为“蝴蝶2轨迹”，如图6-18所示。

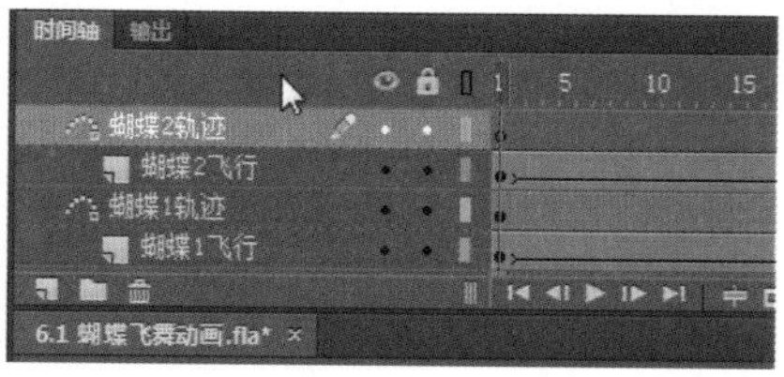

图6-18　新建引导图层

19 在“蝴蝶2轨迹”引导图层上使用【钢笔工具】绘制蝴蝶2的飞行轨迹，如图6-19所示为一条任意的曲线。

图6-19　绘制蝴蝶2的飞行轨迹

20 将“蝴蝶2飞行”图层的第100帧上的蝴蝶拖曳到刚才绘制曲线的末端，并使用【任意变形工具】使其中心点落在轨迹上，如图6-20所示。

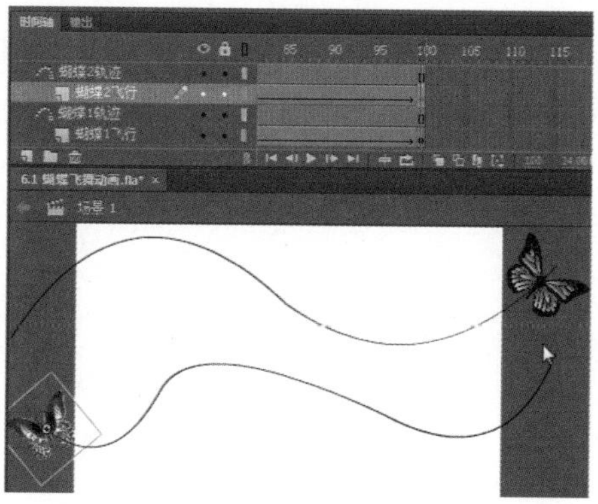

图6-20　拖曳蝴蝶2至轨迹末端

21 在最上面新建图层并命名为“蝴蝶3飞行”，将“蝴蝶3”元件拖曳进来，调整好大小和角度，并重复上面的步骤创建补间动画，如图6-21所示。

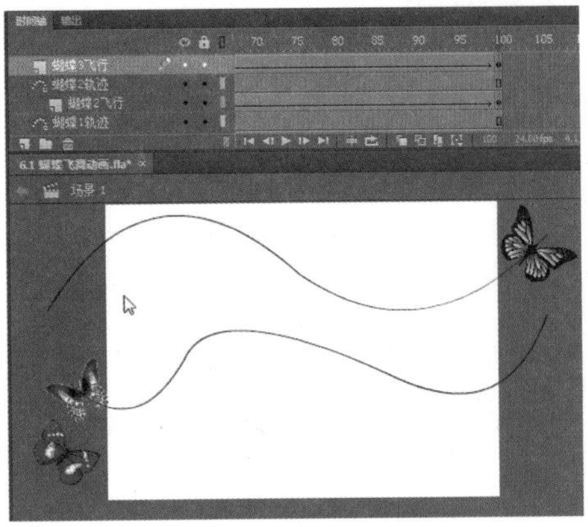

图6-21　创建蝴蝶3的补间动画

22 为“蝴蝶3飞行”图层创建引导图层，并在上面绘制蝴蝶3飞行的轨迹，如图6-22所示。

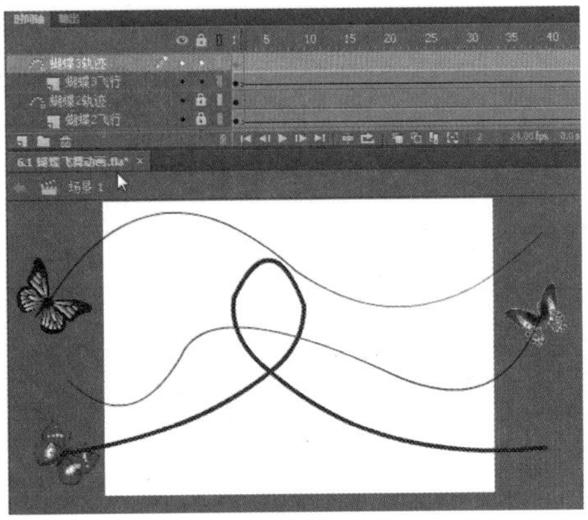

图6-22　绘制蝴蝶3的运动轨迹

23 将第100帧的蝴蝶3拖曳至轨迹末端，调整其中心落在轨迹上，便完成了三只蝴蝶的运动轨迹动画。

24 在“背景”图层的第100帧按【F5】键插入帧以让该图层的时间延续到所有蝴蝶飞行完毕，如图6-23所示。

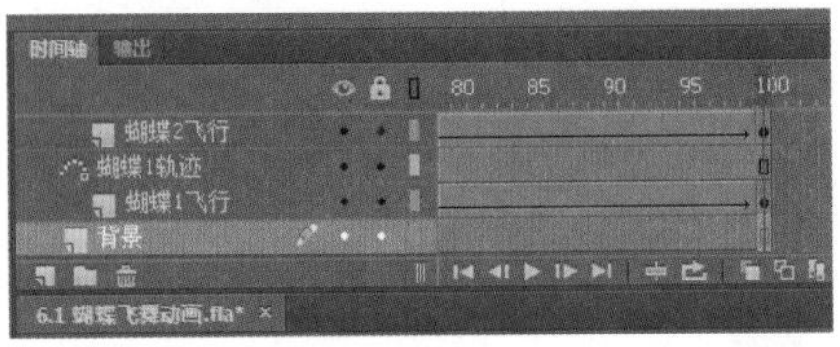

图6-23　为背景图层第100帧插入帧

25 保存文件，按组合键【Ctrl + Enter】测试影片，可以看到3只蝴蝶按照轨迹飞行的动画，而轨迹并不会显示出来，只能够在设计时看到，如图6-24所示。

图6-24 最终效果

6.2　海底世界动画

本案例的效果如图6-25所示。

图6-25 案例最终效果

逐帧动画部分的知识已经介绍得差不多了，接下来的案例将不会再对逐帧动画元件的详细制作进行讲解，而是提供相应的素材文件以供读者直接使用。

01 打开本案例的素材文件，库内素材结构如图6-26所示。

图6-26 库内的素材

02 库内的几个影片剪辑均为制作好的动画效果，可以双击进去查看具体的制作过程。

03 将图层1重命名为“鱼1游动”，并将“鱼1”元件从库内拖曳到舞台外，如图6-27所示。

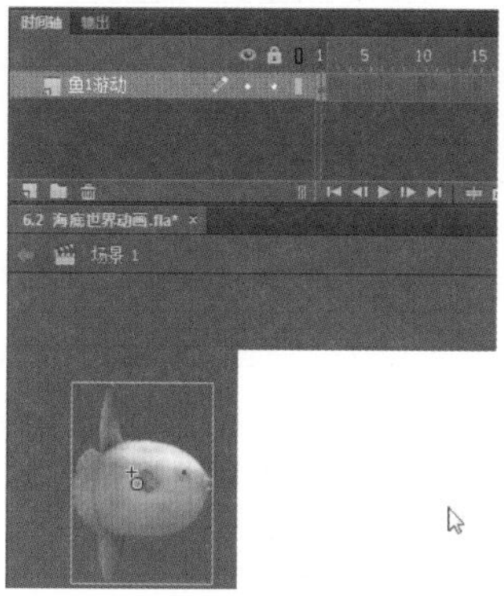

图6-27 拖曳“鱼1”元件到舞台外

04 在“鱼1游动”图层上单击右键并在弹出的菜单中选择【创建传统引导动画】选项，并使用【钢笔工具】在引导图层上绘制一条曲线轨迹，如图6-28所示。

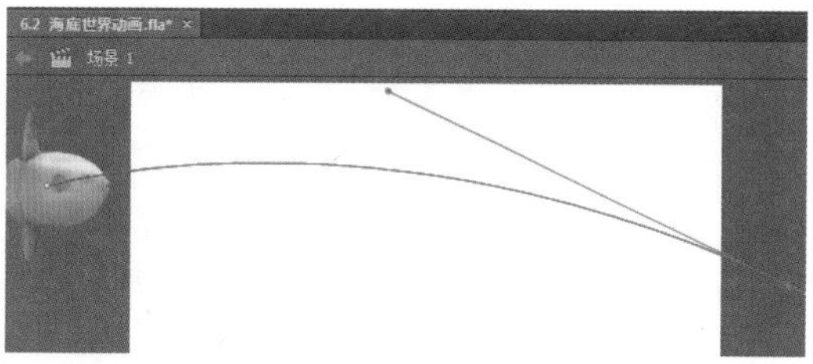

图6-28 绘制鱼1的运动轨迹

05 在图层“鱼1游动”的第400帧的位置按快捷键【F6】键插入关键帧，在它的引导层的第400帧按快捷键【F5】插入帧，以使引导层的时间和要引导的对象一致，如图6-29所示。

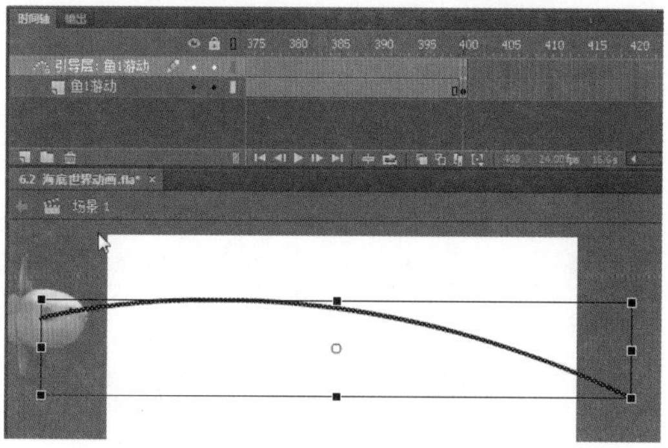

图6-29 在第400帧添加关键帧和帧

06 在图层“鱼1游动”的第1帧和第400帧中间的任意位置单击右键，并在弹出的菜单中选择【创建传统补间动画】选项，这将在1~400帧中生成补间动画，如图6-30所示。

图6-30　创建传统补间动画

07 使用【任意变形工具】选中第1帧的“鱼1”元件，移动使其中心点落在引导线起始端，再到第400帧移动鱼1元件使其中心点落在引导线的末端，如图6-31所示。

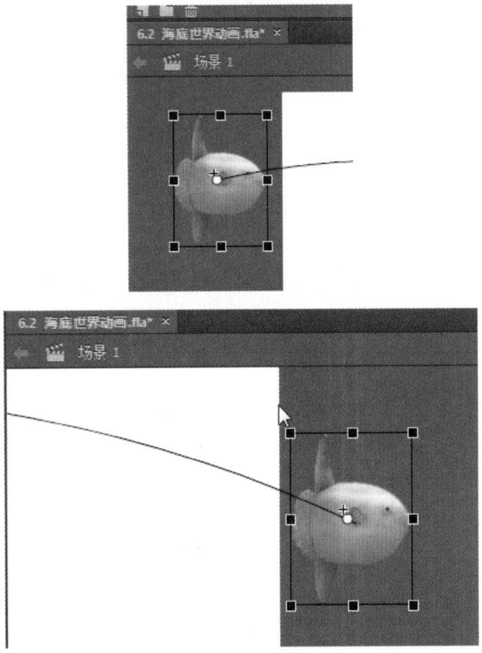

图6-31　调节中心点位置使之落在引导线上

08 这将创建出一条鱼的引导动画，并且将持续播放400帧，从舞台最左边出现直到在舞台最右端消失。

09 在最上层新建一个图层，重命名为“鱼2游动”，注意此图层一定不能被刚才的引导图层包含，而是独立的一个普通图层，如图6-32所示。

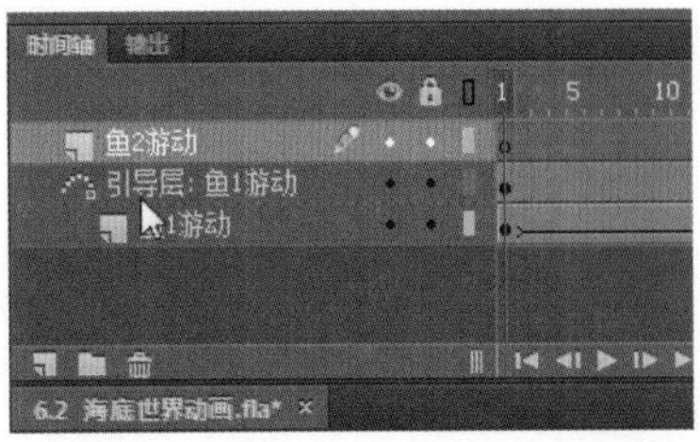

图6-32　新建“鱼2游动”图层

10 在“鱼2游动”图层的第50帧按快捷键【F7】插入空白关键帧，并将鱼2元件拖曳至舞台，如图6-33所示。

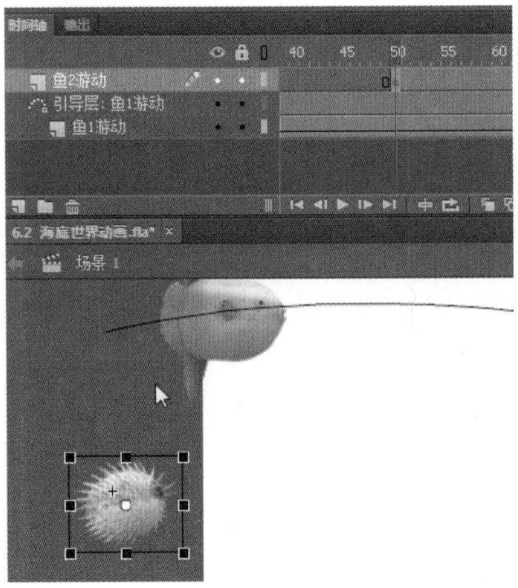

图6-33　在第50帧处放入鱼2元件

11 为“鱼2游动”图层创建引导层，并使用【钢笔工具】绘制如图6-34所示的轨迹线条。

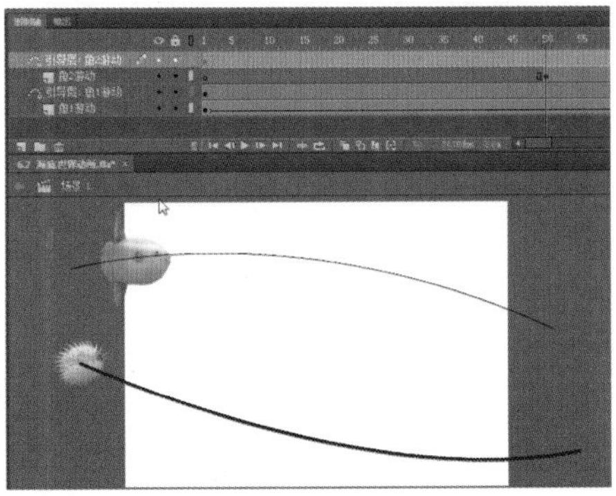

图6-34　绘制鱼2的运动轨迹

12 在“鱼2游动”图层的第120帧插入关键帧，并将处于第120帧的鱼2元件使用【任意变形工具】拖曳至引导线末端，使其中心落在引导线上，如图6-35所示。

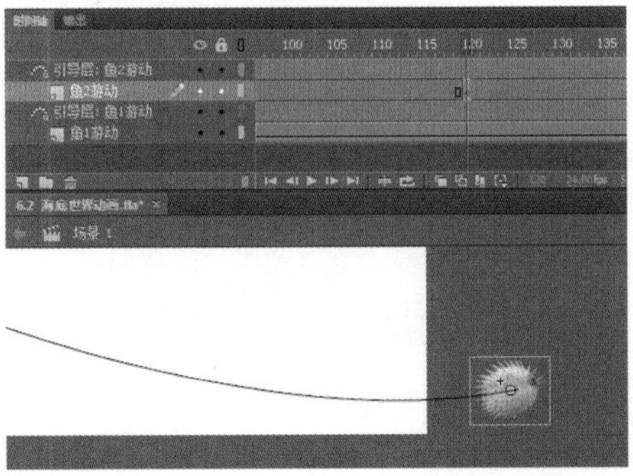

图6-35　拖动鱼2元件到引导线末端

13 在“鱼2游动”图层上创建传统补间动画，拖动播放头可以看到鱼1先出现，鱼2后出现，但是鱼2的速度会比鱼1快。

14 按照上面的步骤，再次创建鱼3的引导动画，如图6-36所示。

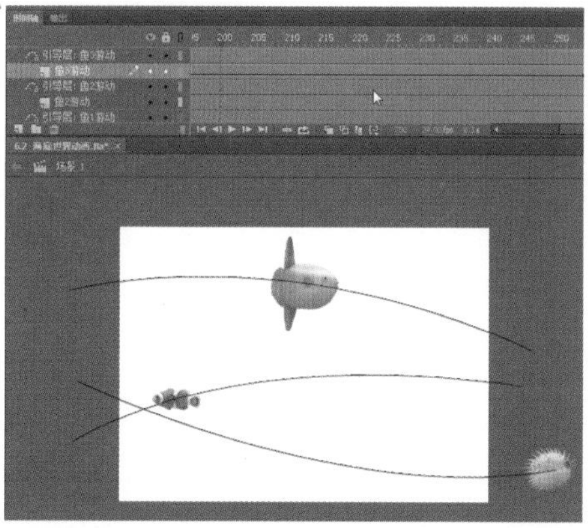

图6-36 创建鱼3的引导动画

15 新建“鱼4游动”图层，将鱼4元件放置在舞台的中间，在该图层第300帧插入关键帧，并在中间添加传统补间动画，如图6-37所示。

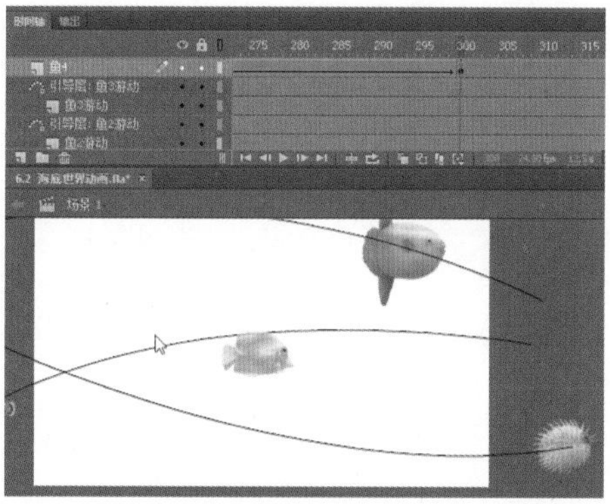

图6-37 创建补间动画

16 为“鱼4游动”图层创建传统引导图层，并绘制一条如图6-38所示的引导线。

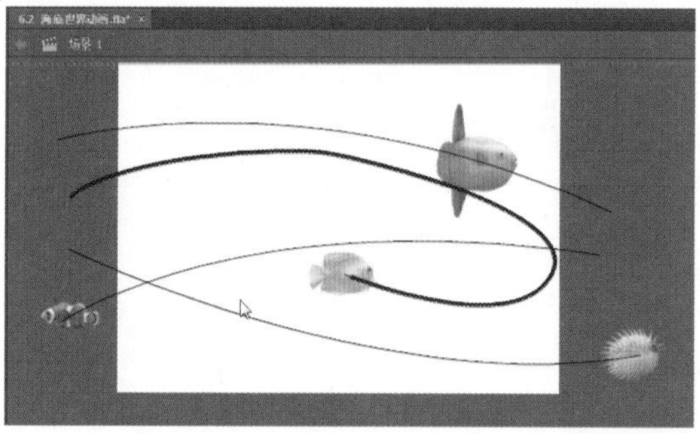

图6-38 绘制鱼4的运动轨迹

17 将第300帧上的鱼4拖曳到引导线的末端，并找到鱼游动到将要转弯位置的帧，如图6-39所示。

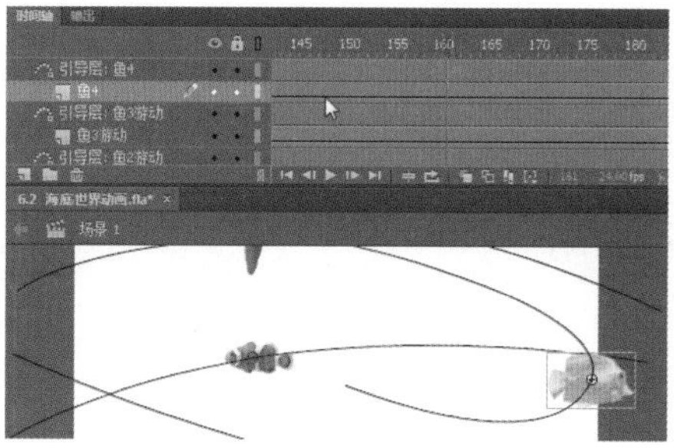

图6-39 找到鱼4即将转弯的帧

18 在该帧按两次快捷键【F6】以插入两个关键帧，如图6-40所示。

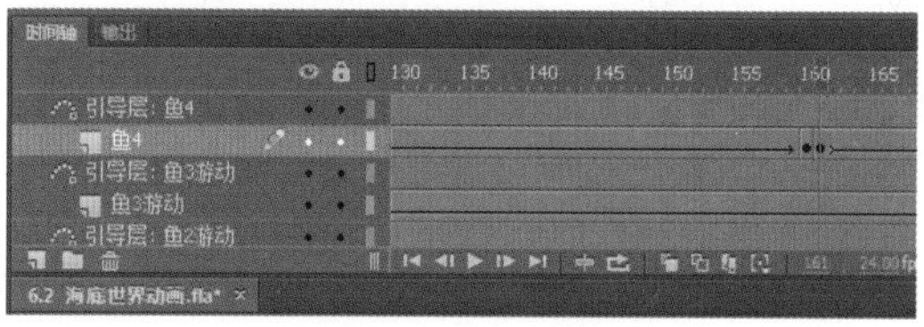

图6-40 插入两个关键帧

19 找到后一帧的鱼4，并执行【修改】|【变形】|【水平翻转】命令，将鱼4水平翻转过来，对处于第300帧的鱼4同样执行一次水平翻转操作，如图6-41所示。

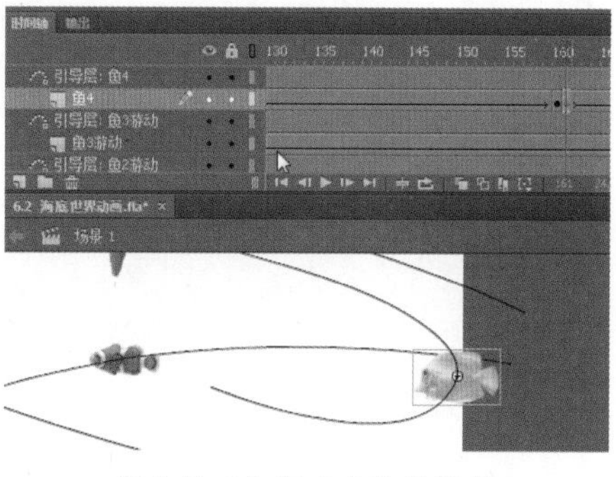

图6-41 执行水平翻转操作

20 综合前面的步骤，制作乌龟的引导动画，绘制其运动轨迹，如图6-42所示。

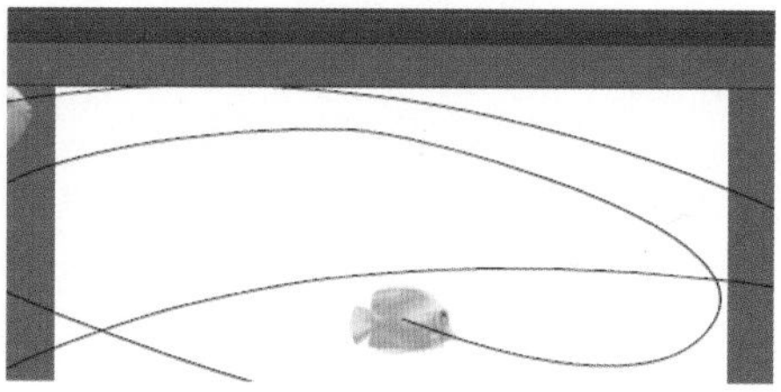

图6-42 绘制乌龟的运动轨迹

21 制作完成所有引导动画后，在所有图层的最下方新建一个图层，命名为“背景”，并将背景图层从库内拖曳至舞台上的合适位置，如图6-43所示。

22 保存文件，按组合键【Ctrl + Enter】测试影片，效果为海底各种鱼类自由游动的效果，如图6-44所示。

图6-43　插入背景图片

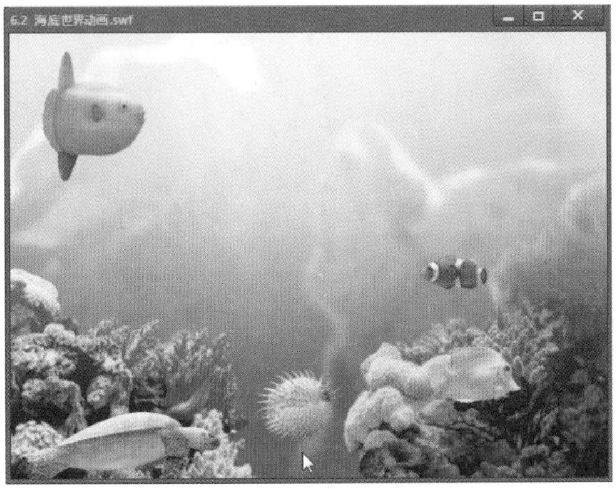

图6-44　最终效果图

6.3　踢足球动画

本案例效果如图6-45所示。

图6-45　案例最终效果

01 打开本案例的素材文件，库内有一个足球和背景的图片素材，如图6-46所示。

图6-46　库内的素材

02 将图层1重命名为“背景层”，如图6-47所示。

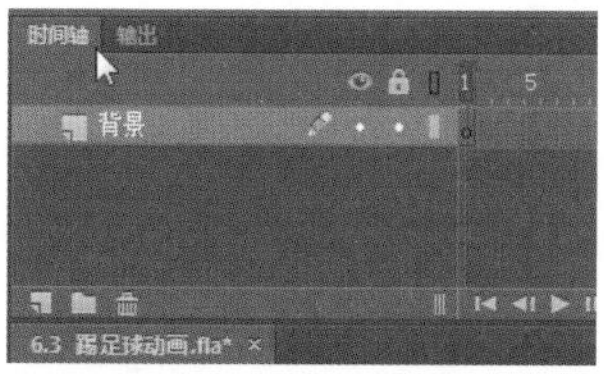

图6-47　重命名图层

03 将库内的背景图素材拖曳至舞台上，并使之左上角与舞台的左上角对齐，如图6-48所示。

图6-48　设置图片左上角与舞台对齐

04 新建一个图层，命名为“足球运动”，如图6-49所示。

图6-49　新建图层

05 将库中的“足球”图片素材拖曳至“足球运动”图层第1帧的舞台上，并选中该图形，按快捷键【F8】将其转换为影片剪辑元件，命名为“足球剪辑”，如图6-50所示。

图6-50　转换为元件

06 在“足球运动”层的第50帧和“背景层”的第50帧按【F5】键插入帧，如图6-51所示。

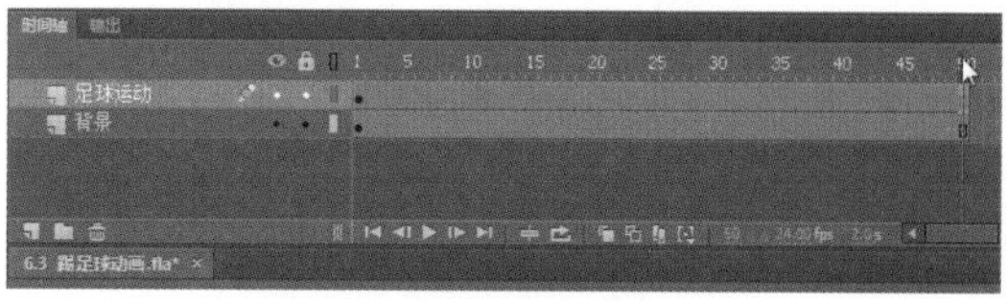

图6-51　插入帧

07 在“足球运动”层的第1帧上单击右键，在弹出的菜单中选择【创建补间动画】选项，此时将会生成一个与之前案例不一样的补间区域，如图6-52所示。

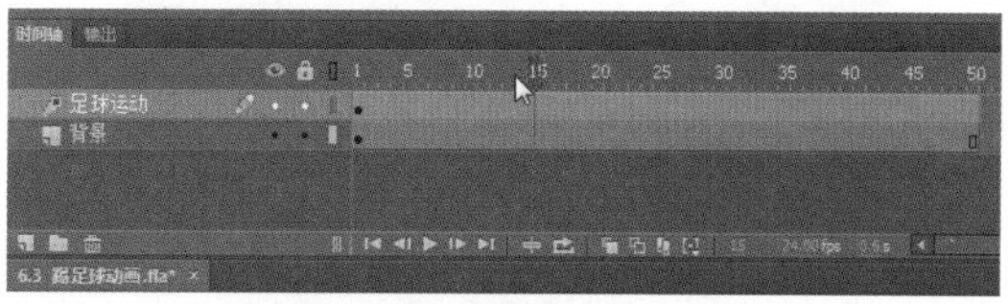

图6-52　创建补间动画

08 使用【选择工具】将第1帧上的足球移出舞台，如图6-53所示。

图6-53　移动第1帧上的足球

09 单击“足球运动”图层的第15帧，再使用【选择工具】将足球移动至如图6-54所示的位置，这将会形成一条运动轨迹。

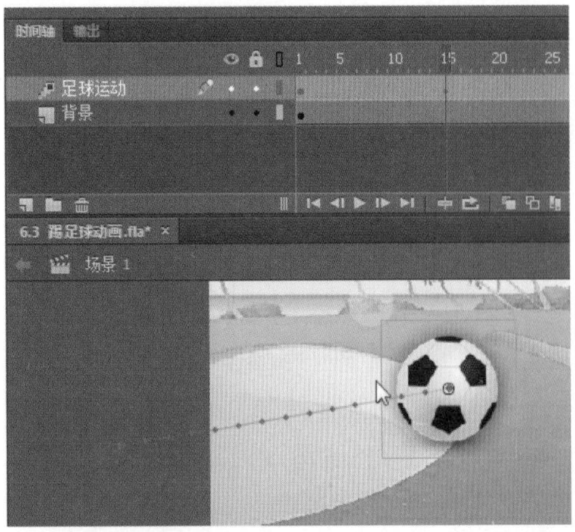

图6-54　移动第15帧的元件

10 使用【选择工具】修改轨迹的曲度，修改为如图6-55所示的状态。

图6-55　修改运动轨迹曲度

11 使用【任意变形工具】修改第15帧上的球的大小，将其稍微缩小一点，如图6-56所示。

图6-56　调整足球的大小

12 使用同样的方法，在第25帧处将足球调整至如图6-57所示的位置，并缩小其尺寸。

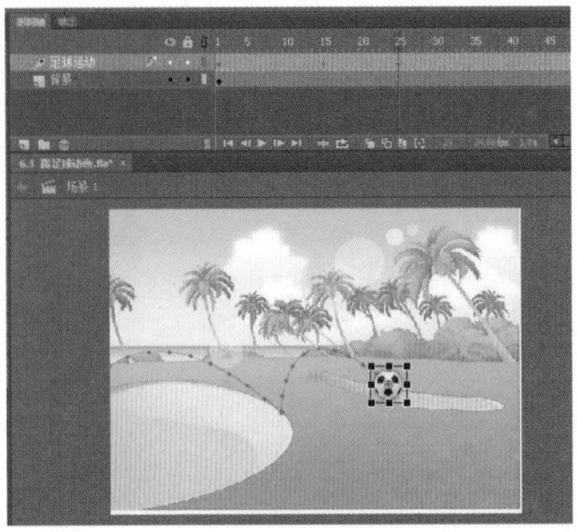

图6-57　对第25帧进行处理

13 对后面的帧也进行相应的处理，以实现一个足球逐渐远去的弹跳效果，如图6-58所示。

图6-58　设置其他帧上的弹跳情况

14 保存文件，按组合键【Ctrl + Enter】测试影片播放效果，如图6-59所示。

图6-59　最终效果图

6.4 翻书动画

本案例效果如图6-60所示。

图6-60　案例最终效果

01 新建Flash文档，并将素材导入到库，此时库内已有素材如图6-61所示。

图6-61　库内图片素材

02 新建影片剪辑元件“book1”，点击【确定】按钮进入元件内部编辑，如图6-62所示。

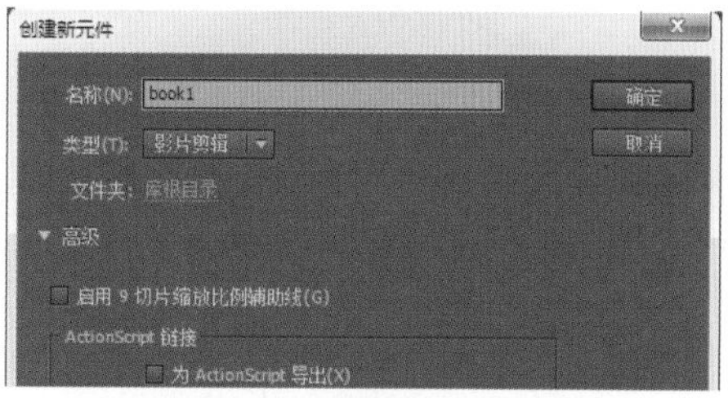

图6-62　新建影片剪辑

03 打开库面板，将库中的“书”素材拖至舞台，放置到合适位置，并调整大小。如图6-63所示。

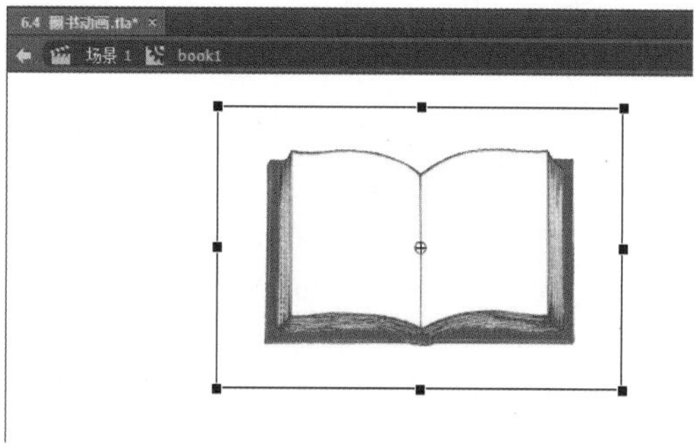

图6-63　将“书”拖曳至舞台上

04 新建影片剪辑元件book2，点击【确定】按钮进入元件内部编辑，在第12帧处按【F7】键插入空白关键帧，如图6-64所示。

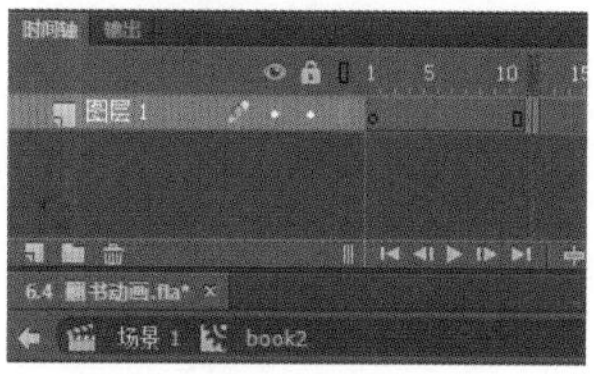

图6-64　新建影片剪辑元件并插入空白关键帧

05 打开库面板，将素材“书页1”拖至舞台，并调整位置与大小。选中并按【F8】键转换成图形元件，命名为“书页1”，如图6-65所示。

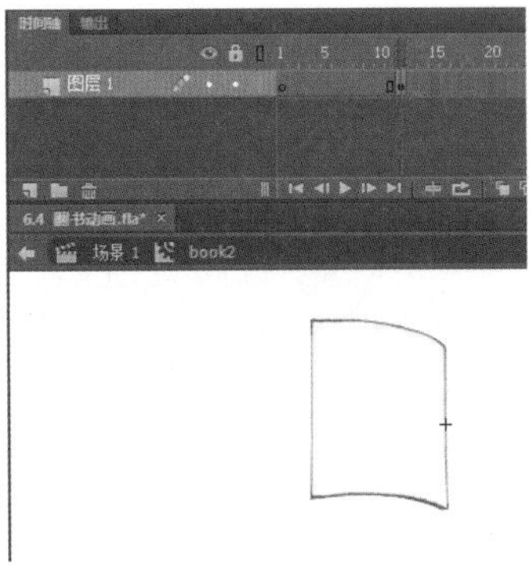

图6-65　将“书页1”素材放置舞台并转换成元件

06 在该影片剪辑元件的第20帧按【F6】键插入关键帧，使用【任意变形工具】将舞台上的“书页1”变形，如图6-66所示。

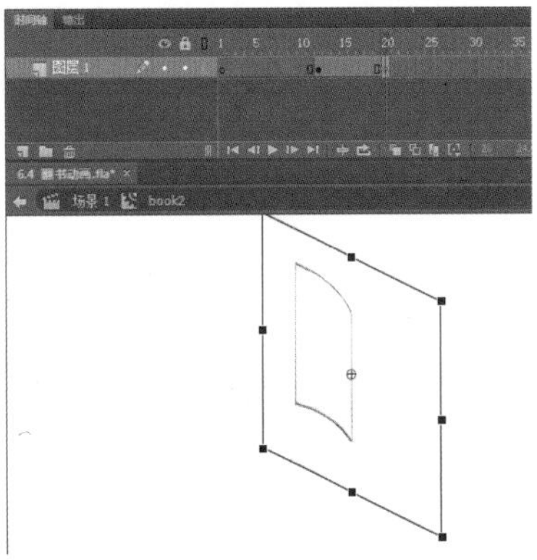

图6-66　将“书页1”变形

07 还是在此元件中，在第28帧处插入关键帧，将舞台上“书页1”选中，并执行【修改】|【形状】|【水平翻转】命令，如图6-67所示。

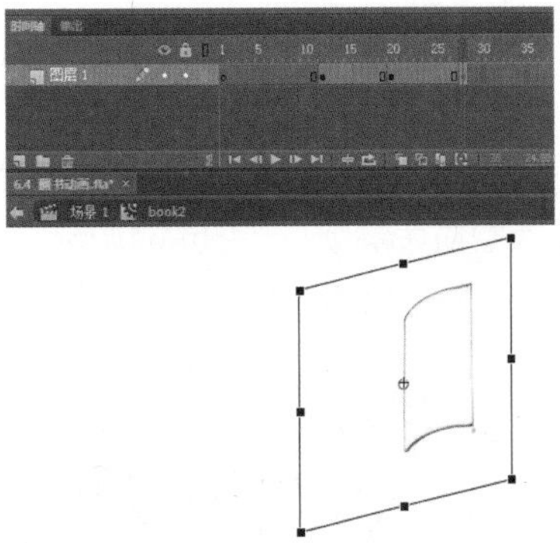

图6-67　将“书页1”水平翻转

08 在36帧处插入关键帧，将“书页1”调整为未变形之前的状态，如图6-68所示。

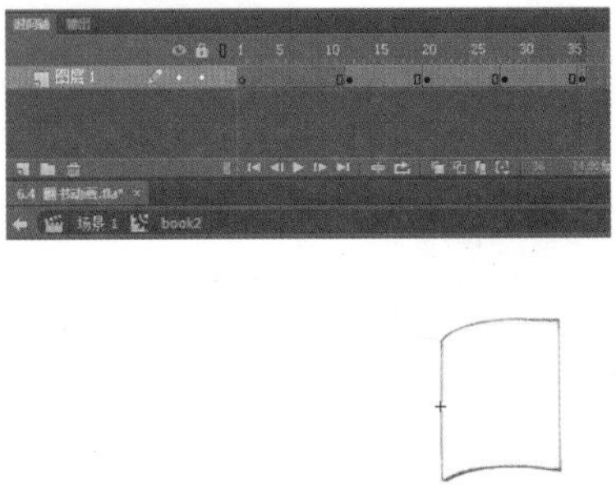

图6-68　再次调整“书页1”

09 最后在12~20、20~28、28~36帧之间创建传统补间，如图6-69所示。

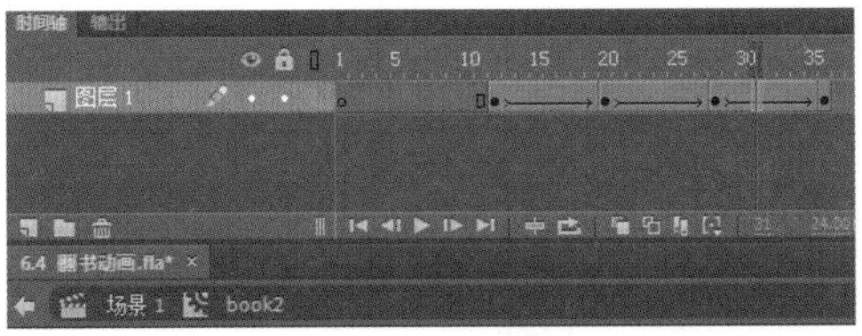

图6-69　创建传统补间动画

10 新建“图层2”，复制“图层1”的第12~36帧，并粘贴至“图层2”的1~24帧处，如图6-70所示。

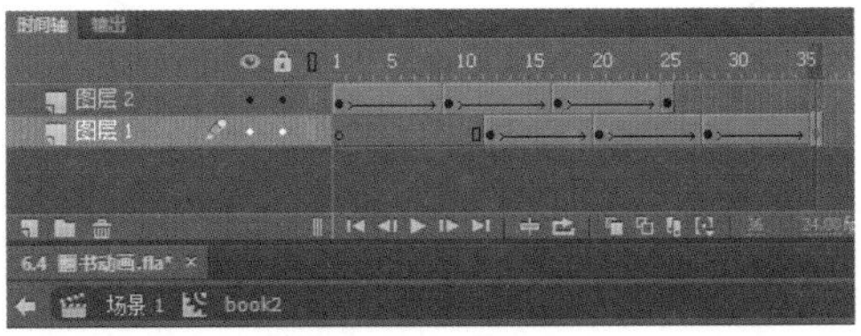

图6-70　复制帧并粘贴帧

11 返回主场景，将图层1命名为“背景层”，将库内的beijing.jpg拖入舞台，调整位置和大小，如图6-71所示。

图6-71　设置背景

12 新建“书本”图层，将库中的book1和book2拖至舞台，摆放到合适位置，如图6-72所示。

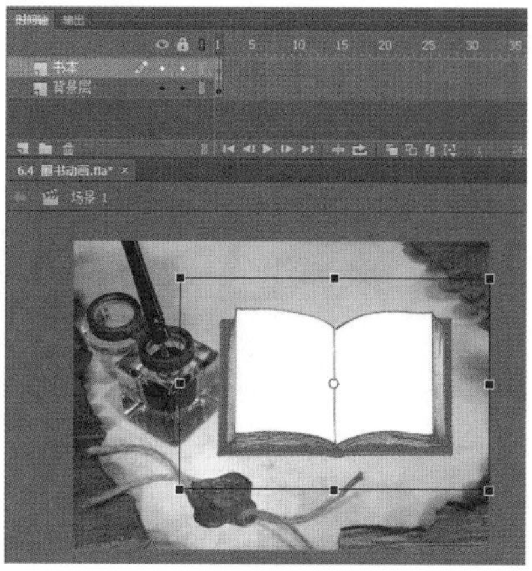

图6-72 将影片剪辑元件拖至舞台

13 保存文件，按组合【Ctrl + Enter】测试影片，最终效果如图6-73所示。

图6-73 最终效果图

6.5 字母飘舞动画

本案例效果如图6-74所示。

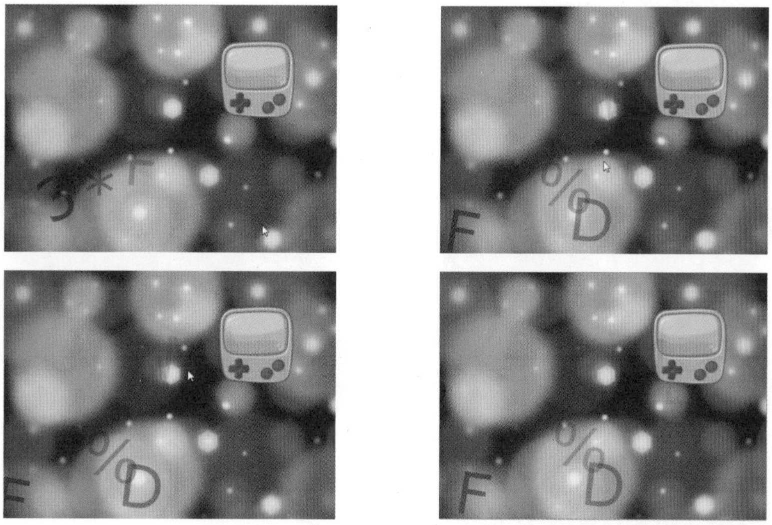

图6-74 案例最终效果

01 打开本案例的素材文件，库内有一个游戏机的素材图片，本案例要制作的是很多字母飞舞着飘向游戏机，并在飘散过程中慢慢消失的效果，如图6-75所示。

图6-75 库内的素材

02 将图层1重命名为“游戏机层”，并将库中的“游戏机”图片素材拖曳至舞台上，如图6-76所示。

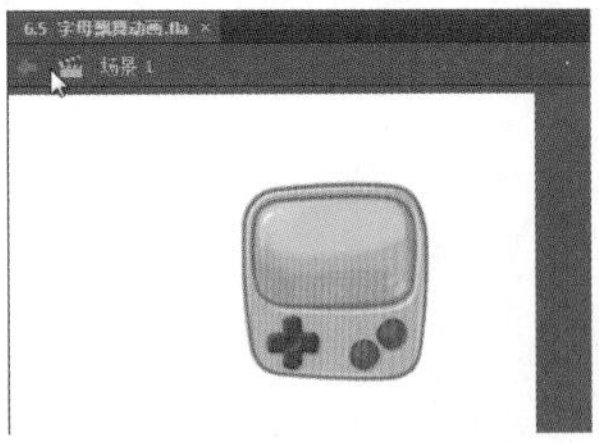

图6-76　拖曳影片剪辑到舞台上

03 选择工具栏内的【文本工具】，并在属性面板进行做如图6-77所示的设置。

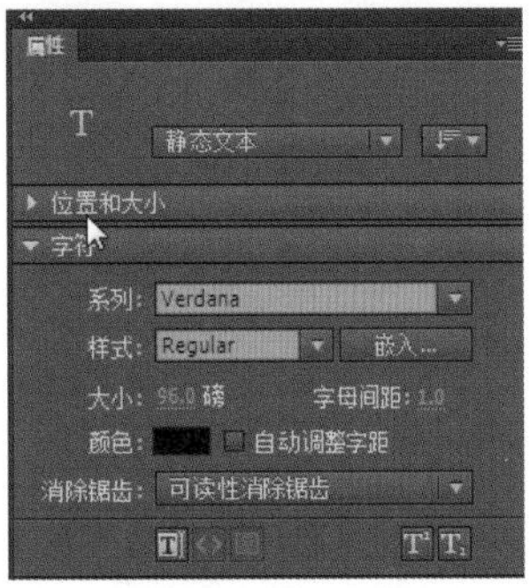

图6-77　设置【文本工具】的属性

04 新建一个图层，并命名为“文字层”，使用【文本工具】在舞台上随意输入一些英文字母或符号，如图6-78所示。

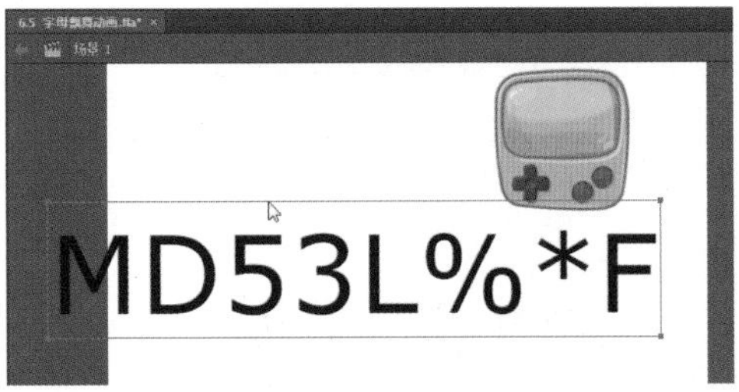

图6-78　输入文字或符号

05 选择刚才输入的文字，按快捷键【Ctrl＋B】打散该文本框为每一个字符占一个单独文本框的样式，如图6-79所示。

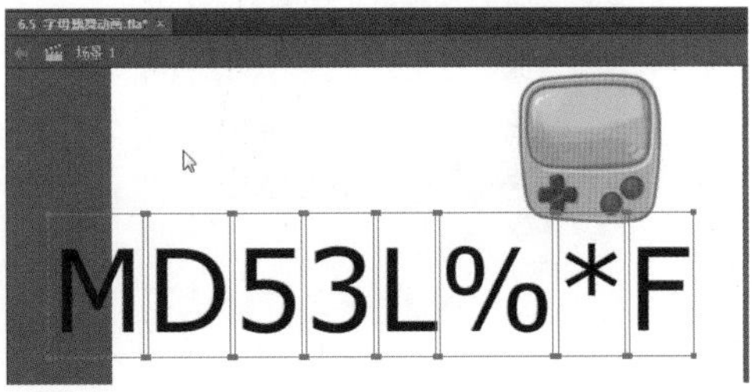

图6-79　打散文本框

06 选中所有的字符，按【F8】键将其转换为影片剪辑元件，命名为“文字运动效果”，如图6-80所示。

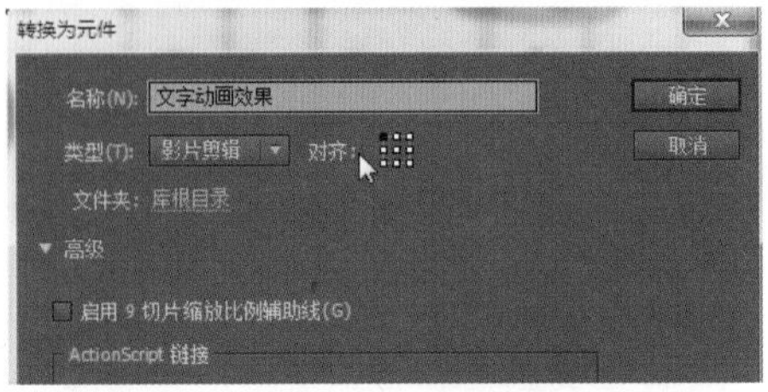

图6-80　转换为影片剪辑元件

07 转换完成后，再双击刚才转换的影片剪辑以进入其内部，再次使用【选择工具】单独选中每个文字，并按【F8】键将其转换为影片剪辑，名字可以使用默认的，转换完成后，库中会多出刚才创建的元件，如图6-81所示。

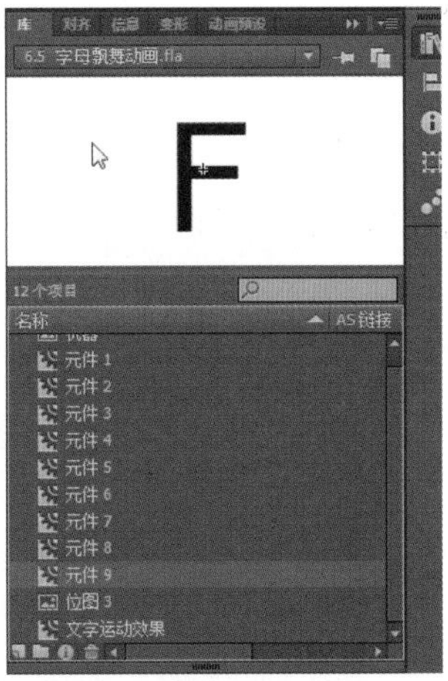

图6-81　库中的元件

08 选中舞台上所有的已经转换为影片剪辑的文字，并在任意一个元件上单击右键，在弹出的菜单中选择【分散到图层】选项，如图6-82所示。

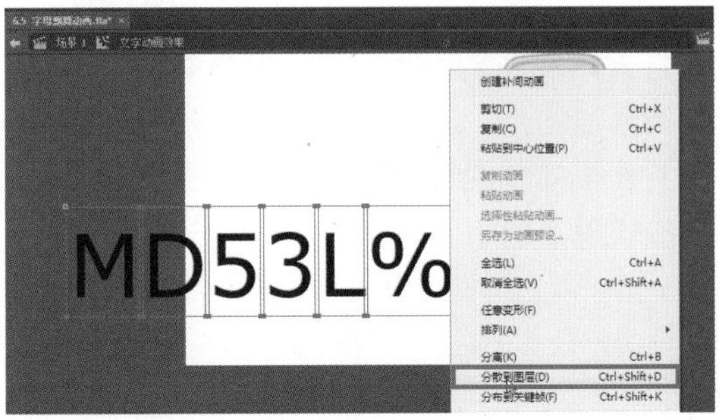

图6-82　分散到图层

09 完成后，将会为每一个文字影片剪辑创建一个单独的图层，在每个单独图层的第30帧按快捷键【F6】插入关键帧，如图6-83所示。

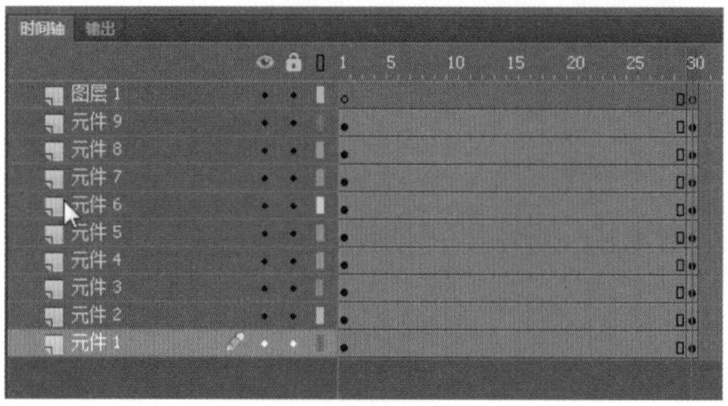

图6-83　插入关键帧

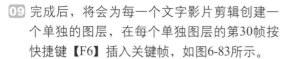

10 将第1帧上的所有文字都使用【选择工具】随意拖动一下位置或使用【任意变形工具】调整其角度，如图6-84所示为任意变换的一个样式。

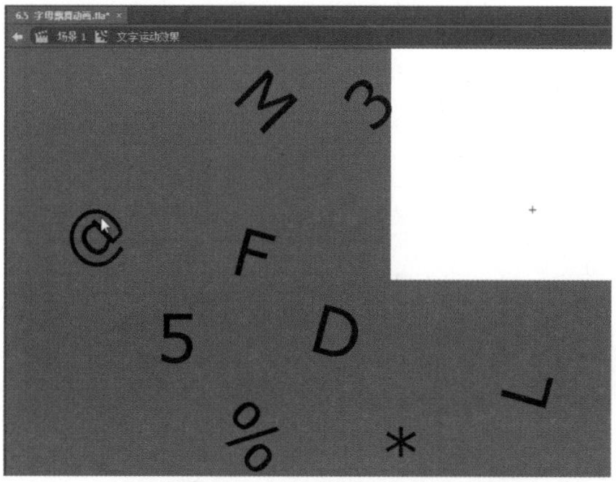

图6-84　任意调整元件的位置和角度

11 右击时间轴上的“元件1”图层，并在弹出的菜单中选择【添加传统运动引导层】选项，如图6-85所示。

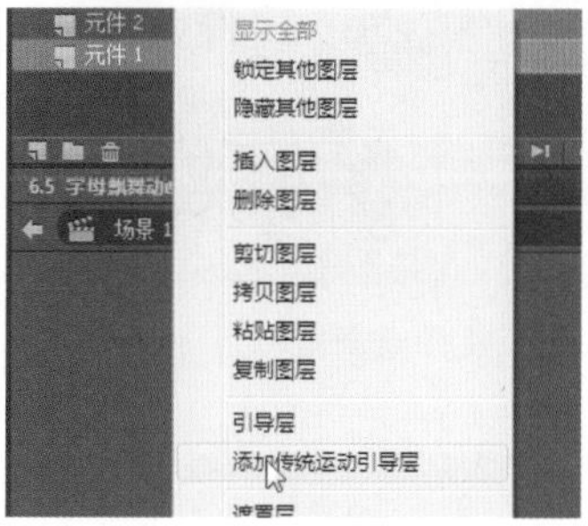

图6-85　添加引导层

12 添加完成后，使用【钢笔工具】随意绘制一条曲线，起点在“元件1”图层上的元件第1帧所在的位置附近，终点在舞台上游戏机的位置附近，如图6-86所示。

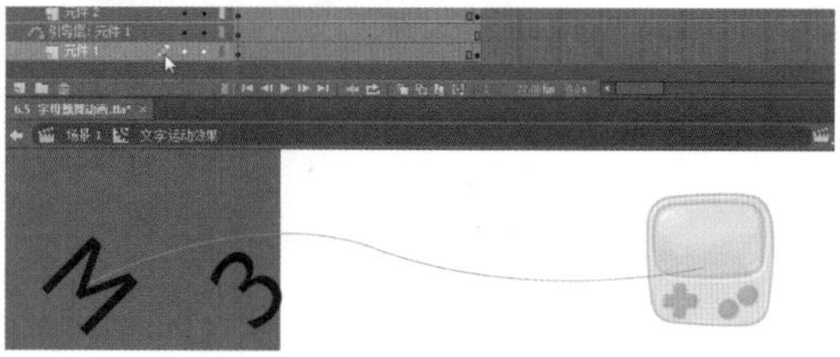

图6-86　绘制引导线

13 将“元件1”图层上第30帧的元件拖曳至引导线的末端，并务必使元件的中心点落在引导线上，并在该图层的第1~30帧间创建传统补间动画，如图6-87所示。

图6-87　使元件的中心点落在引导线上

14 采用同样的方法，为剩下的每个图层都创建引导层并绘制任意的引导线，并创建补间动画，如图6-88所示。

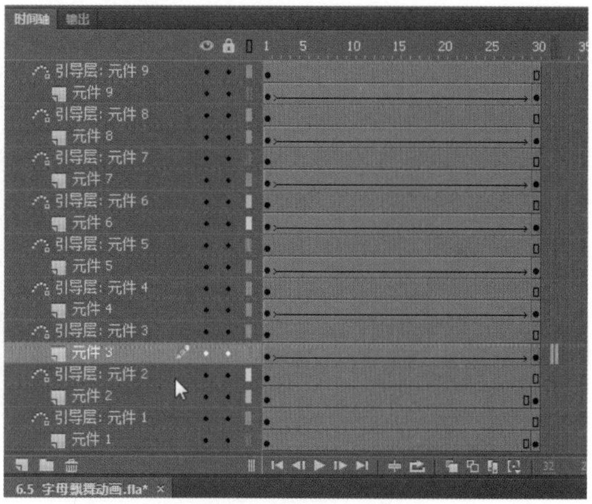

图6-88　制作每一个影片剪辑的轨迹运动

15 锁定所有图层的引导层，并选中第30帧上的所有影片剪辑，在属性面板中设置其透明度为0，如图6-89所示。

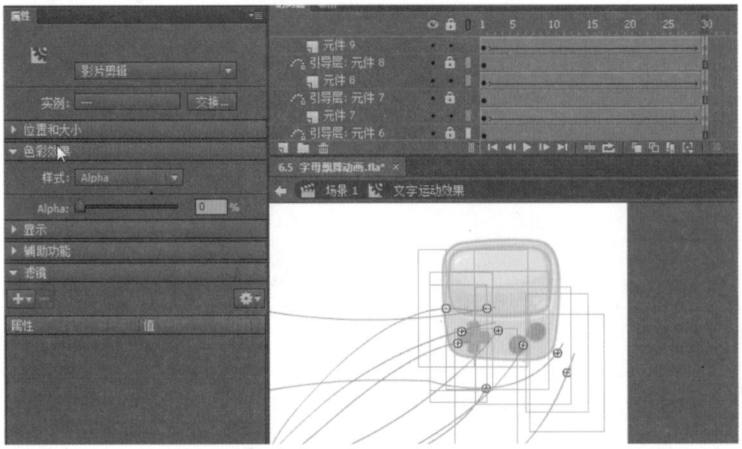

图6-89 设置影片剪辑的透明度

16 移动一些元件图层上关键帧的位置，使动画的时间错开，如图6-90所示。

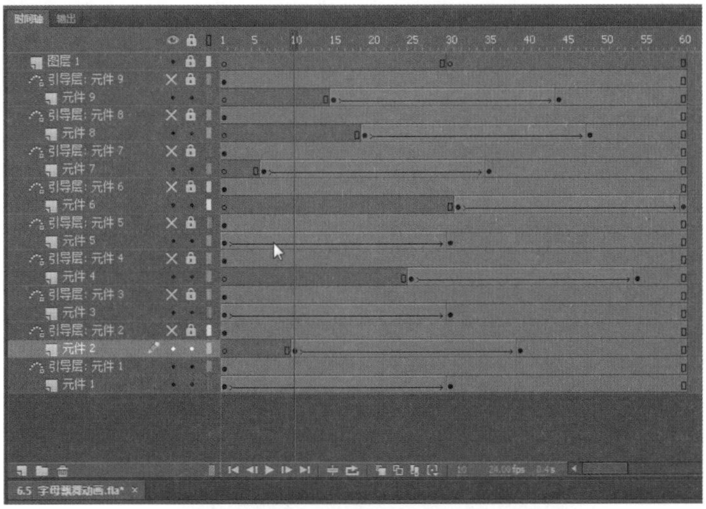

图6-90 修改关键帧的位置

17 保存文件，按组合键【Ctrl+Enter】测试影片效果，最终效果如图6-91所示。

图6-91 最终效果图

6.6 点亮灯泡动画

本案例效果如图6-92所示。

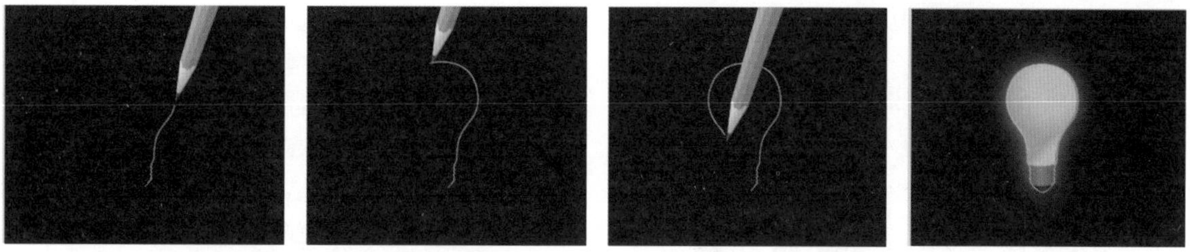

图6-92 案例最终效果

01 打开本案例的素材文件，本案例要制作的效果为笔绘制出灯泡的轮廓，然后展示出真正的灯泡效果，库内素材如图6-93所示。

02 在属性面板中修改舞台的尺寸为300×250，并将舞台的背景颜色设置为黑色，如图6-94所示。

03 将图层1重命名为“背景层”，暂时先不放置内容，再次新建一个图层，命名为“灯泡轮廓”，并将库中的“灯泡轮廓”影片剪辑拖曳至舞台上，如图6-95所示。

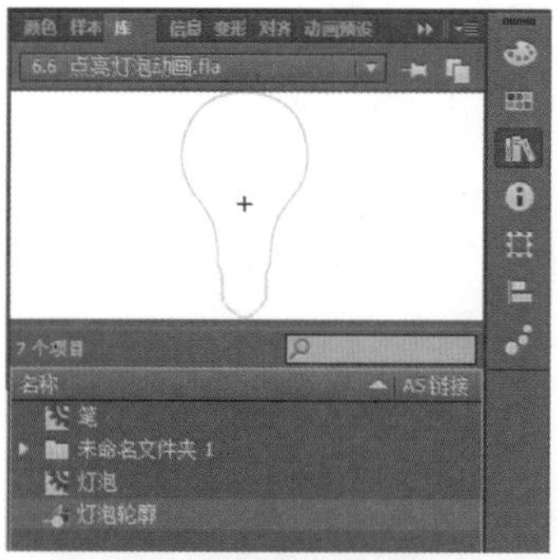

图6-93 库内的素材

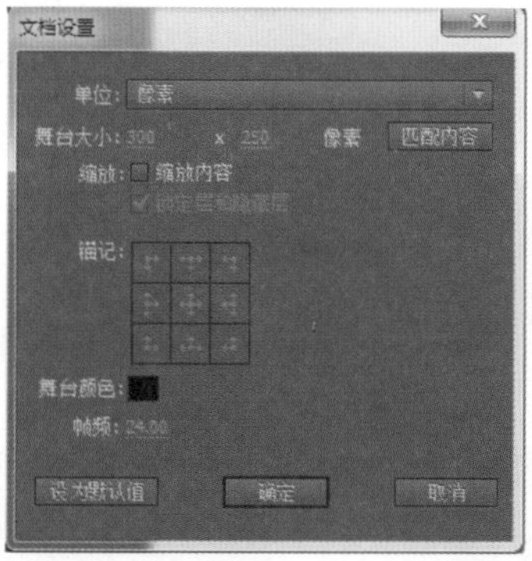

图6-94 设置舞台的尺寸和颜色

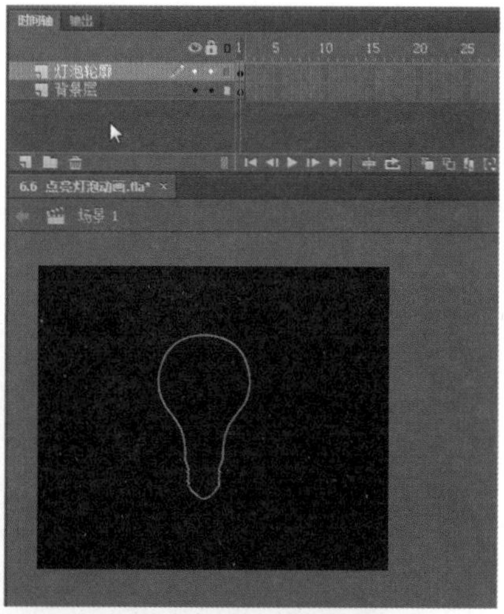

图6-95 将元件拖曳至舞台上

04 新建两个图层，分别命名为“挡板右”和“挡板左”，也暂时不进行操作，再次新建一个图层，命名为“笔运动层”，将库中的“笔”元件拖曳至舞台上，并调整其位置，使笔头位置在如图6-96所示的位置。

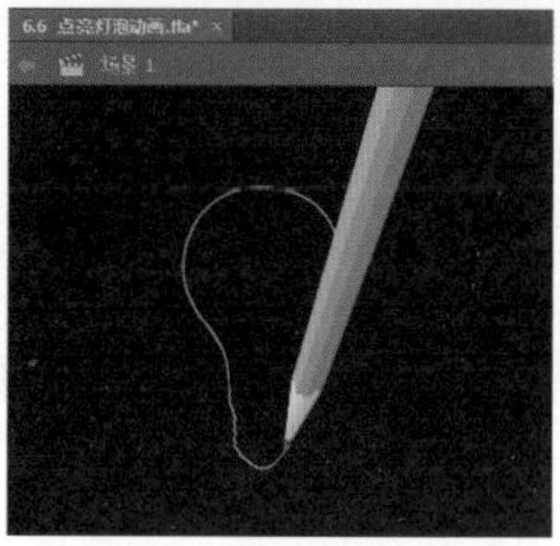

图6-96 调整笔的位置

05 在所有图层的第100帧位置按快捷键【F5】插入帧，如图6-97所示。

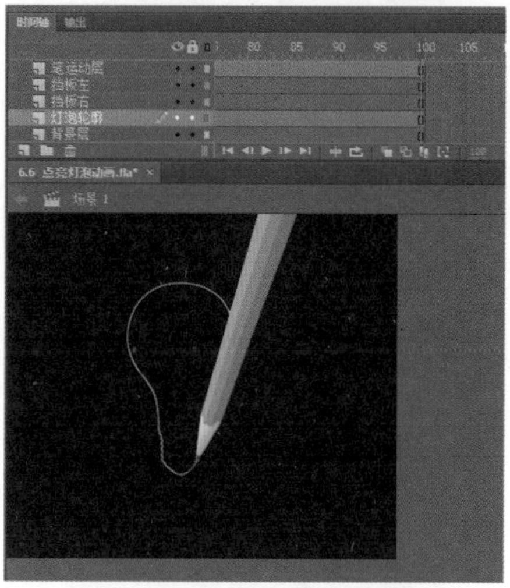

图6-97 插入帧

06 在“笔运动层”的第2帧按快捷键【F6】插入关键帧，并调整该帧上的笔的位置，使笔头自逆时针绘制灯泡轮廓的方向的下一笔，如图6-98所示。

07 继续在第3帧插入关键帧，并调节位置至下一笔，如图6-99所示。

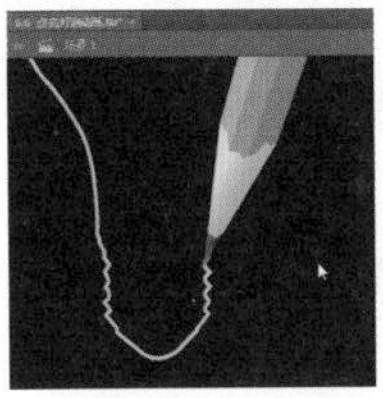

图6-98　调整笔至下一画的位置

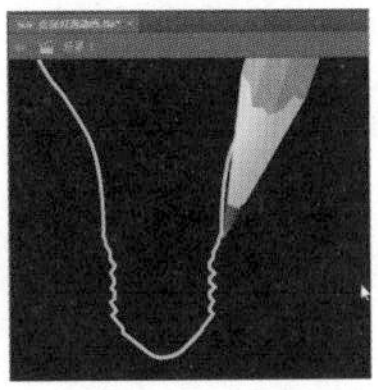

图6-99　继续移动笔至下一画

08 同样的步骤，直到移动笔至灯泡轮廓最顶端，使用【矩形工具】在“挡板左”图层上绘制一个填充颜色为黑色的矩形，并使其正好盖住左边部分的灯泡轮廓，如图6-100所示。

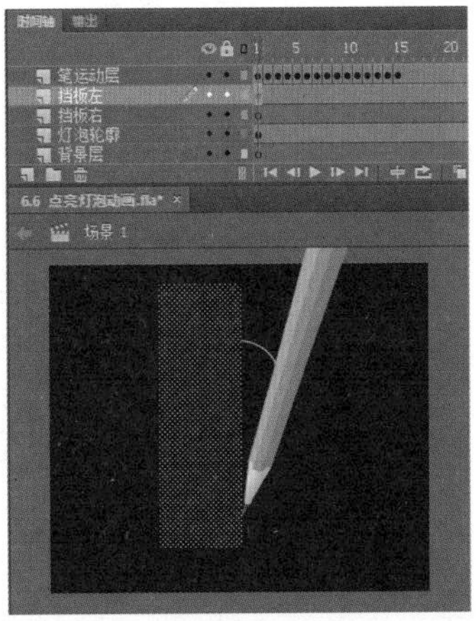

图6-100　绘制矩形盖住轮廓左侧

09 在“挡板右”图层上也绘制一个矩形，并挡住右边部分的轮廓，如图6-101所示。

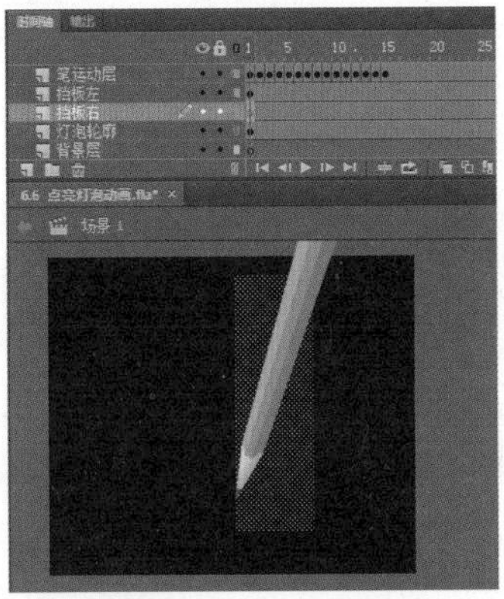

图6-101　绘制矩形盖住轮廓右侧

10 在“挡板右”图层的相对于笔触目前最后的一个关键帧上按快捷键【F6】插入关键帧，并将该帧上的矩形往上拖曳使右边部分的轮廓完全露出来，并在之间创建补间形状，如图6-102所示。

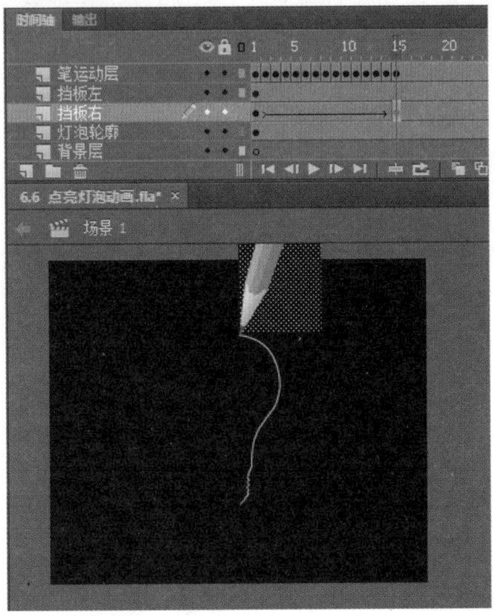

图6-102　创建补间形状

11 暂时点击“挡板左”图层标签旁边的眼睛标志隐藏该图层，并重复前面制作笔的轨迹部分的内容，制作出接下来左边部分的笔的运动，如图6-103所示。

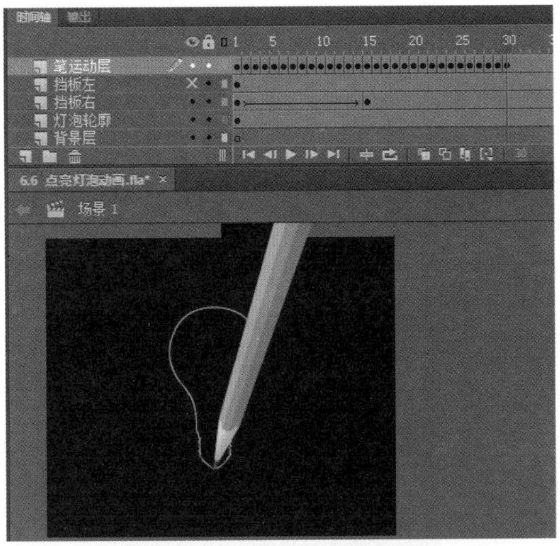

图6-103　制作笔的运动

12 取消“挡板左”的隐藏，并在该图层相对于“挡板右”图层最后一个关键帧相应的帧上插入一个关键帧，在笔的最后一帧上插入一个关键帧，调节该图层最后一帧上的矩形位置，使其往下完全不遮挡住右边灯泡轮廓，并在之间创建补间形状，如图6-104所示。

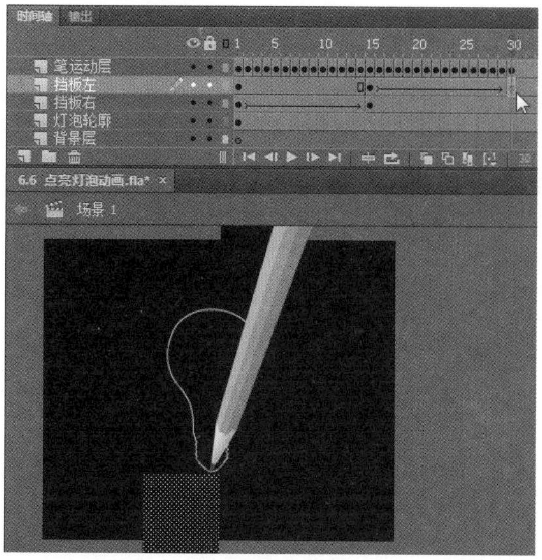

图6-104　创建补间形状

13 在背景层如图6-105所示的帧上按快捷键【F7】插入空白关键帧，并将库中的“灯泡”元件拖曳至舞台上，并调整其位置使其正好和其轮廓重合。

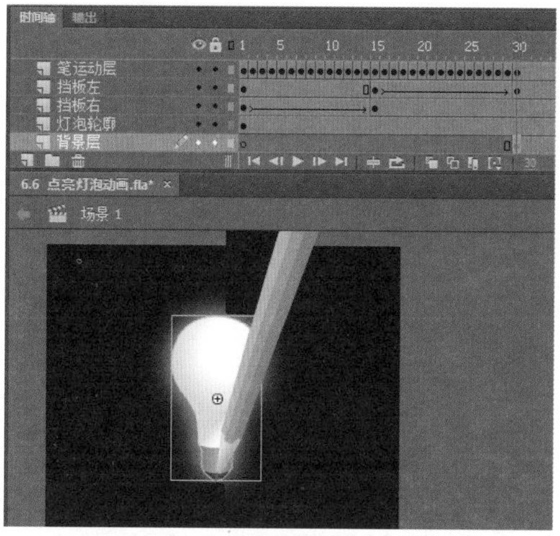

图6-105　拖曳库内的元件至舞台上

14 在“挡板左”和“挡板右”图层的如图6-106所示的位置按快捷键【F7】插入空白关键帧，并在“背景层”如图6-106所示位置按快捷键【F6】插入关键帧，调整之前帧上灯泡元件的透明度为0，在45帧处插入关键帧，在之间创建传统补间动画。

15 在“笔运动层”上的后面也插入关键帧，调整其位置离开舞台，并创建传统补间动画，如图6-107所示。

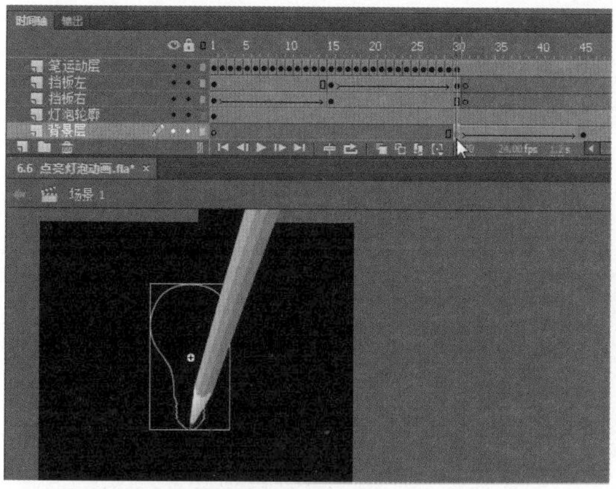

图6-106　调整元件透明度

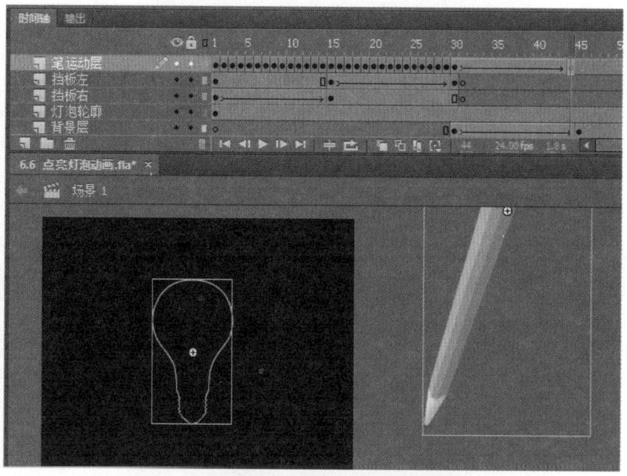

图6-107　创建传统补间动画

16 保存文件，按组合键【Ctrl + Enter】测试影片，最终效果如图6-108所示。

图6-108　最终效果图

6.7 线条空间运动效果

本案例的效果如图6-109所示。

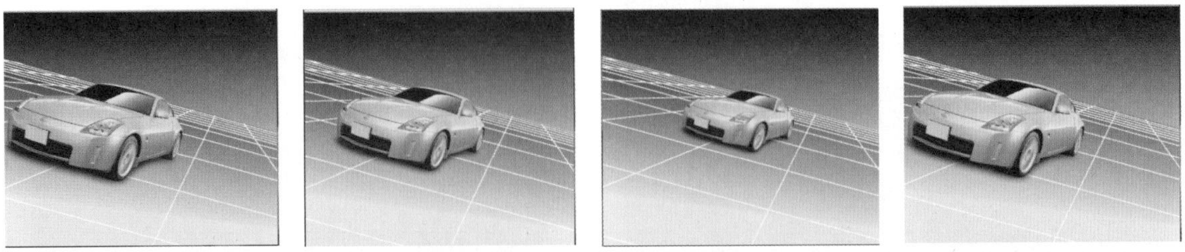

图6-109　案例最终效果

01 打开本案例的素材文件，本案例要制作的效果为线条构成的空间平面，车辆在上面奔跑的效果，素材如图6-110所示。

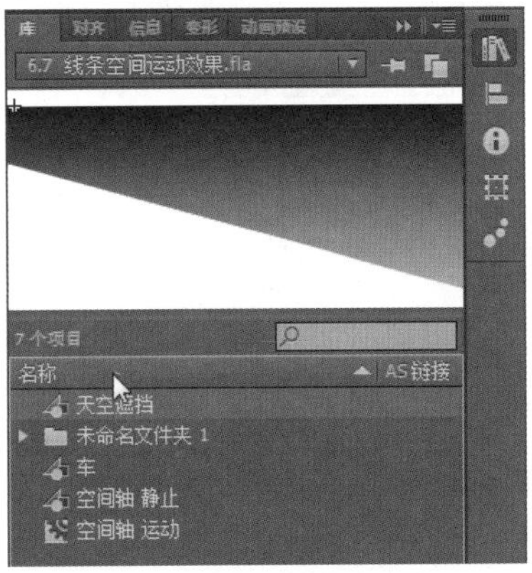

图6-110　库内的素材

02 在属性面板中设置舞台的尺寸为300×250，并设置舞台背景颜色为黑色，如图6-111所示。

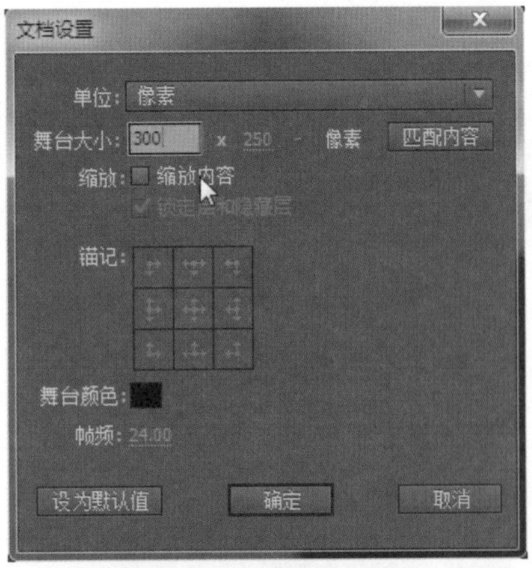

图6-111　设置舞台尺寸和颜色

03 将图层1重命名为“静止层”，并将库中的“空间轴 静止”元件拖曳至舞台上，调整其位置，如图6-112所示。

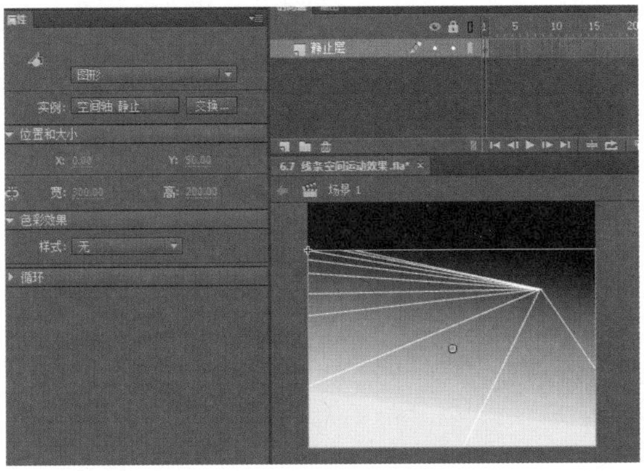

图6-112　调整元件的位置

04 新建一个图层，命名为“运动层”，并将库中的“空间轴 运动”拖曳至舞台上，使用【任意变形工具】调整其大小和位置，如图6-113所示。

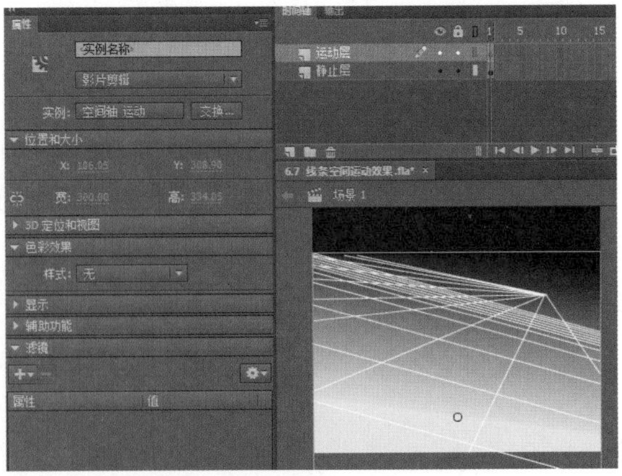

图6-113　调整影片剪辑的大小和位置

05 “空间轴 运动”元件是之前已经做好的补间

动画，可以双击该影片剪辑进入其内部查看结构，该循环效果为使用多根线条的移动实现，最后一帧的状态和第一帧状态基本一致，所以当循环播放时，视觉上难以察觉，如图6-114所示。

06 返回主场景，再次新建一个图层，命名为“天空层”，并将库中的“天空遮挡”元件拖曳至该层的第1帧上，并调整其位置，使其挡住两个线条空间的一些部分，如图6-115所示。

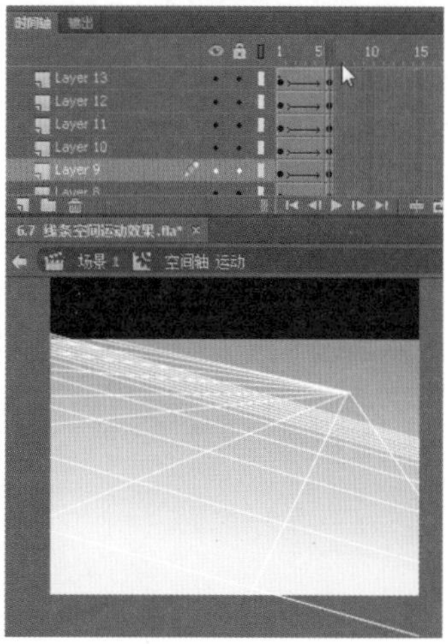

图6-114　“空间轴运动”影片剪辑内部

图6-115　调整影片剪辑的位置

07 再次新建一个图层，命名为“车运动层”，并将库中的“车”元件拖曳至舞台上，并使用【任意变形工具】调整其大小，如图6-116所示。

图6-116　调整车元件的大小

08 选中刚才的“车”元件，按快捷键【F8】将其转换为影片剪辑元件，并命名为“车辆运动”，如图6-117所示。

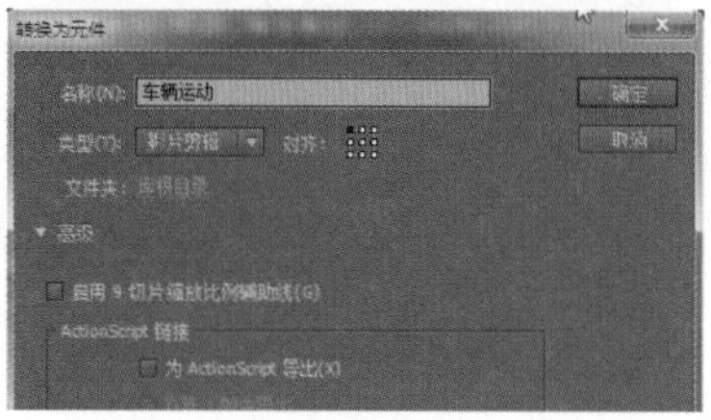

图6-117　转换为影片剪辑元件

09 完成后，双击该元件进入其内部，在第50帧处按快捷键【F6】插入关键帧，如图6-118所示。

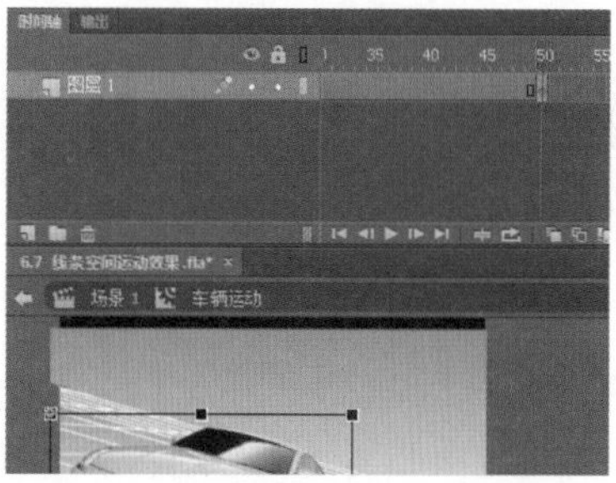

图6-118　插入关键帧

10 使用【任意变形工具】将第1帧上的车缩小到很小，并调整位置，如图6-119所示。

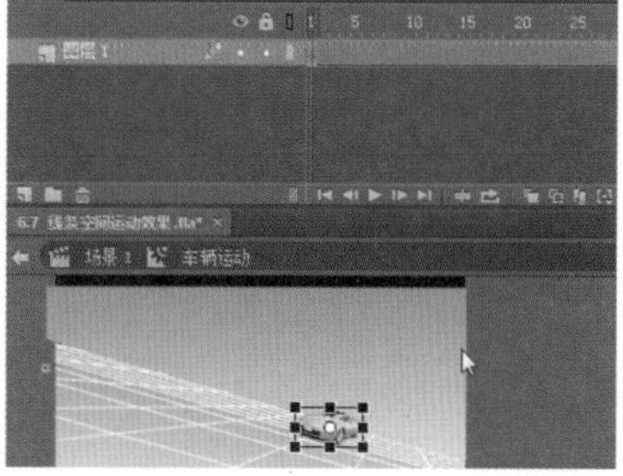

图6-119　调整元件的大小

11 在第1~50帧之间创建传统补间动画，并在属性面板中设置缓动系数为100，在第50帧处按快捷键【F9】打开动作面板，在其中输入停止脚本stop()；，如图6-120所示。

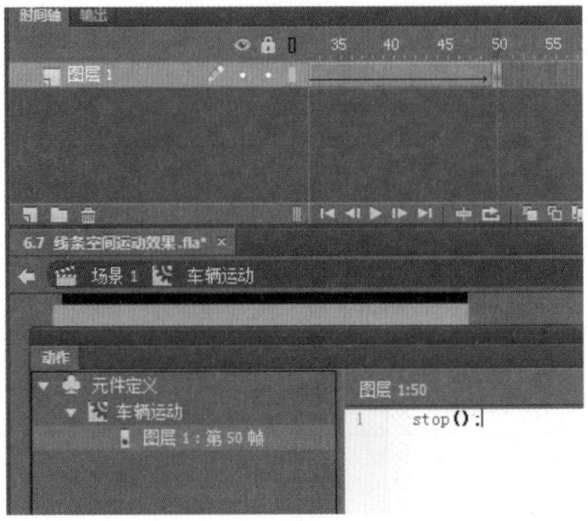

图6-120　创建补间动画并输入脚本

12 返回主场景，保存文件，并按组合键【Ctrl+Enter】测试影片效果，最终效果如图6-121所示。

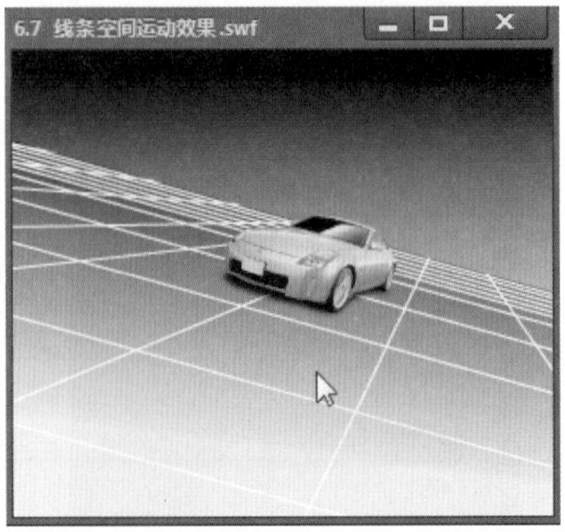

图6-121　最终效果图

6.8　雪地运动动画

本案例效果如图6-122所示。

图6-122　案例最终效果

01 打开本案例的素材文件，本案例要制作的效果为圣诞老人在雪地里运动，天上飘着雪花的效果，库内素材如图6-123所示。

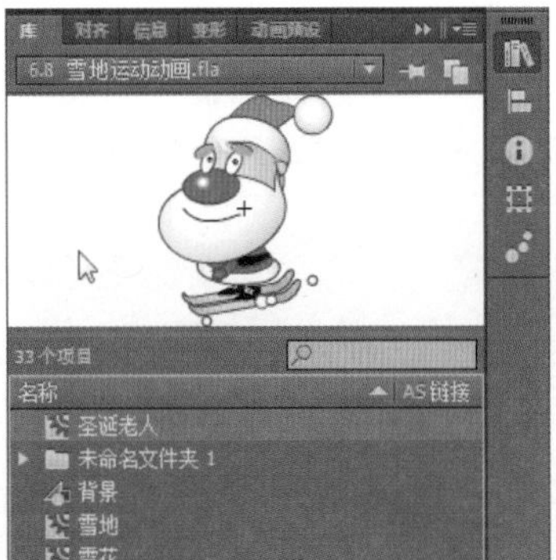

图6-123　库内的素材

02 在属性面板中设置舞台的尺寸为300×250，并设置背景颜色为黑色，如图6-124所示。

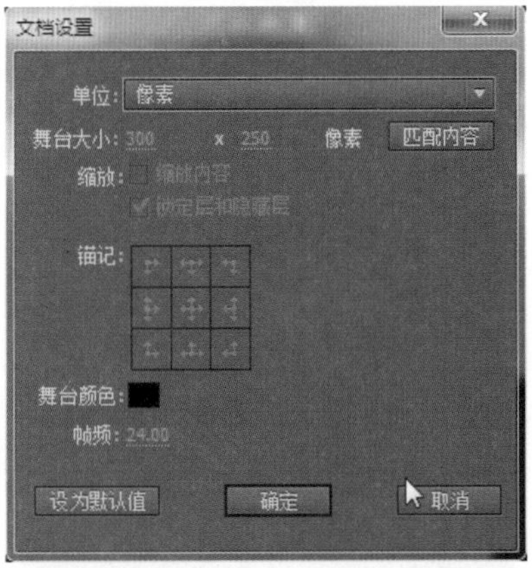

图6-124　设置舞台的尺寸和颜色

03 将图层1重命名为“背景层”，并将库中的图形元件“背景”拖曳至舞台上，使用【任意变形工具】调整其大小和位置,使其左上角对准舞台左上角，如图6-125所示。

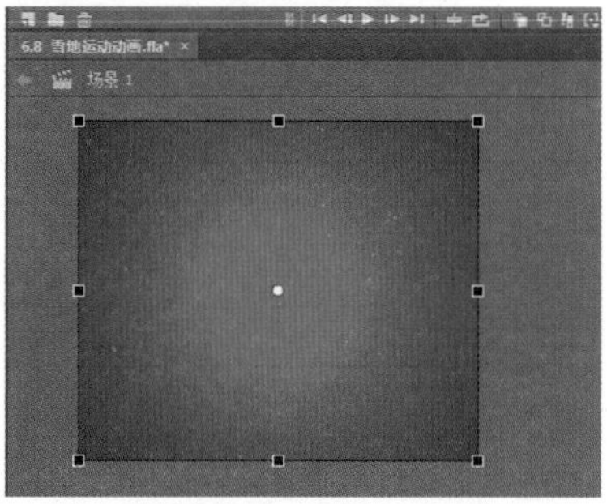

图6-125　调整元件的大小和位置

04 新建一个图层，命名为“雪地运动层 ”，并将库中的“雪地”元件拖曳至该层的第1帧，并调整其位置，如图6-126所示。

图6-126　将元件拖曳至舞台上

05 选中刚才的“雪地”元件，并按快捷键【F8】将其转换为影片剪辑，命名为“雪地运动剪辑”，完成后双击该剪辑进入其内部，如图6-127所示。

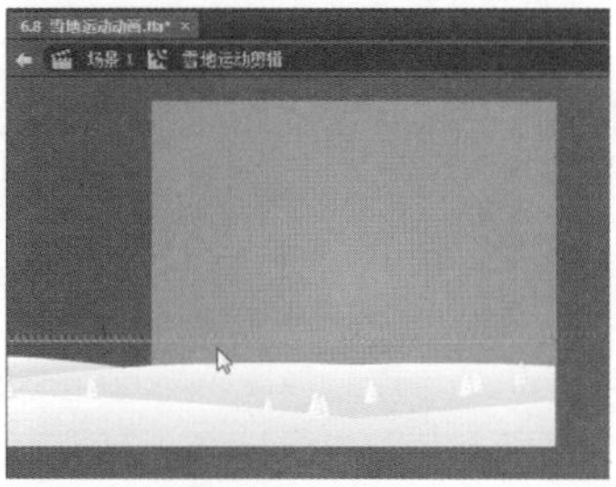

图6-127　转换为影片剪辑并进入其内部

06 在第100帧按快捷键【F6】插入关键帧，并向右移动调整第100帧上雪地元件的位置，使其与第1帧上的状态一致，并在第1~100帧中间创建传统补间动画，如图6-128所示。

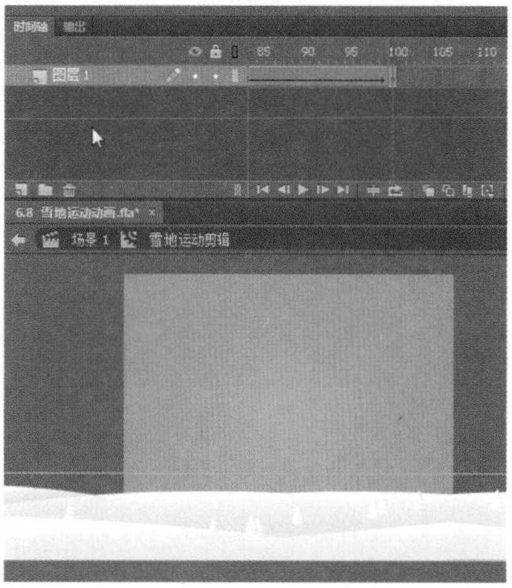

图6-128　创建传统补间动画

07 返回主场景，新建一个图层，命名为“圣诞老人层”，并将库中的圣诞老人元件拖曳至该图层的第1帧上，如图6-129所示。

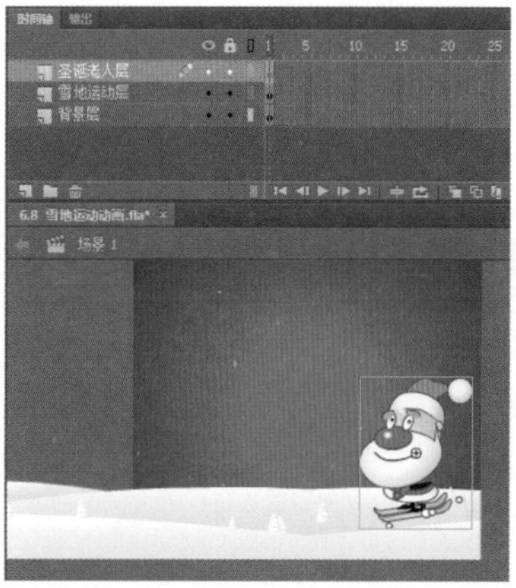

图6-129　拖曳元件到舞台上

08 再次新建一个图层，命名为“雪花层”，并将库中的“雪花”元件拖曳至舞台的上方，如图6-130所示。

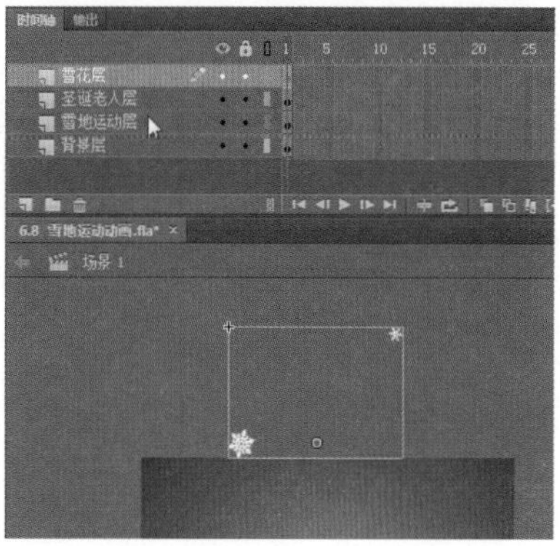

图6-130　将雪花元件拖曳至舞台上方

09 选中刚才的雪花元件，按快捷键【F8】将其转换为影片剪辑元件，并命名为“雪花运动剪辑”，如图6-131所示。

10 完成后双击该剪辑进入其内部，右键单击图层1的标签位置，并在弹出的菜单中选择【添加传统运动引导层】选项，并使用【钢笔工具】绘制一条曲线作为其运动轨迹，如图6-132所示。

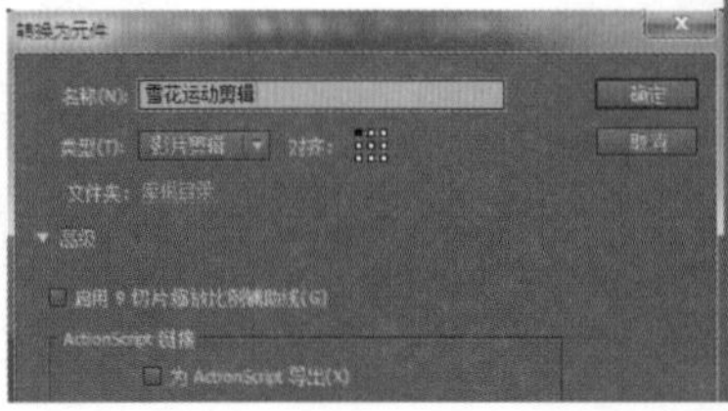
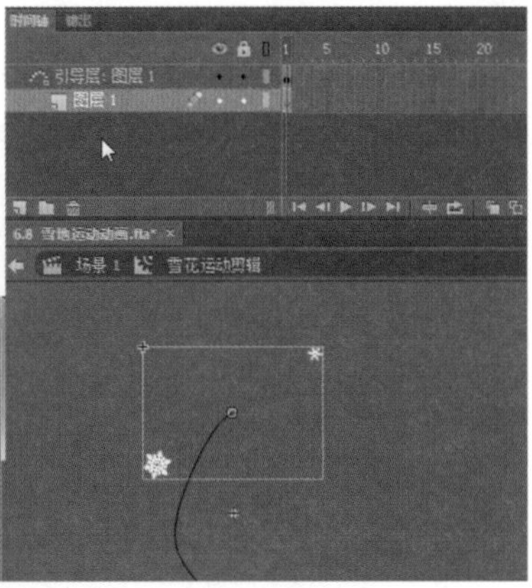

图6-131 将雪花元件转换为影片剪辑 图6-132 为雪花绘制引导线

11 在图层1的第200帧的位置按快捷键【F6】插入关键帧，在引导层的第200帧按快捷键【F5】插入帧，并将第200帧上的雪花元件拖曳至引导线的末端，并在图层1的第1~200帧之间创建传统补间动画，如图6-133所示。

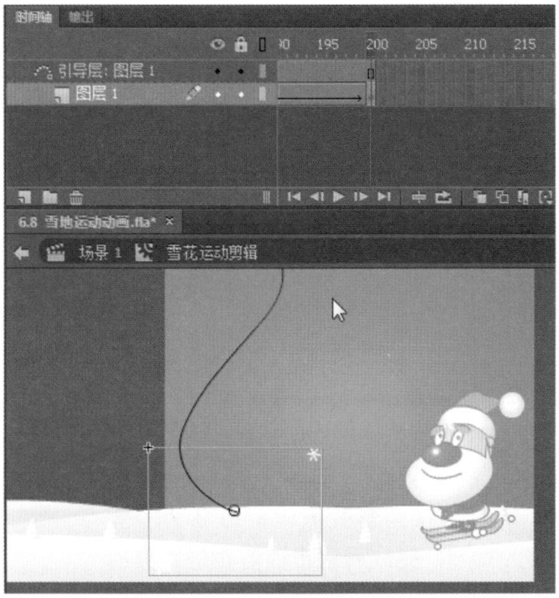

图6-133 调整第200帧处雪花元件的位置

12 返回主菜单，选中刚才编辑的“雪花运动剪辑”元件，再按快捷键【F8】将其转换为影片剪辑元件，命名为“多个雪花运动”，并双击进入其内部进行编辑，如图6-134所示。

13 新建3个图层，并将图层1上的雪花粘贴到每个图层上，并随意调整每个图层上雪花的位置，如图6-135所示。

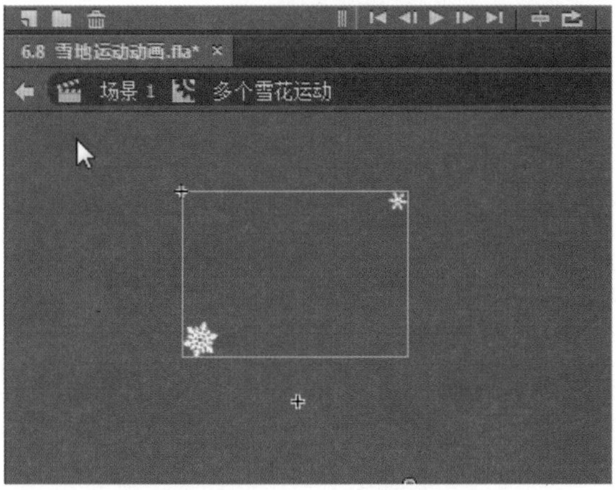

图6-134 进入影片剪辑内部

14 在所有图层的第40帧按快捷键【F5】插入帧，并将之后图层上面的第1帧往后拖动一定的帧数，并在最后一帧上按快捷键【F9】开动作面板，在其中输入停止播放脚本stop();，如图6-136所示。

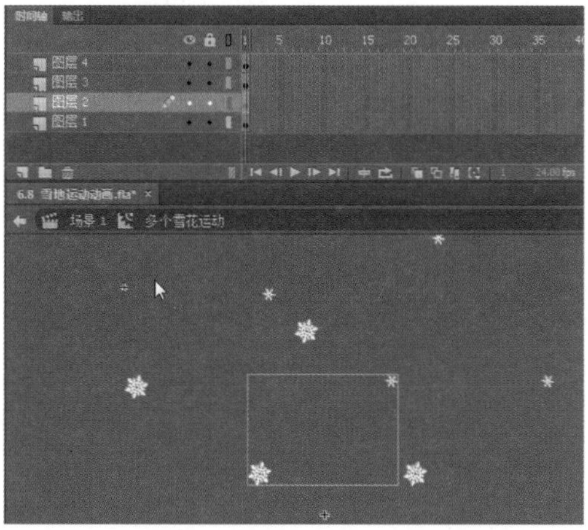

图6-135　复制多个雪花运动剪辑到多个图层

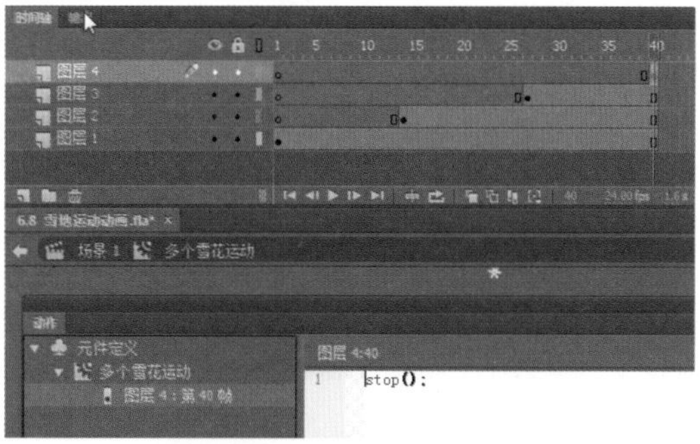

图6-136　移动关键帧并插入脚本

15 返回主场景，保存文件，并按组合键【Ctrl + Enter】测试影片效果，最终效果如图6-137所示。

图6-137　最终效果图

6.9　课后练习

6.9.1　飞机飞翔动画

本案例的练习为制作飞机飞翔的效果，最终效果请查看配套光盘相关目录下的“6.9.1　飞机飞翔”文件。本案例大致制作流程如下：

01 使用【矩形工具】绘制一个矩形，填充渐变色。

02 使用【钢笔工具】绘制云层，填充颜色。

03 将飞机素材拖入舞台，创建从右向左飞的传统补间动画。

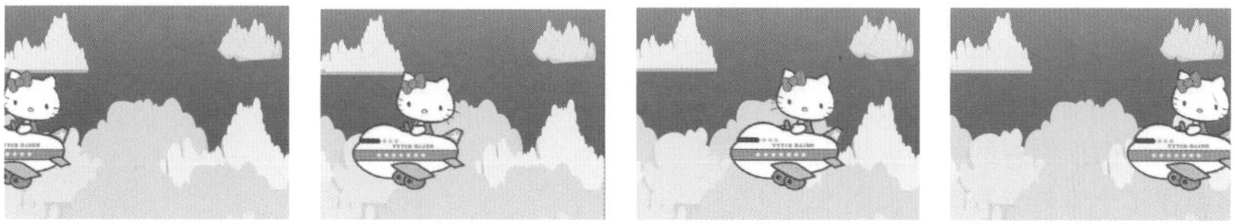

案例最终效果

6.9.2 海浪飘飘效果

本案例的练习为制作海浪飘飘效果，最终效果请查看配套光盘相关目录下的“6.9.2 海浪飘飘”文件。本案例大致制作流程如下：

01 找一张背景图片放置在舞台上并调整大小和位置。

02 新建影片剪辑元件使用【钢笔工具】绘制多层海浪，并依次调整海浪的透明度，制作一个海浪运动的形状补间动画。

03 将海浪拖至舞台，并摆放合适位置。

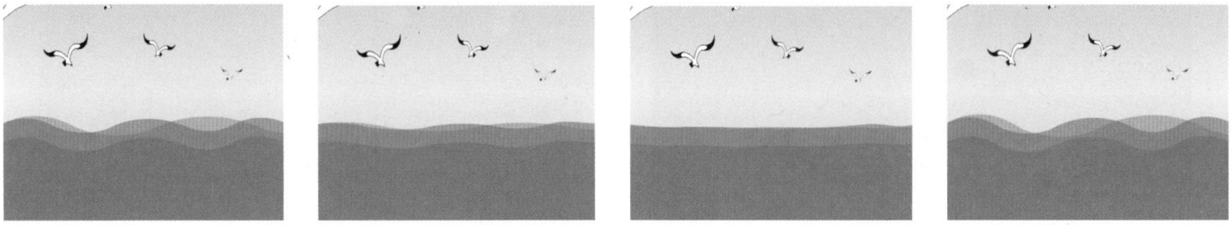

案例最终效果

6.9.3 线段延伸动画

本案例的练习为制作线段延伸的效果，最终效果请查看配套光盘相关目录下的“6.9.3 线段延伸动画”文件。本案例大致制作流程如下：

01 使用图片作为背景。

02 使用【线条工具】逐帧绘制一个礼物盒的边框轮廓。

03 绘制完成，新建图层，在新建图层的最后一帧之后一帧的相同位置导入一个礼物盒图片创建元件，轮廓与上一图层绘制的礼物盒轮廓重合。

04 运用补间动画制作一个淡出效果。

05 按组合键【Ctrl+Enter】测试。

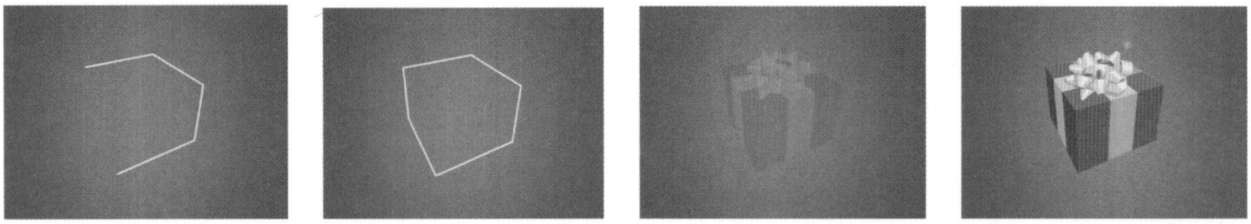

案例最终效果

6.9.4 七色圆环运动效果

本案例的练习为制作七色圆环运动的效果，最终效果请查看配套光盘相关目录下的“6.9.4 七彩圆环转动动画”文件。本案例大致制作流程如下：

01 绘制一个三个顶点的图形，并填充鲜艳的颜色。

02 使用对称复制的功能复制出多个样本，并填充不同颜色，直到布满整个360°。

03 制作整个图形旋转的影片剪辑。

04 再制作多个旋转影片剪辑的副本。

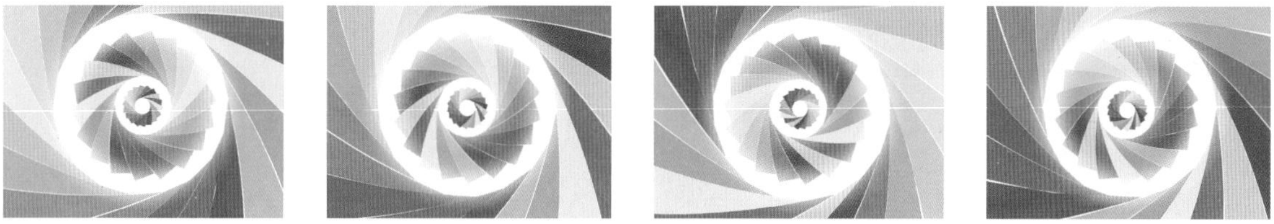

案例最终效果

6.9.5　汽车行驶效果

本案例的练习为制作汽车行驶的效果，最终效果请查看配套光盘相关目录下的“6.9.5　汽车行驶动画”文件。本案例大致制作流程如下：

01 绘制公共汽车车身部分。

02 制作公共汽车的轮子在原地转动的影片剪辑。

03 制作一个背景层的物体运动的影片剪辑动画。

04 将制作好的元件拖曳到舞台上，公共汽车元件位于背景层顶部。

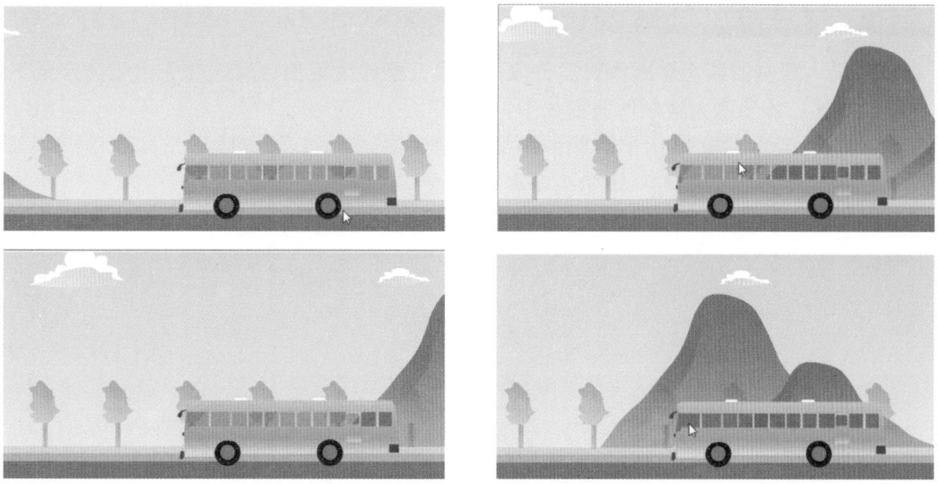

案例最终效果

6.9.6　小喇叭振动效果

本案例的练习为制作小喇叭振动效果，最终效果请查看配套光盘相关目录下的“6.9.6　小喇叭振动效果”文件。本案例大致制作流程如下：

01 新建影片剪辑。

02 制作喇叭素材缩小再放大的传统补间动画。

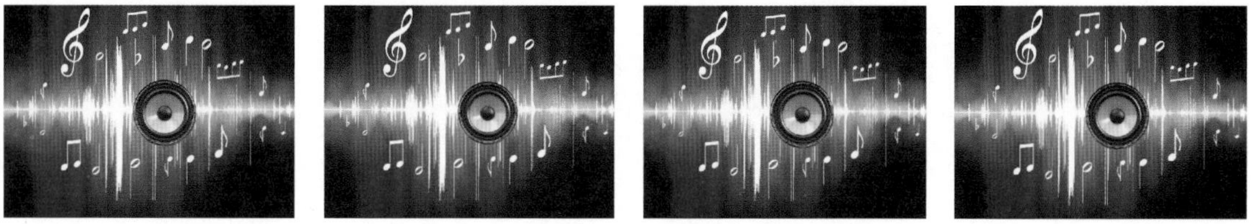

案例最终效果

6.9.7 星星闪动特效

本案例的练习为制作星星闪动的效果，最终效果请查看配套光盘相关目录下的“6.9.7 星星闪动动画”文件。本案例大致制作流程如下：

01 制作一个星星向一个方向运动并逐渐消失的动画。

02 制作一个影片剪辑，多次重复粘贴星星运动的动画并调整角度。

03 在舞台上制作多个该影片剪辑的运动动画，并调整色调。

案例最终效果

6.9.8 真实云雾特效

案例最终效果本案例的练习为制作真实云雾的效果，最终效果请查看配套光盘相关目录下的“6.9.8 真实云雾动画”文件。本案例大致制作流程如下：

01 找到一张合适的png图片来模仿半透明的云雾效果。

02 制作影片剪辑缓慢运动的动画，并配合背景便完成了此动画效果。

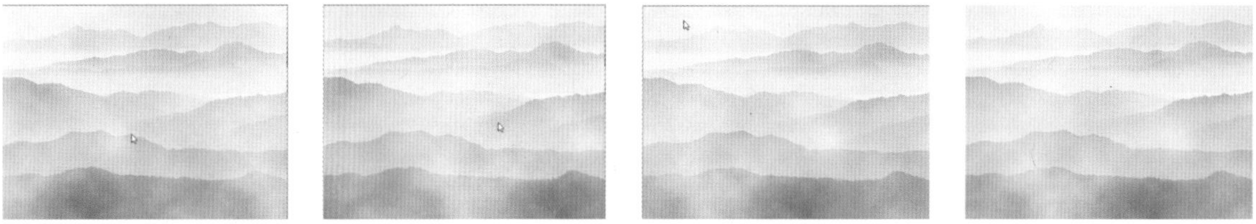

案例最终效果

第7章

遮罩动画篇

遮罩动画也是Flash动画的一个特色动画效果，就像在漆黑的舞台使用探照灯一样，我们只能看到探照灯下的东西，而其他的地方都是无法看见的。

遮罩动画也使用了类似运动轨迹动画的独特图层——遮罩层，它允许在这个图层上面绘制所需要的“探照灯”，即被此图层遮罩的图层，将只会显示遮罩层上有绘制东西的部分。这可能有点抽象，可以这么说，如果遮罩层内没有内容，则被遮罩的图层就算再多内容，在播放时也看不到任何东西；相反如果遮罩层占满了整个舞台，则舞台整个区域像被探照灯全部照亮，被遮罩图层的内容只要是在舞台上，就都能被看见。能够熟练运用遮罩动画，将会为动画制作添加很多亮点，下面将通过一些案例进行讲解。

本章学习重点：

1．了解遮罩的意义

2．学习如何创建遮罩层

3．元件的旋转和缩放

4．掌握补间动画的制作

5．掌握多元件的复制操作

7.1 探照灯动画

本案例的效果如图7-1所示。

图7-1 案例最终效果

01 打开本案例的素材源文件，库内包含一张图片，如图7-2所示。

02 将图层1重命名为“背景”，并将库中的“背景图.jpg”素材拖曳至舞台，调节图片的x、y坐标均为0，使其左上角对准舞台左上角对齐，如图7-3所示。

图7-2 库内素材

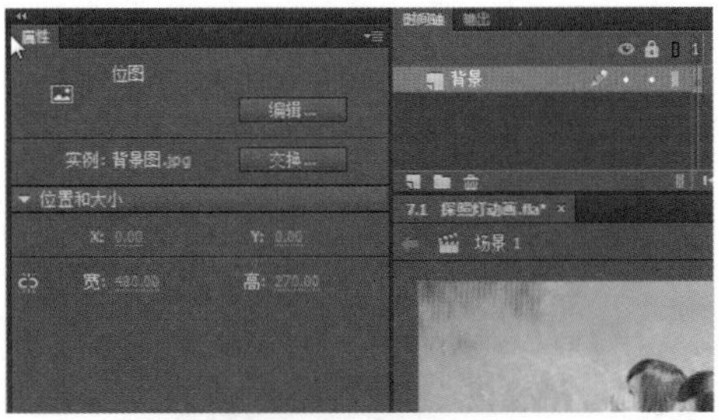

图7-3 调节图片位置

03 按组合键【Ctrl + F8】新建一个元件，并命名为“探照灯”，并单击“确定”按钮以进入该元件内部，如图7-4所示。

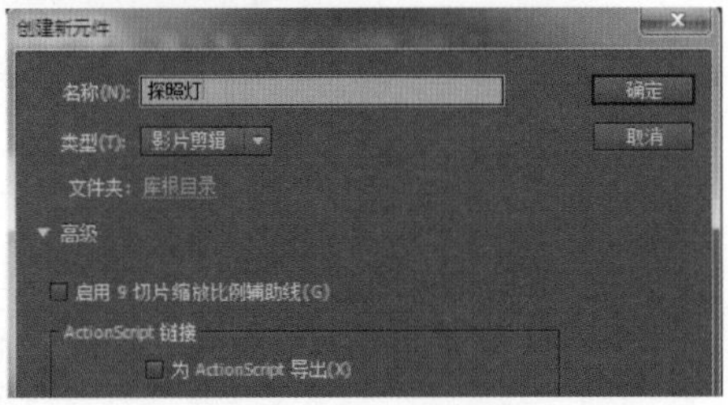

图7-4 新建“探照灯”元件

04 在元件内部使用【椭圆工具】并按住【Shift】键绘制一个正圆形，任何颜色都可以，因为只是需要这个作为遮罩的形状，颜色不会影响视觉效果，如图7-5所示。

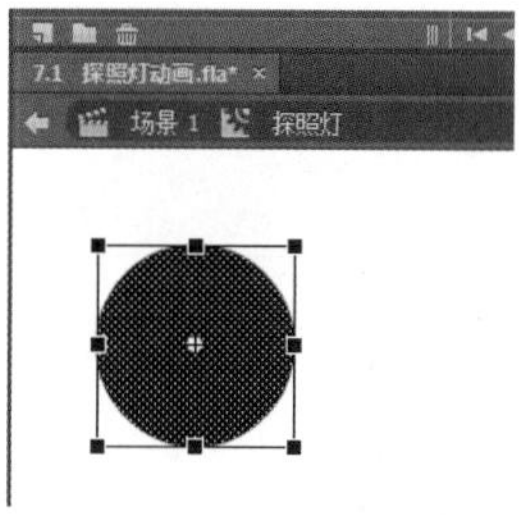

图7-5　绘制一个正圆形

05 单击时间轴下方的“场景1”以返回主场景，新建一个图层命名为“遮罩层”，如图7-6所示。

图7-6　新建遮罩层

06 右键单击“遮罩层”，在弹出的菜单中选择【遮罩层】选项，将该图层转换为遮罩层，如图7-7所示。

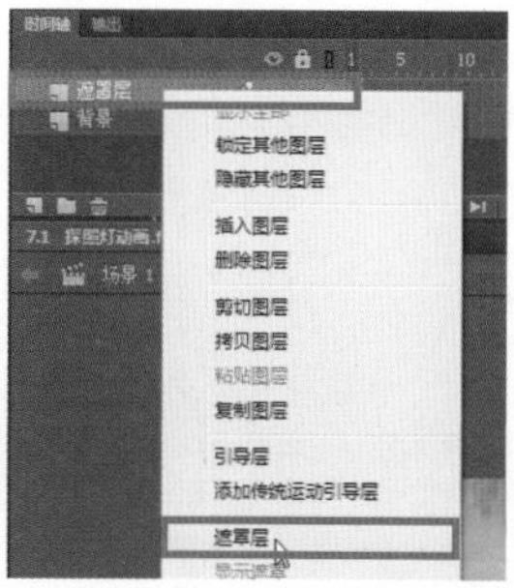

图7-7　将图层转换为遮罩层

07 此时新建的遮罩层将会把背景层包含进去，并且遮罩层和被遮罩层都被锁定，如图7-8所示，表示已经成功将“遮罩层”图层设定为“背景”图层的遮罩了。

图7-8　添加遮罩成功

08 单击图层“遮罩层”右边的锁形按钮，以解除图层锁定以进行编辑，并且将刚才制作的“探照灯”元件从库中拖曳至该图层上的舞台左边，如图7-9所示。

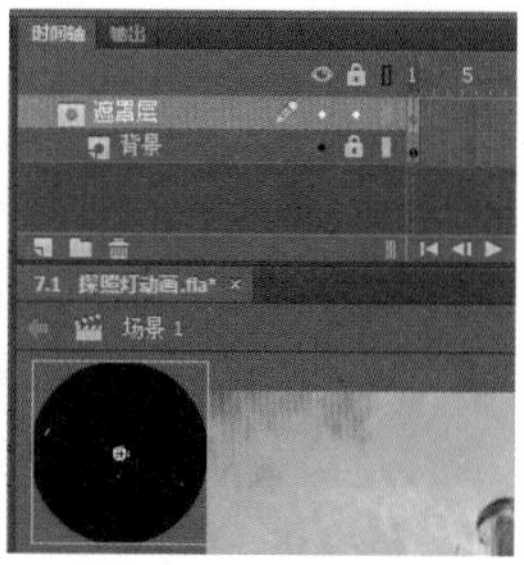

图7-9　将探照灯元件拖曳至舞台

09 在“遮罩层”的第50帧按快捷键【F6】插入关键帧，并在其中任意一帧单击右键，并在弹出的菜单中选择【创建传统补间】选项，如图7-10所示。

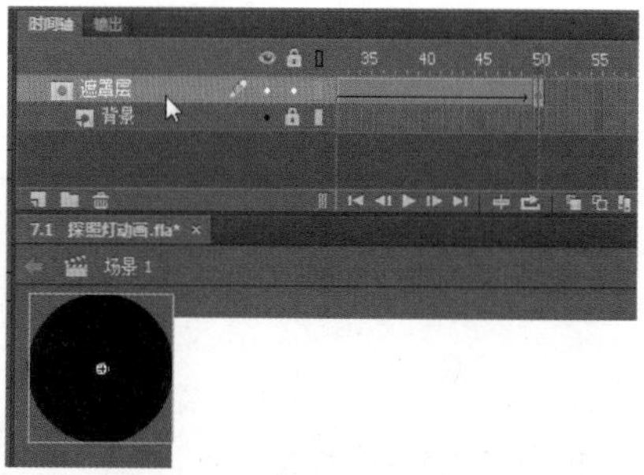

图7-10　创建传统补间动画

10 将第50帧的圆形拖曳至舞台右侧外边，此时便制作了圆球从左到右的补间动画，再在“遮罩层”的第100帧按快捷键【F6】插入关键帧，在其间创建传统补间动画，并将第100帧上的圆形拖曳至舞台左下角，如图7-11所示。

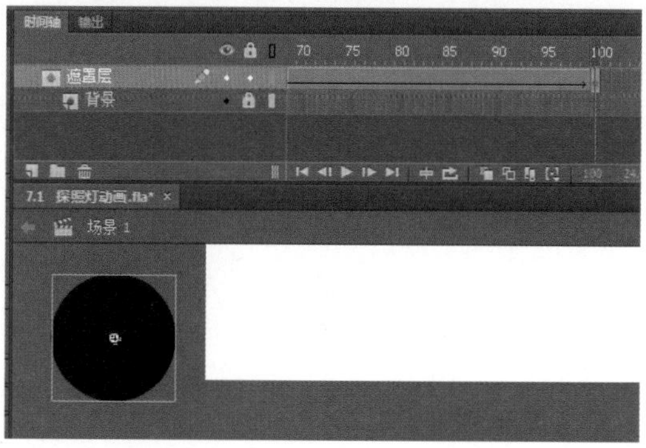

图7-11　创建传统补间动画

11 在“遮罩层”的第150帧按快捷键【F6】插入关键帧，并把该帧上的圆形拖曳到舞台的右下角，并在第100~150帧中间创建传统补间动画，如图7-12所示。

12 在“遮罩层”的第200帧按快捷键【F6】插入关键帧，并在“背景”图层的第200帧按快捷键【F5】插入帧，将第200帧的圆形拖曳到遮住女人头像的位置，如图7-13所示。

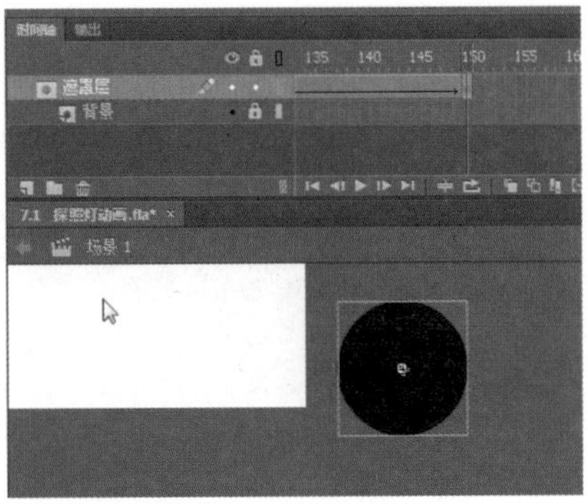

图7-12　创建传统补间动画

图7-13　拖曳圆形遮住人的头部

13 在“遮罩层”第230帧处按快捷键【F6】插入关键帧，使用【任意变形工具】将圆形放大至占满舞台，并且在第200帧~230帧中间创建传统补间动画，在“背景”图层的第230帧按快捷键【F5】插入帧，如图7-14所示。

14 在图层“遮罩层”的第230帧单击鼠标右键，在弹出的菜单中选择【动作】选项，在弹出的动作面板内，输入脚本语言，如图7-15所示，作用是为了让影片播放到这一帧时便停止，不再从头播放。

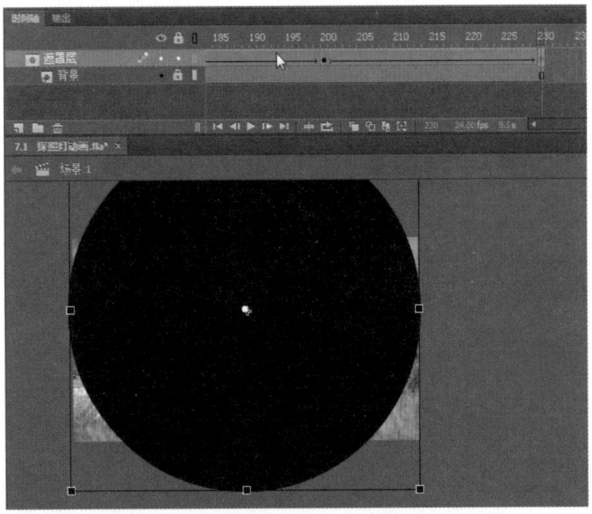

图7-14　调整圆形的大小

图7-15　输入脚本语言

15 可以再添加一个背景图片，保存文件，按组合键【Ctrl + Enter】 测试影片，可以看到探照灯的效果，如图7-16所示。

图7-16　最终效果图

7.2 移动的放大镜

本案例的效果如图7-17所示。

图7-17 案例最终效果

01 新建Flash文档，执行【文件】|【导入】|【导入到库】命令，将素材导入到库面板中，如图7-18所示。

02 把图层1重命名为“背景”，并将库面板中的素材拖入舞台，将其调整大小等同于舞台大小，并与舞台对齐，在第50帧处插入帧。如图7-19所示。

图7-18 导入素材

图7-19 拖入背景并调整

03 新建一个图层，命名为“放大的图”，将“背景”层的第1帧内容复制并粘贴在该层的第1帧，并使用【任意变形工具】将图片放大。如图7-20所示。

图7-20 复制、粘贴帧并放大素材

04 新建图层“遮罩”，先不做任何改动，再创建一个图层并命名为“放大镜”，将库中“放大镜拖”素材入舞台，调整为合适大小与位置，如图7-21所示。

图7-21 调整放大镜的位置

05 点击“遮罩”层的第1帧，选择【椭圆工具】绘制一个和放大镜镜面同等大的圆形，如图7-22所示。

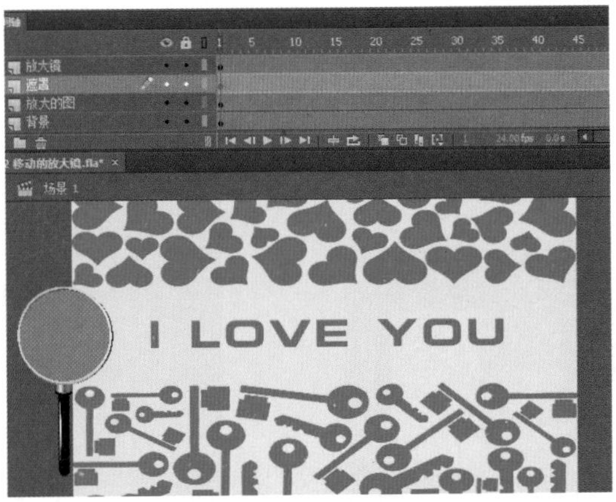

图7-22 绘制遮罩的圆

06 使用【选择工具】选中刚才的圆形，包括边框，按【F8】键将其转换成影片剪辑元件，并命名为“遮罩”，如图7-23所示。

07 在“遮罩”层和“放大镜”层的第50帧插入关键帧，将遮罩的圆形和放大镜拖至舞台右侧，并分别创建传统补间动画。如图7-24所示。

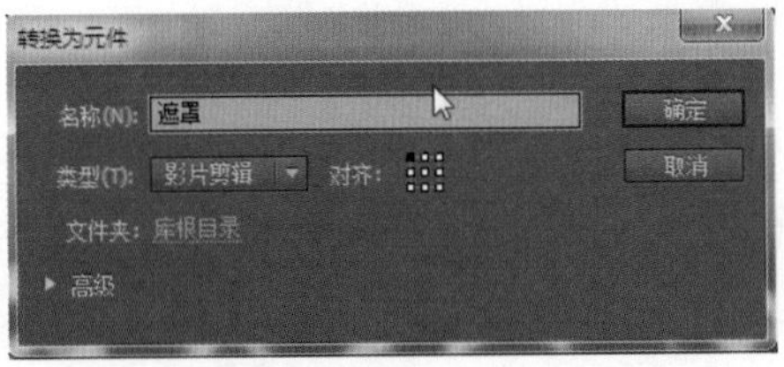

图7-23 转换成元件

图7-24 创建传统补间动画

08 选择“遮罩”层右击选择遮罩层，如图7-25所示。

09 回到第1帧，按【Ctrl+Enter】测试动画。如图7-26所示。

图7-25 制作放大遮罩

图7-26 最终效果图

7.3 方块百叶窗动画

本案例效果如图7-27所示。

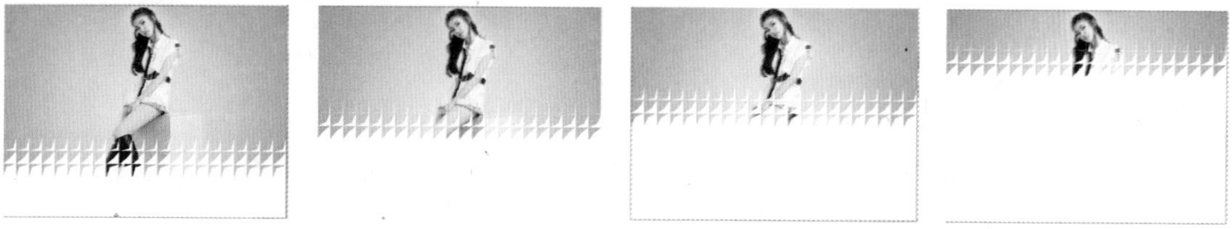

图7-27 案例最终效果

01 打开本案例的素材文件，将图层1重命名为“背景”，并将素材“背景图”从库中拖曳到舞台上，在属性面板中设置其属性，如图7-28所示。

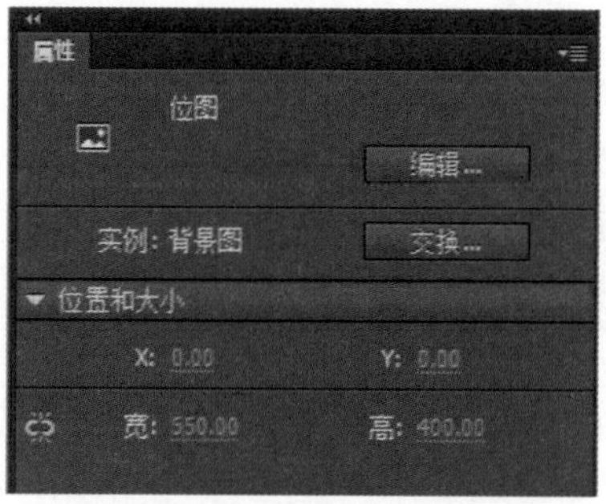

图7-28 设置图片的位置和大小

02 锁定“背景”图层，新建一个图层，命名为“遮罩”。选择工具栏内的【矩形工具】，并在属性栏内设置成如图7-29所示的状态。

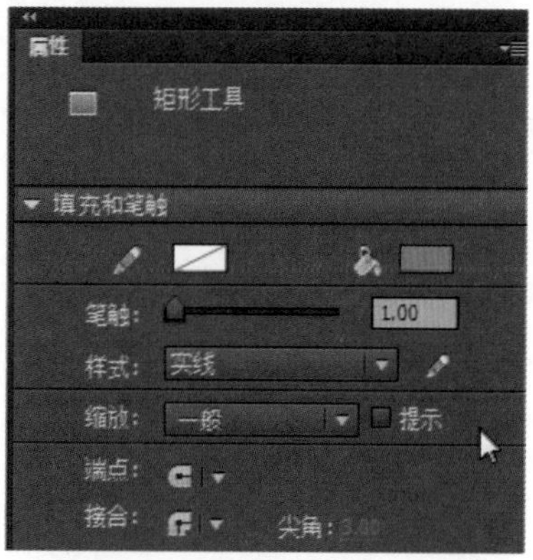

图7-29 设置矩形工具属性

03 在“遮罩”层上的舞台左上角绘制一个小矩形，使用【选择工具】选中该矩形，在属性面板中修改该矩形的属性如图7-30所示。

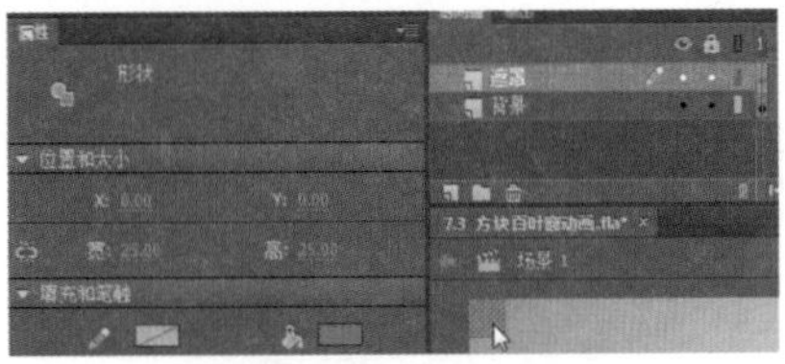

图7-30　绘制小矩形

04 使用【选择工具】选中刚才绘制的矩形，按快捷键【F8】将其转换为影片剪辑元件，并且命名为“方块”，如图7-31所示。

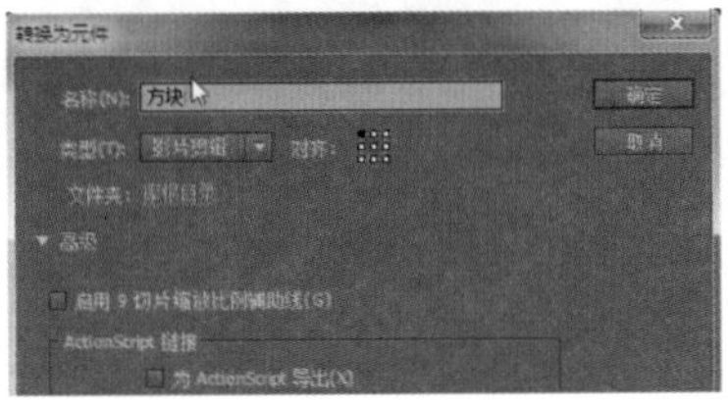

图7-31　转换为元件

05 转换完成后，双击舞台上的该矩形进入方块元件内进行编辑，再次选择该矩形，再次按快捷键【F8】将“方块”元件内的方块再次转换为影片剪辑元件，命名为“方块效果”，如图7-32所示。

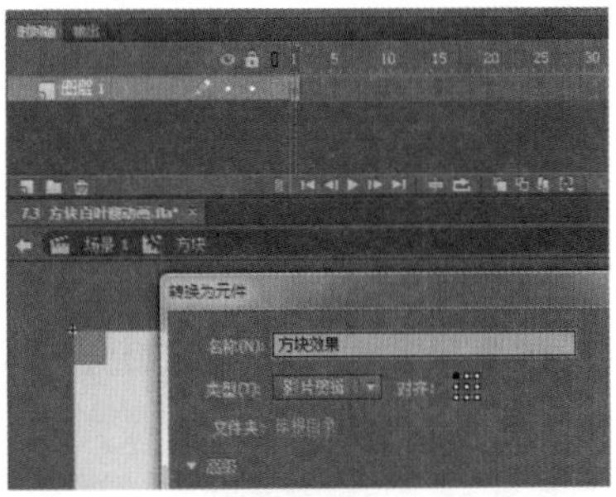

图7-32　再次转换为元件

06 再次双击转换为元件的矩形，进入“方块效果”元件内部，在图层1的第5、10、15、20帧分别按快捷键【F6】插入关键帧，如图7-33所示。

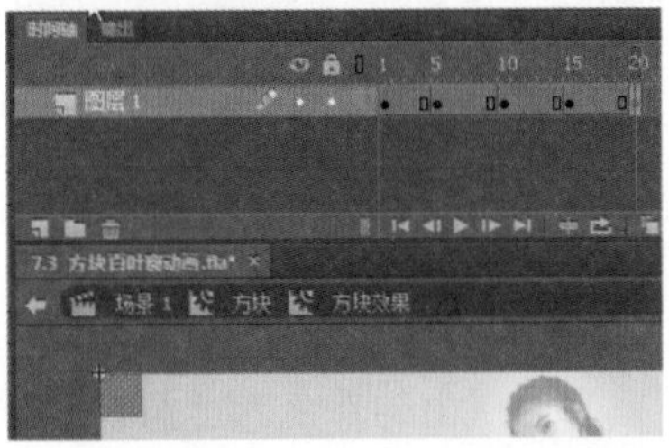

图7-33　插入关键帧

07 使用【选择工具】将第5、10、15帧的矩形分别修改为如图7-34所示的状态。

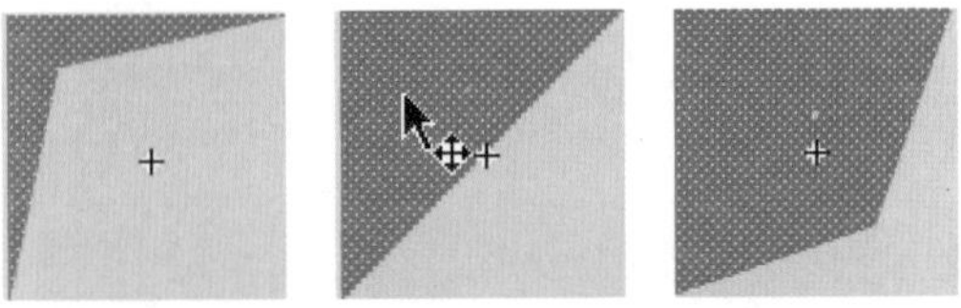

图7-34　第5、10、15帧的矩形的样式

08 在第5、10、15帧上分别单击右键，并在弹出的菜单中选择【创建补间形状】选项，如图7-35所示。

图7-35　创建补间形状

09 在第20帧处单击右键，在弹出菜单中选择【动作】选项，并在弹出的动作面板中输入stop()；如图7-36所示。

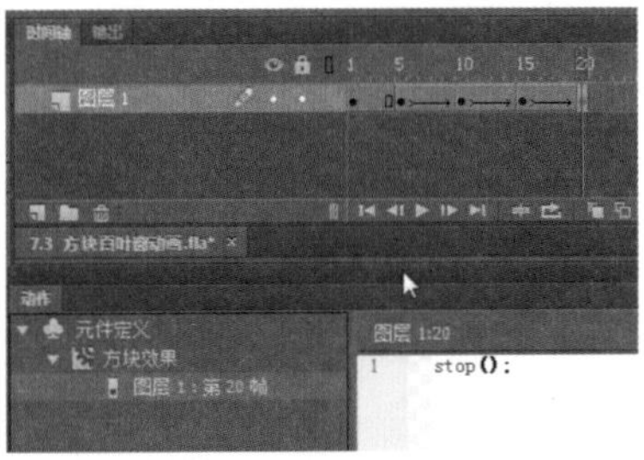

图7-36　输入脚本语言

10 双击舞台空白部分以返回上一级，进入“方块”元件内部，单击舞台上的“方块效果”元件，按组合键【Ctrl + C】复制该元件，再按组合键【Ctrl + Shift + V】将其原位粘贴出来，并使用方向键移动该矩形，直到它和上一个矩形正好紧密相连，没有空隙也没有重叠，如图7-37所示。

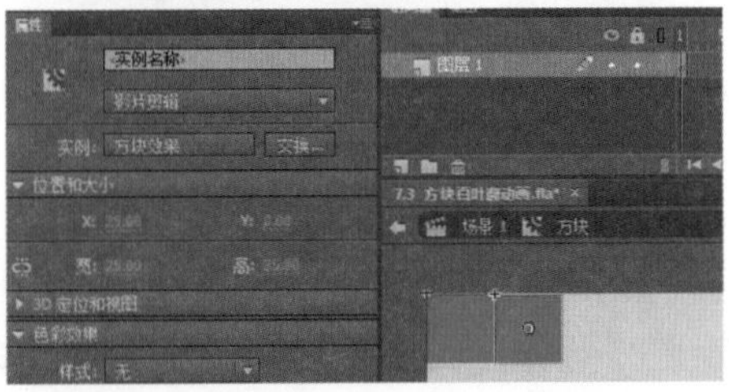

图7-37　粘贴一个新的元件并移动位置

11 重复上述步骤，将第一排舞台用这种矩形填满，并在图层1的第80帧按【F5】键插入帧。如图7-38所示。

图7-38　将元件粘贴出一排

12 新建一个图层，将原来粘贴好的整排矩形按组合键【Ctrl + C】复制，在新图层的第5帧按【F7】键插入空白关键帧，在原来图层的第5帧上按【F5】键插入帧，再按【Ctrl + Shift + V】将整排矩形都粘贴在新图层的第5帧，并将整排使用方向键向下移动一定距离，保持和上面那一排没有重合也没有空隙，如图7-39所示。

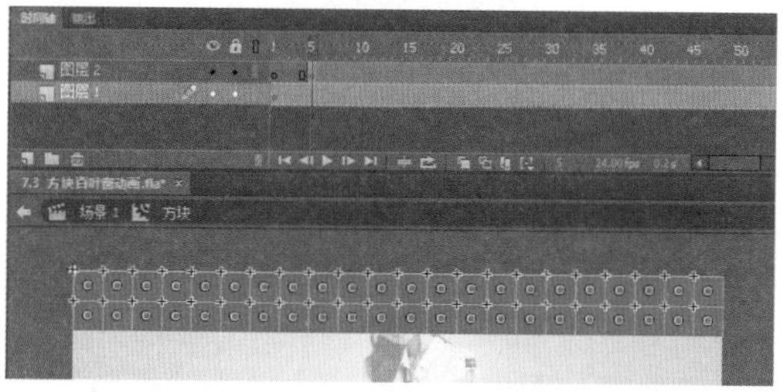

图7-39　粘贴一排新的矩形

13 重复上面的步骤，每新建一个图层，在上一图层插入矩形的帧再加5帧的帧上按【F7】键插入关键帧，并将矩形粘贴在该帧上，调节其位置和上一图层的矩形不重合也不留空隙，最终将矩形全部覆盖背景图片，如图7-40所示。

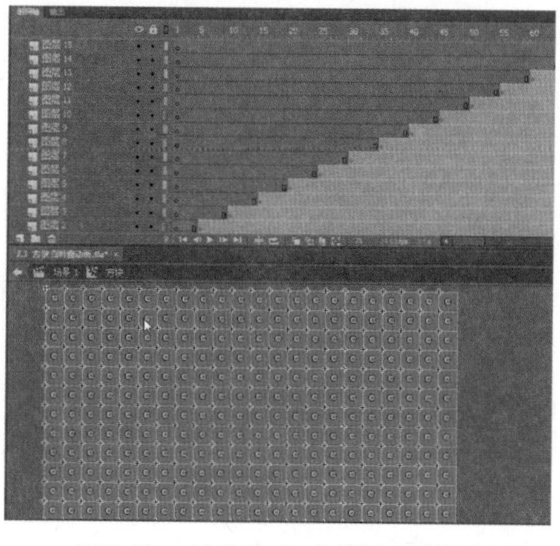

图7-40　制作完成后的帧的样子

14 在最上面图层的最后一个关键帧位置，按快捷键【F9】打开动作面板，在其中输入脚本：stop();输入完成后再次按【F9】键以关闭动作面板。如图7-41所示。

图7-41　输入脚本

15 双击舞台上任意一个“方块效果”元件以进入到元件内部，选中第1帧的内容，按【Delect】键删除第1帧的所有内容，如图7-42所示。

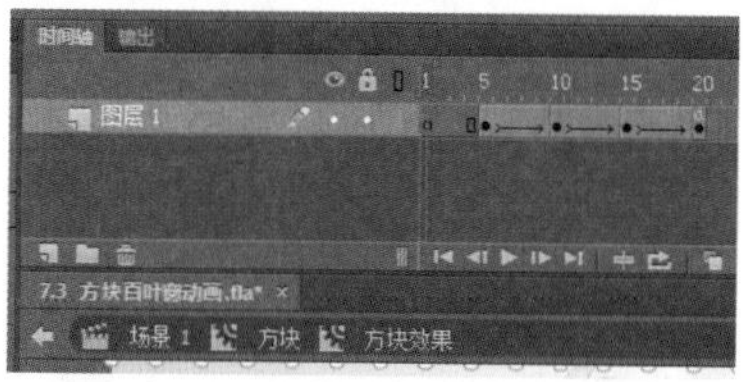

图7-42　删除方块效果的第1帧

16 单击时间轴下方的“场景1”以返回主场景，右键单击“遮罩层”，在弹出的菜单中选择【遮罩层】选项，完成后如图7-43所示。

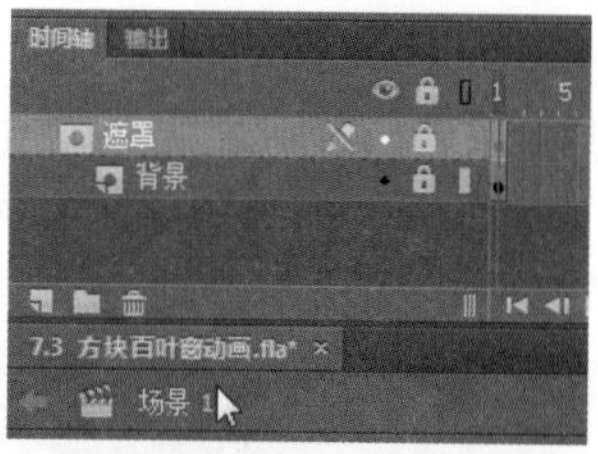

图7-43　转换为遮罩层

17 保存文件，按组合键【Ctrl + Enter】测试影片，效果如图7-44所示。

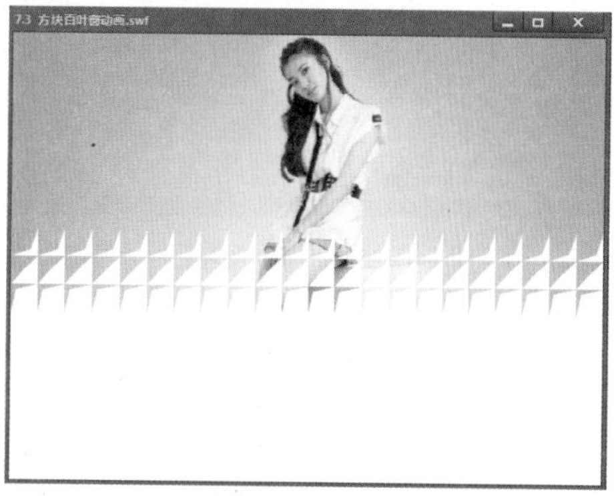

图7-44　最终效果图

7.4　显示器内动画

本案例效果如图7-45所示。

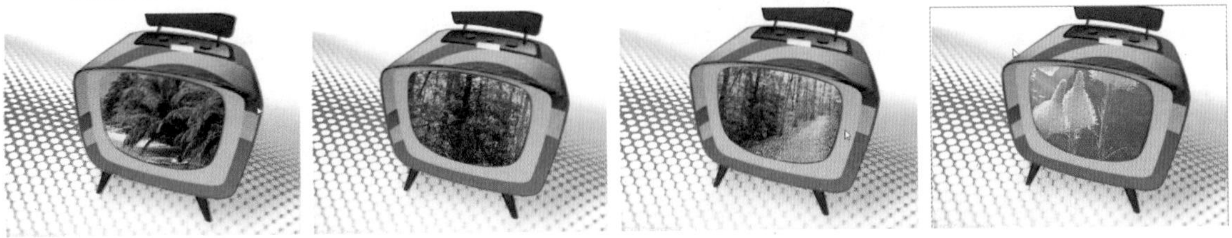

图7-45　案例最终效果

01 打开本案例的素材文件，库内包含背景图片素材和显示器素材，如图7-46所示。

图7-46　库内的素材

02 将图层1重命名为“显示器”，并调整库中的“显示器”图片素材的大小，拖曳至舞台的合适位置，如图7-47所示。

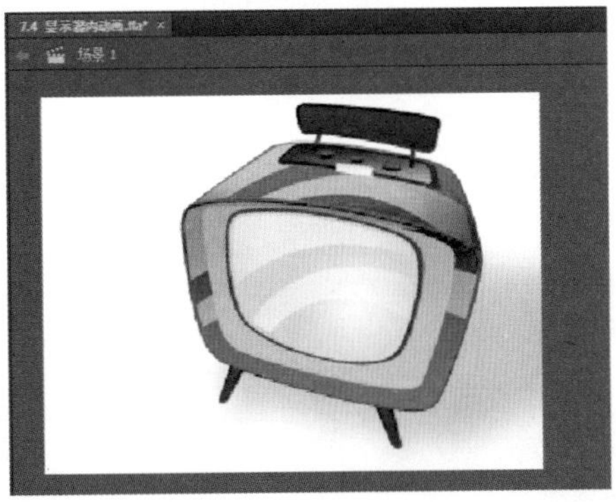

图7-47　放入显示器素材

03 新建一个图层，命名为“屏幕”，并使用【钢笔工具】在该图层绘制出显示器内部的轮廓线，绘制完成后使用【颜料桶工具】对内部进行颜色填充，颜色任意选择，如图7-48所示。

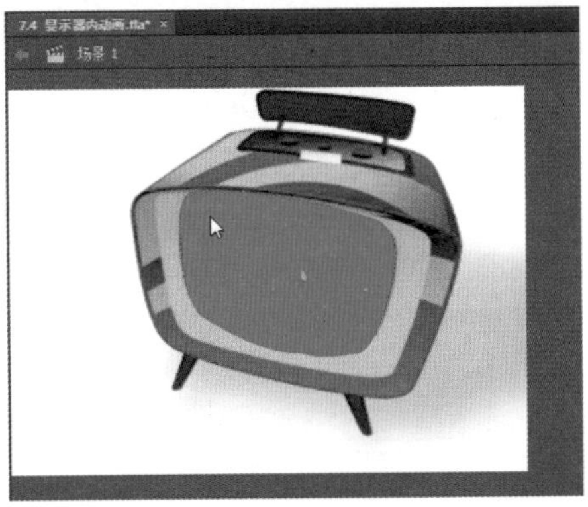

图7-48　绘制内部屏幕的轮廓并填充颜色

04 新建一个图层，拖动其至“背景”图层和“屏幕”图层的中间，命名为“景色”，如图7-49所示。

图7-49 新建景色图层

05 将“景色1”图片素材拖曳至舞台上，并选中该图形，按快捷键【F8】转换为影片剪辑元件，命名为“景色动画”，如图7-50所示。

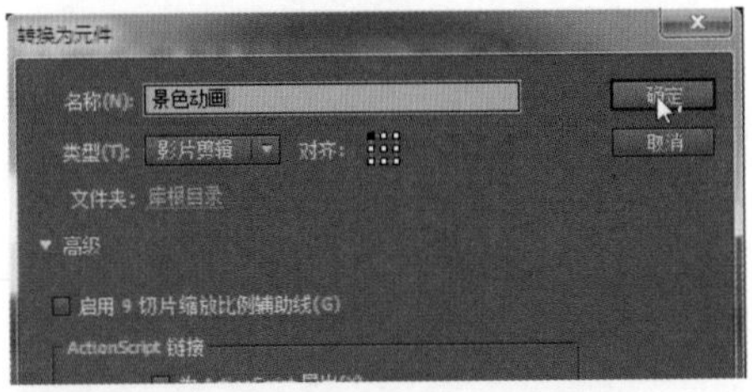

图7-50　转换为元件

06 转换完成后，双击图片以进入元件内部，选中“景色1”图片素材，再按快捷键【F8】将其转换影片剪辑元件，并命名为“景色1剪辑”，如图7-51所示。

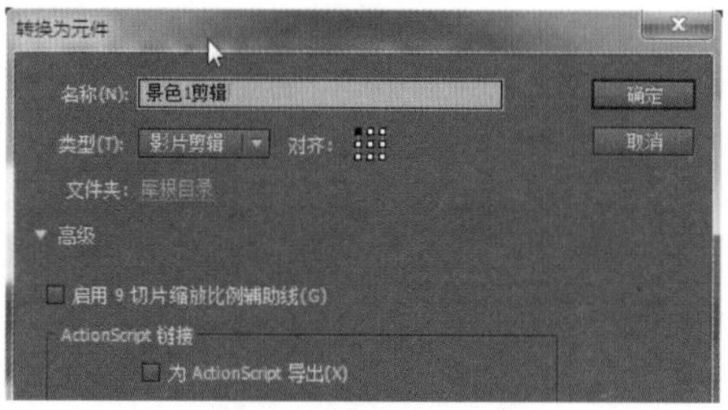

图7-51　转换为元件

07 此时不用再双击进入“景色1剪辑”元件内，在当前元件内的第100帧按快捷键【F6】插入关键帧，将第100帧的元件使用【任意变形工具】修改其大小至正好比显示器元件的屏幕大一点，并在1~100帧中间任意一帧单击右键，在弹出的菜单中选择【创建传统补间】选项，如图7-52所示。

图7-52　调整第100帧的元件大小

08 在第120帧按快捷键【F6】插入关键帧，使用【选择工具】选中第120帧上的“景色1”元件，在属性面板内设置如图7-53所示的属性。

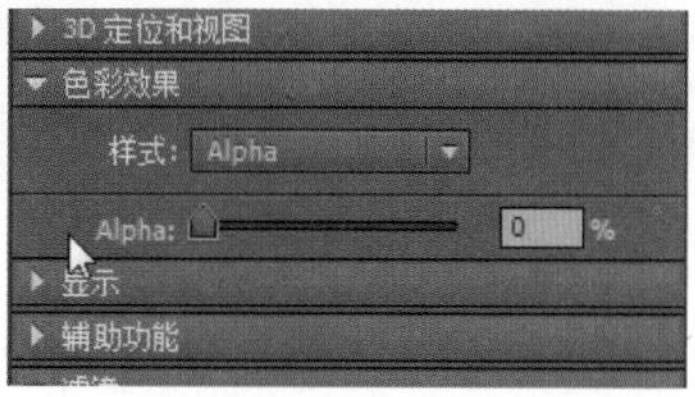

图7-53　设置剪辑的透明度为0

09 右键单击第100帧，在弹出的菜单中选择【创建传统补间】选项。

10 新建一个图层，在该图层的第100帧处按快捷键【F7】插入空白关键帧，将“景色2”图片素材拖曳至该帧的舞台上，并选中该图片素材，按快捷键【F8】转换为影片剪辑元件，命名为“景色2剪辑”，如图7-54所示。

图7-54　将景色2转换为元件

11 在图层2的第120、220帧插入关键帧，并将处于第100帧上的“景色2“元件的透明度和上面的步骤一样设置为0，将第220帧上的景色2元件使用【任意变形工具】和上面一样缩小尺寸，并在这三帧之间都创建传统补间，如图7-55所示。

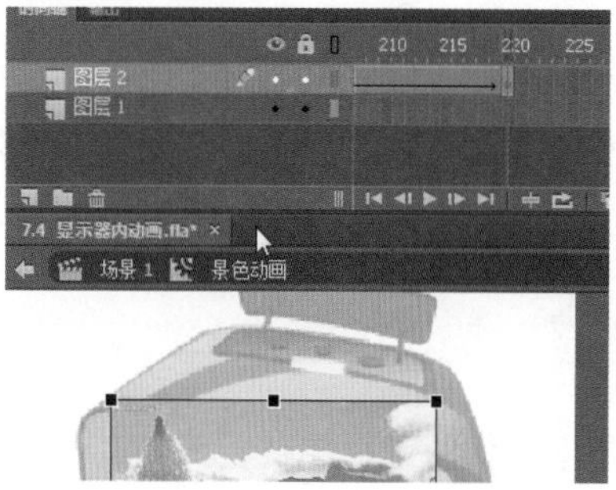

图7-55　缩小第220帧的元件

12 采用同样的处理方法，再次新建一个图层，将“景色3”按照前两个景色一样处理。注意是从第220帧开始，完成后如图7-56所示。

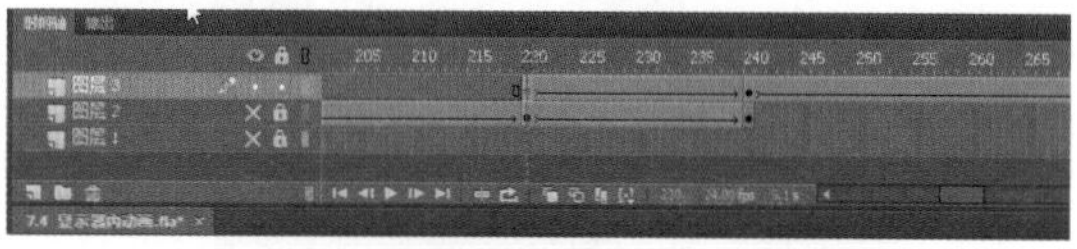

图7-56　制作第3个图片的动画

13 单击时间轴下方的“场景1”以返回主场

景，右键单击“屏幕”图层，在弹出的菜单中选择【遮罩层】选项，单击后如图7-57所示。

图7-57　转换遮罩层

14 因为转换为遮罩层时，Flash会自动为遮罩层和被遮罩层上锁，此时可以解除“景色”层的锁定，使用【任意变形工具】将其角度顺时针旋转15°左右，再次为该图层上锁，这样就能使景色和显示器的偏转角度一致，可以再添加一个背景图片，保存文件，并按组合键【Ctrl + Enter】测试影片，效果如图7-58所示。

图7-58　最终效果图

7.5　地球仪效果

本案例最终效果如图7-59所示。

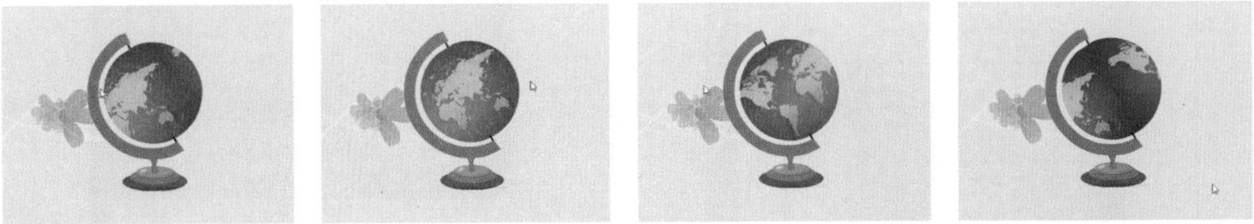

图7-59　案例最终效果

01 打开本案例的素材文件，库内有一张世界地图的图片和一个地球仪的支架图，如图7-60所示。

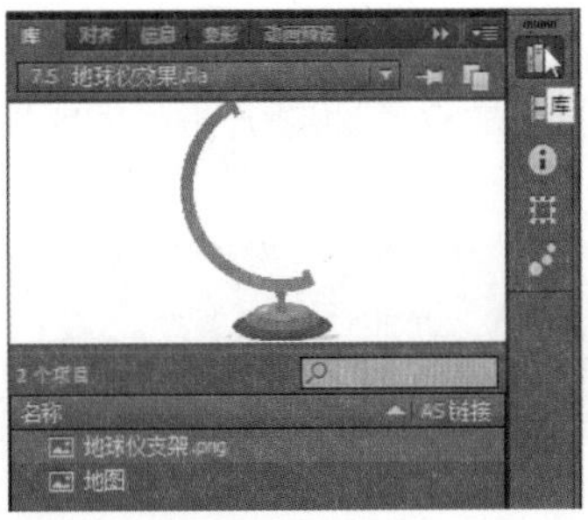

图7-60　库内素材

02 按组合键【Ctrl + F8】新建一个影片剪辑元件，命名为“地球仪剪辑”，如图7-61所示。

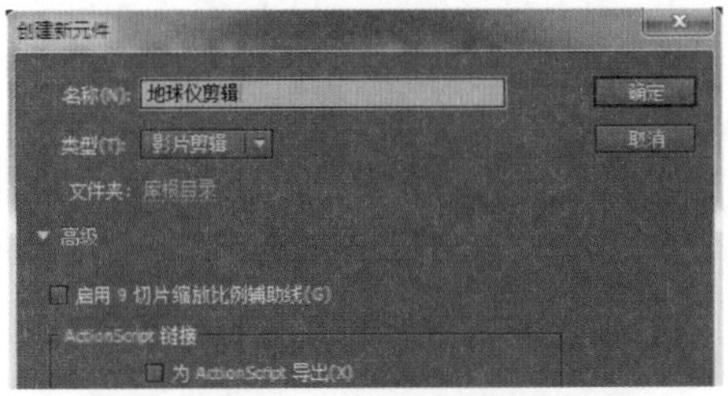

图7-61　新建影片剪辑

03 单击【确定】按钮后将进入元件内部进行编辑，将图层1重命名为“地图”，并将“地图”图片素材从库中拖曳至舞台上，如图7-62所示。

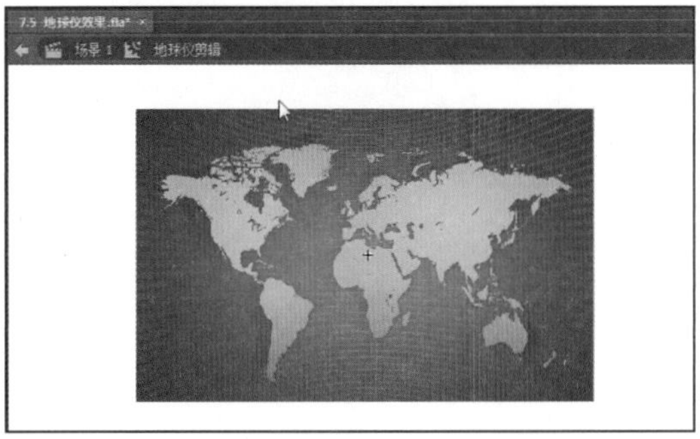

图7-62　放入图片素材

04 选中“地图”图片素材，按组合键【Ctrl + C】复制该图形，并按组合键【Ctrl + Shift + V】原位粘贴该图形，再使用方向键将新粘贴的图片向右移动至和原来的图不重叠也无空隙，如图7-63所示。

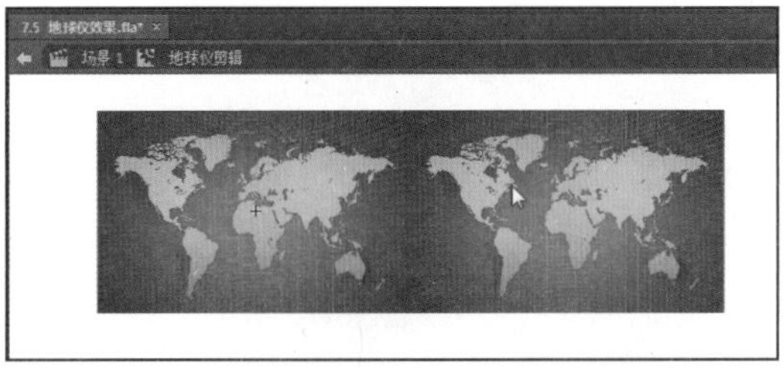

图7-63　在右边粘贴一份图片素材

05 使用【选择工具】选中两个图片素材，并按快捷键【F8】将其转换为影片剪辑元件，命名为“地图剪辑”，如图7-64所示。

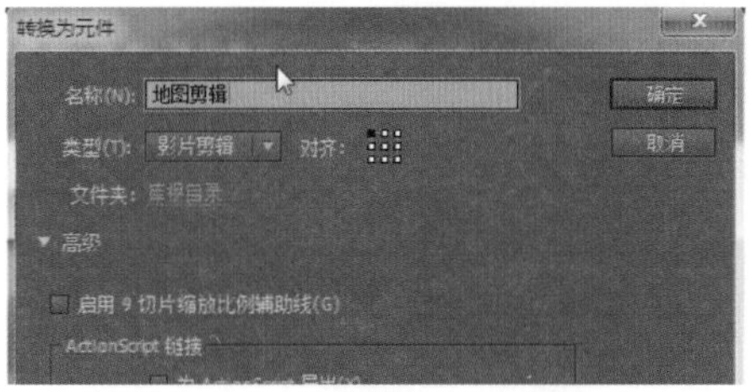

图7-64　转换为影片剪辑元件

06 新建一个图层，命名为“遮罩”，并使用【椭圆工具】在上面绘制一个正圆形，直径正好为地图的高，填充颜色任意即可，如图7-65所示。

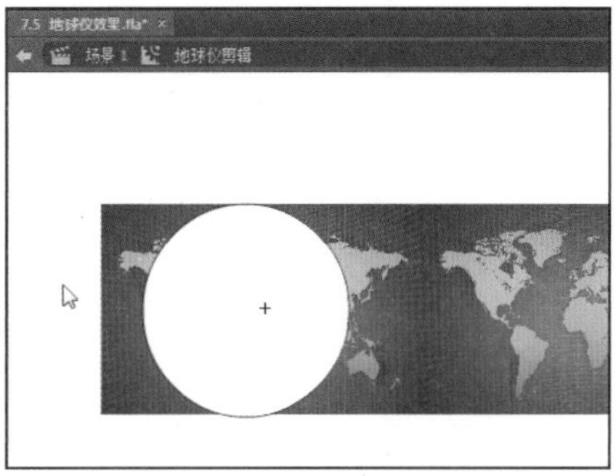

图7-65　绘制一个正圆形

07 在“地图”图层上的第50帧按快捷键【F6】插入关键帧，并在第1~50帧中间任意一帧单击右键，在弹出的菜单中选择【创建传统补间】选项，如图7-66所示。

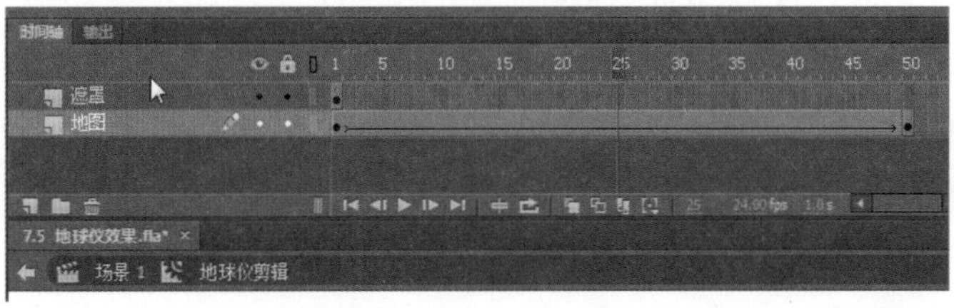

图7-66　创建传统补间

08 使用方向键将处于第50帧上的地图向左边移动，使其右边那张图正好到达本来左边这张图的位置，如图7-67和7-68所示。

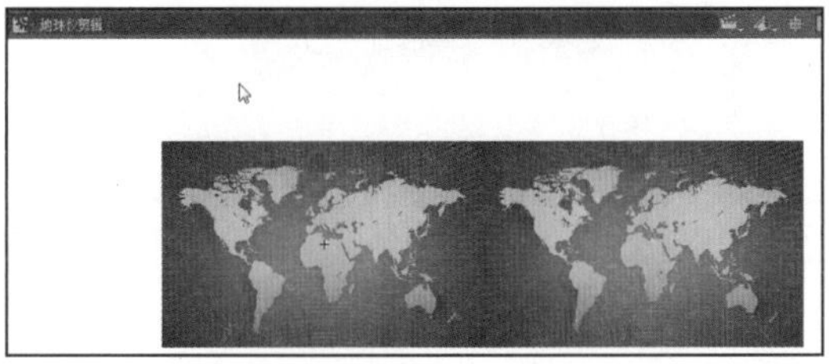

图7-67　第1帧上的图片位置

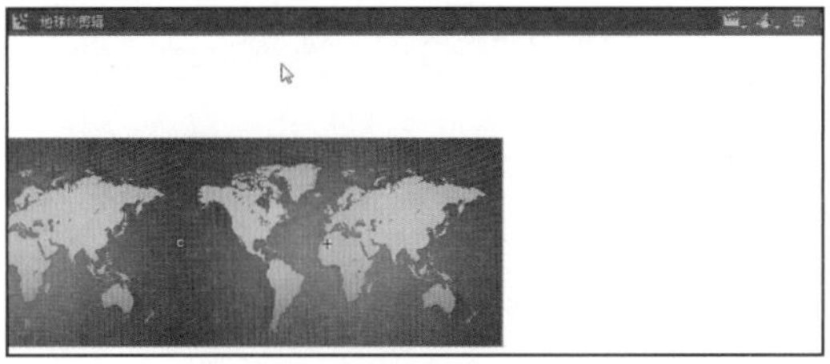

图7-68　第50帧上的图片位置

09 在“遮罩”层的第50帧按快捷键【F5】插入帧，并右键单击“遮罩”层，在弹出的菜单中选择【遮罩层】选项，使该层成为“地图”层的遮罩层，如图7-69所示。

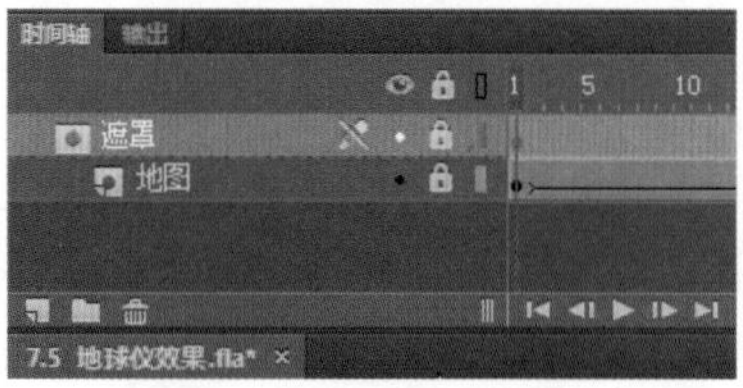

图7-69　转换为遮罩层

10 单击时间轴下方的“场景1”以返回主场景，将“地球仪剪辑”元件从库中拖曳至舞台上，并使用【任意变形工具】调节其大小和位置，如图7-70所示。

图7-70　将剪辑从库中拖曳至舞台

11 将“地球仪支架”图形素材从库中拖曳至舞台，并使用【任意变形工具】调整其大小和位置，合理摆放地球仪和支架，并用【直线工具】绘制地球仪的轴。如图7-71所示。

图7-71　调整支架和地球仪的位置

12 使用【任意变形工具】改变地球仪球体的角度，使其逆时针旋转15°，以适应支架的旋转角度。

13 保存文件，并按组合键【Ctrl + Enter】测试影片，效果如图7-72所示。

图7-72　最终效果图

7.6 火车过桥动画

本案例效果如图7-73所示。

图7-73　案例最终效果

01 打开本案例的素材文件，库内有“火车”和“大桥背景”两张图片素材，如图7-74所示。

图7-74　库内素材

02 单击舞台空白部分，并在属性面板中将舞台的尺寸更改为1000×400，如图7-75所示。

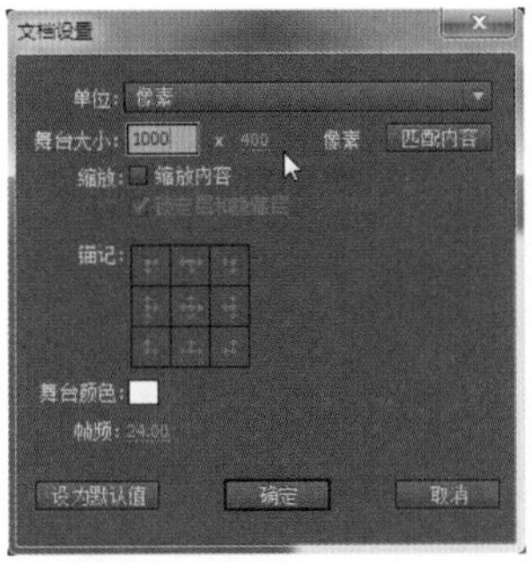

图7-75　设置舞台尺寸

03 将图层1重命名为“背景”，并将“大桥背景”图片素材从库中拖曳至舞台，并使其左上角对准舞台左上角以便占满整个舞台，如图7-76所示。

图7-76　将大桥素材拖曳至舞台

04 新建一个图层，命名为“火车行驶”，并将“火车”图片素材从库中拖曳至该层的第1帧上，并使用【任意变形工具】调整其大小和位置，如图7-77所示。

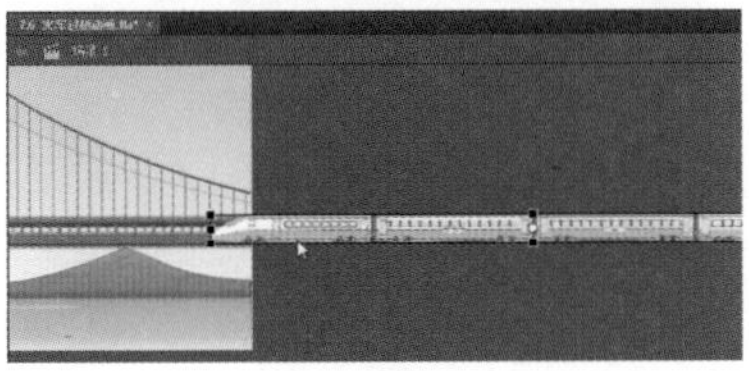

图7-77　将火车图片素材拖曳至舞台

05 选中“火车”图片素材，按快捷键【F8】将其转换为影片剪辑元件，并命名为“火车元件”，如图7-78所示。

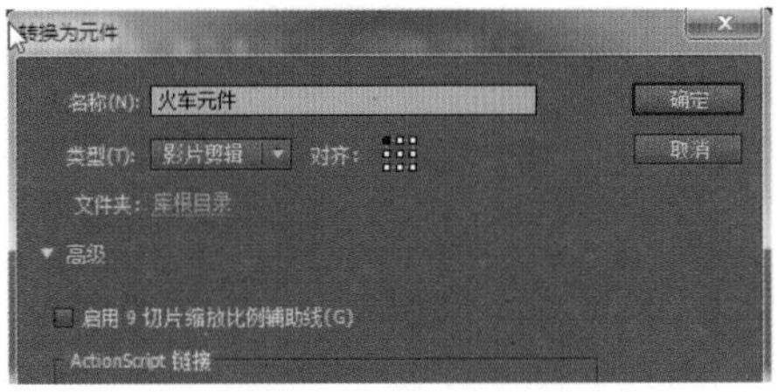

图7-78　转换为元件

06 在“火车行驶”图层的第200帧按快捷键【F6】插入关键帧，并在中间任意一帧单击右键，在弹出的菜单中选择【创建传统补间】选项。在“背景”图层的第200帧按快捷键【F5】插入帧，如图7-79所示。

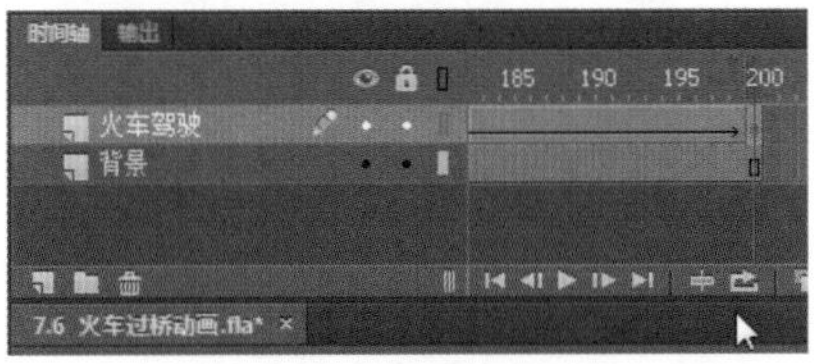

图7-79　创建传统补间

07 使用方向键将处于第200帧的火车元件向左平移，直到车尾行驶出舞台，如图7-80所示。

图7-80　将第200帧元件拖曳出舞台

08 新建一个图层，命名为“遮罩”，使用【矩形工具】在第1帧绘制两个任意填充颜色的矩形，并分别处于桥的两侧直到延长到两边舞台外，如图7-81所示。

图7-81　绘制两个矩形

09 在桥下使用【矩形工具】绘制更小的矩形，使之正好填充桥下栏杆的空洞处，如图7-82所示为绘制了一个矩形的状态。

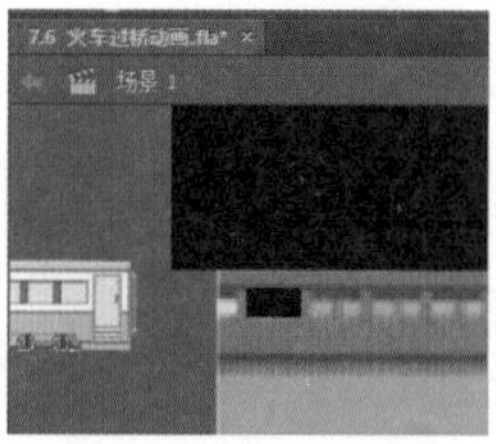

图7-82　绘制更小的矩形盖住空洞处

10 重复第9步将下面的空洞处全部绘制上矩形，绘制完成后的效果如图7-83所示。

图7-83　绘制完所有的小型矩形

11 右键单击“遮罩”层，并在弹出的菜单中选择【遮罩层】选项，将该层转换为遮罩层，如图7-84所示。

12 保存文件，按组合键【Ctrl + Enter】 测试影片，最终效果如图7-85所示。

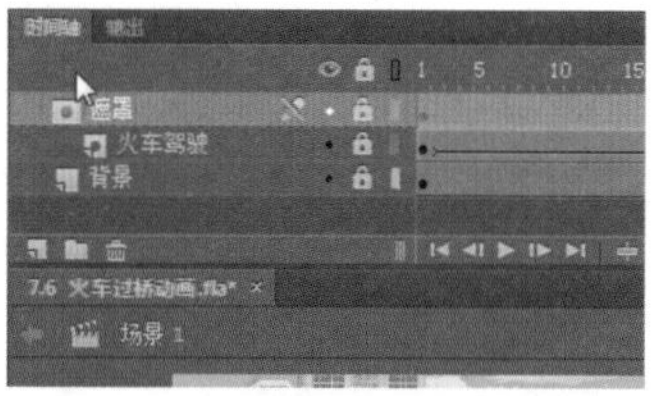

图7-84　转换图层为遮罩层

图7-85　最终效果图

7.7 阳光照射效果

本案例效果如图7-86所示。

图7-86　案例最终效果

01 打开本案例的素材文件，库内有一张背景素材图片，如图7-87所示。

图7-87　库内的素材图片

02 在属性面板中将舞台尺寸修改为600×340，如图7-88所示。

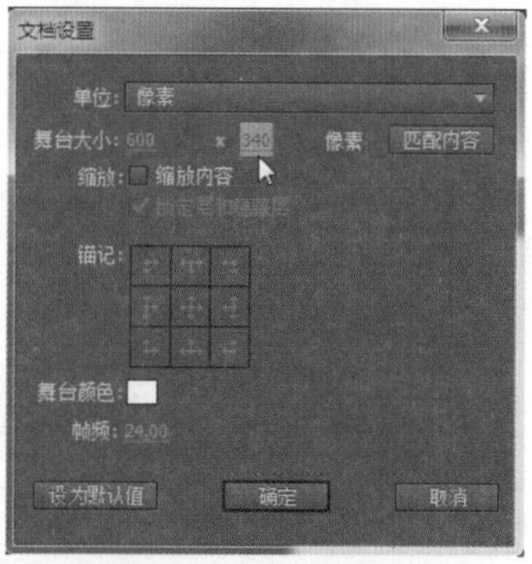

图7-88　设置舞台尺寸

03 将图层1重命名为“背景层”，并将库中的图片拖曳至舞台上，调整其左上角与舞台左上角对齐，如图7-89所示。

04 将“背景层”锁定，新建一个图层，命名为“阳光”，如图7-90所示。

图7-89　将图片拖曳至舞台并调整位置

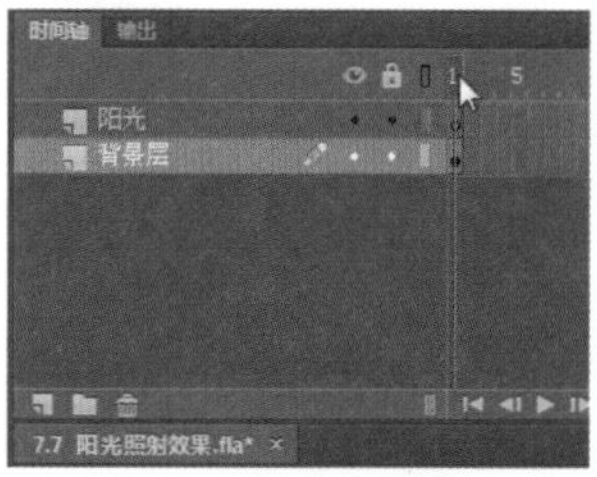

图7-90　新建图层

05 选择工具栏内的【矩形工具】，在颜色面板内设置如图7-91所示的颜色，颜色由黄色至透明的黄色。

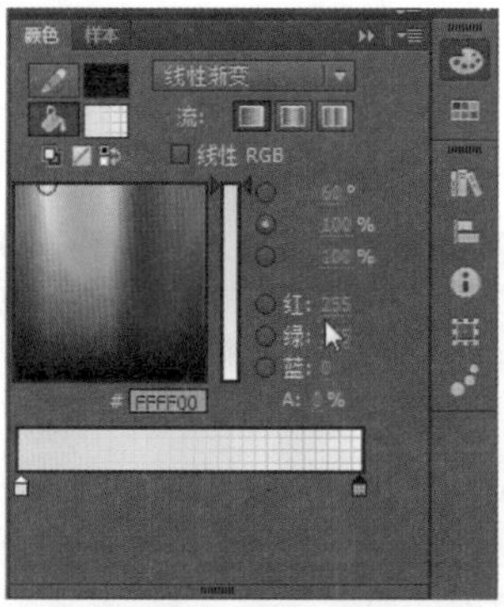

图7-91　设置渐变颜色

06 使用【矩形工具】在舞台上绘制两个矩形，并使用【选择工具】调节矩形的形状，如图7-92所示。

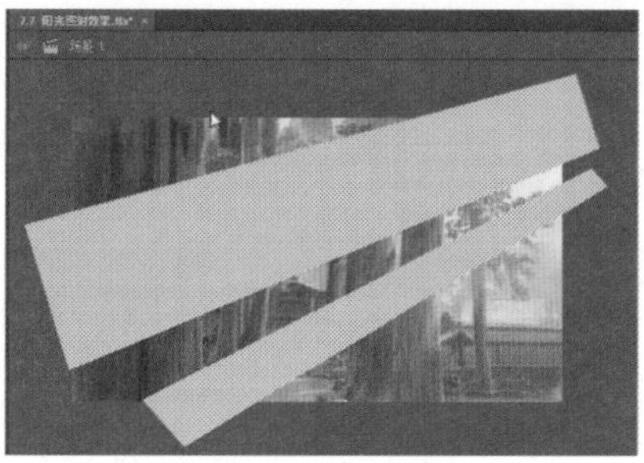

图7-92　修改矩形的形状

07 选中两个矩形，按快捷键【F8】将其转换为影片剪辑，并命名为“阳光剪辑”，如图7-93所示。

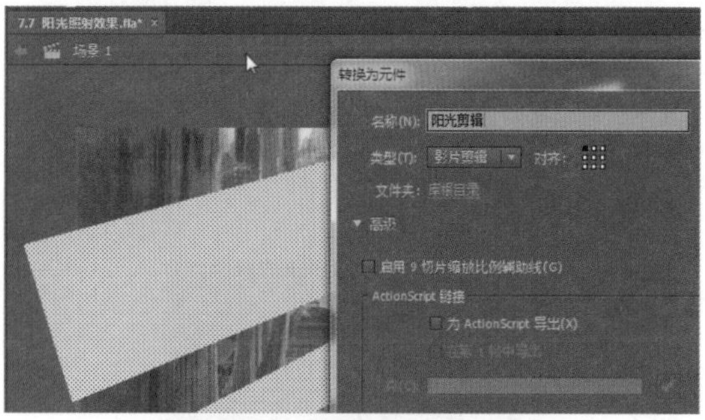

图7-93　转换为元件

08 单击【确定】按钮后，双击该矩形进如“阳光剪辑”内部，在第10、20帧按快捷键【F6】插入关键帧，并在第1、10帧上单击右键，在弹出的菜单中选择【创建补间形状】选项，如图7-94所示。

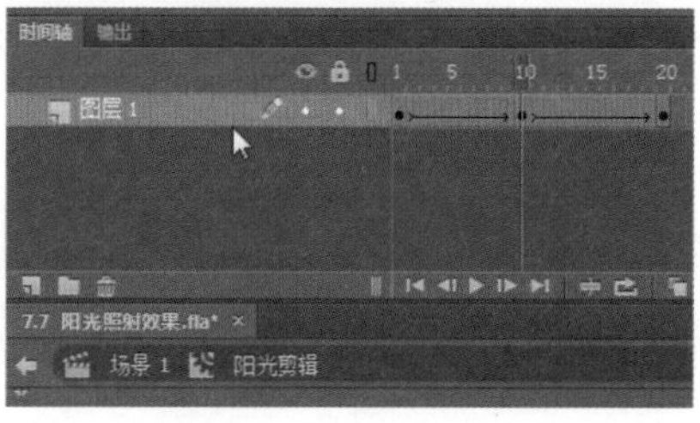

图7-94　创建补间形状

09 选中第10帧上的两个矩形，在颜色面板中将渐变的两个颜色都改为完全透明，如图7-95所示。

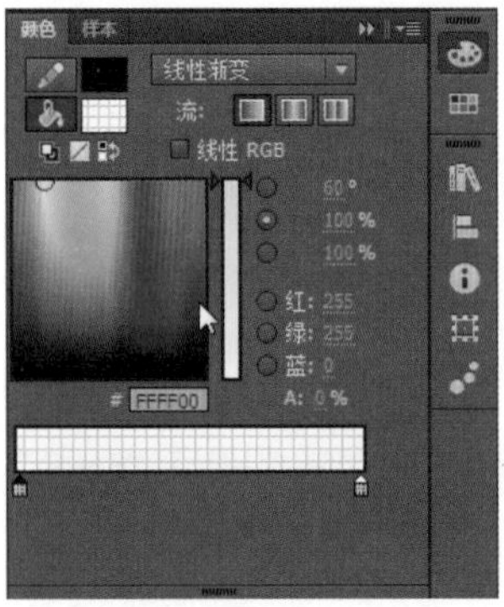

图7-95　设置透明度

10 在第40帧处按快捷键【F5】插入帧，以延长播放间隔，如图7-96所示。

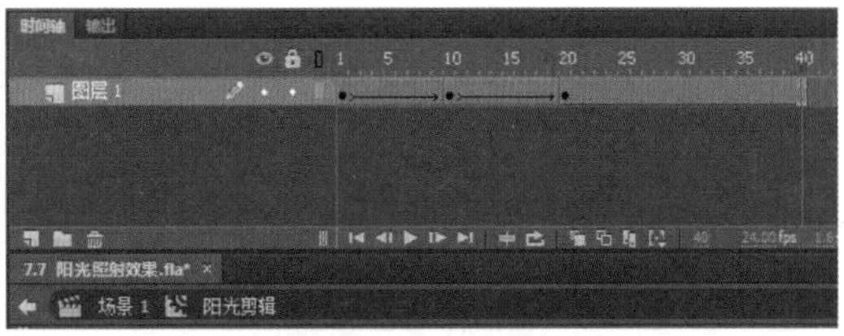

图7-96　插入帧

11 单击时间轴下方的“场景1”以返回主舞台，并新建一个图层，命名为“遮罩层”，如图7-97所示。

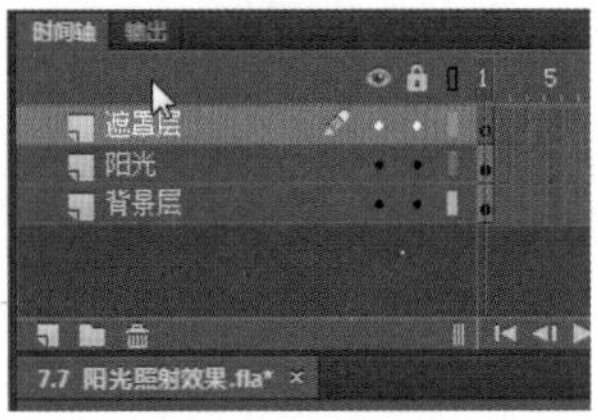

图7-97　新建遮罩层

12 使用【矩形工具】在遮罩层的第1帧绘制一些形状，使用【选择工具】调整矩形的形状，使其遮挡住除了最左边和右边的树，如图7-98所示。

图7-98　绘制矩形并调整形状

13 右键单击“遮罩层”，并在弹出的菜单中选择【遮罩层】选项，如图7-99所示。

图7-99　转换为遮罩层

14 保存文件，按组合键【Ctrl + Enter】测试影片，可以看到遮罩的效果，如图7-100所示。

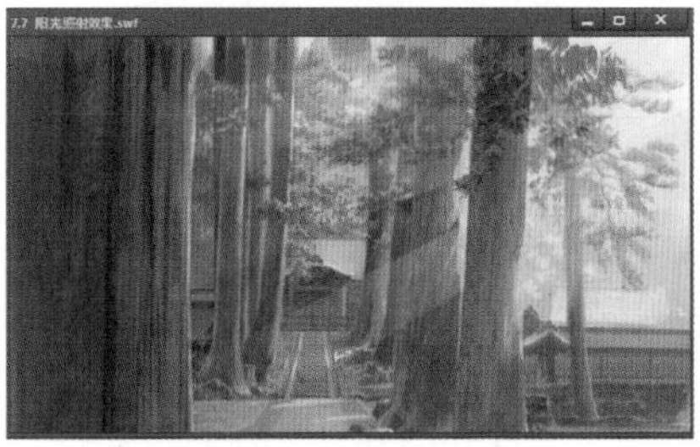

图7-100　最终效果图

7.8　卷轴展开动画

本案例效果如图7-101所示。

图7-101　案例最终效果

01 打开本案例的素材文件，库内有相关的素材，如图7-102所示。

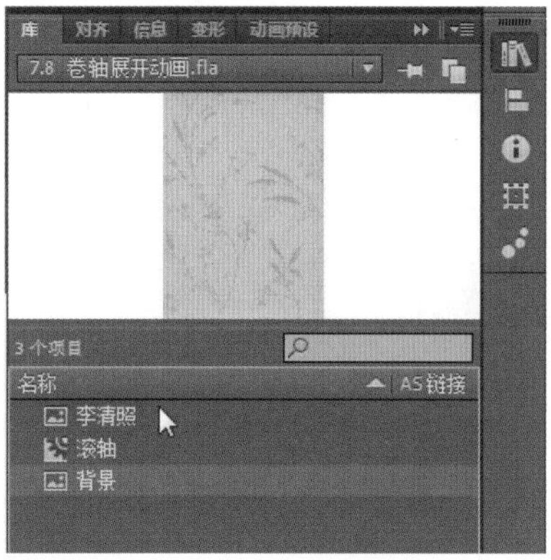

图7-103 库内的素材

02 在属性面板内将舞台的尺寸修改为1000×450，如图7-104所示。

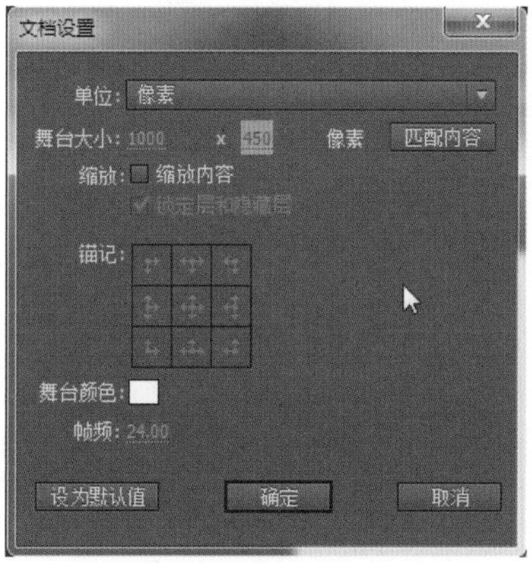

图7-104 设置舞台的尺寸

03 将图层1重命名为“背景层”，并将库中的“背景”图片素材拖曳至舞台，之后使用【任意变形工具】并按住【Shift】键旋转该图片至水平，并调整其大小，如图7-105所示。

图7-105 调整图片位置和大小

04 选择工具栏内的【文本工具】，并在属性面板中设置【文本工具】的属性，如图7-106所示。

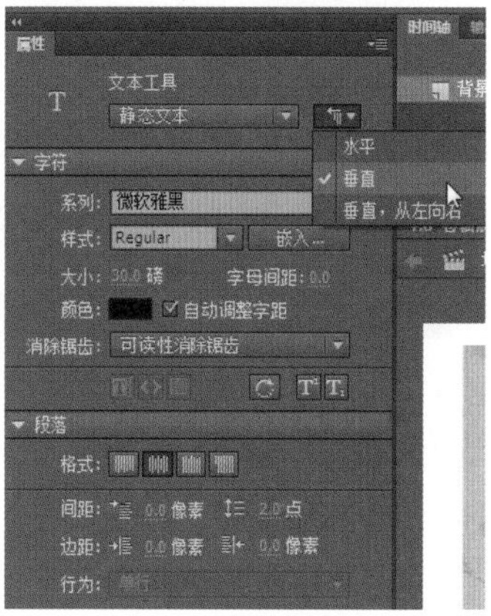

图7-106 设置【文本工具】的属性

05 使用【文本工具】在舞台输入相应文字，并调节好位置，如图7-107所示。

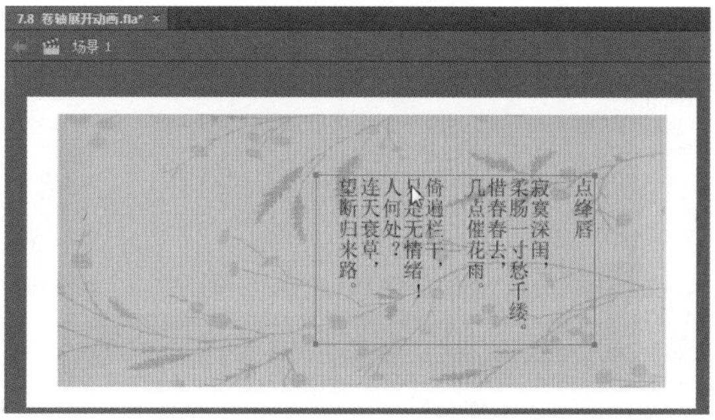

图7-107 输入文字

06 将库中的“李清照”图片素材拖曳至舞台，并使用【任意变形工具】调整好位置，如图7-108所示。

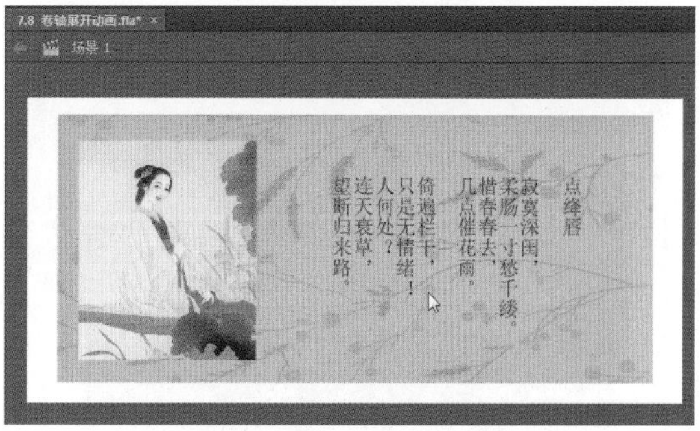

图7-108 调整图片位置和大小

07 新建一个图层，命名为“遮罩层”，并使用【矩形工具】绘制任意颜色的矩形，覆盖住原来的背景图，如图7-109所示。

08 在“背景层”的第50帧按快捷键【F5】插入帧，在“遮罩层”的第50帧按快捷键【F6】插入关键帧，使用【任意变形工具】将“遮罩层”第1帧上的矩形轴对称缩小，如图7-110所示。

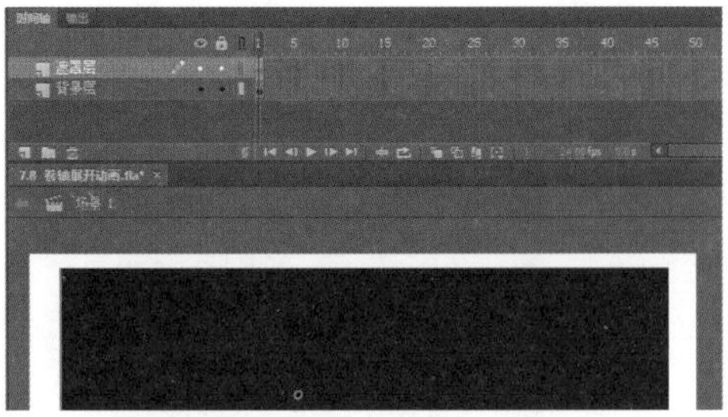

图7-109　绘制矩形覆盖背景图形

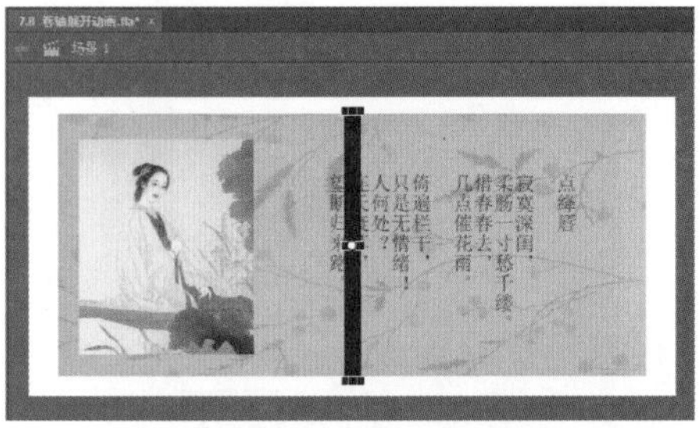

图7-110　轴对称缩小矩形

09 在“遮罩层”第1帧上单击右键，并在弹出的菜单中选择【创建补间形状】选项，如图7-111所示。

10 再次新建两个图层，分别命名为“滚轴左”和“滚轴右”，并将库中的“滚轴”影片剪辑拖曳至两个新图层的舞台上，和第1帧被缩小的矩形位置重合，如图7-112所示。

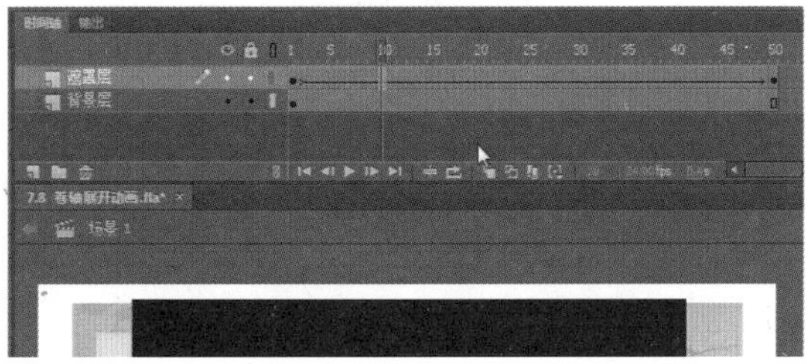

图7-111　创建补间形状

图7-112　将滚轴放入场景

11 分别在两个滚轴图层的第50帧按快捷键【F6】插入关键帧，并将第50帧上的滚轴左图层上的元件水平向左边移动至画卷的最边缘，滚轴右图层上的元件水平移动至画卷最右侧，如图7-113所示。

12 在“滚轴左”和“滚轴右”图层的第1帧单击右键，并在弹出的菜单中选择【创建传统补间】选项，完成后如图7-114所示。

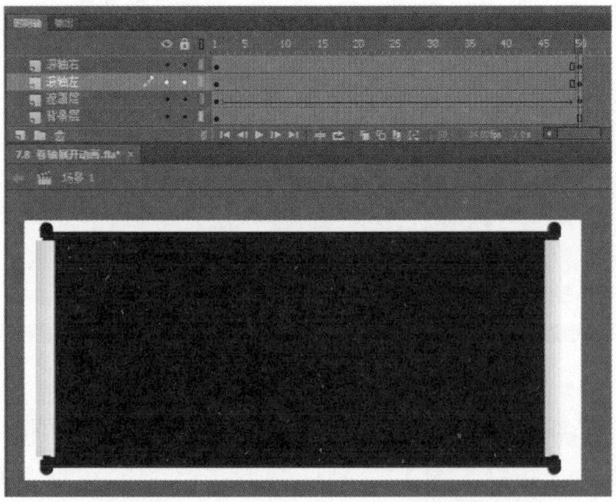

图7-113　将第50帧处的元件移动位置

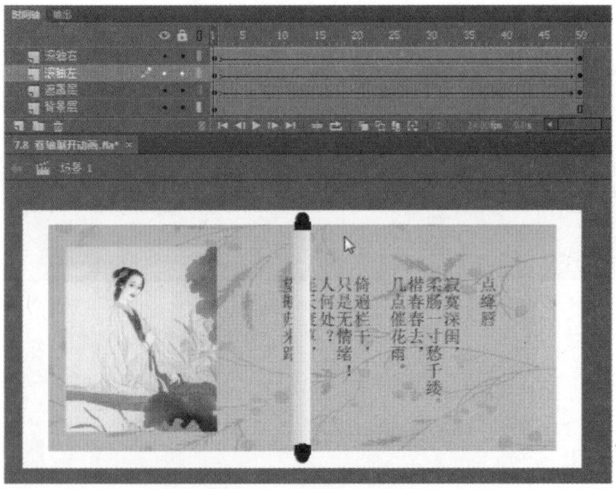

图7-114　创建传统补间

13 在最顶层新建一个图层，并命名为“代码层”，在该图层的第50帧按快捷键【F7】插入空白关键帧，并在该帧上按快捷键【F9】打开“动作”面板，在面板内输入脚本stop();，如图7-115所示。

图7-115　输入脚本

14 右键单击“遮罩层”，并在弹出的菜单中选择【遮罩层】选项，完成后如图7-116所示。

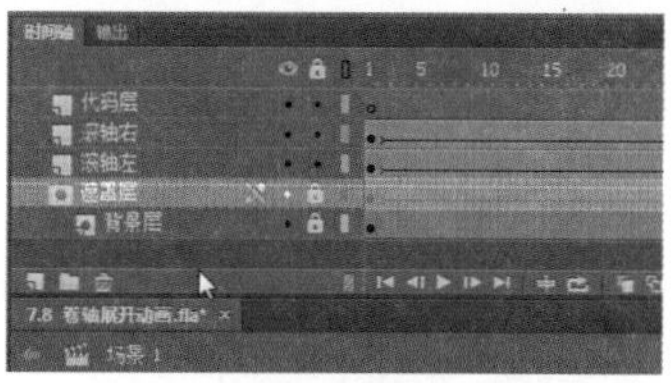

图7-116　转换为遮罩层

15 保存文件，按组合键【Ctrl + Enter】测试影片，最终效果如图7-117所示。

图7-117　最终效果图

7.9　倒计时动画

本案例的效果如图7-118所示。

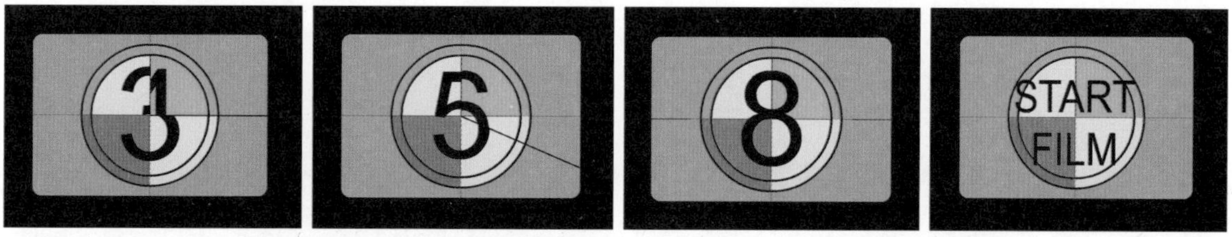

图7-118　案例最终效果

01 新建Flash文档，执行【文件】|【导入】|【导入到库】命令，将本案例所需素材导入进库，库内素材如图7-119所示。

02 在属性面板中设置舞台的颜色为黑色，帧频调至16，如图7-120所示。

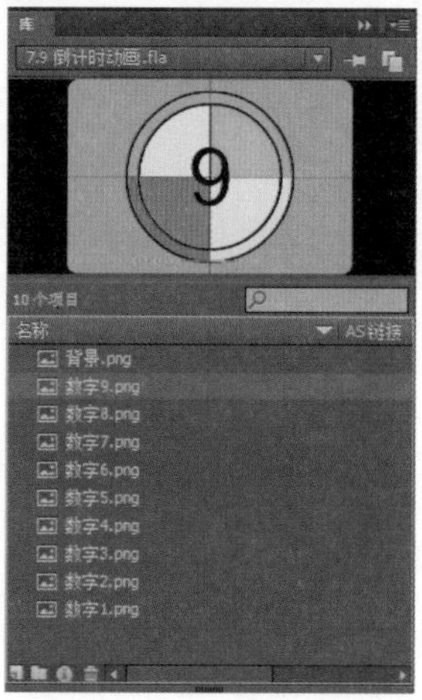

图7-119　库里的素材

图7-120　新建影片剪辑元件

03 将图层1重命名为“背景层”，将素材中的背景图拖至舞台，并对齐位置，如图7-121所示。

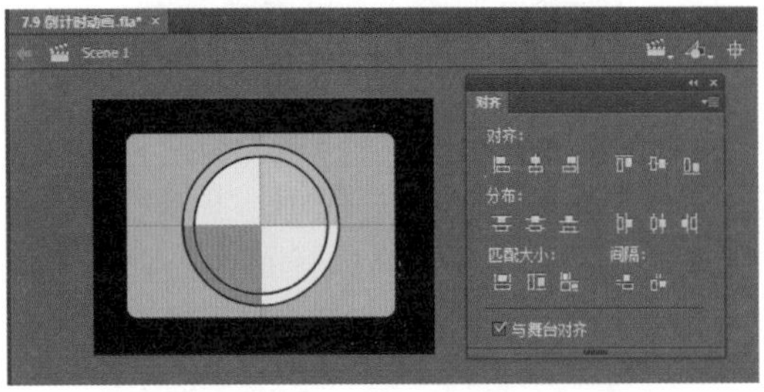

图7-121　设置背景相对于舞台对齐

04 新建图层2重命名为“9”，将库内素材数字9拖入舞台，并对齐背景图的位置，并在该图层第16帧处插入帧，如图7-122所示。

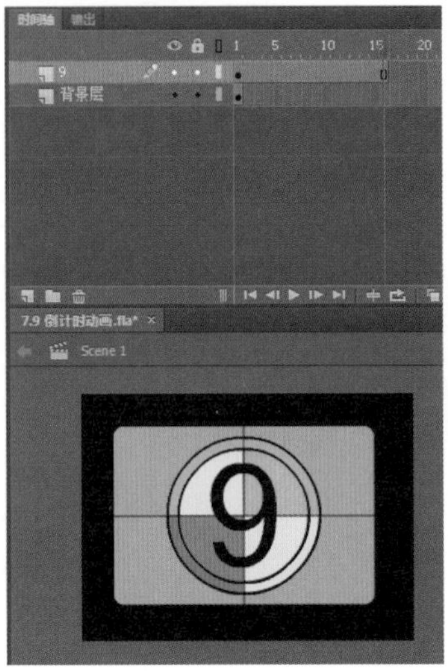

图7-122　拖入素材“数字9”

05 新建图层“8”，将库内素材数字8拖入舞台，并对齐背景的位置，在该图层第30帧插入帧，如图7-123所示。

06 新建图层4，同时打开本案例素材文件中的sucai.fla文档，选中该文档中的两个图层内容并复制，回到之前编辑的文档，点击第4个图层的第1帧，并粘贴内容，如图7-124所示。

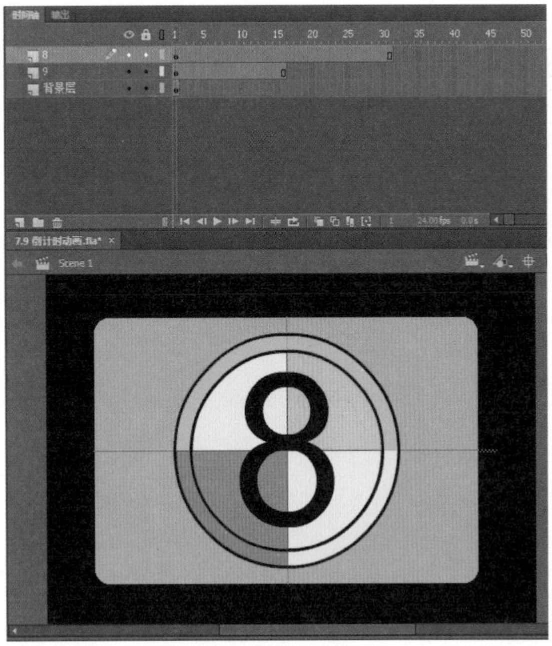

图7-123　拖入素材“数字8”

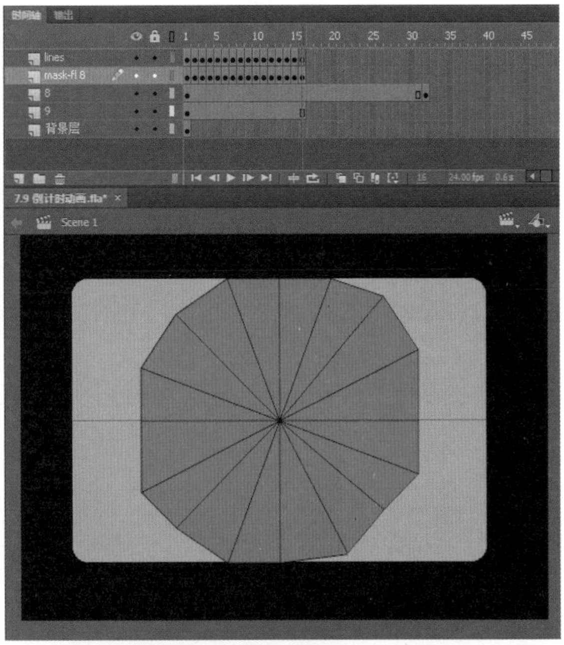

图7-124　复制粘贴素材中的帧

07 选择mask-fl8图层并右击，选择“遮罩层”选项，以此制作由数字9~8的倒数效果。如图7-125所示。

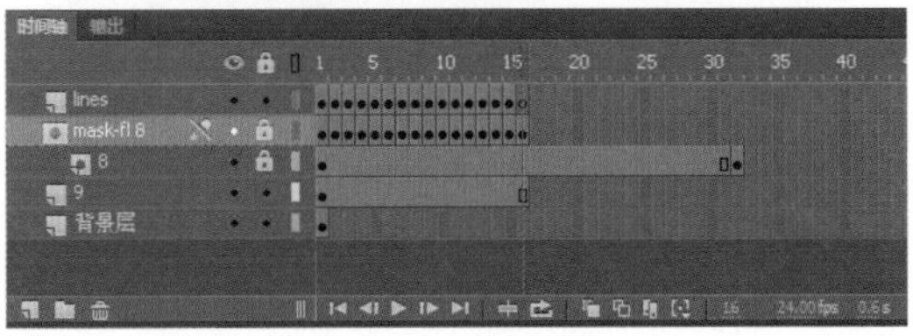

图7-125　创建遮罩层

08 按照上述内容接下来编辑数字7~1的倒数效果，如图7-126所示。

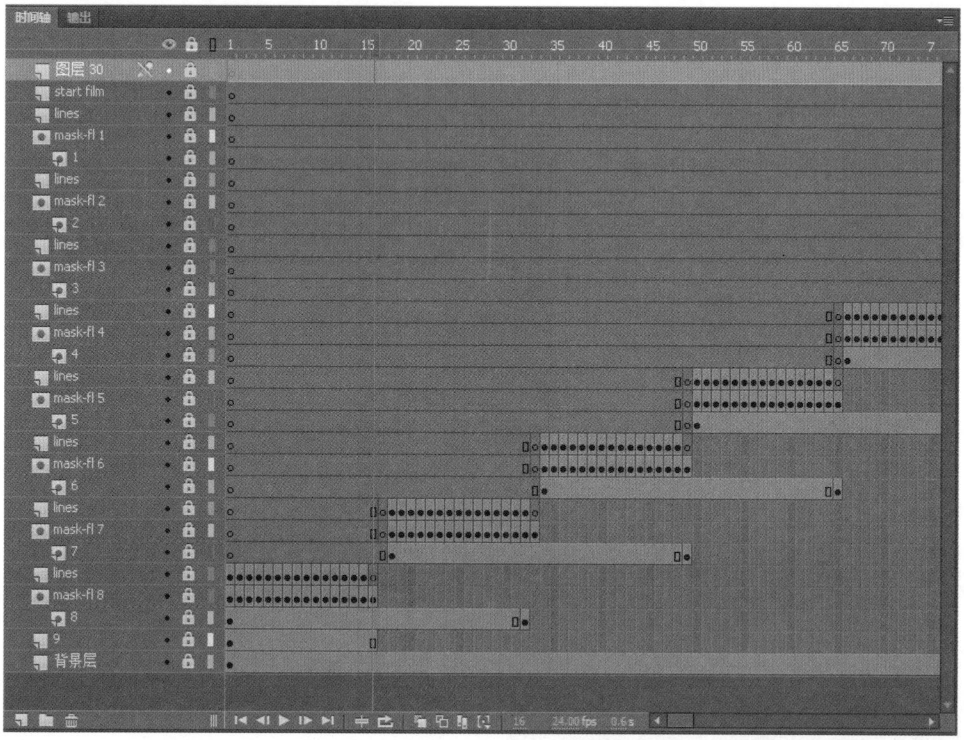

图7-126　依次制作数字7~1的倒数

09 至此动画已完成，按组合键【Ctrl+Enter】测试影片。如图7-127所示。

图7-127　案例最终效果

7.10 屏幕内的波浪效果

本案例效果如图7-128所示。

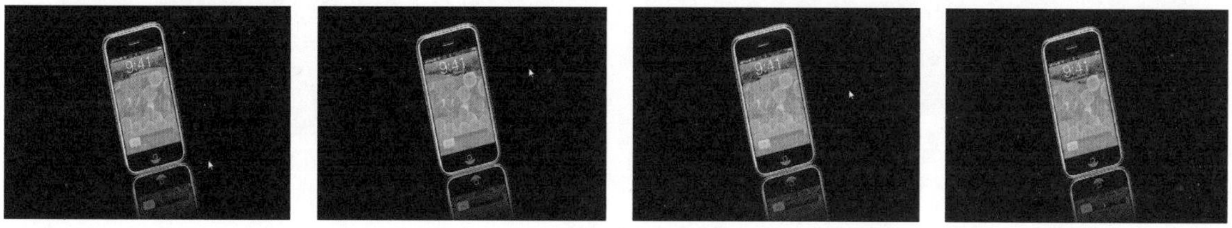

图7-128　案例最终效果

01 打开本案例的素材文件，库内有一张背景图素材，如图7-129所示。

图7-129　库内的素材

02 将图层1重命名为“背景层”，并将库中的背景图素材拖曳至舞台上，在属性面板中调节其位置，如图7-130所示。

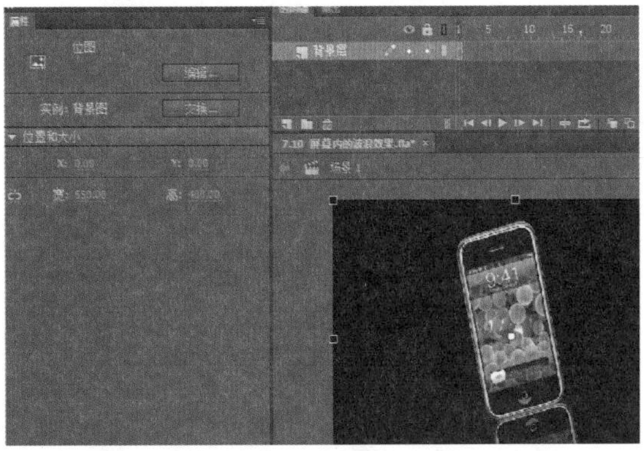

图7-130　调节图片的位置

03 新建一个图层，并命名为“波浪”，选择【矩形工具】，在属性面板中设置参数，如图7-131所示。

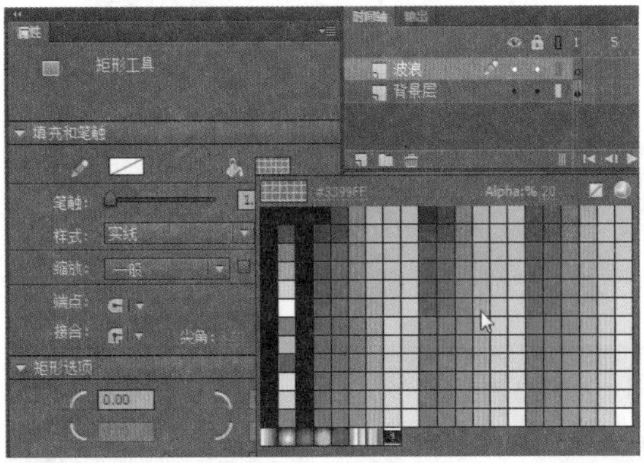

图7-131　设置矩形的填充

04 在“波浪”图层上使用【矩形工具】绘制一个大点的矩形，如图7-132所示。

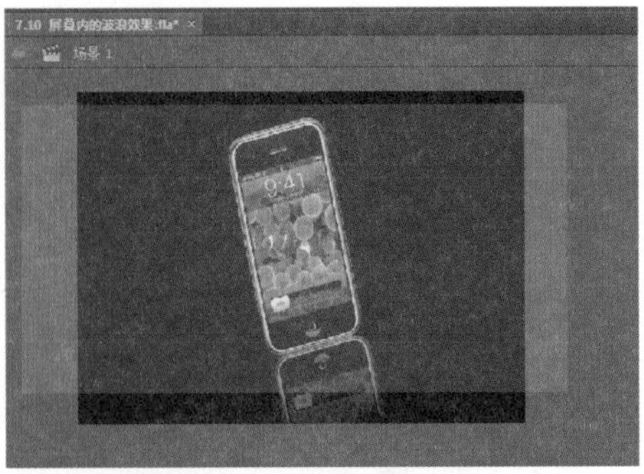

图7-132　绘制一个大矩形

05 使用【钢笔工具】在矩形上绘制出波浪的轮廓，如图7-133所示。

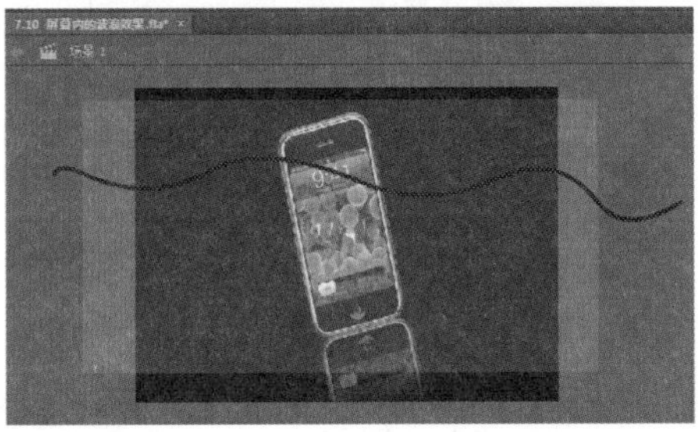

图7-133　绘制波浪轮廓

06 使用【选择工具】选择上部分的填充和刚才绘制的线条，按【Delete】键删除，保留下面的部分，如图7-134所示。

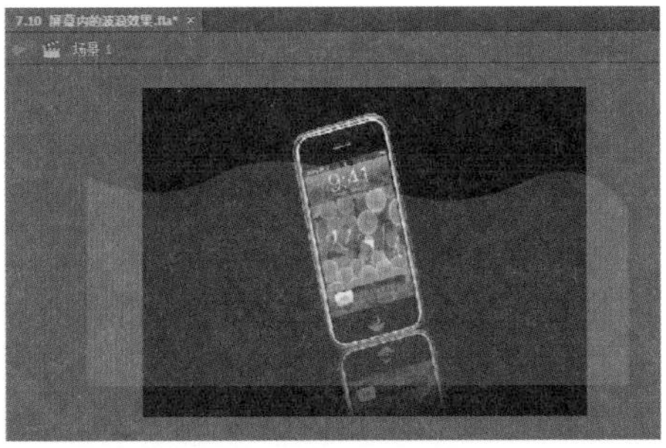

图7-134　删除上面的部分

07 选中剩下的形状，按快捷键【F8】将其转换为影片剪辑元件，并命名为“波浪运动”，如图7-135所示。

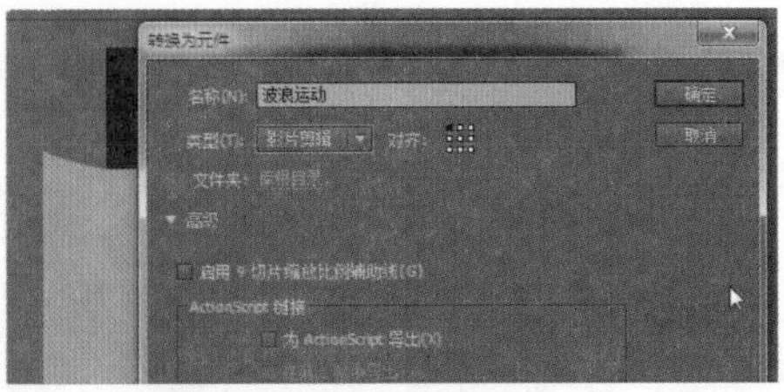

图7-135　转换为影片剪辑

08 转换完成后，双击刚才转换的剪辑并进入其内部，再次选中刚才的形状，按快捷键【F8】将其再次转换为影片剪辑，并命名为“波浪剪辑”，如图7-136所示。

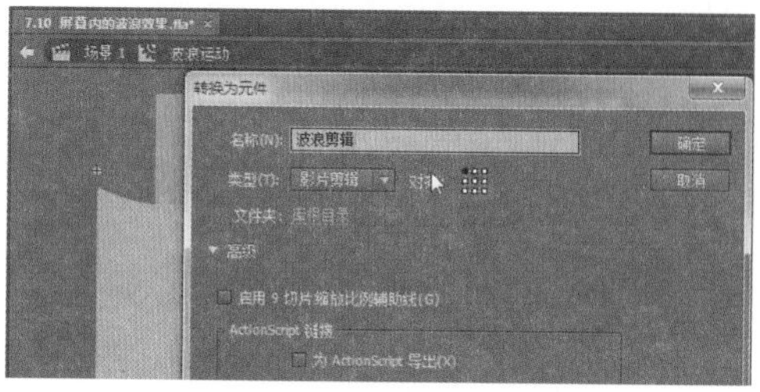

图7-136　再次转换影片剪辑

09 完成转换后，在当前场景时间轴上的第50帧上按快捷键【F6】插入关键帧，并将第50帧上的“波浪剪辑”影片剪辑向右移动，使其下一个波峰与第一帧上的元件的上一个波峰重叠，如图7-137所示。

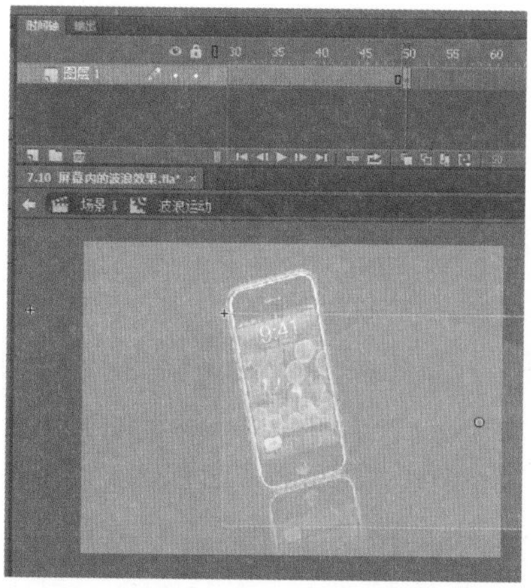

图7-137　移动影片剪辑

10 在第1帧上单击右键，在弹出的菜单中选择【创建传统补间】选项，如图7-138所示。

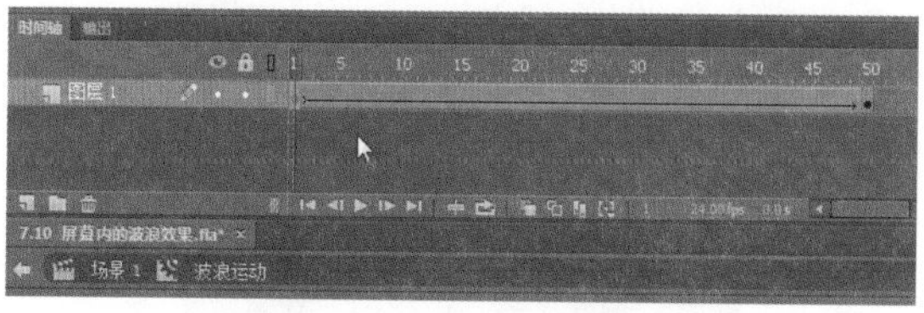

图7-138　创建传统补间

11 单击时间轴下方的“场景1”以返回主场景，在“波浪”图层的上面再新建一个图层，并命名为“遮罩”，使用【矩形工具】在上面绘制一个矩形，并使用【选择工具】调整其形状与手机的屏幕轮廓一致，如图7-139所示。

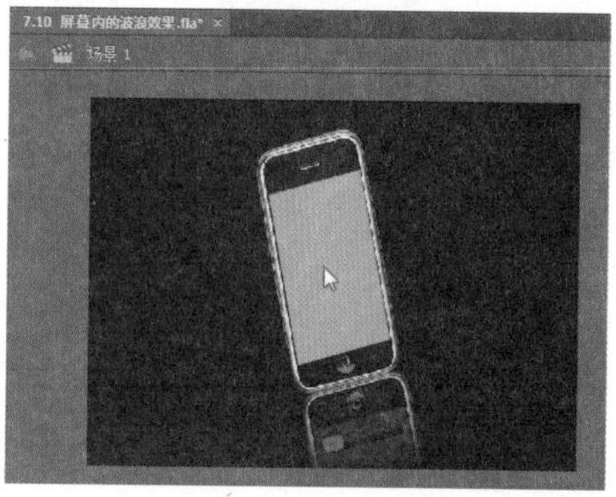

图7-139　绘制与屏幕轮廓相同的矩形

12 使用【任意变形工具】调节“波浪”图层上的波浪的角度，使其和屏幕的角度一致，如图7-140所示。

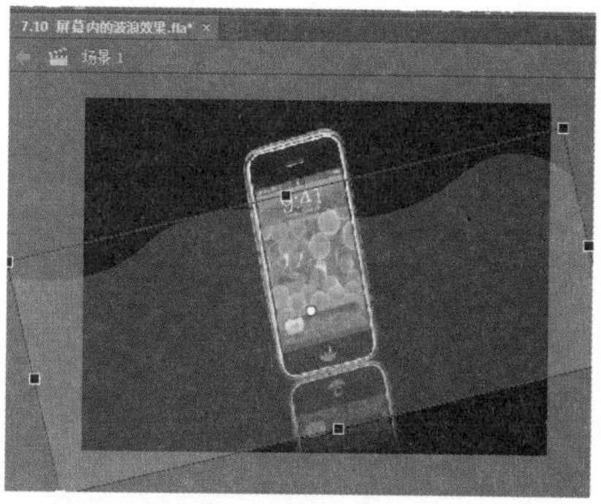

图7-140　调整波浪的角度

13 右键单击“遮罩”层，并在弹出的菜单中选择【遮罩层】选项，如图7-141所示。

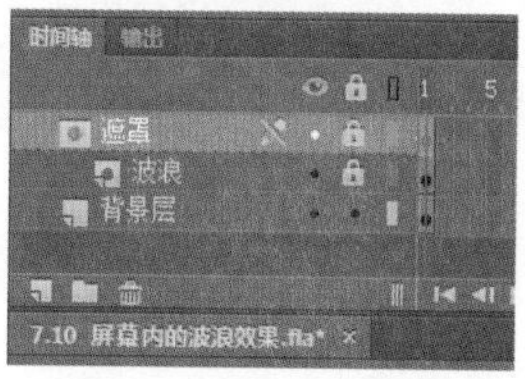

图7-141　转换为遮罩层

14 保存文件，按组合键【Ctrl + Enter】测试影片效果，最终效果如图7-142所示。

图7-142　最终效果图

7.11 拉链拉开动画

本案例效果如图7-143所示。

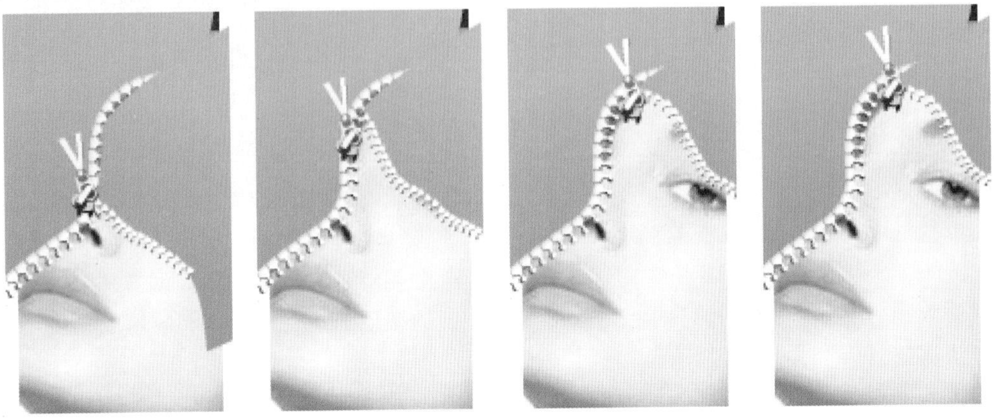

图7-143　案例最终效果

01 打开本案例的素材文件，库内有如图7-144所示的素材。

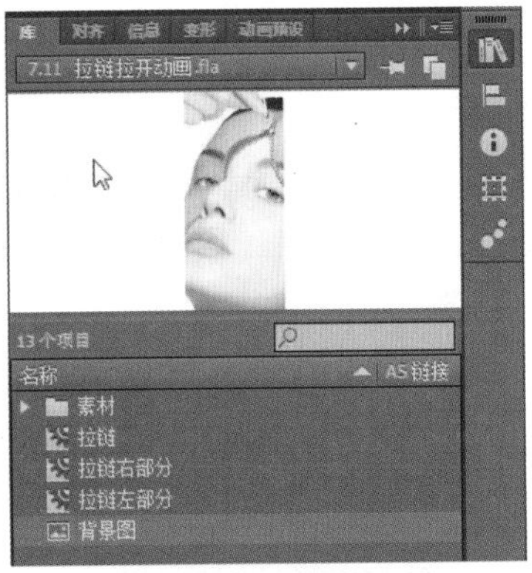

图7-144　库内的素材

02 在属性面板中修改舞台的尺寸为100×210，如图7-145所示。

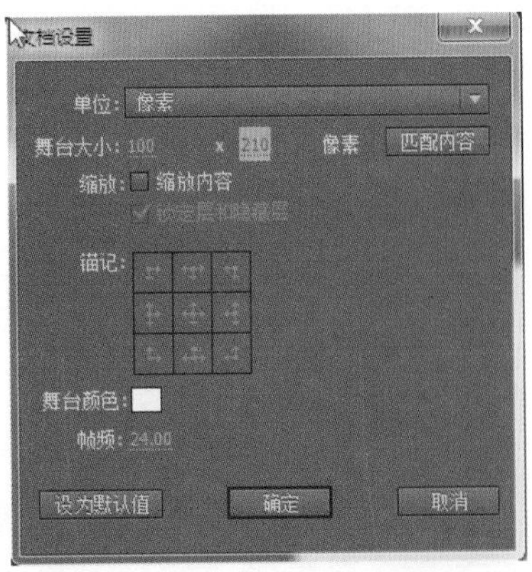

图7-145　设置舞台的尺寸

03 将图层1重命名为“背景层”，并将库内的“背景图”拖曳至舞台，调节其位置使其左上角对准舞台的左上角，如图7-146所示。

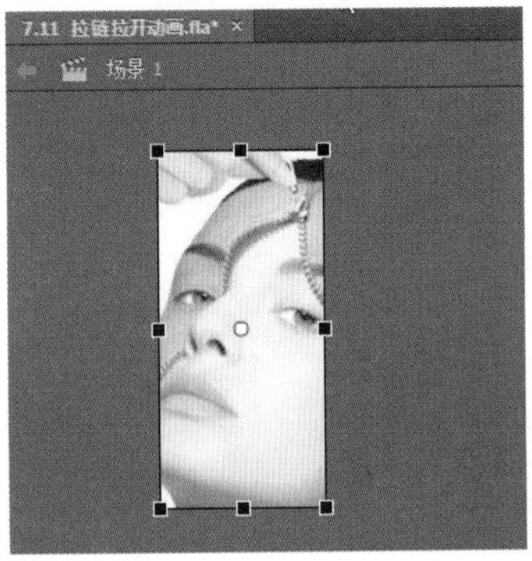

图7-146　调整图片的位置

04 新建一个图层，并命名为“左边部分”，将库中的影片剪辑“拉链左部分”拖曳至该图层的第1帧，并调整其位置，如图7-147所示。

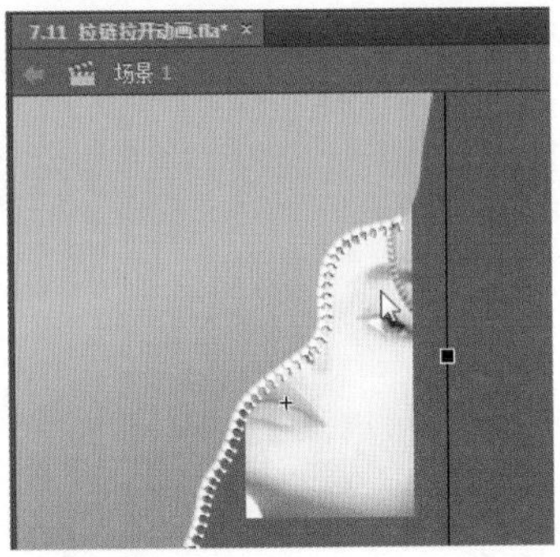

图7-147　调整影片剪辑的位置

05 新建一个图层，命名为“遮罩”，并使用【钢笔工具】在舞台上绘制一个如图7-148所示的图形。

06 再次新建一个图层，并命名为“右边部分”，并将其拖曳到“遮罩”图层的下方，并暂时将“遮罩”图层设定为不可见，将库中的“拉链右部分”拖曳到舞台上，并调整位置，如图7-149所示。

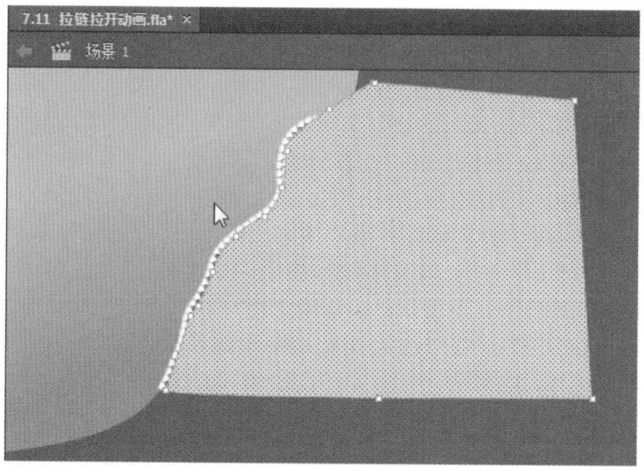

图7-148　绘制图形

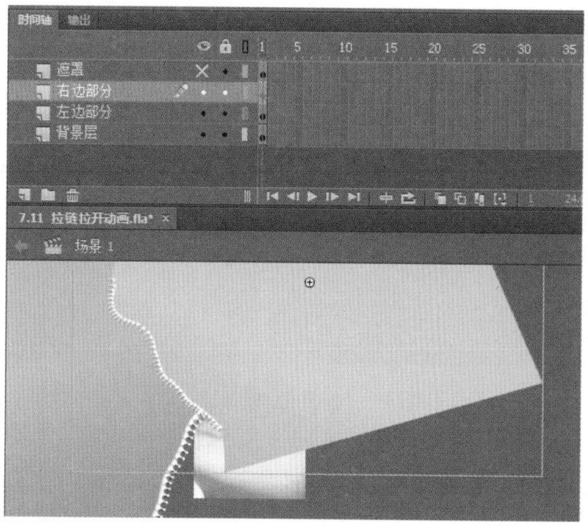

图7-149　调整影片剪辑位置

07 在所有图层的第50帧按快捷键【F5】插入帧，并在“右边部分”图层的第50帧按快捷键【F6】插入关键帧，并调节第50帧上的位置，如图7-150所示。在该图层的第1帧单击右键，在弹出的菜单中选择【创建传统补间】选项。

08 再次新建一个图层，并命名为“拉链运动”，将库中的“拉链”影片剪辑拖曳至舞台上，使用【任意变形工具】调节其大小和角度，如图7-151所示。

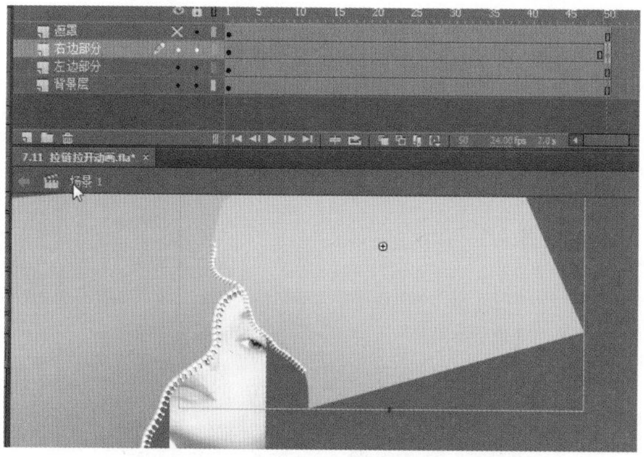

图7-150　调整第50帧上影片剪辑的位置

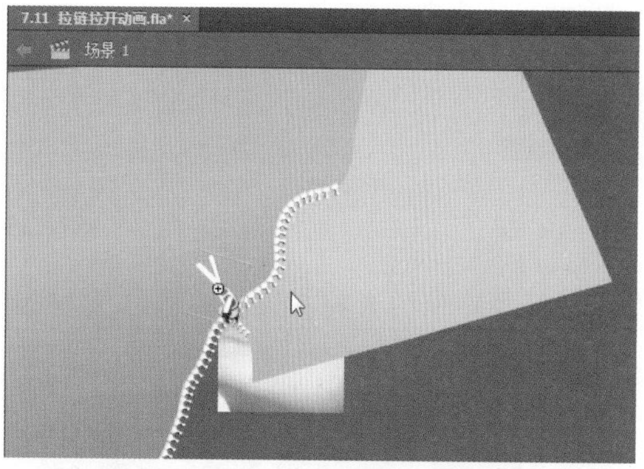

图7-151　调整拉链元件的大小和角度

09 在“拉链运动”的第1帧单击右键，在弹出的菜单中选择【创建补间动画】选项，并将最后一帧上的拉链拖曳到如图7-152所示的位置，并修改补间路径。

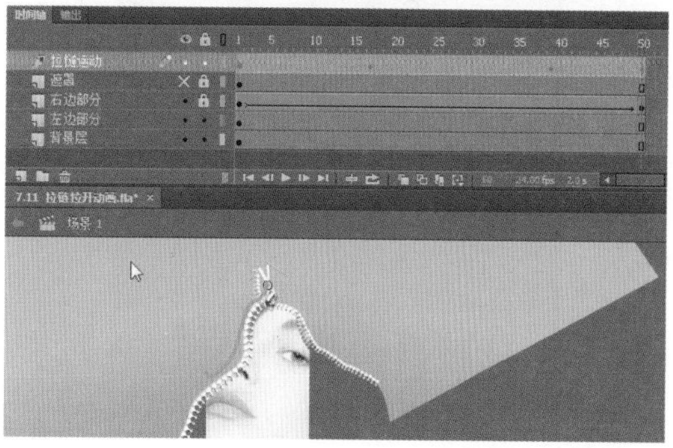

图7-152　创建补间动画

10 右键单击“遮罩”图层，并在弹出的菜单中选择“遮罩层”选项，如图7-153所示。

11 保存文件，按组合键【Ctrl + Enter】测试影片效果，如图7-154所示。

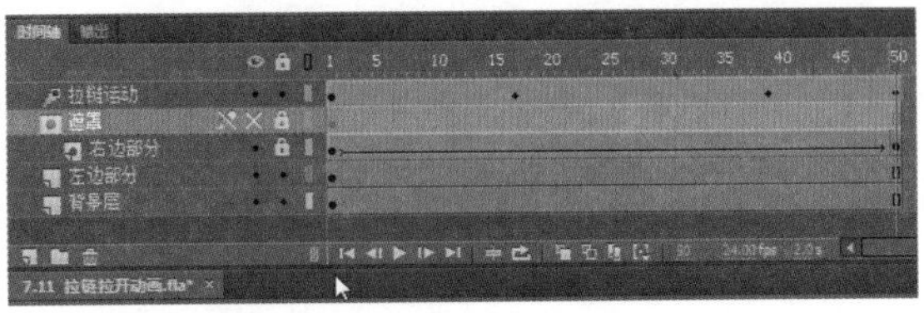

图7-153　转换为遮罩层

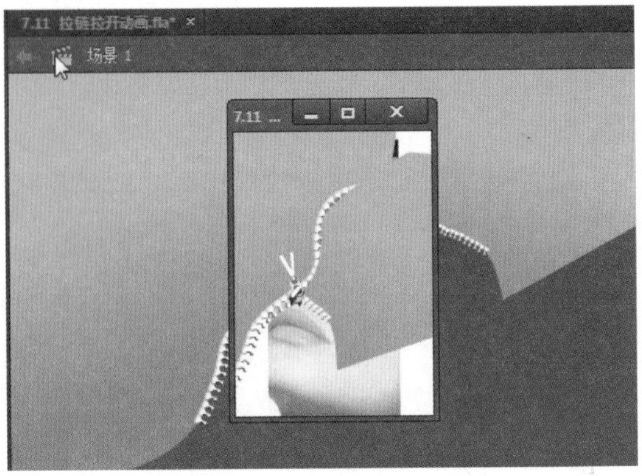

图7-154　最终效果图

7.12 喝干杯水动画

本案例效果如图7-155所示。

图7-155　案例最终效果

01 打开本案例的素材文件，库内的素材如图7-156所示。

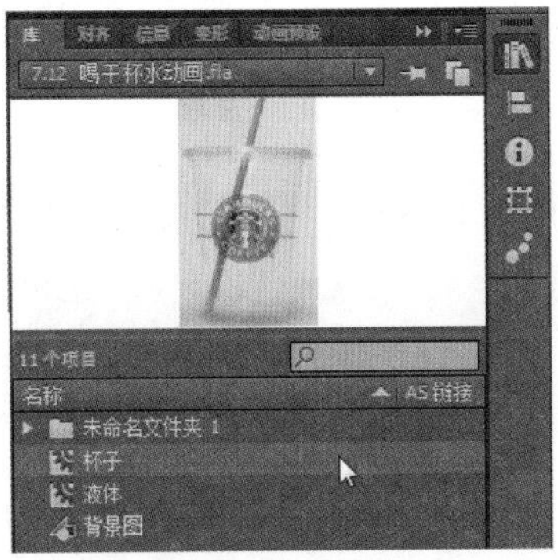

图7-156　库内的素材

02 在属性面板内设置舞台的尺寸为260 × 215，如图7-157所示。

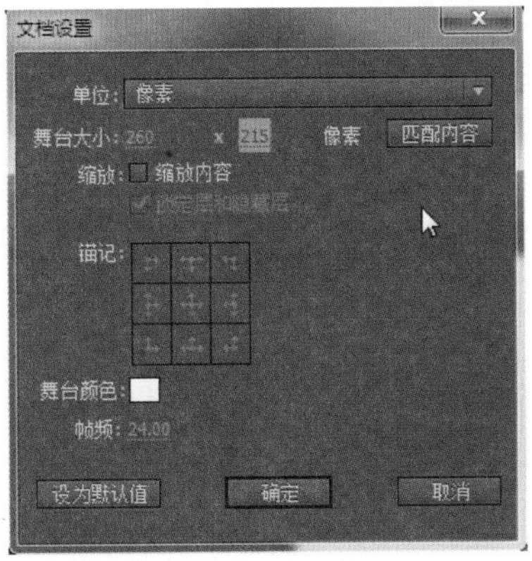

图7-157　设置舞台的尺寸

03 将图层1重命名为“背景层”，并将库内的“背景图”素材拖曳至舞台，在属性面板中修改它的位置，如图7-158所示。

04 新建一个图层，命名为“杯子层”，并将库中的“杯子”素材拖曳至舞台上，因为图片素材的特殊性，需要调整其位置与背景图层的颜色相吻合，如图7-159所示。

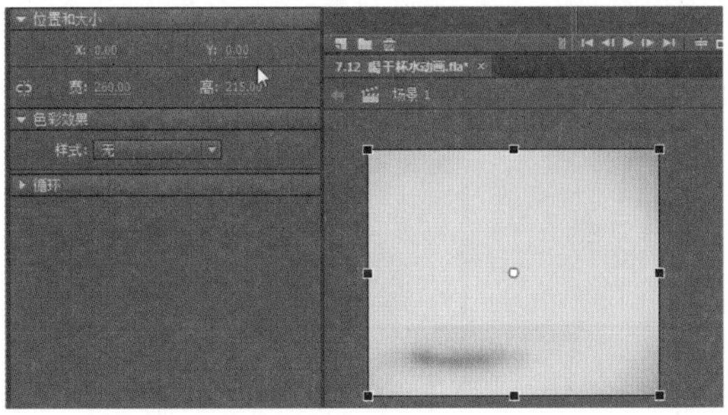

图7-158　设置图片的属性

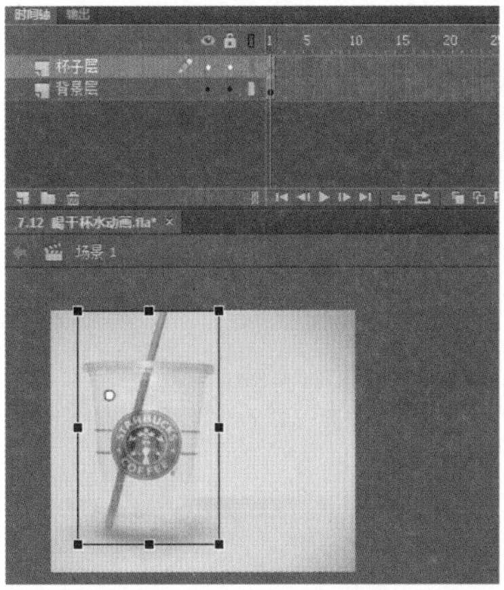

图7-159　调整杯子元件的位置

05 再次新建一个图层，命名为“液体层”，并将库内的“液体”影片剪辑拖曳至该层第1帧的舞台上，并调整其位置使其处于合适的位置，如图7-160所示。

06 在“液体层”的上面再新建一个图层，命名为“遮罩层”，并使用【矩形工具】在上面绘制一个任意填充颜色的矩形，使矩形的上边正好对准液体层图形的上边，如图7-161所示。

图7-160　调整液体元件的位置

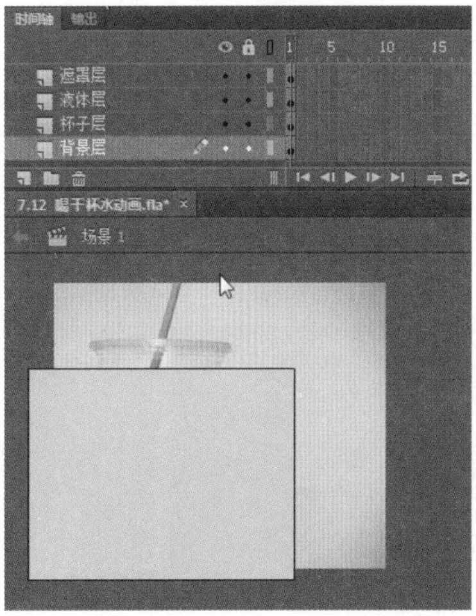

图7-161　绘制矩形遮罩

07 在所有图层的第100帧按【F5】键插入帧，并在“遮罩层”的第100帧按【F6】键插入关键帧，将该层第100帧上的矩形向下垂直移动，直到矩形的上边缘低于杯子的底部，如图7-162所示。

图7-162　移动矩形的位置

08 右键单击“遮罩层”第1~100帧中间任意一帧，并在弹出的菜单中选择【创建补间形状】选项，并右键单击“遮罩层”的标签处，在弹出的菜单中选择【遮罩层】选项，将其转换为遮罩层，如图7-163所示。

09 保存文件，并按组合键【Ctrl + Enter】测试影片效果，最终效果如图7-164所示。

图7-163　转换为遮罩层

图7-164　最终效果图

7.13 写粉笔字动画

本案例效果如图7-165所示。

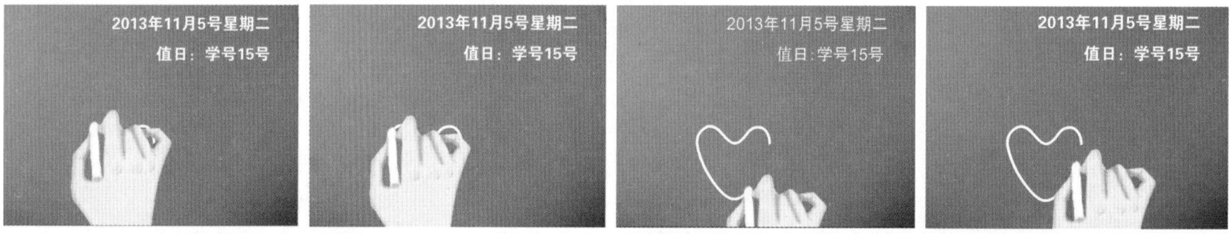

图7-165　案例最终效果

01 新建Flash文档，将本案例所需素材导入进库，库内素材如图7-166所示。

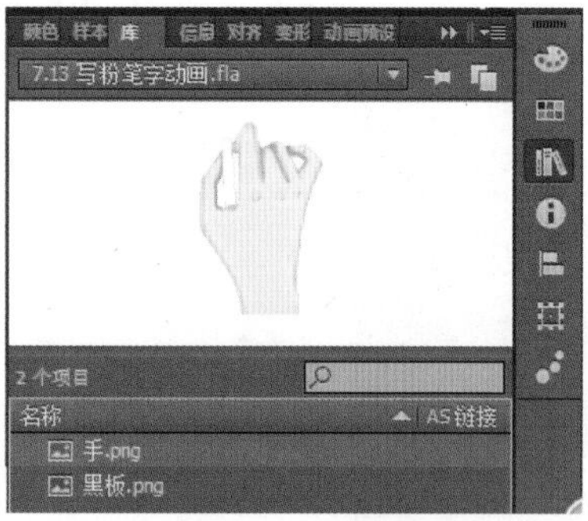

图7-166　库内的素材

02 将“图层1”重命名为“背景层”，将库内的背景素材拖至舞台，调整合适大小和位置，如图7-167所示。

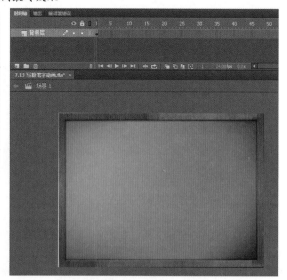

图7-167　设置舞台的尺寸

03 新建图层“爱心”，使用【钢笔工具】在舞台上绘制一个无填充白色边框的爱心，笔触高度为5，如图7-168所示。

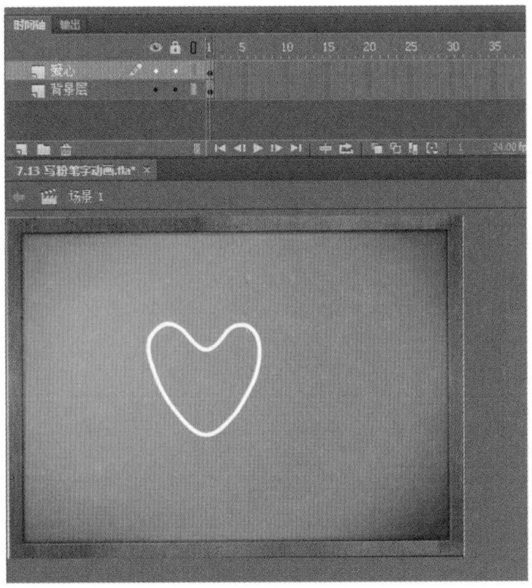

图7-168　新建图层并绘制爱心

04 在背景图层和爱心图层的24帧处插入帧，新建图层命名为“遮罩”，在该图层第1帧，使用【椭圆工具】，取消边框，填充为红色，在刚才绘制的爱心的任何位置绘制椭圆形，以遮挡住爱心的一小部分，如图7-169所示。

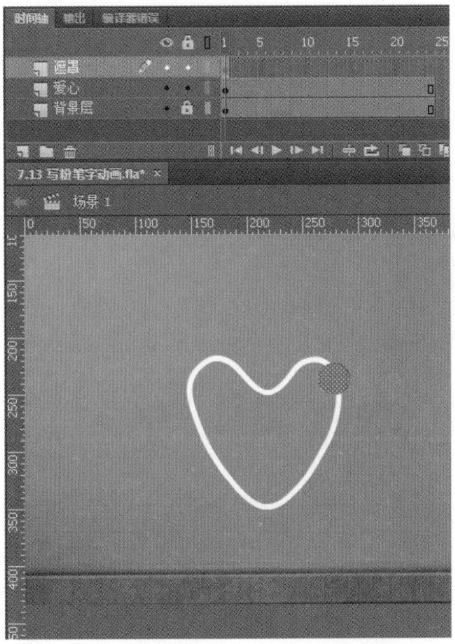

图7-169　绘制椭圆作为遮罩

05 在该图层的第2帧处插入关键帧，再绘制一个椭圆形，也遮住爱心的一部分，如图7-170所示。

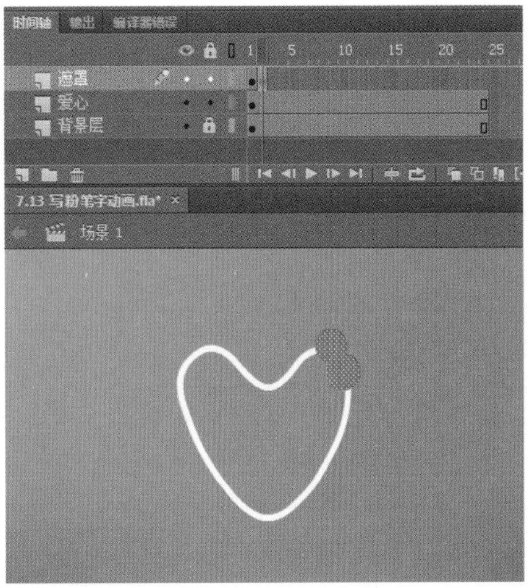

图7-170　第2帧继续绘制椭圆

06 以此类推，后面的每一帧都插入关键帧，并顺序绘制椭圆形作为爱心的遮罩，直至椭圆形遮住整个爱心，如图7-171所示。

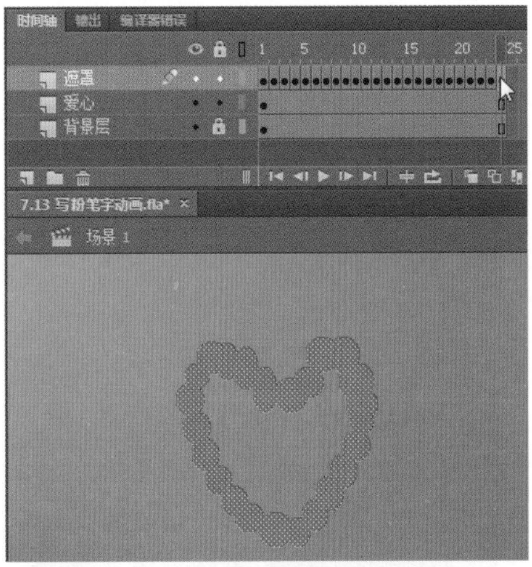

图7-171　绘制的椭圆形遮住整个爱心

07 选择“遮罩”图层并右击，选择“遮罩层”选项，如图7-172所示。

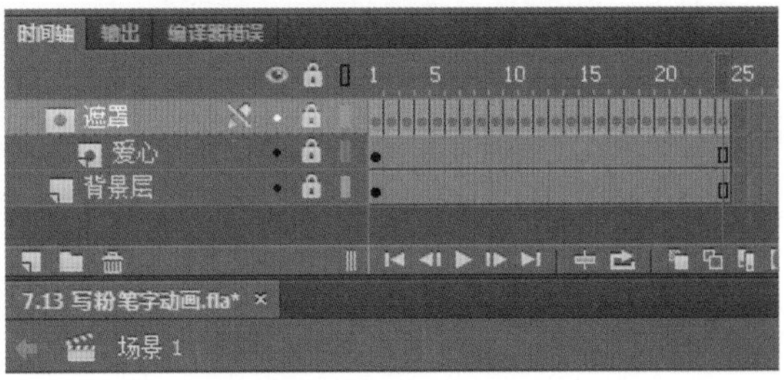

图7-172　创建遮罩层

08 新建图层命名为“粉笔”，并拖入素材“手”，放置在如图7-173所示的位置。

09 在第2帧插入关键帧，将素材调整至如图7-174所示的位置。

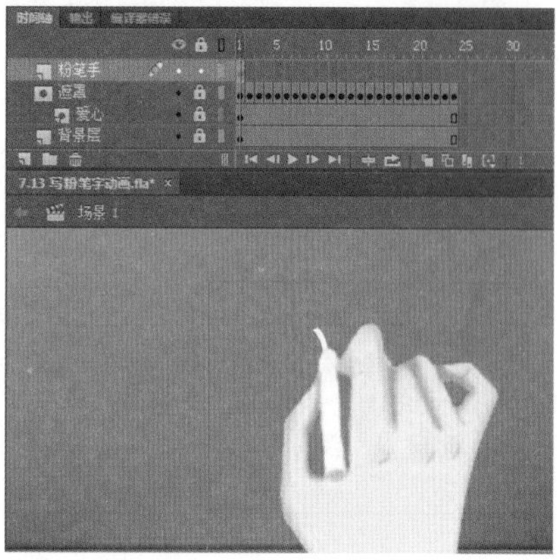
图7-173　放置素材“手”

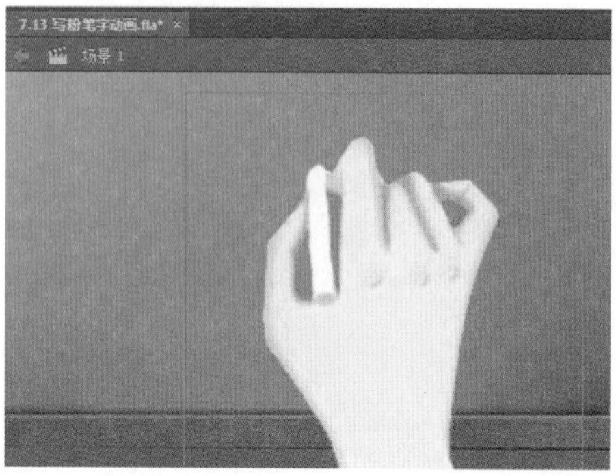
图7-174　再次调整素材的位置

10 以此类推，在后面的每帧插入关键帧，每一帧都调节素材“手”的位置，以制作出手拿粉笔绘制爱心的效果，如图7-175所示。

11 新建“文字”图层，选择【文本工具】在黑板的空白处输入文字，如图7-176所示。

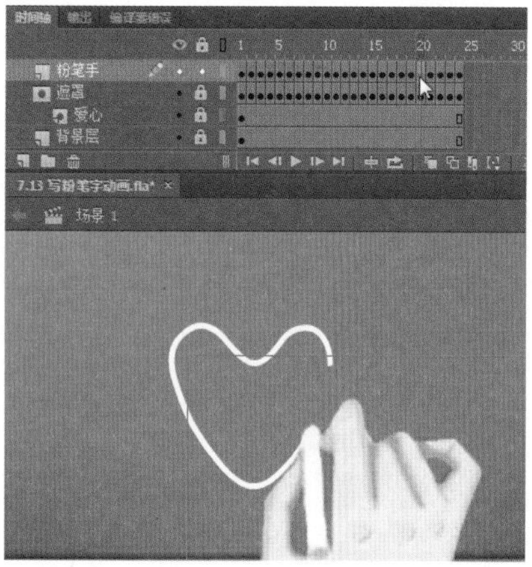
图7-175　制作出粉笔画出爱心的效果

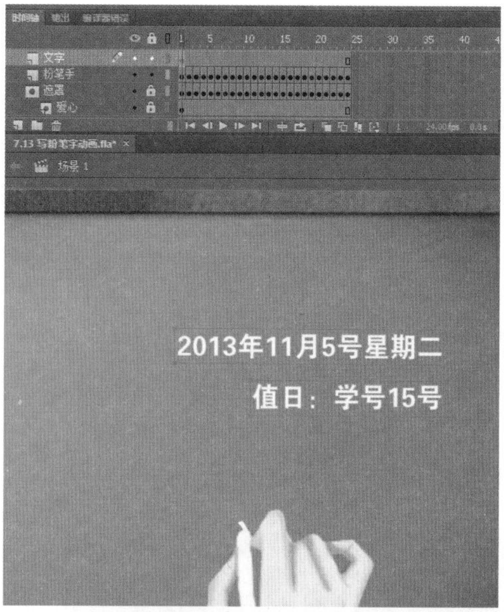

图7-176　添加文本

12 这样动画就制作完成了，按组合键【Ctrl+Enter】测试。如图7-177所示。

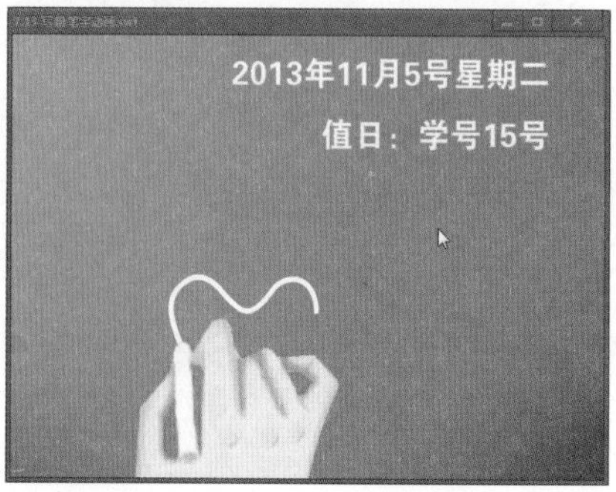

图7-177　最终效果图

7.14　课后练习

7.14.1　打火机动画

本案例的练习为制作打火机动画效果，最终效果请查看配套光盘相关目录下的“7.14.1　打火机动画”文件。本案例大致制作流程如下：

01 设置舞台颜色为黑色。

02 使用【文本工具】输入文字。

03 使用【椭圆工具】绘制椭圆形制作遮罩。

04 放置打火机素材，再绘制椭圆形作为火机的光辉。

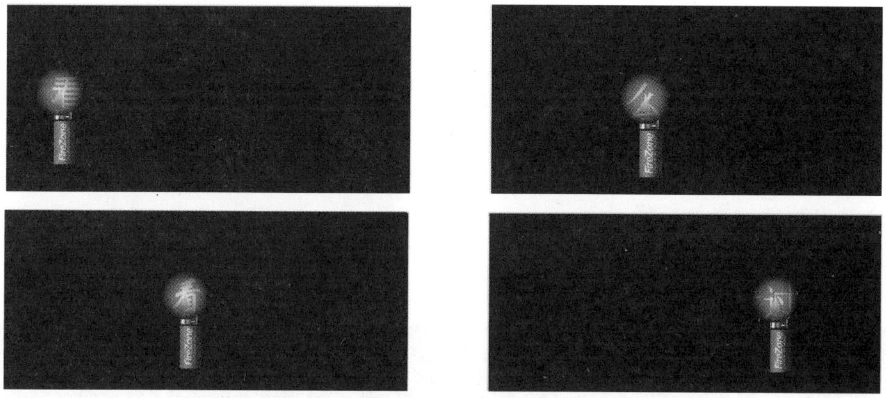

案例最终效果

7.14.2　点状遮罩效果

本案例的练习为制作点状遮罩效果，最终效果请查看配套光盘相关目录下的“7.14.2　点状遮罩效果”文件。本案例大致制作流程如下：

01 制作一个圆点逐渐变大的动画。

02 在帧上按照时间顺序放置圆点的动画，直到铺满需要遮罩的图形。

03 设置要遮罩的图片为遮罩层。

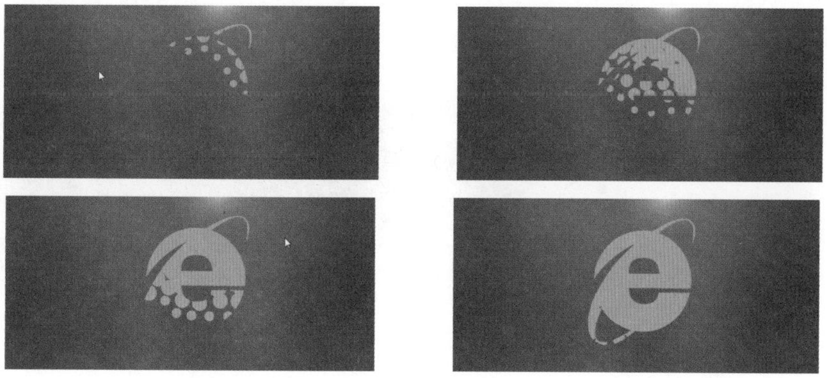

案例最终效果

7.14.3　旗帜飘动动画

本案例的练习为制作旗帜飘动效果，最终效果请查看配套光盘相关目录下的“7.14.3 旗帜飘动动画”文件。本案例大致制作流程如下：

01 新建影片剪辑元件，使用【钢笔工具】绘制一面旗帜并逐帧制作旗帜飘动的效果。

02 再绘制旗帜的阴影，为旗帜的阴影部分添加遮罩。

03 在“场景1”添加一张背景图。

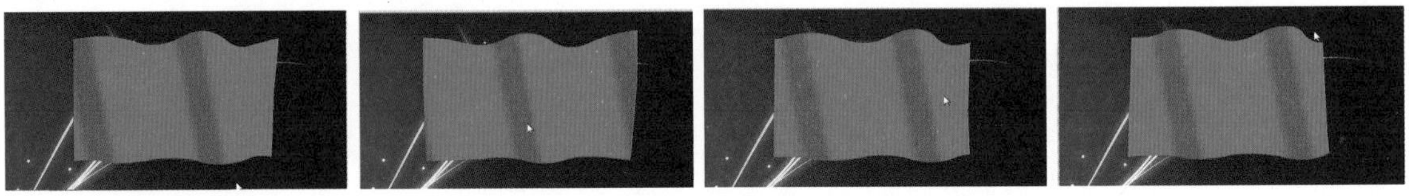

案例最终效果

7.14.4　雷达扫描遮罩效果

本案例的练习为制作雷达扫描遮罩效果，最终效果请查看配套光盘相关目录下的“7.14.4 雷达扫描效果”文件。本案例大致制作流程如下：

01 制作一个渐变颜色的影片剪辑。

02 使用该影片剪辑制作向右运动的动画。

03 制作文字部分的遮罩动画。

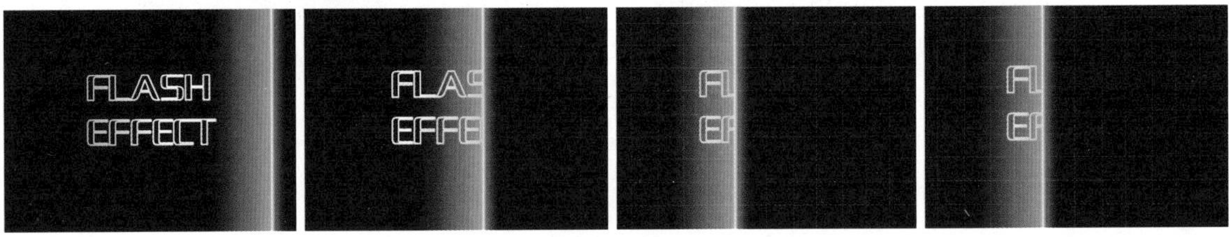

案例最终效果

7.14.5　喷墨遮罩效果

本案例的练习为制作喷墨遮罩效果，最终效果请查看配套光盘相关目录下的“7.14.5 喷墨遮罩效果”文件。本案例大致制作流程如下：

01 制作泼墨效果的逐帧动画。

02 将其设置为背景图片的遮罩层。

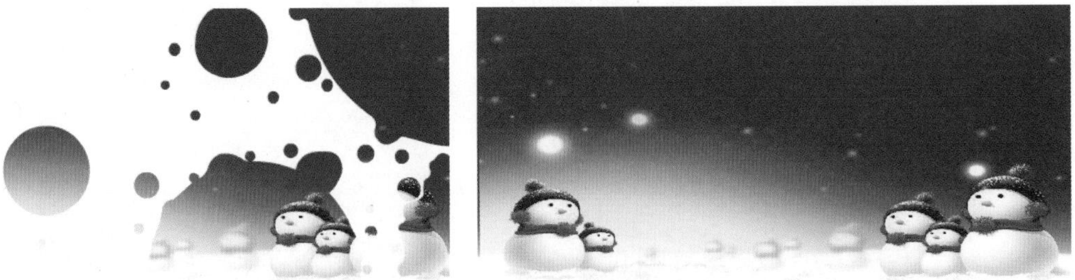

案例最终效果

7.14.6　橡皮擦擦拭动画

本案例的练习为制作橡皮擦擦拭效果，最终效果请查看配套光盘相关目录下的“7.14.6 橡皮擦擦拭动画”文件。本案例大致制作流程如下：

01 找一张图片作为背景图，并调低一点透明度。

02 新建图层，再次将背景图片放置在相同位置，透明度为100%。

03 新建图层，制作遮罩效果，最后在新建图层将橡皮擦放置在合适的位置。

案例最终效果

7.14.7　瓶子倒水效果

本案例的练习为制作瓶子倒水效果，最终效果请查看配套光盘相关目录下的“7.14.7 制作瓶子倒水效果”文件。本案例大致制作流程如下：

01 制作瓶盖打开、移动的动画。

02 制作瓶子移动并倾斜的动画。

03 制作符合真实情况下，水应该能显示位置的遮罩。

04 制作瓶内水显示的遮罩动画。

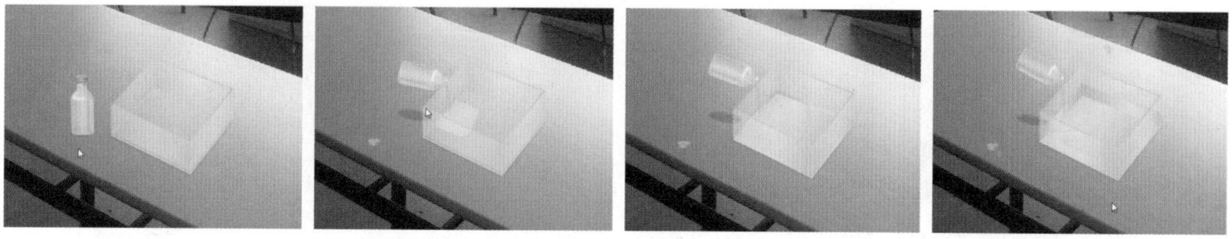

案例最终效果

7.14.8 文字切换遮罩效果

本案例的练习为制作文字切换遮罩效果，最终效果请查看配套光盘相关目录下的 “7.14.8 文字切换遮罩效果”文件。本案例大致制作流程如下：

01 绘制一个图形，由完全填充渐变到稀疏点状。

02 将其设置为两个文字的遮罩部分，并制作运动动画。

案例最终效果

7.14.9 油漆涂刷遮罩效果

本案例的练习为制作油漆涂刷遮罩效果，最终效果请查看配套光盘相关目录下的“7.14.9 油漆刷涂遮罩效果”文件。本案例大致制作流程如下：

01 绘制油漆涂刷过后的图形。

02 使用一个能覆盖图形元件的运动动画，作为其遮罩层。

03 在遮罩运动结束后，制作油漆流下来的效果。

04 在舞台上输入需要的文字。

案例最终效果

7.14.10 圆球扩散遮罩效果

本案例的练习为制作圆球扩散遮罩效果，最终效果请查看配套光盘相关目录下的“7.14.10 圆球扩散遮罩效果”文件。本案例大致制作流程如下：

01 输入需要制作这种动画的文字，并打散使其作为遮罩层。

02 制作一个圆球逐渐变大并改变颜色的动画。

03 将文字打散层作为遮罩，将多个圆球运动的动画填满文字的位置作为被遮罩层。

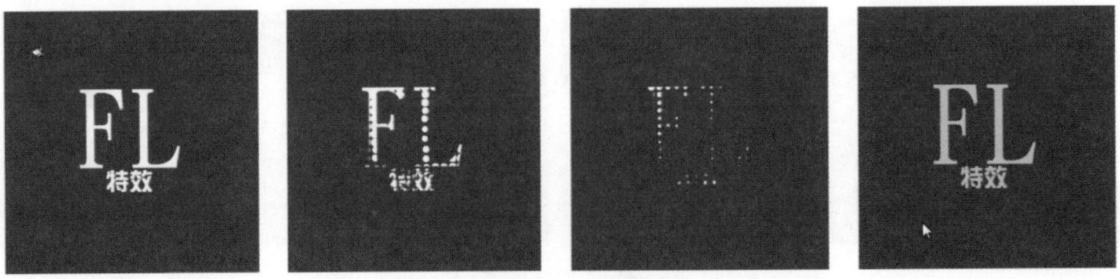

案例最终效果

7.14.11　遮罩水波效果

本案例的练习为制作遮罩水波效果，最终效果请查看配套光盘相关目录下的“7.14.11 遮罩水波效果”文件。本案例大致制作流程如下：

01 制作一个水波纹图形素材的图形元件。

02 制作圆圈逐渐扩大的动画，并将其设置为遮罩层。

03 在舞台上多次在多个帧上粘贴该元件，即制作出水波纹一波一波的效果。

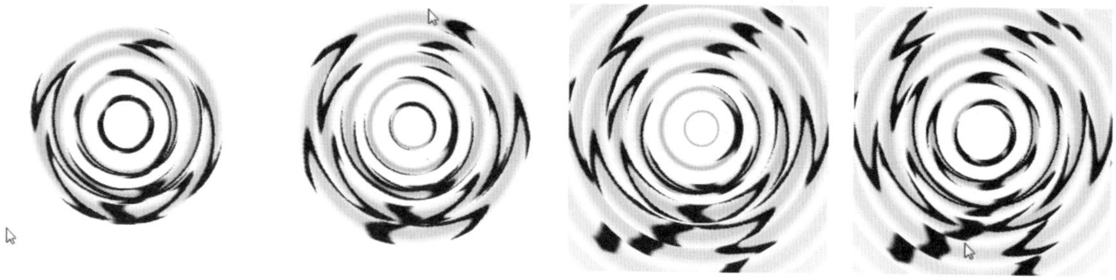

案例最终效果

7.14.12　遮罩过滤效果

本案例的练习为经典图片遮罩过滤效果，最终效果请查看配套光盘相关目录下的“7.14.12 遮罩过滤效果”文件。本案例大致制作流程如下：

01 使用【矩形工具】绘制长方形遮罩图形。

02 编写相应代码。

03 为每张图片制作遮罩效果。

案例最终效果

7.14.13　打印机效果

本案例的练习为经典图片打印机效果，最终效果请查看配套光盘相关目录下的“7.14.13 打印机效果”文件。本案例大致制作流程如下：

01 新建元件绘制打印机图案和纸张图案。

02 制作遮罩。

03 新建一层，放入背景图片。

04 将做好遮罩动画的元件放入第2层，并命名为“打印机”。

05 按组合键【Ctrl+Enter】测试。

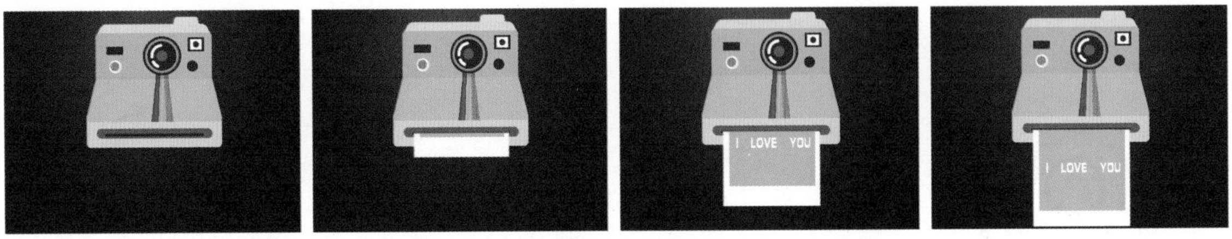

案例最终效果

第8章

文字特效动画篇

文字特效动画是偏向于应用型的动画制作，主要应用于广告、网站、宣传效果。能够合理搭配文字特效，不仅体现了文字对内容更为直接的阐述，而且还为动画效果添彩不少。本章中只讲解在一般情况下制作动画时，我们只会使用到【传统文本】-【静态文本】类型，【动态文本】和【输入文本】属于复杂脚本动画的范畴，暂不介绍。

本章学习重点：

1．掌握文本工具的使用

2．掌握文本工具的属性设置

3．掌握复制图层的效果

4．熟练打散文字的修饰操作

5．了解代码制作文字的过程

8.1 文字残影效果

本案例效果如图8-1所示。

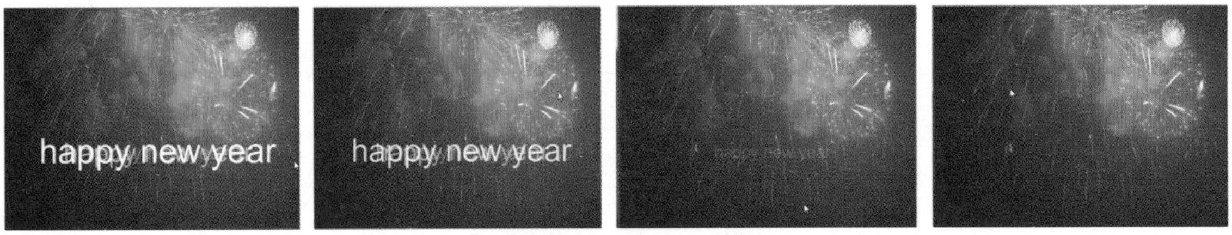

图8-1　案例最终效果

01 在制作特效方面，可以使用内部的【文本工具】进行文字输入，在前面的案例中也有接触过文字输入的部分知识，【文本工具】的属性面板如图8-2所示。

02 打开本案例的素材文件，库内有一张背景图片素材，如图8-3所示。

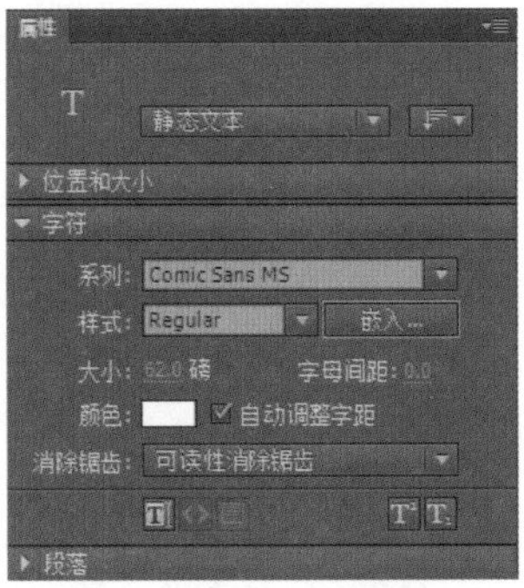

图8-2　文本工具的属性面板

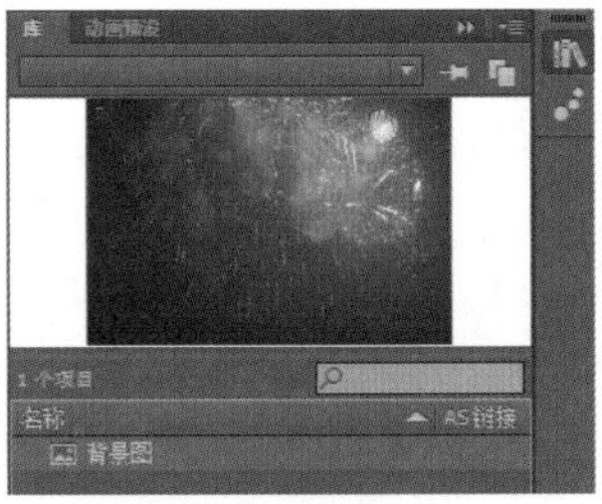

图8-3　库内素材

03 将图层1重命名为“背景层”，并将“背景图”图片素材拖曳至舞台，在属性面板中调节其位置和大小，如图8-4所示。

04 锁定“背景层”图层，在上面再新建一个图层，命名为“文字1”，如图8-5所示。

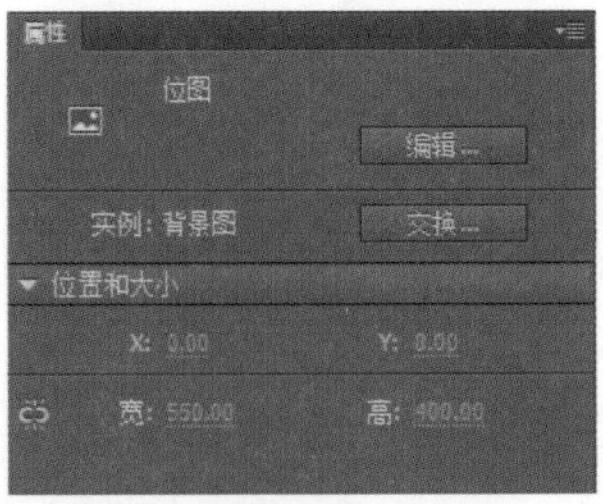

图8-4　调节图片素材的位置和大小

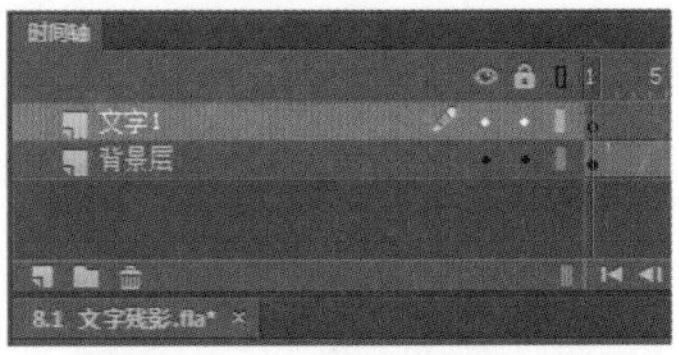

图8-5　新建一个图层

05 选择工具栏内的【文本工具】（或按快捷键【T】），在属性面板内，将属性设置成如图8-6所示的状态。

图8-6　设置文本工具的属性

06 使用【文本工具】在舞台中任意位置单击鼠标，并且在生成的文本框内输入：“Happy New Year!”，如图8-7所示。

图8-7　在文本框内输入文字

07 使用【选择工具】选中刚才输入的文字，按快捷键【F8】将该文本框转换为元件，并命名为“文字”，如图8-8所示。

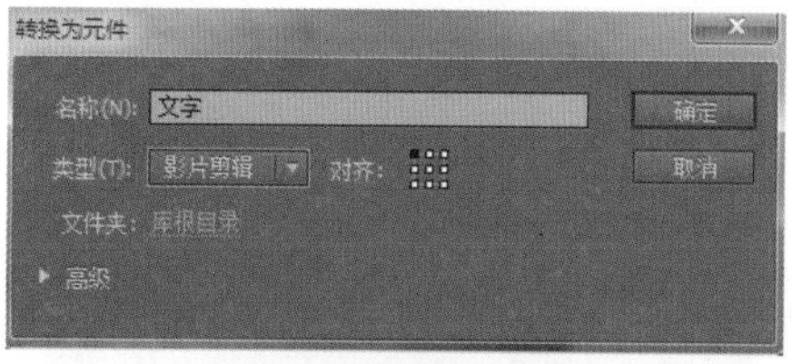

图8-8　转换为元件

08 在图层“文字1”的第15帧按快捷键【F6】插入关键帧，并在中间创建传统补间动画，并在背景图层的第15帧按【F5】键插入帧，如图8-9所示。

图8-9　创建传统补间动画

09 使用【任意变形工具】选中“文字1”图层第1帧的文字元件，并按住【Shift】键等比按中心缩小该元件到合适的大小，如图8-10所示。

图8-10　缩小文字元件的大小

10 选中第1帧的文字，在属性面板中设置如图8-11所示的参数，调节其透明度。

图8-11　调节元件的透明度

11 单击图层“文字1”以全选该图层上所有的帧，右键单击帧上的任意位置，在弹出的菜单中选择【复制帧】选项，如图8-12所示。

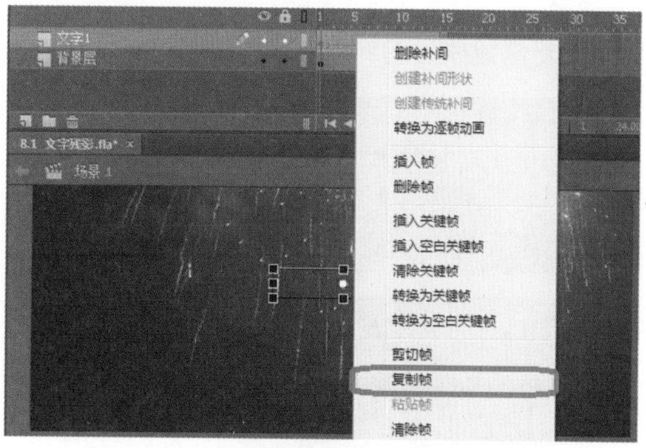

图8-12　复制文字1图层上所有的帧

12 在最上层新建一个图层，命名为“文字2”，在该图层的第5帧按快捷键【F7】插入空白关键帧，如图8-13所示。

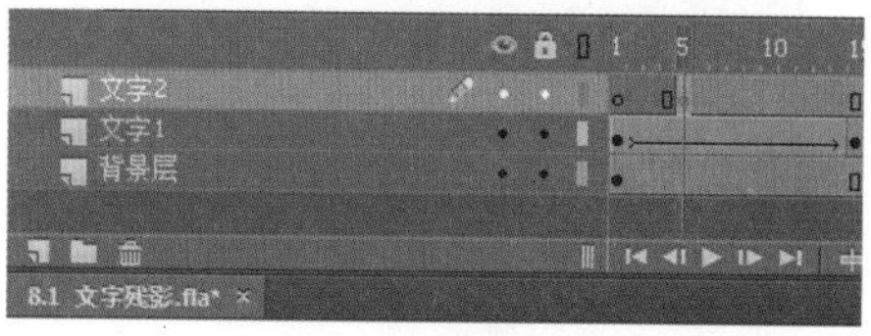

图8-13　插入空白关键帧

13 右键单击“文字2”图层的第5帧，在弹出的菜单中选择【粘贴帧】选项，便将刚才从“文字1”图层中的帧粘贴到了“文字2”图层上，并且向后延了5帧，如图8-14所示。

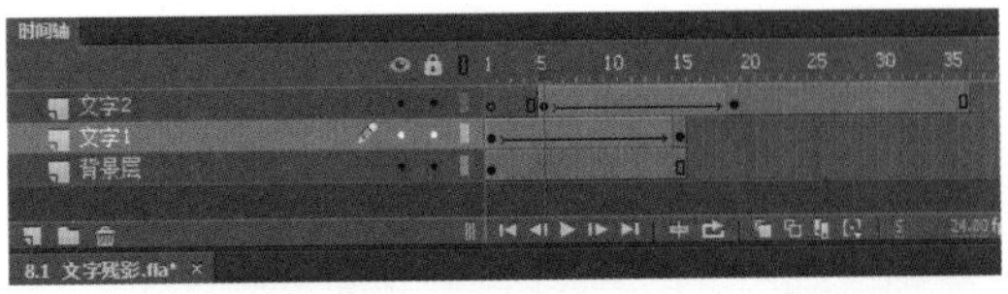

图8-14　粘贴帧

14 重复刚才的步骤，新建“文字3”、“文字4”、“文字5”、“文字6”图层，并且每个图层粘贴的帧都比上一个图层延后5帧，如图8-15所示。

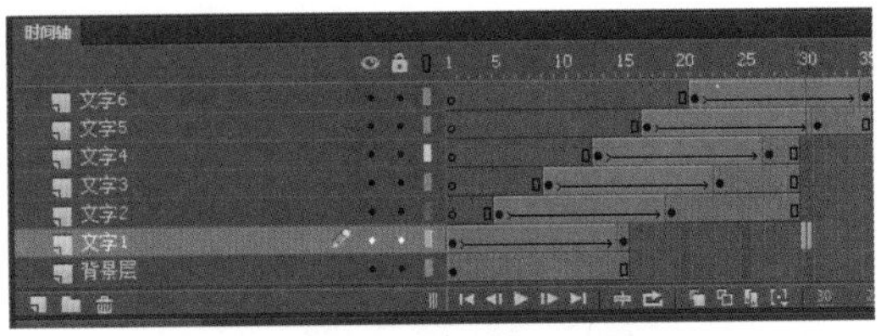

图8-15　新建其他的类似图层

15 框选所有图层的第35帧，按快捷键【F5】插入帧，为所有的图层都延长时间到该帧，如图8-16所示。

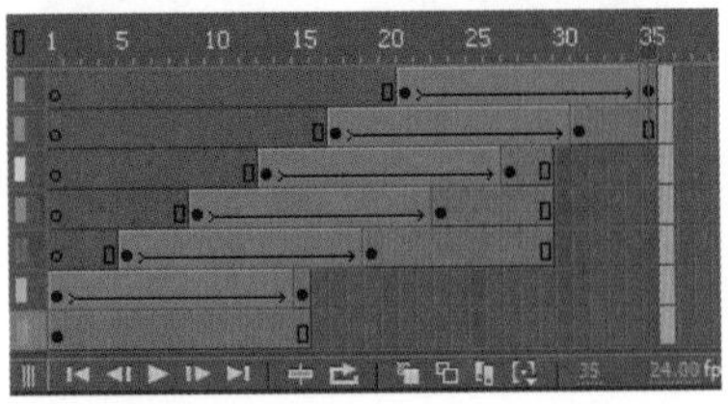

图8-16　为所有图层插入帧

16 保存文件，按组合键【Ctrl + Enter】查看最终效果，如图8-17所示。

图8-17　最终效果图

8.2　动态彩虹文字效果

本案例效果如图8-18所示。

图8-18　案例最终效果

01 打开本案例的素材文件，使用【选择工具】单击舞台空白部分，在属性栏内将舞台尺寸修改为550×200，如图8-19所示。

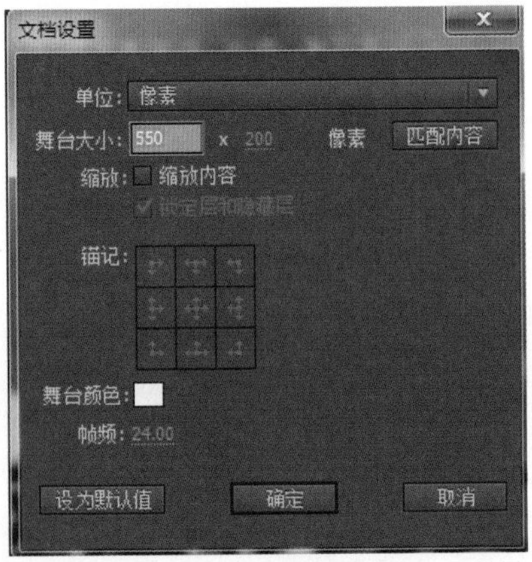

图8-19　修改舞台尺寸

02 选择工具栏内的【文本工具】，在属性面板内修改如图8-20所示的参数。

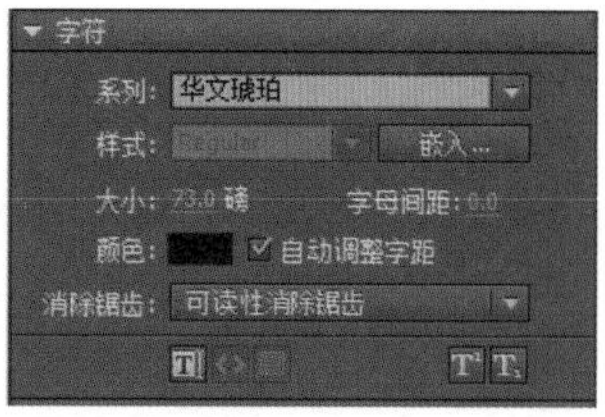

图8-20　设置文本工具的属性

03 将图层1重命名为“文字”，使用【文本工具】在舞台中央输入“这是彩虹文字”字样，如图8-21所示。

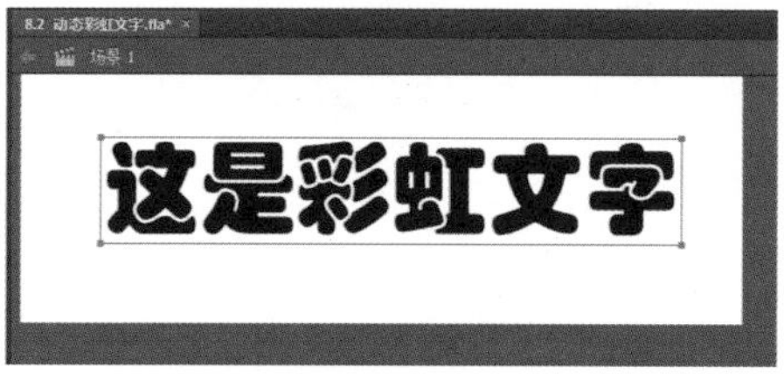

图8-21　输入文字

04 新建一个图层，命名为“彩虹纹理”，选择工具栏内的【矩形工具】， 在颜色面板内的填充颜色里选择调色板最下方最后一个颜色，如图8-22所示。

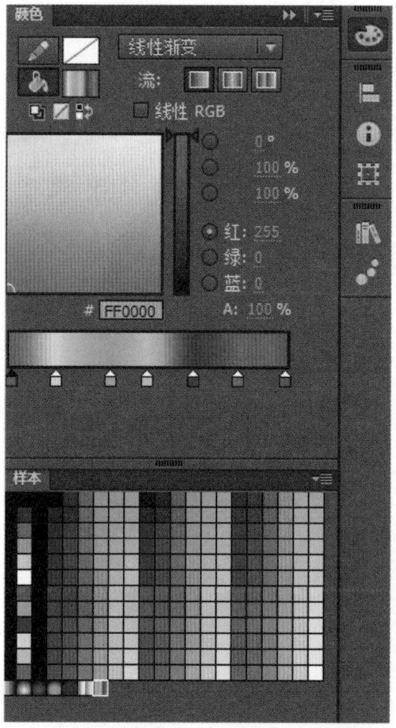

图8-22　选择彩虹纹理的颜色

05 将“文字”图层拖曳到“彩虹纹理”图层的上方，使用【矩形工具】在“彩虹纹理”第1帧的舞台上绘制一个比文本框稍大的矩形，如图8-23所示。

图8-23　绘制彩虹纹理的矩形

06 使用【选择工具】选中该矩形，并按快捷键【F8】将其转换为影片剪辑元件，并命名为“彩虹纹理运动”，如图8-24所示。

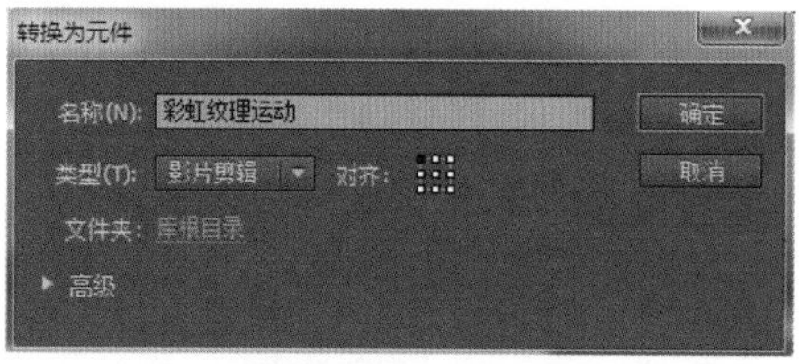

图8-24　转换为元件

07 完成后双击矩形以进入刚转换的元件内部，选中第1帧的矩形，按组合键【Ctrl + C】复制该矩形，再按组合键【Ctrl + Shift + V】原位粘贴该矩形，紧接着使用方向键向右移动新粘贴的矩形，使其与原来的矩形紧密相靠，没有空隙也没有重叠，如图8-25所示。

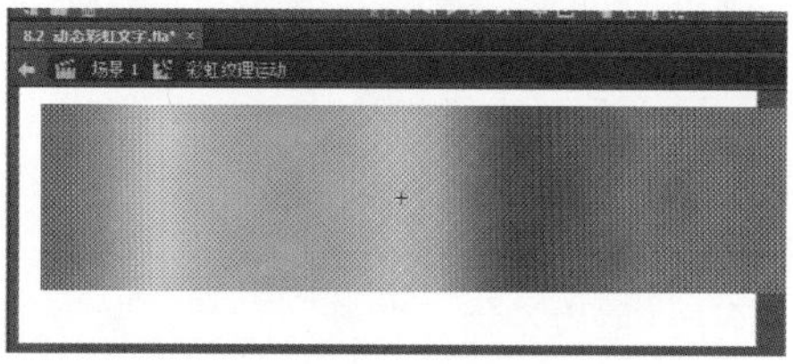

图8-25　多粘贴一个矩形移动至右边

08 全选两个矩形，按快捷键【F8】将其转换为影片剪辑元件，并命名为“彩虹纹理图”，如图8-26所示。

图8-26　转换为元件

09 在第50帧处按快捷键【F6】插入关键帧，将处于第50帧的“彩虹纹理图”元件使用方向键向左移动，直到移动到两部分有完全相同的部分重叠的位置，如图8-27所示。

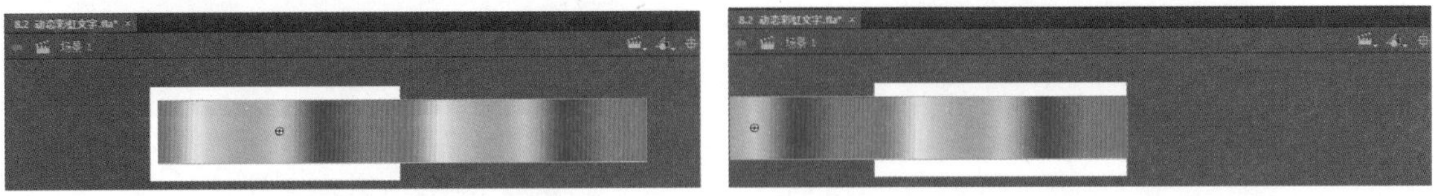

图8-27　第1帧和第50帧处的矩形

10 在第1~50帧创建传统补间动画，单击时间轴下方的“场景1”以返回主场景。

11 右键单击“文字”图层，在弹出的菜单中选择【遮罩层】选项，马上就能看到文字已经变成彩色的填充了，可以添加一个背景图当作背景，保存文件，并按组合键【Ctrl + Enter】测试影片，最终效果如图8-28所示。

图8-28　最终效果图

8.3　掉落物文字效果

本案例效果如图8-29所示。

图8-29　案例最终效果

01 打开本案例的素材文件，库内有如图8-30所示的素材。

02 将图层1重命名为“背景”，将“背景图”素材从库中拖曳到舞台上，并在属性面板内调节其位置和大小，如图8-31所示。

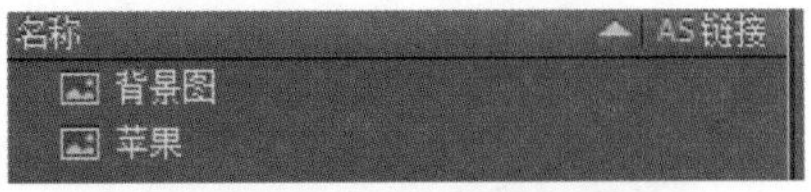

图8-30　库内的素材

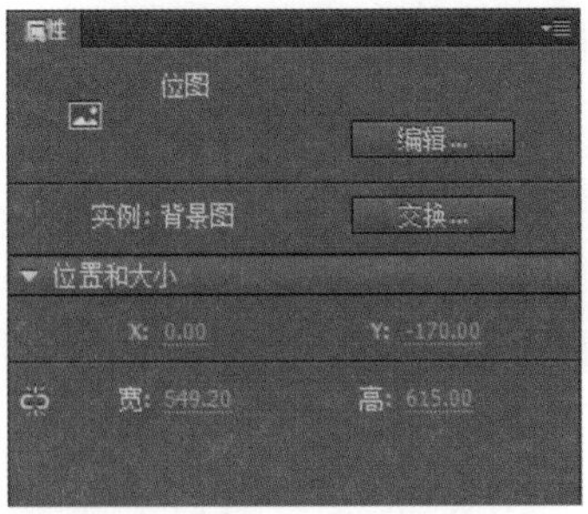

图8-31　设置图片的位置和大小

03 在“背景”层的第200帧位置按【F5】插入帧，并锁定“背景”图层，并在该图层上方再新建一个图层，命名为“苹果掉落”，如图8-32所示。

图8-32　新建一个图层

04 将库内的“苹果”图片素材拖曳至“苹果掉落”层的第1帧舞台上，并使用【任意变形工具】改变其大小。调整完成后，按快捷键【F8】将其转换为元件，命名为“苹果剪辑”，如图8-33所示。

图8-33　转换为影片剪辑元件

05 在“苹果掉落”图层的第10帧按快捷键【F6】插入关键帧，并使用组合键【Shift＋下方向键】将第10帧的苹果元件垂直向下拖动一个合适的距离，接着分别在第13和16帧按【F6】键插入关键帧，并在这几帧中间创建传统补间动画，如图8-34所示。

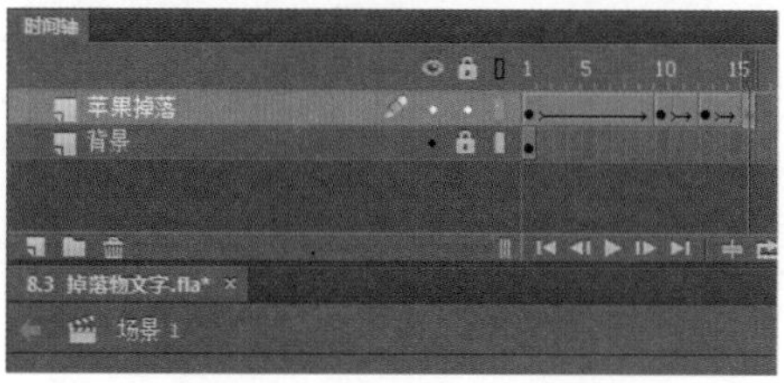

图8-34　创建传统补间动画

06 使用【任意变形工具】并按住【Alt】键将处于第13帧上的苹果元件向下缩小，如图8-35所示。

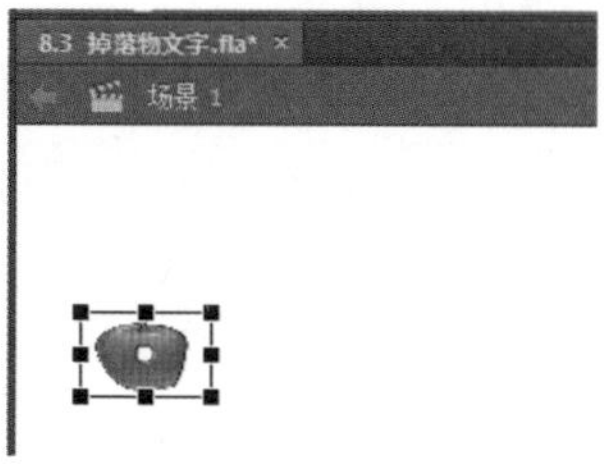

图8-35　缩小苹果

07 新建一个图层，选择工具栏内的【文本工具】，并将属性设置为如图8-36所示的状态。

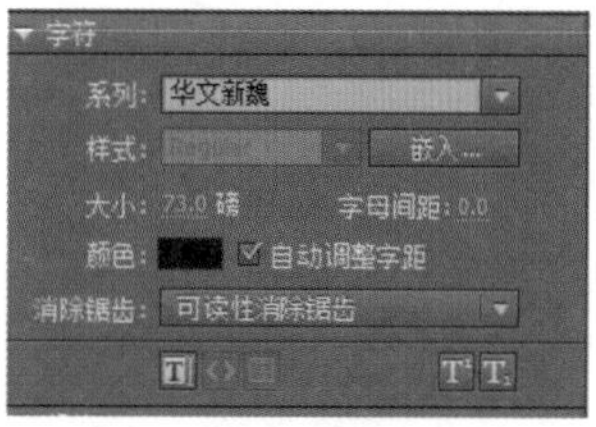

图8-36　设置文本工具的属性

08 使用【文本工具】在舞台上输入“苹果熟了”字样，并拖曳至合适的位置，如图8-37所示。

图8-37　插入文本

09 使用组合键【Ctrl＋B】将文本框打散操作后，将会把一个文本框分成4个文本框，每个文本框内一个字符，如图8-38所示。

图8-38　打散文本框

10 使用【选择工具】单独选中“苹”字，并按快捷键【F8】将其转换为元件，命名为“剪辑苹”，如图8-39所示。

图8-39　将苹字转换为影片剪辑元件

11 重复第10步的操作，将剩下的三个字也同样方法处理，处理完成后，库内元件如图8-40所示。

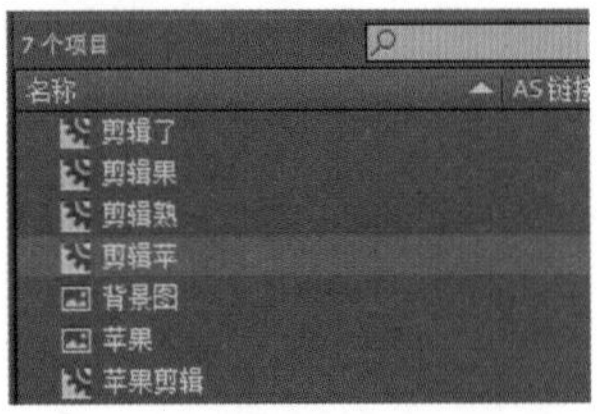

图8-40　转换4个字后库内的元件

12 框选4个已经转换为元件的字，在任意一个字上单击右键，在弹出的菜单中选择【分散到图层】选项，如图8-41所示。

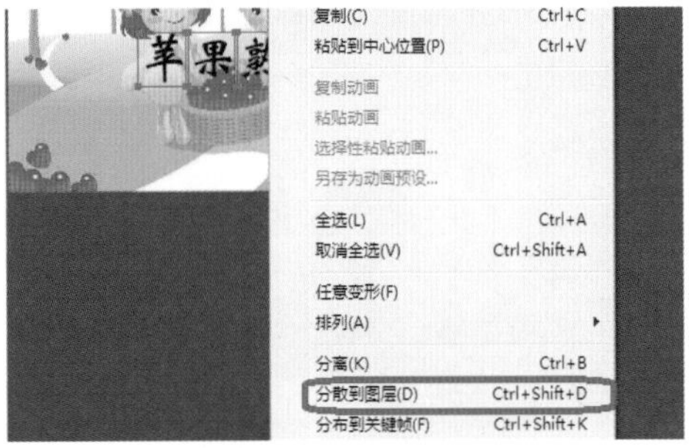

图8-41　分散到图层

13 经过上一步操作，将会把每个字分别放进单独的图层内，此时可以把刚才临时放置这4个字的图层删除掉，图层结构如图8-42所示。

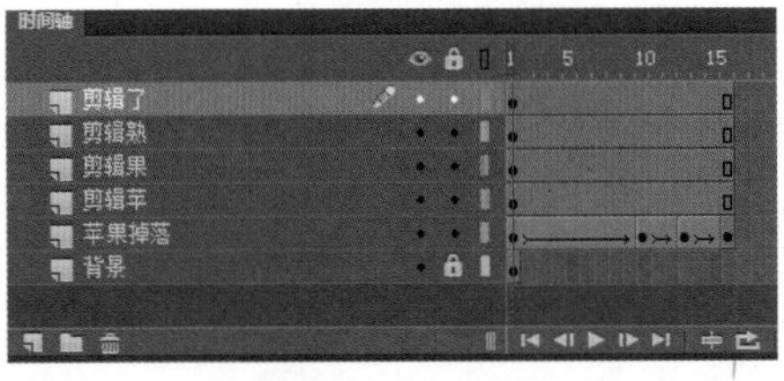

图8-42　图层结构

14 框选4个字所在图层的第1帧，并将其向后拖动至第10帧，如图8-43所示。

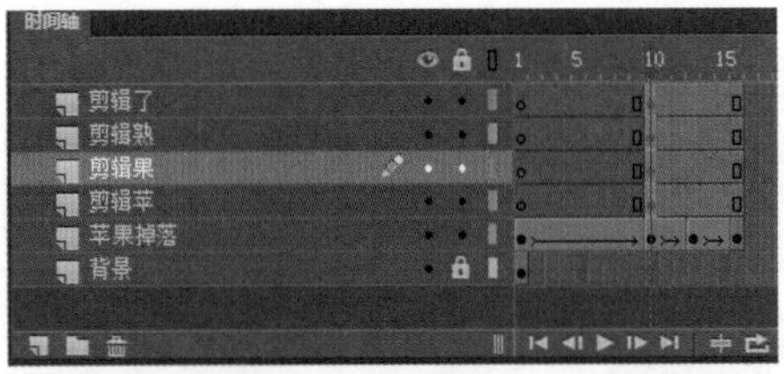

图8-43　拖动到第10帧

15 框选4个字所在图层的第20、23、26帧，按快捷键【F6】在每一层上都插入关键帧，并在每帧中间创建传统补间动画，如图8-44所示。

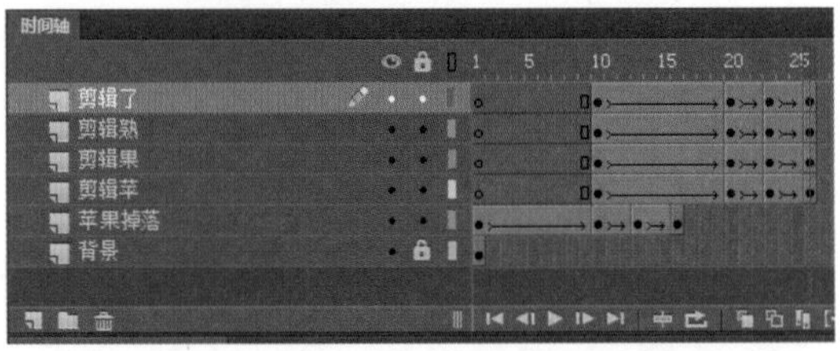

图8-44　对每个剪辑图层都进行相同操作

16 选中第23帧的所有文字，使用【任意变形工具】将所有字都向下缩小一点，如图8-45所示。

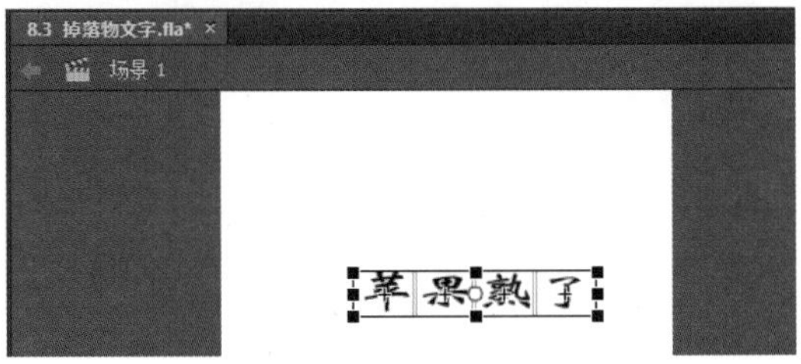

图8-45　将所有字缩小一点

17 选中第10帧的4个字，使用组合键【Shift + 上方向键】将4个字向上垂直拖动一定距离。

18 单击“剪辑果”图层的第1帧，并按5下快捷键【F5】，为其前面添加5帧，以制作比“苹”字延迟5帧出现的效果，如图8-46所示。

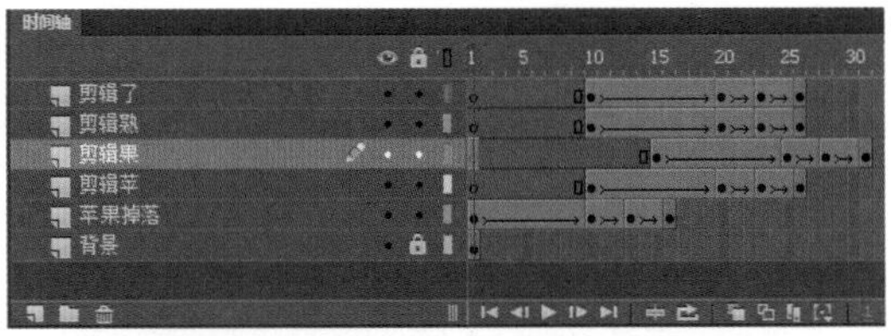

图8-46　为“剪辑果”图层前面添加5帧

19 采用同样的方法，为“剪辑熟”图层前面添加10帧，为“剪辑了”图层前面添加15帧，并将其他图层上没有对上“剪辑了”的最后一帧添加帧，以使所有图层都保持帧数相同，添加完成后如图8-47所示。

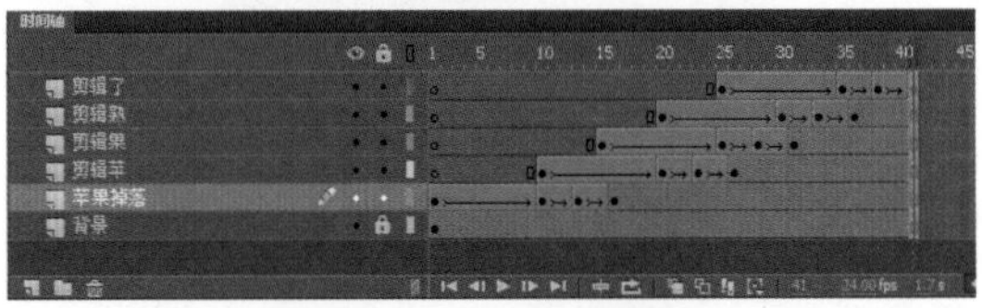

图8-47　添加帧完成效果

20 单击“剪辑了”图层的最后一帧，按快捷键

【F9】打开动作面板，在面板内输入stop();脚本，如图8-48所示。

图8-48　插入停止播放脚本

21 保存文件，按组合键【Ctrl + Enter】测试影片，最终效果如图8-49所示。

图8-49　最终效果图

8.4　镜面文字效果

本案例效果如图8-50所示。

图8-50　案例最终效果

01 新建空白Flash文档，在属性面板中将舞台尺寸修改为300×300，并将背景颜色改为黑色，如图8-51所示。

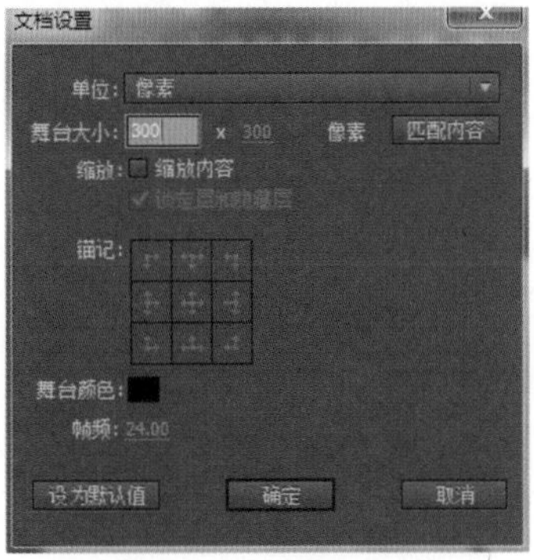

图8-51　修改舞台尺寸

02 将图层1重命名为“上部分文字”，如图8-52所示。

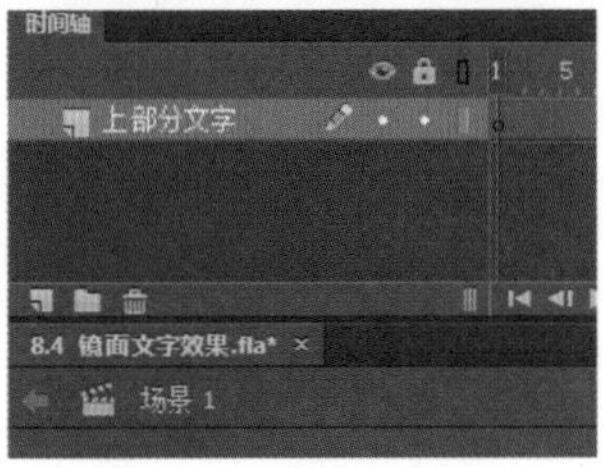

图8-52　重命名图层

03 选择工具栏内的【文本工具】，并在属性面板内设置如图8-53所示的参数。

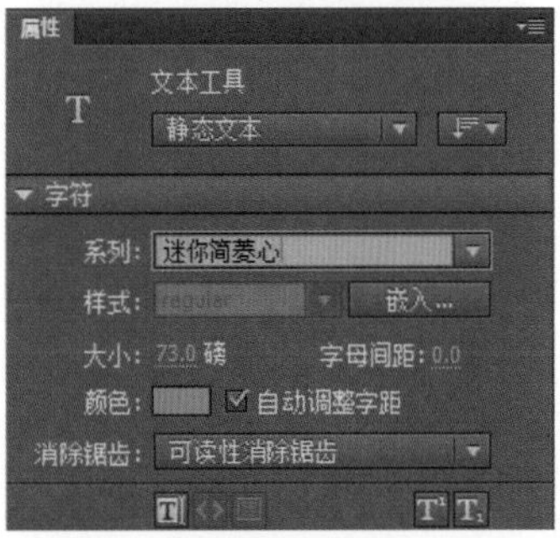

图8-53　设置文本工具的属性

04 使用【文本工具】在舞台上输入“爱你一生”字样，并调整其到如图8-54所示的位置。

图8-54　输入文字并调整位置

05 再次新建一个图层，命名为“下部分文字”，并使用组合键【Ctrl + C】复制原来上部分的文字，再选中“下部分文字”图层的第1帧，按组合键【Ctrl + Shift + V】原位粘贴该文字，并使用下方向键将其向下移动一定的距离，如图8-55所示。

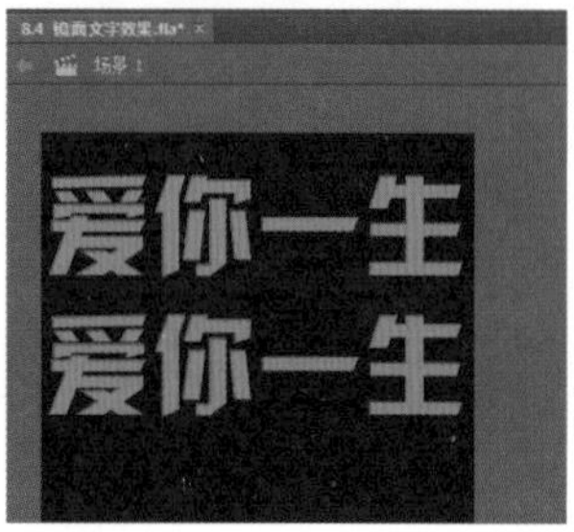

图8-55　复制文字并粘贴

06 选中下面部分的文字，执行【修改】|【变形】|【垂直翻转】命令，将文字垂直翻转过来，如图8-56所示。

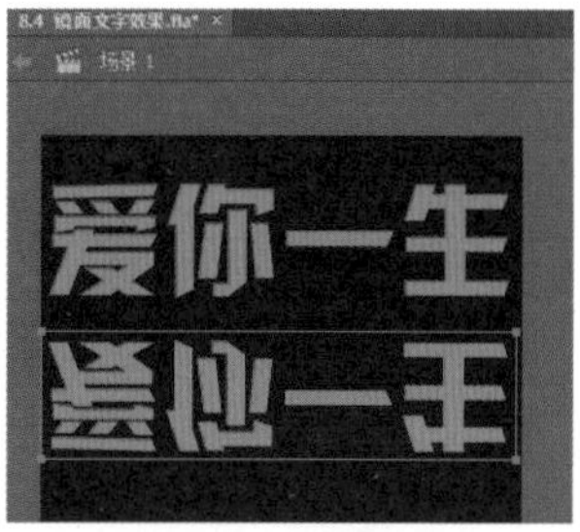

图8-56　翻转文字

07 单击舞台空白部分，按组合键【Ctrl + A】全选舞台上的所有文字，再按组合键【Ctrl + B】打散两个文本框，使其成为8个单独的文本框，每个文本框内仅有一个字，如图8-57所示。

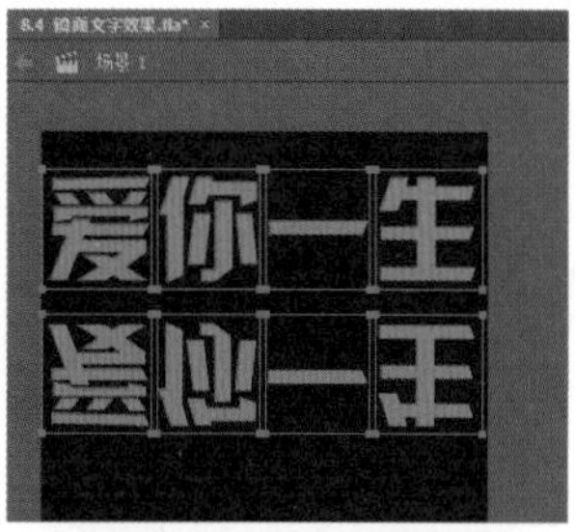

图8-57　打散文本框

08 单独选中每一个文字，并按快捷键【F8】将其转换为影片剪辑元件，并以类似“文字上-爱”的格式命名各个影片剪辑，如图8-58所示为将“爱”字转换为影片剪辑。

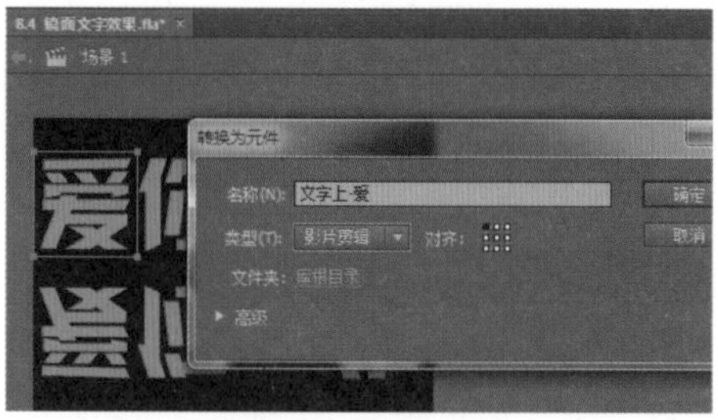

图8-58　将单个文字转换为影片剪辑

09 重复上面的步骤，直到将8个文字分别转换为影片剪辑，转换完成后，库内如图8-59所示。

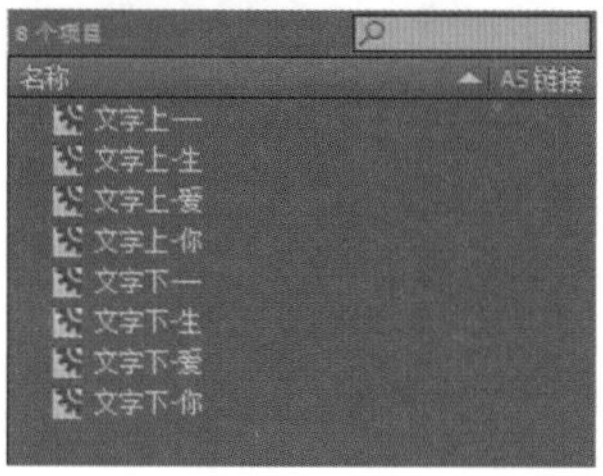

图8-59　转换完成后库内的元素

10 单独选中上面4个文字影片剪辑，对其中任意一个文字单击右键，并在弹出的菜单中选择【分散到图层】选项，操作后将会为每一个文字建立一个图层，“上部分文字”内的内容将会清空，此时可以删除这个图层，如图8-60所示。

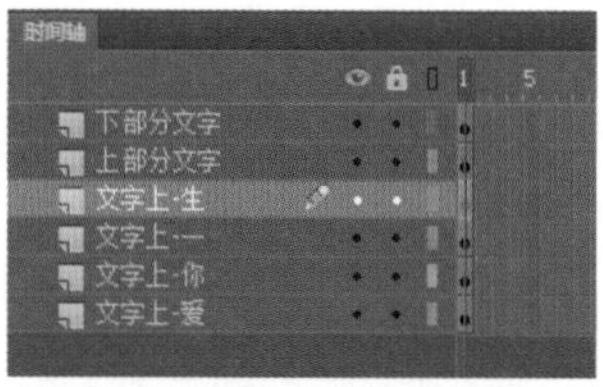

图8-60　进行分散到图层操作

11 同样“下部分文字”图层也进行该操作，完成后如图8-61所示。

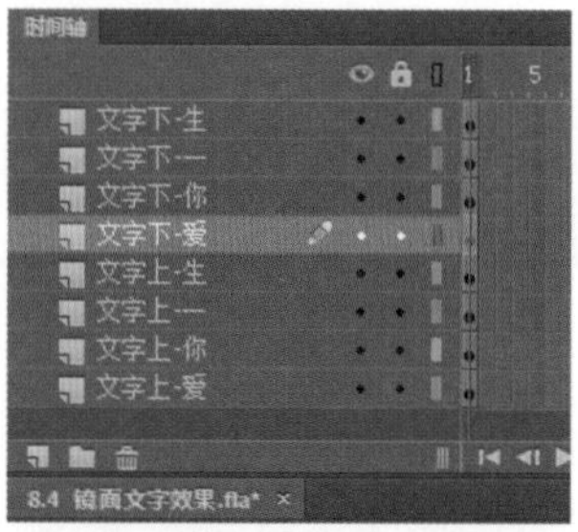

图8-61　对下部分文字图层进行同样操作

12 在所有图层的第20帧按快捷键【F6】插入

关键帧，并在所有图层的第1帧单击鼠标右键，在弹出的菜单中选择【创建传统补间】选项，如图8-62所示。

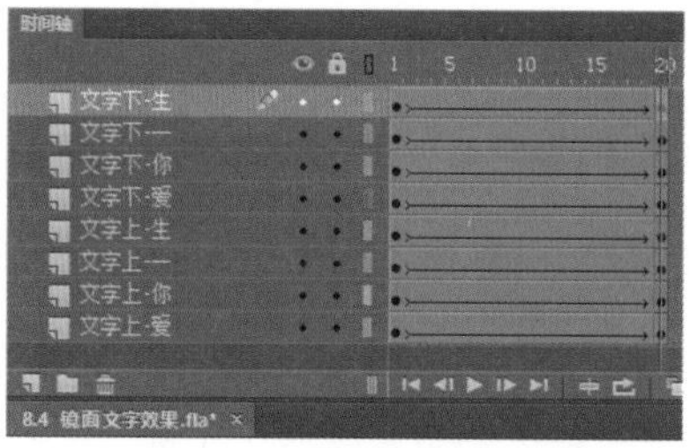

图8-62　创建传统补间

13 选中第1帧上的上面4个字，按【Shift + 上方向键】5次，将4个字一起向上移动一定距离，如图8-63所示。

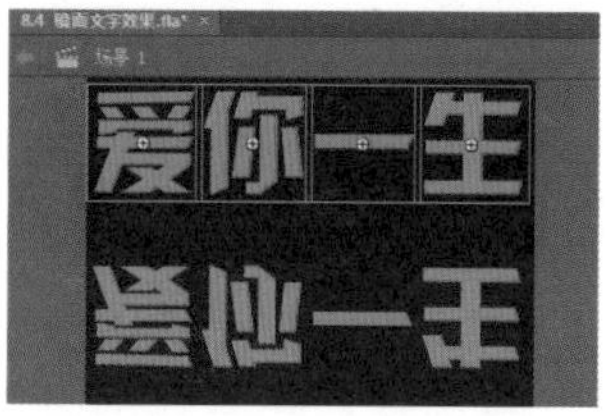

图8-63　移动上部分的文字

14 选中第1帧下部分的4个字，进行同样的操作，如图8-64所示。

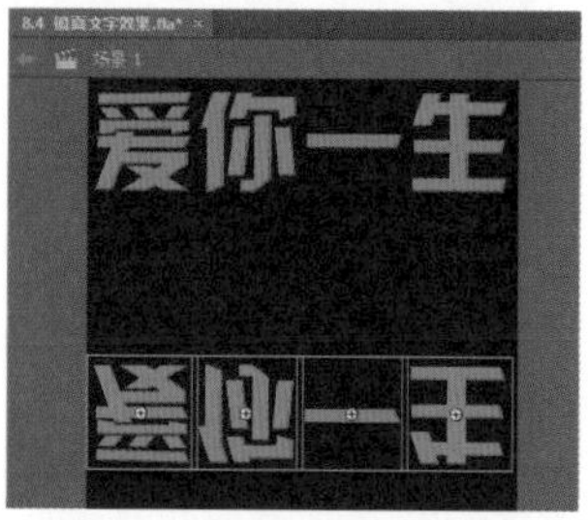

图8-64　移动下部分的文字

15 选中时间轴上所有图层的补间部分，并在属性面板中调节补间的缓动参数，如图8-65所示。

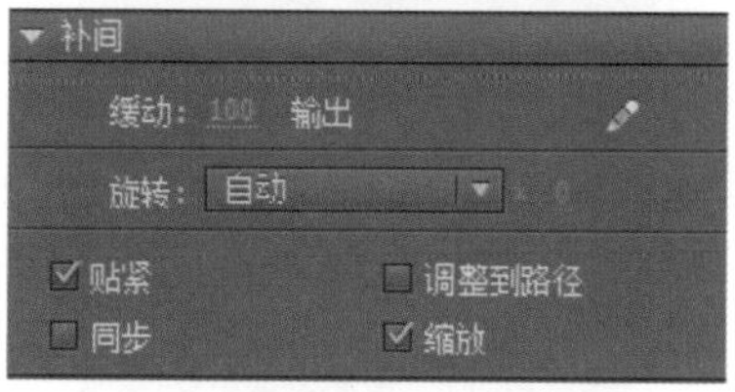

图8-65　调节缓动属性

16 单击“文字上-你”图层的标签部分，以全选该图层上所有的帧，并向后拖动5帧选中部分的帧，拖动完成后如图8-66所示。

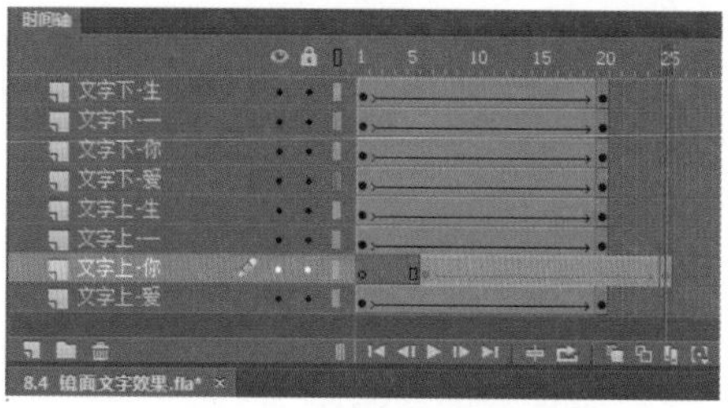

图8-66　向后拖动选中的帧

17 依照上面的方法，后面的均比上一个图层向后拖动5帧，文字上部分和文字下部分单独处理，并使用快捷键【F5】插入帧，使所有图层的帧数一致，拖动完成后如图8-67所示。

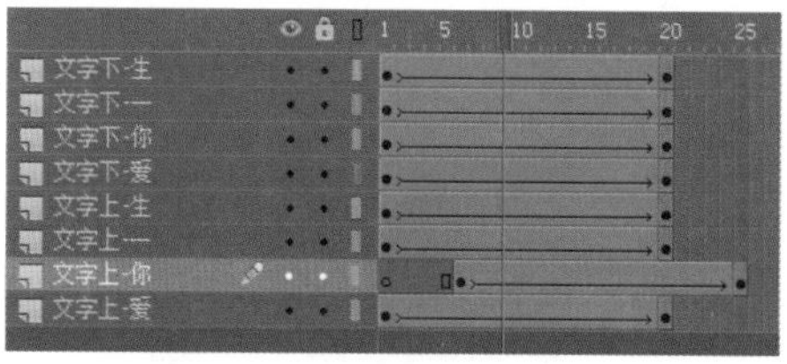

图8-67　处理所有的帧

18 在库内双击所有属于“文字下”的影片剪辑，进入到各个剪辑内部，调节文字颜色，使其颜色更为深色，调整完成后如图8-68所示。

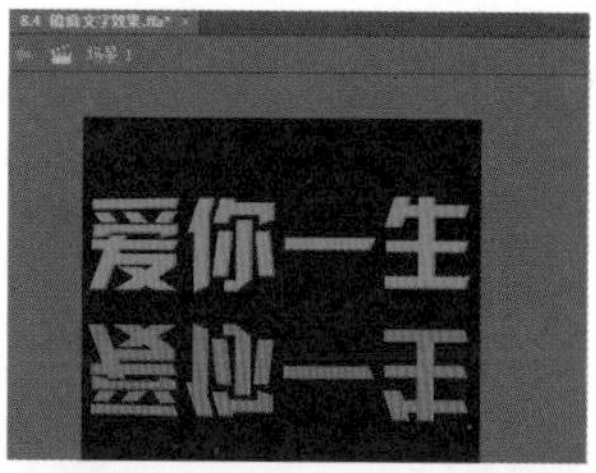

图8-68　调整下部分文字的颜色

19 可以再新建一个图层，在该图层上使用【线条工具】在两个文字中间绘制一条白色的线。可以添加一张图片作为背景，保存文件，并按组合键【Ctrl + Enter】测试影片，最终效果如图8-69所示。

图8-69　最终效果图

8.5 诗词展示动画

本案例的效果如图8-70所示。

图8-70　案例最终效果

01 打开本案例的素材文件，库内有一张素材背景图，如图8-71所示。

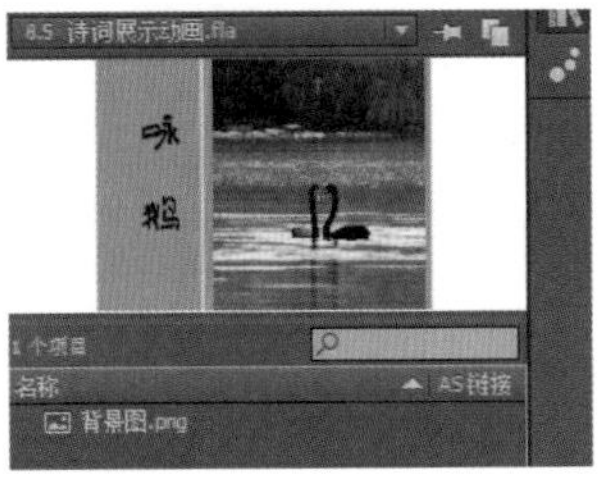

图8-71　库内素材图

02 将图层1重命名为“背景层”，并将库内的图形素材拖曳到舞台，调整属性栏内的属性如图8-72所示，使其左上角对准舞台的左上角。

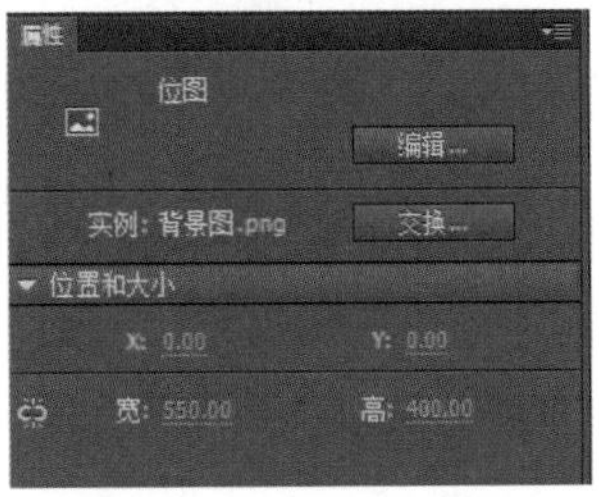

图8-72　调整图片的位置

03 锁定“背景层”，并新建一个图层，命名为“文字”，如图8-73所示。

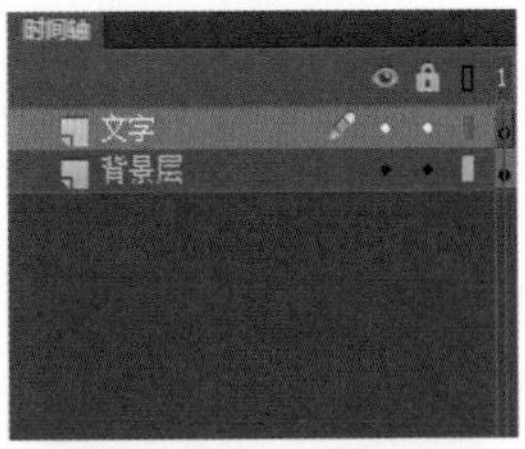

图8-73　新建图层

04 选择工具栏内的【文本工具】，并在属性面板内设置如图8-74所示的参数。

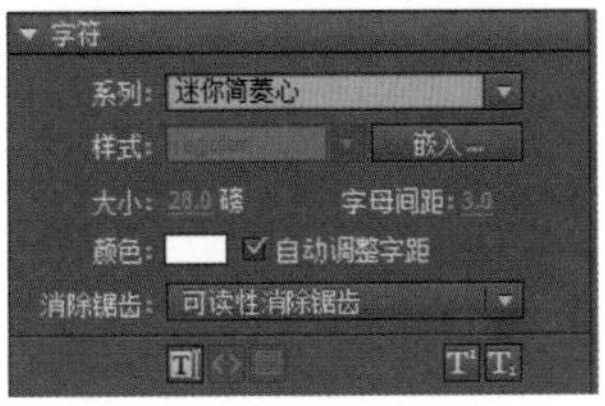

图8-74　设置文本工具的属性

05 使用【文本工具】在舞台的合适位置输入《咏鹅》的所有诗句，如图8-75所示。

图8-75　输入诗句

06 使用组合键【Ctrl + B】将文本框打散一次，使之成为每一个字符占据一个文本框的样式，如图8-76所示。

图8-76　打散文本框

07 从第一个字开始，为每一个字单独使用快捷键【F8】转换为元件，如果觉得内容过多，可以不必为每一个元件命名，注意标点也要视为一个单独文字处理，如图8-77所示。

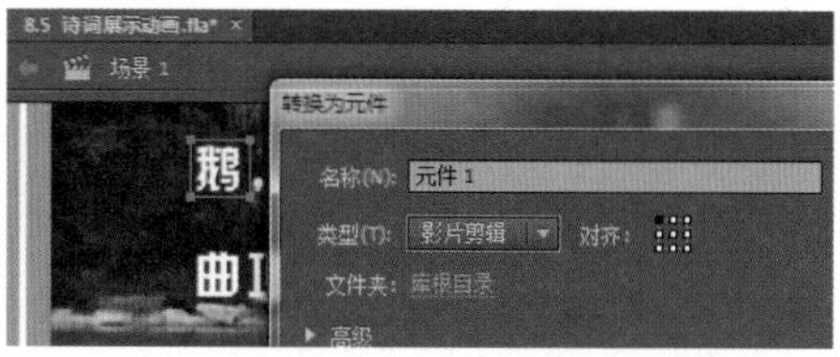

图8-77　将每一个文本框单独转换为元件

08 转换完成后，库内将多出诗句字数个数的元件，如图8-78所示。

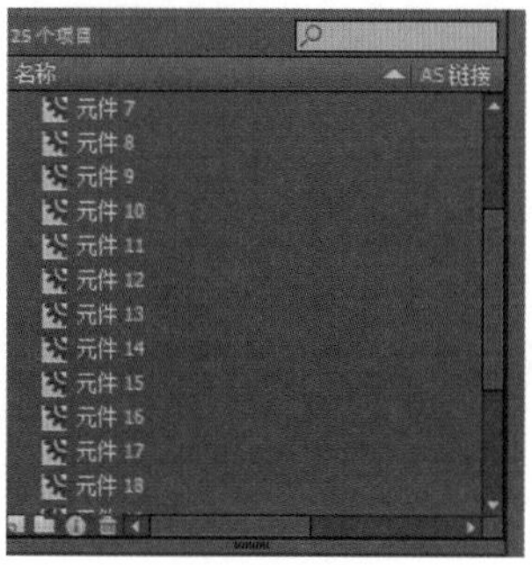

图8-78　转换完元件后的库

09 全选中所有文字包括标点，右击其中任意一个文字，在弹出的菜单中选择【分散到图层】选项，如图8-79所示。

图8-79　分散到图层

10 完成上一步操作后，将会为每一个文字单独创建一个图层，如图8-80所示。

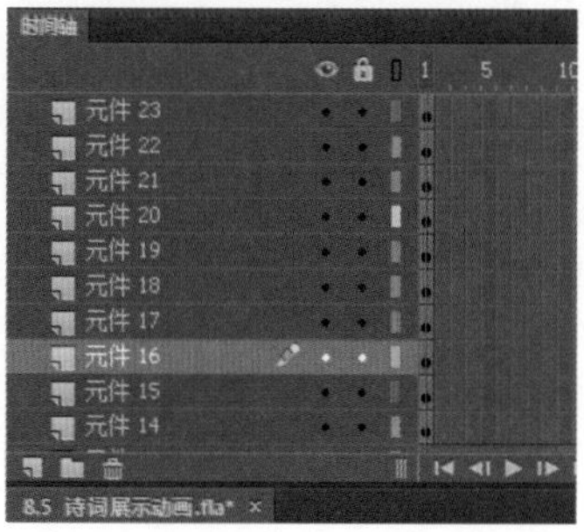

图8-80　为每一个文字创建单独的图层

11 框选所有分散后文字图层的第5帧，并按快捷键【F6】为所有的文字图层的第5帧添加关键帧，并使用同样的拖选方式，选中所有图层的第1帧，右键单击任意一文字图层的第1帧，在弹出的菜单中选择【创建传统补间】选项，如图8-81所示。

图8-81　为所有文字图层第5帧添加关键帧

12 全选中第1帧上的所有文字，在属性面板中将alpha值修改为0，如图8-82所示。

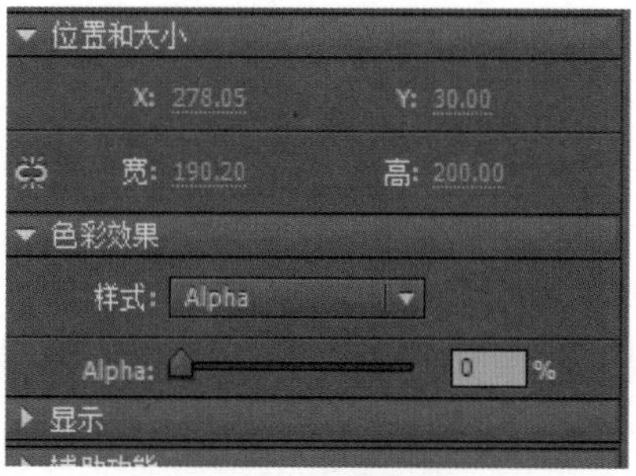

图8-82　设置透明度

13 单击“元件2”图层的名称处，将会全选该图层上的所有帧，将所有的帧向后拖动5帧，如图8-83所示。

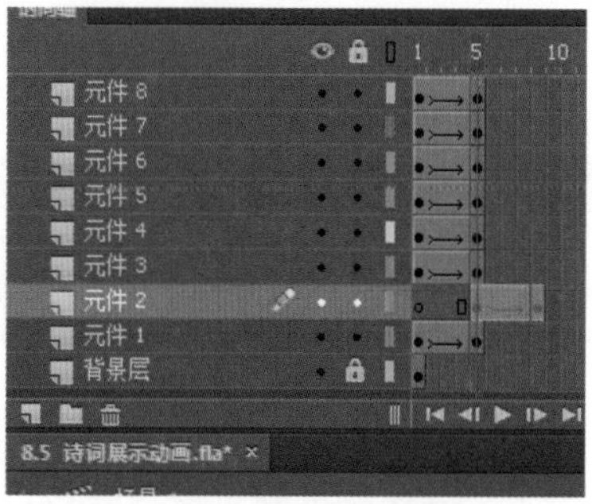

图8-83　拖动图层上的所有帧

14 重复上面的步骤，每一个图层比它下面的图层多5帧，完成后如图8-84所示。

15 使用快捷键【F5】插入帧功能为所有的图层的最后一帧都对齐最后一个文字的最后一帧，如图8-85所示。

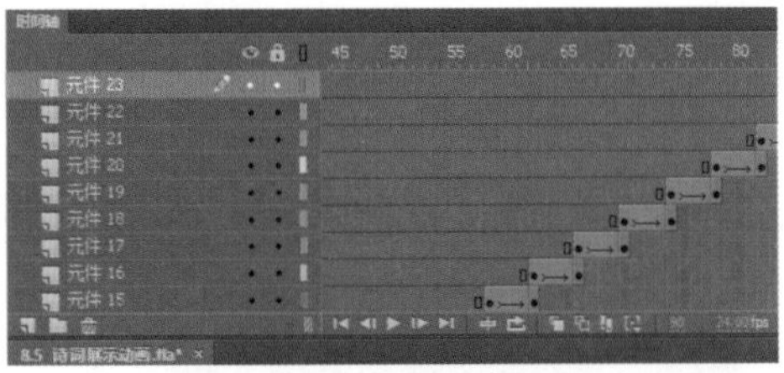

图8-84　重复拖动帧

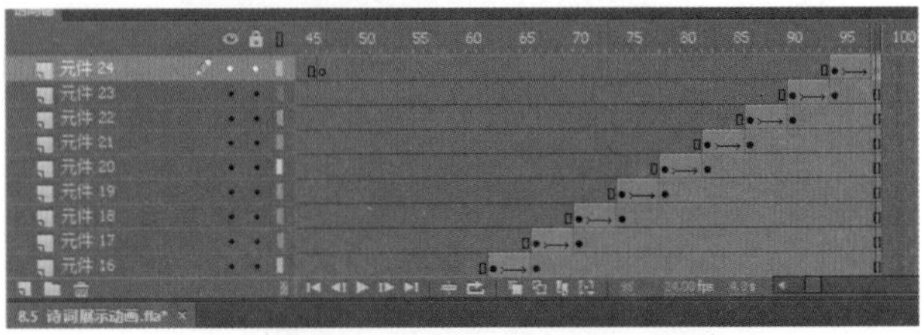

图8-85　对其所有的帧

16 保存文件，按组合键【Ctrl + Enter】测试影片，效果如图8-86所示。

图8-86　最终效果图

8.6　横向滚动文字效果

本案例效果如图8-87所示。

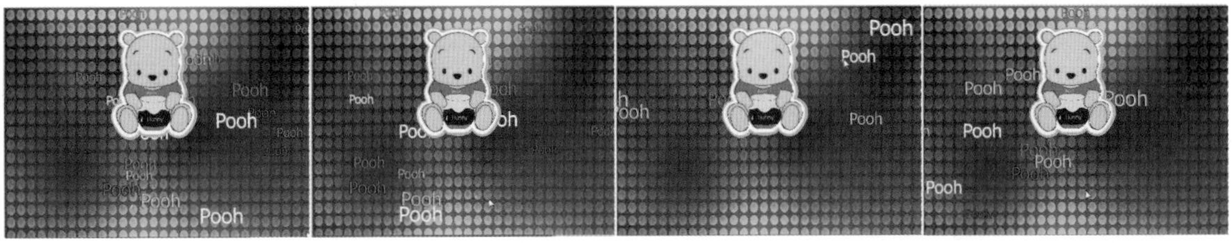

图8-87　案例最终效果

01 打开本案例的素材文件，库内有一张小熊的图片，如图8-88所示。

图8-88　库内的素材

02 在属性面板中将舞台的背景颜色改为一种黄色，如图8-89所示。

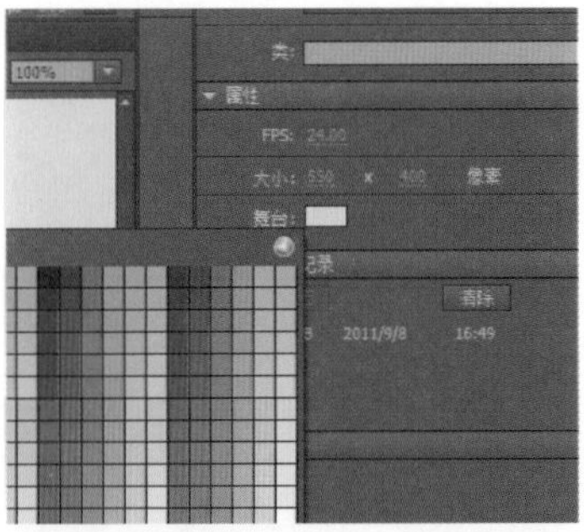

图8-89　设置舞台的背景颜色

03 将图层1重命名为“小熊层”，并将小熊的图片素材拖曳至舞台，如图8-90所示。

图8-90　新建图层

04 选择工具栏中的【文本工具】，在属性面板中设置如图8-91所示的参数。

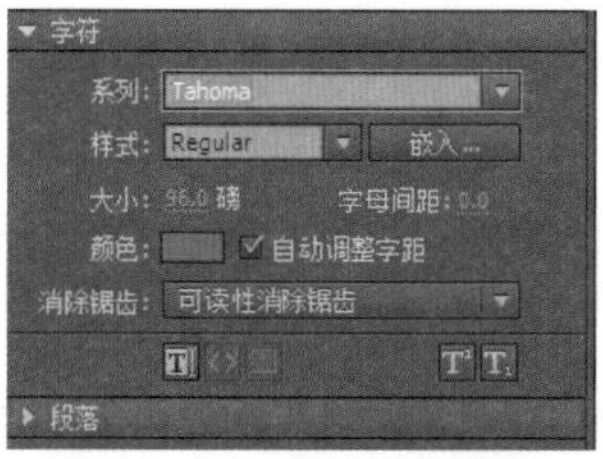

图8-91　设置文本工具的属性

05 新建一个图层，命名为“文字动画”，使用【文本工具】在舞台上输入文本Pooh,如图8-92所示。

图8-92　输入文本

06 使用组合键【Ctrl + C】复制刚才输入的文本，再按组合键【Ctrl + V】粘贴一次，使用组合键【Ctrl + B】将新粘贴的文字打散两次，该文本将变为填充的样式，如图8-93所示。

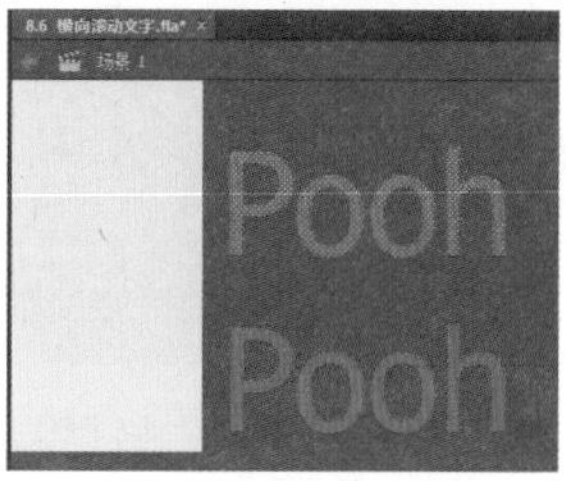

图8-93　打散文本

07 选择工具栏内的【墨水瓶工具】，或者按快捷键【S】。使用【墨水瓶工具】在打散的文字外围和内部进行点击，将会为其添加上线条轮廓，添加完成后如图8-94所示。

图8-94　添加线条轮廓

08 可以再尝试着做出新样式的文字，复制刚才添加了轮廓的文字，并粘贴出来，修改填充和线条颜色，如图8-95所示。

图8-95　新的样式的文字

09 选中刚才绘制的几种文字，并按快捷键【F8】将其转换为影片剪辑元件，命名为“文字剪辑”，如图8-96所示。

图8-96　转换为元件

10 完成后，双击刚才转换的元件以进入元件内进行编辑，刚才在舞台上绘制了4种类型的文字，所以在时间轴上第1~4帧均按下快捷键【F7】插入空白关键帧，如图8-97所示。

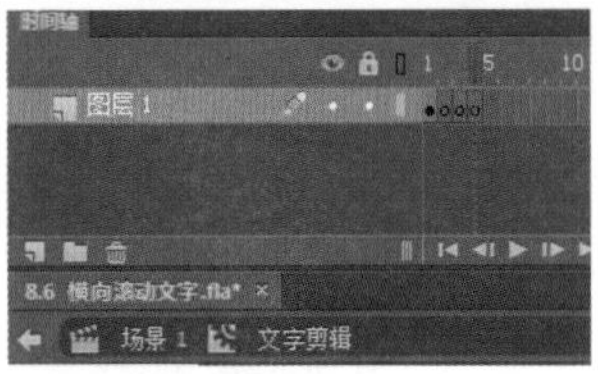

图8-97　插入空白关键帧

11 分几次使用快捷键【Ctrl + X】将不同类的文字从第1帧剪切，再复制到后续的帧上，每一帧一种文字，并将每一帧的文字都对准舞台中心，如图8-98所示。

图8-98　平均分配到每一帧并对其舞台

12 按组合键【Ctrl + F8】新建一个影片剪辑元件，命名为“文字动画”，将“文字剪辑”元件拖曳至舞台上，并对准舞台中心，如图8-99所示。

图8-99　拖曳元件至舞台

13 在第1帧上按快捷键【F9】，在弹出的动作面板内输入以下脚本，如图8-100所示。

```
stop();
addEventListener(Event.ENTER_FRAME,update);
getChildAt(0).x = Math.random() * 550 - 200;
(getChildAt(0) as MovieClip).gotoAndStop(Math.
floor(Math.random() * 4) + 1);
getChildAt(0).scaleX = getChildAt(0).scaleY = Math.
random() * 0.2 + 0.2;
function update(e:Event):void{
            getChildAt(0).x +=Math.random() * 8;
      if(getChildAt(0).x > 700){
            getChildAt(0).x = -200;
      }
}
```

图8-100　输入脚本

14 单击时间轴下方的“场景1”以返回主场景，将“文字动画”元件从库内拖曳到“文字动画”图层上，并多拖动数个在舞台的左侧，位置可以随意放置，如图8-101所示。

图8-101　拖曳元件至舞台

15 将“文字动画”图层拖曳至背景图层的下方，如图8-102所示。

图8-102　拖动图层

16 按组合键【Cttrl + Enter】测试影片，效果如图8-103所示。

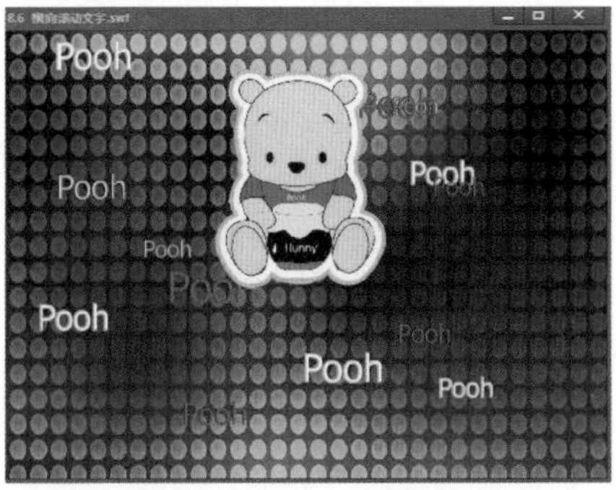

图8-103　最终效果图

8.7　计算机打字效果

本案例效果如图8-104所示。

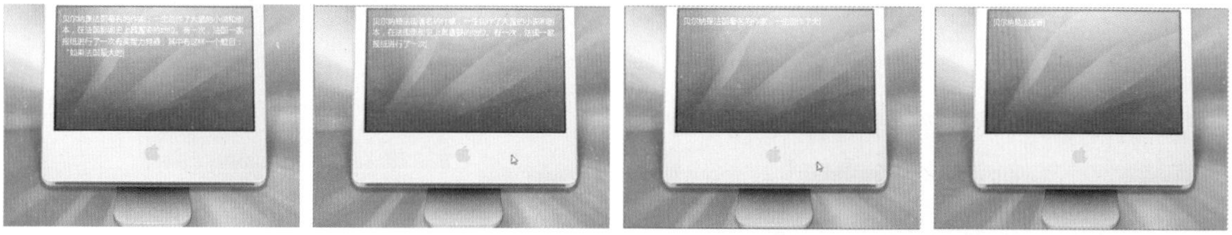

图8-104　案例最终效果

01 打开本案例的素材文件，库里面有一张背景图，如图8-105所示。

图8-105　库内的素材

02 将图层1重命名为“背景层”，并将图片“背景图”拖曳至舞台上，如图8-106所示。

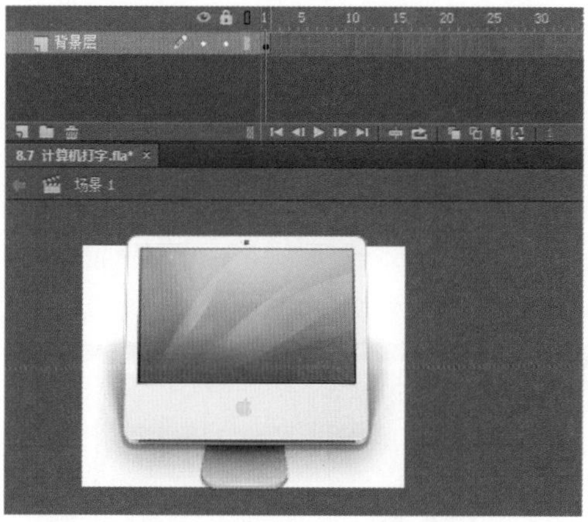

图8-106　拖曳进背景素材

03 新建一个图层，命名为“文本”，并选择工具栏内的【文本工具】，在属性面板中设置【文本工具】的属性，如图8-107所示。

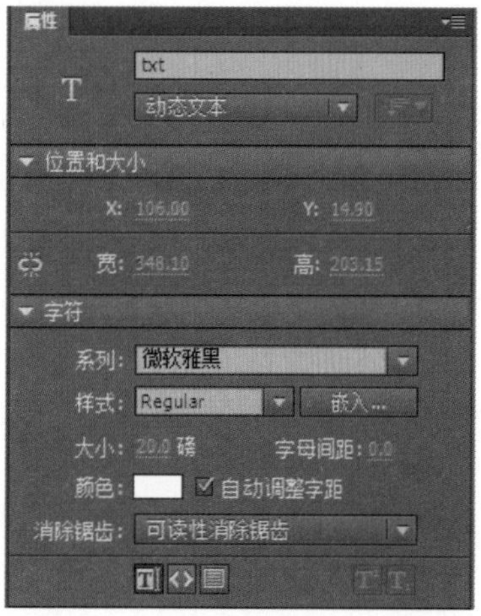

图8-107　设置【文本工具】的属性

04 使用【文本工具】在舞台上框选出一个文本区域，其大小正好覆盖显示器的内部，如图8-108所示。

图8-108　插入文本框

05 单击属性栏内【字符】选项卡内的【嵌入】按钮，在弹出的对话框内将以下文字输入到如图8-109所示的位置，注意最后还添加一个符号“|”。

贝尔纳是法国著名的作家，一生创作了大量的小说和剧本，在法国影剧史上具重要的地位。

有一次，法国一家报纸进行了一次有奖智力竞赛，其中有这样一个题目：

“如果法国最大的博物馆卢浮宫失火了，情况只允许抢救出一幅画，你会抢哪一幅？”

结果，在该报收到的成千上万回答中，贝尔纳以最佳答案获得该题的奖金。他的答案是：“我抢离出口最近的那幅画。”

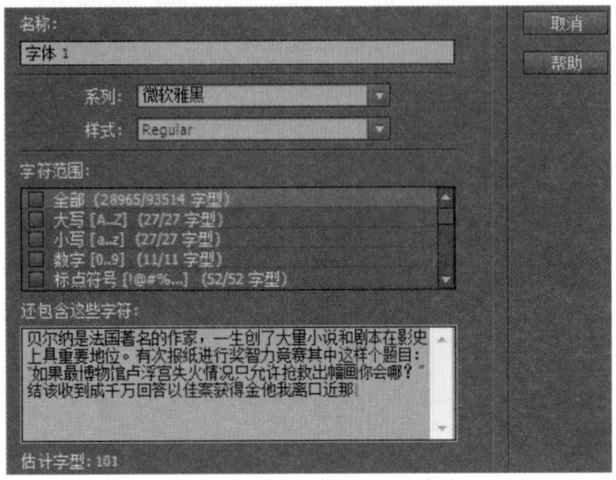

图8-109　嵌入文字

06 单击【确定】按钮后，使用【选择工具】选中该文本框，并在属性面板中将实例名称修改为txt，如图8-110所示。

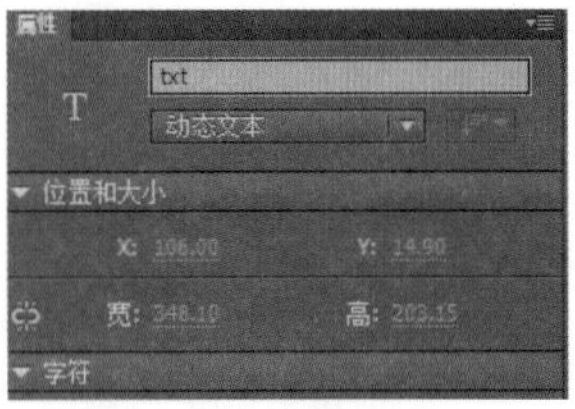

图8-110　输入实例名称

07 再次新建一个图层，并命名为“代码层”，如图8-111所示。

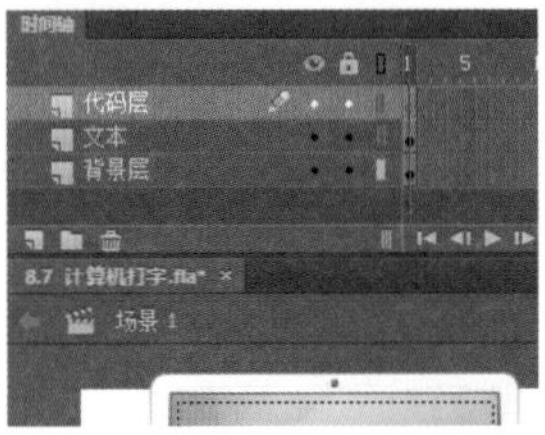

图8-111　新建图层

08 单击“代码层”的第1帧，并按快捷键【F9】打开动作面板，在动作面板内输入以下的脚本，如图8-112所示。

```
import flash.utils.Timer;
import flash.events.TimerEvent;
var word:String = “贝尔纳是法国著名的作家，一生创作了大量的小说和剧本，在法国影剧史上具重要的地位。有一次，法国一家报纸进行了一次有奖智力竞赛，其中有这样一个题目：“如果法国最大的博物馆卢浮宫失火了，情况只允许抢救出一幅画，你会抢哪一幅？”结果，在该报收到的成千上万回答中，贝尔纳以最佳答案获得该题的奖金。他的答案是：“我抢离出口最近的那幅画。””";
var index:Number = 0;
var timer:Timer = new Timer(200);
timer.addEventListener(TimerEvent.TIMER,tick);
timer.start();
function tick(e:TimerEvent):void{
        txt.text = word.slice(0,index) + “|”;
        index ++;}
```

09 可以添加一张图作为背景图片，保存文件，按组合键【Ctrl + Enter】测试影片，效果如图8-113所示。

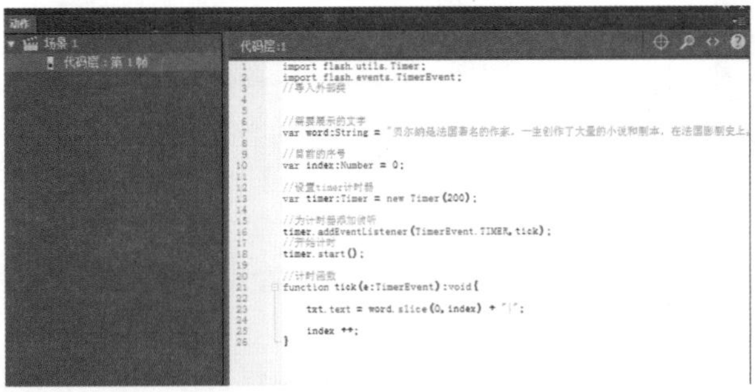

图8-112　输入脚本

图8-113　最终效果图

8.8 激光字效

本案例的效果如图8-114所示。

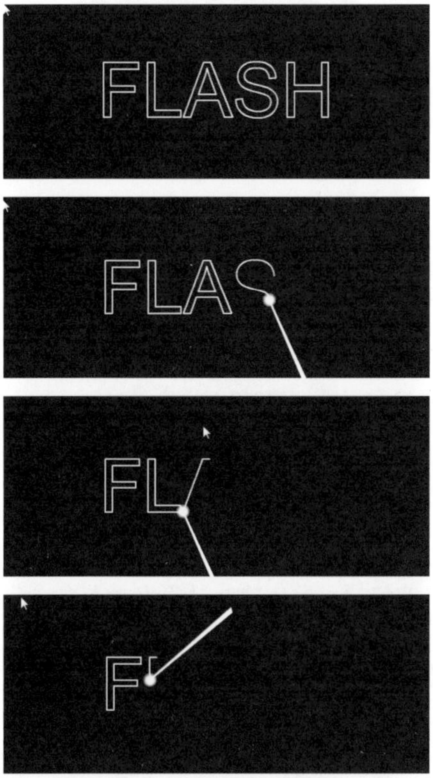

图8-114　案例最终效果

01 新建Flash文档，在属性面板设置舞台的尺寸为600×250，并设置舞台背景为黑色。如图8-115所示。

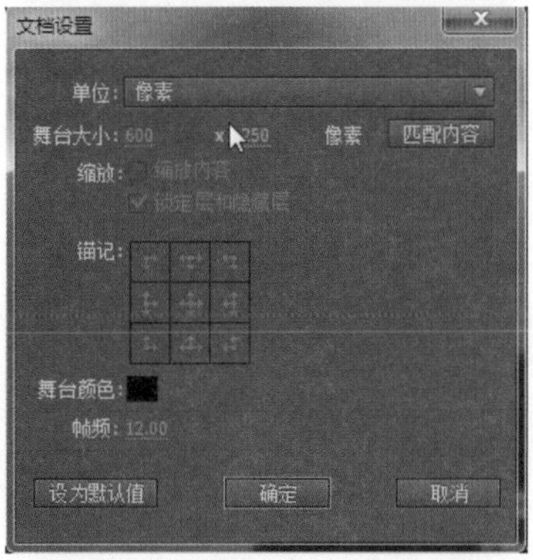

图8-115　设置舞台尺寸和颜色

02 选择【文本工具】设置字体为Arial，字号为100的FLASH字样，选中文字使用对齐面板调整文本为居中。如图8-116所示。

图8-116　设置文本属性与位置

03 使用快捷键【Ctrl+B】两次分离文字。选择【墨水瓶工具】为文字描边，并删除文字的实心部分。如图8-117所示。

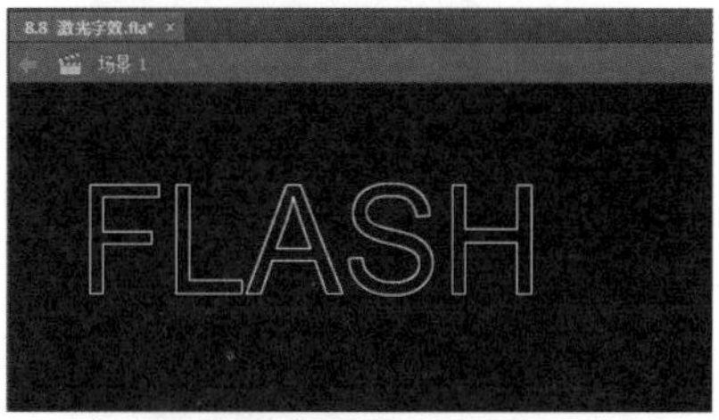

图8-117　镂空文本

04 新建图层，重命名为“光柱”，按组合键【Ctrl+F8】新建“光柱”图片元件，点击【确定】按钮进入元件，在元件编辑窗口绘制一个无边框白色长方形，使用【部分选取工具】选取一头，并用方向键将其变窄，如图8-118所示。

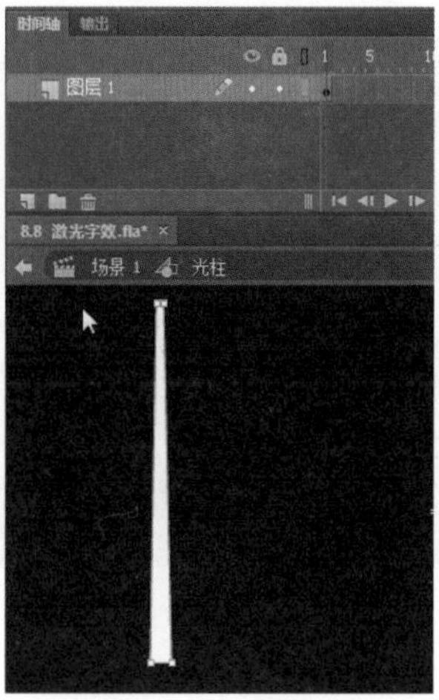

图8-118　绘制光柱

05 选择绘制的图形，打开“变形”面板，设置“旋转”角度为-25，按【Enter】键确认，如图8-119所示。

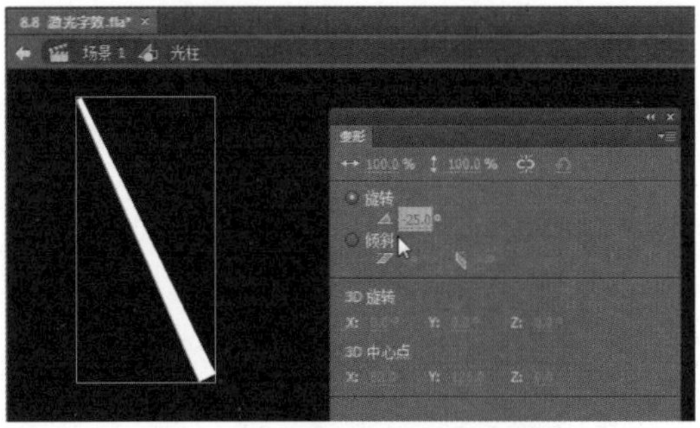

图8-119　调整光柱的旋转角度

06 新建图层2，在颜色面板中设置如图8-120所示的颜色。

图8-120　颜色设置

07 选择【椭圆工具】，按住【Shift】键绘制一个正圆形，并使用【任意变形工具】调整圆形的位置和大小。之后将图层2放到图层1下面，如图8-121所示。

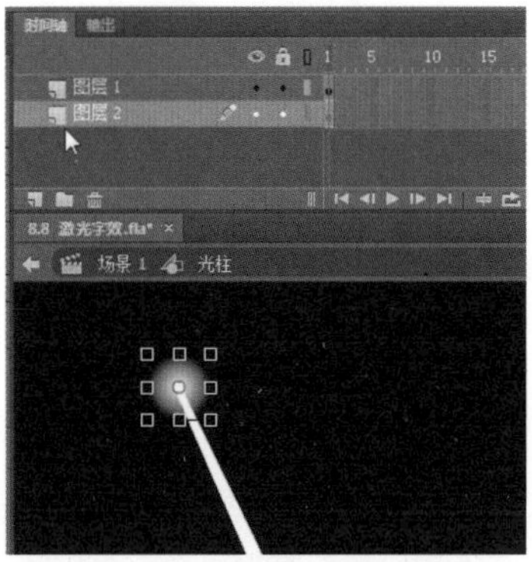

图8-121　调整圆形的位置和大小

08 回到场景1中，选中光柱图层的第1帧，并将绘制的光柱元件拖至其中，使用【任意变形工具】将该元件的中心点移到图形中的小圆形上，如图8-122所示。

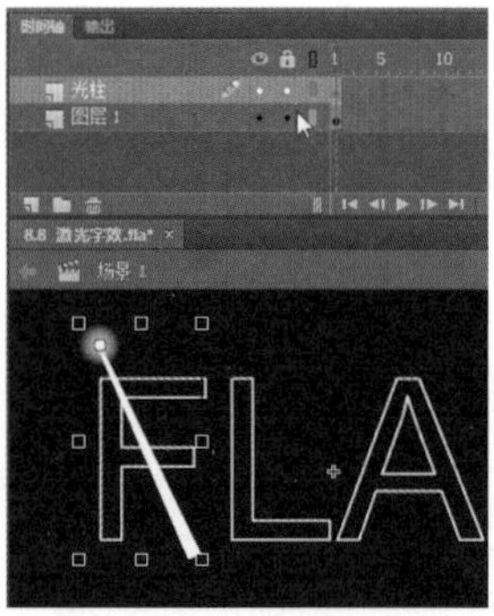

图8-122　移动光柱元件的中心点

09 右击“光柱”图层，执行【添加传统运动引导层】命令，如图8-123所示。

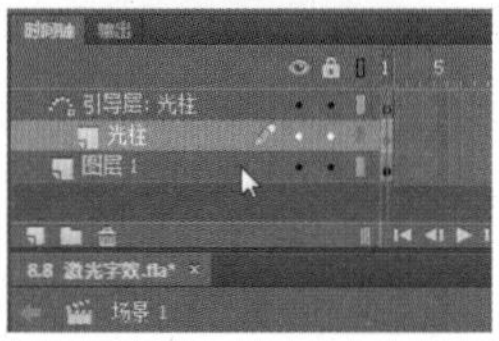

图8-123　添加引导层

10 选择“图层1”中的关键帧，单击右键在弹出的快捷菜单中执行【复制帧】命令，用相同的方法在引导层中将其粘贴，如图8-124所示。

图8-124　复制粘贴帧

11 将“图层1”移到“引导层”上面，在“图层1”中的第2~82帧和第90帧插入关键帧，并在其他图层的第82帧插入帧，如图8-125所示。

图8-125　插入关键帧

12 将“光柱”和“引导层”图层隐藏，选择“图层1”的第1帧，将帧中的文字删除，只留下L的一小部分，如图8-126所示。

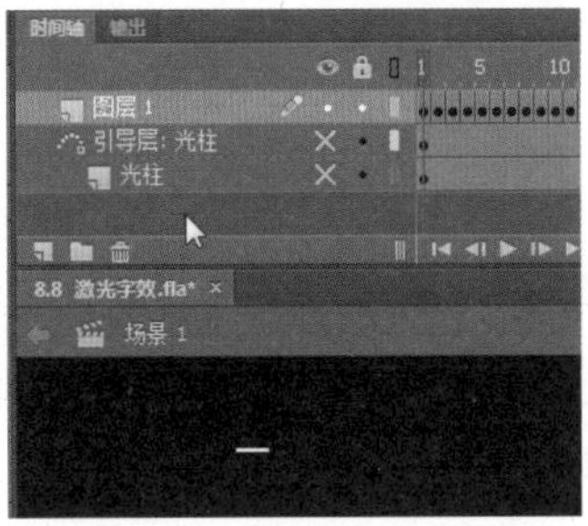

图8-126　隐藏图层并删除图层1第1帧的大部分文字

13 选择该图层的第2帧，在前一帧的基础上多保留一些文字内容，用同样的办法编辑其他帧，如图8-127所示。

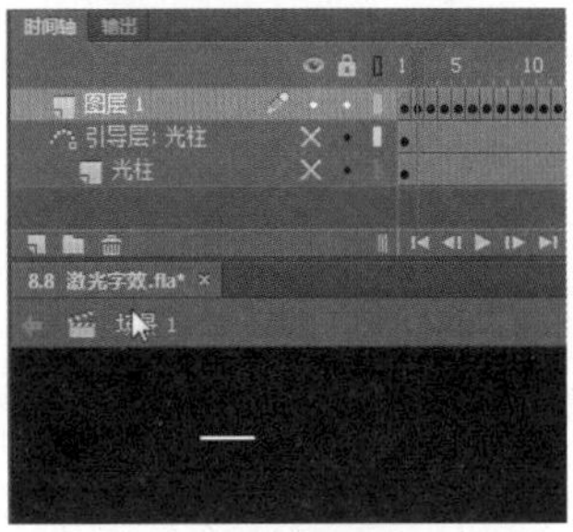

图8-127　编辑图层1的第2帧

14 隐藏“图层1”，显示“引导层”，在引导层的第20、33、46、50、66和82帧插入关键帧，如图8-128所示。

15 在引导层的第1~19、20~32、20~32、33~45、46~49、50~65、66~81帧处分别显示F、L、A的轮廓、A的中心三角形、S和H，如图8-129所示。

图8-128　添加关键帧

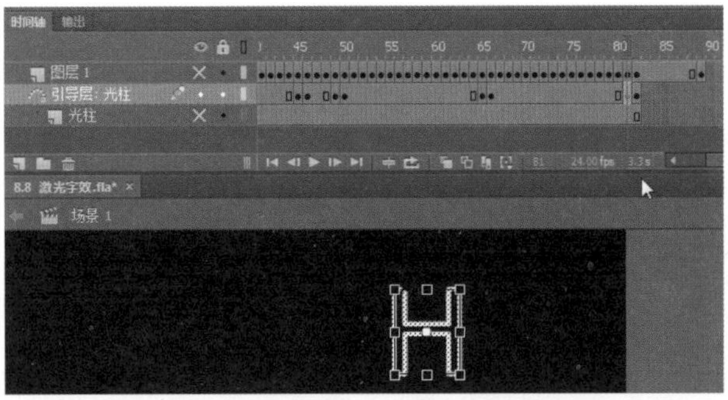

图8-129　在引导层分阶段显示FLASH文字轮廓

16 选择“引导层”的第1帧，使用【橡皮擦工具】将“引导层”中显示的文字擦出一个小口，用作引导线，如图8-130所示。

17 使用相同的办法编辑其他的文本，显示“光柱”图层。在图层的第19、20、32、33、45、46、49、50、65、66和82帧插入关键帧。

18 选择“光柱”图层第1帧中的图形，使用【选择工具】拖至缺口一边，如图8-131所示。

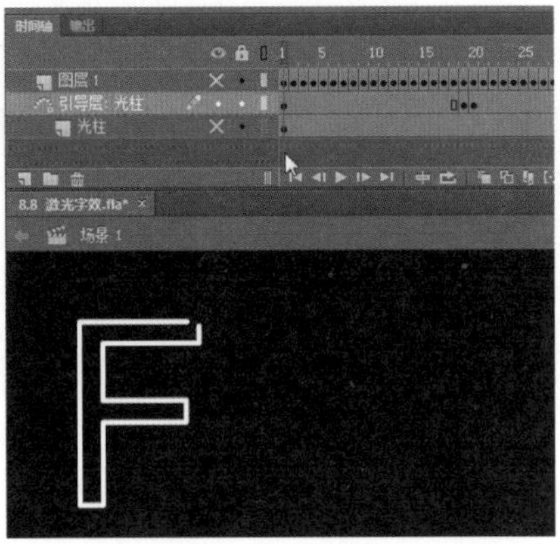

图8-130　擦出小口做引导线

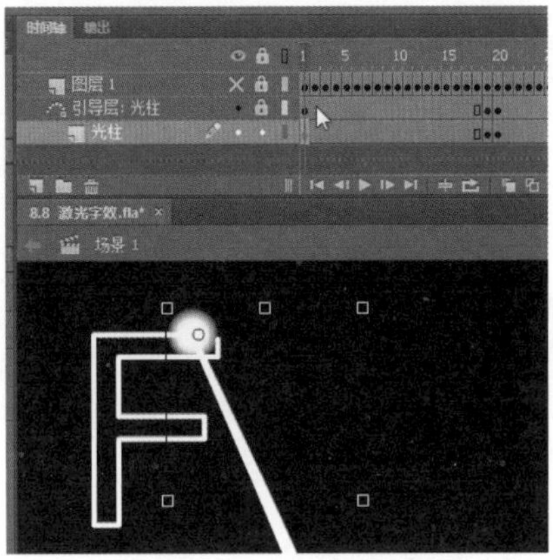

图8-131　将“光柱”拖至缺口

19 编辑其他同类型的关键帧，最后为关键帧创建传统补间动画。按【Ctrl+Enter】测试效果，如图8-132所示。

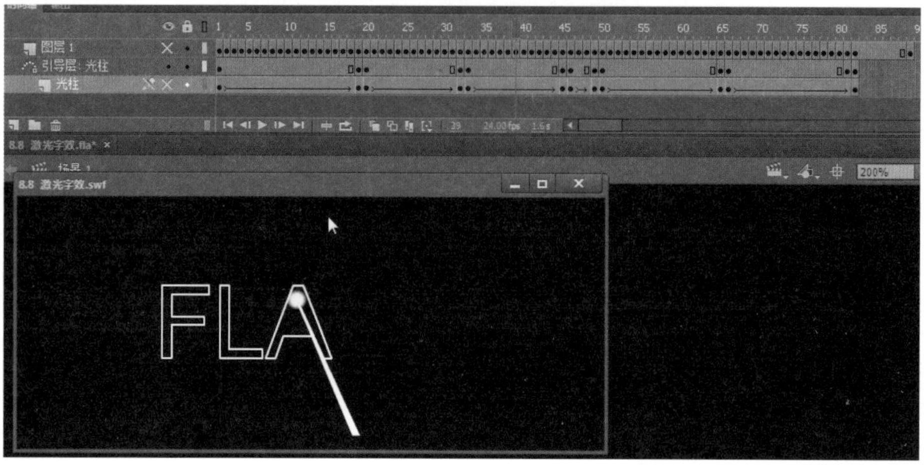

图8-132 案例最终效果

8.9 旋转文字拖尾效果

本案例效果如图8-133所示。

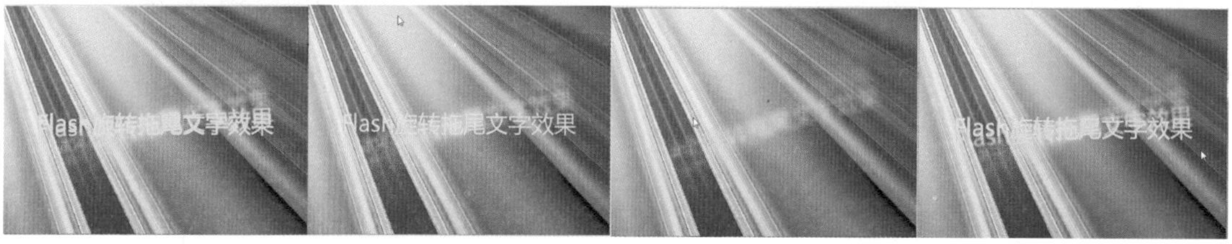

图8-133 案例最终效果

01 打开本案例的素材文件，库内有一张背景图片素材，如图8-134所示。

02 将图层1重命名为“背景层”，并将库内的图片“背景图”拖曳至舞台上，在属性面板中调节其位置，如图8-135所示。

图8-134 库内的图片素材

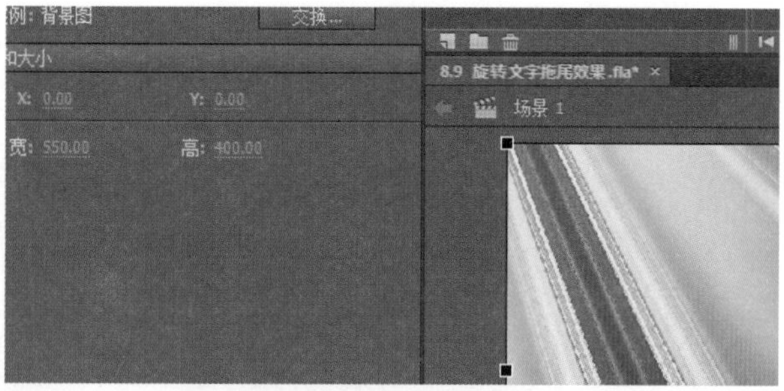

图8-135 调整图片的位置

03 新建一个图层，命名为“文字”，选择【文本工具】，并在属性面板中设置【文本工具】的属性，如图8-136所示。

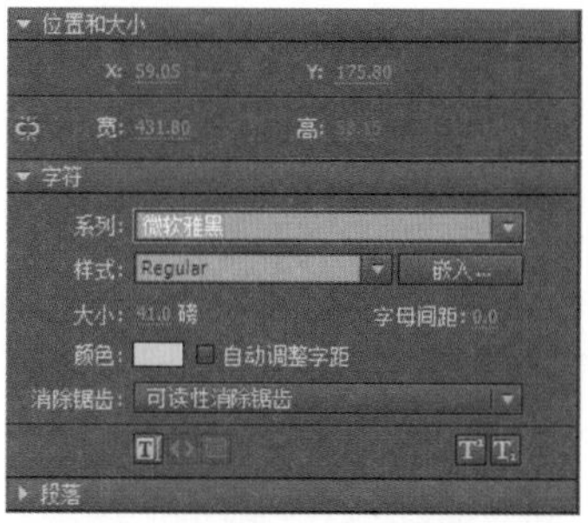

图8-136　设置【文本工具】的属性

04 使用【文本工具】在“文字”图层上输入文字“Flash旋转拖尾文字效果”，并调节其位置至舞台中心，如图8-137所示。

图8-137　输入文字

05 选中刚才输入的文字，按【F8】键将其转换为影片剪辑元件，并命名为“文字动画”，如图8-138所示。

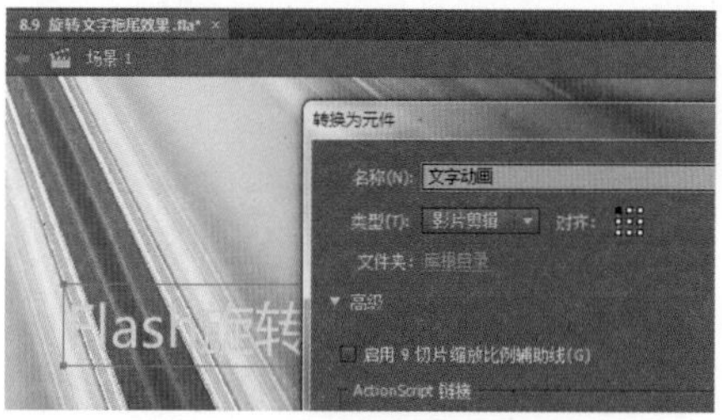

图8-138　转换为影片剪辑

06 转换完成后，双击文字剪辑以进入其内部，再次选中文字并按快捷键【F8】将其转换为影片剪辑，并命名为“文字剪辑”，如图8-139所示。

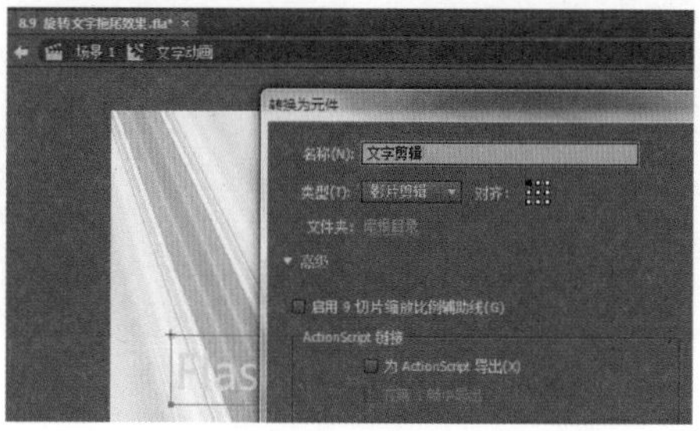

图8-139　再次转换为影片剪辑

07 转换完成后，在当前场景时间轴上的第20帧按快捷键【F6】插入关键帧，并选中第1帧上的“文字剪辑”影片剪辑，使用【任意变形工具】调整其旋转角度，并在属性面板中进行如图8-140所示的设置。

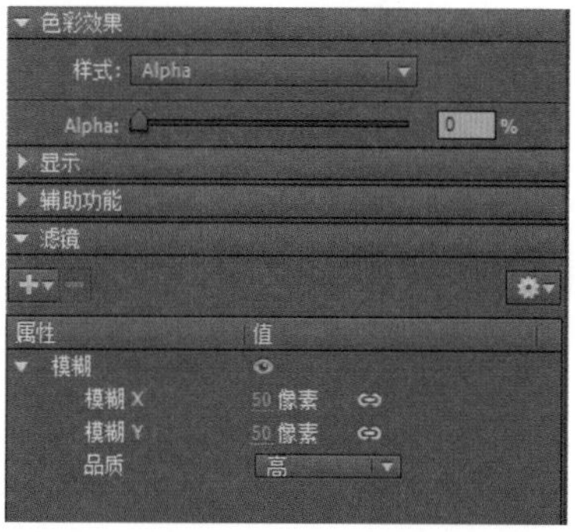

图8-140　旋转角度并设置滤镜和透明度

08 在第1帧上单击右键并在弹出的菜单中选择【创建传统补间】选项，如图8-141所示。

图8-141　创建传统补间

09 多次点击【新建图层】按钮，在图层1上面新建出几个图层，如图8-142所示。

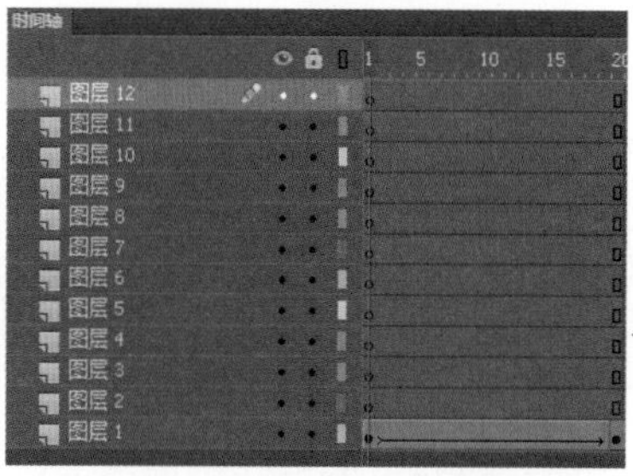

图8-142　创建多个新图层

10 单击图层1的名称部分以全选图层1上的所有帧，当鼠标显示如图8-143所示的状态时，表示如果拖动即可移动所有的帧。

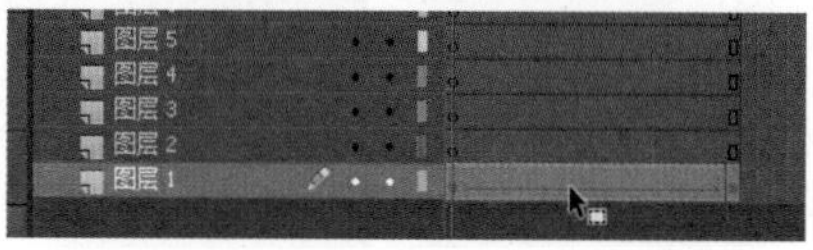

图8-143　鼠标呈现可拖动状态

11 此时按住【Alt】键，并拖动刚才图层1上所有的帧至图层2上，以完全复制图层1上的帧，并稍微延后几帧，如果此操作不太习惯，可以多次进行操作练习，如图8-144所示。

12 同样的操作，后续的图层都依次延迟同样的帧数，最后在所有图层的后面按快捷键【F5】添加帧，以使所有的图层的帧数对齐，如图8-145所示。

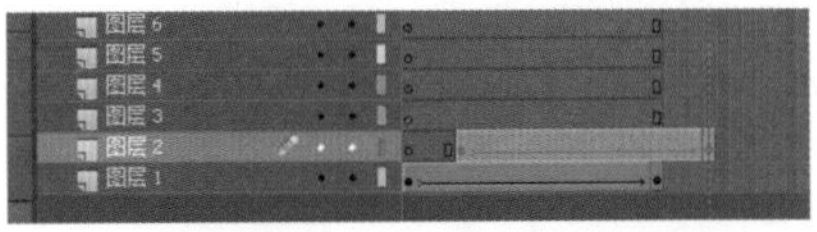

图8-144　复制帧到图层2上

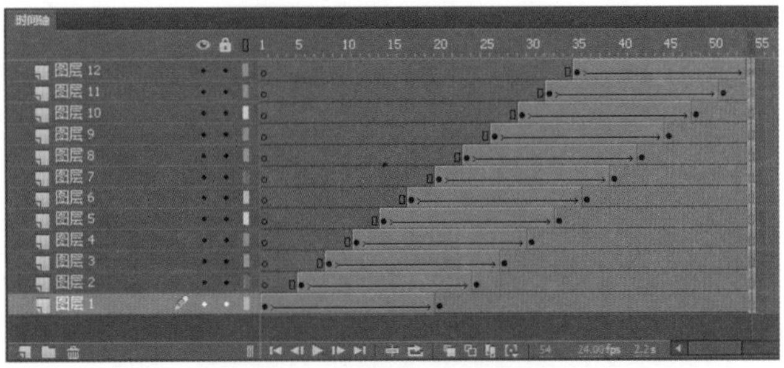

图8-145　处理完所有的图层

13 保存文件，并按组合键【Ctrl + Enter】测试影片效果，如图8-146所示。

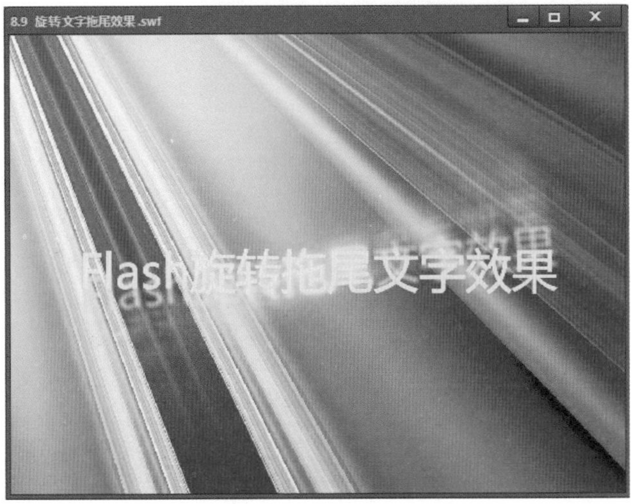

图8-146　最终效果图

8.10 黑客帝国文字效果

本案例效果如图8-147所示。

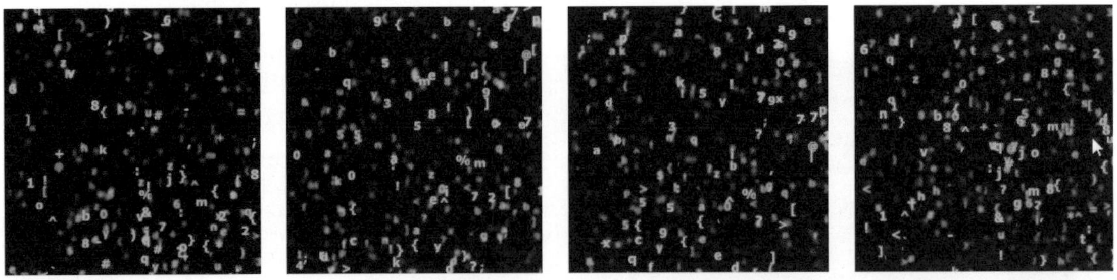

图8-147　案例最终效果

01 新建空白Flash文档，并在属性面板中将舞台尺寸修改为250 × 250，如图8-148所示。

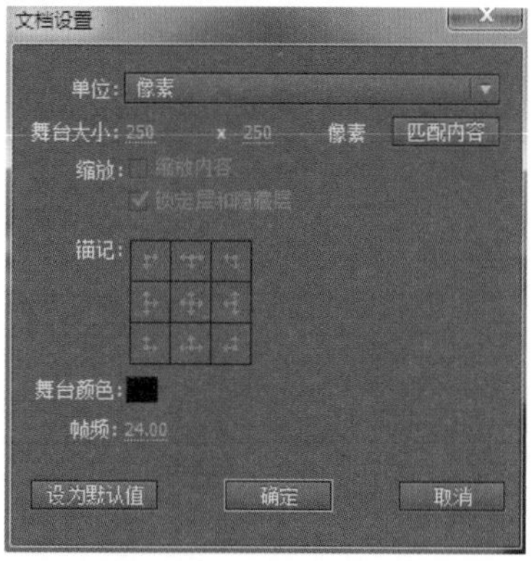

图8-148 设置舞台的尺寸和背景颜色

02 按组合键【Ctrl + F8】新建一个影片剪辑元件，并命名为“单个效果”，并勾选下面的【为ActionScript导出】选项，之后在“类”的文本框内填入effect字样，如图8-149所示。

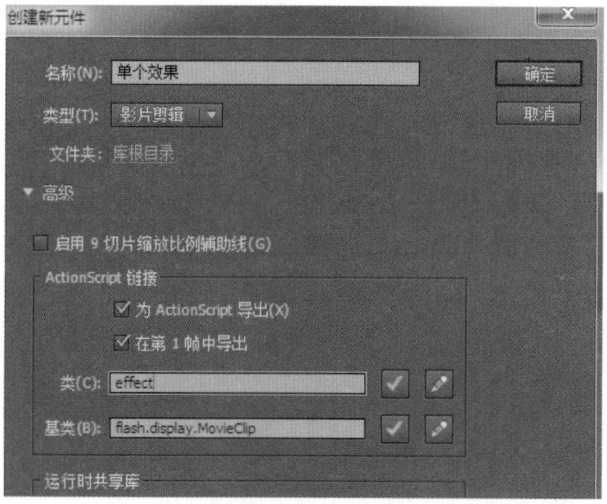

图8-149 新建影片剪辑

03 点击【确定】按钮完成后，进入影片剪辑内部，选择【文本工具】，并在属性面板中修改【文本工具】的属性，如图8-150所示。

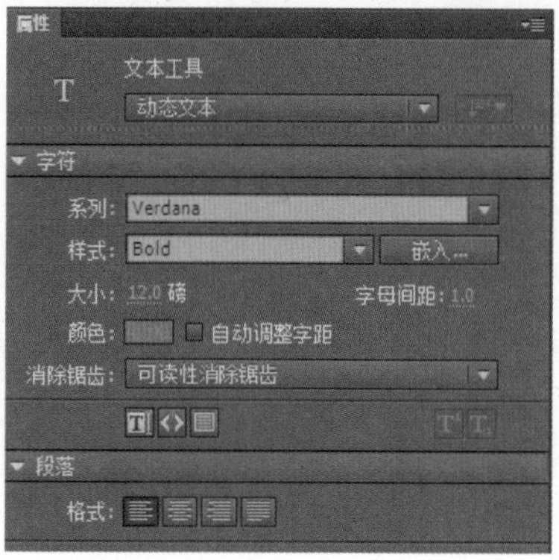

图8-150 设置文本工具的属性

04 在舞台上使用【文本工具】绘制一个文本框，里面随意输入一个字母，例如x，并调节它的位置，如图8-151所示。

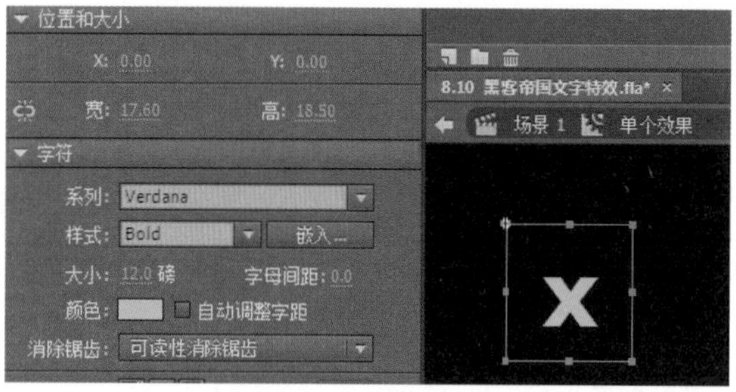

图8-151 绘制动态文本框并输入一个字母

05 选中该文本框，在属性面板中为其输入实例名称txt。单击属性栏中的【字符】选项里的【嵌入】按钮，在弹出的对话框中进行如图8-152所示的设置。

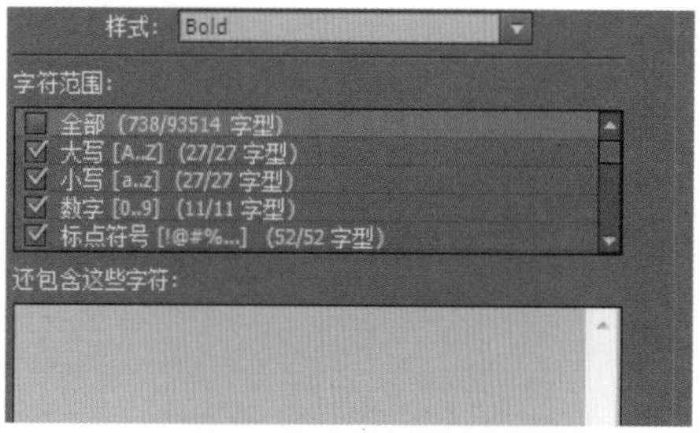

图8-152 嵌入字符

06 新建一个图层，并命名为as，单击该图层的第1帧，按快捷键【F9】打开动作面板，在其中输入以下的脚本，如图8-153所示。

```
import flash.filters.BlurFilter;
import flash.filters.GlowFilter;
import flash.events.Event;
var text_array:Array = [ “0” , “1” , “2” , “3” ,
 “4” , “5” , “6” , “7” , “8” , “9” , “a” ,
 “b” , “c” , “d” , “e” , “f” , “g” , “h” ,
 “i” , “j” , “k” , “l” , “m” , “n” , “o” ,
 “p” , “q” , “r” , “s” , “t” , “u” , “v” ,
 “x” , “y” , “z” , “?” , “<” , “>” , “!” ,
 “`” , “@” , “#” , “$” , “%” , “^” , “&” ,
 “*” , “( “, “)” , “-” , “+” , “|” , “/” , “=” ,
 “_” , “,” , “[ “, “]” , “{” , “}” , “:” , “;” ];
txt.text = text_array[int(Math.random() * text_array.
length)];
var matrix_position:Array = new Array();
var counter:Number = 0;
var counter_limit:Number = Math.random() * 5 + 3;
for (var i:Number = 0; i<=stage.stageWidth/this.width;
i++) {
        matrix_position.push(i*this.width);
```

```
}x = Math.random() * 250
y = Math.random() * 250;
var speed:Number = Math.random() * 8+4;
var rand_scale:Number = Math.random() * 1;
alpha = rand_scale;
scaleX = rand_scale;
scaleY = rand_scale;
var filter:GlowFilter = new GlowFilter(0x00FF00, rand_scale * 100+10, 5, 5, 0.5);
var filterArray:Array = new Array();
filterArray.push(filter);
var filter1:BlurFilter = new BlurFilter((100-rand_scale * 100)/10, (100-rand_scale * 100)/10);
filterArray.push(filter1);
this.filters = filterArray;
addEventListener(Event.ENTER_FRAME,update);
function update(e:Event):void {
        y += speed;
        if (y>=stage.stageHeight + this.height) {
                y = -this.height;
        }
}
```

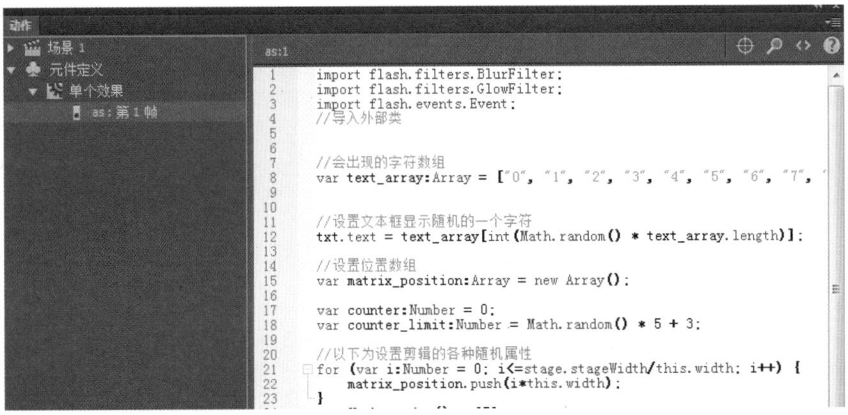

图8-153　输入脚本

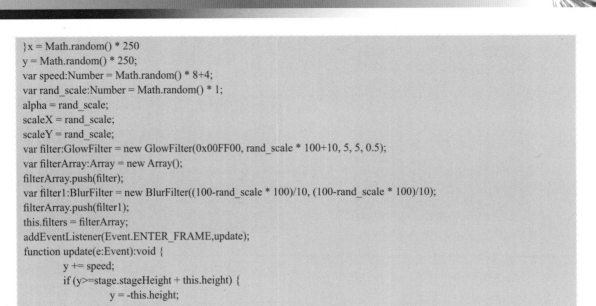

07 单击时间轴下方的“场景1”以返回主场景，在主场景上也新建一个图层，也命名为as，并选中该层的第1帧，按快捷键【F9】打开动作面板，在其中输入以下的脚本，如图8-154所示。

```
import flash.display.MovieClip;
for (var i:Number =0; i<=600; i++) {
        var mc:MovieClip = new effect();
        addChild(mc);
```

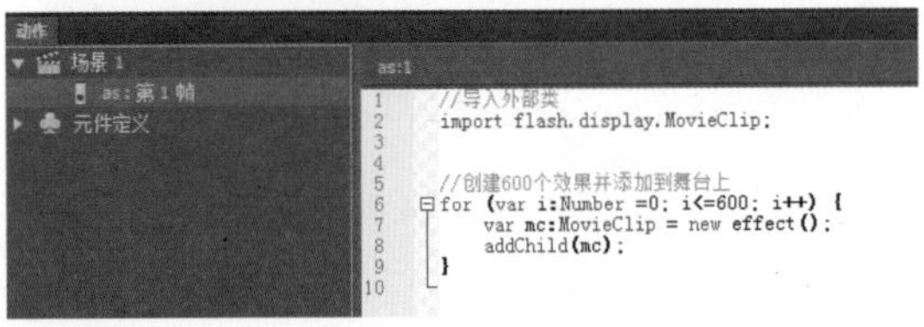

图8-154　输入脚本

08 保存文件，并按组合键【Ctrl + Enter】测试影片，最终效果如图8-155所示。

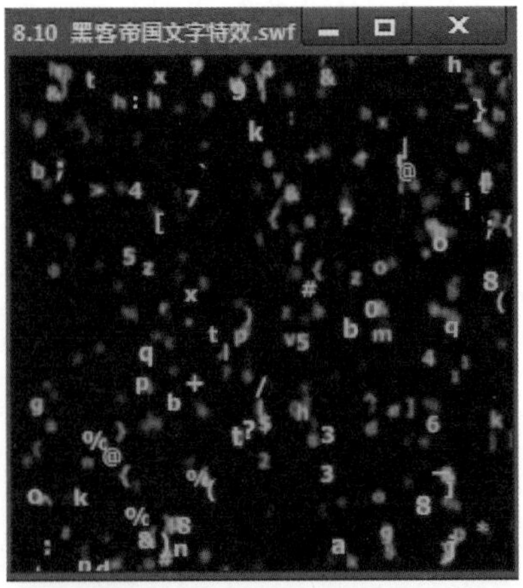

图8-155　最终效果图

8.11 课后练习

8.11.1 彩色文字效果

本案例的练习为制作彩色文字效果，最终效果请查看配套光盘相关目录下的“8.11.1 彩色文字效果”文件。本案例大致制作流程如下：

01 设置舞台的背景图片。

02 输入文本并转换为影片剪辑，设置滤镜属性的【渐变斜角】和【斜角】。

03 制作传统补间动画并修改之后的滤镜属性。

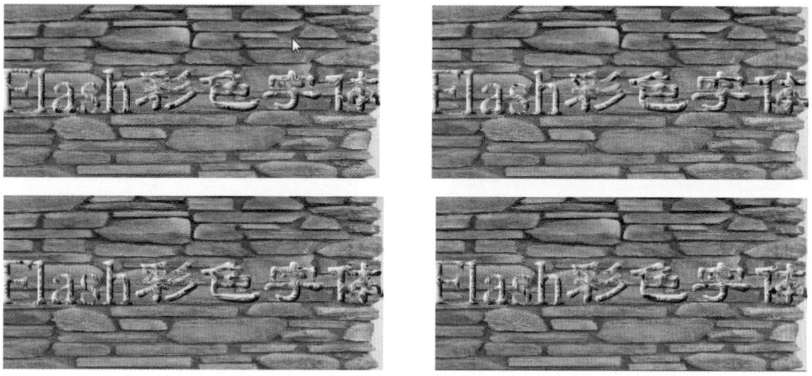

案例最终效果

8.11.2 横向错位效果

本案例的练习为制作横向错位效果，最终效果请查看配套光盘相关目录下的“8.11.2 横向错位效果”文件。本案例大致制作流程如下：

01 制作一个文字的遮罩动画，遮罩部分首先在文字上方。

02 多次制作文字遮罩动画，遮罩部分逐渐下移。

03 制作各个部分的动画效果。

案例最终效果

8.11.3 环绕文字

本案例的练习为制作环绕文字效果，最终效果请查看配套光盘相关目录下的“8.11.3 环绕文字”文件。本案例大致制作流程如下：

01 输入要制作文字效果的文字。

02 为文字新建影片剪辑元件，制作出文字旋转的效果。

案例最终效果

8.11.4 刹车的文字

本案例的练习为制作刹车的文字效果，最终效果请查看配套光盘相关目录下的“8.11.4 刹车的文字”文件。本案例大致制作流程如下：

01 输入要制作效果的文字。

02 将文字转换为影片剪辑，将文字打散，逐帧制作出文字刹车的效果。

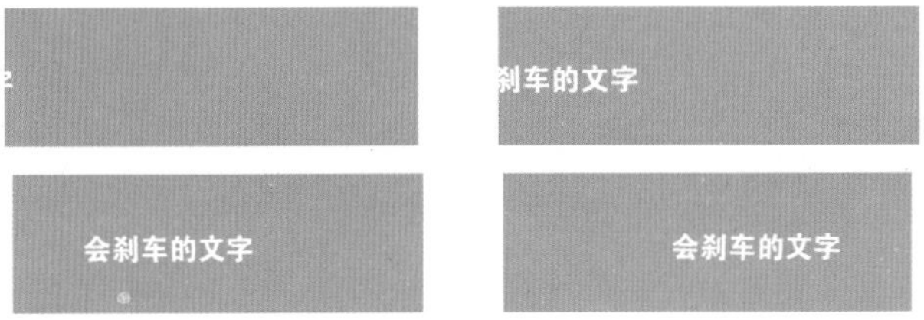

案例最终效果

8.11.5 模糊出现的文字

本案例的练习为制作模糊出现的文字效果，最终效果请查看配套光盘相关目录下的“8.11.5 模糊出现的文字”文件。本案例大致制作流程如下：

01 输入要制作效果的文字。

02 制作文字模糊出现的效果。

03 制作文字清晰的效果。

04 在制作文字模糊消失的效果。

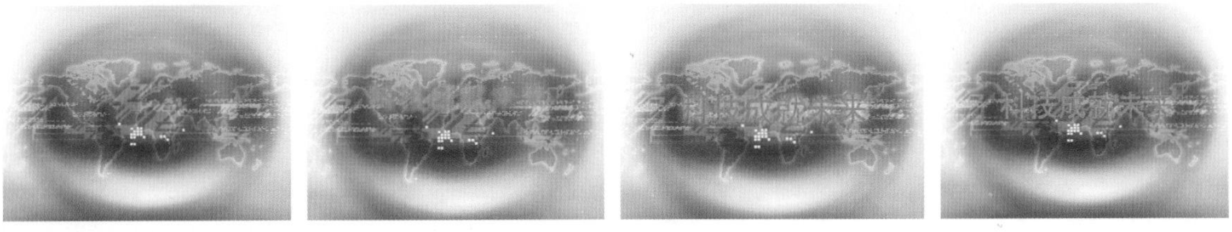

案例最终效果

8.11.6　冲击波文字效果

本案例的练习为制作冲击波文字效果，最终效果请查看配套光盘相关目录下的“8.11.6　冲击波文字”文件。本案例大致制作流程如下：

01 输入要制作效果的文字。

02 给文本新建影片剪辑元件，制作冲击波效果。

03 添加背景和标志。

案例最终效果

8.11.7　虚幻文字效果

本案例的练习为制作虚幻文字效果，最终效果请查看配套光盘相关目录下的“8.11.7　虚幻文字效果”文件。本案例大致制作流程如下：

01 输入要制作效果的文字，并将其转换为影片剪辑。

02 创建图层并复制文字影片剪辑，调整多个文字影片剪辑副本的大小和透明度。

03 制作多个影片剪辑缓慢运动的动画。

案例最终效果

8.11.8　四色跳动文字效果

本案例的练习为制作四色跳动文字的效果，最终效果请查看配套光盘相关目录下的“8.11.8　四色跳动文字”文件。本案例大致制作流程如下：

01 输入要制作效果的文字，并将其转换为影片剪辑。

02 打散文字，为每个字制作跳动出现的效果，使用不同颜色。

案例最终效果

8.11.9 游离文字效果

本案例的练习为制作游离文字效果，最终效果请查看配套光盘相关目录下的“8.11.9 游离文字效果”文件。本案例大致制作流程如下：

01 绘制多个径向渐变的圆形，并转换为影片剪辑。

02 输入要制作效果的文字，并打散。

03 制作圆形影片剪辑的运动动画，并将打散的文字作为遮罩层。

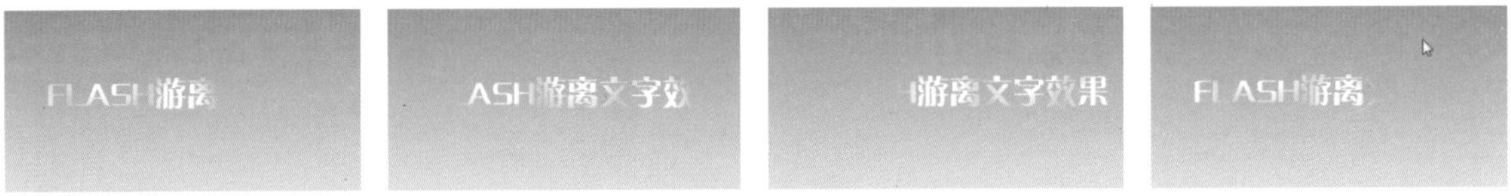

案例最终效果

8.11.10 逐行显示文字效果

本案例的练习为制作逐行显示文字效果，最终效果请查看配套光盘相关目录下的“8.11.10 逐行显示文字效果”文件。本案例大致制作流程如下：

01 输入要制作效果的大篇幅文字。

02 制作多个和文字一行高的矩形作为影片剪辑。

03 制作矩形影片剪辑从没接触文字到完全覆盖一行文字的运动动画。

04 多次制作类似的动画效果并打散文字，将文字层作为遮罩层。

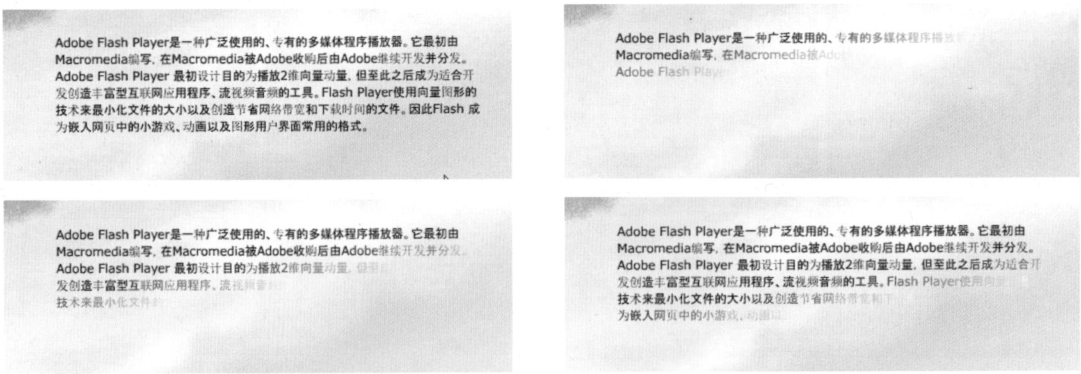

案例最终效果

第9章

按钮特效动画篇

Flash有三大元件：图形元件、影片剪辑元件、按钮元件，之前已经对图形元件和影片剪辑元件都做过了相应的介绍。按钮元件是一个较为特殊的元件，它是唯一的不需要脚本语言便可以出现互动效果的元件，普遍应用于交互型应用程序，例如网站和游戏的开发，以及展示的播放按钮之类。按钮元件默认是停止在第1帧，即“弹起”帧，表示按钮元件在没有任何交互操作的情况下所呈现的状态；第2帧即“指针经过”帧表示当鼠标划过该按钮时，则播放这一帧的内容；第3帧即“按下”帧表示当鼠标按住该按钮不释放时，则播放这一帧的内容；第4帧即“点击”帧表示的是该按钮接收鼠标交互事件的范围大小，这一帧在运行时不会显示出来，上面绘制的内容便可以响应鼠标。如果帧上没有内容，则默认以“指针经过”帧上面的形状进行判断。

本章学习重点：

1. 按钮动画
2. 文字按钮
3. 多彩按钮
4. 图片按钮
5. 卡通形象效果按钮
6. 搜索按钮
7. 会响的按钮

9.1 “打开主页”按钮动画

本案例效果如图9-1所示。

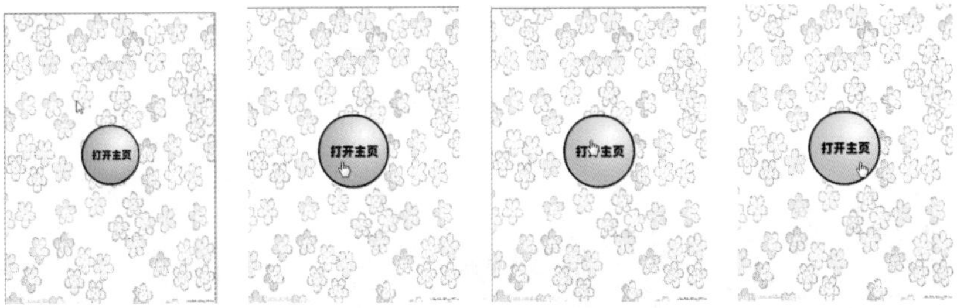

图9-1 案例最终效果

01 打开本案例的素材文件，按组合键【Ctrl + F8】新建一个按钮 元件，命名为“打开主页”，如图9-2所示。

图9-2 新建“打开主页”按钮

02 单击【确定】按钮后进入按钮元件内进行编辑，在“弹起”帧使用【椭圆工具】设置如图9-3所示的属性，并按住【Shift】键在舞台上绘制一个正圆形。

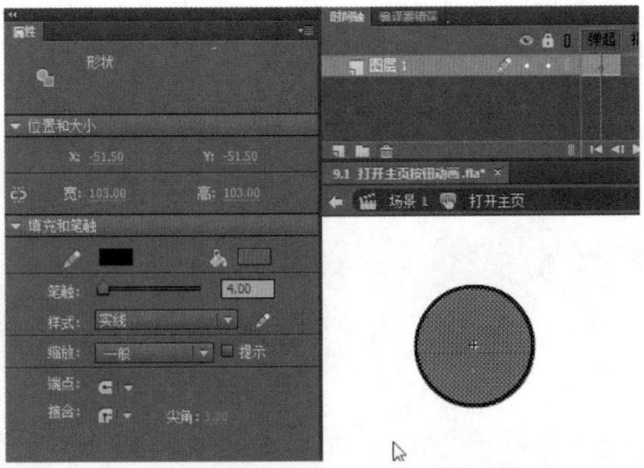

图9-3 绘制一个正圆形

03 全选刚才所绘制的圆形，按【Ctrl + G】将圆形组合，以免接下来的操作对其产生影响，如图9-4所示。

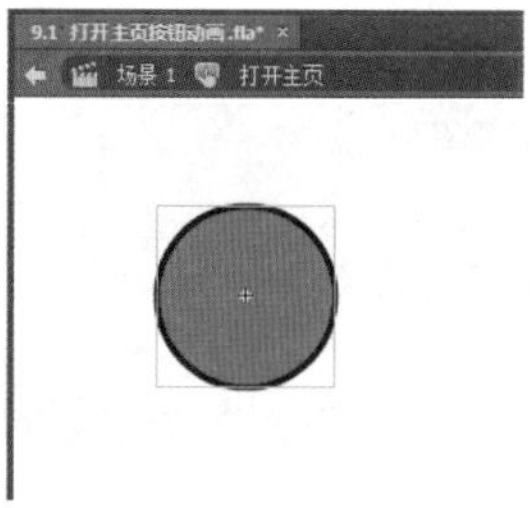

图9-4　将圆进行组合

04 选中组合后的圆，按组合键【Ctrl + C】进行复制，再按组合键【Ctrl + Shift + V】原位粘贴一个圆形在原来的圆形上面，双击进入最上面圆形的组内后，使用【选择工具】选中轮廓线条并删除，再选中填充部分，在颜色面板内设置如图9-5所示的渐变，再使用【渐变变形工具】调整渐变效果。

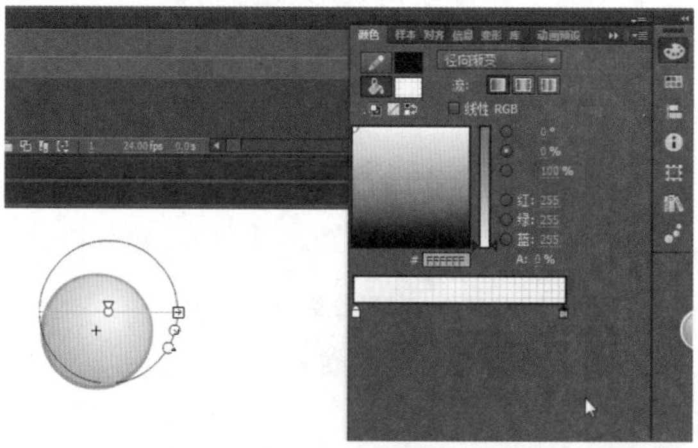

图9-5　设置渐变并调节渐变效果

05 双击舞台空白区域以返回上一层，使用【文本工具】设置如图9-6所示的属性，并在圆形上面输入文字“打开主页”。

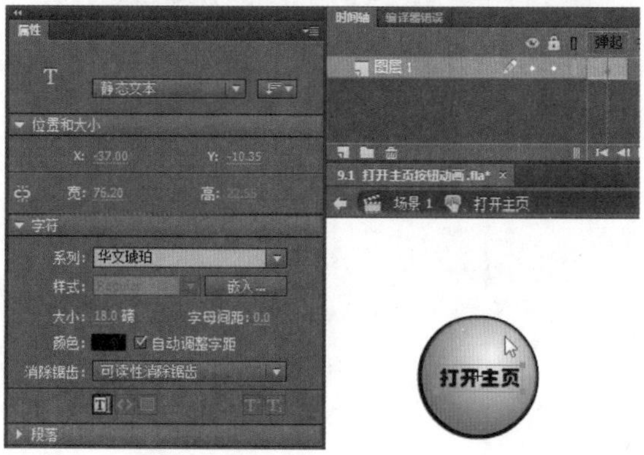

图9-6　输入按钮上的文字

06 单击选中“指针经过”帧，按快捷键【F6】插入关键帧，此时该帧将会与“弹起”帧内容一致，如图9-7所示。

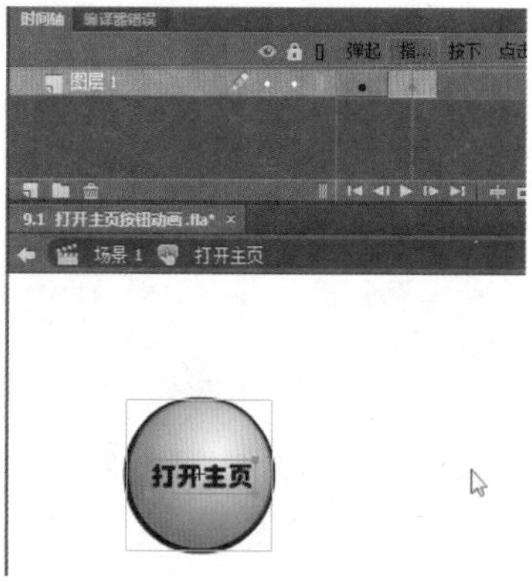

图9-7　在“指针经过”帧插入关键帧

07 使用【任意变形工具】全选所有图形，并按住【Shift + Alt】组合键将所有图形的大小稍微调大一点，再双击圆形进入圆形组的内部，将颜色稍微加深一点，如图9-8所示。

图9-8　修改图形大小并加深颜色

注意：

如果发现高光的组完全处于圆形组的上面，而导致无法选中圆形组，可以先将高光组移开，在修改完圆形组后再移动回原位。

08 选中“按下”帧，并按快捷键【F6】插入关键帧，此时帧上的内容将和“指针经过”帧内容一致，重复上面的步骤，修改一下圆形的大小，也可以修改一下文字的颜色，修改后的效果如图9-9所示。

图9-9　修改图形大小

09 返回到“指针经过”帧，小心选中该帧上的圆形组，并按快捷键【F8】将其转换为影片剪辑元件，命名为“指针经过动画”，记得刚才新建元件时选择的是按钮元件，一定要记得修改回来，如图9-10所示。

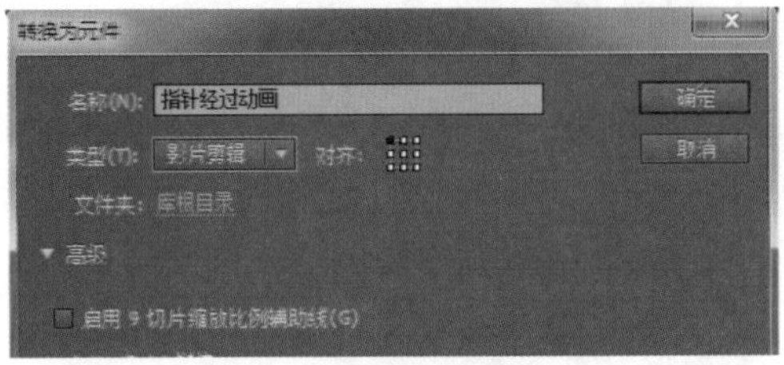

图9-10　转换为影片剪辑元件

10 单击【确定】按钮后，圆形组将会处于最上层的位置，先双击它并进入内部进行编辑。先选中处于第1帧的圆形组，按组合键【Ctrl + B】打散该图形，如图9-11所示。

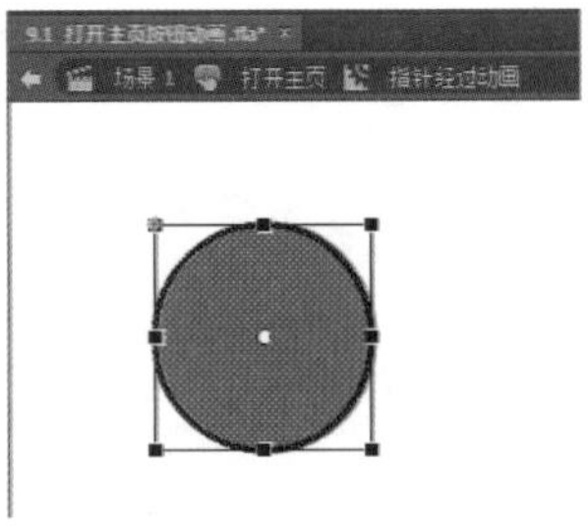

图9-11　打散图形

11 在元件的第5帧和第10帧分别按快捷键【F6】插入关键帧，并右键单击帧间的区域，在弹出的菜单中选择【创建补间形状】选项，如图9-12所示。

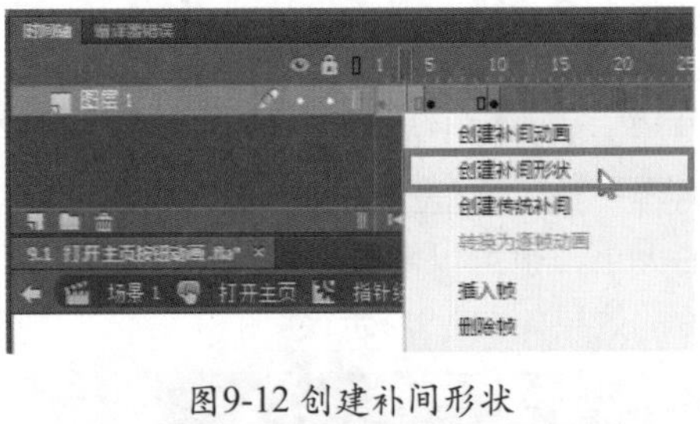

图9-12 创建补间形状

注意：

传统补间动画包括两种类型，一种是普通的传统补间动画，一种是形状补间动画。普通的传统补间动画是元件之间的补间动画，一般涉及的是整体大小、角度、位置的变化效果；而形状补间偏向于对内部形状的变化，二者没有过于明显的区别。

12 选中第5帧上的图形，修改其填充颜色，这样便制作了颜色渐变的动画，如图9-13所示。

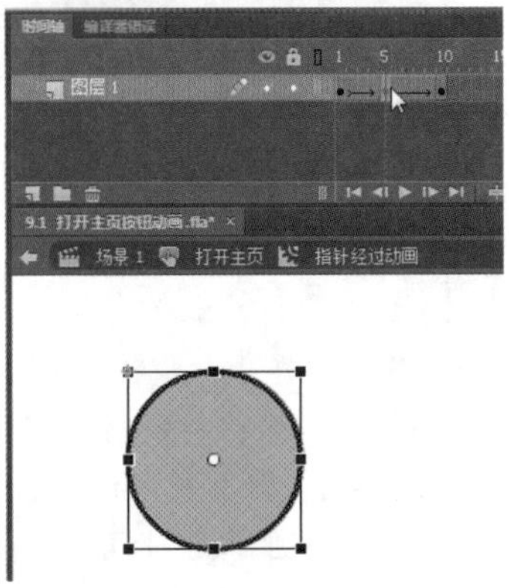

图9-13　修改图形颜色

13 双击舞台空白部分以返回上一级，选中刚才制作的圆形，按组合键【Ctrl + Shift +下方向键】将圆形动画放置在最下面一层，如图9-14所示。

图9-14　将圆形动画调节至最底层

14 单击时间轴下方的“场景1”返回主场景，将元件“打开主页”按钮拖曳至舞台上，使用【渐变变形工具】适当调节大小，保存文件，按组合键【Ctrl + Enter】测试影片，可以看到按钮的效果，如图9-15所示。

图9-15　最终效果图

9.2　文字按钮效果

本案例的效果如图9-16所示。

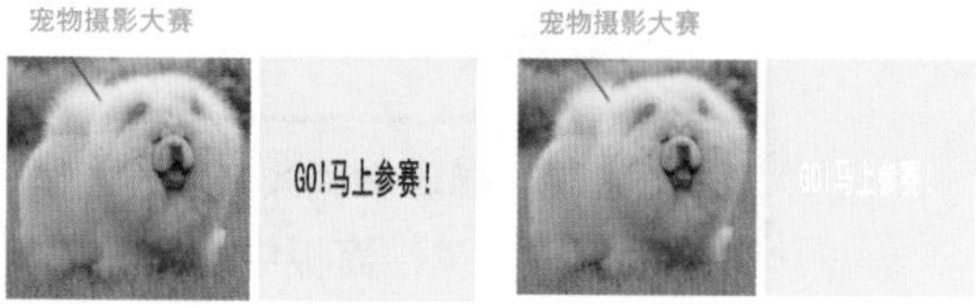

图9-16　案例最终效果

01 新建Flash文档，将本案例素材导入库中，如图9-17所示。

图9-17　库内的素材

02 按组合键【Ctrl + F8】新建元件，选择按钮元件，并命名为“文字按钮”，如图9-18所示。

图9-18　新建按钮元件

03 单击【确定】按钮后进入该元件内部进行编辑，在第1帧输入文字“GO!马上参赛”。文本设置如图9-19所示。

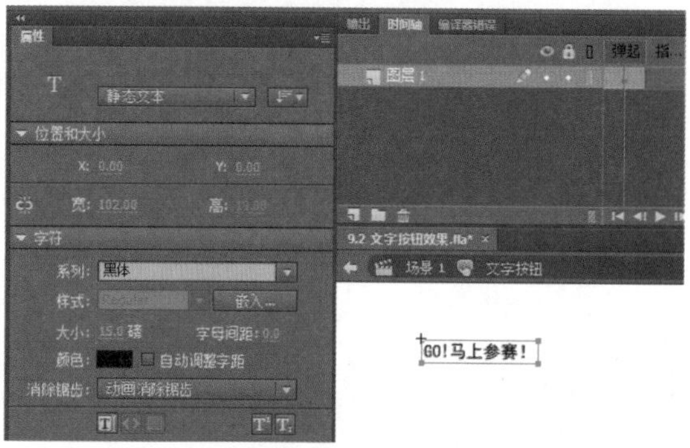

图9-19　设置文本属性

04 单击“指针经过”帧，按快捷键【F6】插入关键帧，选中文本将文本颜色换成白色，如图9-20所示。

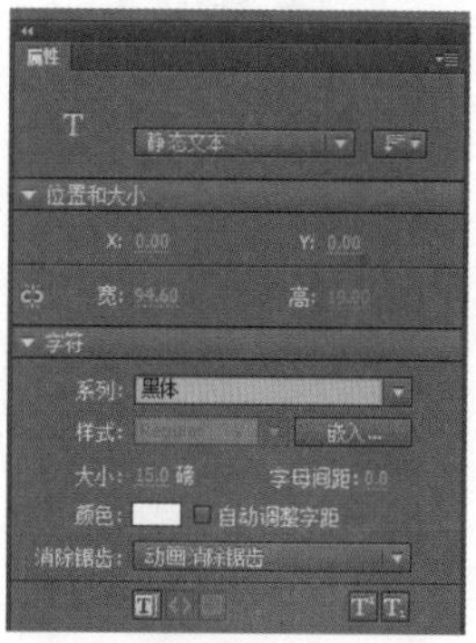

图9-20　改变文本颜色

05 在点击帧按【F7】键插入空白关键帧，选择【矩形工具】绘制一个能盖住文字大小的矩形，绘制完成并按【Ctrl+G】对其进行组合。如图9-21所示。

06 回到场景1，将库中的素材拖入舞台的合适位置，如图9-22所示。

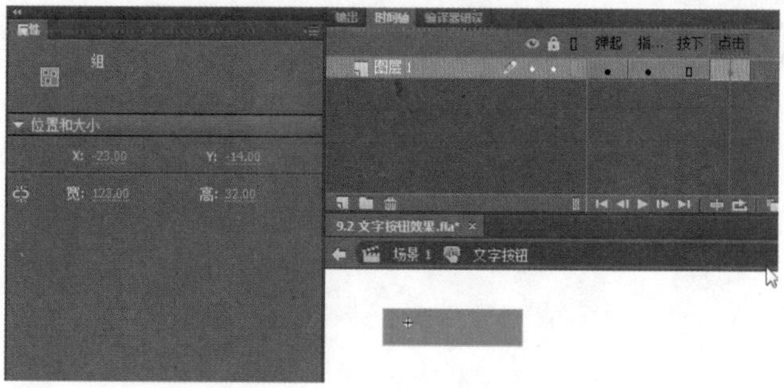

图9-21　编辑按钮点击效果

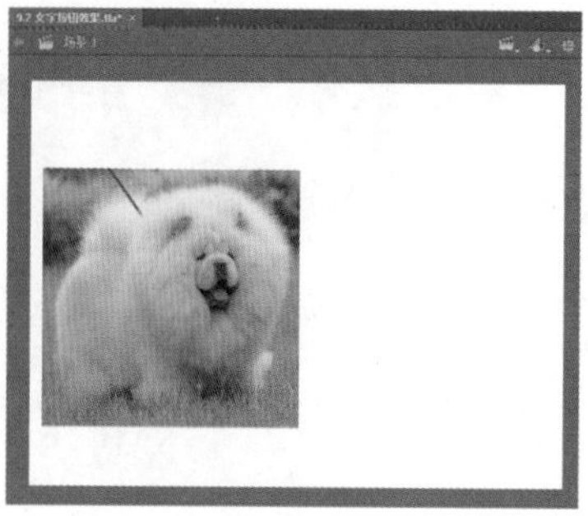

图9-22　将素材拖入舞台

07 使用【矩形工具】，在场景中绘制一个矩形，属性设置如图9-23所示。绘制完成后按【Ctrl+G】将其进行组合。

图9-23　绘制矩形

08 选择【文本工具】在场景中输入文字，属性设置如图9-24所示。

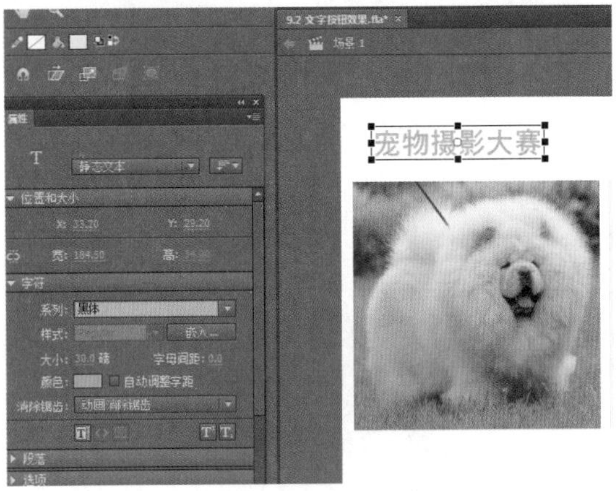

图9-24　输入文字

09 将库中制作好的按钮元件拖至舞台，位置如图9-25所示。

图9-25　将按钮元件拖至舞台

10 点击场景空白处，在属性面板中设置帧频为12，如图9-26所示。

图9-26　修改帧频

11 保存文件，按组合键【Ctrl + Enter】测试影片，效果如图9-27所示。

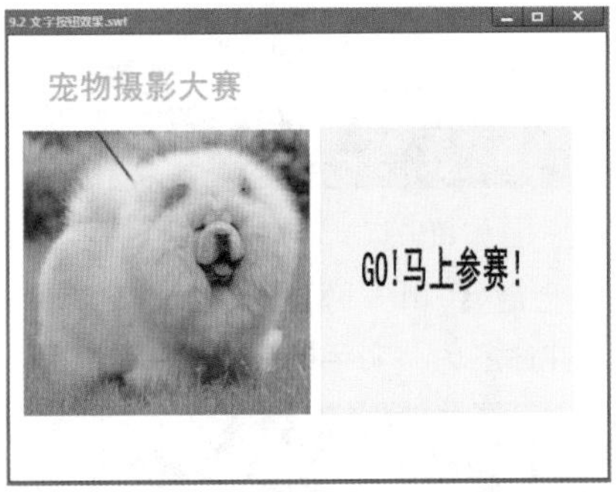

图9-27　最终效果图

9.3　多彩按钮效果

本案例效果如图9-28所示。

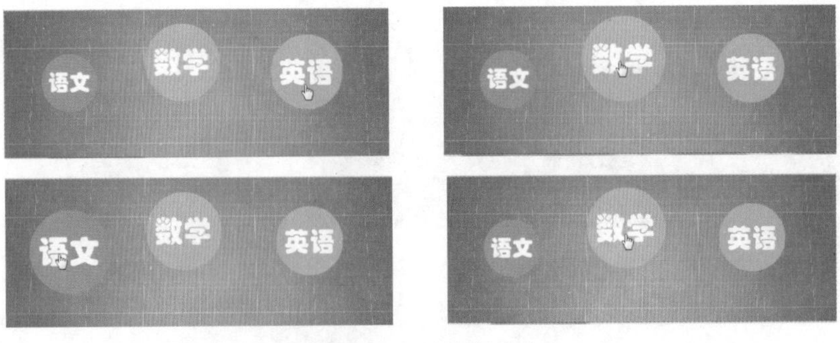

图9-28　案例最终效果

01 新建空白Flash文档，在属性面板中将舞台大小调节至550×200，如图9-29所示。

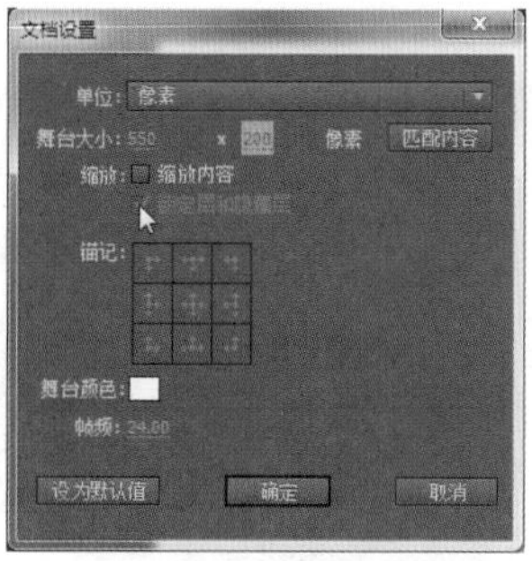

图9-29　设置舞台尺寸

02 选择工具栏内的【椭圆工具】，在属性面板内设置，如图9-30所示。

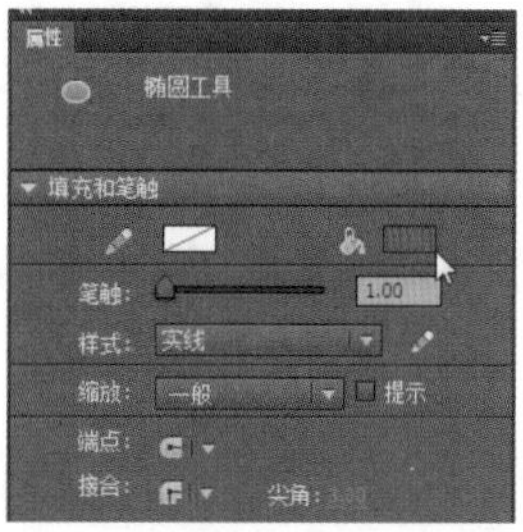

图9-30　设置椭圆工具的属性

03 在舞台上使用【椭圆工具】并按住【Shift】键绘制一个正圆形，如图9-31所示。

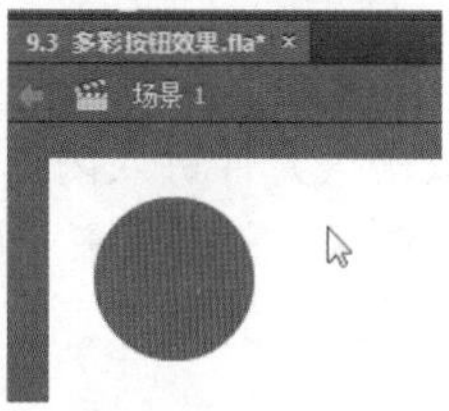

图9-31　绘制一个正圆形

04 使用【选择工具】选中该圆形，并按快捷键【F8】将其转换为按钮元件，命名为“按键-语文”，如图9-32所示。

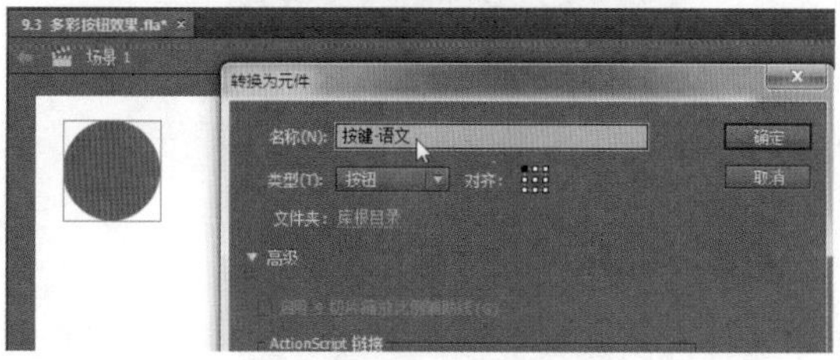

图9-32　转换为按钮

05 双击舞台上的椭圆形以进入刚才转换的按钮元件内部，使用【文本工具】在椭圆形上输入文字“语文”，如图9-33所示。

图9-33　输入文本

06 在“鼠标经过”帧按快捷键【F6】插入关键帧，并使用组合键【Ctrl+B】将该帧上的内容打散两次，直到文字也被打散为填充，如图9-34所示。

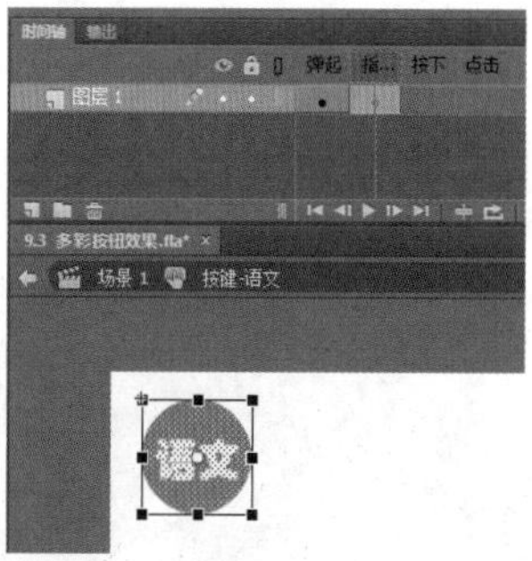

图9-34　打散帧上的内容

07 选中打散的内容，按快捷键【F8】将其转换为影片剪辑元件，并命名为“按钮-语文-经过”，如图9-35所示。

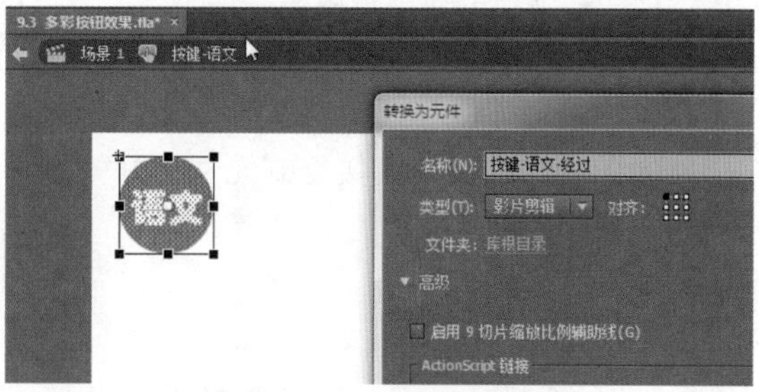

图9-35　转换为影片剪辑元件

08 转换完成后，双击该影片剪辑元件以进入其内部，在第7、11、14、16帧分别按快捷键【F6】插入关键帧，如图9-36所示。

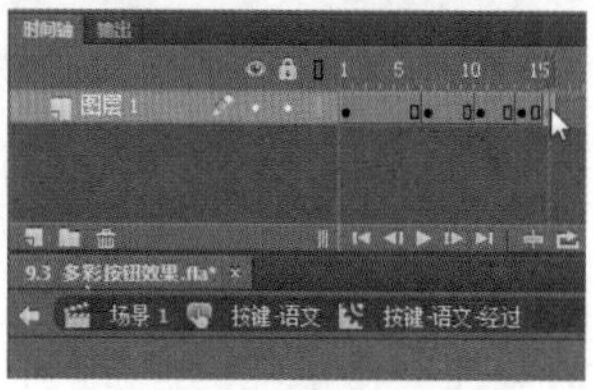

图9-36　插入关键帧

09 选中第7帧上的图形，在【变形】面板内将缩放宽度和缩放高度均改为120，如图9-37所示。

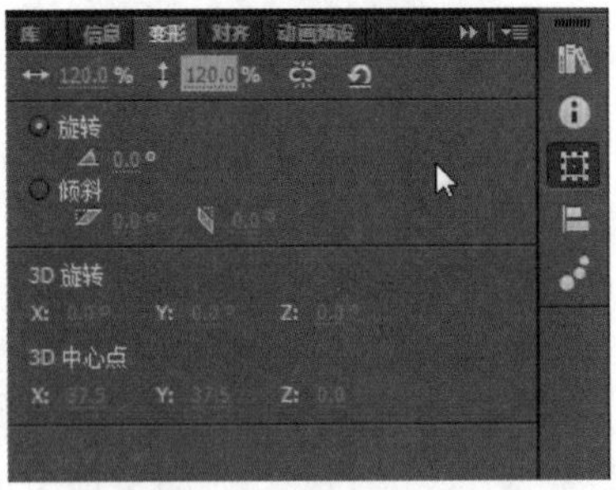

图9-37 设置缩放

10 按照上面的设置方法，将第11帧设置为105，第14帧设置为115，第16帧设置为110，接下来在所有帧之间创建补间形状，如图9-38所示。

图9-38 设置缩放比例并创建补间形状

11 单击第16帧并按快捷键【F9】，在弹出的动作面板内输入脚本语言停止播放的脚本语言，如图9-39所示。

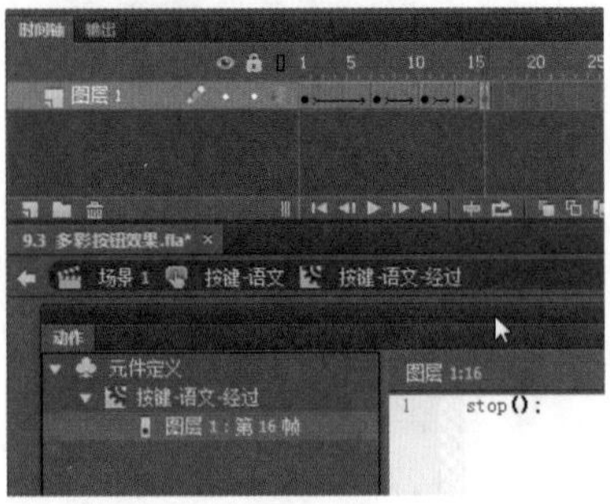

图9-39 输入停止播放脚本

12 此时可以单击时间轴下方的“场景1”以返回主场景，按组合键【Ctrl + Enter】测试该按钮的效果，可以看到按钮呈现出有弹性的样式，如图9-40所示。

图9-40 测试一个按钮的效果

13 关闭测试界面，在库中选择“按键-语文”元件，并单击右键，在弹出的菜单中选择【直接复制】选项，在弹出的对话框中将元件名改为“按键-数字”，如图9-41所示。

14 上一步操作后，将会在库中复制出一个“按键-数字”元件，双击该元件进入内部，可以看到内容和“按键-语文”元件的内容一致，但是此时更改这里的内容并不会影响原来“按键-语文”元件的内容，这就是直接复制元件的好处。可以修改元件“弹起”帧上的文字，并修改圆形的颜色，如图9-42所示。

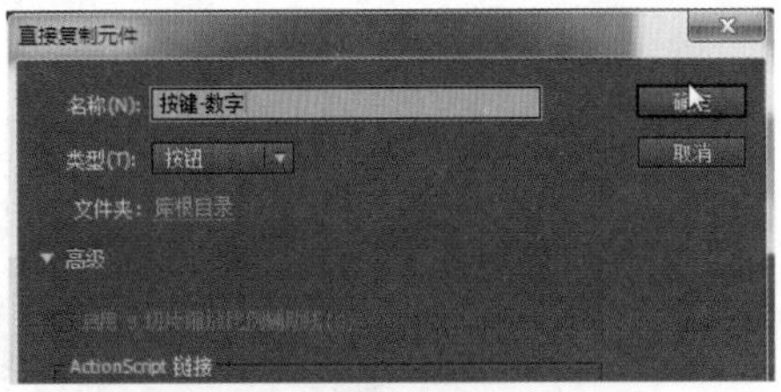

图9-41 直接复制元件

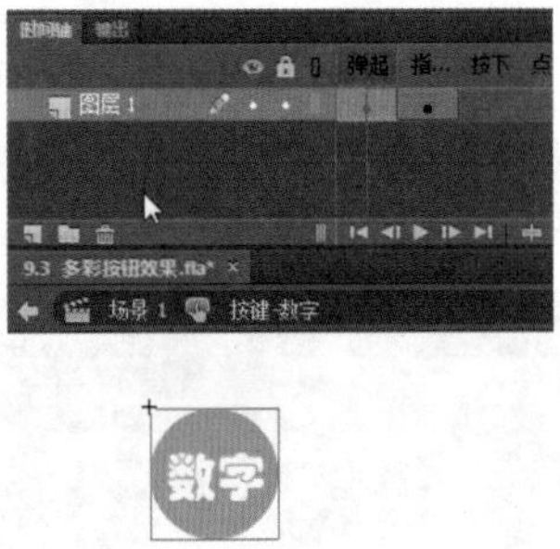

图9-42 修改新复制的元件

15 在“指针经过”帧上，单击右键并在弹出的菜单中选择【清除关键帧】选项，此时将会把原来“指针经过”帧上的内容清除，此时再使用快捷键【F6】在该帧上插入关键帧，如图9-43所示。

16 重复之前制作“按键-语文”的方法制作“按键-数学”的指针经过动画，并制作完成该按钮，将其拖曳到舞台上，以此方法类推，可以做出其他的学科的按钮。再添加一张图片作为背景，完成后可以按【Ctrl + Enter】测试，如图9-44所示。

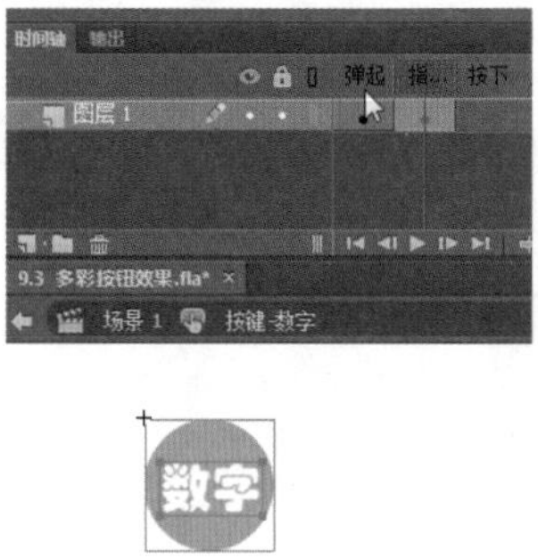

图9-43　重新插入关键帧

图9-44　最终效果图

9.4　图片按钮

本案例效果如图9-45所示。

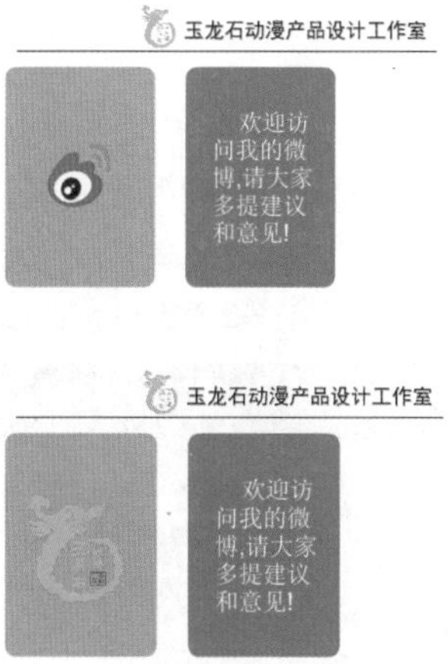

图9-45　案例最终效果

01 新建Flash文档，将本案素材导入到库中，如图9-46所示。

图9-46　库内的素材

02 按【Ctrl+F8】新建一个按钮元件，命名为“图片按钮”，如图9-47所示。

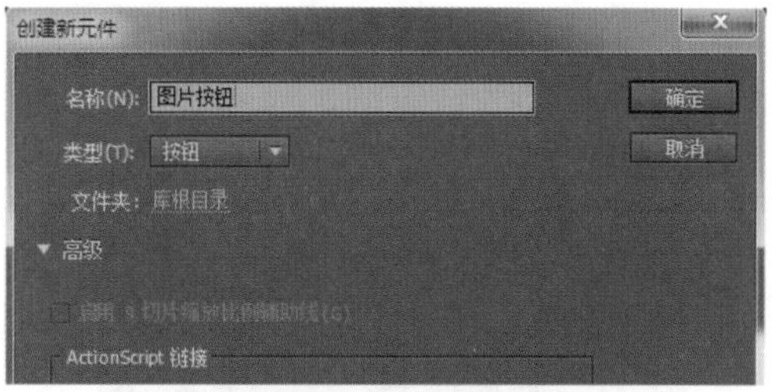

图9-47　新建按钮元件

03 点击【确定】按钮进入元件，在第1帧将库中的素材“2”拖至舞台，如图9-48所示。

图9-48　将素材拖至舞台

04 在第2帧按【F7】键插入空白关键帧，将素材“1”拖至与第一个素材相同位置，如图9-49所示。

图9-49　拖入第2张素材

05 在第4帧按【F7】键插入空白关键帧，选择【椭圆工具】绘制一个能够盖住图片素材的椭圆形，如图9-50所示。

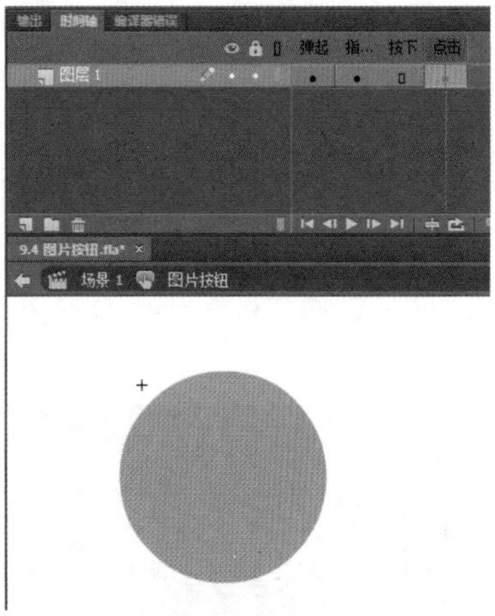

图9-50　绘制椭圆形

06 选择【文本工具】在场景1中输入以下文字，并放入LOGO，如图9-51所示。

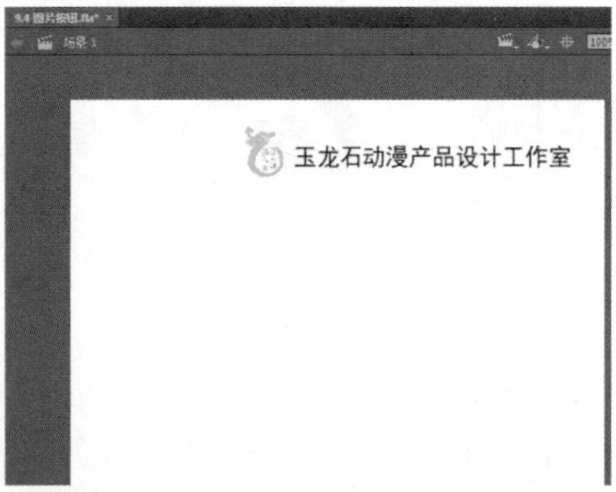

图9-51　输入文字

07 使用【矩形工具】绘制一条直线，如图9-52所示。

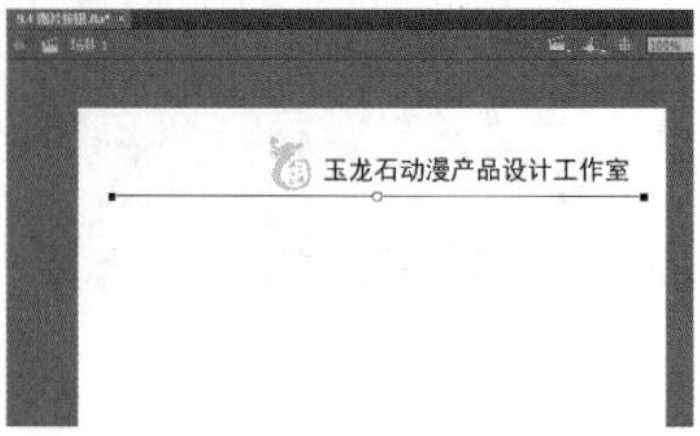

图9-52　绘制直线

08 点击时间轴下方的“场景1”，选择【矩形工具】在场景中绘制如图9-53所示的第一个矩形，并按【Ctrl+G】编组。

图9-53　绘制矩形并组合

09 点击时间轴下方的“场景1”，选择【矩形工具】在场景中绘制第2个矩形，如图9-54所示。

图9-54　绘制一条直线并输入文字

10 在蓝色的一个矩形上使用【文本工具】输入文字，并将文字与蓝色矩形按【Ctrl+G】编组，如图9-55所示。

图9-55　输入注解文字

11 将制作好的图片按钮拖至舞台，如图9-56所示。

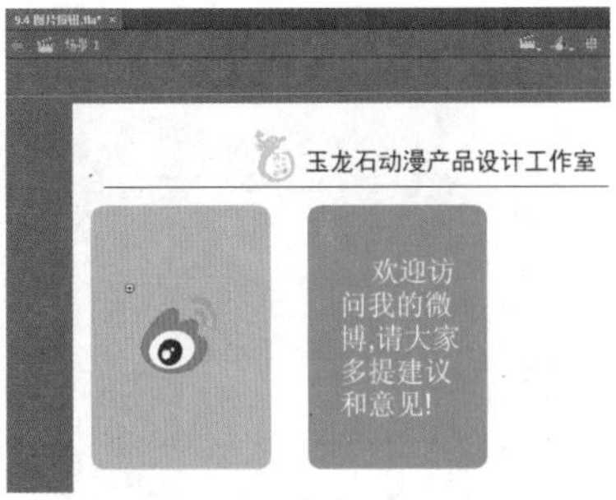

图9-56 将按钮图标拖入舞台

12 保存文件，按组合键【Ctrl + Enter】 测试影片，效果如图9-57所示。

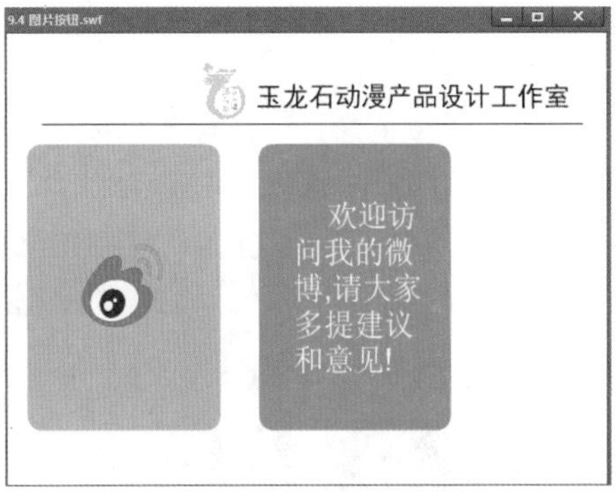

图9-57 最终效果图

9.5 卡通形象效果按钮

本案例效果如图9-58所示。

图9-58 案例最终效果

01 打开本案例的素材文件，库内有按钮背景图素材和一个兔子的影片剪辑，如图9-59所示。

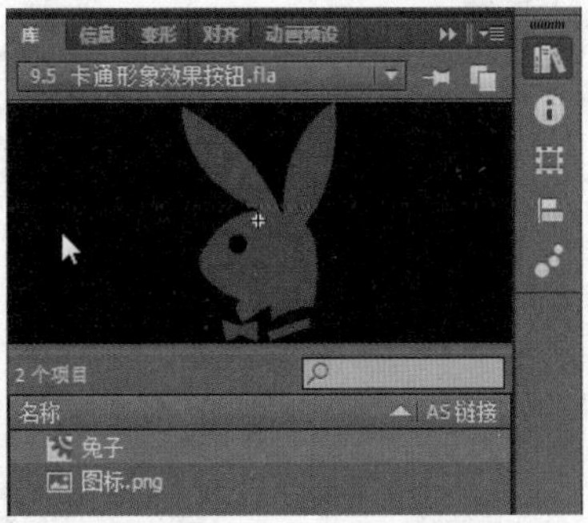

图9-59 库内的素材

02 按组合键【Ctrl + F8】新建一个影片剪辑元件，并命名为“按钮”，如图9-60所示。

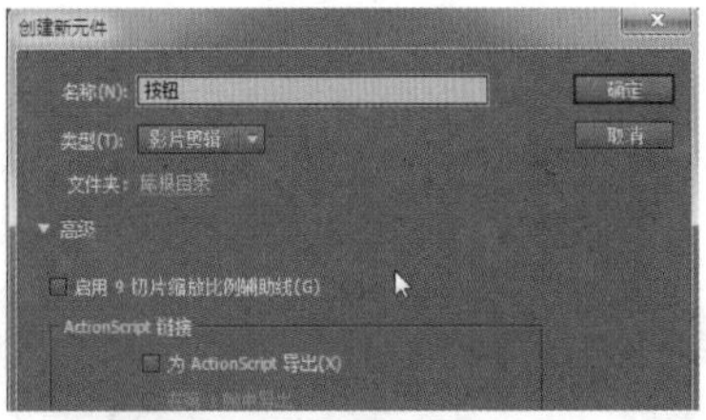

图9-60 新建影片剪辑元件

03 单击【确定】按钮后，进入元件内部，将库内的“图标”图形素材拖曳至舞台，将图层1重命名为“按钮背景”，并在第20帧处按快捷键【F5】插入帧，如图9-61所示。

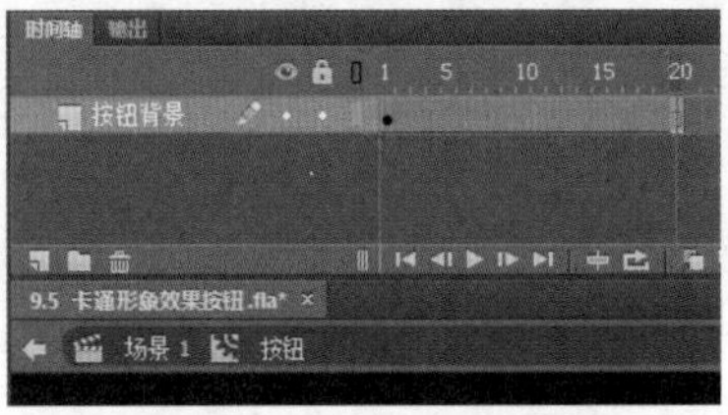

图9-61 在20帧处插入帧

04 锁定“按钮背景”图层，并新建一个图层，命名为“动画效果”，如图9-62所示。

图9-62 新建一个图层

05 使用【文本工具】在图层的第1帧上输入文字“进入主页”，并将其拖动到按钮的中央，如图9-63所示。

06 将库中的“兔子影片”影片剪辑拖曳至舞台文字的下方位置，如图9-64所示。

图9-63 输入文字

图9-64 将兔子元件拖曳至舞台

07 按住【Shift】同时选中兔子元件和文字，再按快捷键【F8】将两个元件一起转换为影片剪辑元件，命名为“动画”，如图9-65所示。

图9-65 转换为元件

08 在第10、20帧分别按快捷键【F6】插入关键帧，并在第1、10帧处分别单击右键，在弹出的菜单中选择【创建传统补间】选项，如图9-66所示。

图9-66 创建传统补间

09 使用上方向键将处于第10帧上的“动画”向上移动一定距离，使文字离开按钮，兔子元件处于按钮中心，如图9-67所示。

图9-67 将元件移动至兔子处于中心

10 分别选中第1~10帧和第10~20帧之间的补间区域，并在属性面板内将缓动属性修改为100，如图9-68所示。

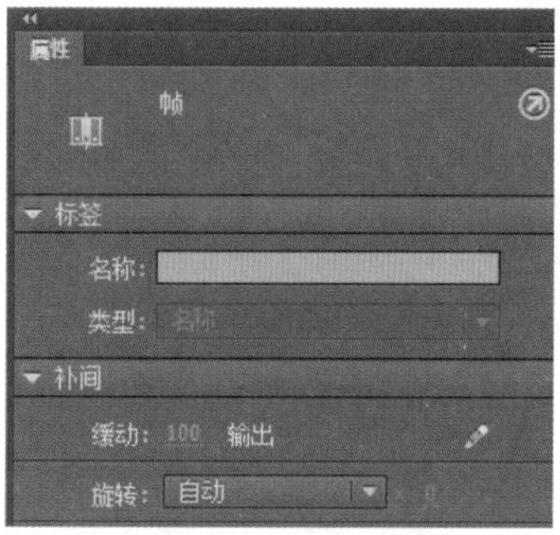

图9-68 设置缓动

11 新建一个图层，命名为“遮罩”，并使用【矩形工具】绘制一个和按钮背景一样大小的矩形，如图9-69所示。

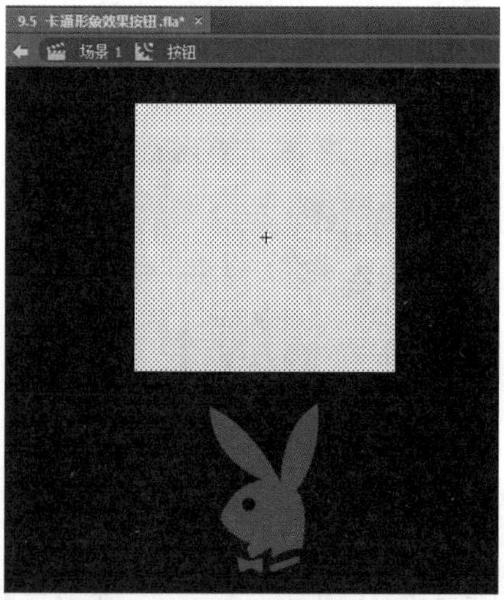

图9-69 绘制遮罩图形

12 右键单击“遮罩”层，在弹出的菜单中选择【遮罩层】选项，如图9-70所示。

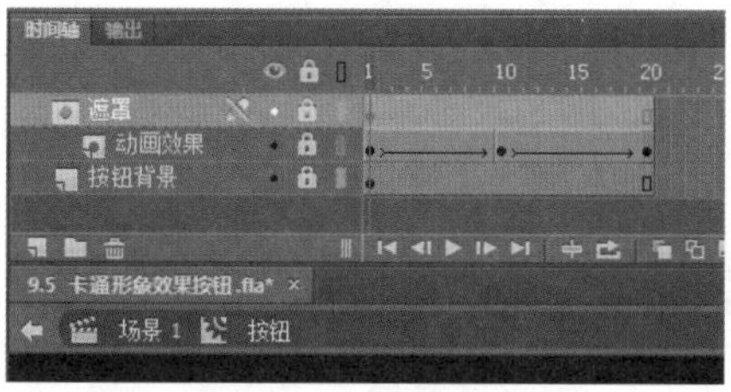

图9-70 创建遮罩层

13 再次新建一个图层，命名为as，如图9-71所示。

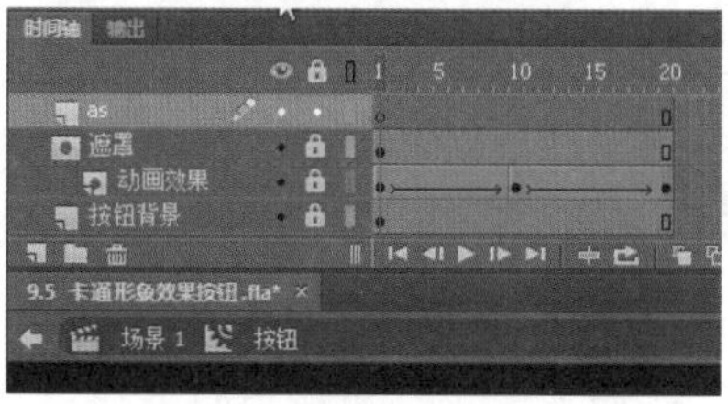

图9-71 创建新的图层

14 在as图层上的第1帧按快捷键【F9】打开动作面板，在里面输入以下脚本，如下图9-72所示。

```
stop();
mouseChildren = false;
addEventListener(MouseEvent.MOUSE_OVER,overF);
addEventListener(MouseEvent.MOUSE_OUT,outF);
function overF(e:MouseEvent):void{
        gotoAndPlay(2);
function outF(e:MouseEvent):void{
        gotoAndPlay(11);
```

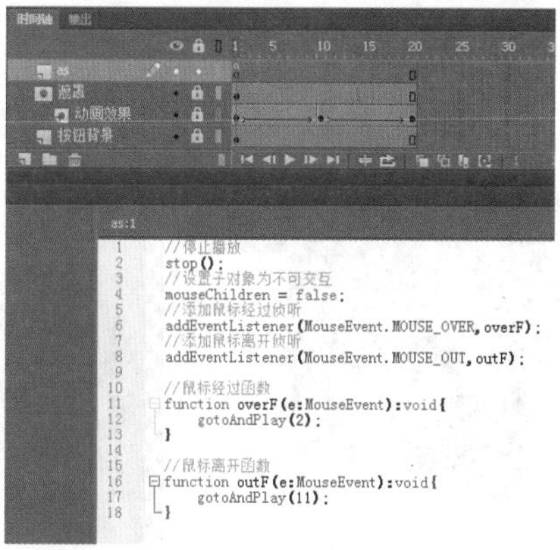

图9-72 插入脚本

15 在as图层的第10帧处按快捷键【F7】插入空白关键帧，并按快捷键【F9】打开动作面板，输入以下的stop()；脚本，如图9-73所示。

16 单击时间轴下方的“场景1”以返回主场景，将按钮元件拖曳至舞台上，并使用【任意变形工具】调节其大小和位置，可以添加一个背景纹理，保存文件，按组合键【Ctrl + Enter】测试影片效果，如图9-74所示。

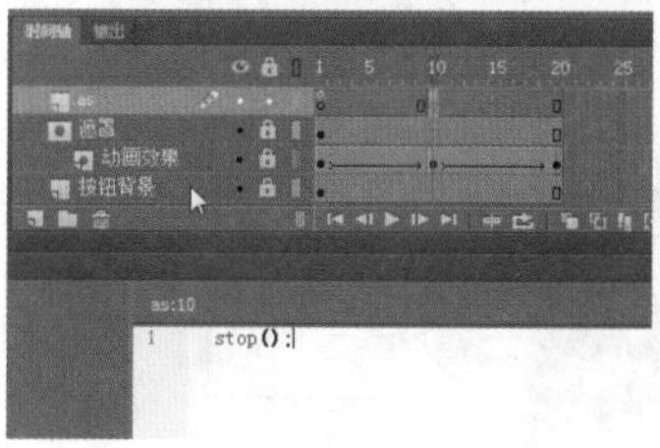

图9-73 插入脚本　　图9-74 最终效果图

9.6 搜索按钮

本案例效果如图9-75所示。

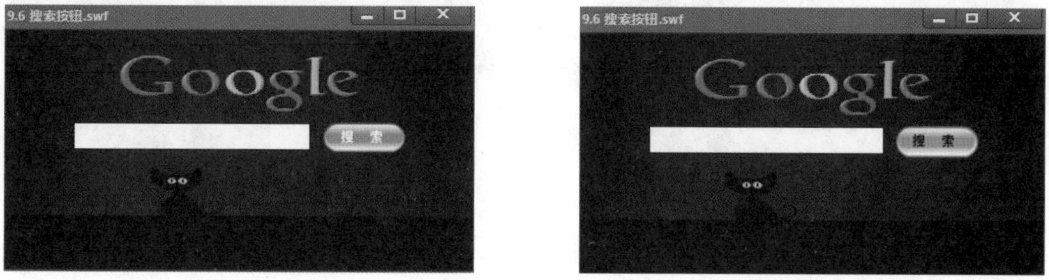

图9-75 案例最终效果

01 新建Flash文档，将本案素材导入到库中，如图9-76所示。

02 在属性面板中将舞台的尺寸修改为400×200，如图9-77所示。

03 按【Ctrl+F8】新建一个图形元件，如图9-78所示。

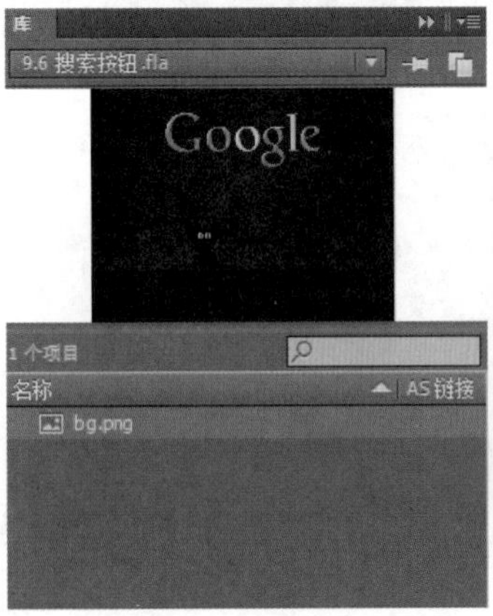

图9-76　库内的图片素材

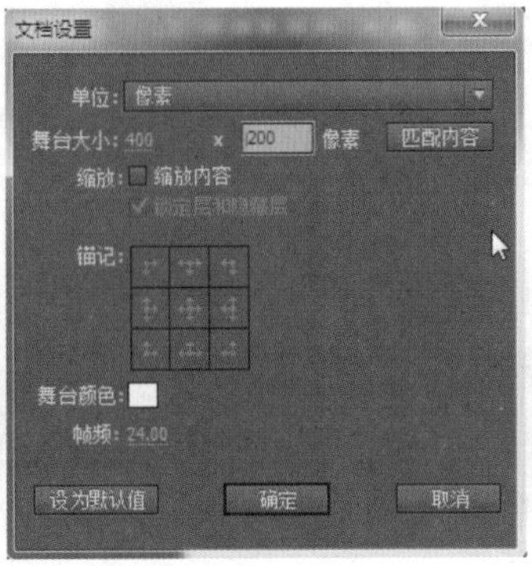

图9-77　设置舞台尺寸

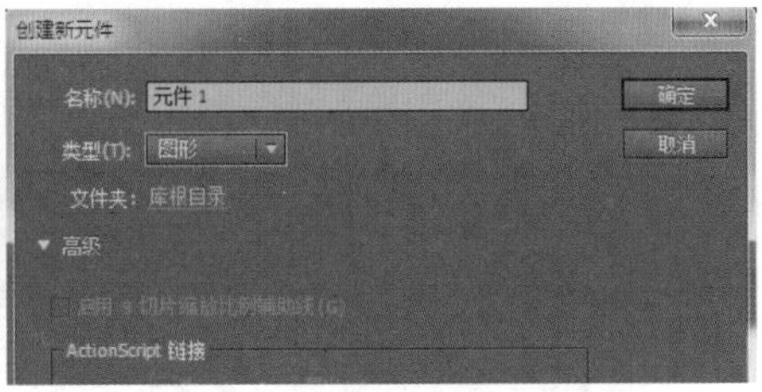

图9-78　新建图形元件

04 点击【确定】按钮进入元件，选择【矩形工具】在属性面板中，将圆角设置得尽可能大一点，将它设置为20，如图9-79所示。

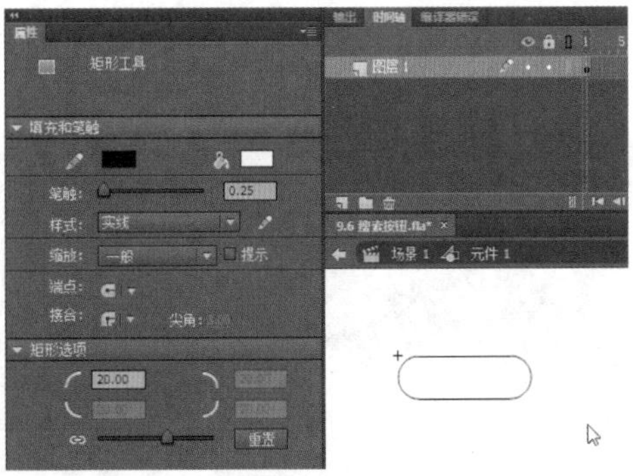

图9-79　设置矩形工具的圆角

05 选择【颜料桶工具】，在颜色面板中修改为如图9-80所示的参数，为矩形填充颜色，并使用【渐变变形工具】将其变形。

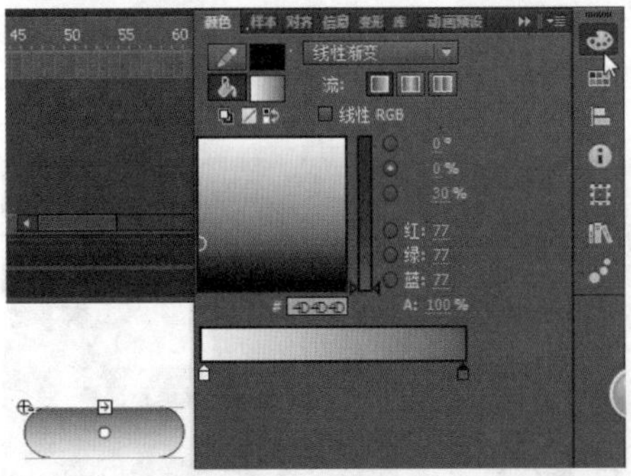

图9-80　设置颜色

06 使用【选择工具】选中矩形的边框线将其删除，再选中整个矩形执行【修改】|【形状】|【柔化填充边缘】命令，修改为8像素，如图9-81所示，之后选中整个图形按【Ctrl+G】进行组合。

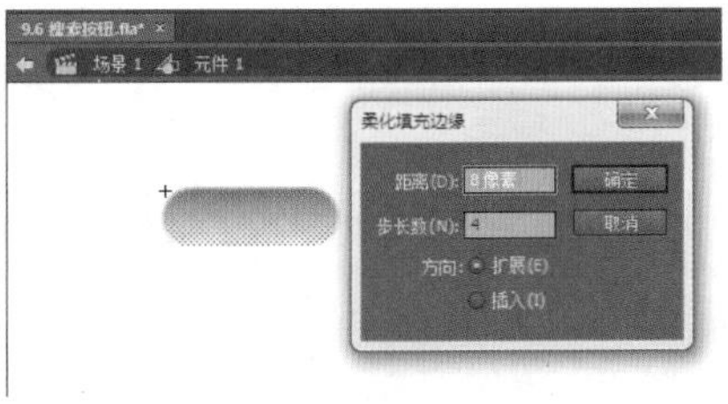

图9-81　柔化填充边缘

07 再次选择【矩形工具】绘制一个与之前一个相同大小的矩形，并为它填充颜色，属性设置为如图9-82所示参数，填充完使用【渐变变形工具】将其变形，最后将其组合。

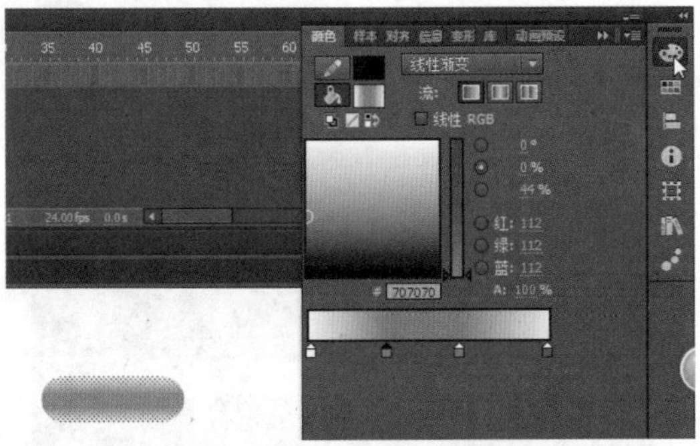

图9-82　再次绘制一个矩形并填充颜色

08 将其拖至刚才矩形的中间位置，如图9-83所示。

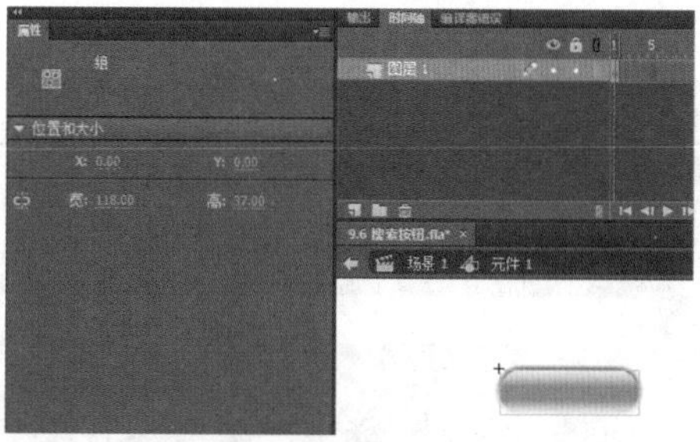

图9-83 转换为影片剪辑元件

09 按照如上的步骤，制作元件2，只是将其颜色换为红色，如图9-84所示。

图9-84 制作元件2

10 新建按钮“元件3”，如图9-85所示。

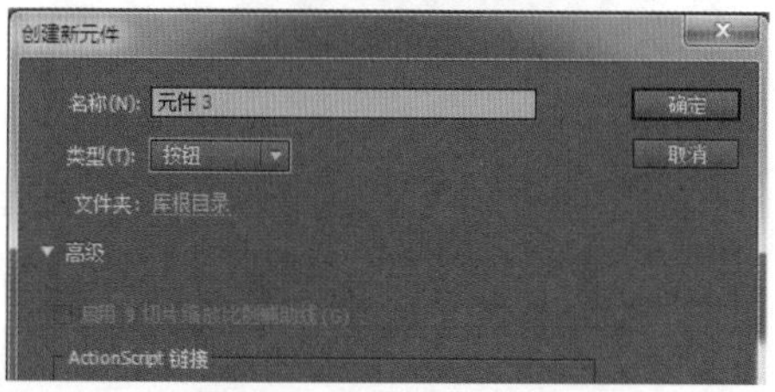

图9-85 新建按钮元件

11 在第1帧将元件1拖入舞台，如图9-86所示。

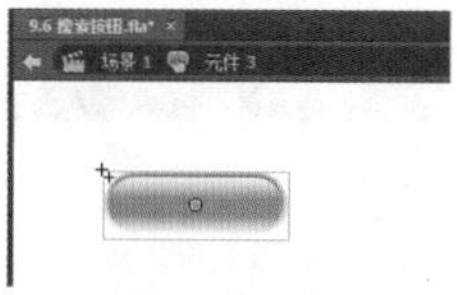

图9-86 放入元件1

12 在第2帧按【F7】键插入空白关键帧，将元件2 拖入舞台至相同位置，并在第3帧按【F6】键插入关键帧，如图9-87所示。

图9-87 拖入元件2

13 锁定图层1，并新建图层2，在第1帧使用【文本工具】输入两个字“搜索”，并按【Ctrl+B】两次打散文字，如图9-88所示。

图9-88 输入文字并打散

14 在第2帧插入关键帧，使用【颜料桶工具】将文字改为黑色，在第3帧将其改为白色，如图9-89所示。

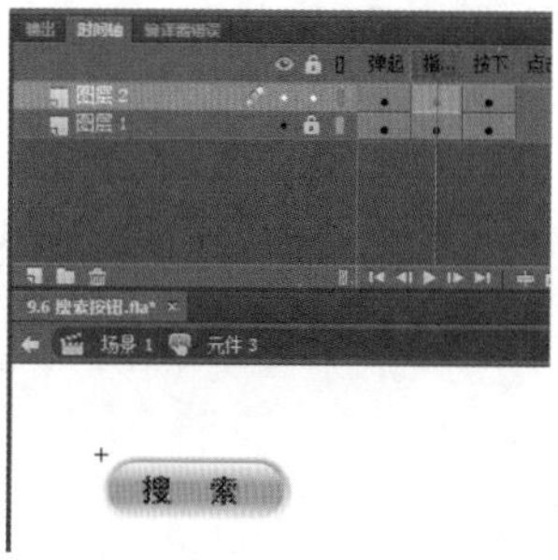

图9-89 修改文字颜色

15 将库中的素材图片拖至舞台，如图9-90所示。

图9-90 设置渐变填充

16 新建图层，创建文字文本框，同时再将搜索按钮拖至舞台，如图9-91所示。

图9-91 拖入素材

17 保存文件，按【Ctrl + Enter】测试影片，点击前如图9-92所示；点击后效果如图9-93所示。

图9-92 点击前

图9-93 点击后

9.7 会响的按钮

本案例效果如图9-94所示。

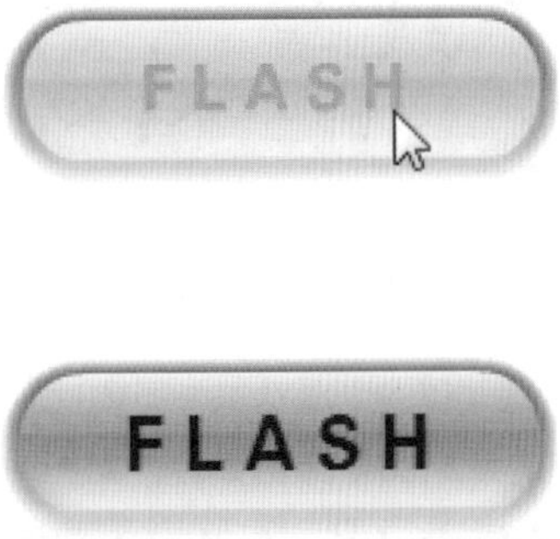

图9-94 案例最终效果

01 新建Flash文档，将本案素材导入库中，如图9-95所示。

图9-95 库内的图片素材

02 按组合键【Ctrl + F8】新建一个图形元件，命名为“pic”，如图9-96所示。

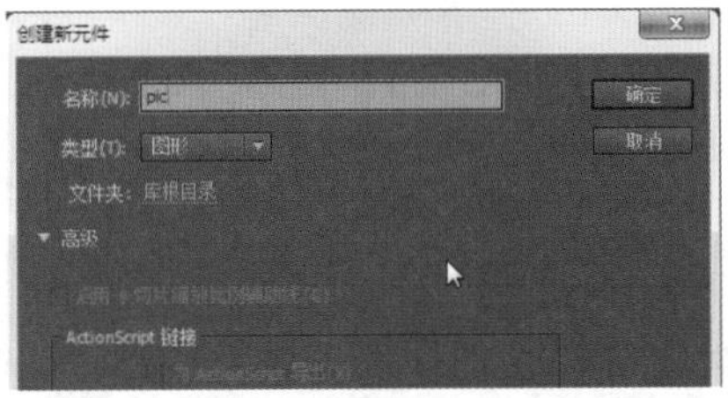

图9-96 新建图形元件

03 单击【确定】按钮后进入元件内部，将库内的“水晶按钮.jpg”拖曳到舞台上，并调整位置居中于舞台，如图9-97所示。

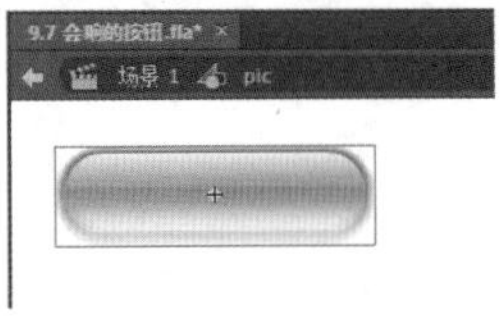

图9-97 编辑图形元件

04 回场景1，按组合键【Ctrl + F8】新建一个影片剪辑元件，并命名为“mc1”，如图9-98所示。

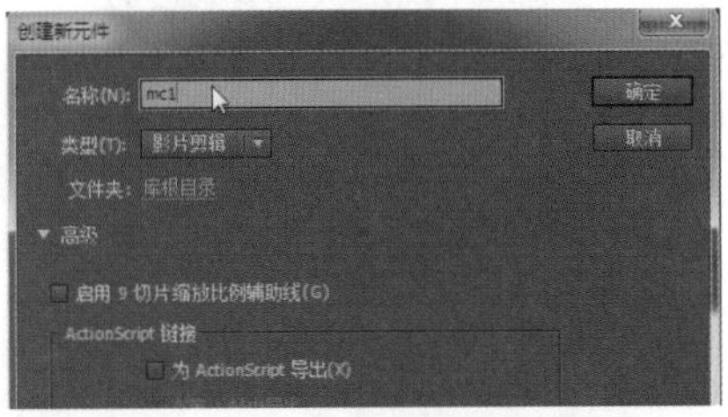

图9-98 新建影片剪辑元件

05 单击【确定】按钮后进入元件内部，将刚才的图形元件拖至舞台，X和Y都为0，并在第8帧插入帧，如图9-99所示。

06 新建一个图层，选择【文本工具】，在图形上输入文字，按【Ctrl+B】两次打散并组合，转换成图形元件，命名“文字”，如图9-100所示。

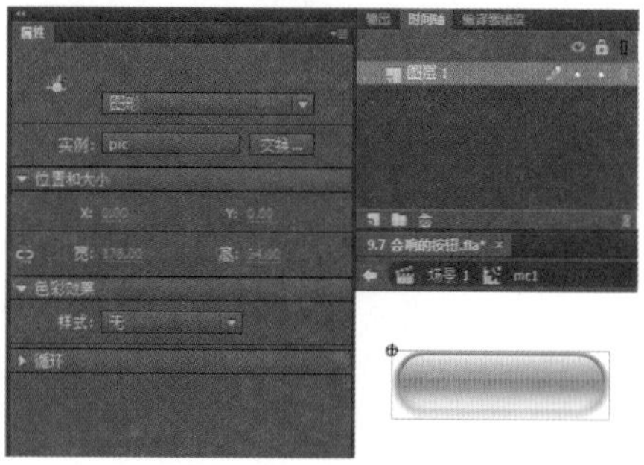

图9-99 拖入图形元件

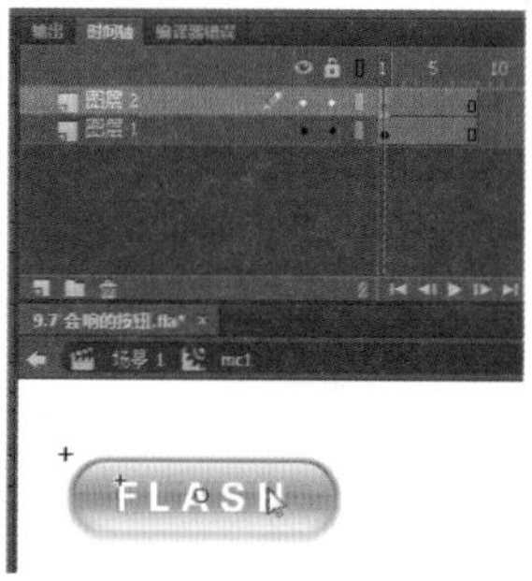

图9-100 新建图层输入文字

07 在第8帧插入空白关键帧，在库中右击“文字”元件，选择“直接复制”复制出“文字2”元件，并进入改变文本颜色，再将“文本2”元件拖入舞台，改变文本大小。在1~8帧之间创建传统补间动画，如图9-101所示。

08 新建图层，在第2帧插入关键帧，选择【矩形工具】在属性面板中设置圆角值为20，在舞台上绘制一个如图9-102所示的透明度为50的图形。

09 在第8帧插入空白关键帧，还是使用【矩形工具】绘制一个和水晶按钮差不多大的图形，如图9-103所示，并在2~8帧之间创建形状补间动画。

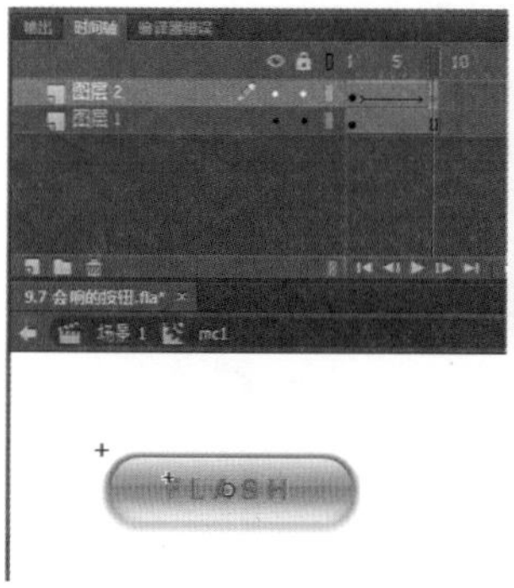

图9-101 复制元件改变颜色和大小

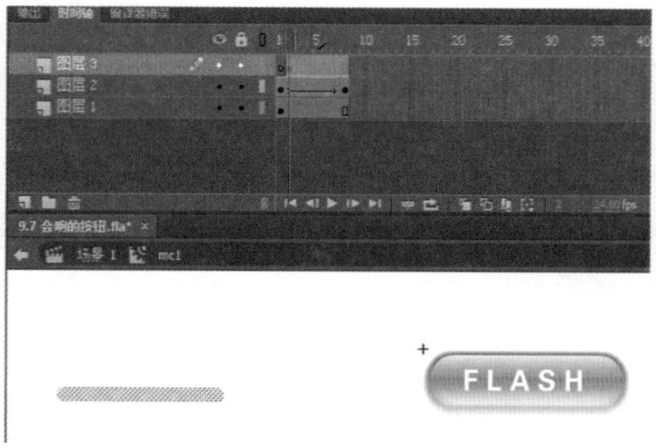

图9-102 绘制图形

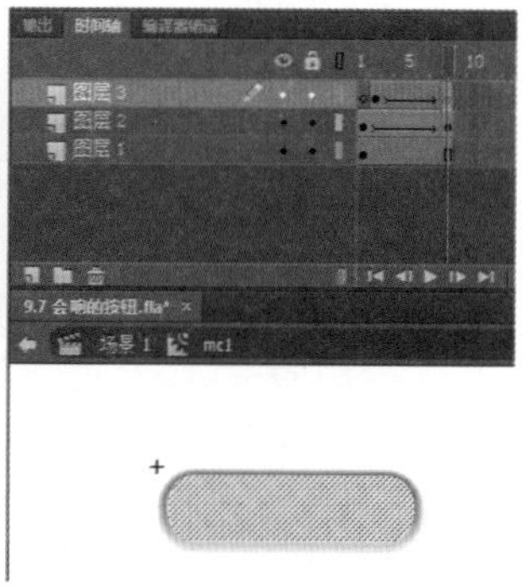

图9-103 创建形状补间动画

10 新建图层，在第2帧插入关键帧，在属性面板中添加声音文件，如图9-104所示。

11 在第8帧插入空白关键帧，按【F9】键打开动作面板，输入代码，如图9-105所示。

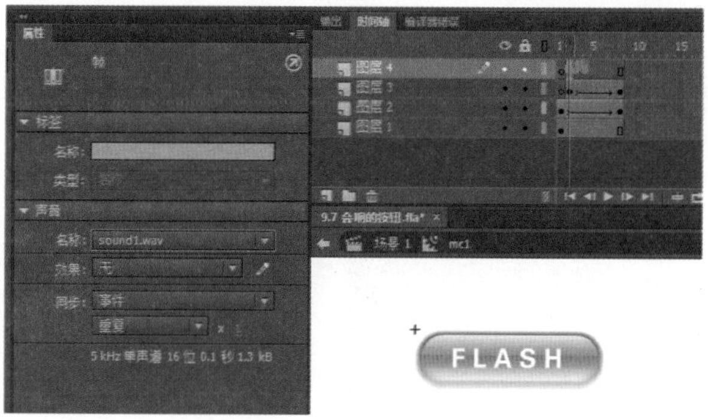

图9-104 添加声音文件

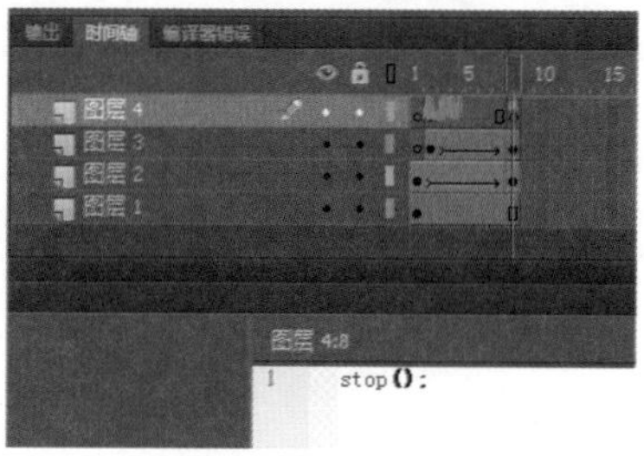

图9-105 输入停止代码

12 按【Ctrl+F8】新建影片剪辑“mc2”，点击【确定】按钮进入元件内部进行编辑，将“pic”元件拖至舞台，X和Y 为0，如图9-106所示。

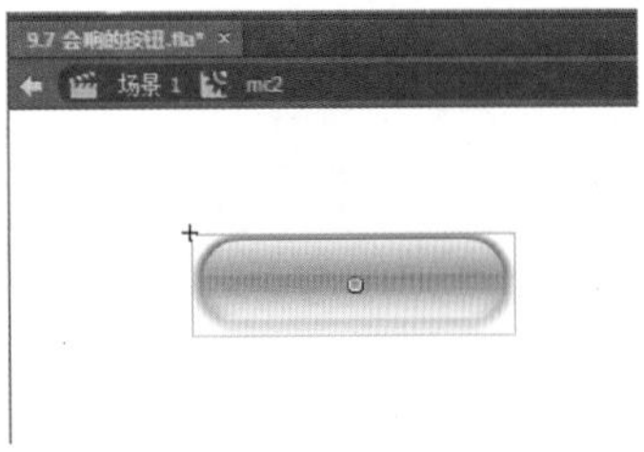

图9-106　新建影片剪辑元件

13 新建图层，使用【文本工具】输入文本，颜色为黑色，如图9-107所示。

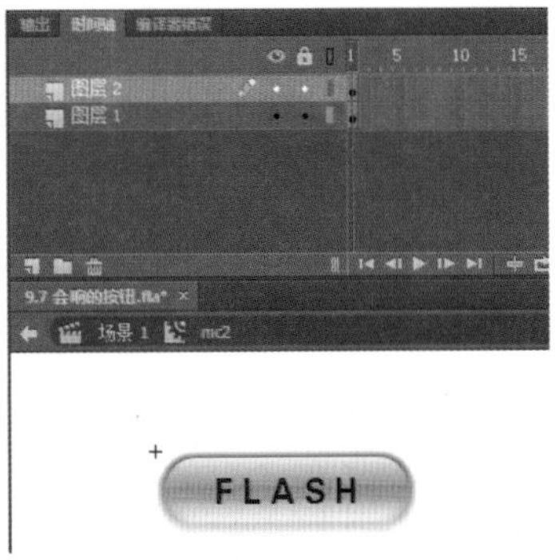

图9-107　最终效果图

14 回到场景1，新建一个按钮元件，命名为“会响的按钮”，如图9-108所示。

15 在第1帧拖入“mc2”元件，X和Y为0，在第2帧插入空白关键帧，将“mc1”元件拖入其中，X和Y为0。如图9-109所示。

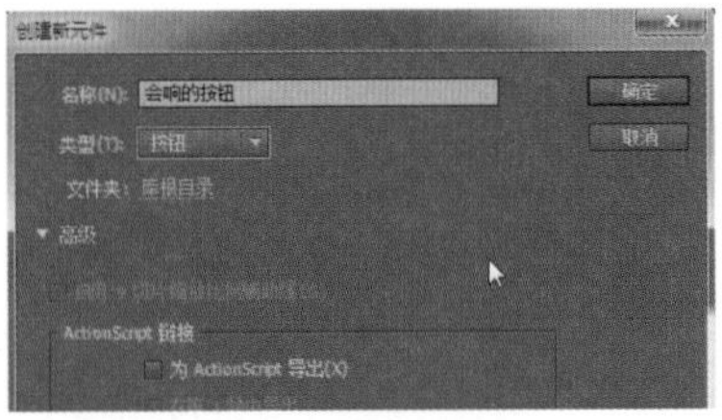

图9-108　新建按钮元件

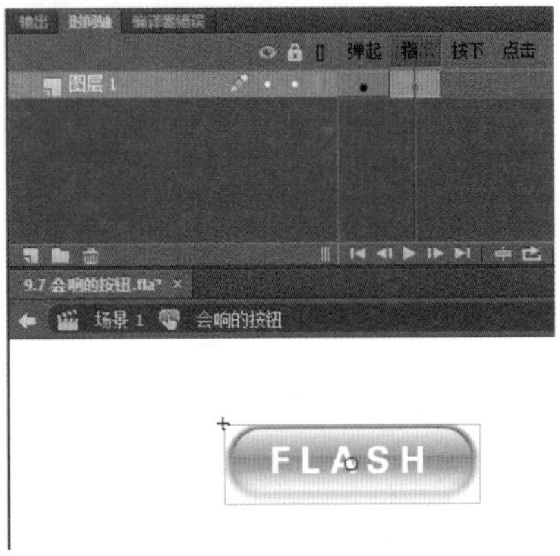

图9-109　编辑按钮元件

16 回到场景1，将舞台大小设置为200×100，将按钮元件拖至舞台，调整帧频为12，保存文件，按【Ctrl+Enter】测试影片，最终效果如图9-110所示。

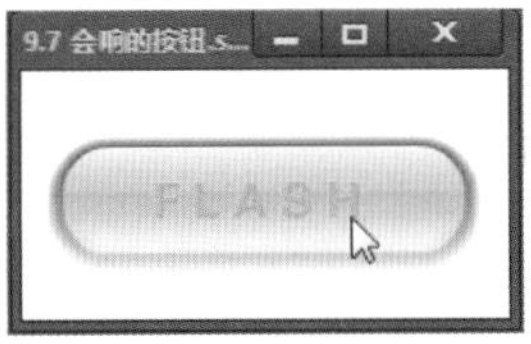

图9-110　最终效果

9.8　选择按钮特效

本案例效果如图9-111示。

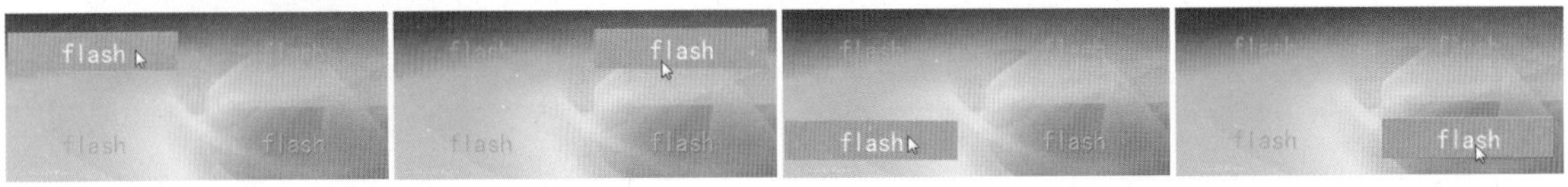

图9-111　案例最终效果图

01 新建一个空白Flash文档，并调整舞台的大小为400×170，如图9-112所示。

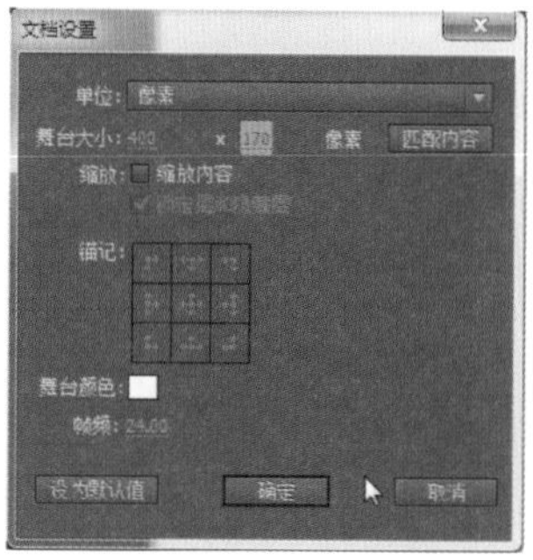

图9-112　调整舞台的尺寸

02 在工具栏中选择【矩形工具】，并在属性面板中选择填充颜色为一种蓝色，如图9-113所示。

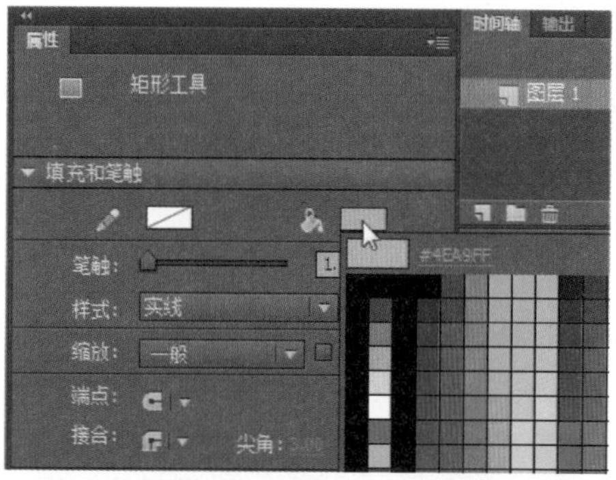

图9-113　【矩形工具】的属性

03 使用【矩形工具】在舞台上绘制一个矩形，如图9-114所示。

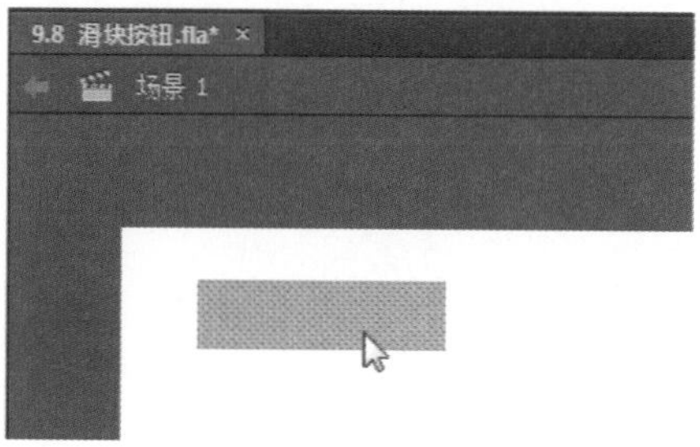

图9-114　绘制一个矩形

04 选中该矩形，按快捷键【F8】将其转换为影片剪辑元件，并命名为“滑块按钮”，如图9-115所示。

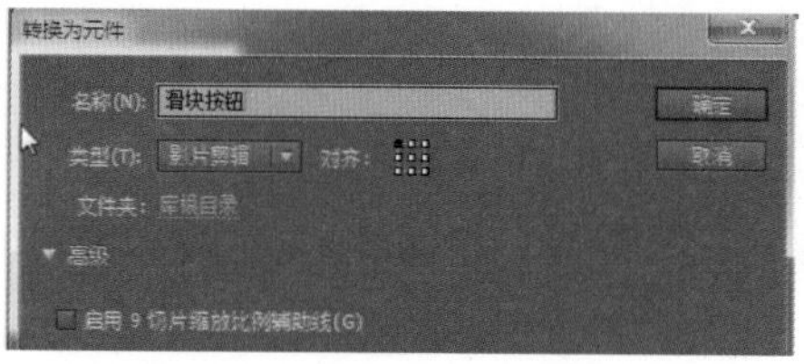

图9-115　转换为影片剪辑元件

05 双击刚才转换的元件，进入其内部，在第6帧按快捷键【F6】插入关键帧，并将第6帧上的矩形垂直向下移动一个矩形高度的距离，如图9-116所示。

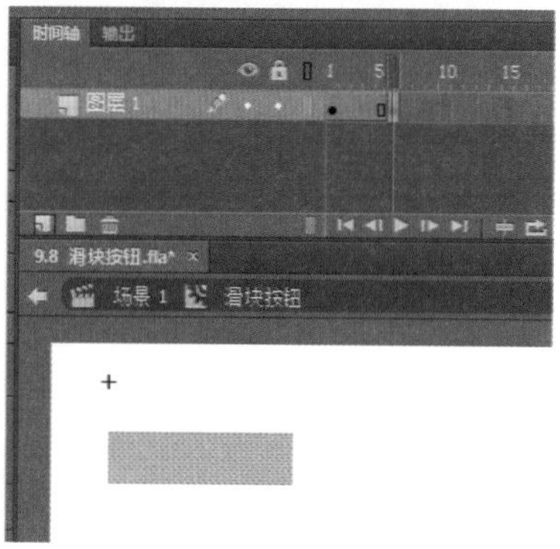

图9-116　移动矩形的位置

06 右键单击第1帧，并在弹出的菜单中选择【创建补间形状】选项，如图9-117所示。

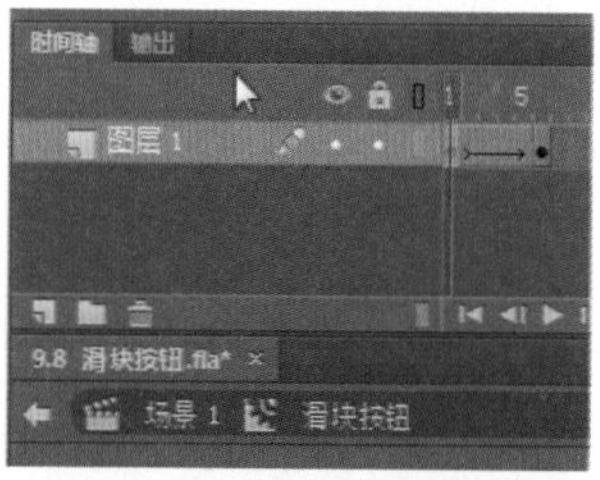

图9-117　创建补间形状

07 在第8、10帧上按快捷键【F6】插入关键帧，并将第10帧上的矩形稍微垂直向上移动一小段距离，在第12帧和第17帧上按快捷键【F6】插入关键帧，并将第17帧上的矩形的位置调回和第1帧上矩形的位置一样，最后在第8~10帧之间和第12~17帧中间创建补间形状，如图9-118所示。

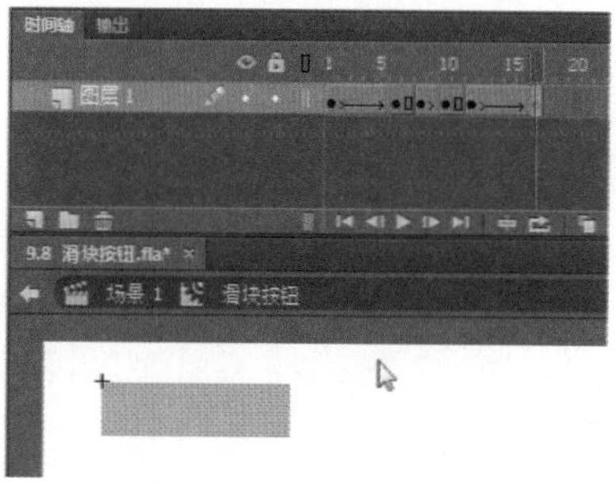

图9-118　创建补间形状

08 在刚才的图层上新建一个图层，选择工具栏内的【文本工具】，选择文字颜色为白色，在舞台上输入文字，例如“flash”，并移动其位置到第1帧矩形的正下方，如图9-119所示。

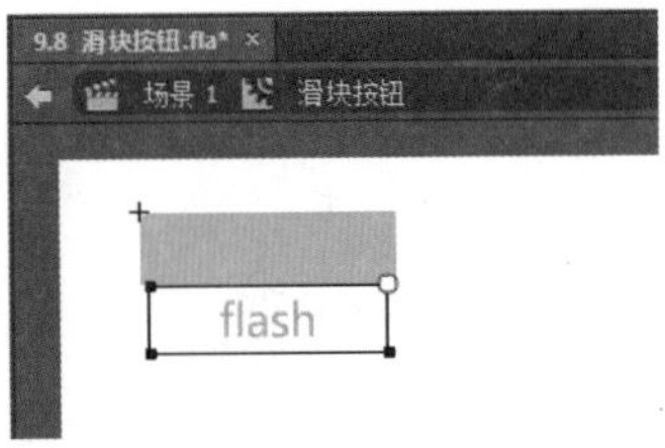

图9-119　输入文本

09 复制放置矩形图层的第10帧上的矩形，并再次新建一个图层，按组合键【Ctrl + Shift + V】原位粘贴该矩形到新建图层的第1帧上，选中该矩形，在颜色面板中调节其透明度为0，如图9-120所示。

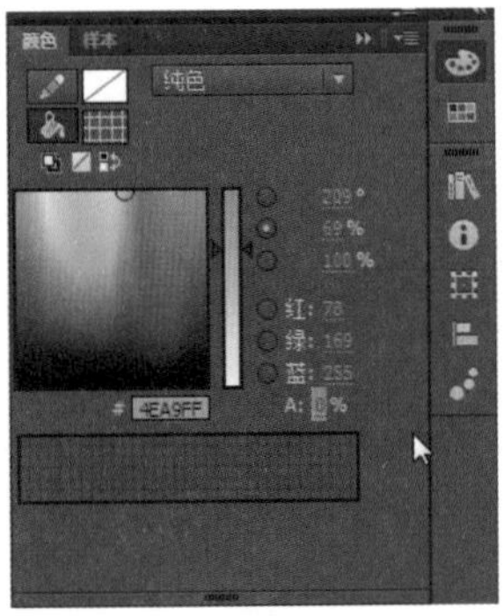

图9-120　设置矩形的透明度

10 在该图层的第1帧按快捷键【F9】打开动作面板，在其中输入以下的脚本，如图9-121所示。

```
import flash.events.MouseEvent;
stop();
addEventListener(MouseEvent.MOUSE_OVER,overF);
addEventListener(MouseEvent.MOUSE_OUT,outF);
function overF(e:MouseEvent):void{
        gotoAndPlay(2);
}function outF(e:MouseEvent):void{
        gotoAndPlay(11);
```

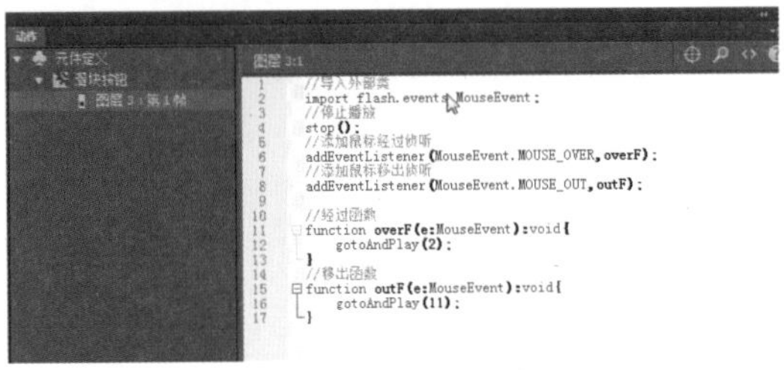

图9-121　输入脚本

11 在第10帧处按快捷键【F6】插入关键帧，然后按【F9】键打开动作面板，在其中输入停止播放脚本stop()，如图9-122所示。

图9-122　输入脚本

12 将放置矩形的图层，即图层1上第1帧和最后1帧上的矩形的颜色调整为透明，如图9-123所示。

13 在图层2放置文字的图层上的第6帧和第17帧上，按快捷键【F6】插入关键帧，并调节第1帧和第17帧上文字的颜色为矩形的填充颜色，如图9-124所示。

14 单击时间轴下方的“场景1”以返回主场景，将库中的“按钮滑块”元件拖曳至舞台上，也可以多复制几个放在舞台上。可以添加一张图片作为背景图，保存文件，最终效果图如图9-125所示。按【Ctrl+Enter】测试影片。

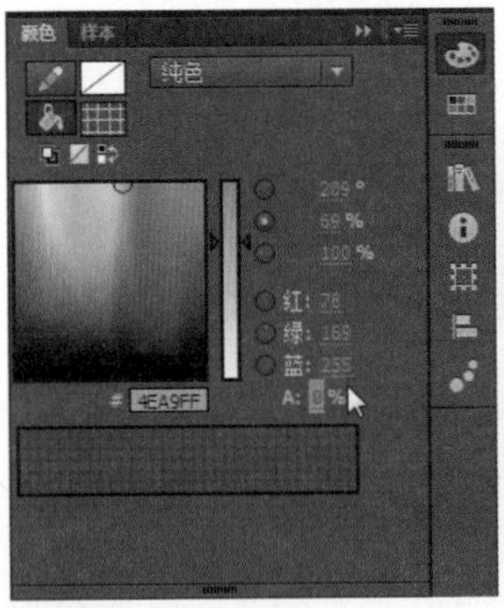

图9-123　调整矩形的透明度

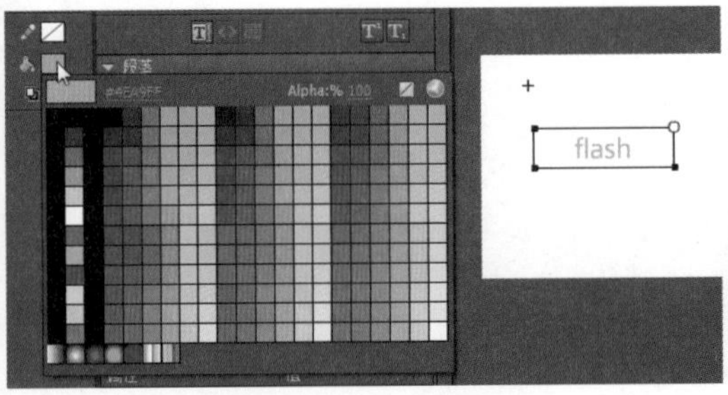

图9-124　调整文字的颜色

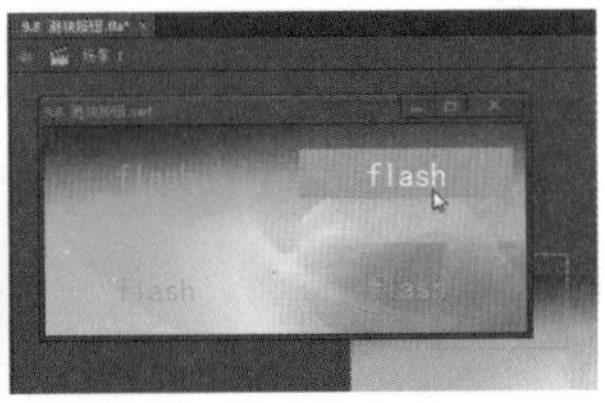

图9-125　最终效果图

9.9 课后练习

9.9.1 课件按钮效果

本案例的练习为制作课件按钮效果，最终效果请查看光盘配套相关目录下的“9.9.1 课件按钮效果”文件。本案例大致制作流程如下：

01 用素材制作按钮，并输入文字。

02 给文字创建影片剪辑元件，进入元件打散文字并制作文字由无到有的效果。

03 给文字添加停止代码。

案例最终效果

9.9.2 播放器按钮

本案例的练习为制作播放器按钮，最终效果请查看光盘配套相关目录下的“9.9.2 播放器按钮”文件。本案例大致制作流程如下：

01 用素材制作“按钮”影片剪辑，添加代码和实例名称。

02 制作“测试动画”影片剪辑，添加代码和实例名称。

03 在主场景添加代码以完成播放器按钮效果。

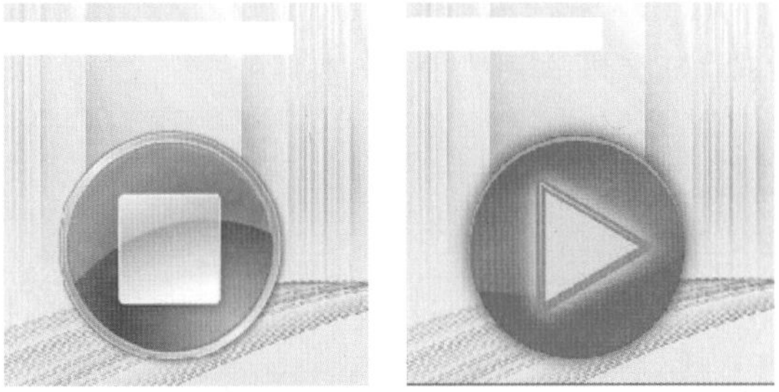

案例最终效果

9.9.3 光效滑过按钮

本案例的练习为制作光效滑过按钮的效果，最终效果请查看光盘配套相关目录下的“9.9.3 光效滑过按钮”文件。本案例大致制作流程如下：

01 创建按钮元件，输入文字，创建影片剪辑元件，制作出按钮弹起、发光的效果。

02 再创建一个影片剪辑元件，利用遮罩动画制作出鼠标经过时有光效划过的效果。

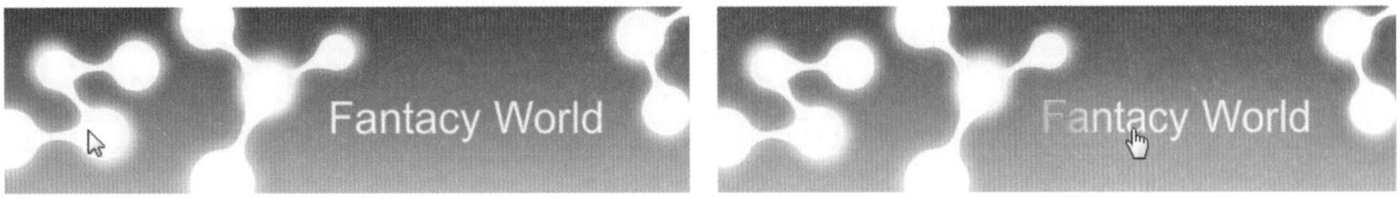

案例最终效果

9.9.4 蜡烛按钮

本案例的练习为制作蜡烛按钮，最终效果请查看光盘配套相关目录下的“9.9.4 蜡烛按钮”文件。本案例大致制作流程如下：

01 制作一个蜡烛火苗由灭到亮的影片剪辑。

02 再制作一个蜡烛火苗由亮到灭的影片剪辑。

03 最后创建一个影片剪辑，将蜡烛和两个有火苗的蜡烛元件分别放在3个帧上的同一位置。

04 并在该影片剪辑内添加代码，让鼠标经过时蜡烛会点燃。

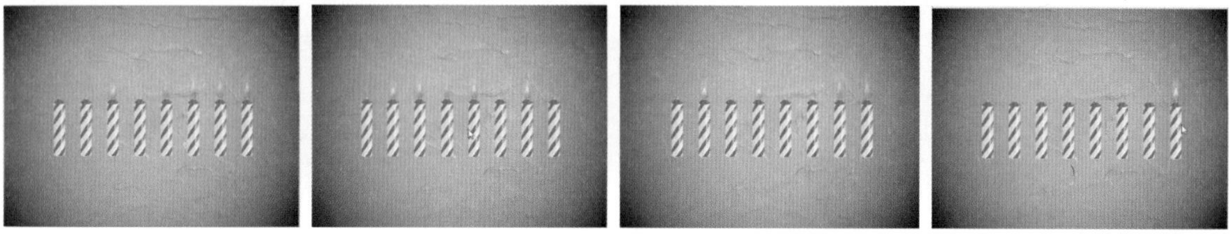

案例最终效果

9.9.5 闪烁的按钮

本案例的练习为制作闪烁的按钮，最终效果请查看光盘配套相关目录下的“9.9.5 闪烁的按钮”文件。本案例大致制作流程如下：

01 创建按钮元件，绘制按钮图标。

02 制作出鼠标经过时按钮闪烁变色的效果。

03 按组给键【Ctrl+Enter】测试。

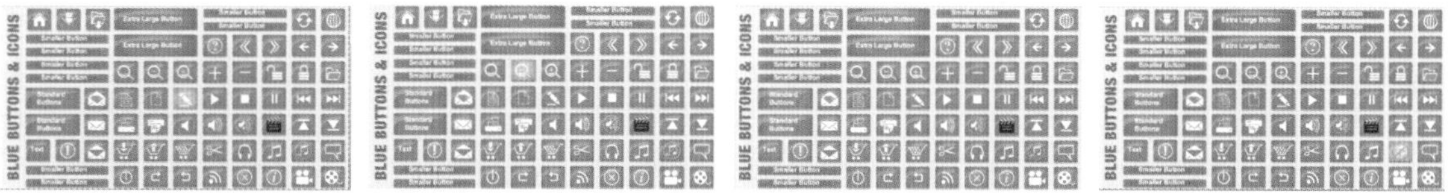

案例最终效果

9.9.6 触碰导航按钮

本案例的练习为制作触碰导航按钮，最终效果请查看光盘配套相关目录下的“9.9.6 触碰导航按钮”文件。本案例大致制作流程如下：

01 创建按钮元件。

02 绘制出相应的图标按钮。

03 放入背景图片。

04 制作鼠标经过时图标变颜色，并出现名称的效果。

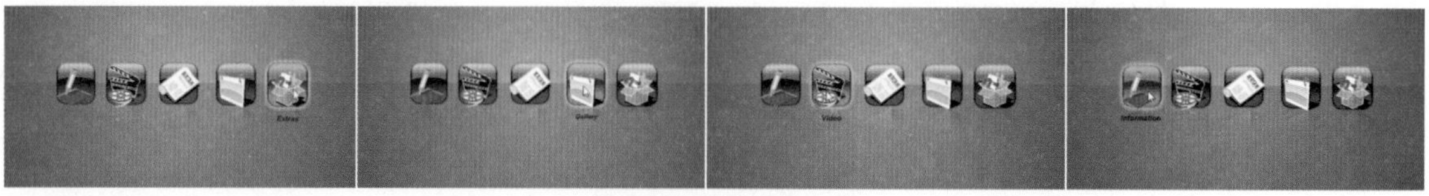

案例最终效果

第10章

鼠标特效动画篇

在Flash中，一般用来交互的设备包括鼠标和键盘，以及较少用到的音视频交互，而鼠标的交互占据了大部分的Flash应用，炫目的效果再搭配能使之因为鼠标的不同操作而产生不同的效果，将会产生极好的视觉效果和交互感。Flash制作交互类的动画，需要使用脚本语言的支持，脚本语言在目前分为ActionScript 2.0 和ActionScript 3.0两种，ActionScript 2.0版本的脚本为半面向对象编程，对于初学者较为实用，但是相对于ActionScript 3.0来说结构较为复杂。Flash CC中只有ActionScript 3.0所以本章都采用ActionScript 3.0。

本章学习重点：

1．了解更多关于脚本的知识

2．了解鼠标效果的运行机制

3．掌握滤镜的使用

4．掌握帧结构

10.1 浮式相册效果

本案例效果如图10-1所示。

图10-1 案例最终效果

01 打开本案例的素材文件夹，将里面的图片导入库中，如图10-2所示。

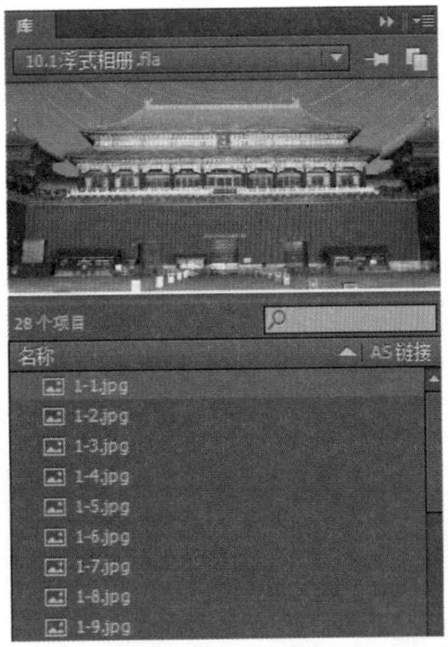

图10-2 导入图片

02 按组合键【Ctrl + F8】新建一个影片剪辑元件，并命名为“图片按钮1”，如图10-3所示。

图10-3 新建一个影片剪辑元件

03 将图片001.jpg拖入舞台，并调整其宽度为120，高度为90，其他8张图片使用同样的方法制作，如图10-4所示。

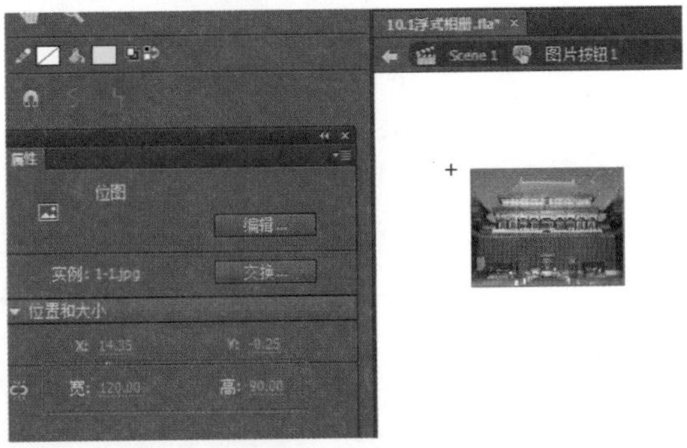

图10-4 参数设置

04 按组合键【Ctrl+F8】新建影片剪辑，并命名为“相片浮出”，如图10-5所示。

05 在“相片浮出”元件中的第1帧，按【F9】键输入Stop()；脚本然后在2~10帧插入关键帧，从库中一次放入图片，如图10-6和图10-7所示。

图10-5　新建影片剪辑

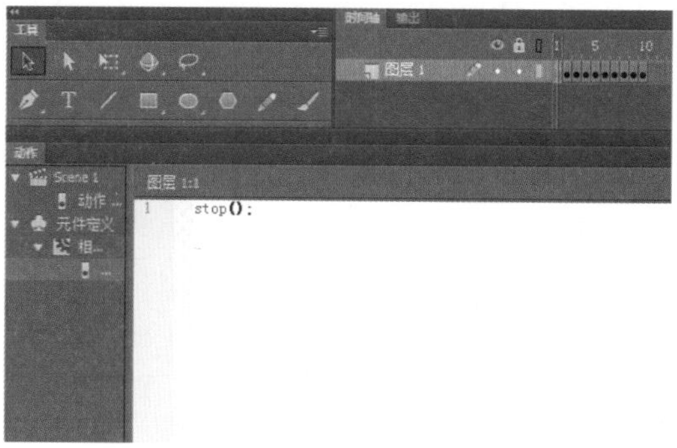

图10-6　输入代码

图10-7　放入图片

06 返回主场景，新建“背景”图层，将图片按钮1~9一次拖入舞台，并修改其属性实例btn_1~9，透明度均为70%，并排列好，如图10-8所示。

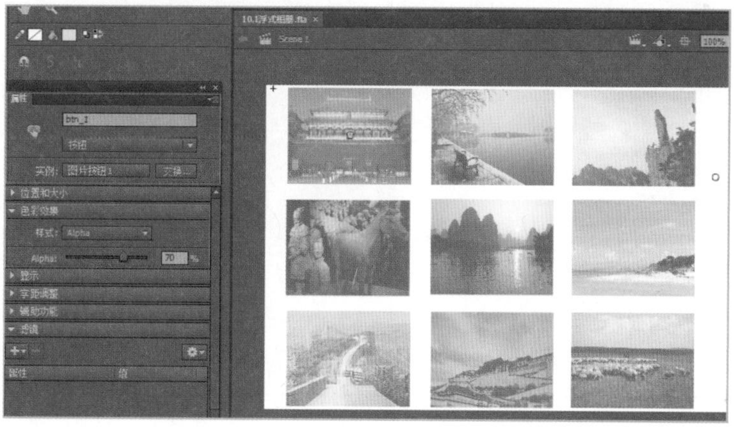

图10-8　参数设置

07 新建“动作”图层，在第1帧处添加相应脚本代码，如图10-9所示。

```
main_mc.startDrag(true);
btn_1.addEventListener(MouseEvent.MOUSE_OVER,showing);
btn_2.addEventListener(MouseEvent.MOUSE_OVER,showing);
btn_3.addEventListener(MouseEvent.MOUSE_OVER,showing);
btn_4.addEventListener(MouseEvent.MOUSE_OVER,showing);
btn_5.addEventListener(MouseEvent.MOUSE_OVER,showing);
btn_6.addEventListener(MouseEvent.MOUSE_OVER,showing);
btn_7.addEventListener(MouseEvent.MOUSE_OVER,showing);
btn_8.addEventListener(MouseEvent.MOUSE_OVER,showing);
btn_9.addEventListener(MouseEvent.MOUSE_OVER,showing);
function showing(me:MouseEvent){
        switch(me.target.name){
                case( “btn_1” ): main_mc.gotoAndStop(2);
                break;
                case( “btn_2” ): main_mc.gotoAndStop(3);
                break;
                case( “btn_3” ): main_mc.gotoAndStop(4);
                break;
                case( “btn_4” ): main_mc.gotoAndStop(5);
                break;
                case( “btn_5” ): main_mc.gotoAndStop(6);
                break;
                case( “btn_6” ): main_mc.gotoAndStop(7);
                break;
                case( “btn_7” ): main_mc.gotoAndStop(8);
                break;
                case( “btn_8” ): main_mc.gotoAndStop(9);
                break;
                case( “btn_9” ): main_mc.gotoAndStop(10);
                break;
        }
}
```

08 按组合键【Ctrl+Enter】测试，如图10-10所示

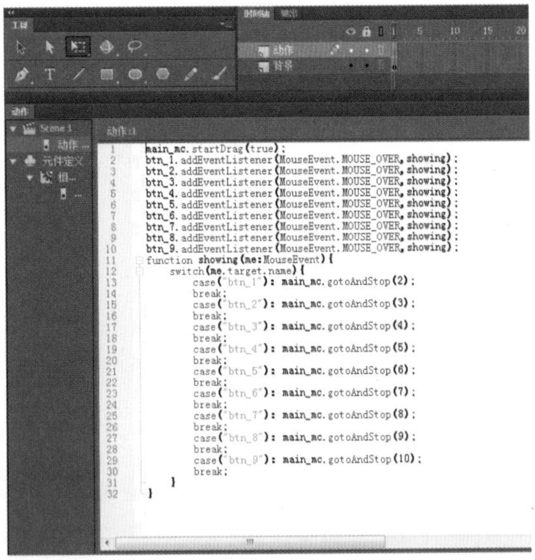

图10-9 写入代码

图10-10 案例最终效果

10.2 蜘蛛跟随鼠标效果

本案例效果如图10-11所示。

图10-11　案例最终效果

01 打开本案例的素材文件，库内有一张蜘蛛的图片素材，如图10-12所示。

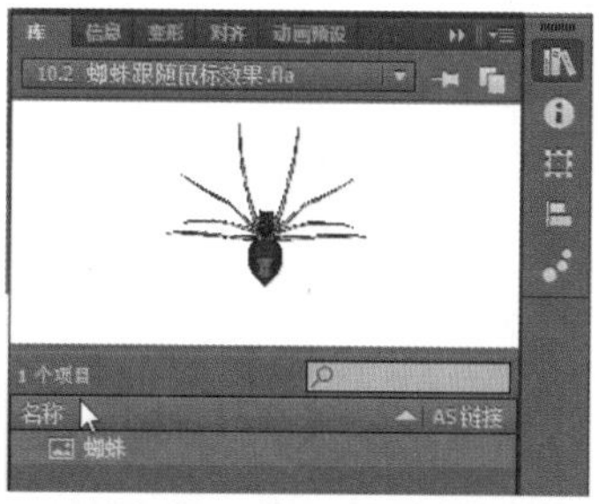

图10-12　库内的素材

02 按组合键【Ctrl＋F8】新建一个影片剪辑元件，并命名为“蜘蛛剪辑”，如图10-13所示。

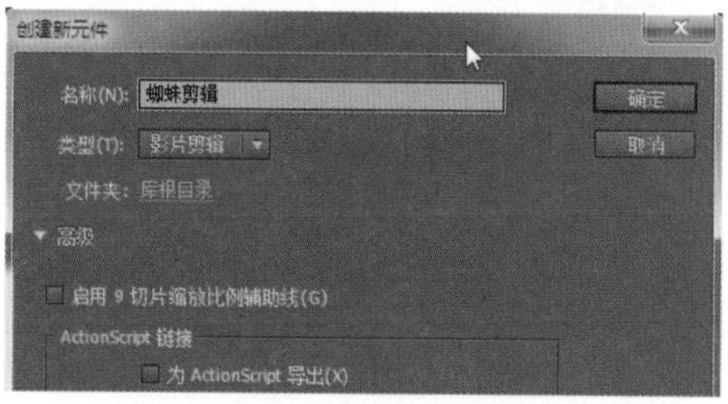

图10-13　新建元件

03 单击【确定】按钮后，进入元件内部，将“蜘蛛”图片素材拖曳进舞台，并使用【选择工具】调节其嘴部分处于舞台注册中心，如图10-14所示。

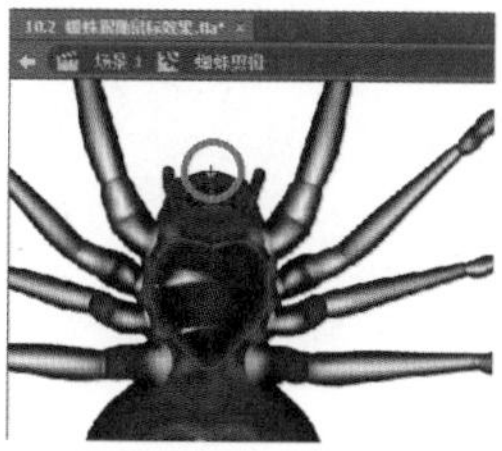

图10-14　调节嘴部到舞台注册中心

04 单击时间轴下方的“场景1”返回主场景，将“蜘蛛剪辑”影片剪辑元件从库中拖曳至舞台上，并使用【任意变形工具】调节其大小到合适的尺寸，并将其拖曳到舞台正下方，如图10-15所示。

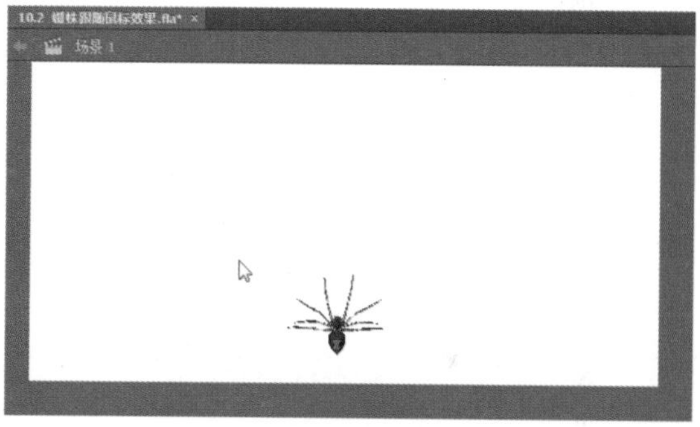

图10-15　调整蜘蛛的大小和位置

05 使用【线条工具】在蜘蛛的正上方绘制一个三角形，并选中该三角形使用快捷键【F8】转换为影片剪辑元件，并命名为“顶端”，如图10-16所示。

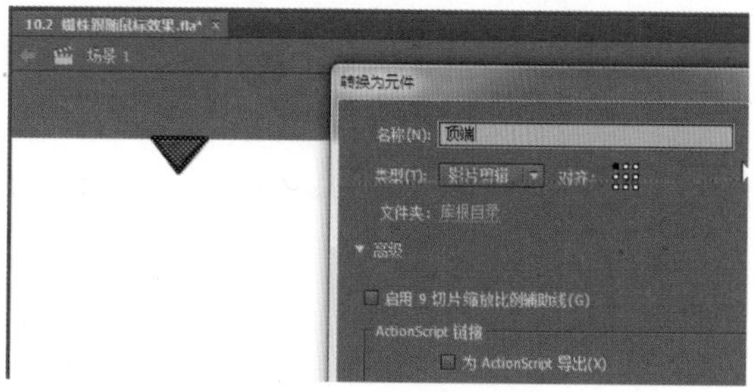

图10-16　转换为元件

06 完成后双击该三角形进入“顶端”元件内部，将三角形的下面的一个角对准舞台的注册中心，如图10-17所示。

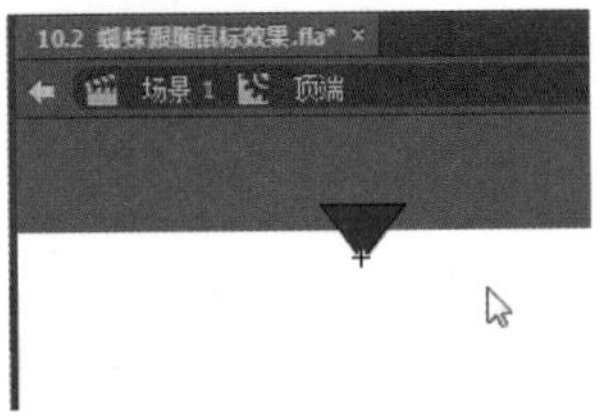

图10-17　将三角形下面的角对准注册中心

07 双击舞台空白区域返回主场景，使用【选择工具】，选中舞台上的蜘蛛元件，在属性面板内将实例名设置为mc_spider，如图10-18所示。

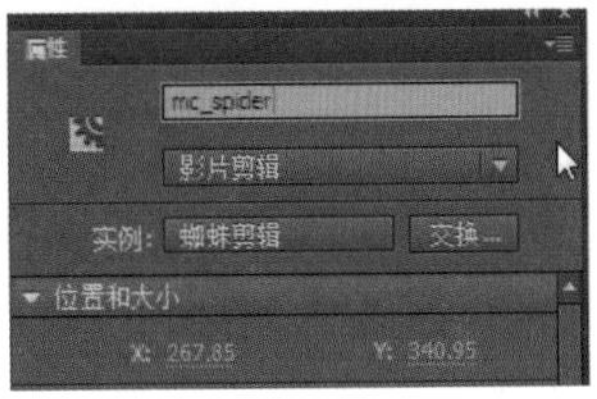

图10-18　输入蜘蛛的实例名称

08 同样的方法，为三角形输入实例名称为mc_triangle，如图10-19所示。

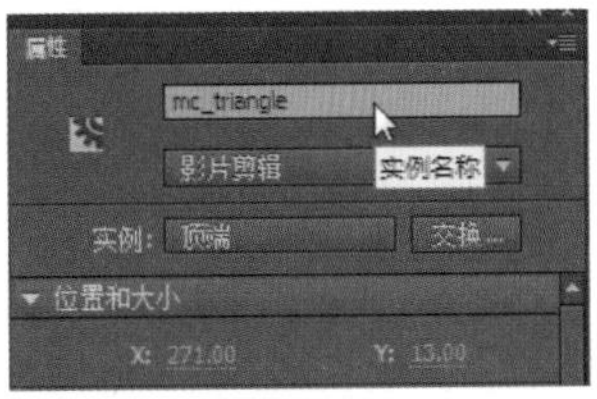

图10-19　为三角形输入实例名称

09 在舞台的第1帧上按快捷键【F9】打开动作面板，在动作面板中输入以下的脚本代码，如图10-20所示。

```
addEventListener(Event.ENTER_FRAME,update);
function update(e:Event):void{
        mc_spider.x = mouseX;
        mc_spider.y = mouseY;
        graphics.clear();
        graphics.lineStyle(3,0x000000);
        graphics.moveTo(mc_spider.x,mc_spider.y);
        graphics.lineTo(mc_triangle.x,mc_triangle.y);
        graphics.endFill();
```

图10-20　输入脚本代码

10 可以为添加一个渐变的矩形作为背景，保存文件，按组合键【Ctrl + Ente】测试影片效果，可以看到蜘蛛跟随着鼠标运动的同时，有一跟线始终在蜘蛛和三角形中间，如图10-21所示。

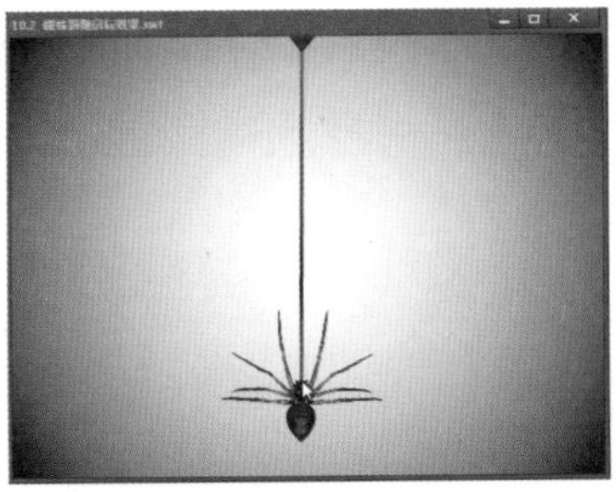

图10-21　最终效果图

10.3　你点不到我效果

本案例效果如图10-22所示。

图10-22　案例最终效果

01 打开本案例的素材文件，库内有如图10-23所示的素材。

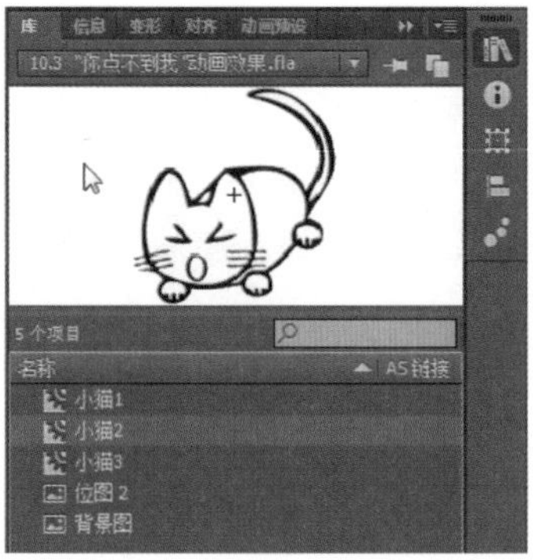

图10-23　库内的素材

02 将图层1重命名为“背景层”，将库内的素材“背景图”拖曳至舞台上，并调节属性栏内图形的属性，如图10-24所示。

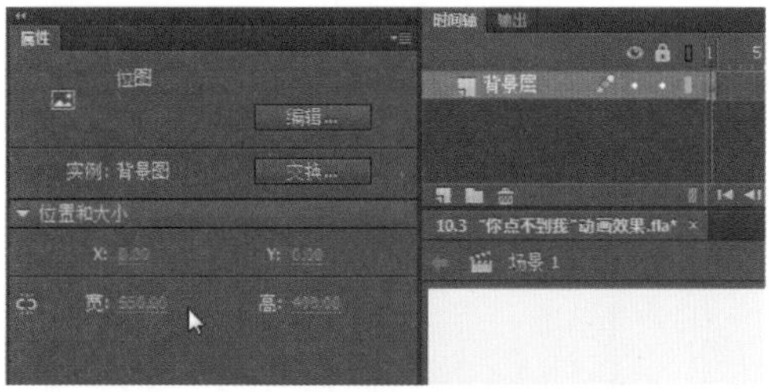

图10-24　设置图片的位置和大小

03 新建一个图层，并命名为“小猫”，如图10-25所示。

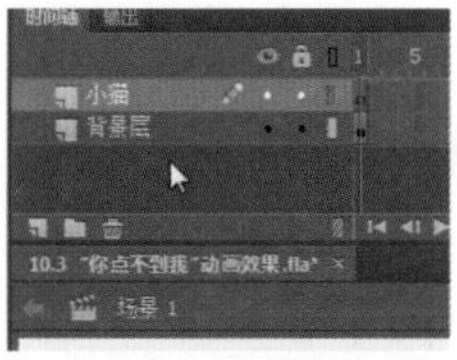

图10-25　新建一个图层

04 按组合键【Ctrl+F8】新建一个影片剪辑元件，并命名为“小猫剪辑”，如图10-26所示。

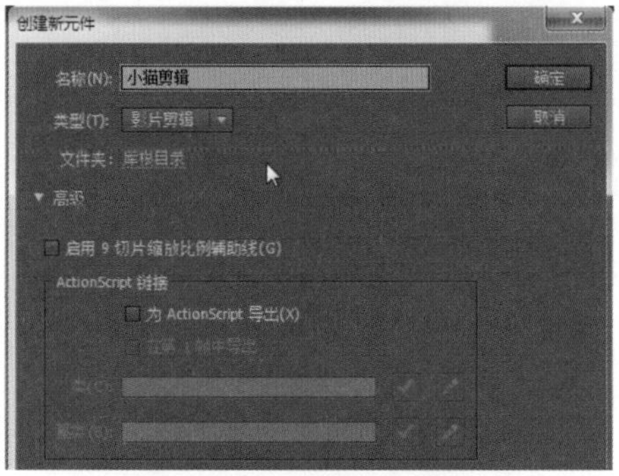

图10-26　创建新元件

05 单击【确定】按钮后，将进入影片剪辑元件内部，将库中的影片剪辑元件“小猫1”拖曳至舞台上，并使用【任意变形工具】调节小猫的位置，使其中心对准舞台的中心，如图10-27所示。

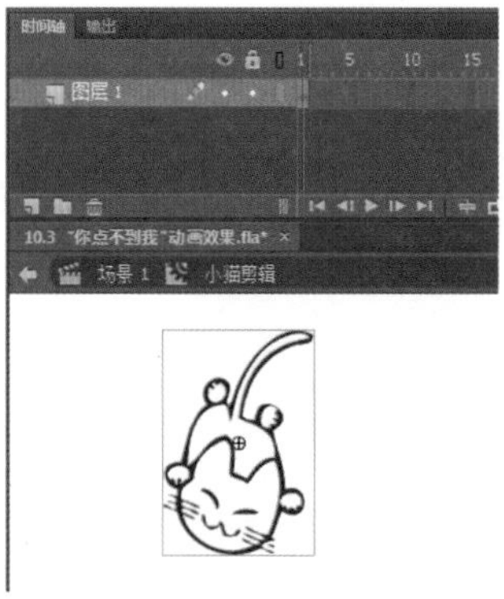

图10-27　将小猫1拖曳至舞台第1帧

06 在第2帧上按快捷键【F7】插入空白关键帧，再将库中的“小猫2”元件拖曳至舞台上，与处理小猫1一样将其中心对准舞台中心，如图10-28所示。

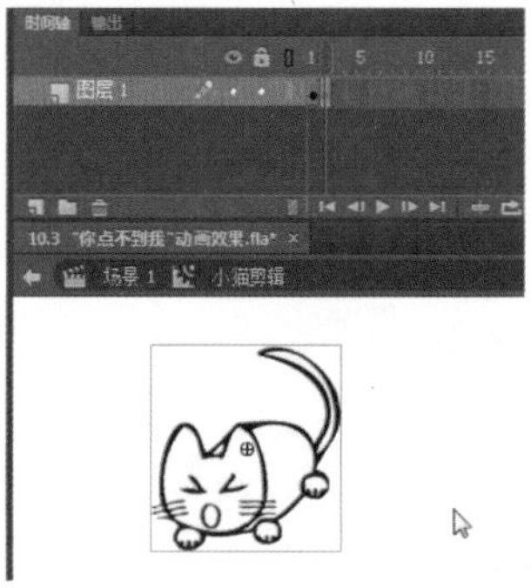

图10-28　将小猫2拖曳至舞台第2帧

07 使用同样的步骤，将“小猫3”拖曳至第3帧上。

08 新建一个图层，并命名为“代码层”，在“代码层”的第1帧上按快捷键【F9】打开动作面板，在其中输入停止播放的脚本，如图10-29所示。

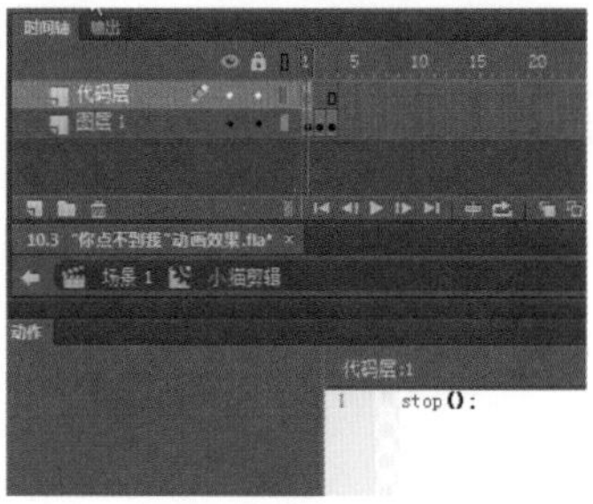

图10-29　输入停止播放脚本

09 单击时间轴下方的“场景1”以返回主场景，将库中的“小猫剪辑”元件拖曳至“小猫”图层的舞台上，并在属性面板中为“小猫剪辑”元件输入实例名称“cat”，如图10-30所示。

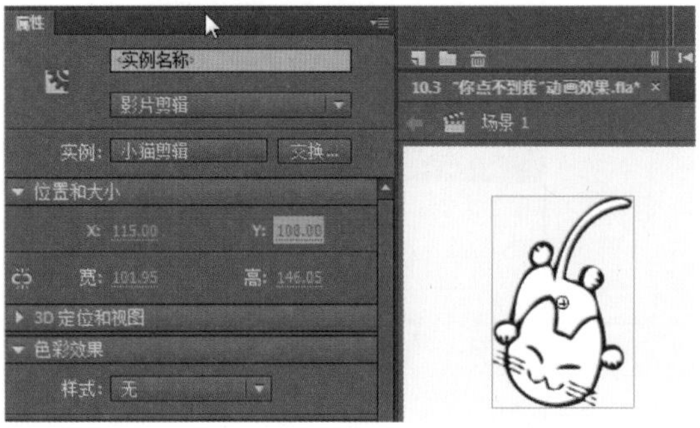

图10-30 输入实例名称

10 再次新建一个图层，并命名为“代码层”，并在其中输入以下脚本，如图10-31所示。

```
import flash.events.MouseEvent;
cat.addEventListener(MouseEvent.MOUSE_OVER,overFunction);
function overFunction(e:MouseEvent):void{
        cat.x = Math.random() * 550;
        cat.y = Math.random() * 400;
        cat.gotoAndStop(uint(Math.random() *  3) + 1)
```

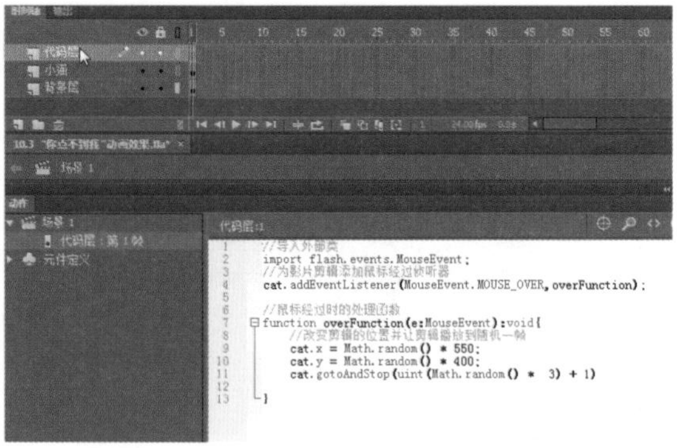

图10-31 输入脚本

11 保存文件，按组合键【Ctrl + Enter】测试影片。效果如图10-32所示，用鼠标去触碰小猫，小猫将会随机移动到舞台上任意一个位置，再次触碰将再次移动，并且每次移动将随机变换姿势。

图10-32 最终效果图

10.4 文字跟随鼠标效果

本案例效果如图10-33所示。

图10-33 案例最终效果

01 打开本案例的素材文件，库内有一张背景图片，如图10-34所示。

图10-34 库内的素材

02 在属性面板中将舞台尺寸修改为500×700，如图10-35所示。

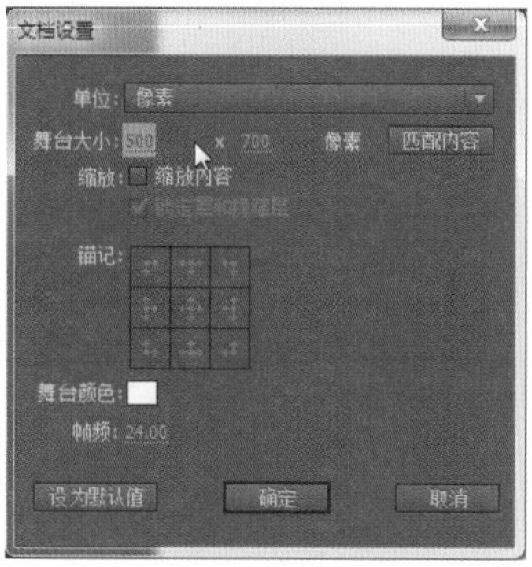

图10-35　设置舞台的尺寸

03 将图层1重命名为“背景层”，并将库中的“背景图”拖曳至舞台，调整属性面板中图片的属性，如图10-36所示。

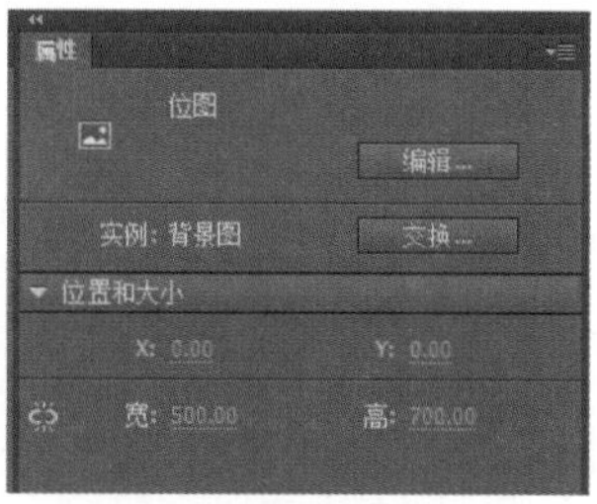

图10-36　设置图片尺寸和位置

04 新建一个图层，命名为“文字”，选择【文本工具】，在属性面板中设置【文本工具】的属性，如图10-37所示。

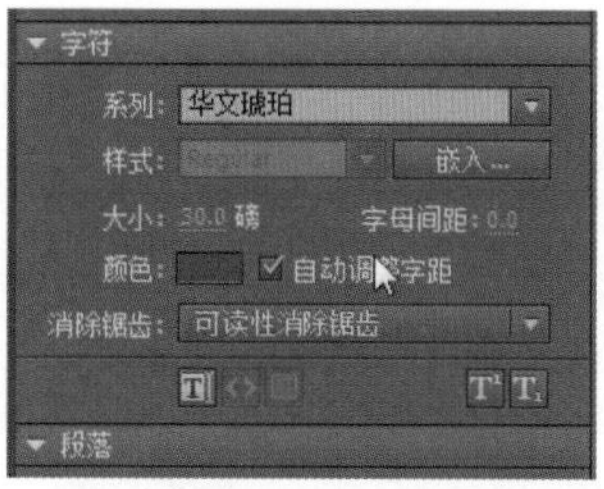

图10-37　设置【文本工具】的属性

05 使用【文本工具】在“文字”图层的舞台上输入文字“春天就是一首诗”，如图10-38所示。

图10-38　输入文字

06 选中刚才输入的文字，使用组合键【Ctrl + B】打散该文字一次，使其变成每一个字一个文本框，单独选中每一个字，并按快捷键【F8】将其转换为影片剪辑，名称以该字命名，如图10-39所示。

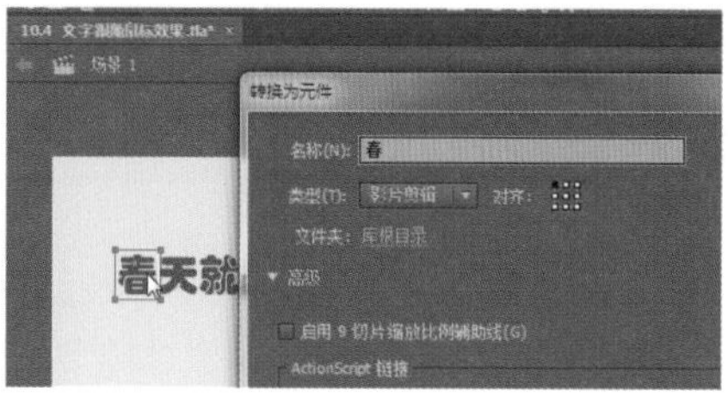

图10-39　转换单个文字为影片剪辑

07 将所有文字都转换为单独的影片剪辑后，选中舞台上每一个单独的文字，从左到右依次为文字影片剪辑输入实例名称，“春”剪辑的实例名为“mc1”，“天”剪辑的实例名为“mc2”，剩下的字以此类推，如图10-40所示。

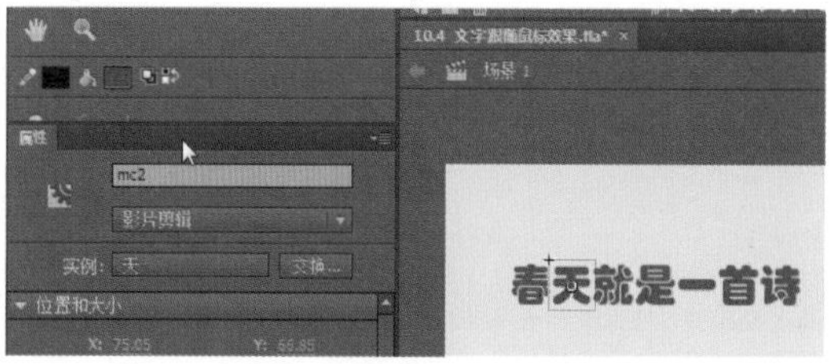

图10-40　输入实例名称

08 新建一个图层，并命名为“代码层”，选中该层的第1帧，按快捷键【F9】打开动作面板，在其中输入以下的脚本，如图10-41所示。

```
import flash.events.Event;
import flash.display.MovieClip;
import flash.geom.Point;
addEventListener(Event.ENTER_FRAME,update);
var lastP:Point;
var easing:Number = .3;
function update(e:Event):void{
        lastP = new Point(mouseX,mouseY);
        for(var i:Number = 1; i <= 7 ; i ++){

                this[ “mc” +i].x += (lastP.x - this[ “mc” +i].x ) * easing;
                this[ “mc” +i].y += (lastP.y - this[ “mc” +i].y) * easing;
                lastP = new Point(this[ “mc” +i].x,this[ “mc” +i].y);
        }
}
```

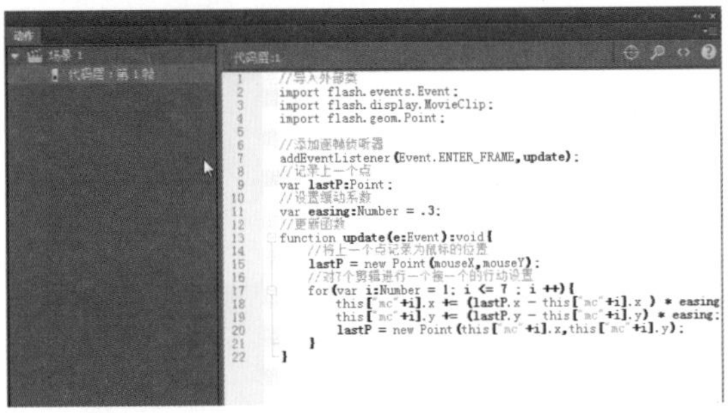

图10-41　输入脚本

09 保存文件，按组合键【Ctrl + Enter】测试影片效果，如图10-42所示，文字会跟随着鼠标的运动而运动。

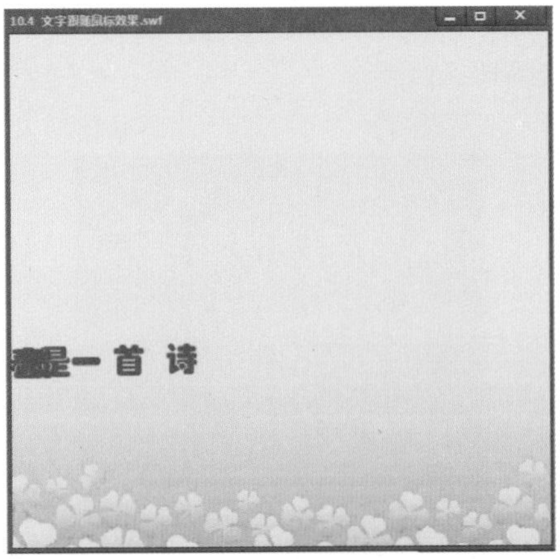

图10-42　最终效果图

10.5　夜空星光效果

本案例效果如图10-43所示。

图10-43　案例最终效果

01 将本案例的素材导入库中，如图10-44所示

图10-44　导入素材

02 将该图片放入背景图层，并将其转化为背景元件。如图10-45所示。

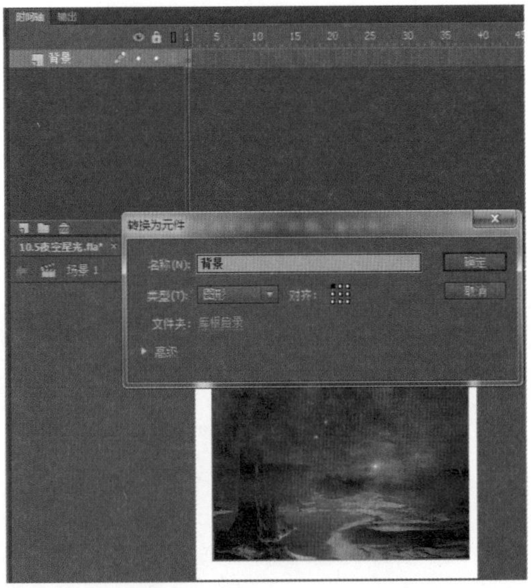

图10-45　转化为背景元件

03 按组合键【Ctrl+F8】新建图形元件“矩形”，绘制一个无边框矩形，如图10-46所示。

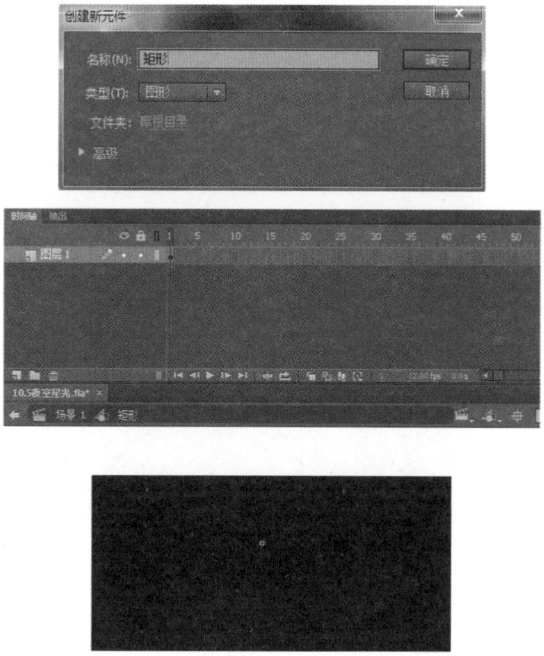

图10-46　绘制一个无边框矩形

04 新建“夜空按钮”元件，拖入“矩形”元件，并在第4帧插入帧，如图10-47和图10-48所示。

图10-47　创建元件

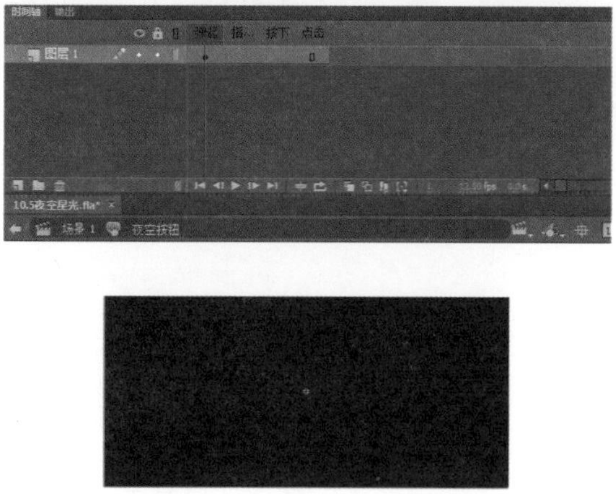

图10-48　插入元件并插入帧

05 新建图形元件“星光”，绘制一个星光效果，如图10-49和图10-50所示。

图10-49　创建元件

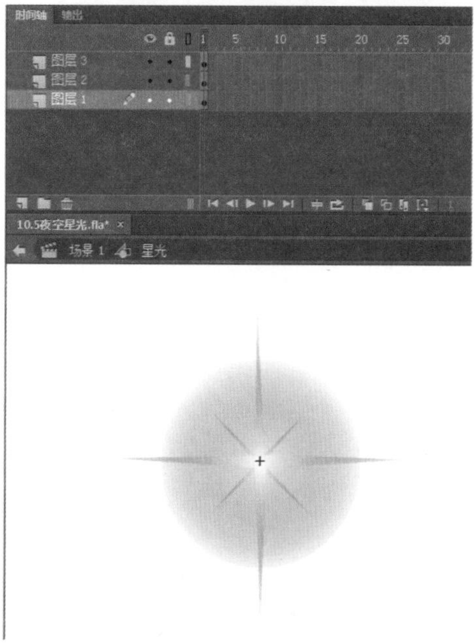

图10-50　绘制星光效果

06 新建影片剪辑元件“星星”，拖入“星光”元件，在第1帧设置其“宽度”和“高度”均为90，如图10-51所示。

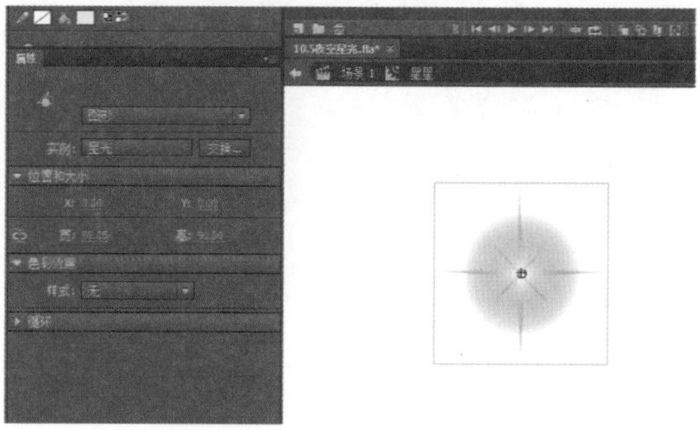

图10-51　拖入“星光”元件

07 在第10、20帧处插入关键帧。设置第10帧处元件的高度、宽度均为45，透明度降为50%；第20帧与第1帧属性一致，并做好相应的补间动画，如图10-52所示。

08 返回主场景，在“库”中，右键单击“星星”影片剪辑元件，从弹出的快捷菜单中选择【属性】选项，在打开的对话框中单击“高级”按钮。勾选“为ActionScript导出”和“在帧1中导出”复选框，并在“类”文本框中输入star，设置完成后单击【确定】按钮，如图10-53所示。

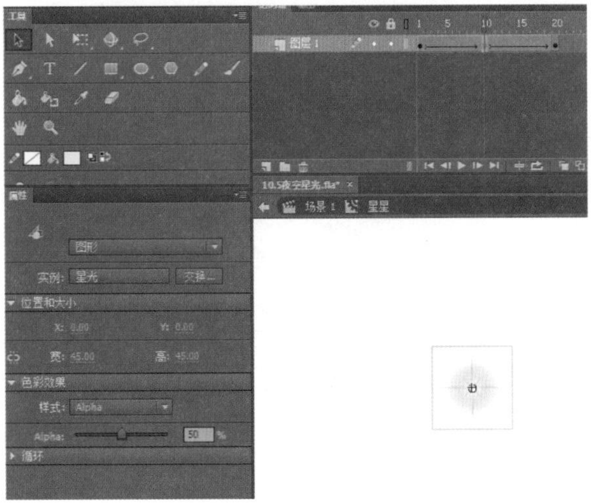

图10-52　插入关键帧

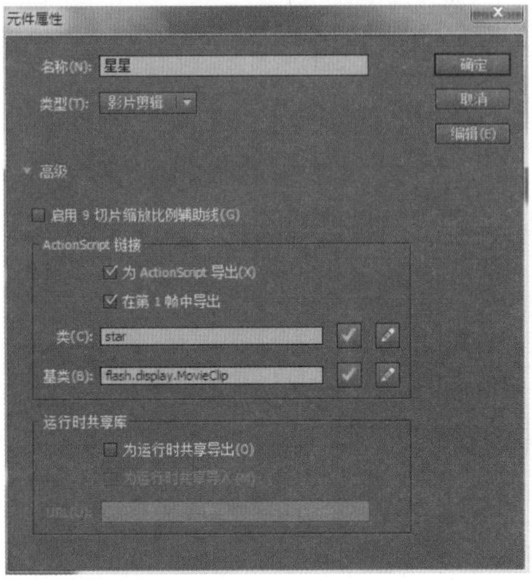

图10-53　参数设置

09 新建“星光”图层，并将“库”中的“星星”影片剪辑元件拖至舞台外，如图10-54所示。

10 新建“按钮”图层，拖入“夜空按钮”元件，设置其宽为600、高为250，并设置属性实例为“skynight”，如图10-55所示。

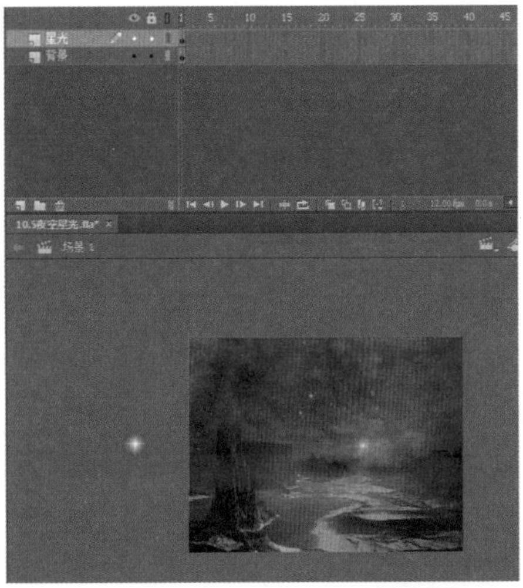

图10-54　新建“星光”图层

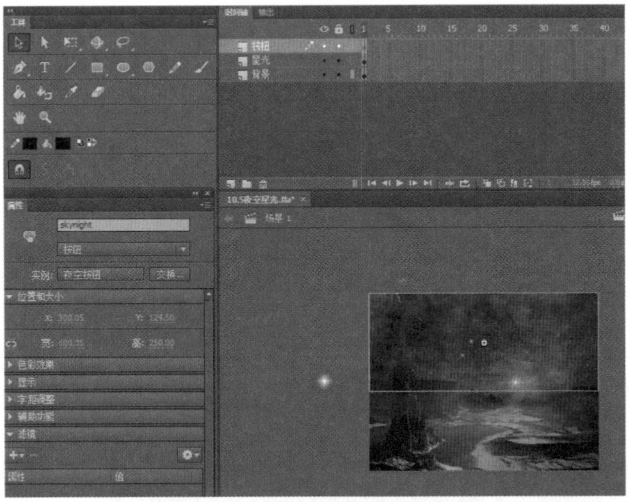

图10-55　新建“按钮”图层

11 新建“动作”图层，添加相应的代码，以监听鼠标单击动作，实现星星闪烁效果，如图10-56所示。

```
skynight.addEventListener( “click” ,act1);
function act1(e:MouseEvent):void
{
        var star_mc:star=new star();
        star_mc.x=this.mouseX
        star_mc.y=this.mouseY
        this.addChild(star_mc);
}
```

12 发布测试【Ctrl+Enter】，如图10-57所示。

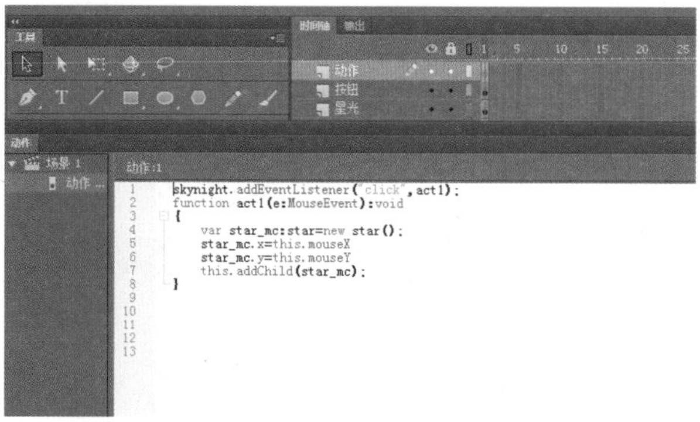

图10-56　写入代码

图10-57　案例最终效果

10.6　互动方块效果

本案例效果如图10-58和图10-59所示。

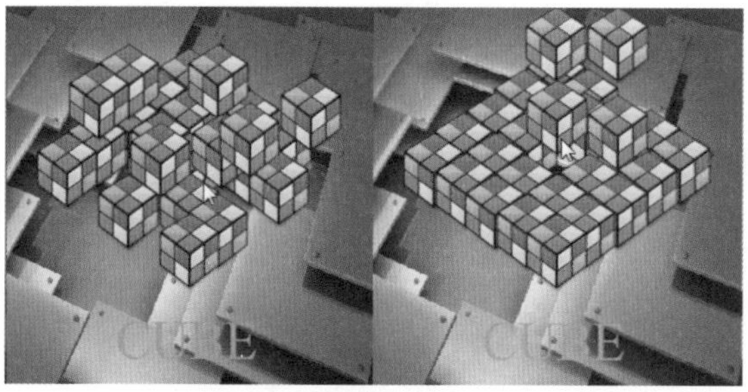

图10-58　案例最终效果1

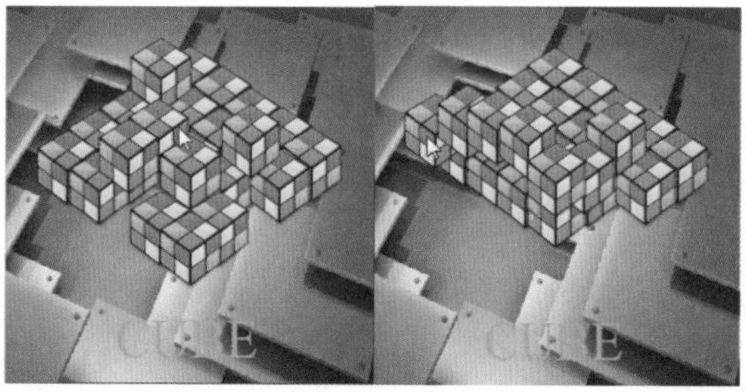

图10-59　案例最终效果2

01 打开本案例的素材文件，并调整舞台尺寸为300×300，如图10-60所示。

02 按组合键【Ctrl＋F8】新建一个影片剪辑元件，并命名为“魔方剪辑”，如图10-61所示。

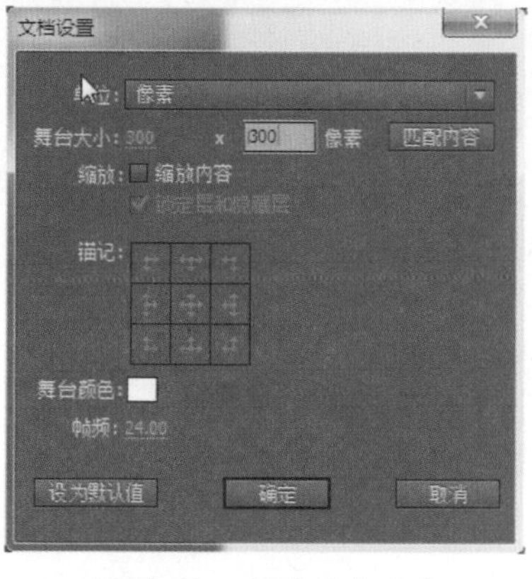

图10-60　调整舞台尺寸

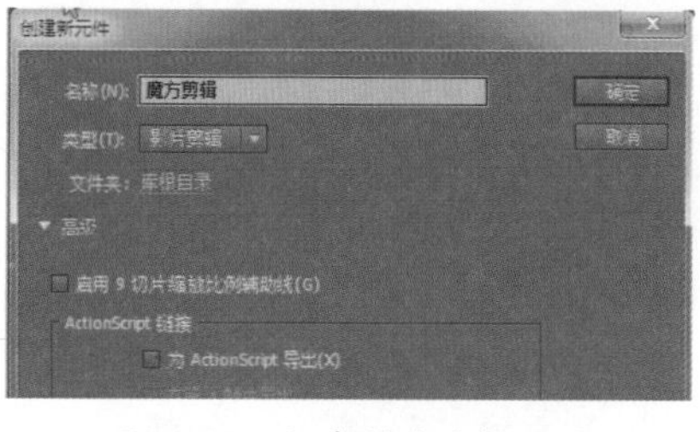

图10-61　新建影片剪辑元件

03 单击【确定】按钮以进入影片剪辑内部，将库中的图片素材“魔方”拖曳至影片剪辑的舞台上，调整图片素材的位置，如图10-62所示。

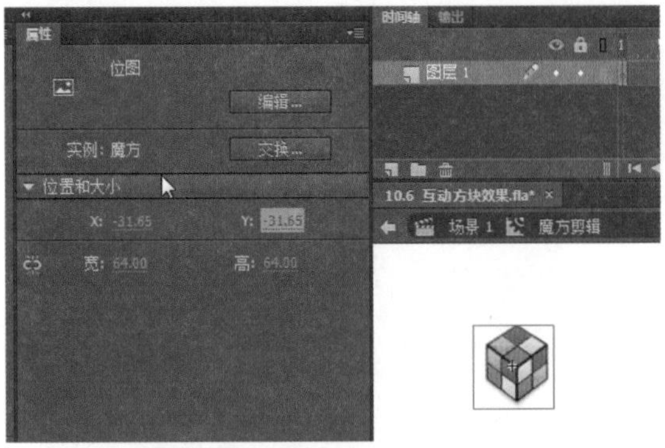

图10-62　调整图片素材的位置

04 回到场景一再次新建一个影片剪辑元件，并命名为“魔方运动”，如图10-63所示。

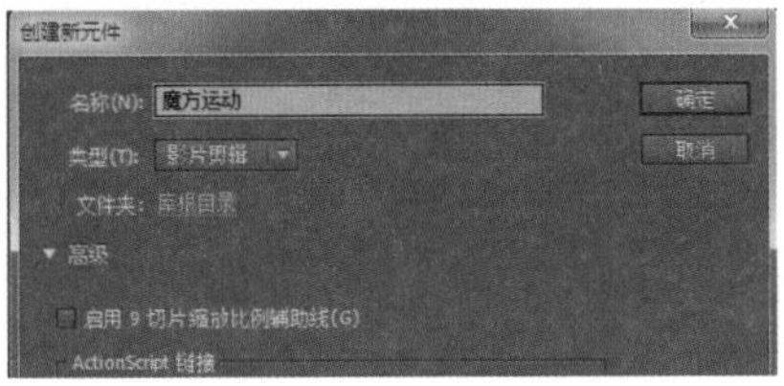

图10-63　新建影片剪辑元件

05 单击【确定】按钮后进入影片剪辑内部，将刚才新建的影片剪辑元件“魔方剪辑”拖曳至舞台上，并调整其位置，并在时间轴的第5帧和第10帧处按快捷键【F6】插入关键帧，并将第5帧上的影片剪辑向上垂直移动一定距离，如图10-64所示。

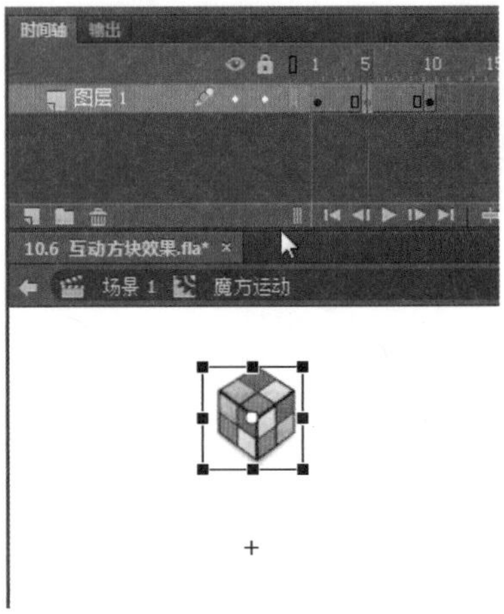

图10-64　移动第5帧上的影片剪辑的位置

06 在第1~5帧，第5~10帧中间分别单击右键，在弹出的菜单中选择【创建传统补间】选项，并在属性面板中设置第1~5帧的补间属性，如图10-65所示。

07 在第1帧上按快捷键【F9】打开动作面板，在其中输入以下的脚本，如图10-66所示。

```
import flash.events.MouseEvent;
stop();
addEventListener(MouseEvent.MOUSE_OVER,overF);

function overF(e:MouseEvent):void{
        play();
}
```

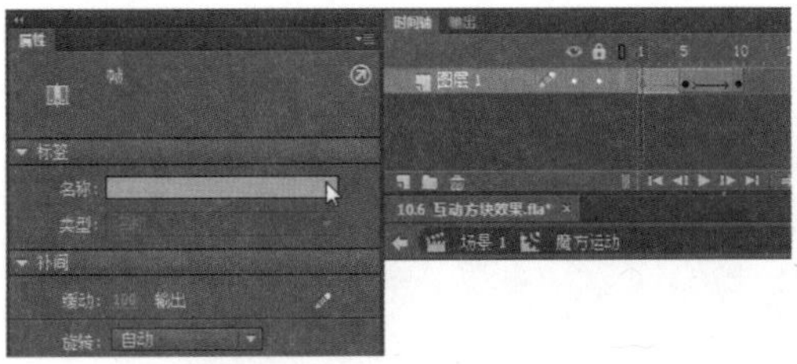

图10-65　设置运动的缓动值

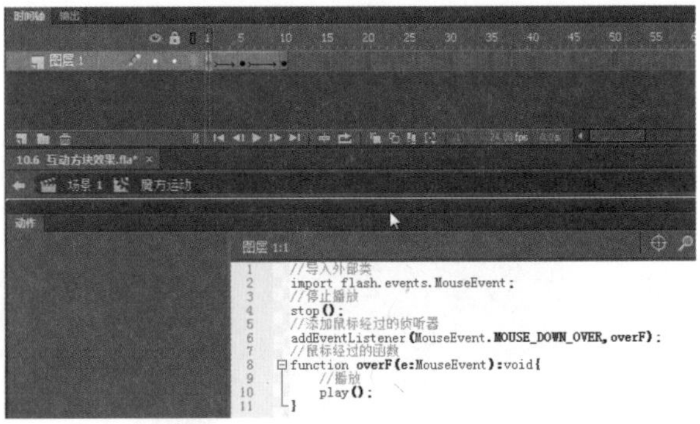

图10-66　输入脚本

08 单击时间轴下方的“场景1”以返回主场景，并将库中的“魔方运动”拖曳至舞台上，并多次复制和粘贴出几个同样的影片剪辑，调整位置，并在下面再输入一行文字，如图10-67所示。

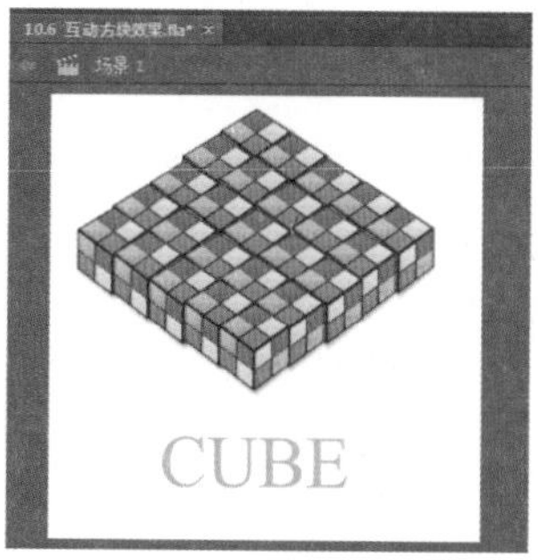

图10-67　多次粘贴和调整位置

09 可以添加一张图片作为背景图，保存文件，按组合键【Ctrl + Enter】测试影片效果，如图10-68所示，当鼠标划过方块时，方块会跳动。

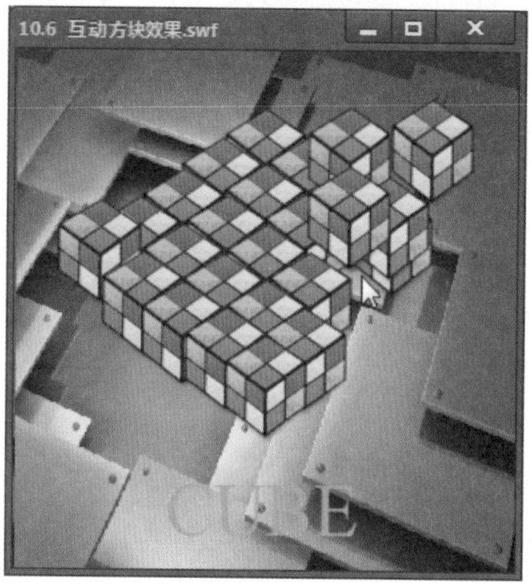

图10-68　最终效果图

10.7　方向跟随鼠标效果

本案例效果如图10-69所示。

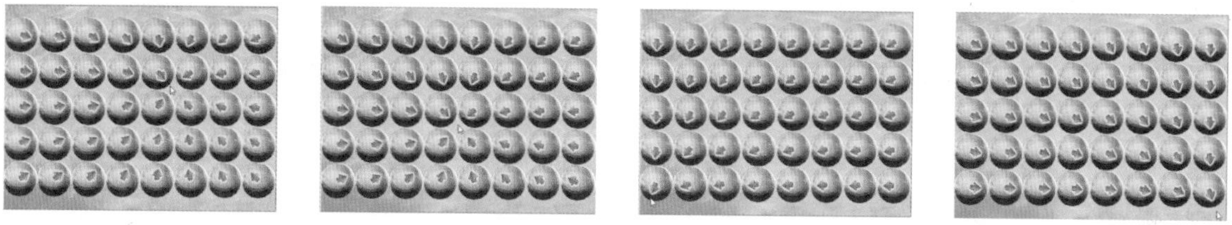

图10-69　案例最终效果

01 打开本案例的素材文件，库内包含如图10-70所示的素材。

02 按组合键【Ctrl + F8】新建影片剪辑元件，并命名为“球”，如图10-71所示。

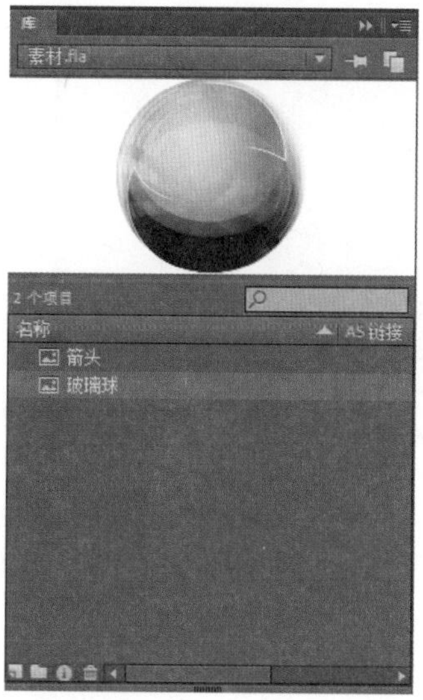

图10-70　库内的图片素材

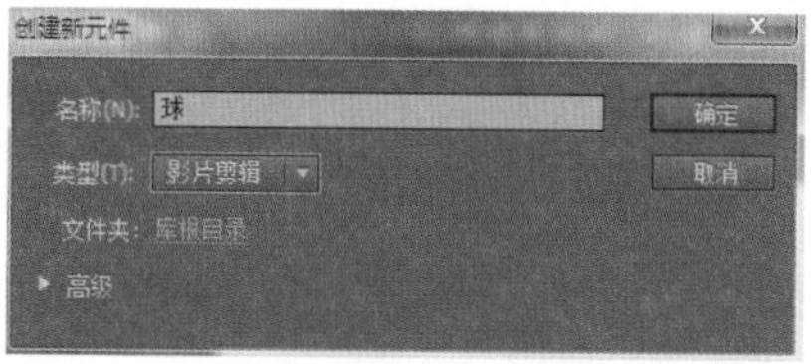

图10-71　创建影片剪辑元件

03 单击【确定】按钮后，进入影片剪辑内部，将库中的“玻璃球”图片素材拖曳至舞台上，并使用【任意变形工具】调整其中心对准舞台的中心，如图10-72所示。

04 从库中将“箭头”图形素材拖曳至舞台上，并使用【任意变形工具】旋转其角度和位置至如图10-73所示的位置。

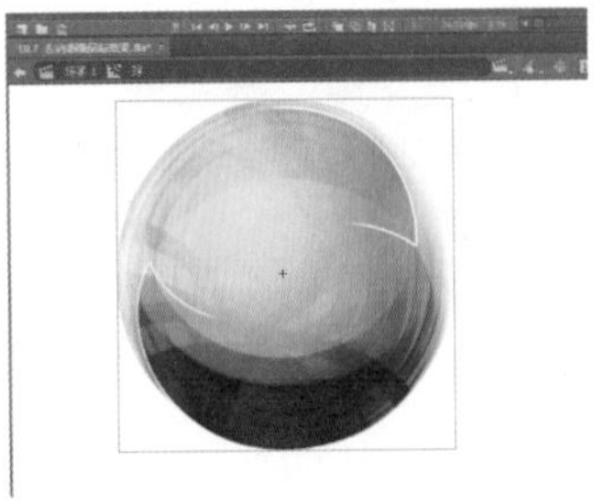

图10-72　调整图片素材的位置

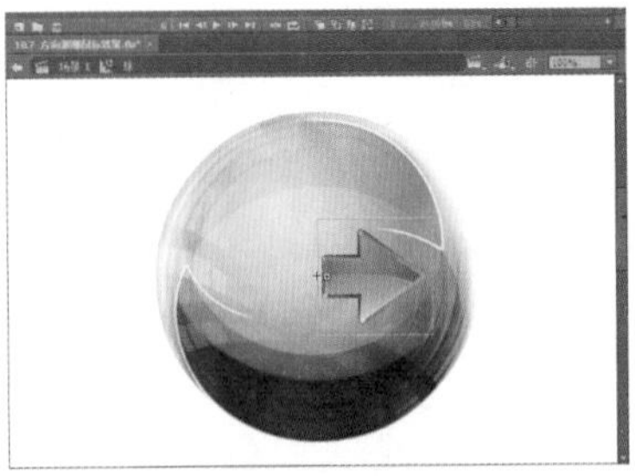

图10-73　调整图形素材的位置

05 选中舞台上的“箭头”图形素材，按快捷键【F8】将其转换为影片剪辑元件，命名为“指针剪辑”，并使用“对齐”工具，如图10-74和图10-75所示。

图10-74　创建元件

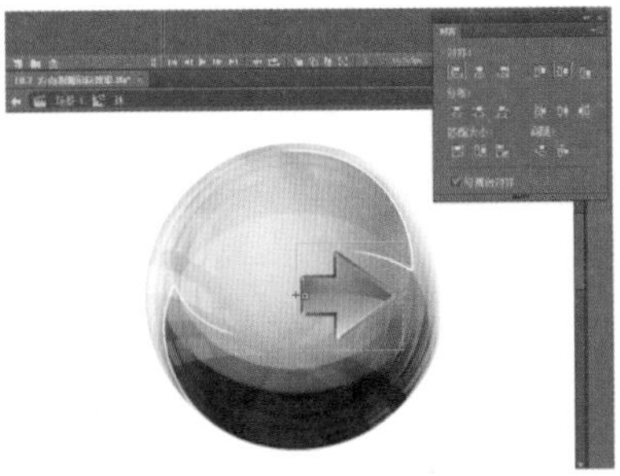

图10-75　转换为元件并对齐

06 选中舞台上的“箭头剪辑”元件，在属性栏内设置其实例名称为mc_arrow，并且给箭头添加一个滤镜。如图10-76所示。

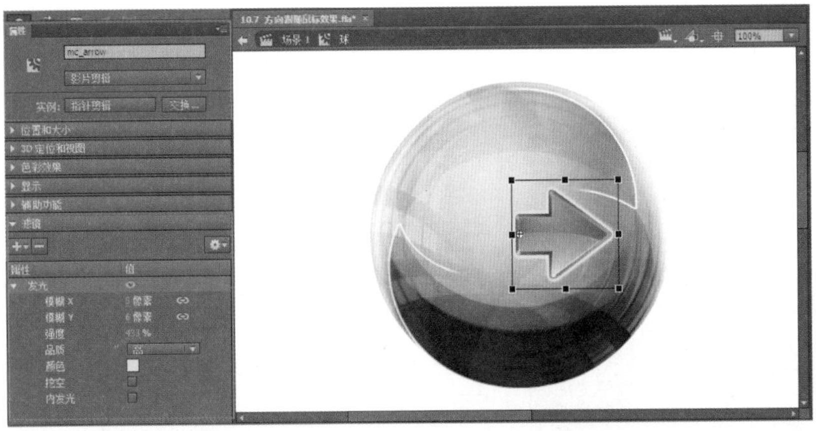

图10-76　设置实例名称

07 单击第1帧，并按快捷键【F9】打开动作面板，在其中输入以下的脚本，如图10-77所示。

```
import flash.events.Event;

addEventListener(Event.ENTER_FRAME,update);
```

```
function update(e:Event):void{
        var a:Number = Math.atan2(mouseY - mc_arrow.y,mouseX - mc_arrow.x);
        mc_arrow.rotation = a * 180 / Math.PI;
}
```

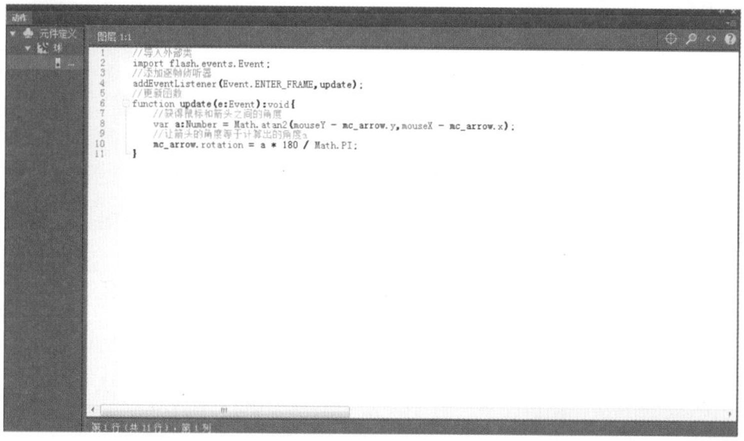

图10-77　输入脚本

08 单击时间轴下方的“场景1”以返回主场景，将库中的“球”元件拖曳至舞台上，使用【任意变形工具】调整其大小，并多次复制粘贴成如图10-78所示的状态。

09 可以添加一张图片作为背景图，保存文件，并按组合键【Ctrl + Enter】测试影片，最终效果如图10-79所示，所有球内的箭头都指向鼠标的位置。

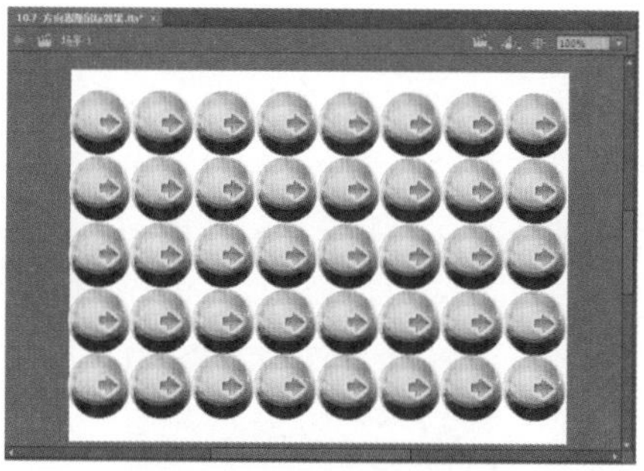

图10-78　重复复制粘贴元件

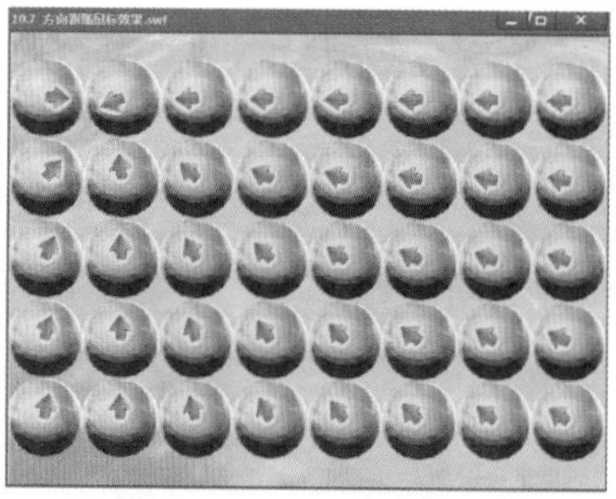

图10-79　最终效果图

10.8　车辆变换颜色效果

本案例效果如图10-80所示。

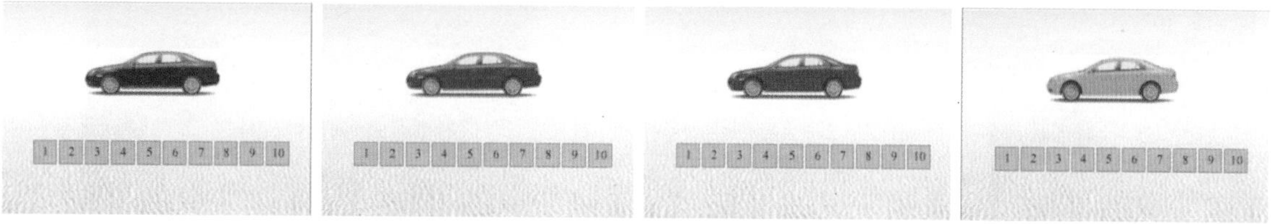

图10-80　案例最终效果

01 打开本案例的素材文件，库内有一个车辆的影片剪辑，如图10-81所示。

图10-81　库内的素材

02 在属性面板中设置舞台的尺寸为300×200，如图10-82所示。

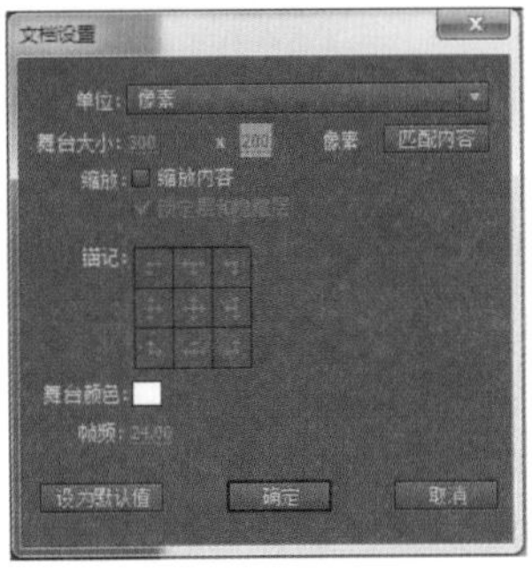

图10-82　设置舞台的尺寸

03 将图层1重命名为“车层”，并将库中的影片剪辑“车”拖曳至舞台上，如图10-83所示。

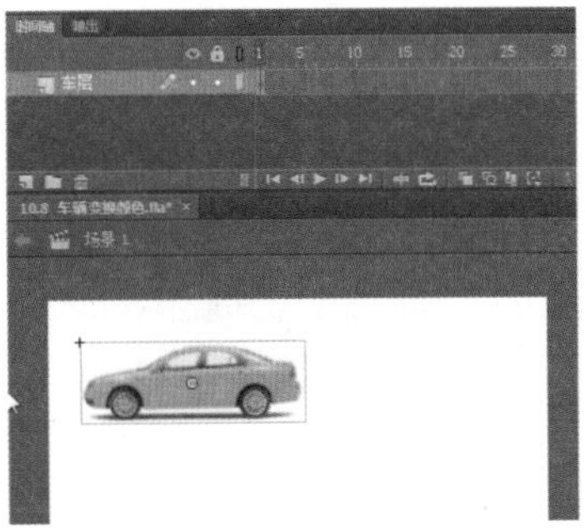

图10-83　将元件拖曳至舞台上

04 使用【选择工具】选中刚才的“车”影片剪辑，并在属性面板中设置该影片剪辑的实例名为car，如图10-84所示。

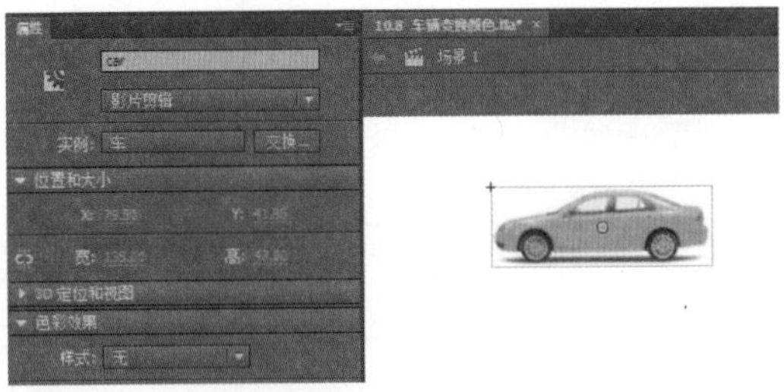

图10-84　设置实例名称

05 选中工具栏内的【矩形工具】，并在属性面板中设置【矩形工具】的属性，如图10-85所示。

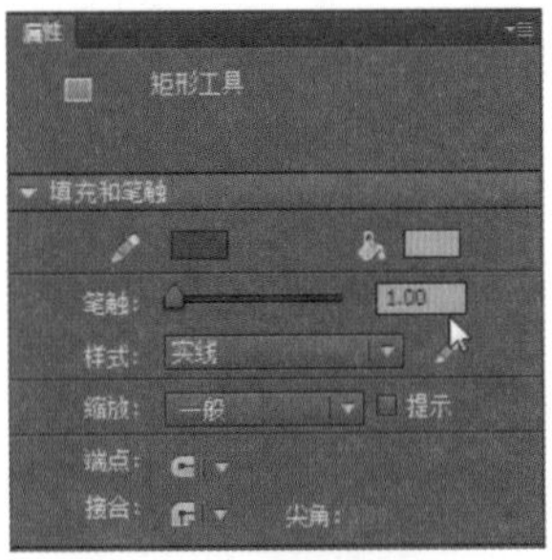

图10-85　设置【矩形工具】的属性

06 新建一个图层，并命名为“按钮层”，并使用设置好属性的【矩形工具】，按住【Shift】键在舞台上绘制一个小正方形，如图10-86所示。

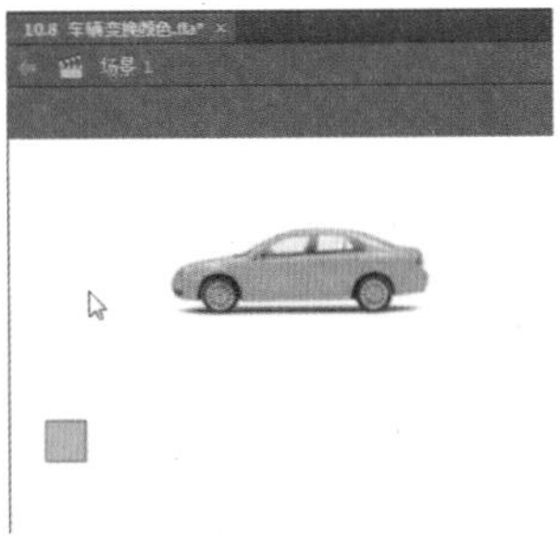

图10-86　绘制一个正方形

07 使用【文本工具】在刚才绘制的矩形上方输入一个文字“1”，如图10-87所示。

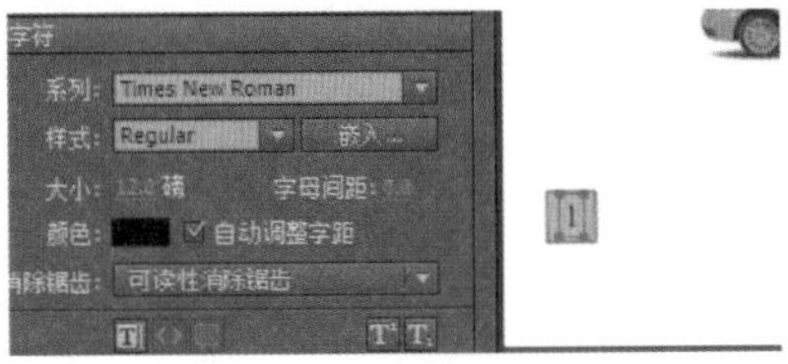

图10-87　在矩形上方输入文字

08 使用【选择工具】选中绘制的矩形和输入的文字，并按快捷键【F8】将其转换为影片剪辑元件，命名为“按钮1”，如图10-88所示。

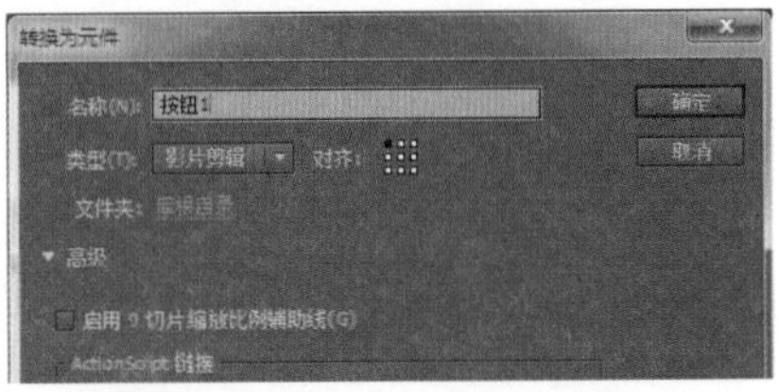

图10-88　转换为影片剪辑元件

09 使用同样的方法，制作出从按钮1到按钮10的

10个按钮，并按如图10-89所示的位置摆放，每个按钮内的文字也是从1到10递增的。

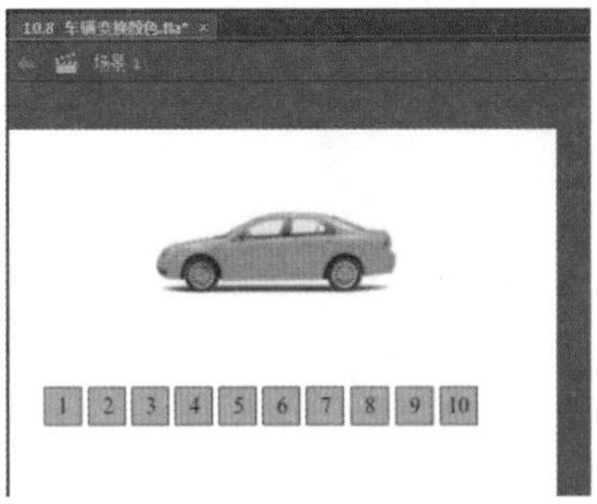

图10-89　制作剩下的按钮

10 使用【选择工具】选中舞台上的按钮1，并在属性面板中设置其实例名为btn1，并依次设置剩下按钮的实例名为btn加上其按钮的序号，如图10-90所示。

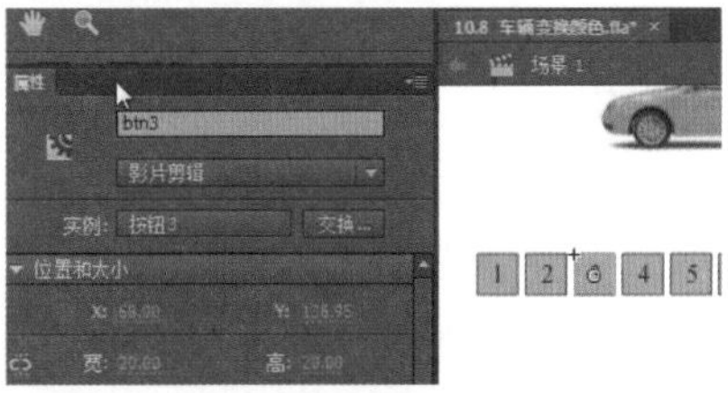

图10-90　设置按钮的实例名

11 再次新建一个图层，并命名为“代码层”，并在该层的第1帧上按快捷键【F9】打开动作面板，在其中输入以下的脚本，如图10-91所示。

```
import flash.display.MovieClip;
import flash.events.MouseEvent;

for(var i:Number = 1; i <= 10 ; i ++){
        var mc:MovieClip = this[ "btn"  + i ] as MovieClip;
        mc.addEventListener(MouseEvent.MOUSE_OVER,overF);
        mc.addEventListener(MouseEvent.MOUSE_OUT,outF);
        mc.mouseChildren = false;
        mc.buttonMode = true;
}

function overF(e:MouseEvent):void{
        car.gotoAndStop(Number(e.target.name.slice(3)))
}

function outF(e:MouseEvent):void{
        car.gotoAndStop(1);
}
```

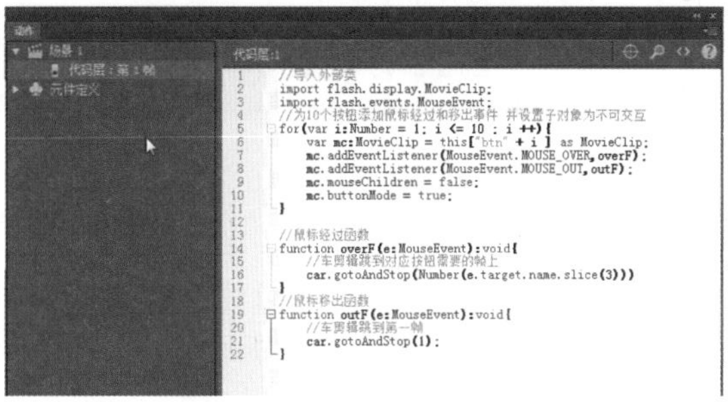

图10-91　输入脚本

12 可以添加一张图片作为背景图片，保存文件，并按组合键【Ctrl + Enter】测试影片剪辑效果，最终效果图10-92所示。

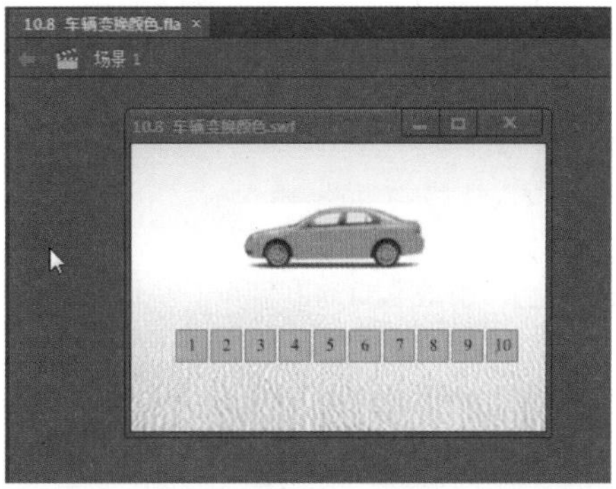

图10-92　最终效果图

13 本案例中的“车”影片剪辑是之前已经做好的影片剪辑，可以双击库中的“车”影片剪辑进入其内部进行查看，是一个每一帧是不同颜色的车辆构成的影片剪辑，如图10-93所示。

图10-93　影片剪辑的结构

最终效果如图10-94所示。

图10-94　案例最终效果

10.9 图片悬浮浏览效果

本案例效果如图10-95所示。

01 新建ActionScript 3.0文档，命名为“图片悬浮浏览效果”，新建一个影片剪辑元件，命名为“Float”。如图10-96所示。

图10-95 案例最终效果

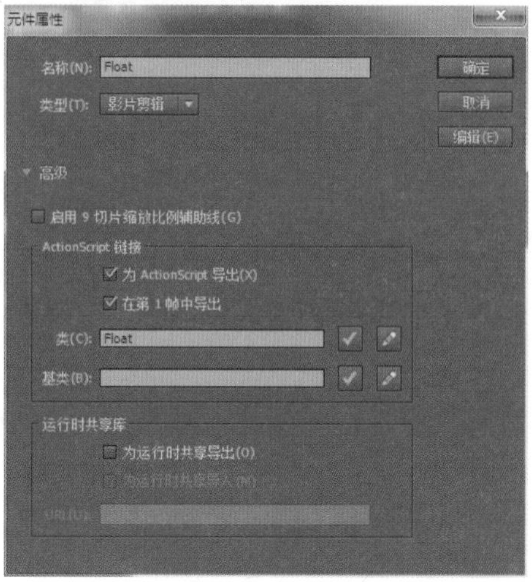

图10-96 新建一个影片剪辑元件

02 将舞台大小设置成600*400，将Float元件放入，并把该层命名为“bg”层，如图10-97所示。

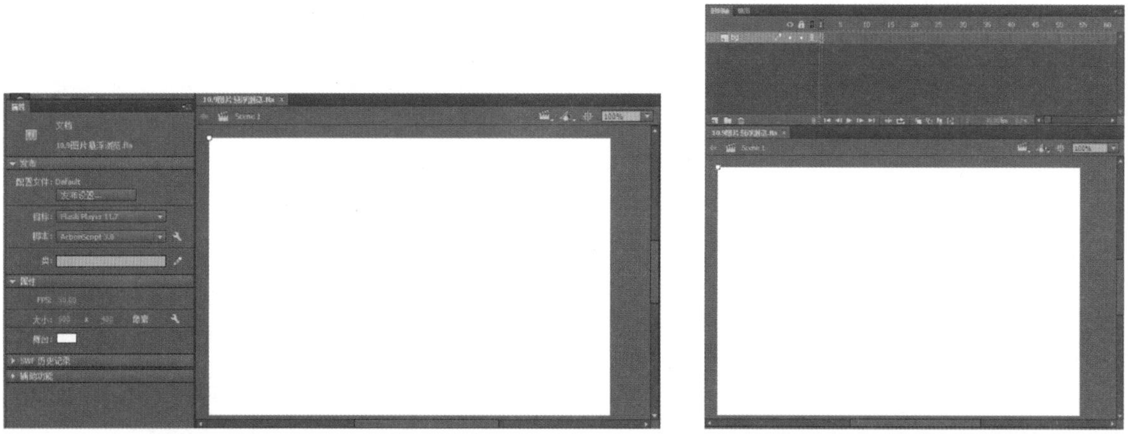

图10-97 将Float元件放入

03 新建Float的代码链接，如图10-98所示。

04 编写以下代码，如图10-99所示。

图10-98 新建Float的代码链接

```
package {

    import flash.display.*;
    import flash.events.*;
    import flash.net.URLRequest;

    public class Float extends Sprite {

        private var _initSpeed:Number=10;
        private var _displayHeight:Number;
        private var _scrollBuffer:Number;
        private var _maxScrollAmount:Number;
        private var _loader:Loader = new Loader();

        public function Float() {
            init();
        }
        private function init():void {
            _loader = new Loader();
            _loader.load(new URLRequest("images/pic.jpg"));
            _loader.contentLoaderInfo.addEventListener(Event.COMPLETE , onLoaded)
            addChild(_loader);
        }
        private function onLoaded(event:Event):void {
            _displayHeight = stage.stageHeight;
            _scrollBuffer = 25;
            _maxScrollAmount = _loader.content.height-stage.stageHeight;
            this.addEventListener( Event.ENTER_FRAME, floatArea);
        }
        private function floatArea(event:Event):void {
```

图10-99 写入代码

```
package {

        import flash.display.*;
        import flash.events.*;
        import flash.net.URLRequest;

        public class Float extends Sprite {

                private var _initSpeed:Number=10;
                private var _displayHeight:Number;
                private var _scrollBuffer:Number;
                private var _maxScrollAmount:Number;
                private var _loader:Loader = new Loader();

                public function Float() {
                        init();
                }
                private function init():void {
                        _loader = new Loader();
                        _loader.load(new URLRequest( "images/pic.jpg" ));
                        _loader.contentLoaderInfo.addEventListener(Event.COMPLETE , onLoaded)
                        addChild(_loader);
                }
                private function onLoaded(event:Event):void {
                        _displayHeight = stage.stageHeight;
                        _scrollBuffer = 25;
                        _maxScrollAmount = _loader.content.height-stage.stageHeight;
                        this.addEventListener( Event.ENTER_FRAME, floatArea);
                }
                private function floatArea(event:Event):void {
                                var mouseYPos:Number= stage.mouseY-_scrollBuffer;
                                var scrollPercentage:Number = mouseYPos/(_displayHeight-_scrollBuffer*2);
                                var finalYPosition:Number = -(scrollPercentage*_maxScrollAmount);
                                this.y -= Math.round((this.y-finalYPosition)/_initSpeed);
                                if (this.y>=0) {
                                        this.y = 0;
                                } else if (this.y<=_maxScrollAmount*-1) {
                                        this.y = _maxScrollAmount*-1;
                                }
                }
        }
}
```

05 按组合键【Ctrl+Enter】测试，如图10-100所示。

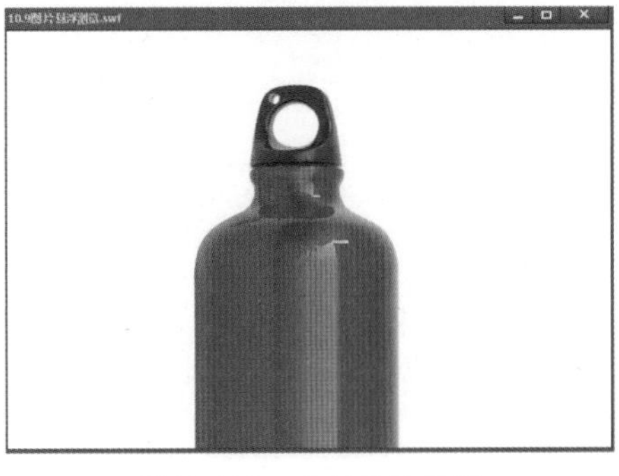

图10-100　案例最终效果

10.10 水滴动画效果

本案例效果如图10-101所示。

图10-101 案例最终效果

01 打开本案例的素材文件，本案例要制作的效果为舞台上有多个水滴形状的按钮，当鼠标经过或点击时，水滴会落下，并过一会儿再次生成一个水滴的效果，库内素材如图10-102所示。

图10-102 库内的素材

02 在属性面板中设置舞台的尺寸为360 × 177，如图10-103所示。

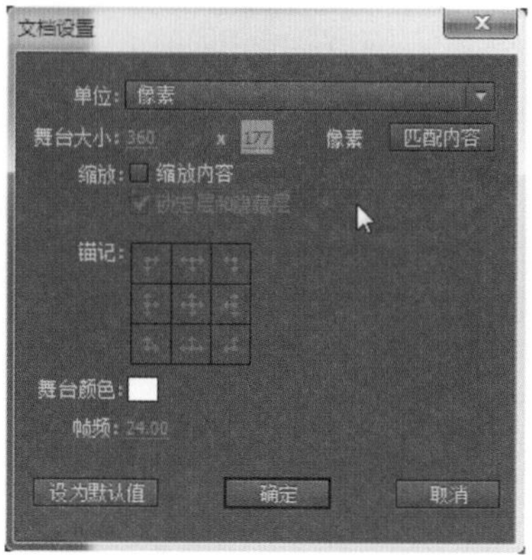

图10-103 设置舞台的尺寸

03 按组合键【Ctrl + F8】新建一个影片剪辑元件，并命名为“水滴动画”，如图10-104所示。

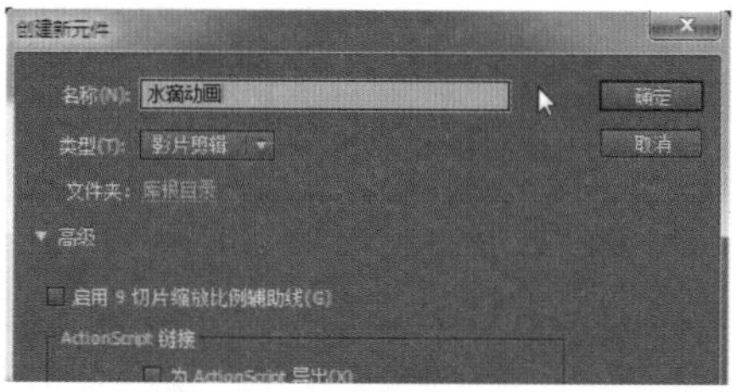

图10-104 创建影片剪辑元件

04 单击【确定】按钮后进入影片剪辑内部，将库中的“水滴”元件拖曳至舞台上，并调整元件的大小，使用【任意变形工具】调整“水滴”元件的中心点，如图10-105所示。

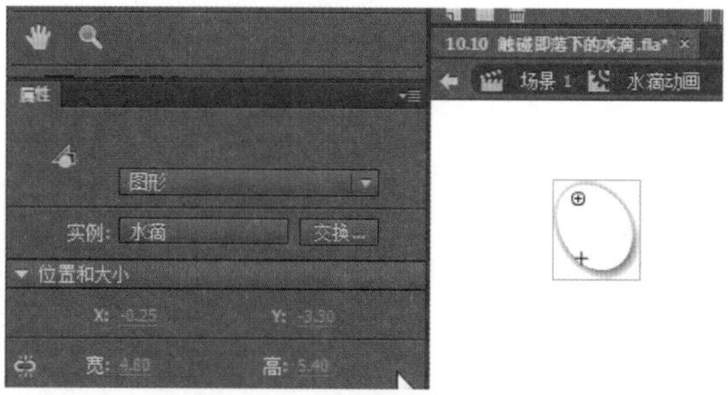

图10-105 调整元件的大小

05 在第16帧处按快捷键【F6】插入关键帧，并增大元件的大小，如图10-106所示。

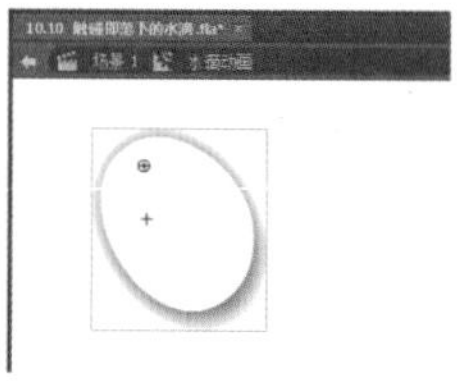

图10-106 调整元件的大小

06 在第17、18帧按快捷键【F6】插入关键帧，并使用【任意变形工具】调节第18帧上元件的形状，如图10-107所示。

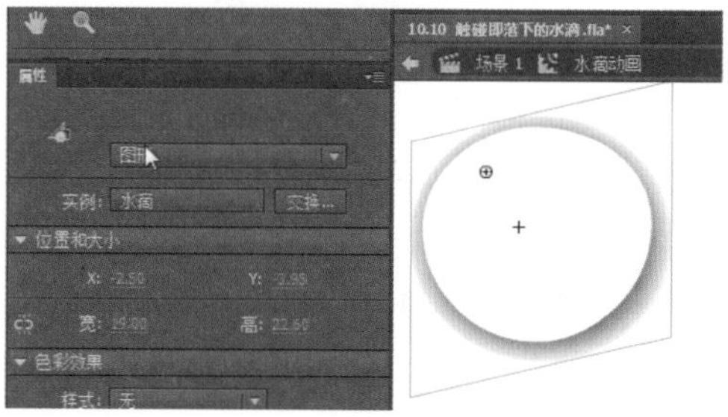

图10-107 调整元件的形状

07 在之后直到21帧之间的每帧都插入关键帧，并按照17、18帧的样式循环，以实现一个水滴抖动的动画效果，如图10-108所示。

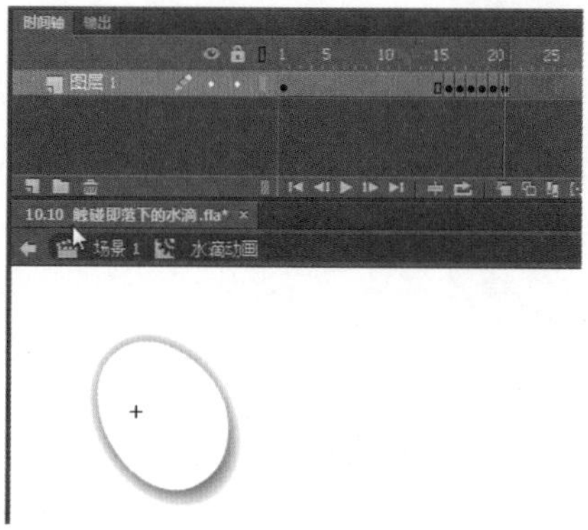

图10-108 制作抖动效果

08 在第34帧插入关键帧，将元件向下移动一定距离，并缩小一定大小，再在37帧插入关键帧，将元件再缩小一定大小，在38帧插入空白关键帧，并在所有帧之间创建补间动画，如图10-109所示。

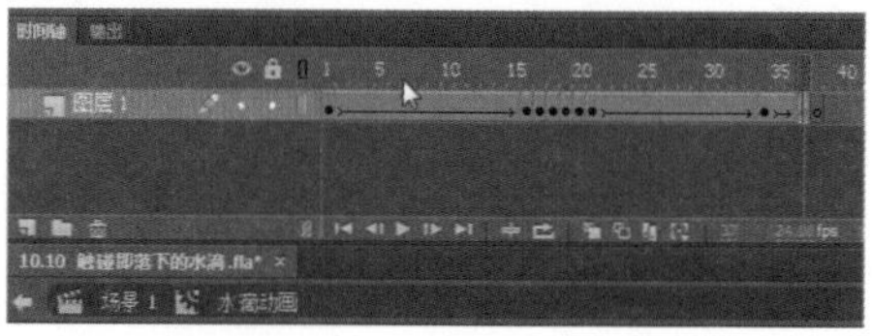

图10-109 创建补间动画

09 新建一个图层，移动在水滴图层的下方，在第1帧上使用【椭圆工具】绘制一个圆形，并调整其他大小比最大状态的水滴稍微大一点，如图10-110所示。

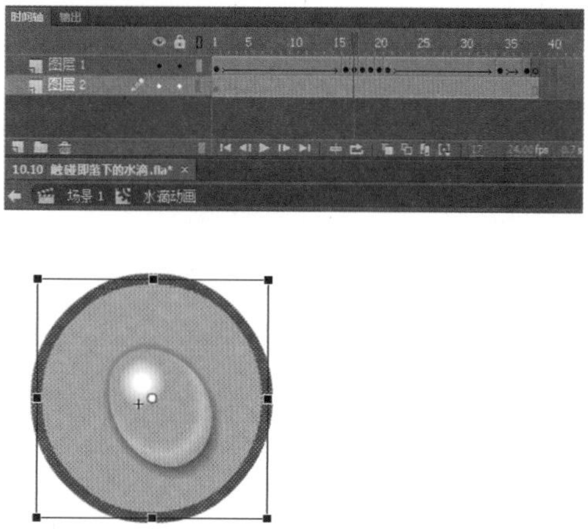

图10-110 绘制一个椭圆

10 调整该椭圆形的透明度为0，无轮廓线条，并在椭圆形图层的第16帧按快捷键【F7】插入空白关键帧，如图10-111所示。

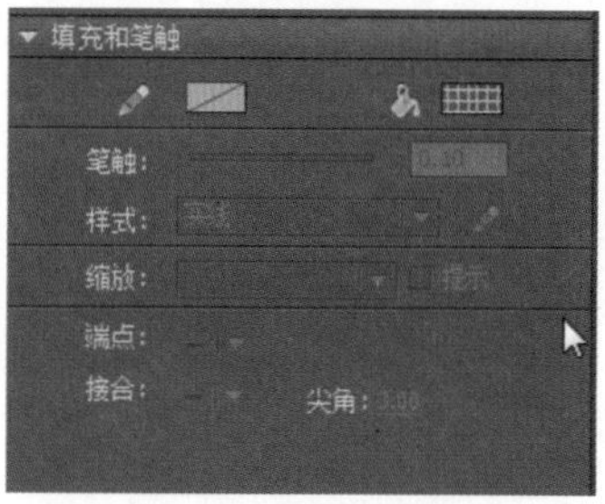

图10-111 设置椭圆形属性

11 再新建一个图层，在图层的第16帧按快捷键【F7】插入空白关键帧，并在第1帧上按【F9】键打开动作面板，在其中输入以下脚本，如图10-112所示。

```
import flash.events.MouseEvent;

buttonMode = true;
addEventListener(MouseEvent.MOUSE_OVER,down);
addEventListener(MouseEvent.CLICK,down);

function down(e:MouseEvent):void{
    gotoAndPlay(17);
}
```

12 在第16帧输入脚本stop();，如图10-113所示。

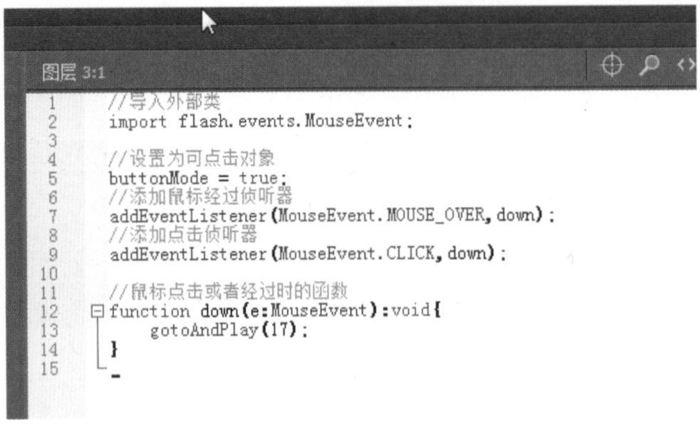

图10-112 输入脚本

图10-113 输入脚本

13 返回主场景，将图层1重命名为“背景层”，并将库中的“背景图”拖曳至舞台上，调整其位置和舞台左上角对齐，如图10-114所示。

14 新建一个图层，命名为“水滴层”，并将“水滴动画”元件从库中拖曳到舞台上，并多复制几份，如图10-115所示。

15 保存文件，并按组合键【Ctrl＋Enter】测试影片，最终效果如图10-116所示。

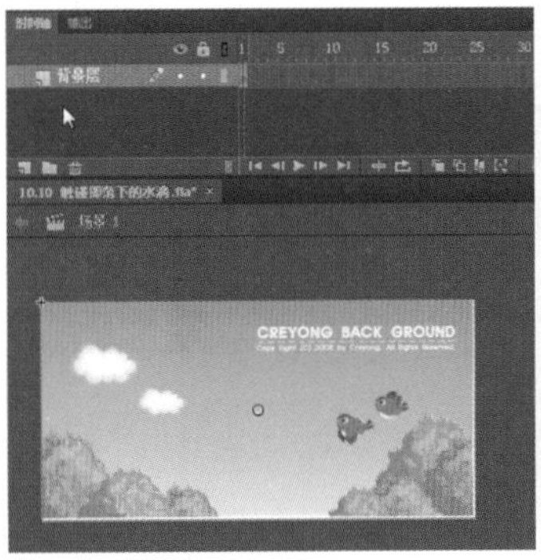

图10-114 将背景图拖曳至舞台上

图10-115 复制多个剪辑

图10-116 最终效果图

10.11 课后练习

10.11.1 可乐吧鼠标效果

本案例的练习为制作可乐吧鼠标效果，最终效果请查看配套光盘相关目录下的“10.11.1 可乐吧鼠标效果”文件。本案例大致制作流程如下：

01 绘制实心圆形图案，并转换为影片剪辑。

02 制作圆形运动的动画，改变色调。

03 使用代码制作跟随鼠标的代码。如图10-117所示。

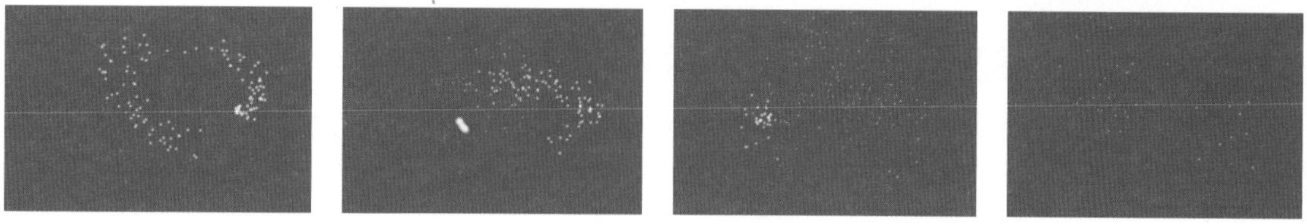

图10-117　案例最终效果

10.11.2　蜡烛拖曳效果

本案例的练习为制作蜡烛拖曳效果，最终效果请查看配套光盘相关目录下的“10.11.2　蜡烛拖曳效果”文件。本案例大致制作流程如下：

01 制作一个蜡烛的影片剪辑。

02 在时间轴上设置初始化代码。

03 在蜡烛影片剪辑上制作拖曳效果的代码，如图10-118所示。

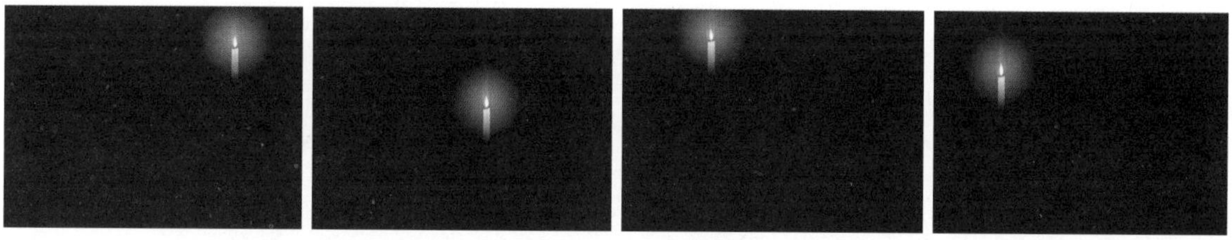

图10-118　案例最终效果

10.11.3　放射五角星效果

本案例的练习为制作放射五角星效果，最终效果请查看配套光盘相关目录下的“10.11.3　放射五角星效果”文件。本案例大致制作流程如下：

01 制作一个4个星星从中心向外扩散运动的动画。

02 在库中设置这个影片剪辑的连接名称。

03 在帧上输入代码，每隔一段时间生成星星动画，如图10-119所示。

图10-119　案例最终效果

10.11.4 鼠标感应缓动-横向移动

本案例的练习为制作鼠标感应缓动-横向移动，最终效果请查看配套光盘相关目录下的“10.11.4 鼠标感应缓动-横向移动”文件。本案例大致制作流程如下：

01 制作一个圆形的影片剪辑。

02 复制小球影片剪辑，并排列好。

03 在图层上编写相应代码，如图10-120所示。

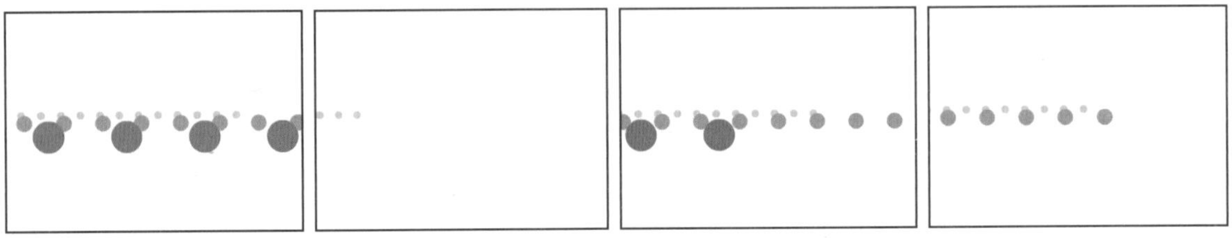

图10-120 案例最终效果

10.11.5 黑夜手电筒的效果

本案例的练习为制作黑夜手电筒的效果，最终效果请查看配套光盘相关目录下的“10.11.5 黑夜手电筒的效果”文件。本案例大致制作流程如下：

01 将素材导入到库中，新建图形元件“背景”。

02 新建影片剪辑元件“光晕”，绘制一个圆形，设置其填充色为透明到黑色的放射性渐变。

03 选择圆形，执行【修改】|【形状】|【柔滑边缘填充】命令，并删除中心部分，形成手电筒光晕的效果。

04 新建名为“光线”的影片剪辑元件，使用工具箱中的【椭圆工具】在编辑区域绘制一个大小适中的圆形。

05 返回主场景，新建图层“光晕”、“光线”，并将元件拖至相应图层上。设置“光线”和“光晕”的属性，实例名称分别为“mc1”和“mc2”。

06 新建“动作”图层，在第1帧添加相应的代码以实现动画效果。至此，黑夜手电筒动画就制作完成，如图10-121所示。

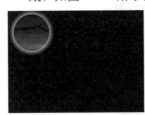

图10-121 案例最终效果

10.11.6 鼠标移动刷出圆点效果

本案例的练习为制作鼠标移动刷出圆点效果，最终效果请查看配套光盘相关目录下的“10.11.6 鼠标刷出图片效果”文件。本案例大致制作流程如下：

01 在舞台上放置一张图片作为背景，并转换为影片剪辑，输入实例名称。

02 在舞台的帧上输入跟随鼠标的擦除代码，如图10-122所示。

图10-122　案例最终效果

10.11.7　聚焦的瞄准镜的效果

本案例的练习为制作聚焦的瞄准镜的效果，最终效果请查看配套光盘相关目录下的“10.11.7 聚焦的瞄准镜的效果”文件。本案例大致制作流程如下：

01 将素材导入到库中，新建“清晰背景”与“模糊背景”图形元件，制作“瞄准镜”元件。

02 新建影片剪辑元件“遮罩”，并居于舞台中央。

03 返回主场景，将“图层1”重命名为“模糊背景”，拖入“模糊背景”元件，在第2帧处插入帧。

04 在第2帧处插入关键帧，在其“动作”面板中添加相应的代码，以实现跟随效果，如图10-123所示。

图10-123　案例最终效果

10.11.8 判断鼠标是否在MC区域的效果

本案例的练习为制作 判断鼠标是否在MC区域的效果，最终效果请查看图形元件目录下的“10.11.8判断鼠标是否在MC区域的效果”文件。本案例大致制作流程如下：

01 放入一个素材，新建元件。

02 制作代码。

03 按组合键【Ctrl+Enter】测试。如图10-124所示。

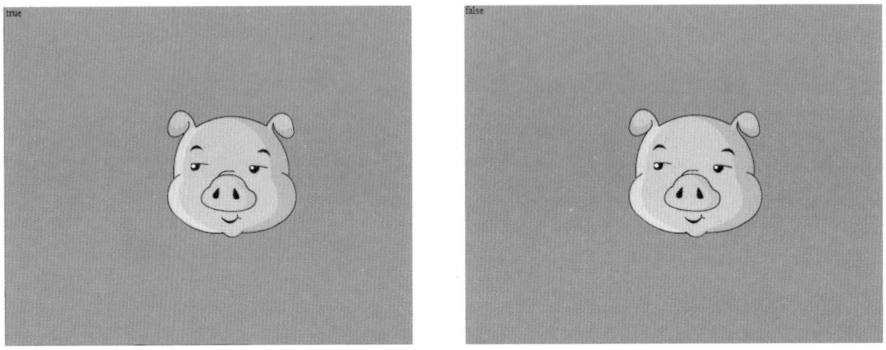

图10-124　案例最终效果

第11章

音效应用篇

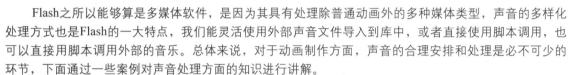

Flash之所以能够算是多媒体软件，是因为其具有处理除普通动画外的多种媒体类型，声音的多样化处理方式也是Flash的一大特点，我们能灵活使用外部声音文件导入到库中，或者直接使用脚本调用，也可以直接用脚本调用外部的音乐。总体来说，对于动画制作方面，声音的合理安排和处理是必不可少的环节，下面通过一些案例对声音处理方面的知识进行讲解。

本章学习重点：

1．了解音频的导入

2．掌握音频在按钮中的使用

3．掌握音频的链接名设置

11.1 逐渐升高音效的按钮

本案例效果如图11-1所示。

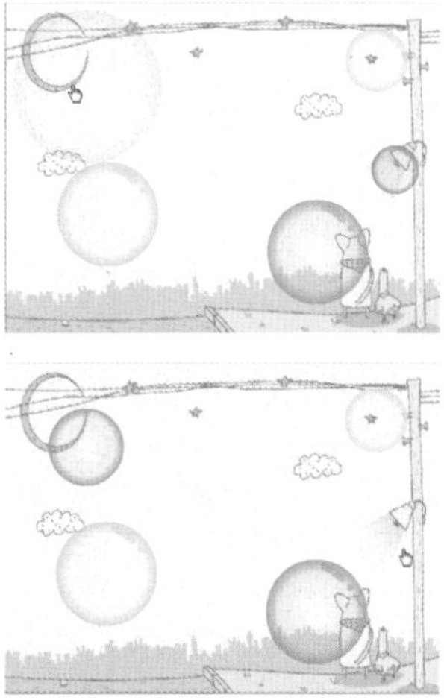

图11-1 案例最终效果

01 打开本案例的素材文件，本案例要制作的效果为创建一些泡泡的按钮，当鼠标经过时泡泡会消失并且播放不同的音效，库内素材如图11-2所示。

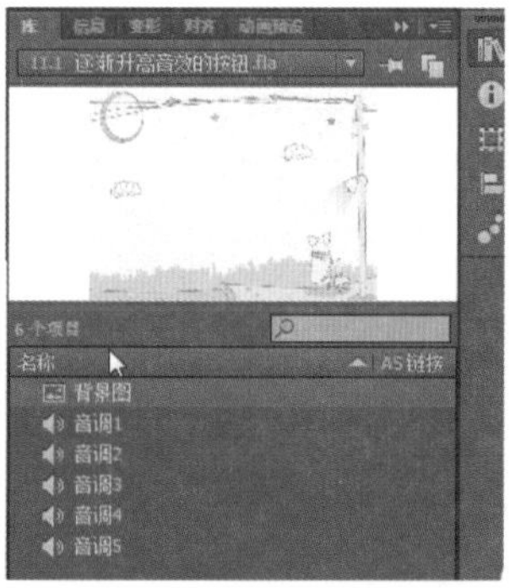

图11-2 库内的素材

02 将图层1重命名为“背景层”，并将库中的背景图拖曳至场景中，调整其位置使其对准舞台左上角，如图11-3所示。

03 按组合键【Ctrl + F8】创建一个影片剪辑元件，命名为“泡泡1”，点击【确定】按钮进入其内部进行编辑，如图11-4所示。

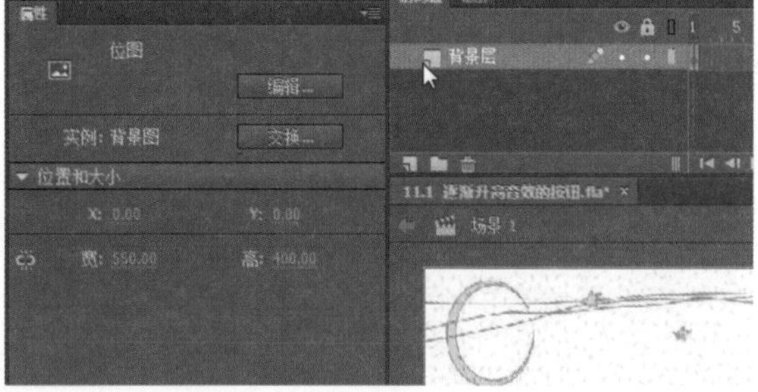

图11-3 调整背景图的位置

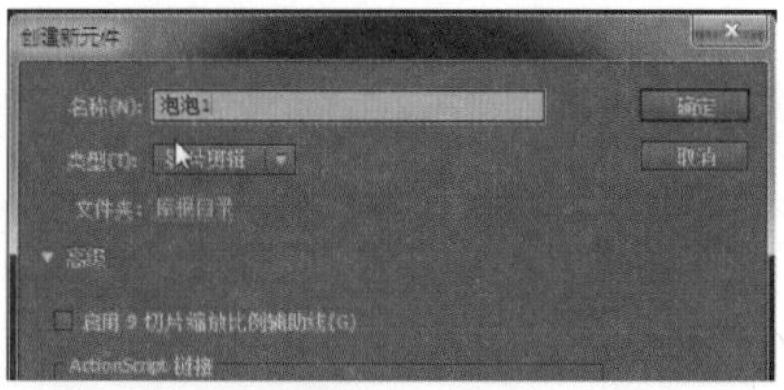

图11-4 创建新元件

04 使用【椭圆工具】在舞台中间绘制一个正圆形，并在颜色面板中设置其颜色渐变为中间透明的红色到外围不完全透明红色的渐变效果，可以将舞台背景色设置为黑色以便于查看效果，如图

11-5所示。

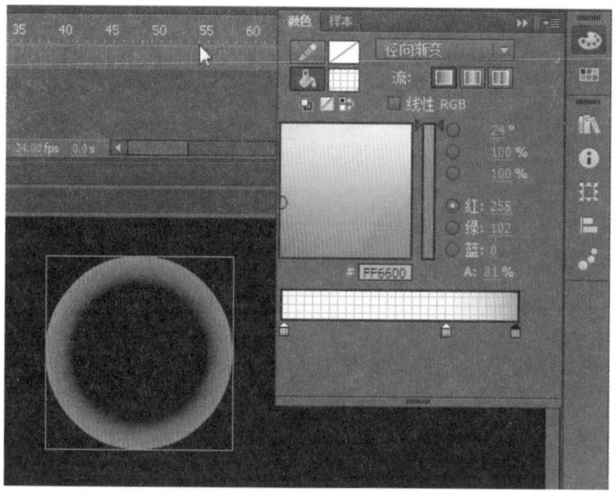

图11-5　设置渐变颜色

05 新建一个图层，并使用【刷子工具】绘制一些高光的效果，如图11-6所示。

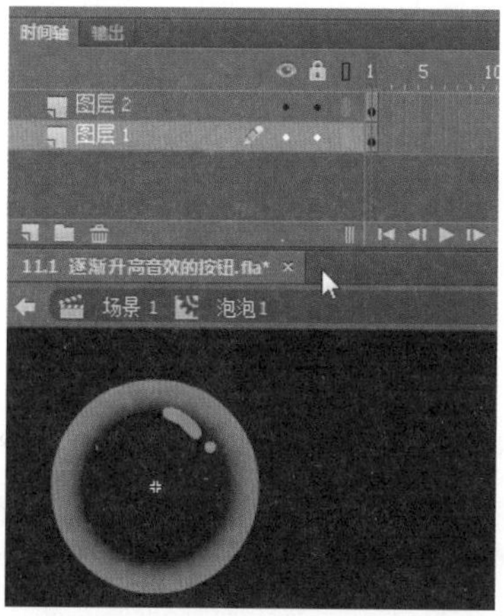

图11-6　绘制高光效果

06 按组合键【Ctrl＋F8】新建一个按钮元件，命名为“泡泡按钮1”，将“泡泡1”元件拖曳至按钮元件的第1帧上，并在第2帧按快捷键【F6】插入关键帧，如图11-7所示。

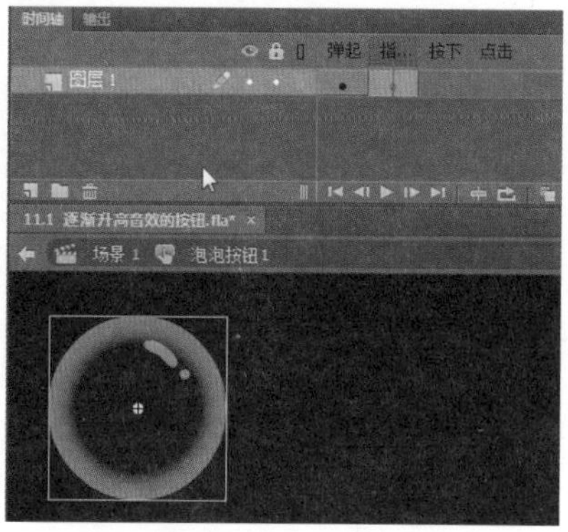

图11-7　插入关键帧

07 单击第2帧，并在属性面板中的声音标签中选择“音效1”，如图11-8所示。

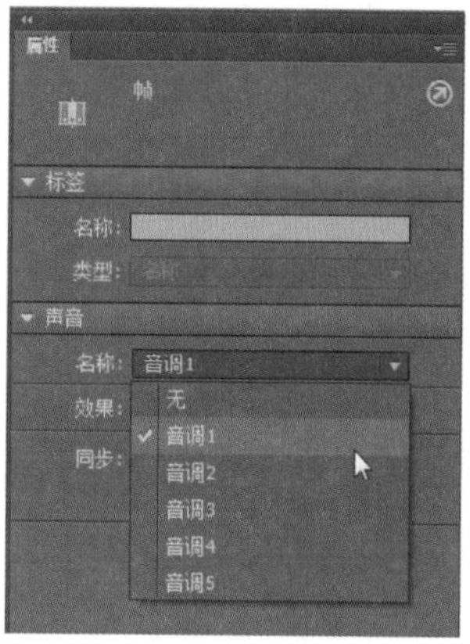

图11-8　选择声音

08 选择第2帧上的泡泡元件，并按【F8】键将其转换为影片剪辑元件，进入其内部为其制作一个逐渐变大变透明的动画，并在最后一帧按【F7】键插入空白关键帧，在其中的动作面板中输入停止播放脚本stop()；，如图11-9所示。

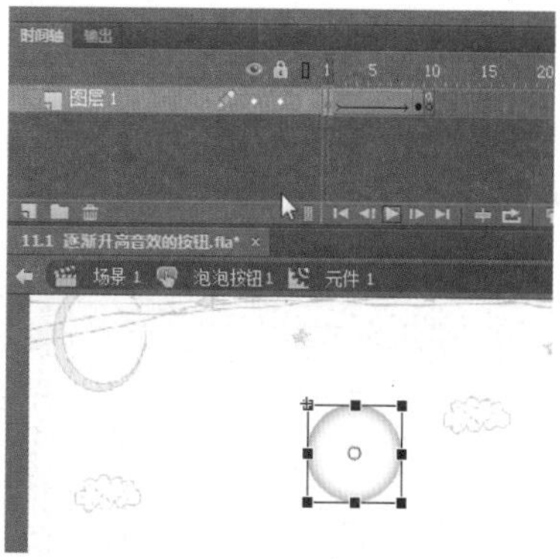

图11-9　制作变大变透明补间动画

09 按照上面同样的步骤，制作出4个不同颜色的泡泡按钮，并为其分配声音，如图11-10所示。

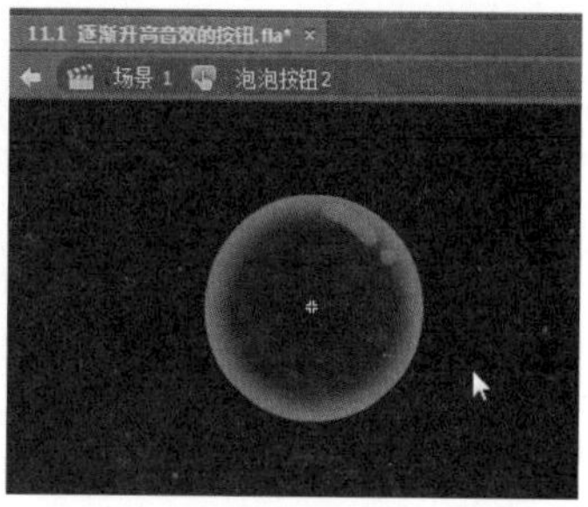

图11-10　制作剩下的按钮

10 完成后，将不同的按钮都拖曳在主场景上，并调整合适的位置和合适的大小。保存文件，并按组合键【Ctrl + Enter】测试影片效果，最终效果如图11-11所示。

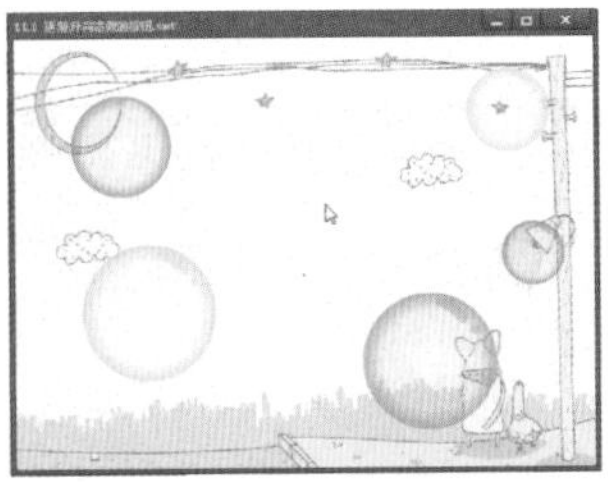

图11-11　最终效果图

11.2 音响播放器

本案例效果如图11-12所示。

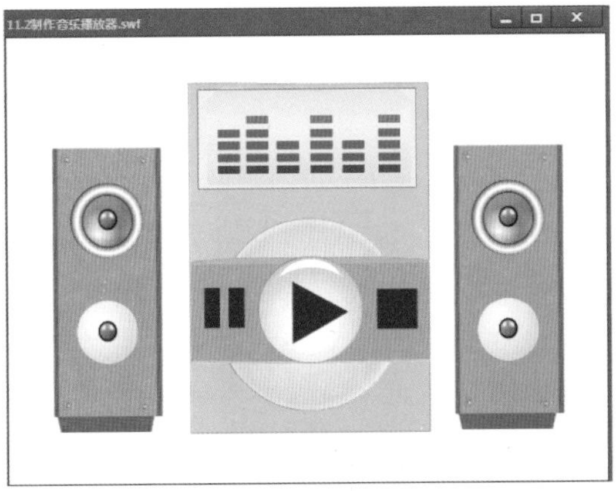

图11-12　案例最终效果

01 新建Flash文档，用绘图工具绘制一个如图11-13所示的音箱图形，并将图层改名为“背景”。

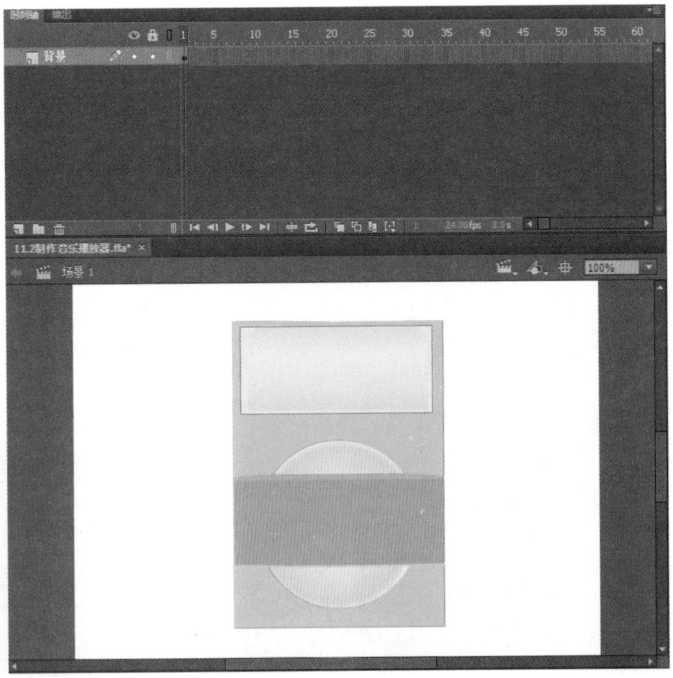

图11-13　背景图

02 将音频文件gz.mp3与音箱图片放入到库中，并将音箱图片放入背景，如图11-14所示。

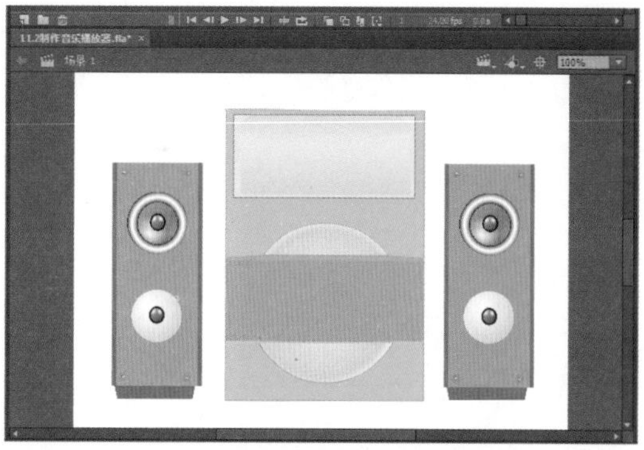

图11-14　设置背景图的大小

03 新建影片剪辑元件命名为“节奏”，并制作音乐节奏变化逐帧动画，如图11-15所示。

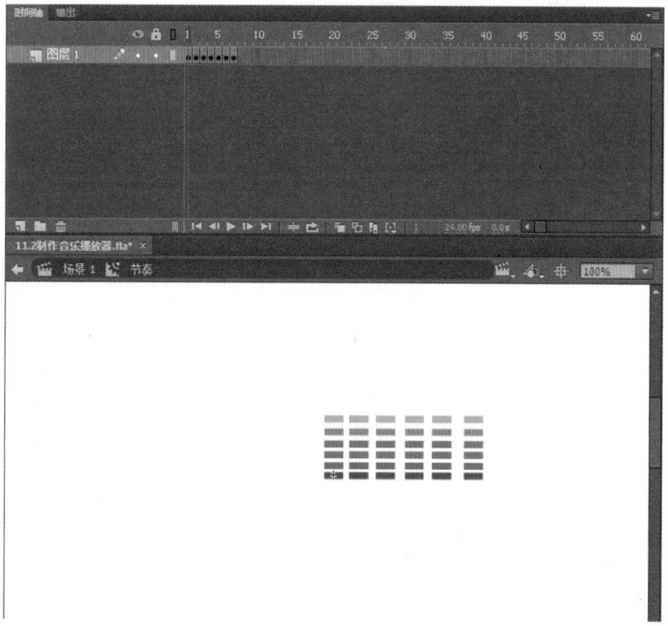

图11-15　完成“节奏”元件步骤

04 分别制作控制音乐播放的“播放按钮”、“暂停按钮”、“停止按钮”按钮元件，如图11-16所示。

05 新建节奏图层，拖入“节奏”元件，并在属性中定义实例名称为s_show，如图11-17和图10-18所示。

图11-16　制作按钮元件

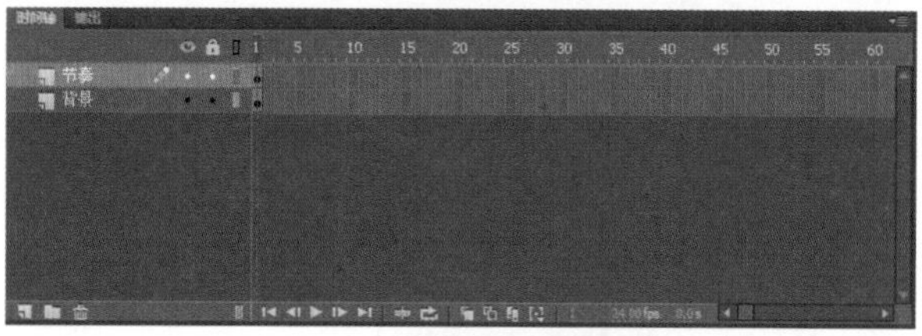

图10-17　新建节奏图层

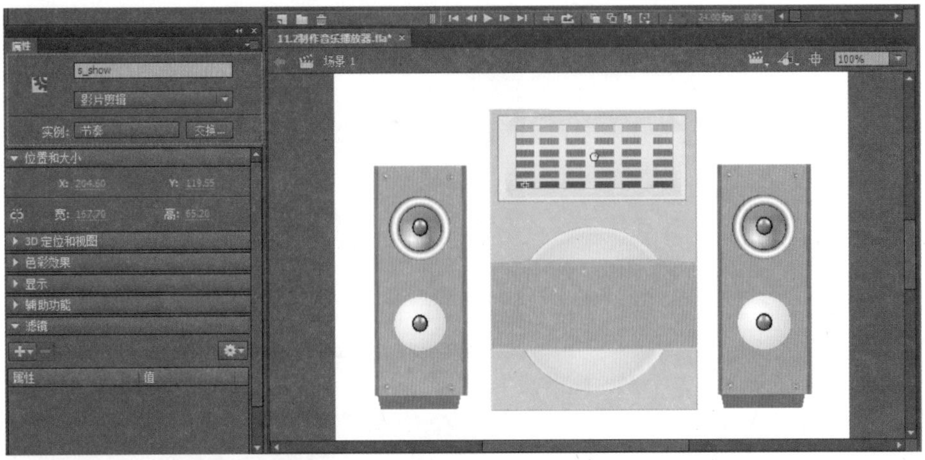

图11-18　命名实例名称为s_show

06 新建按钮图层，拖入3个按钮元件，并分别定义实例名称为s_pau、s_play和s_stop，如图11-19所示。

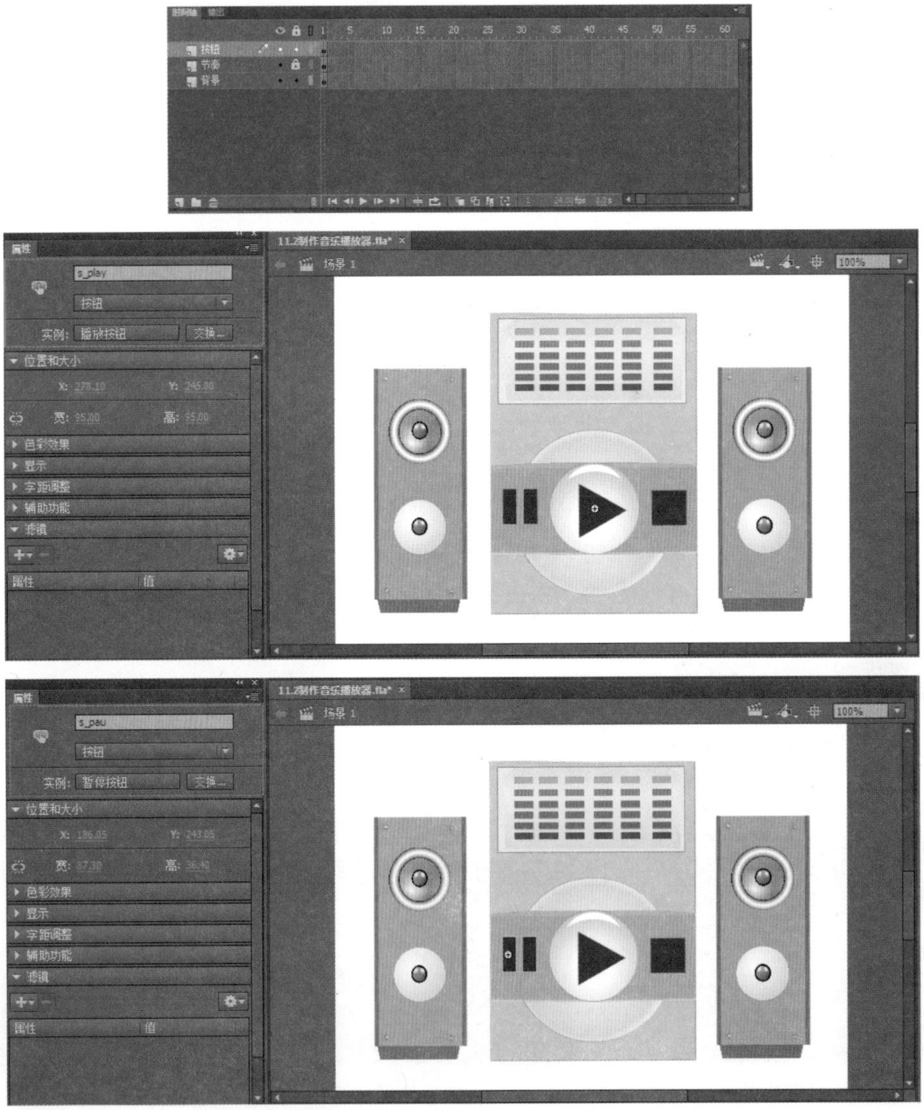

图11-19　命名实例名称为s_pau、s_play和s_stop

07 新建actions图层，在第1帧处打开“动作”面板，并输入相应脚本，如图11-20所示。

08 发布测试【Ctrl+Enter】，最终效果如图11-21所示。

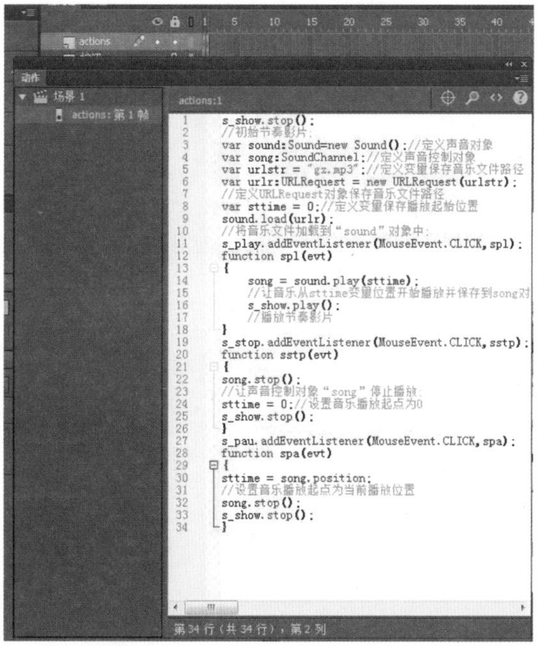

图11-20　输入脚本

图11-21　最终效果图

11.3　课后练习

11.3.1　暴风雨场景效果

本案例的练习为制作暴风雨场景效果，最终效果请查看配套光盘相关目录下的“11.3.1　暴风雨场景效果”文件。本案例大致制作流程如下：

01 制作雨点落下的动画。
02 将多个雨点运动的动画铺满舞台。
03 添加楼层背景。
04 在帧上插入下雨的声音音效，如图11-22所示。

图11-22　案例最终效果

11.3.2　MP3音乐播放器

本案例的练习为制作MP3音乐播放器，最终效果请查看配套光盘相关目录下的“11.3.2　MP3音乐播放器效果”文件。本案例大致制作流程如下：
01 制作多个效果按钮，并排列好位置。
02 插入音效。
03 在每个按钮上制作鼠标经过效果。
04 编写代码，如图11-23所示。

图11-23　案例最终效果

第12章

视频应用篇

视频处理也是Flash对于多媒体处理的一大特色，绝大多数的网络视频都是靠Flash作为视频播放插件的，Flash视频播放功能很多，能够自由定制皮肤、自动处理缓冲播放，下面用一些案例 进行讲解。

本章学习重点：

1. 了解视频文件的导入
2. 掌握视频元件的操作
3. 了解视频元件和其他元件的搭配使用

12.1 街头涂鸦视频界面

本案例效果如图12-1所示。

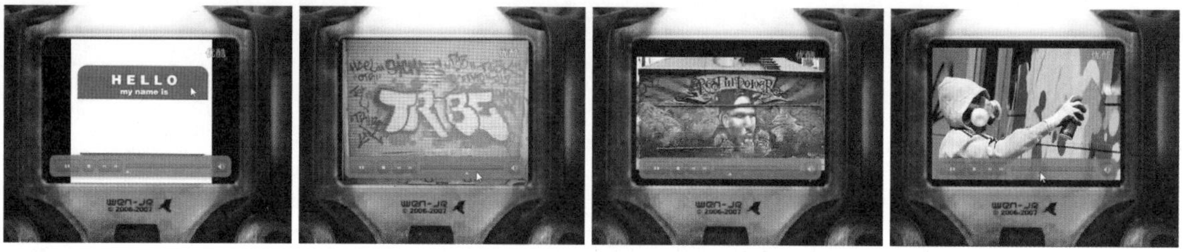

图12-1 案例最终效果

01 打开本案例的素材文件，库内有一张背景图素材，素材文件夹内还有一段视频，如图12-2所示。

02 在属性面板中将舞台尺寸设置为500×400，背景颜色为黑色，如图12-3所示。

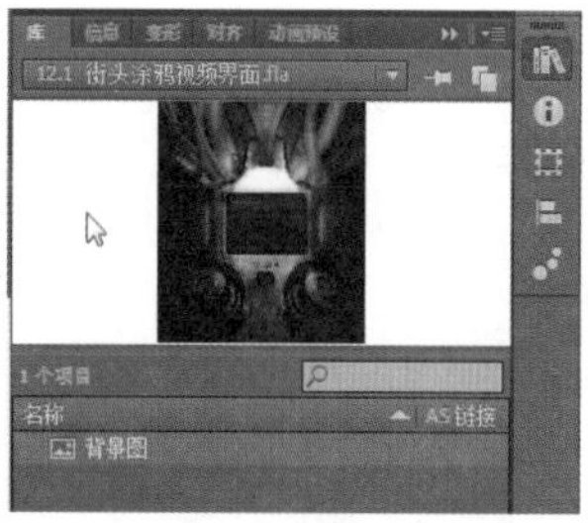

图12-2 库内的素材

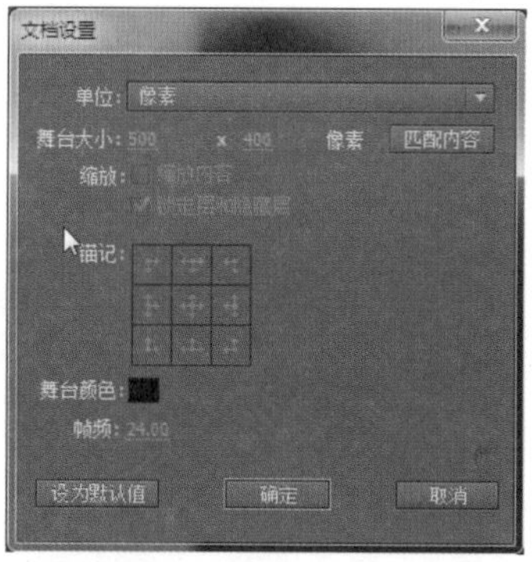

图12-3 设置舞台尺寸

03 将图层1重命名为“背景层”，并将库中的图片素材拖曳到舞台上，按快捷键【F8】将其转换为影片剪辑元件，命名为“背景图剪辑”，如图12-4所示。

04 在时间轴上为其制作一个从下往上运动的补间动画，并且设置y轴的模糊效果，如图12-5所示。

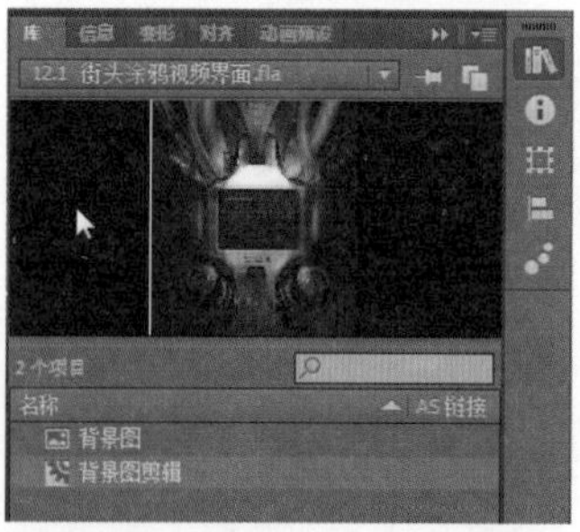

图12-4 转换为影片剪辑

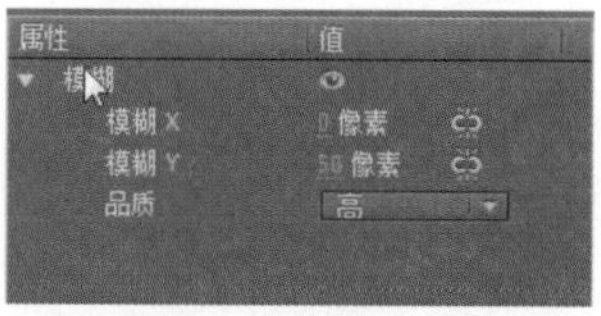

图12-5 创建传统补间动画

05 制作一个往下回来运动的补间动画，后面再制作一个取消模糊的补间动画，如图12-6所示。

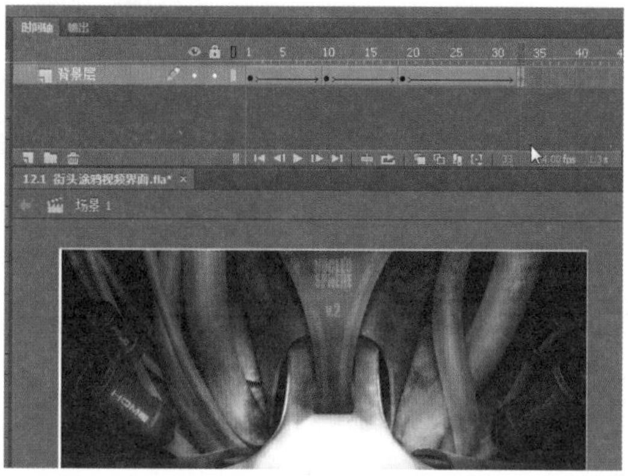

图12-6　创建传统补间动画

06 最后插入关键帧，使用【任意变形工具】调整图形的形状使图形中间的屏幕大小稍微小于舞台大小，如图12-7所示。

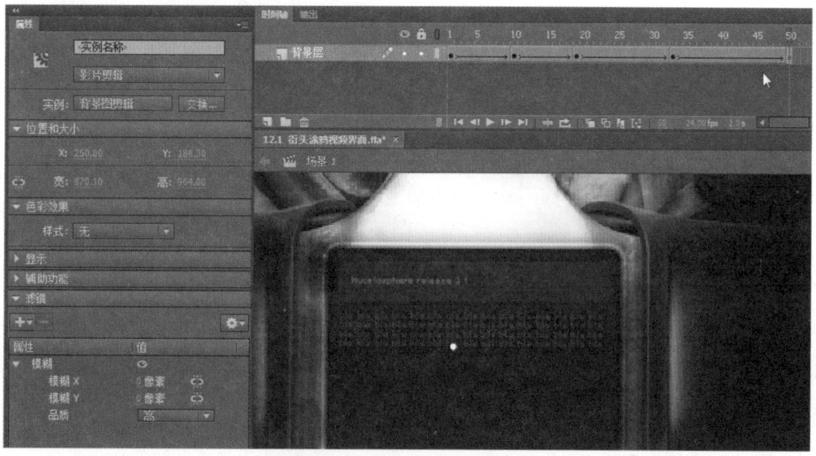

图12-7　调整影片剪辑大小

07 新建一个图层，命名为“视频层”，执行【文件】|【导入】|【导入视频】命令，打开如图12-8所示的对话框。

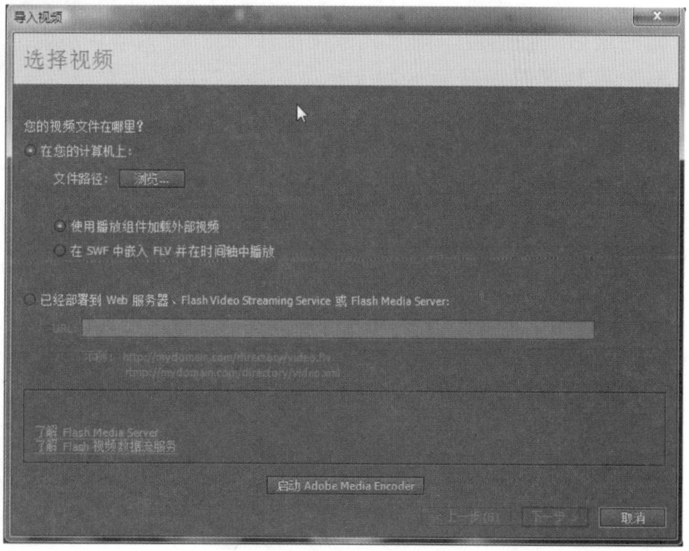

图12-8　导入视频界面

08 单击文件路径里的【浏览】按钮，在打开的对话框中浏览本案例的素材文件夹内的视频，完成后点击【下一步】按钮，如图12-9所示。

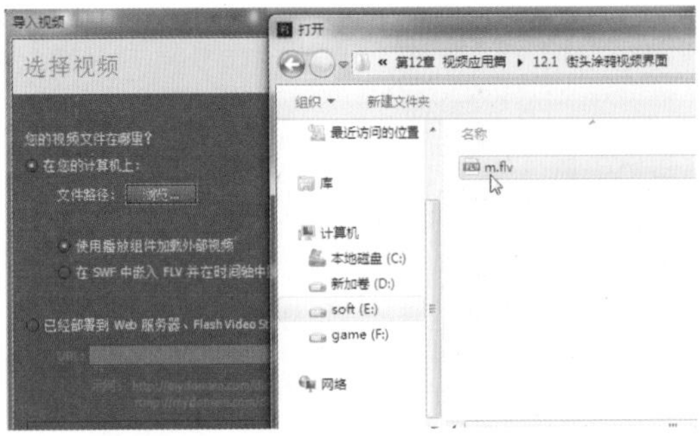

图12-9　导入本案例的视频素材

09 在下一步的界面中选择视频的皮肤，如图12-10所示。

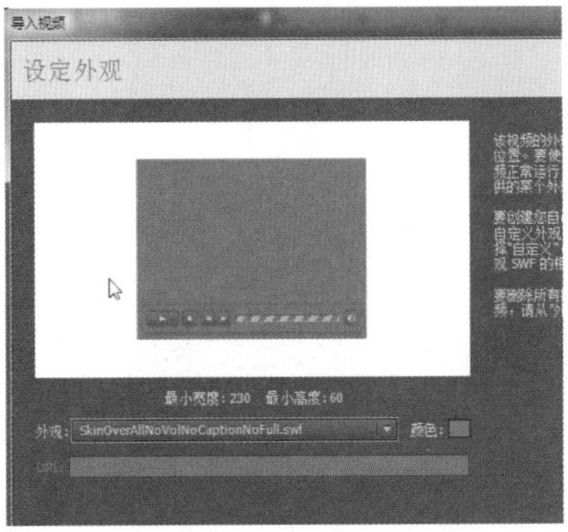

图12-10　设置视频的皮肤

10 导入完成后，将视频元件拖曳到刚才影片剪辑的最后一帧相应的帧上，并使用【任意变形工具】调整视频元件的大小，如图12-11所示。

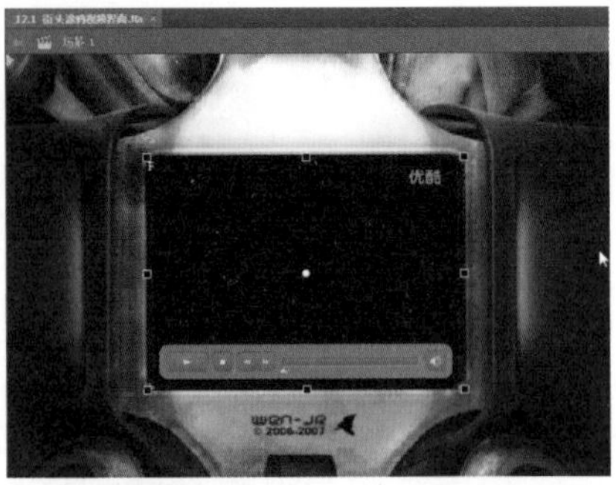

图12-11　调整视频元件的大小

11 在最后一帧上的动作面板中输入停止播放脚本stop();，如图12-12所示。

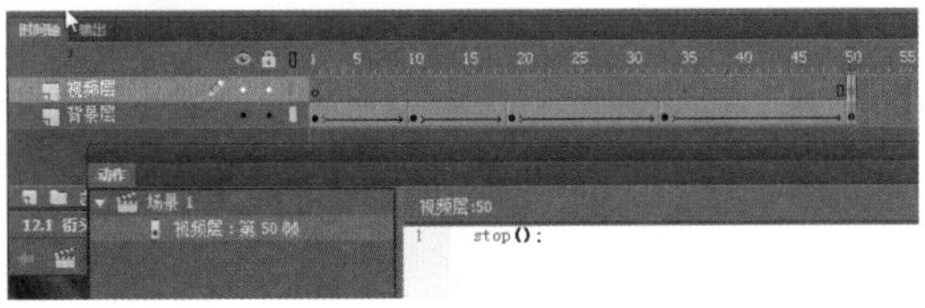

图12-12　输入脚本

12 保存文件，并按组合键【Ctrl + Enter】测试影片，最终效果如图12-13所示。

图12-13　最终效果图

12.2　世界杯视频播放界面

本案例效果如图12-14所示。

图12-14　案例最终效果

01 打开本案例的素材文件，库内素材如图12-15所示。

图12-15　库内的素材

02 本案例使用了标尺来辅助设计，可以在菜单栏中的【视图】中选择是否显示标尺。将图层1重命名为“背景层”，并先不做处理，再新建一个图层，命名为“足球层”，并将库中的“足球”元件拖曳至该层的第1帧上，如图12-16所示。

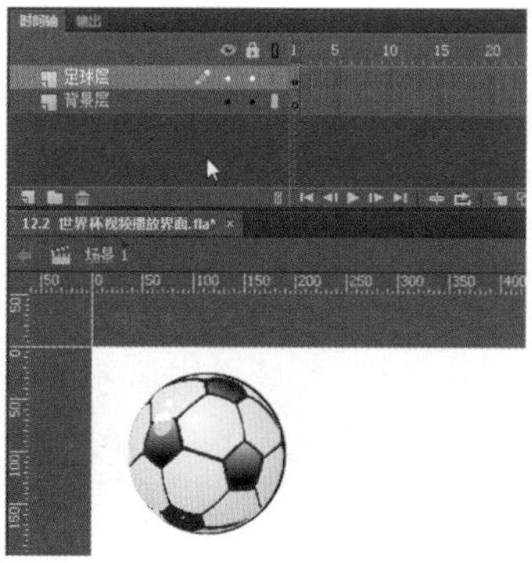

图12-16　将元件拖曳至场景中

03 调整足球元件的大小，在“足球层”的第1~10帧上创建足球从舞台左边飞到舞台右边的动画，再在第10~20帧制作足球从右边飞进舞台中间的动画，如图12-17所示。

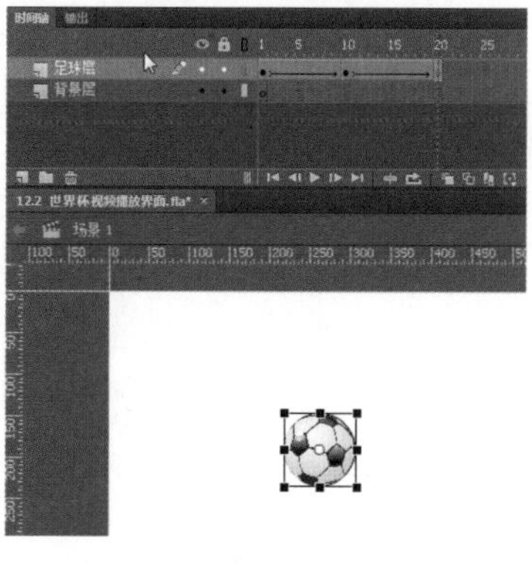

图12-17　制作足球运动的动画

04 在“背景层”的第20帧按【F7】插入空白关键帧，并将“背景图”元件拖曳至该帧上，如图12-18所示。

图12-18　将背景图拖曳至舞台上

05 在“足球层”的第30帧插入关键帧，并将第30帧上的足球元件调整至与背景图中间的圆重合，并在其间创建传统补间动画，如图12-19所示。

图12-19　创建补间动画

06 为背景层的第20~30帧也创建补间动画，效果为由透明渐渐变到可见，如图12-20所示。

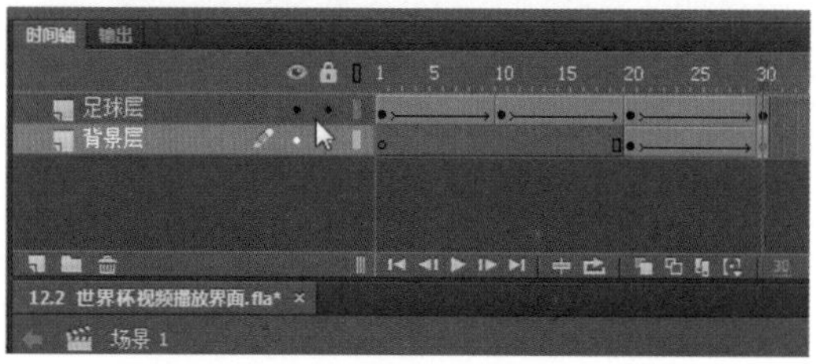

图12-20　为背景制作补间动画

07 新建几个图层，用库中的“星星”元件制作动态效果，如图12-21所示。

图12-21　制作星星的动态效果

08 在最上面新建一个图层，执行【文件】|【导入】|【导入视频】命令，并将本案例文件夹下的World Cup.flv文件导入进来，并调整其大小使其大于足球的大小，如图12-22所示。

图12-22　调整视频元件的大小

09 将“足球层”最后一个状态的足球元件复制，并在视频的图层上再新建一个图层，原位粘贴到该图层上，并设置其为视频图层的遮罩层，如图12-23所示。

图12-23　设置视频层的遮罩

10 在最后一帧上打开动作面板并输入停止播放脚本stop();，如图12-24所示。

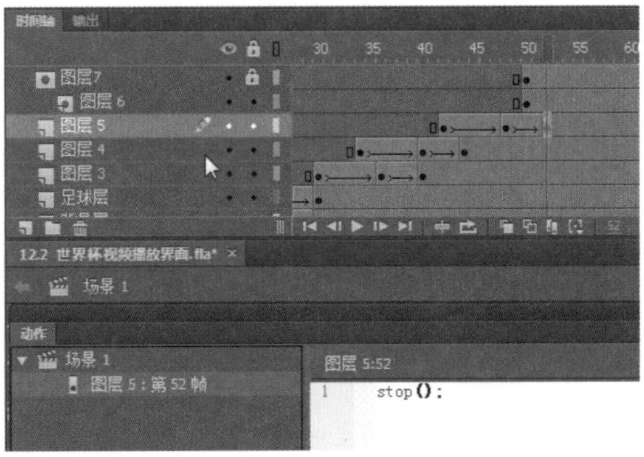

图12-24　输入停止播放脚本

11 保存文件，并按组合键【Ctrl + Enter】测试影片，最终效果如图12-25所示。

图12-25　最终效果图

12.3　家庭电视播放特效

本案例效果图如图12-26所示。

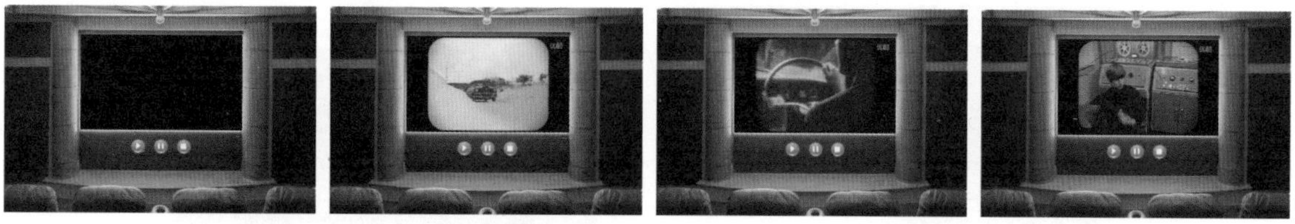

图12-26　本案例效果

01 新建文档，将素材导入到库，设置舞台尺寸为680×442。按组合键【Ctrl+F8】新建图形元件“背景”，拖入bj.jpg，调整图片尺寸为680×442。返回主场景，把图层1重命名为“背景层”，并将“背景”元件放置于舞台中央，如图12-27所示。

图12-27　设置背景图层

02 新建图形元件“按钮”，选择工具箱中的【椭圆工具】，按住【Shift】键绘制一个直径为25、无边框、填充色为蓝色的圆形，如图12-28所示。

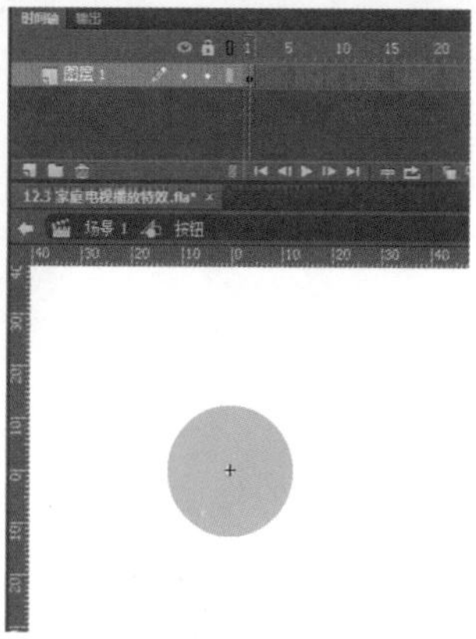

图12-28　绘制“按钮”图形元件

03 新建按钮元件“播放”，将图形元件“按钮”拖入舞台，并设置其透明度为0。在第2帧插入关键帧，并选中按钮元件，设置其Alpha值为20%。如图12-29所示。

04 使用同样的办法创建按钮元件“暂停”和“停止”，在主场景新建“按钮”图层，拖入3个按钮。如图12-30所示。

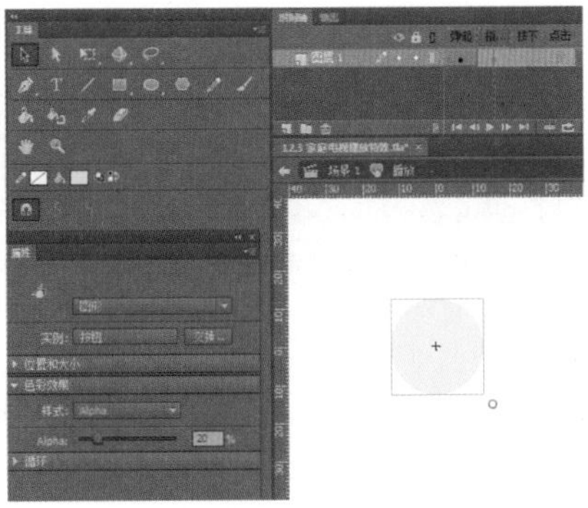

图12-29　调节按钮元件的Alpha值

图12-30　放置按钮元件

05 将3个按钮放置在电视机的按钮上，设置播放、暂停和停止的按钮实例名称为play_btn、pause_btn和stop_btn。如图12-31所示。

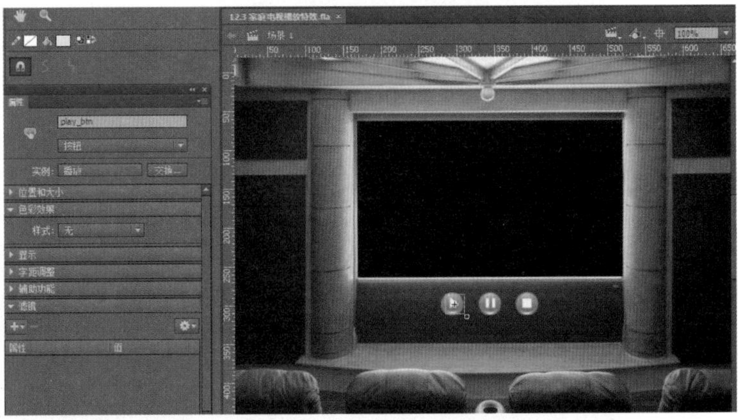

图12-31　设置按钮实例名称

06 主场景新建图层命名为“视频控件”。新建影片剪辑元件“视频播放”，执行【文件】|【导入】|【导入视频】命令，调整大小，并将其影片剪辑放在主场景的合适位置，并设置实例名称为vidio_mc。如图12-32所示。

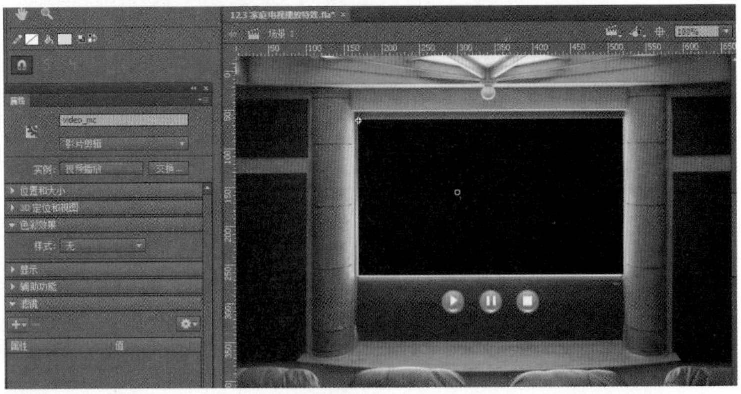

图12-32　放置“视频播放”影片剪辑并编辑实例名

07 新建“动作”图层，在第1帧添加相应代码，通过对3个按钮的监听实现视频的加载、播放、暂停和停止。如图12-33所示。

```
var video_nc:NetConnection = new NetConnection();
video_nc.connect(null);
video_ns = new NetStream(video_nc);
```

```
var my_video:Video = new Video(350,200);
video_mc.addChild(my_video);

play_btn.addEventListener(MouseEvent.CLICK,act1);
function act1(me:MouseEvent){
        my_video.attachNetStream(video_ns);
        video_ns.play( "video.flv" );
}

pause_btn.addEventListener(MouseEvent.CLICK,act2);
function act2(me:MouseEvent){
        video_ns.togglePause();
}

stop_btn.addEventListener(MouseEvent.CLICK,act3);
function act3(me:MouseEvent){
        my_video.attachNetStream(null);
        my_video.clear();
        video_ns.close();
}
```

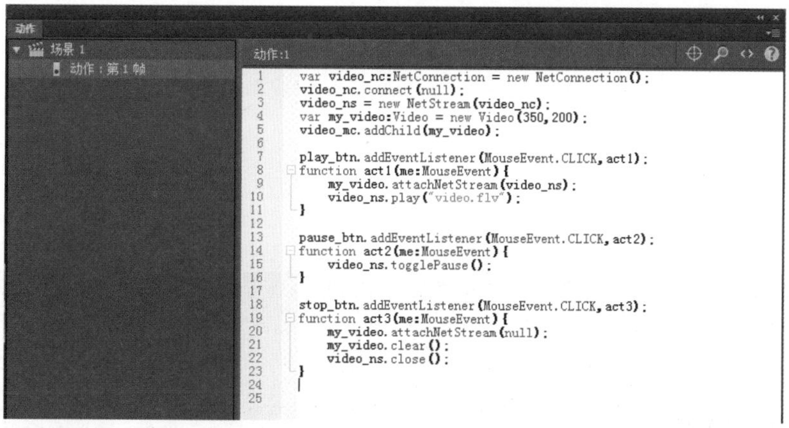

图12-33 添加代码

08 执行【文件】|【发布设置】命令，打开了发布设置对话框，设置“脚本”为ActionScript3.0，单击“设置”按钮，取消勾选“严谨模式”和“自动声明舞台实例”选项。如图12-34所示。

09 按下组合键【Ctrl+S】保存该动画，然后按下组合键【Ctrl+Enter】对该动画进行测试。至此，完成电视播放特效的制作。如图12-35所示。

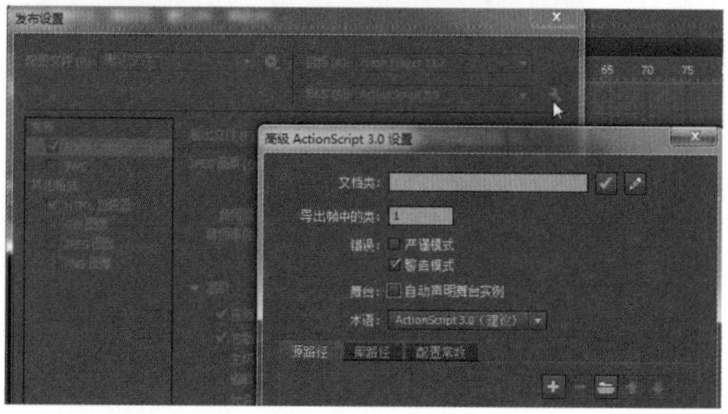

图12-34 更改发布设置

图12-35 案例最终效果

12.4 课后练习

12.4.1 礼花效果

本案例的练习为制作礼花效果，最终效果请查看配套光盘相关目录下的“12.4.1 礼花效果”文件。本案例大致制作流程如下：

01 将礼花的视频导入到库中。

02 新建影片剪辑并将视频放置在影片剪辑中。

03 将影片剪辑放置在舞台上。

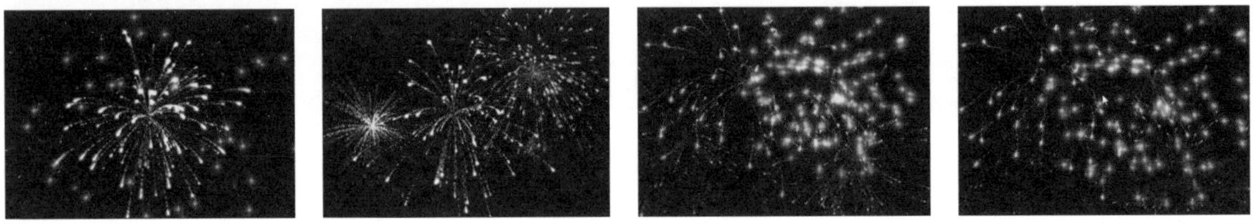

案例最终效果

12.4.2 物体漂浮动画

本案例的练习为制作物体漂浮动画，最终效果请查看配套光盘相关目录下的“12.4.2 物体漂浮动画”文件。本案例大致制作流程如下：

01 将漂浮动画的视频导入到库中。

02 新建影片剪辑并将视频放置在影片剪辑中。

03 将影片剪辑放置在舞台上。

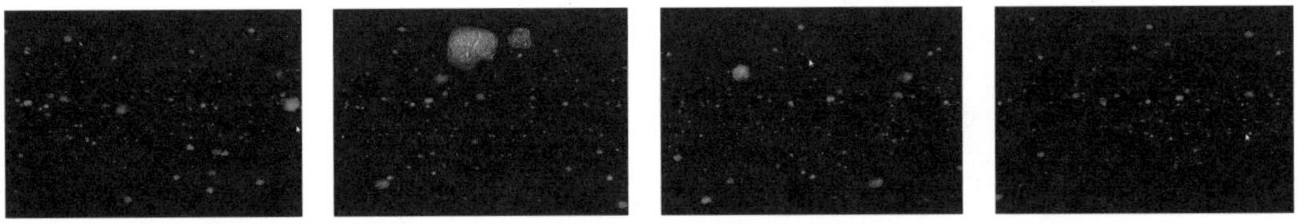

案例最终效果

12.4.3 飞机视频效果

本案例的练习为制作飞机视频效果，最终效果请查看配套光盘相关目录下的“12.4.3 飞机视频效果”文件。本案例大致制作流程如下：

01 将动态的视频及素材导入到库中。

02 新建影片剪辑并将视频放置在影片剪辑中。

03 将影片剪辑放置在舞台上。

04 配上相应背景图案及电视机图案。

05 按组合键【Ctrl+Enter】测试。

案例最终效果

第13章

网页设计篇

Flash网页制作一般包括：整站式和部分功能区。Flash网站效果精美，相对于一般的HTML网页，有较大的灵活性和便利性，在布局和效果展示上都可以有很大的自由发挥空间，不像HTML网页拘束于HTML语言，效果较为呆板。Flash网页在商业、生活、教育等各个领域上都发挥着它的优势。下面例举一些Flash网页案例。

本章学习重点：

1．掌握更多关于元件在图层上的布置方法

2．掌握各种动画效果的穿插使用

3．熟练掌握音频元件的使用

13.1 旋转下拉菜单设计

本案例效果如图13-1所示。

图13-1 案例最终效果

01 新建ActionScript 3.0文档，命名为“旋转的菜单”，在文件中建立一个bg图层并导入背景图片，如图13-2所示。

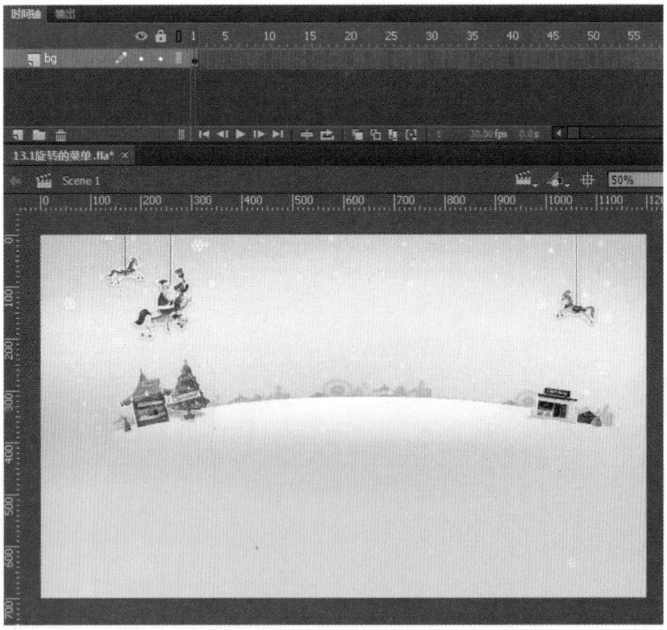

图13-2 建立一个bg图层并导入背景图片

02 新建一个图层，命名为menu图层。新建一个名为mMenu的元件，放置于menu图层中，将实例命名为“mMenu”，如图13-3所示。

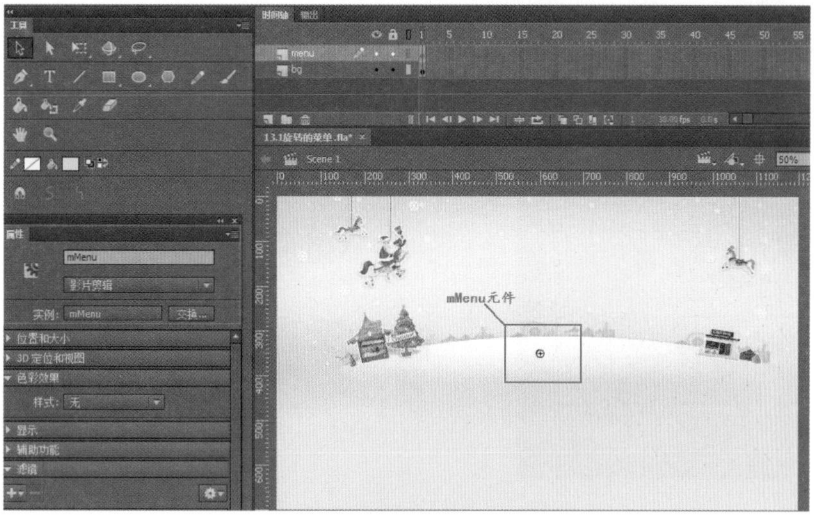

图13-3　新建mMenu的元件

03 在mMenu元件中，创建3个图层，分别命名为“submenu”、“menu”和“hitArea”如图13-4所示。

04 在submenu图层中，将放置旋转菜单的下拉菜单，普通的做法是将相应图片转化为按钮元件，这里我们使用一种常见的技巧，即将5张PNG图片分别放在不同的帧上，用代码来判断其父元件的id，以跳转到相应的帧进行显示。创建一个元件，命名为“mSubMenuBg”。在该元件中，从第1帧到第5帧分别放置5张背景图片，并在第1帧添加代码stop();，如图13-5所示。

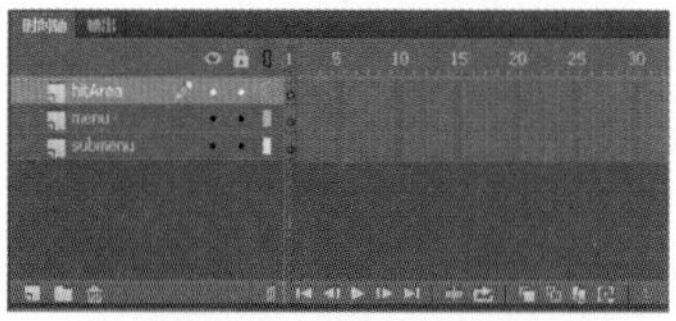

图13-4　创建3个图层

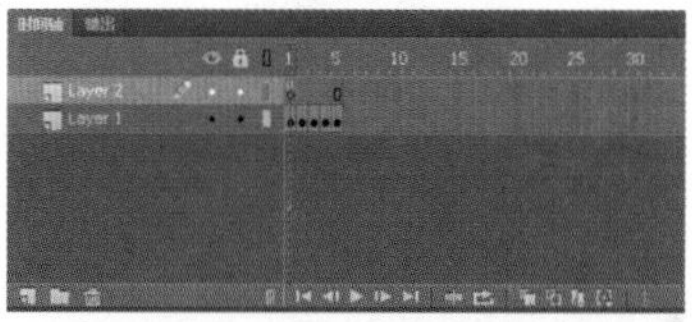

图13-5　从第1帧到第5帧分别放置5张背景图片

05 再次创建新的元件，命名为“mSubMenu”。在该元件中插入之前的mSubMenuBg元件，将实例命名为“bg”。由于下拉列表在旋转时将以左侧中部为旋转原点，因此将mSubMenuBg元件放置在垂直居中于mSubMenu元件内坐标原点的位置，然后在mSubMenuBg元件上方创建一个动态文本框，命名为“txt”，用于显示下拉菜单的文字内容。如图13-6所示。

图13-6　创建mSubMenu元件

06 在mMenu元件的submenu图层中，插入5个mSubMenu元件，分别命名为“m1”、“m2”、“m3”、“m4”、“m5”，如图13-7所示。

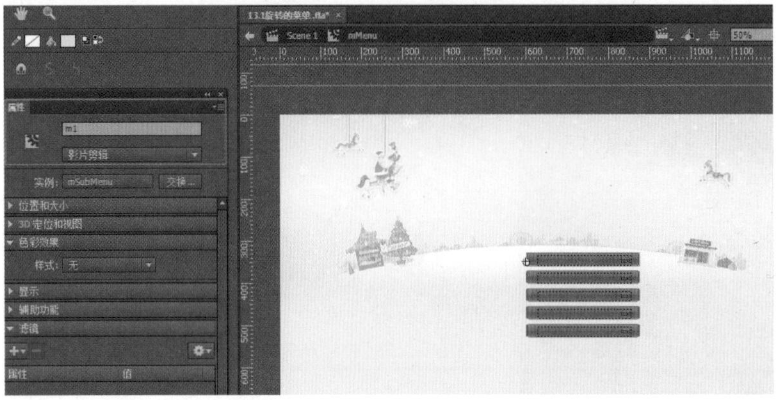

图13-7 插入5个mSubMenu元件

07 再次进mSubMenu元件中的mSubMenuBj 元件第1帧的stop()；代码，加上this.gotoAndStop(parent.name.substr(1));，如图13-8所示。

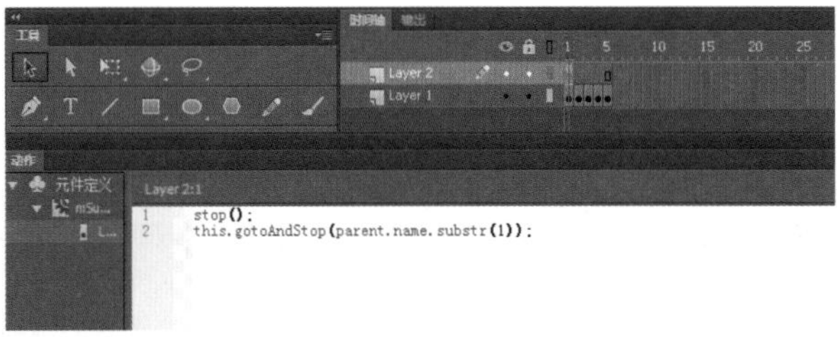

图13-8 第1帧代码

08 在mMenu元件的menu图层中，插入显示菜单的图片，如图13-9所示。

09 在mMenu元件的hitArea图层中，制作一个反应区域与显示菜单的圆形相同的按钮元件，将其舞台实例命名为“bHitArea”，该元件主要用来控制下拉菜单的展开。关闭该文件，如图13-10所示。

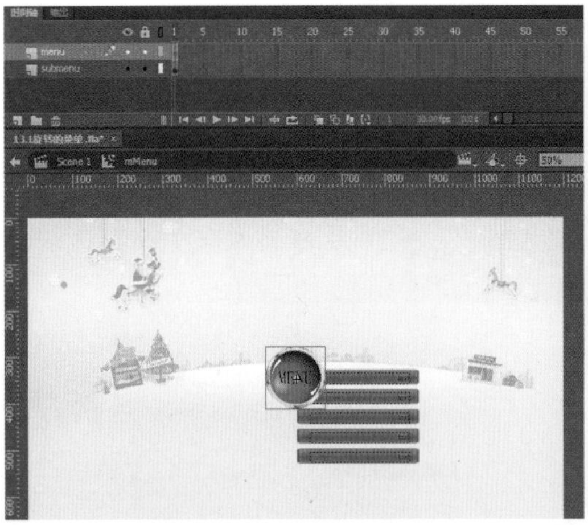

图13-9 插入菜单的图片

图13-10 关闭该文件

10 打开Flash，新建ActionScript 3.0接口，命名为“Menu”，单击【确定】按钮，如图13-11所示。

图13-11　命名

11 编写代码并保存，如图13-12所示。

```
package {
        import flash.display.*;
        import flash.text.TextField;
        import flash.text.TextFieldAutoSize;
        import flash.events.*;
        import flash.net.URLLoader;
        import flash.net.URLRequest;
        import fl.transitions.Tween;
        import fl.transitions.easing.*;
        import fl.transitions.TweenEvent;
        import flash.utils.Timer;
        import flash.events.TimerEvent;

        public class Menu extends Sprite {

                private var _myRotationTween:Tween;
                private var _myAlphaTween:Tween;
                private var _arrTitle:Array =
[ “Home” , “Who are we” , “What we do” , “News
& Events” , “Partner & Client” ];
                private var _curId:Number;
                private var _timerDuration:Number=150;
                private var _timer:Timer;

                public function Menu() {
                        init();
                }
                private function init():void {
                        for (var i:int = 1; i <=5;
i++) {

mMenu[ “m” +i].buttonMode=true;

mMenu[ “m” +i].x=0;

mMenu[ “m” +i].y=0;

mMenu[ “m” +i].txt.text = _arrTitle[i-1];

mMenu[ “m” +i].txt.mouseEnabled = false;

mMenu[ “m” +i].visible=false;

mMenu[ “m” +i].alpha = 0;

mMenu[ “m” +i].or = (i-2)*15;

mMenu[ “m” +i].tr = (i-1)*15;

mMenu[ “m” +i].rotation = mMenu[ “m” +i].or;
                                        trace((i-2)*15)

mMenu[ “m” +i].addEventListener(MouseEvent.
MOUSE_OVER , onMouseOverButton);

mMenu[ “m” +i].addEventListener(MouseEvent.
MOUSE_OUT , onMouseOutButton);

mMenu[ “m” +i].addEventListener(MouseEvent.
MOUSE_DOWN , onMouseDownButton);
                        }
                        mMenu.bHitArea.
addEventListener(MouseEvent.MOUSE_OVER ,
onHitArea);
                }
                private function onHitArea(event:Mo
useEvent):void {
                        mMenu.bHitArea.
removeEventListener(MouseEvent.MOUSE_OVER ,
onHitArea);
                        _curId = 1;
                        tweenInSubMenu();
                }
                private function tweenInSubMenu():void {
                        _timer = new Timer(_
timerDuration, 5);
                        _timer.
addEventListener(TimerEvent.TIMER, onTickTweenIn);
                        _timer.start();
                }
                private function onTickTweenIn(even
t:TimerEvent):void {
                        mMenu[ “m” +_curId].
visible=true;
                        _myRotationTween =
new Tween(mMenu[ “m” +_curId], “rotation” ,
Regular.easeOut, mMenu[ “m” +_curId].rotation,
mMenu[ “m” +_curId].tr, .3, true);
                        _myAlphaTween = new
Tween(mMenu[ “m” +_curId], “alpha” , Regular.
easeOut, mMenu[ “m” +_curId].alpha, 1, .3, true);
                        _curId++;
                }
```

```
        private function tweenOutSubMenu():void {
            _curId = 5;
            _timer = new Timer(_timerDuration, 5);
            _timer.addEventListener(TimerEvent.TIMER, onTickTweenOut);
            _timer.start();
        }
        private function onTickTweenOut(event:TimerEvent):void {
            _myRotationTween = new Tween(mMenu["m" +_curId], "rotation", Regular.easeIn, mMenu["m" +_curId].rotation, mMenu["m" +_curId].or, .2, true);
            _myAlphaTween = new Tween(mMenu["m" +_curId], "alpha", Regular.easeIn, mMenu["m" +_curId].alpha, 0, .2, true);
            _myRotationTween.addEventListener(TweenEvent.MOTION_FINISH , onOutMotionFinish);
            _curId--;
        }
        private function onOutMotionFinish(event:TweenEvent):void {
            event.target.obj.visible=false;
            if (event.target.obj.name.substr(1)==1) {
                mMenu.bHitArea.addEventListener(MouseEvent.MOUSE_OVER , onHitArea);
            }
        }
        private function onMouseOverButton(event:MouseEvent):void {
            event.target.alpha = .8;
        }
        private function onMouseOutButton(event:MouseEvent):void {
            event.target.alpha = 1;
        }
        private function onMouseDownButton(event:MouseEvent):void {
            tweenOutSubMenu();
        }
    }
}
```

图13-12　编写代码

12 打开旋转的菜单fla文件，发布测试【Ctrl+Enter】。如图13-13所示。

图13-13　最终效果图

13.2 动漫网页设计

本案例效果如图13-14所示。

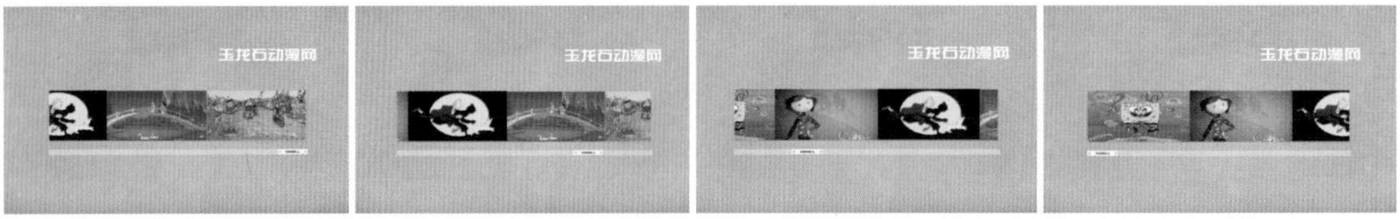

图13-14　案例最终效果

01 新建ActionScript 3.0文档，命名为“动漫网页设计”，导入背景图层，并放入图层，将图层改名为“bg”，如图13-15所示。

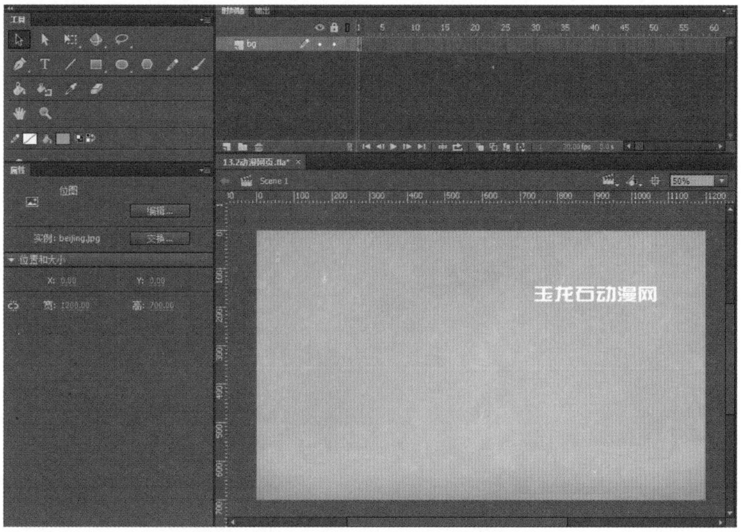

图13-15　新建文档并拖入图片

02 新建图层，命名为“scroll”，插入mScrollbar元件。在属性中将mScrollbar元件设置为“mScrollbar”。如图13-16所示。

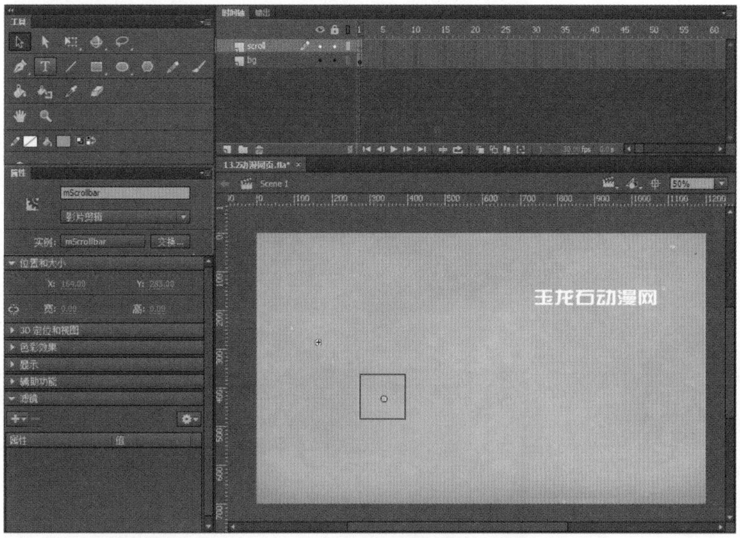

图13-16　新建图层

03 在mScrollbar元件中，新建3个图层，分别是显示区域内容content图层、显示区域遮罩所在的masker图层，以及滚动条所在的scrollbar图层，如图13-17所示。

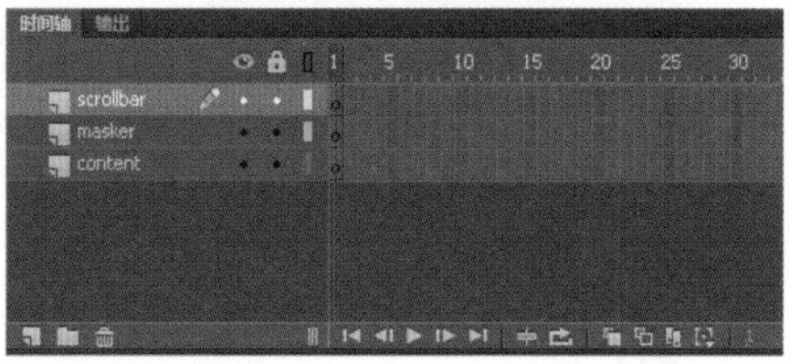

图13-17　继续新建图层

04 导入条幅图片，在content图层中，创建一个mContent元件，用来放置滚动内容，并在属性中命名“mContent”，在元件内部是一张宽度较长的图片。如图13-18所示。

图13-18　创建mContent元件

05 在masker图层中，使用【矩形工具】，绘制一个矩形形状，将其转换为元件，命名为“mMasker”，并将其属性命名为“mMasker”,如图13-19所示。

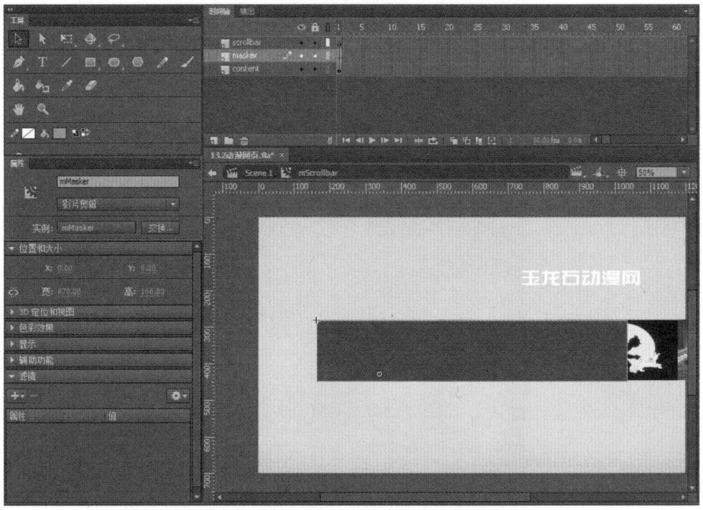

图13-19　将矩形转换为元件

06 在scrollbar图层中，与之前创建纵向滚条类似，仍然创建一个mScrollbarHandler元件，并在属性中命名为“mScrollbarHandler”。其中包含两个元件，一个是轨迹条的mTrack元件，其属性命名为“mTrack”；另一个作为滑块的mThumb元件，并在属性中命名为“mThumb”。如图13-20所示。

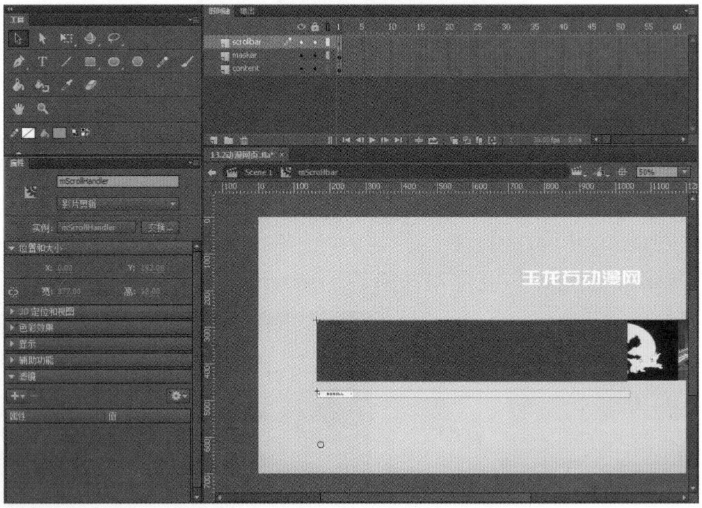

图13-20　创建元件并进行参数设置

07 打开Flash，新建ActionScript 3.0接口，命名为“Scroll”，单击【确定】按钮，并将该文件放在动漫网页设计文件夹中，如图13-21所示 。

图13-21　新建ActionScript

08 编写代码并保存，如图13-22所示。

```
package {

        import flash.display.MovieClip;
        import flash.display.Sprite;
        import flash.text.TextField;
        import flash.text.TextFieldAutoSize;
        import flash.geom.Rectangle;
        import flash.events.*;

        public class Scroll extends Sprite {

                private var _scroll_rect:Rectangle;


                public function Scroll() {
                        init();
                }

                private function initScrollBar():void {
                        _scroll_rect = new Rectangle( mScrollHandler.mTrack.x, mScrollHandler.mTrack.y, mScrollHandler.mTrack.width - mScrollHandler.mThumb.width,0 );
                        mScrollHandler.mThumb.mouseChildren = false;
                        mScrollHandler.mThumb.addEventListener( MouseEvent.MOUSE_DOWN, press_drag );
                        mScrollHandler.mThumb.stage.addEventListener( MouseEvent.MOUSE_UP, release_drag);
                        mScrollHandler.mThumb.addEventListener( MouseEvent.MOUSE_OVER, over_drag );
                        mScrollHandler.mThumb.addEventListener( MouseEvent.MOUSE_OUT, out_drag );
                        mContent.addEventListener(MouseEvent.MOUSE_WHEEL, mouseWheel);
                }
                private function mouseWheel(event : MouseEvent):void {
                        mScrollHandler.mThumb.x-=event.delta*3;
                        if (mScrollHandler.mThumb.x>mScrollHandler.mTrack.width-mScrollHandler.mThumb.width) {
                                mScrollHandler.mThumb.x=mScrollHandler.mTrack.width-mScrollHandler.mThumb.width;
                        } else if (mScrollHandler.mThumb.x<0) {
                                mScrollHandler.mThumb.x=0;
                        }
                        var scrollFacePos:Number = mScrollHandler.mThumb.x/(mScrollHandler.mTrack.width-mScrollHandler.mThumb.width);
                        mContent.x=(mMasker.width-mContent.width)*scrollFacePos;
                }
                private function over_drag(event:MouseEvent ):void {
                        event.target.alpha=.8;
                }
                private function out_drag(event:MouseEvent ):void {
                        event.target.alpha=1;
                }
                private function press_drag(event:MouseEvent ):void {
                        mScrollHandler.mThumb.startDrag( false, _scroll_rect );
                        mScrollHandler.mThumb.addEventListener( Event.ENTER_FRAME, drag );
                }
                private function release_drag( event:MouseEvent ):void {
                        mScrollHandler.mThumb.alpha=1;
                        mScrollHandler.mThumb.removeEventListener( Event.ENTER_FRAME, drag );
                        mScrollHandler.mThumb.stopDrag();
                }
                private function drag(event:Event):void {
                        mScrollHandler.mThumb.alpha=.8;
```

```
                    var scrollFacePos:Number
= mScrollHandler.mThumb.x/(mScrollHandler.mTrack.
width-mScrollHandler.mThumb.width);
                    mContent.x=(mMasker.
width-mContent.width)*scrollFacePos;
            }
            private function init():void {
                    mContent.mask=mMasker;
                    initScrollBar();
            }
      }
}
```

图13-22　编写代码

09 保存文件，按组合键【Ctrl + Enter】测试影片效果，如图13-23所示。

图13-23　最终效果图

13.3 课后练习

13.3.1 立体空间图片轮动设计

本案例的练习为制作立体空间图片轮动效果，最终效果请查看配套光盘相关目录下的“13.3.1 立体空间图片轮动设计”文件。本案例大致制作流程如下：

01 使用素材搭建画面。

02 制作AS 3.0的接口，编写代码。

03 将网页XML素材放入其文件夹中。

案例最终效果

13.3.2 苹果产品网页设计

本案例的练习为制作苹果产品网页效果，最终效果请查看配套光盘相关目录下的“13.3.2 苹果产品网页”文件。本案例大致制作流程如下：

01 导入背景图片。

02 制作收缩的悬浮按钮。

03 在Flash As 3.0接口编写AS程序。

案例最终效果

第14章

片头动画篇

片头动画为Flash宣传类作品的片头部分的内容，一般持续时间较短，但是都能在短时间内给予足够的视觉效果，让人对要宣传的东西有大体的了解。同时，Flash片头动画的优点在于文件尺寸小，易于上传，可以通过各种方式，做出视觉冲击力较强的视觉作品。

本章学习重点：

1．掌握各种元件的使用方法

2．学习动画的时间安排

14.1 制作3D建筑效果片头动画

本案例效果如图14-1所示。

图14-1 案例最终效果

01 打开本案例的素材文件，本案例要制作的效果为建筑物的不同层级的运动，制作出具有3D效果的片头动画，库内的素材如图14-2所示。

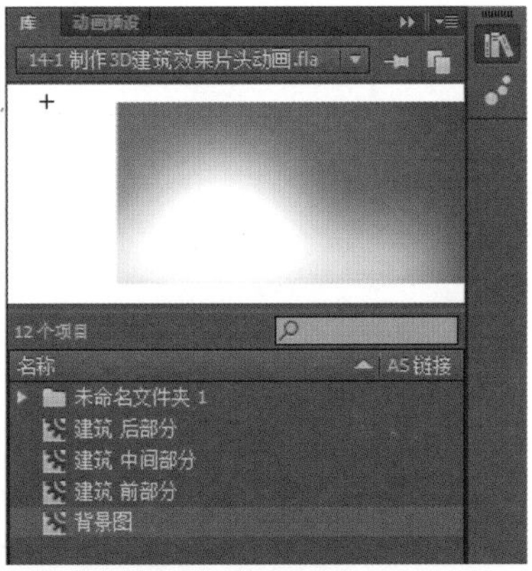

图14-2 库内的素材

02 在属性面板中设置舞台的尺寸为590 × 300，并将图层1重命名为“背景层”，将库中的“背景图”拖曳至舞台上，并调节其位置，如图14-3所示。

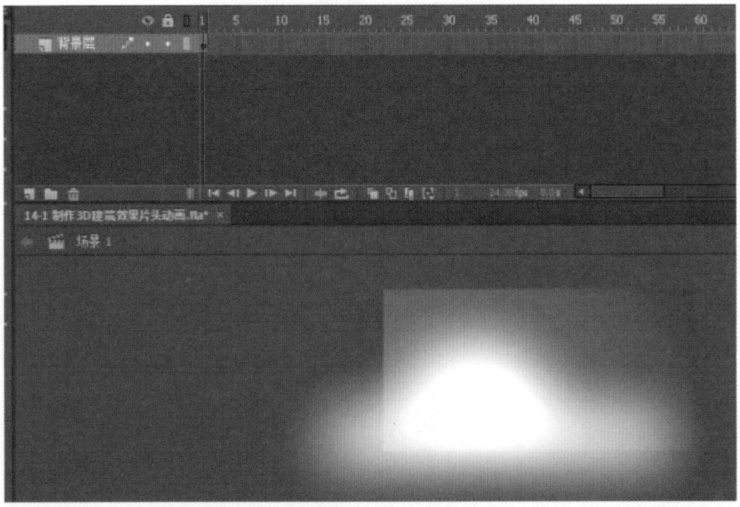

图14-3 将背景图拖曳到舞台上

03 新建几个图层，分别命名为“建筑前层”、“建筑后层”、“建筑中层”，并将库中的各个对应的元件拖曳到对应的层上，排列为如图14-4所示的状态。

04 在所有图层的第200帧按快捷键【F6】插入关键帧，并将第200帧上的“建筑 前部分”影片剪辑向左平移一定距离，将“建筑 后部分”向右平移一定距离，如图14-5所示。

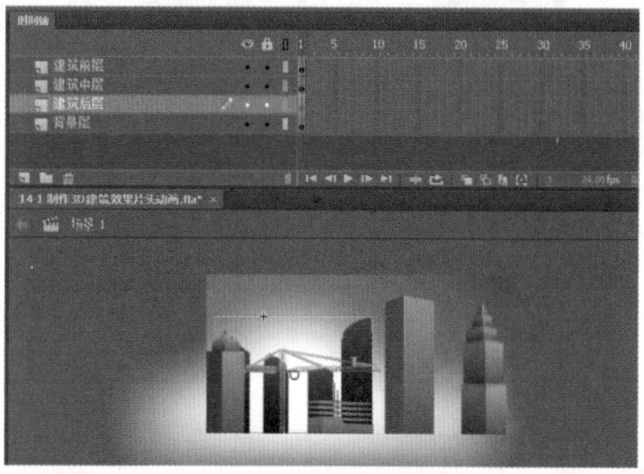

图14-4　新建图层并调整元件的位置

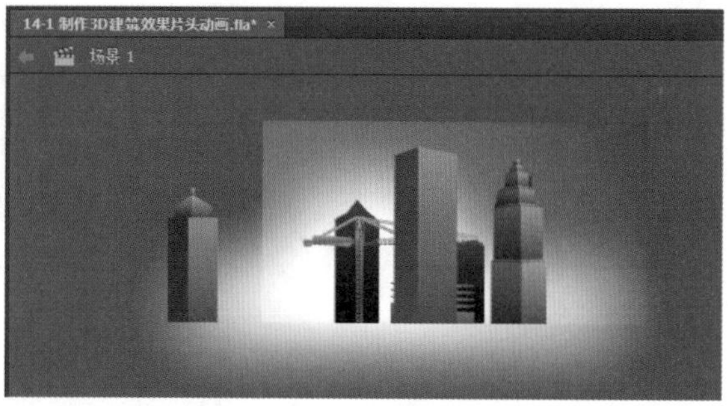

图14-5　移动元件位置

05 在“建筑前层”和“建筑后层”的1~200帧之间创建传统补间动画，如图14-6所示。

06 再次新建一个图层，命名为“文字层”，使用【文本工具】输入文字并转换为元件，制作一些文字的特效，如图14-7所示。

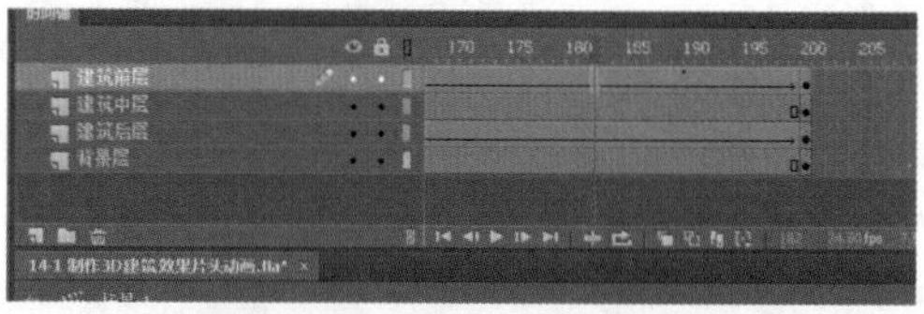

图14-6　创建传统补间动画

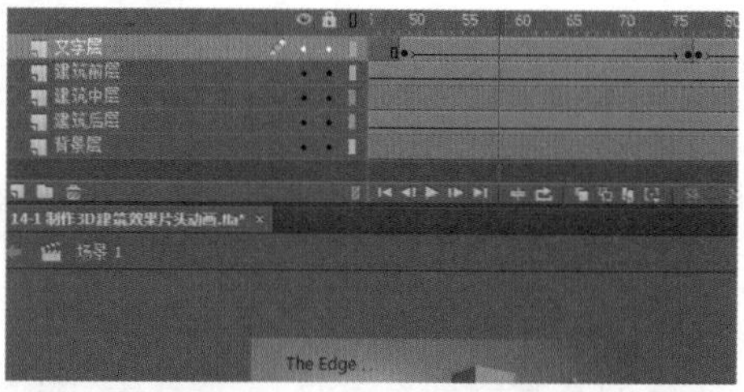

图14-7　制作文字动画

07 在最后一帧上按快捷键【9】打开动作面板，并输入停止播放脚本stop();，如图14-8所示。

08 保存文件，按组合键【Ctrl + Enter】测试影片效果，如图14-9所示。

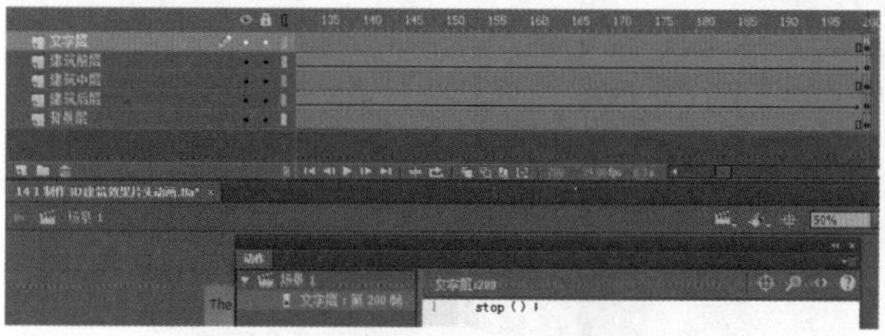

图14-8　输入脚本

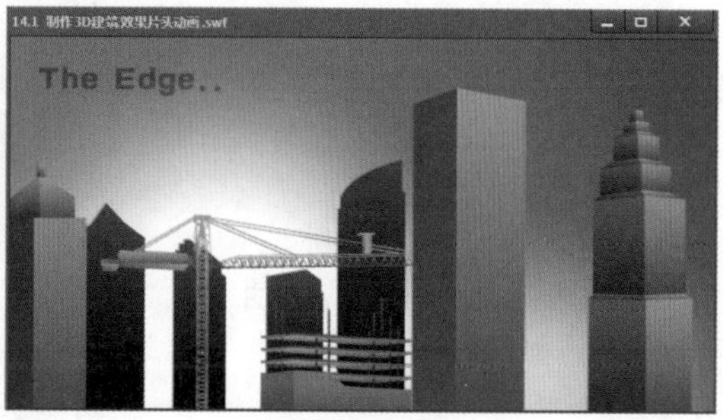

图14-9　最终效果图

14.2　房产宣传片头

本案例效果如图14-10所示。

图14-10　案例最终效果

01 打开本案例的素材文件，库内素材如图14-11所示。

02 在属性面板中设置舞台尺寸为1400 × 500，如图14-12所示。

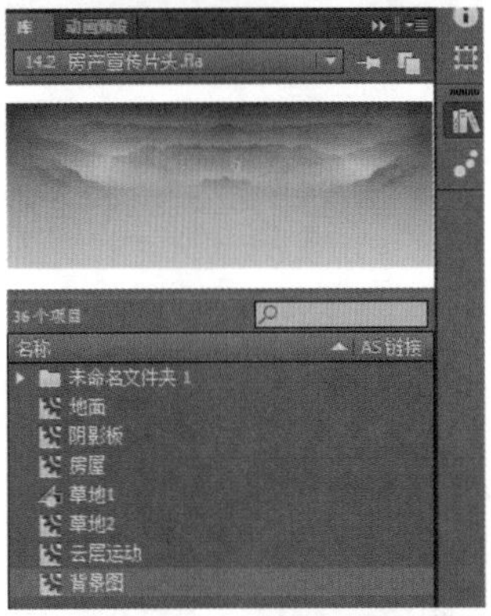

图14-11　库内的素材

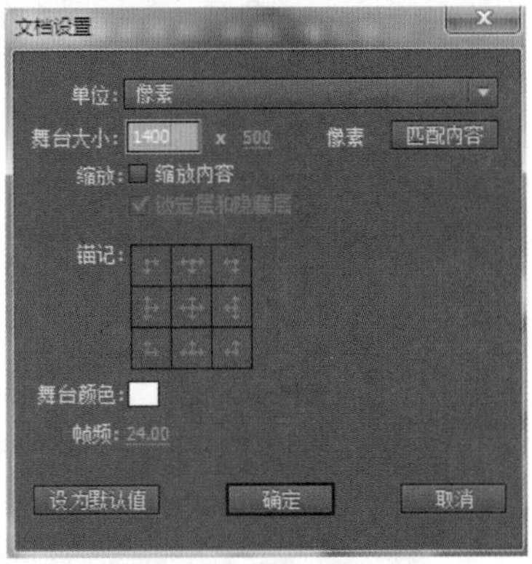

图14-12　设置舞台的尺寸

03 将库中的背景图拖曳至场景中，并调整其位置，如图14-13所示。

图14-13　调整背景图位置

04 为背景图制作一个淡进的动画，如图14-14所示。

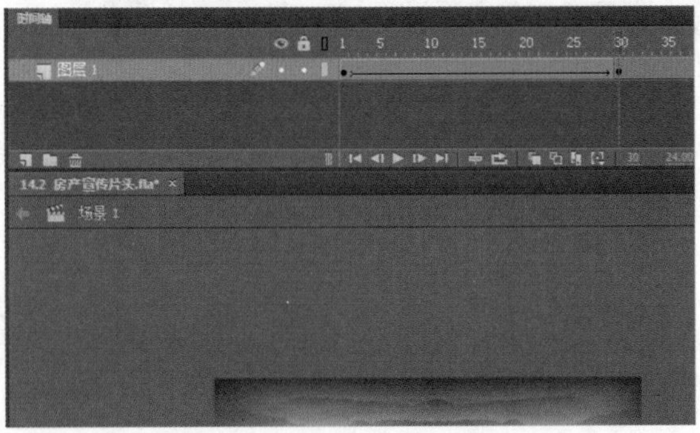

图14-14　制作淡进的补间动画

05 新建一个图层，将库中的“地面”元件拖曳到后面的帧上，并制作淡进的动画效果，如图14-15所示。

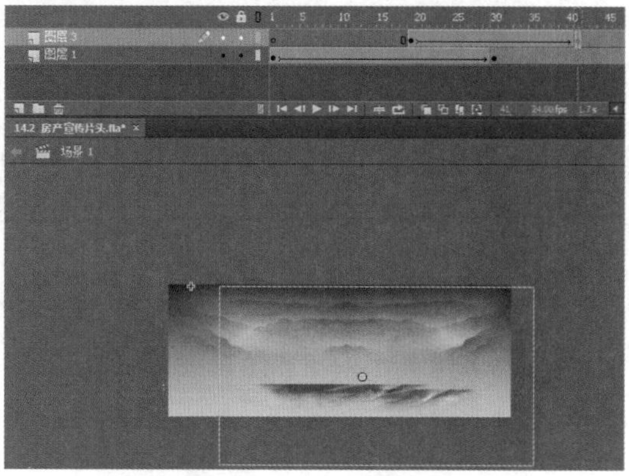

图14-15　制作淡进的补间动画

06 以同样的方法新建一个图层，并将库中的“云层运动”元件拖曳至舞台上，也做淡进动画，如图14-16所示。

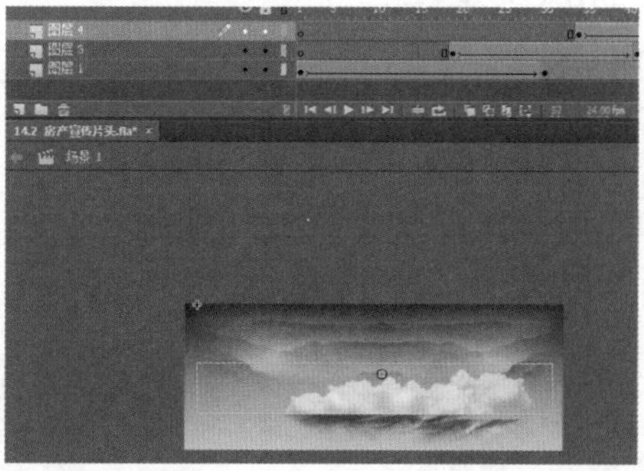

图14-16　对云层做同样的处理

07 同样的方法对草地1、草地2、房屋、阴影板元件都进行处理，均为隔几帧后开始创建，如图14-17所示。

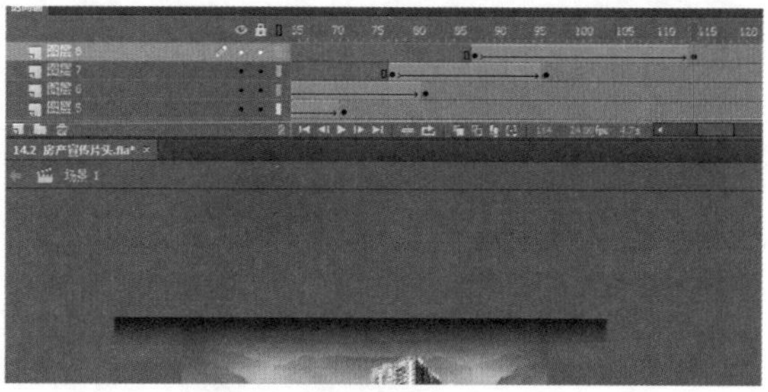

图14-17　处理别的素材

08 再次新建一个元件，使用【文本工具】输入一些文字，制作文字向上运动的动画，并在最后一帧输入停止播放脚本stop()；，如图14-18所示。

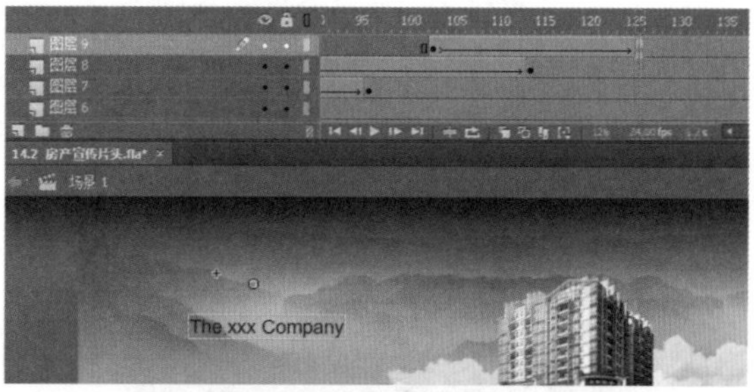

图14-18　制作文字动画

09 保存文件，按组合键【Ctrl + Enter】测试影片，最终效果如图14-19所示。

图14-19 最终效果图

14.3　梦幻景色片头

本案例效果如图14-20所示。

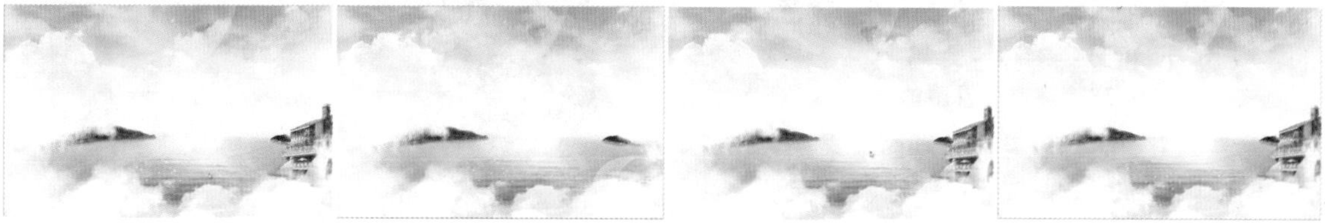

图14-20　案例最终效果

01 打开本案例的素材文件，本案例内的素材为一些制作好的影片剪辑效果，如图14-21所示。

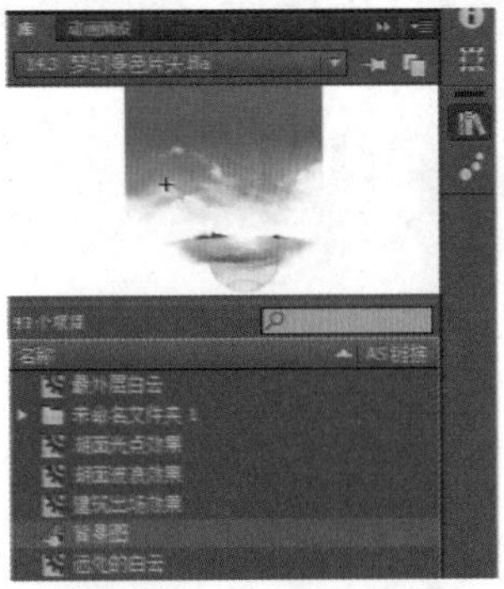

图14-21 库内的素材

02 在属性面板中设置舞台的尺寸为1024 × 650，如图14-22所示。

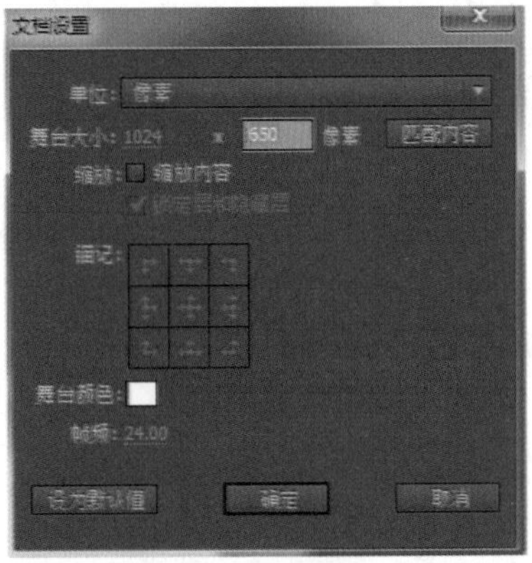

图14-22 设置舞台的尺寸

03 将图层1重命名为“背景层”，并将库中的“背景图”元件拖曳至场景中，并调整其位置，如图14-23所示。

图14-23 调整背景图的位置

04 新建一个图层，命名为“湖面效果层”，并将库中的“湖面光点效果”和“湖面波浪效果”元件都拖曳到该层上，如图14-24所示。

图14-24 将湖面效果的元件拖曳至该层

05 新建一个图层，命名为“建筑层”，并将库中的“建筑出场效果”元件拖曳至该层，并调整位置，如图14-25所示。

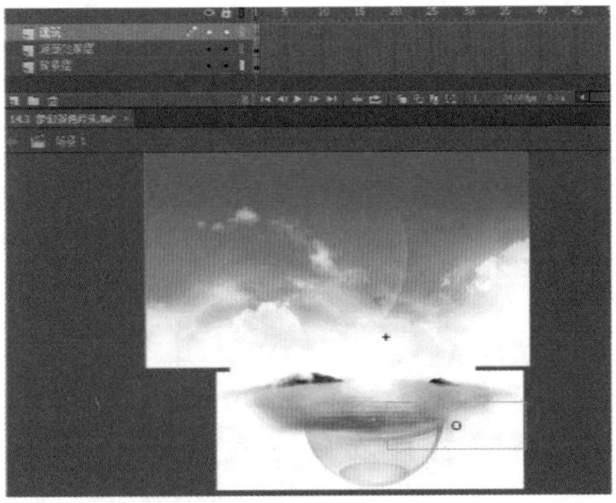

图14-25 调整元件的位置

06 新建一个图层，命名为“远处白云层”，并将库中的“远处的白云”拖曳至场景上，并调整位置，如图14-26所示。

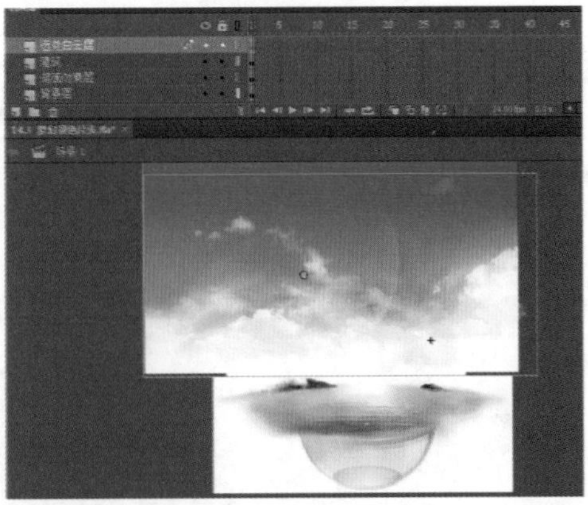

图14-26 将远处的白云元件拖曳至场景

07 新建一个图层，命名为“外层白云层”，并将库中的“最外层白云”元件拖曳至场景上，调整位置，如图14-27所示。

08 保存文件，并按组合键【Ctrl + Enter】测试影片效果，最终效果如图14-28所示，可以双击一些元件查看其内部的帧结构。

图14-27　处理最外层的白云

图14-28　最终效果图

14.4　光盘片头

本案例的效果如图14-29所示。

图10-29　案例最终效果

01 打开本案例的素材文件，库内有一些图片素材，如图14-30所示。

02 绘制一个占满舞台的矩形并制作矩形闪烁的补间动画，如图14-31所示。

图14-30　库内的素材

图14-31　制作矩形闪烁动画

03 绘制一个如图14-32所示的图形，并添加发光滤镜。

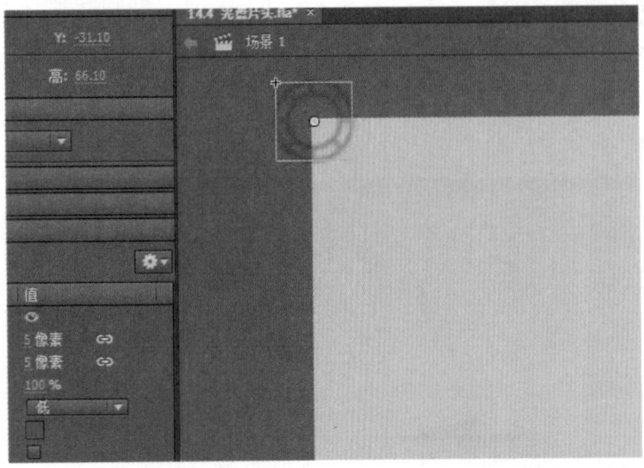

图14-32　绘制形状并添加滤镜

04 制作这个图形运动的动画，并使用库内的图片素材制作第一张图片的淡进效果，同时制作文字动画，如图14-33所示。

图14-33　制作图片、文字和图形的补间动画

05 在后面制作第一张图片的淡出效果，并制作圆形的移动动画和文字的淡出动画，并紧接着制作第二张图片的淡进动画和文字淡进动画，如图14-34所示。

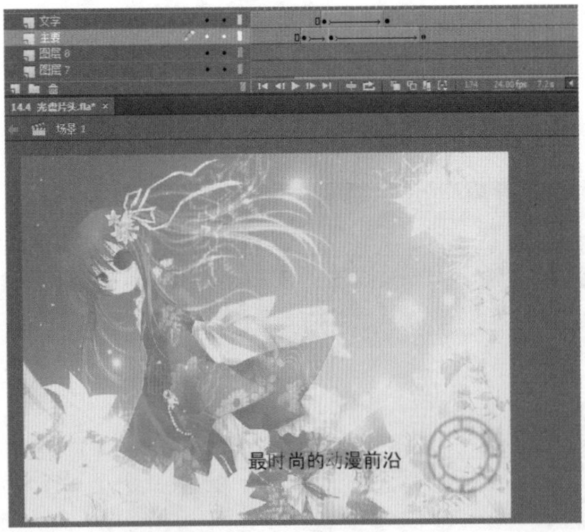

图14-34　制作下一张图片的效果

06 同样的步骤淡出第二张图片和文字，以及制作圆形的运动补间动画，再制作第三张图片和文字的淡进动画，如图14-35所示。

图14-35　制作第三张图的动画

07 同样的步骤制作第四张图和文字的动画，此时不再切换图片，再直接制作出圆形放大到舞台中间并继续旋转的动画，并在中间制作文字淡进的动画，如图14-36所示。

图14-36　制作圆形放大的动画

08 最后制作replay按钮，添加单击后从第1帧重新开始播放的脚本，如图14-37所示。

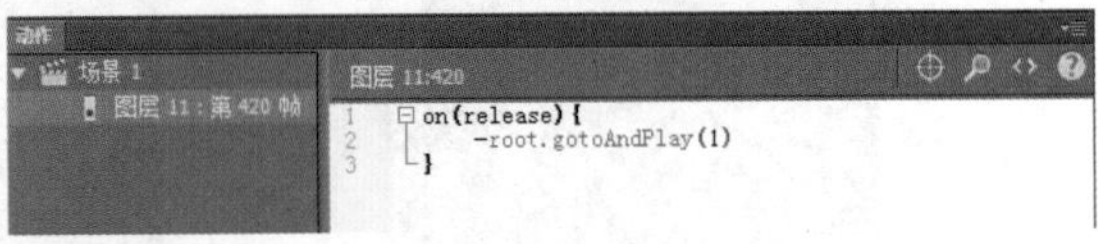

图14-37　输入脚本

09 按组合键【Ctrl + Enter】测试影片效果，最终效果如图14-38所示。

图14-38　最终效果图

14.5 课后练习

14.5.1　橙色风情吧片头

本案例的练习为制作橙色风情吧片头，最终效果请查看配套光盘相关目录下的“14.5.1　橙色风情吧片头”文件。本案例大致制作流程如下：

01 使用【矩形工具】制作模糊色块动画。

02 使用【文字工具】写上相应文字并插入相应关键帧。

03 制作闪光动画。

04 添加背景闪光动画与背景音乐，如图14-39所示。

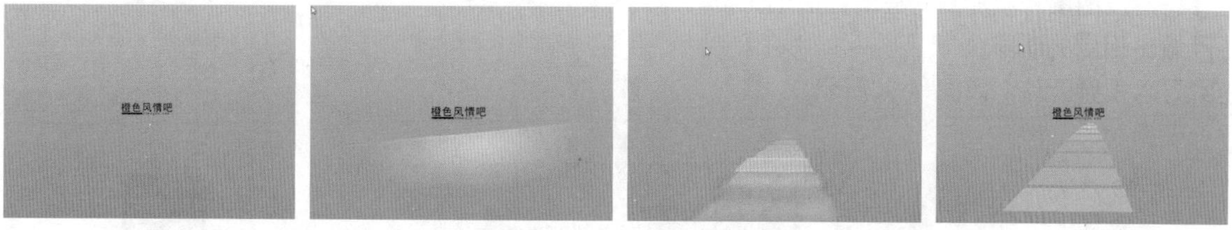

图14-39　案例最终效果

14.5.2　007设计工作室片头

本案例的练习为制作007设计工作室片头，最终效果请查看配套光盘相关目录下的“14.5.2　007设计工作室片头”文件。本案例大致制作流程如下：

01 制作人物背面光圈。

02 将人物动作序列帧放入。

03 在相应位置上添加背景音乐。

04 制作碎片效果。

05 输入相应文字，如图14-40所示。

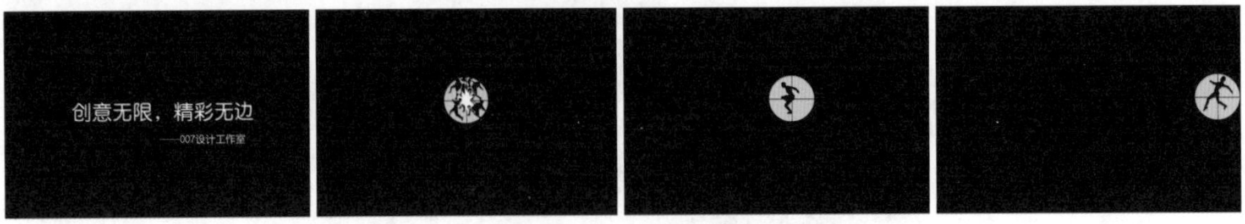

图14-40　案例最终效果

14.5.3　音乐宣传片头

本案例的练习为制作音乐宣传片头，最终效果请查看配套光盘相关目录下的“14.5.3　音乐宣传片头”文件。本案例大致制作流程如下：

01 导入相应素材。

02 制作相应动画，如图14-41所示。

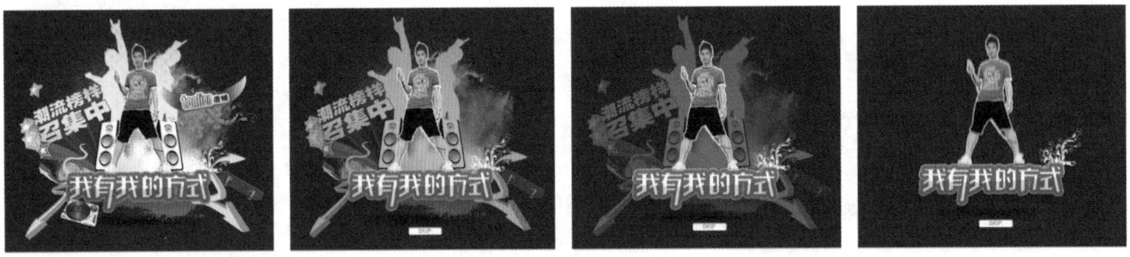

图14-41　案例最终效果

14.5.4　安卓手机广告

本案例的练习为制作安卓手机广告，最终效果请查看配套光盘相关目录下的“14.5.4　安卓手机广告”文件。本案例大致制作流程如下：

01 将对应的图片添加到对应的图层上。

02 做出相应的动画。

03 导入视频元件，如图14-42所示。

图14-42　案例最终效果

第15章

贺卡制作篇

Flash贺卡也是Flash作为影视传媒类型的一个比较热门的应用方式，广泛应用于当今的IT生活中，亲朋好友们可以通过发送简单而又温馨的Flash贺卡给予祝福，例如QQ中就可以给好友发送生日贺卡、节日贺卡、纪念日贺卡等。贺卡的制作往往比完整的动画事件短小，主旨在于表达出要传达的意思即可。

本章学习重点：

1．熟练滤镜的参数调节

2．熟练元件的出场时间安排

3．了解复杂代码效果的制作

15.1 问候贺卡

本案例的效果如图15-1所示。

图15-1 案例最终效果

01 打开本案例的素材文件，库内素材如图15-2所示。

02 在属性面板中设置舞台的尺寸为550×208，如图15-3所示。

图15-2　库内的素材

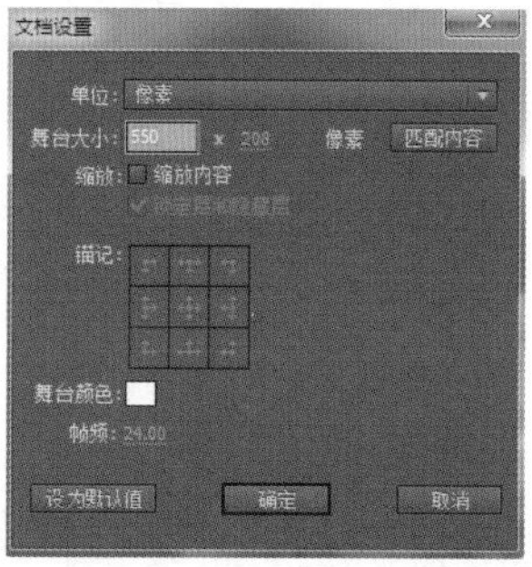

图15-3　设置舞台的尺寸

03 将图层1重命名为“背景层”，并将库中的“背景图”元件拖曳至舞台，调整其位置，如图15-4所示。

04 在第40帧按快捷键【F6】插入关键帧，并跳帧第1帧上元件的滤镜，滤镜为如图15-5所示的模糊滤镜。

图15-4　调整背景图的位置

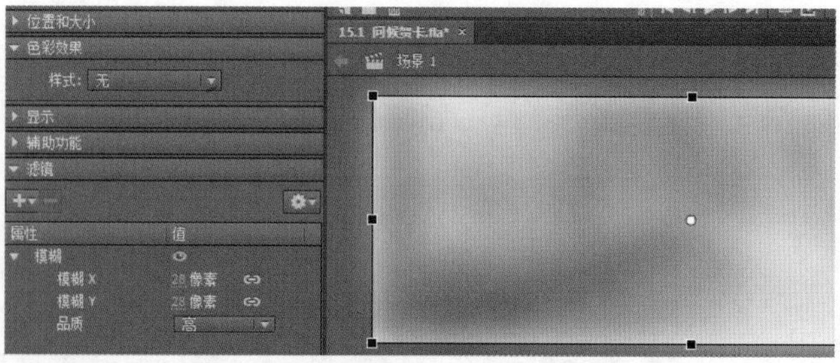

图15-5　设置滤镜

05 新建一个图层，命名为“小球1”，并在第40帧使用【椭圆工具】绘制一个白色的正圆形，如图15-6所示。

06 为这个椭圆形制作补间形状，动作为从舞台上面掉落在舞台中，并弹跳几下，如图15-7所示。

图15-6　绘制一个正圆形

图15-7　制作补间形状

07 在最后将椭圆用补间形状变化成一条线，如图15-8所示。

图15-8　将椭圆形变化成线条并消失

08 新建一个图层，命名为“文字1”，并使用【文本工具】在上面输入文字“雨季的思念”，并按【F8】键将其转换为影片剪辑，制作一个文字淡出的补间动画，如图15-9所示。

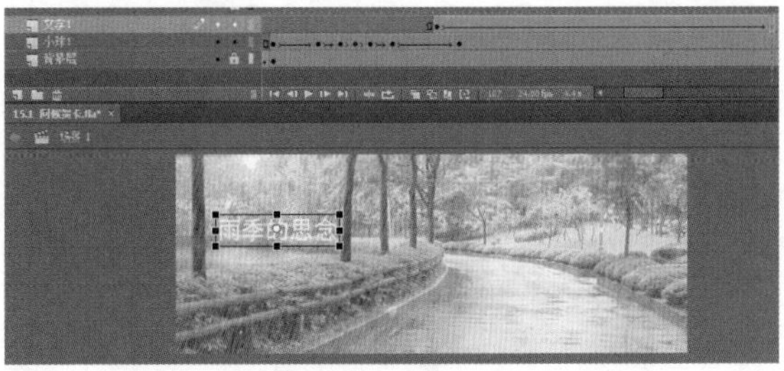

图15-9　创建文字淡出的补间动画

09 新建一个图层，命名为“文字2”，并使用【文本工具】输入文字“祝福”，并制作与上面文字一样的效果，如图15-10所示。

图15-10　制作同样的效果

10 用同样的方法制作文字3的效果，如图15-11所示。

图15-11　制作文字3的效果

11 在最后一帧上打开动作面板并输入停止播放脚本stop();，如图15-12所示。

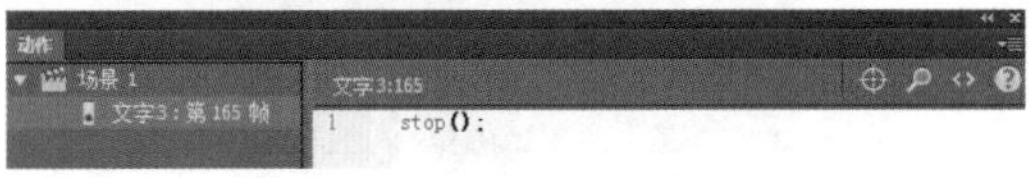

图15-12　输入脚本

12 保存文件，并按【Ctrl + Enter】组合键测试影片，最终效果如图15-13所示。

图15-13　最终效果图

15.2 回忆贺卡

本案例效果如图15-14所示。

图15-14　案例最终效果

01 打开本案例的素材文件，库内素材如图15-15所示。

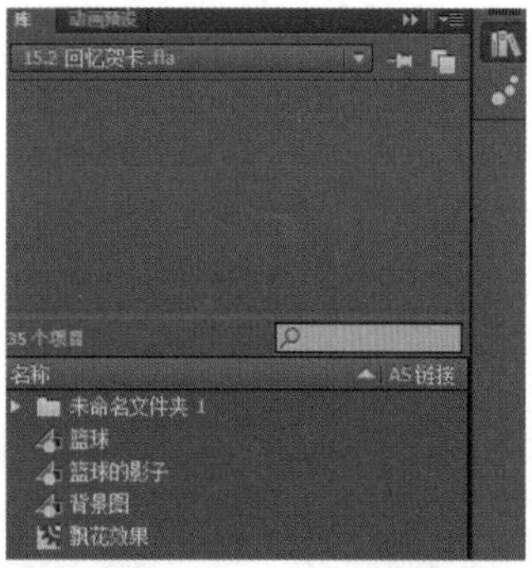

图15-15　库内的素材

02 在属性面板中设置舞台的尺寸为1024 × 590，如图15-16所示。

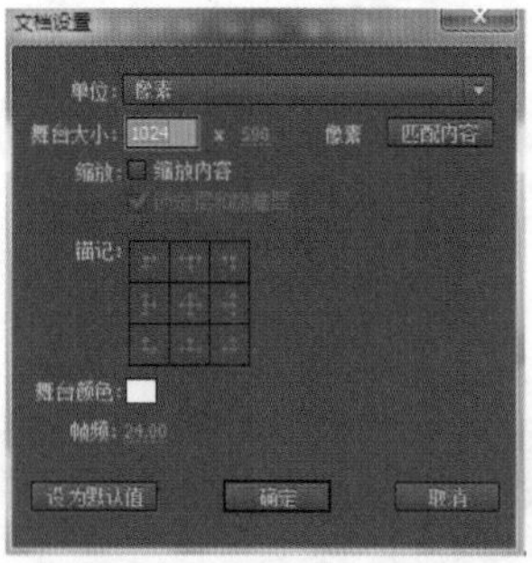

图15-16　设置舞台的尺寸

03 将背景图拖曳至舞台上，并调整其位置对齐舞台左上角，如图15-17所示。

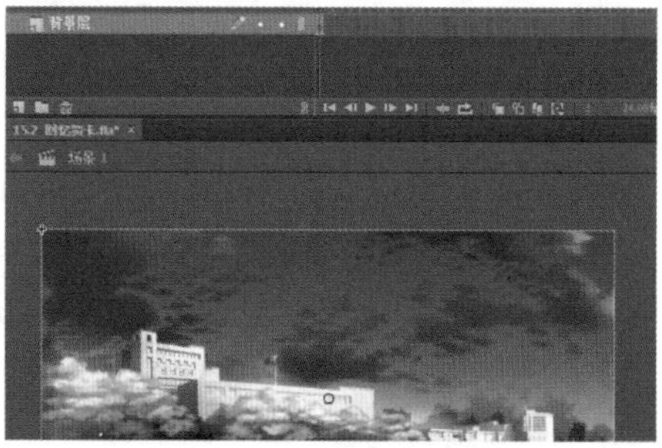

图15-17　将背景图拖曳至舞台上

04 新建一个图层，在上面使用【矩形工具】绘制一个与舞台一样大小的矩形，填充颜色为从上到下由白色逐渐变透明，如图15-18所示。

图15-18 绘制矩形

05 将其转换为影片剪辑，在其内部为其制作由现在的样式转换为完全透明再变回现在样式的动画，如图15-19所示。

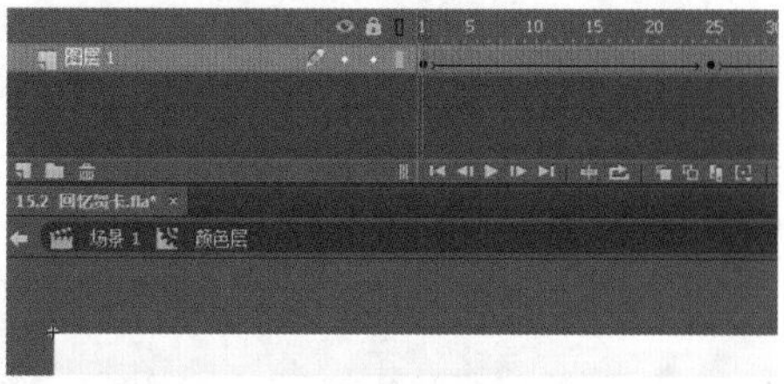

图15-19 制作补间形状

06 返回主场景，新建一个图层，使用【文本工具】输入一行文字："还记得以前学校的快乐时光吗？"并将其转换为影片剪辑元件，如图15-20所示。

图15-20 输入文字并转换为影片剪辑

07 为文字影片剪辑制作一个文字左右缓缓来回运动的动画效果，如图15-21所示。

图15-21 制作文字运动补间

08 新建一个图层，将库中的篮球元件拖曳至舞台上，并为其制作一个篮球在原地弹跳的动画，注意也要加上篮球影子的动画，如图15-22所示。

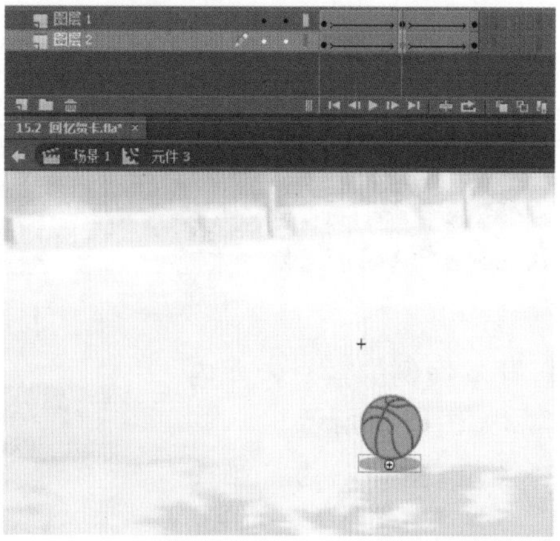

图15-22 制作篮球运动的动画

09 新建一个图层，将库内已经做好的"飘花效果"元件拖曳至舞台上合适的位置，并多复制几个到不同的位置，如图15-23所示。

图15-23 调整元件的位置

10 保存文件，并按组合键【Ctrl + Enter】测试影片效果，最终效果如图15-24所示。

图15-24 最终效果图

15.3 情人节贺卡

本案例效果如图15-25所示。

图15-25 案例最终效果

01 打开本案例的素材，库内素材如图15-26所示。

02 将图层1重命名为“画面1”，在第1帧拖入画面1元件，调整位置后在第30帧插入关键帧。在第140帧插入帧，如图15-27所示。

图15-26 库内素材

图15-27 重命名、插入关键帧

03 完成后，选中第1帧并在属性面板中设置元件的透明度为0，在画面1图层的1~30帧创建传统补间动画，以制作出画面由无渐有的效果，如图15-28所示。

图15-28 创建补间动画

04 新建文本1图层，将文本1元件放置在第33帧处，然后在41、62和63帧处插入关键帧并创建传统补间动画，如图15-29所示。

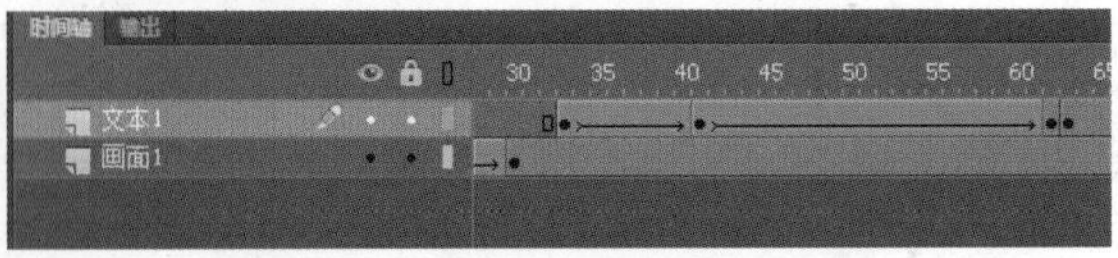

图15-29 新建文本1图层

05 选择文本1图层的第33帧所对应的元件，为其添加“模糊”滤镜，修改X值为91，透明度为0，将元件水平向左平移至舞台外。为第41、62帧所对应的元件添加“模糊”滤镜，修改X值为61.9和2.8，并分别将其水平移动至合适位置，如图15-30所示。

图15-30　文本1图层中元件的设置

06 参照文本1图层的创建办法，新建文本2图层，并制作文本2元件由舞台左侧向右运动、由模糊逐渐变清晰的动画，效果如图15-31所示。

图15-31 新建文本2图层并制作动画

07 新建闪耀光晕图层，拖入同名元件并调整其位置。再新建太阳光晕1图层，在第1~140帧间创建传统补间动画，如图15-32所示。

图15-32 制作光晕效果

08 参照贺卡画面1中背景和文本动画的制作方法，创建画面2、文本3和文本4图层，并制作相应的背景和文本动画，如图15-33所示。

图15-33 制作画面2背景和文本动画

09 新建太阳光晕2图层，拖入闪耀光晕元件，在第116、139、140、326和351帧处插入关键帧并创建传统补间动画，全部做元件有无变清晰再消失的动画效果，如图15-34所示。

图 15-34 制作光晕效果2

10 参照贺卡画面1中的背景和文本动画的制作方法，创建画面3、文本5和文本6图层，并制作相应的背景和文本动画，如图15-35所示。

11 用同样的方法创建画面4和文本7图层动画效果，并在太阳光晕1图层中的326~351帧间创建传统补间动画，以制作元件由无变清晰的动画，如图15-36所示。

图15-35　制作画面3的背景与文本效果

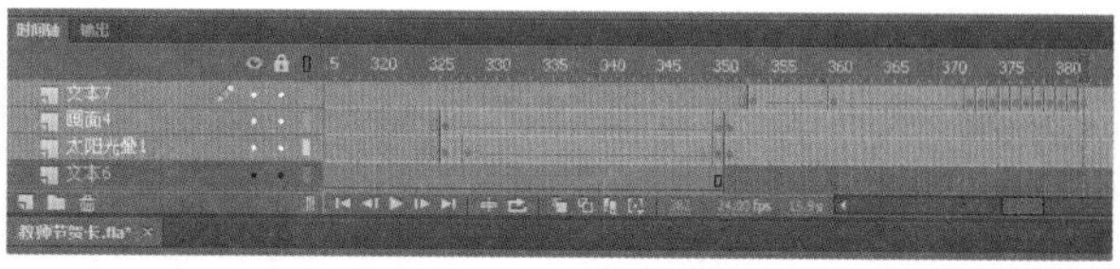

图15-36　制作画面4的背景和文本效果

12 在图层的最上方新建矩形块图层，将矩形块元件拖至舞台正中央。选择矩形块图层并右击，执行【遮罩层】命令，以将矩形块图层转换为遮罩层，选中矩形块以下所有图层，右击选择【属性】选项，勾选【被遮罩】选项，单击【确定】按钮，以创建遮罩动画，如图15-37所示。

13 新建音乐图层，为其添加背景音乐，并在属性面板设置声音属性，如图15-38所示。

14 按【Ctrl+Enter】组合键测试动画，最终效果如图15-39所示。

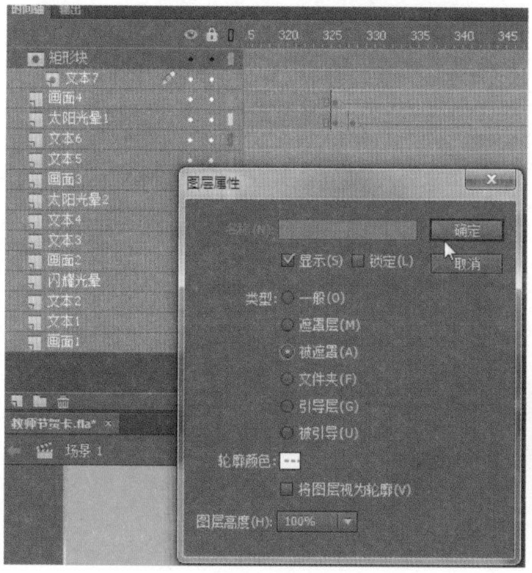

图15-37　制作遮罩动画

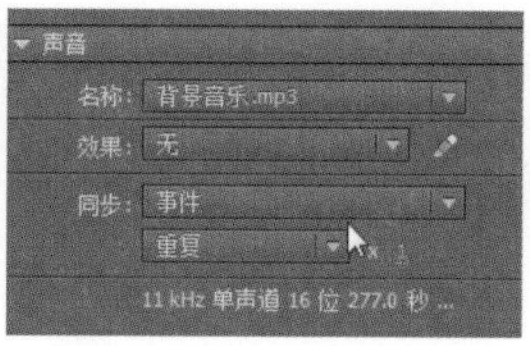

图15-38　设置声音属性

图15-39　最终效果图

15.4　课后练习

15.4.1　感恩节贺卡

本案例的练习为制作感恩节贺卡，最终效果请查看配套光盘相关目录下的“15.4.1　感恩节贺卡”文件。本案例大致制作流程如下：

01 添加贺卡的背景图片。

02 在帧上添加背景音乐。

03 使用制作逐帧动画文字书写的效果，制作书写祝福语句的动画。

案例最终效果

15.4.2 庆祝贺卡

本案例的练习为制作庆祝贺卡，最终效果请查看配套光盘相关目录下的“15.4.2 庆祝贺卡”文件。本案例大致制作流程如下：

01 添加贺卡背景图片。

02 在帧上添加背景音乐。

03 制作鱼跳动的动画和睡眠波浪的效果。

04 制作渐变层的闪烁动画。

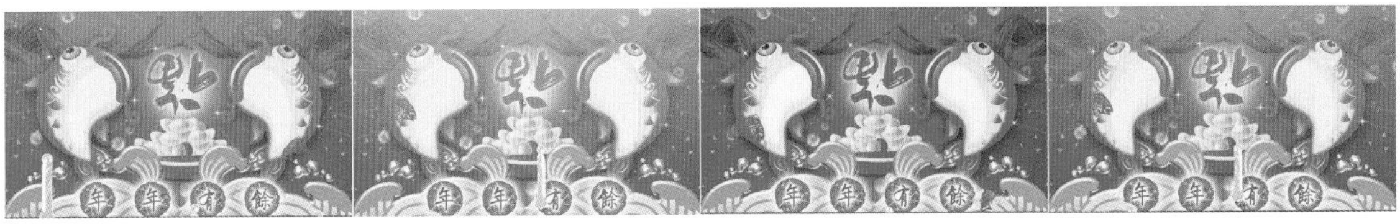

案例最终效果

15.4.3 祝福贺卡

本案例的练习为制作祝福类贺卡，最终效果请查看配套光盘相关目录下的“15.4.3 祝福类贺卡”文件。本案例大致制作流程如下：

01 添加背景图片。

02 在帧上添加背景音乐。

03 制作文字抖动动画效果。

04 在照片上制作扇动的轮廓效果。

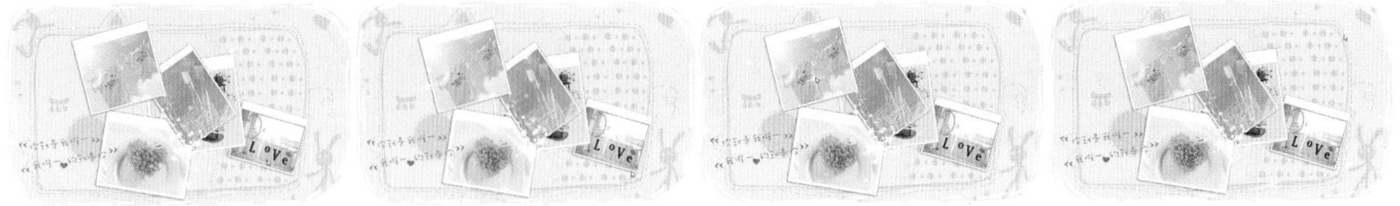

案例最终效果

第16章

脚本应用篇

通过前面章节的学习，读者也应该能充分了解到脚本对于Flash的创作也是不可或缺的一部分。非脚本动画往往让设计者能够有更加全面的视角来观察整个动画的结构，对于动画设计来说，的确是直截了当的一种方法。但是不可否认的是，虽说大多数的脚本动画可以通过非脚本动画的方法来实现，但有的动画效果使用脚本来实现，往往能够更快捷、更方便、更加自然、更有随机性。

本章学习重点：

1．了解系统时间表
2．了解随机函数
3．了解系统缓动类
4．系统组件的使用技巧
5．掌握脚本代码的编写

16.1 大闹天宫效果

本案例的效果如图16-1所示。

图16-1　案例最终效果

01 新建Flash ActionScript 3.0文件，将背景图片放入，并命名图层为“背景”，如图16-2所示。

图16-2　创建文件

02 新建变化图层，同时将孙悟空图片放入，将孙悟空图片变为影片剪辑元件，放入舞台中，命名属性实例为“wukong”，如图16-3所示。

图16-3　新建变化图层

03 执行【窗口】|【组件】|【Slider】命令并放入舞台，命名属性实例为“yuanjin”和“xianyin”，如图16-4所示。

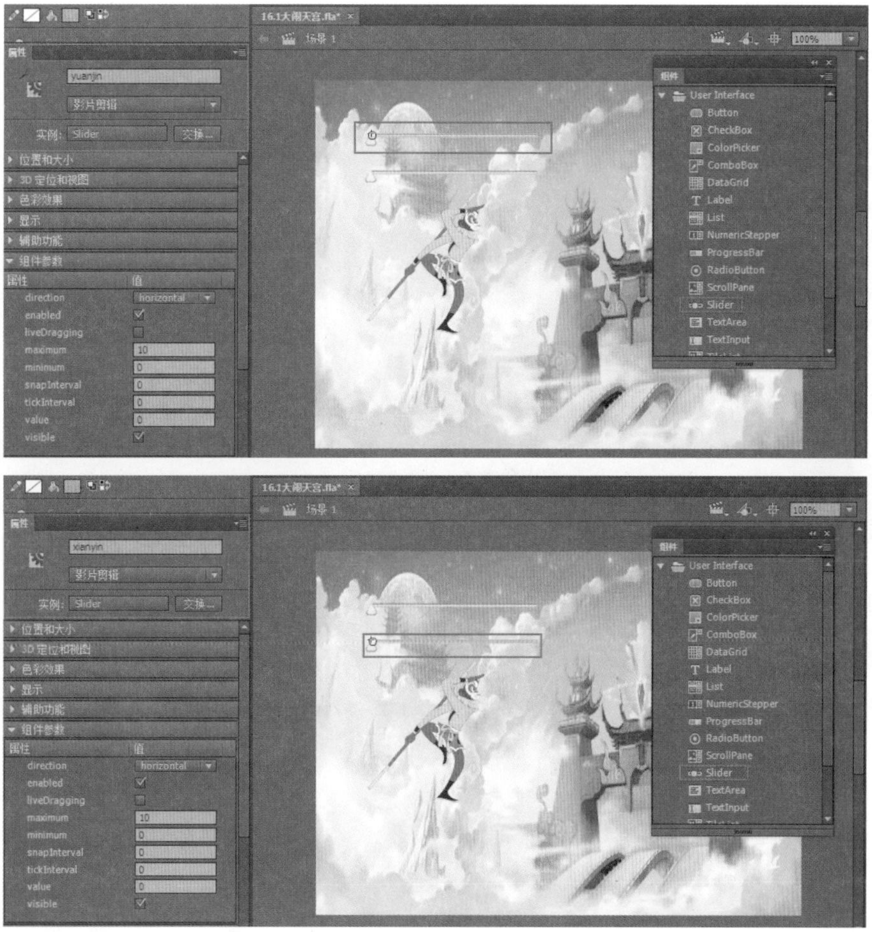

图16-4　执行命令

04 新建文字图层，分别输入“远”、“近”、“隐”、“现”，如图16-5所示。

图16-5　新建文字图层

05 新建动作图层，加入下列代码，如图16-6所示。

```
import fl.controls.SliderDirection;
import fl.events.SliderEvent;
yuanjin.liveDragging = true;
yuanjin.maximum = 100;
yuanjin.minimum = 1;
yuanjin.snapInterval = 2;
xianyin.value = 10;
wukong.height = 3*yuanjin.value;
wukong.scaleX = wukong.scaleY;
yuanjin.addEventListener(Event.CHANGE,act1);
function act1(e:Event){
        wukong.height =3*yuanjin.value;
        wukong.scaleX = wukong.scaleY;
}
xianyin.addEventListener(SliderEvent.THUMB_
DRAG,act2);
function act2(e:SliderEvent){
        wukong.alpha = xianyin.value/10;
}
```

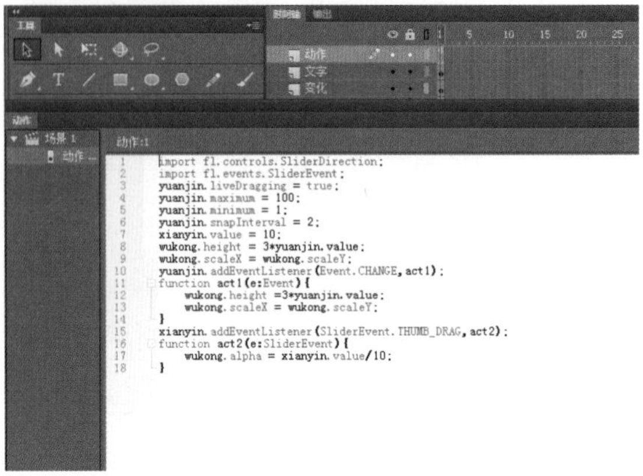

图16-6　输入代码

06 按组合键【Ctrl+Enter】进行测试，如图16-7所示。

图16-7　案例最终效果

16.2　摇奖机效果

本案例效果如图16-8所示。

图16-8　案例最终效果

01 在本案例的素材文件中，打开抽奖机的影片剪辑素材，如图16-9所示。

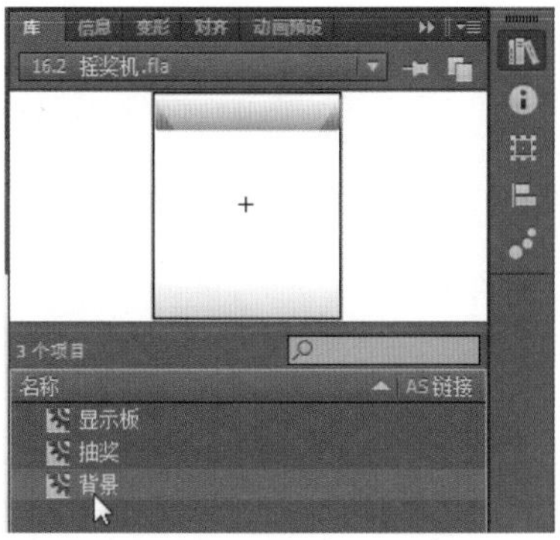

图16-9　库内剪辑素材

02 在属性面板内将舞台尺寸修改为180×212，如图16-10所示。

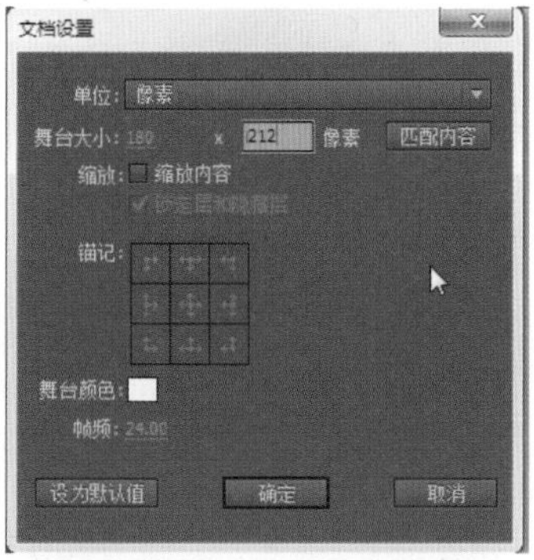

图16-10　设置舞台的尺寸

03 将图层1重命名为“背景图层”，并将库中的“背景”影片剪辑拖曳至舞台，调节其位置使其正好占满舞台，如图16-11所示。

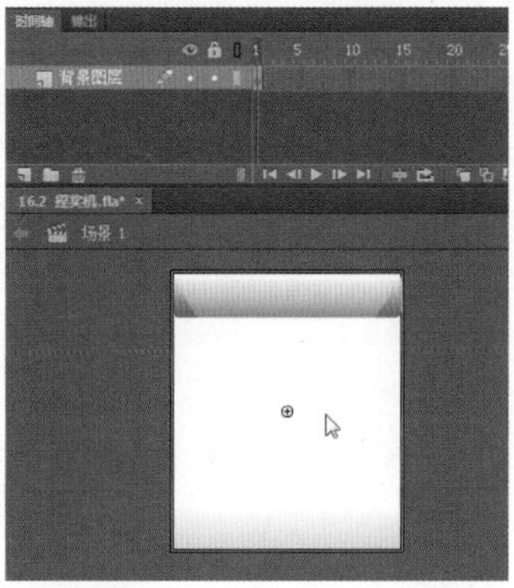

图16-11　将背景素材拖曳至舞台

04 新建一个图层，命名为“抽奖机部件”，并将库内其他两个影片剪辑素材拖曳至该图层的第1帧，并调整好位置，如图16-12所示。

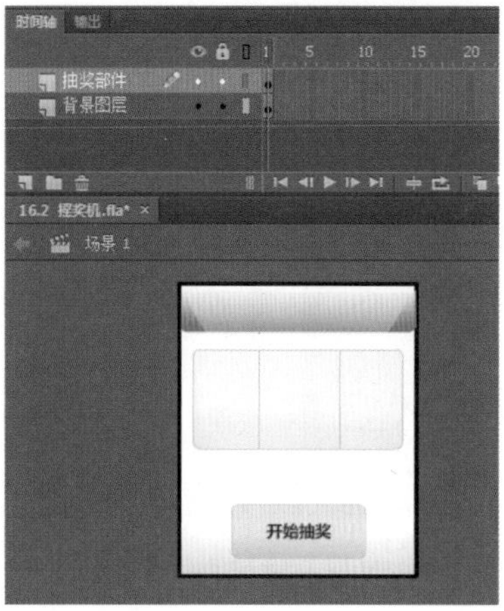

图16-12　将其他的素材拖曳至舞台并调节位置

05 再次新建一个图层，命名为“数字”，并选择工具栏内的【文本工具】，在属性栏内设置【文本工具】的属性，如图16-13所示。

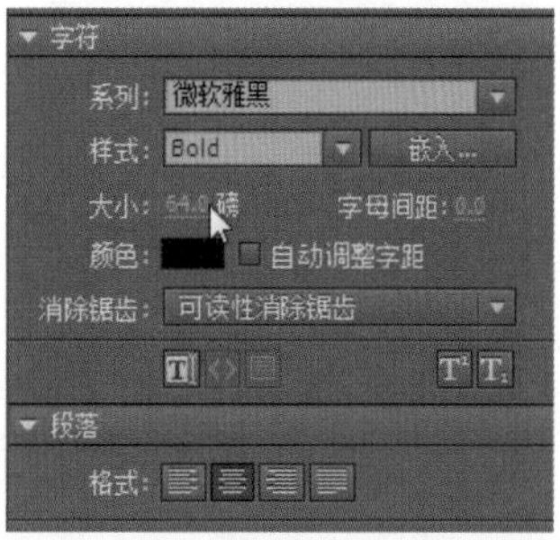

图16-13　设置【文本工具】的属性

06 使用【文本工具】在新建图层的第1帧上输入数字1，并调整其位置，如图16-14所示。

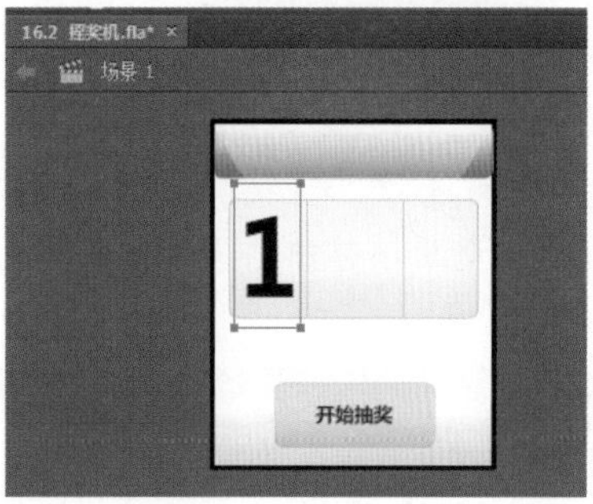

图16-14　输入文本

07 使用组合键【Ctrl＋C】复制刚才的文本框，再按组合键【Ctrl＋Shift＋V】原位粘贴该文本框，使用方向键将新粘贴的文本框向上移动，直到其文本框下边框和原来的文本框上边框重合，再把新的文本框里的内容修改为数字2，如图16-15所示。

图16-15　粘贴新的文本框

08 使用同样的方法，在上面粘贴出剩下的数字，并且在最上面再多添加数字1和2，如图16-16所示。

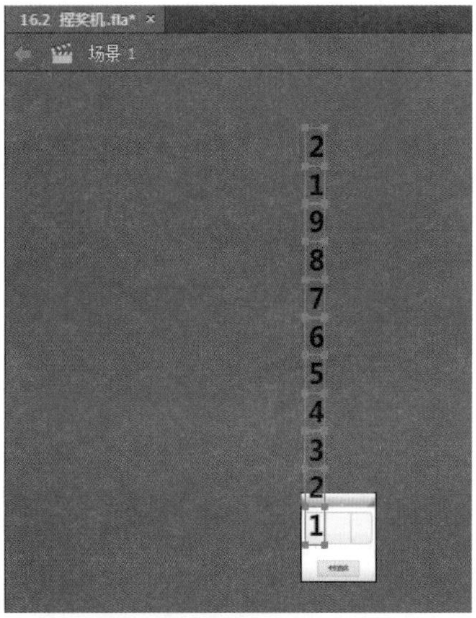

图16-16　添加其他的数字

09 选中所有的数字，并按快捷键【F8】将其转换为影片剪辑，并命名为“数字剪辑”，如图16-17所示。

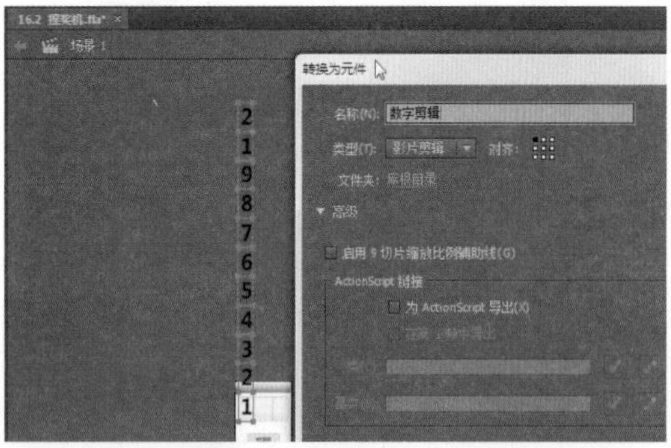

图16-17　转换为影片剪辑

10 选中刚转换为影片剪辑的元件，再次按快捷键【F8】将其转换为影片剪辑，并命名为“数字滚动”，如图16-18所示。

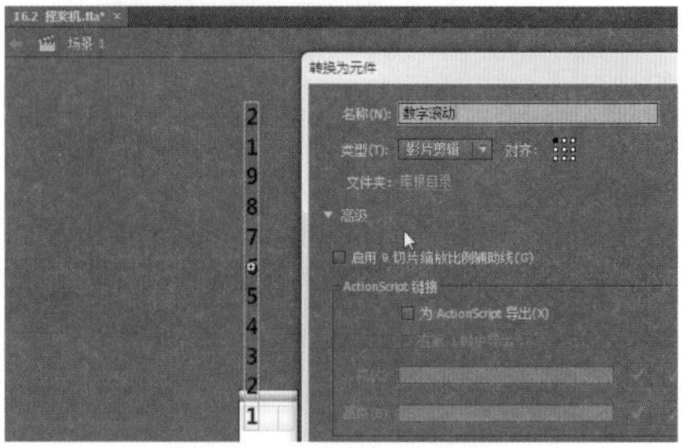

图16-18　转换为影片剪辑

11 双击舞台上的“数字滚动”影片剪辑，进入内部进行编辑，第1帧上有一个“数字剪辑”的影片剪辑，在第10帧按快捷键【F6】插入关键帧，并使用方向键将第10帧上的元件向下移动，直到上面的数字1和刚才的数字1位置重合，如图16-19所示。

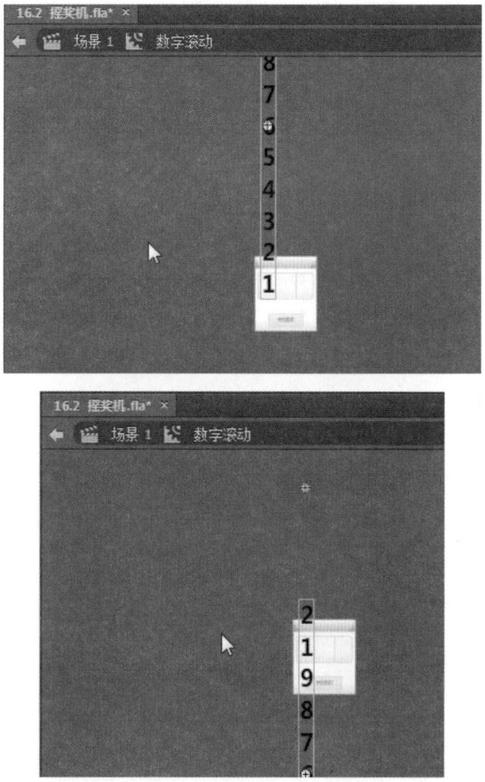

图16-19　第1帧和第10帧上的元件位置

12 在第1帧上右击，在弹出的快捷菜单中选择【创建传统补间】选项，如图16-20所示。

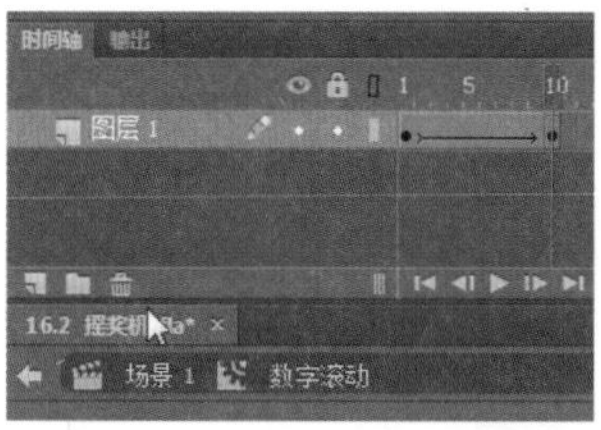

图16-20　创建传统补间

13 单击时间轴下方的“场景1”返回主场景，并复制“数字滚动”影片剪辑2份到抽奖界面的另外两个格子，注意数字1的位置要对准抽奖的窗口，如图16-21所示。

图16-21　复制两份元件

14 单击最左边的“数字滚动”影片剪辑，在属性面板中将实例名设置为mc1，用同样的方法往右的剪辑依次为mc2和mc3，如图16-22所示。

图16-22　输入实例名称

15 选中舞台上的“开始抽奖”按钮，并在属性面板中将实例名称设置为btn，如图16-23所示。

图16-23　设置按钮的实例名称

16 再次新建一个图层，并命名为“遮罩层”，并将库中的“显示板”元件拖曳至舞台，使其正好盖住原来的显示板，并使用组合键【Ctrl + B】将其打散两次，如图16-24所示。

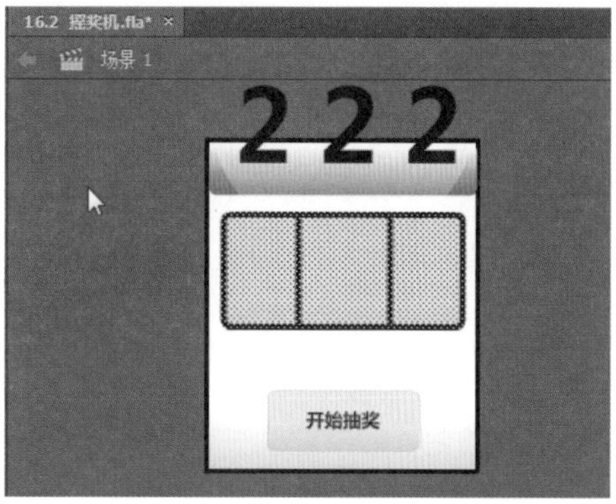

图16-24　拖曳元件至舞台

17 右击“遮罩层”，并在弹出的快捷菜单中选择【遮罩层】选项，如图16-25所示。

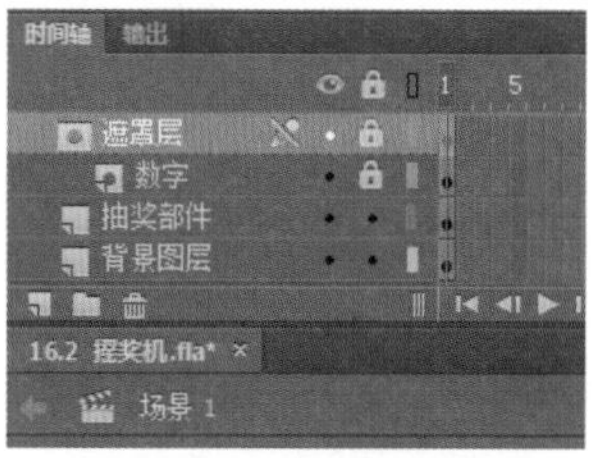

图16-25　设置遮罩层

18 再次在最上层新建一个图层，并命名为“代码层”，如图16-26所示。

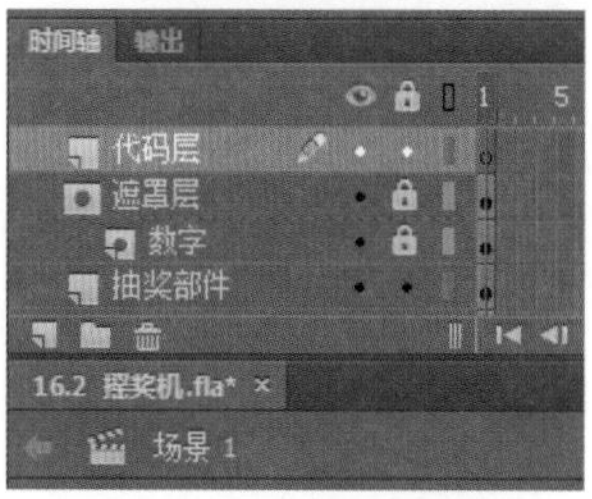

图16-26　新建代码层

19 单击代码层的第1帧，并按快捷键【F9】打开动作面板，在里面输入脚本，如图16-27所示。

```
import flash.events.MouseEvent;
import flash.utils.Timer;
import flash.events.TimerEvent;

var timer:Timer;

mc1.stop();
```

```
mc2.stop();
mc3.stop();

btn.addEventListener(MouseEvent.CLICK,clickFunction);

timer = new Timer(2000);

timer.addEventListener(TimerEvent.TIMER,ok);

function clickFunction(e:MouseEvent):void{
        mc1.gotoAndPlay(Math.floor(Math.random() * 10));
        mc2.gotoAndPlay(Math.floor(Math.random() * 10));
        mc3.gotoAndPlay(Math.floor(Math.random() * 10));
        timer.start();
}

function ok(e:TimerEvent):void{
        timer.stop();
        mc1.gotoAndStop(Math.floor(Math.random() * 10));
        mc2.gotoAndStop(Math.floor(Math.random() * 10));
        mc3.gotoAndStop(Math.floor(Math.random() * 10));
}
```

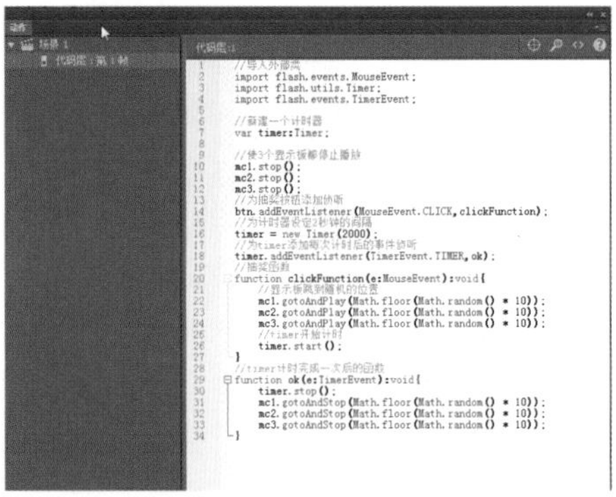

图16-27　输入脚本

20 保存文件，按组合键【Ctrl + Enter】测试影片，测试时单击“开始抽奖”按钮，上面的剪辑即会随机滚动了，如图16-28所示。

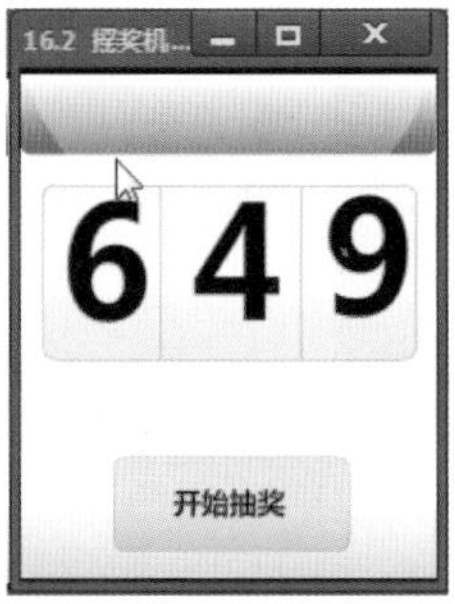

图16-28　最终效果图

16.3 制作问卷调查

本案例效果如图16-29所示。

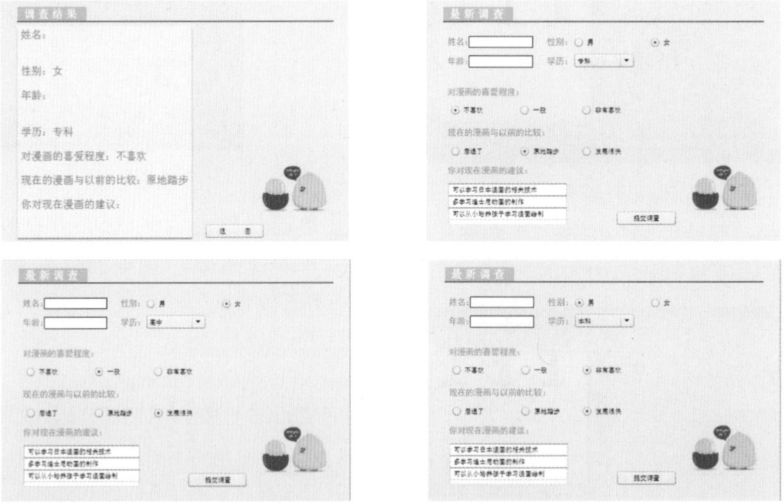

图16-39　案例最终效果

01 新建ActionScript 3.0文档，设置文档大小为600×400，导入位图到舞台，将该图层命名为“背景”，在第2帧处插入帧，如图16-30所示。

02 新建图层，命名为“标题”，在第1帧放入制作好的“最新调查”图标（利用【矩形工具】和【文字工具】），如图16-31所示。

图16-30　新建ActionScript 3.0文档

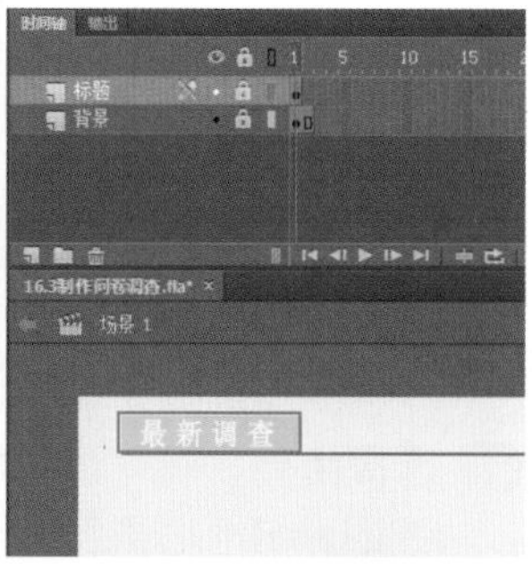

图16-31　新建图层

03 在“标题”图层第2帧放入制作好的“调查结果”图标，如图16-32所示。

04 新建“项目”图层，在第1帧用【文本工具】T添加项目的标题，并对其排列，第2帧为空白关键帧，如图16-33所示。

图16-32　放入图标

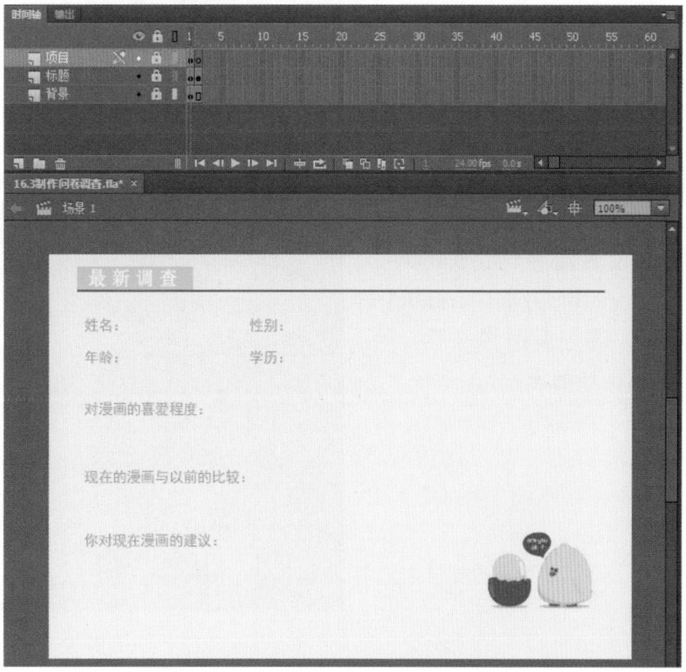

图16.33　新建“项目”图层

05 新建“组件”图层，添加4个可编辑文本的容器并利用【文本工具】，从“组件”面板向舞台中添加组件和文本框，如图16-34所示。

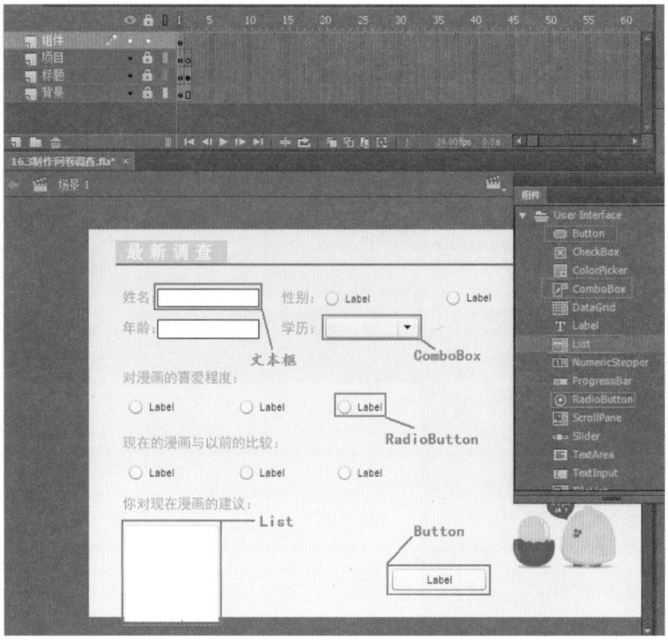

图16-34 新建“组件”图层并进行参数设置

06 选择组件，在“属性”中设置label为“男”，组名称为Radio-sex，selected为选中，属性实例“_ll”，如图16-35所示。

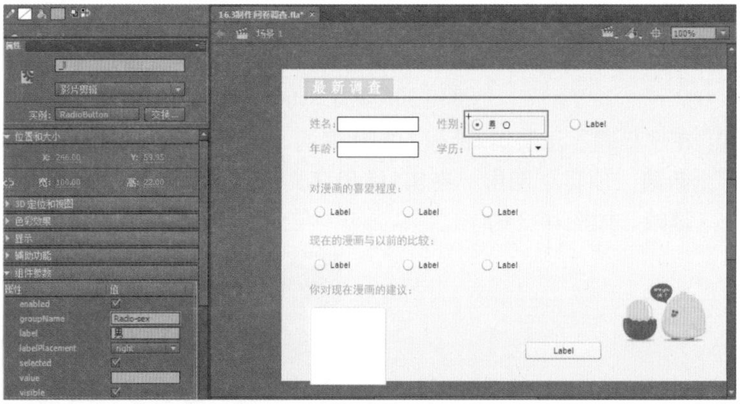

图16-35 “属性”的设置

07 选择组件，在“属性”面板中设置组名称为Radio-sex，visible为选中，label为女，属性实例“_vv”，如图16-36所示。

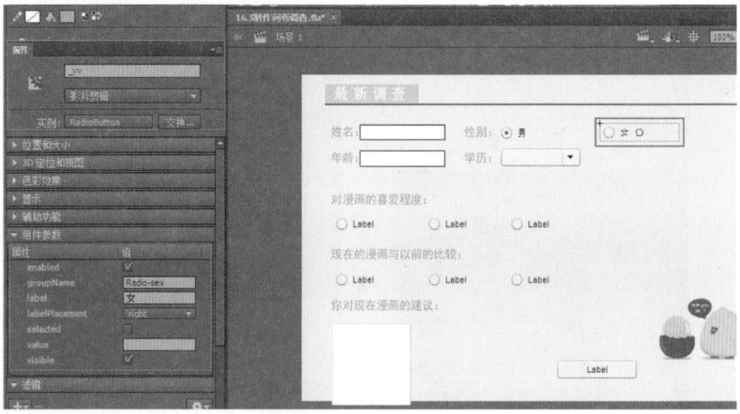

图16-36 “属性”的设置

08 在“组件参数”选项卡中单击按钮，打开“值”对话框，单击按钮，添加项目，属性实例“_xueli”并设置标签和值，如图16-37所示。

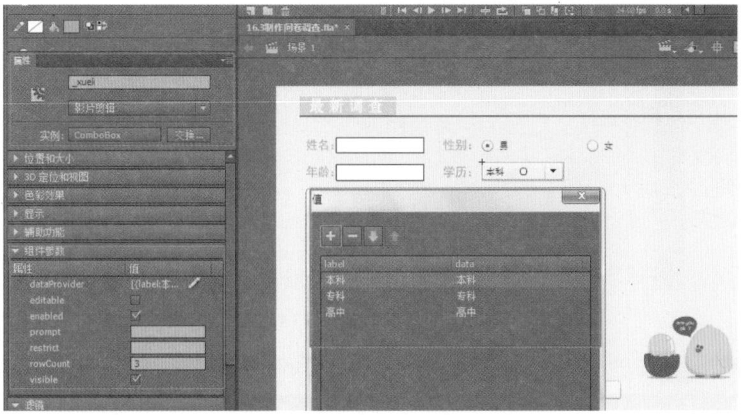

图16-37　参数设置

09 用同样的方法，设置“喜欢”组和“比较”组中各组件的参数，并且分别命名属性实例，如图16-38所示。

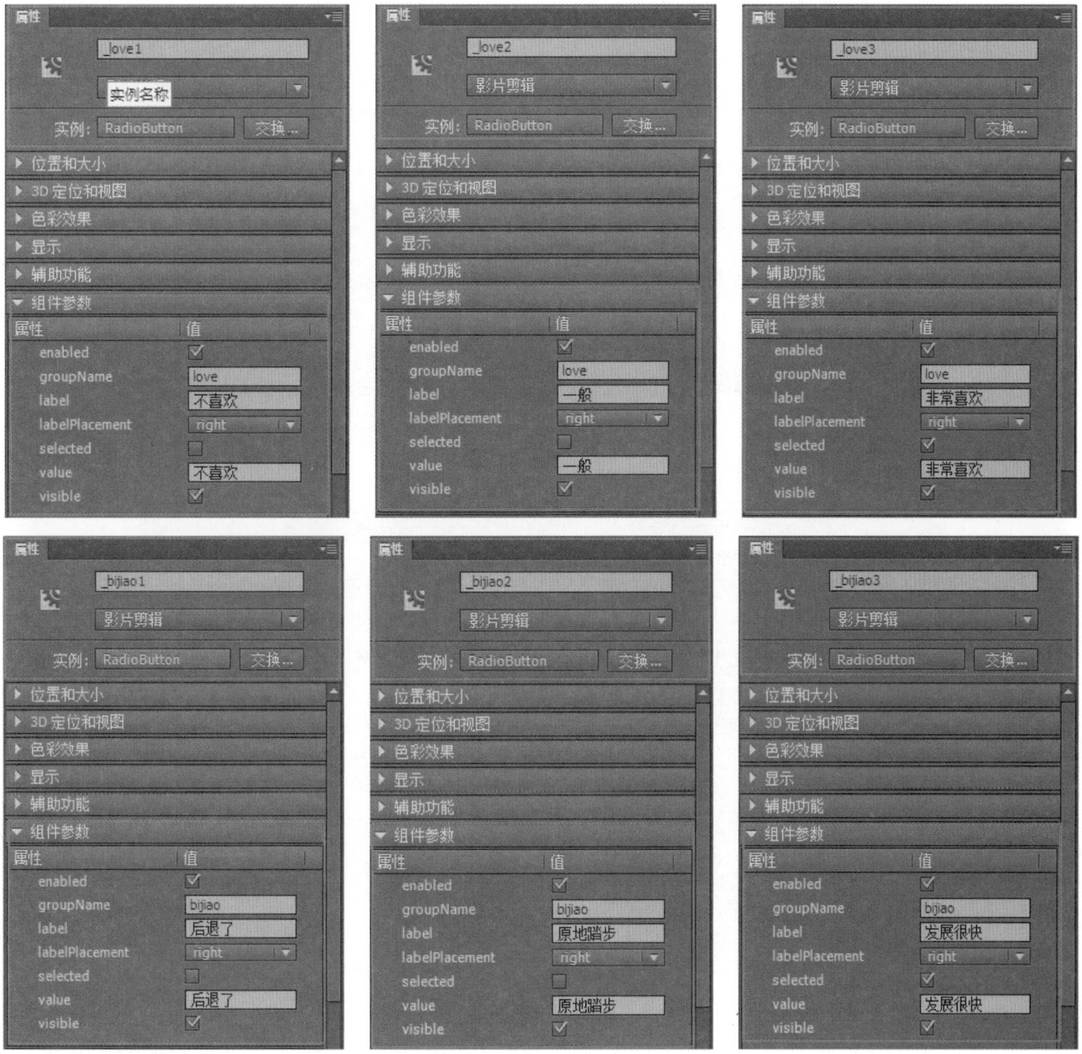

图16-38　参数设置

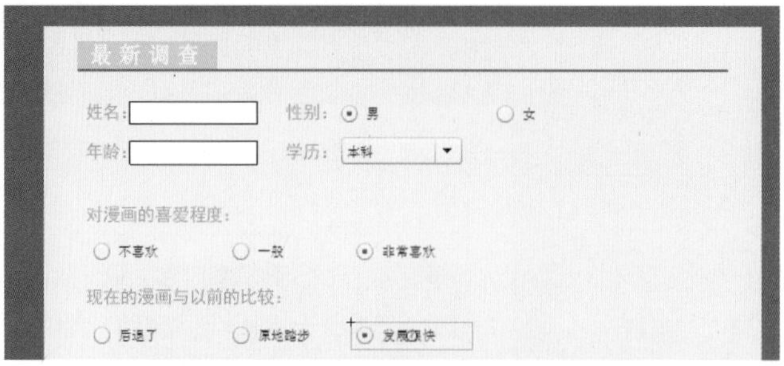

图16-38　参数设置（续）

10 选择list组件，单击按钮添加项目，并设置项目名称和值，属性实例“_jianyi”，如图16-39所示。

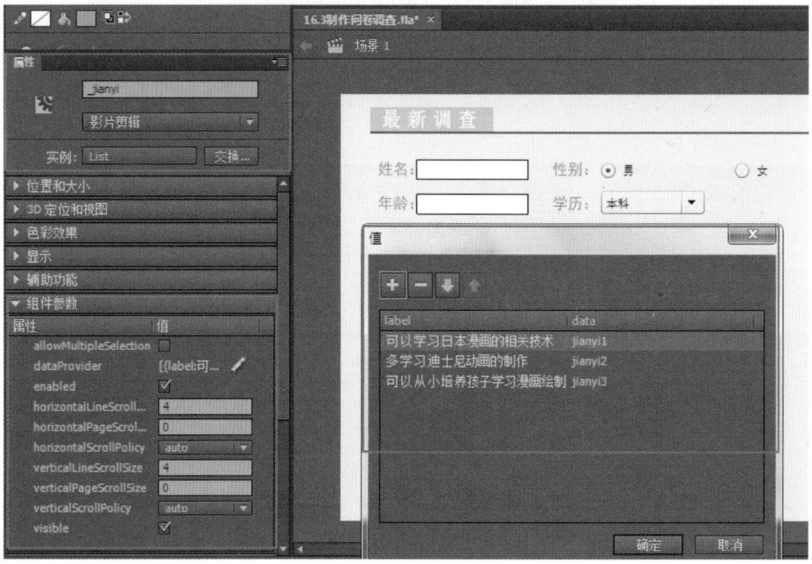

图16-39　添加项目

11 用同样的方法制作提交调查按钮，并命名属性实例“_tijiao”，如图16-40所示。

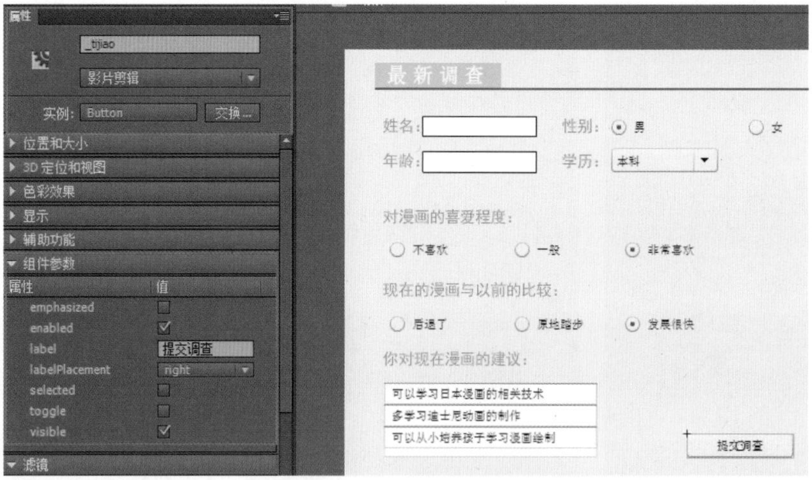

图16-40　提交调查按钮

12 在第2帧处按【F7】键插入空白帧，并添加一个输入文本和Button按钮组件，并命名属性实例，如图16-41所示。

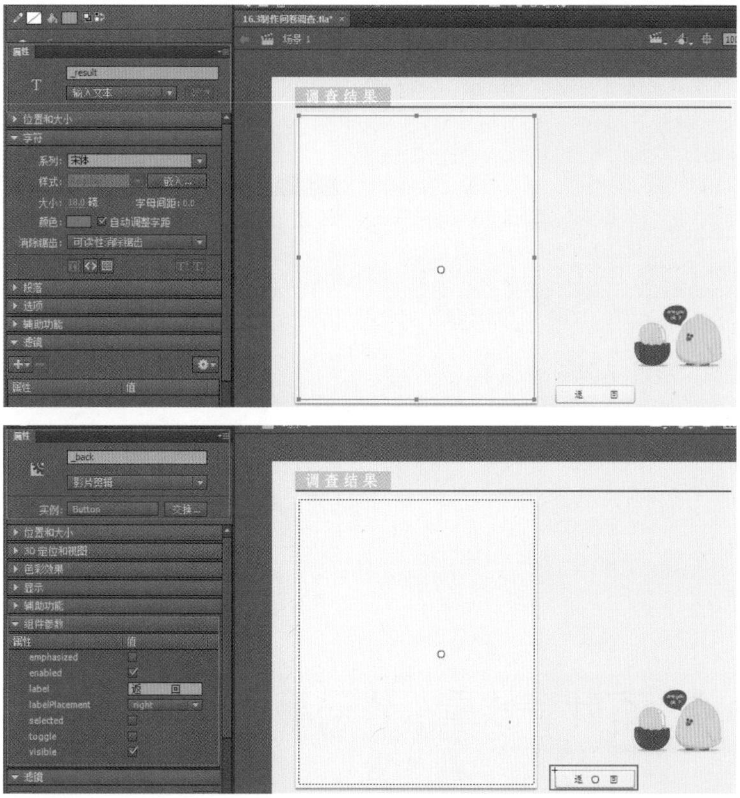

图16-41　插入空白帧

13 新建一层，命名为actions，在第1帧打开“动作”面板，添加如下代码，如图16-42所示。

```
stop();
var temp:String = “”;
var love:String = “非常喜欢";
var bijiao:String = “发展很快";
var jianyi:String = “”;

//对漫画的喜爱程度
function clickHandler2(event:MouseEvent):void
{
        love = event.currentTarget.label;
}
_love1.addEventListener(MouseEvent.CLICK, clickHandler2);
_love2.addEventListener(MouseEvent.CLICK, clickHandler2);
_love3.addEventListener(MouseEvent.CLICK, clickHandler2);

//现在的漫画与以前的比较
function clickHandler3(event:MouseEvent):void
{
        bijiao = event.currentTarget.label;
}
_bijiao1.addEventListener(MouseEvent.CLICK, clickHandler3);
_bijiao2.addEventListener(MouseEvent.CLICK, clickHandler3);
_bijiao3.addEventListener(MouseEvent.CLICK, clickHandler3);

//你对现在漫画的建议;
function showData(event:Event)
{
        jianyi = event.target.selectedItem.label;
}
_jianyi.addEventListener(Event.CHANGE, showData);

function _tijiaoclickHandler(event:MouseEvent):void
{
        //取得当前的数据
        temp = "姓名：" + _name.text + "\r\r性别：";
        if (_vv.selected)
        {
                temp += _vv.value;
        }
        else if (_ll.selected)
        {
                temp += _ll.value;
        }
        temp += "\r\r年龄：" + _age.text + "\r\r学历：
```

```
" + _xueli.selectedItem.data + "\r\r对漫画的喜爱程度：
" + love;
        temp +=  "\r\r现在的漫画与以前的比较：" +
bijiao;
        temp +=  "\r\r你对现在漫画的建议：\r\r" +
jianyi;
        //跳转
        this.gotoAndStop(2);
}
_tijiao.addEventListener(MouseEvent.CLICK, _
tijiaoclickHandler);
```

14 在actions图层的第2帧处添加如下脚本。

```
_result.text = temp;
stop();
function _backclickHandler(event:MouseEvent):void
{
        gotoAndStop(1);
}
_back.addEventListener(MouseEvent.CLICK, _
backclickHandler);
```

15 保存文档，按组合键【Ctrl+Enter】测试，案例最终效果如图16-42所示。

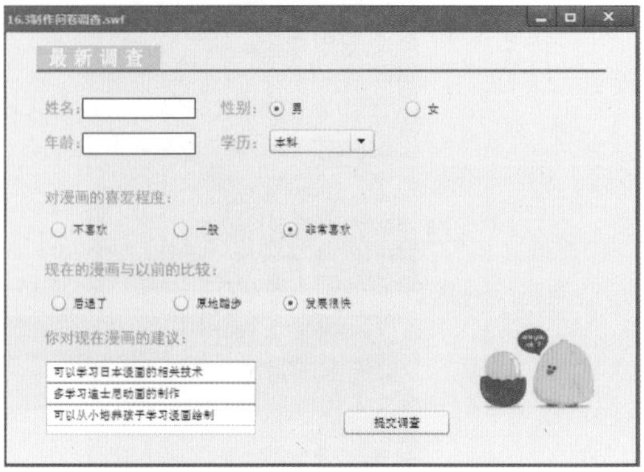

图16-42　案例最终效果

16.4 百叶窗效果（代码篇）

本案例效果如图16-43所示。

图16-43　案例最终效果

前面讲到了关于使用遮罩制作百叶窗的效果，相对来说较为复杂，不过可变性强一些，下面介绍使用代码完成同样的工作，适用于大量同类型项目的制作。

01 打开本案例的素材文件，库内有两张素材图片，如图16-44所示。

图16-44　库内的素材图片

02 在属性面板中将舞台的尺寸设置为800×600，如图16-45所示。

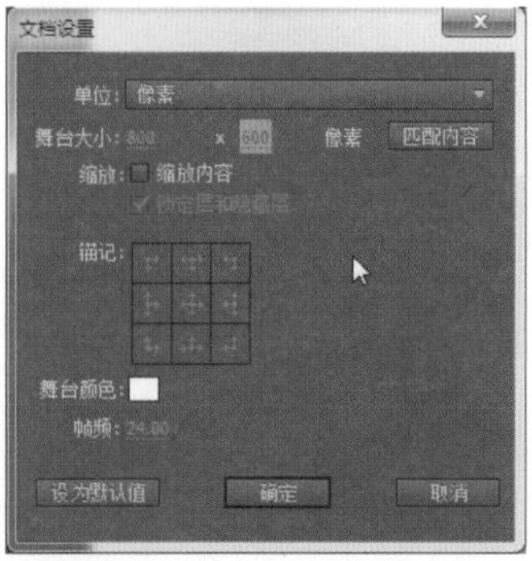

图16-45　设置舞台的尺寸

03 将图层1重命名为“图片1层”，并将库内的图片素材“图片1”拖曳至舞台，并调整其位置使其左上角对准舞台的左上角，如图16-46所示。

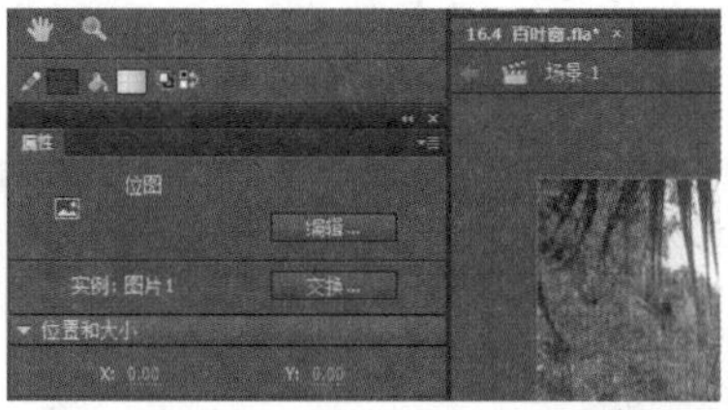

图16-46　调整图片位置

04 选中舞台上的图片1，按快捷键【F8】将其转换为影片剪辑元件，并命名为“图片1剪辑”，如图16-47所示。

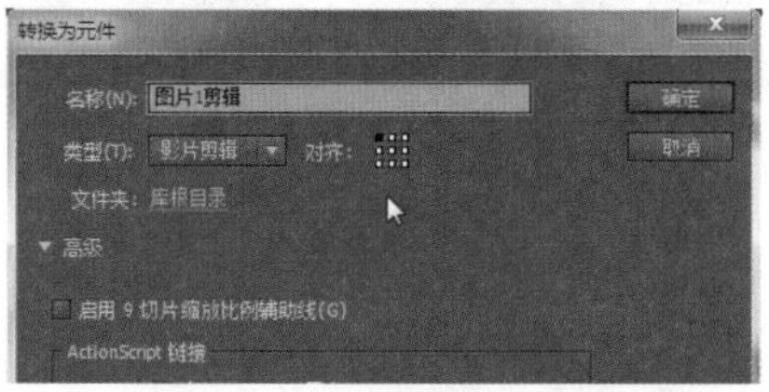

图16-47　转换为影片剪辑

05 转换完成后，选中刚转换的影片剪辑，在属性面板中设置其实例名称为pic1，如图16-48所示。

图16-48　设置实例名

06 在“图片1层”的第20帧处按快捷键【F6】插入关键帧，并在本图片之上新建一个图层，命名为“图片2层”，在其第20帧处按快捷键【F7】插入空白关键帧，如图16-49所示。

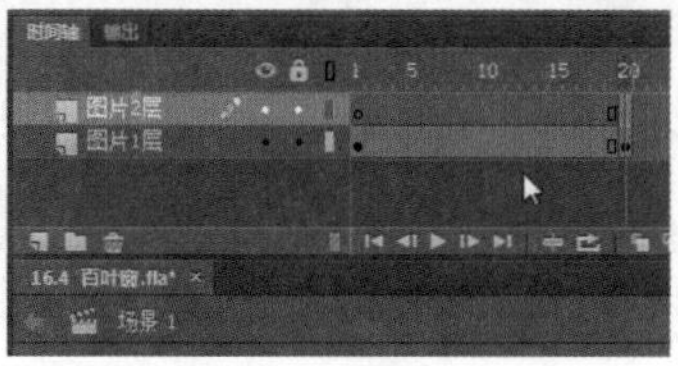

图16-49　新建一个图层

07 将库中的“图片2”拖曳至“图片2层”的第20帧的舞台中，并与图片1一样设置其位置对齐舞台左上角，并选中“图片2”按快捷键【F8】将其转换为影片剪辑，命名为“图片2剪辑”，完成后将其实例名称设置为pic2，如图16-50所示。

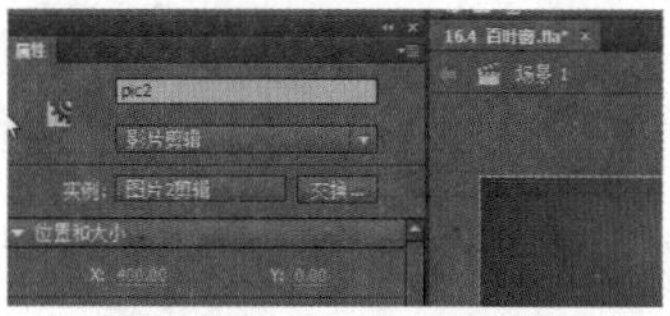

图16-50　输入影片剪辑的实例名称

08 在两个图层的第40帧处都按快捷键【F6】插入关键帧，在两个图层的第60帧处按快捷键【F5】插入帧，如图16-51所示。

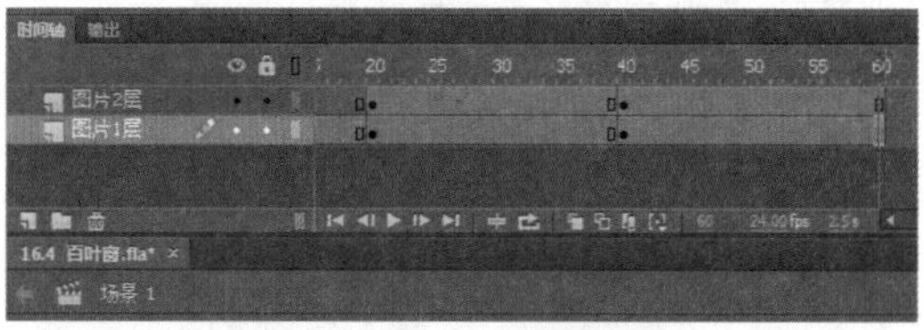

图16-51　插入关键帧和帧

09 新建一个图层，命名为“代码层”，并在该层的第20、40帧处按快捷键【F7】插入空白关键帧，如图16-52所示。

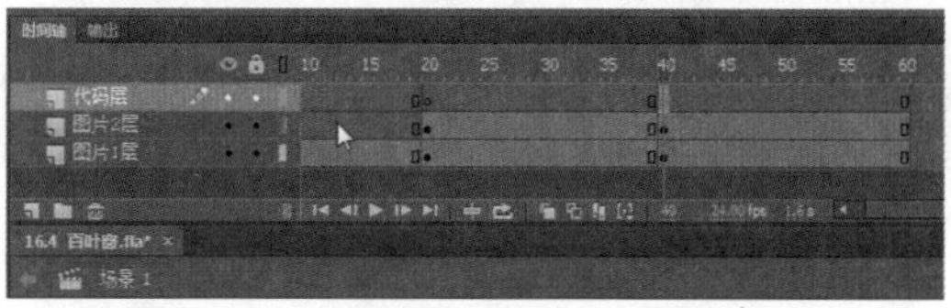

图16-52　新建图层并插入空白关键帧

10 选中“代码层”的第20帧，并按快捷键【F9】打开动作面板，在其中输入如下脚本，如图16-53所示。

```
import fl.transitions.*;
import fl.transitions.easing.*;
var myTransitionManager:TransitionManager = new
TransitionManager(pic2);
myTransitionManager.startTransition({type:Blinds,
direction:Transition.IN, duration:.5, easing:None.
easeNone, dimension:1});
```

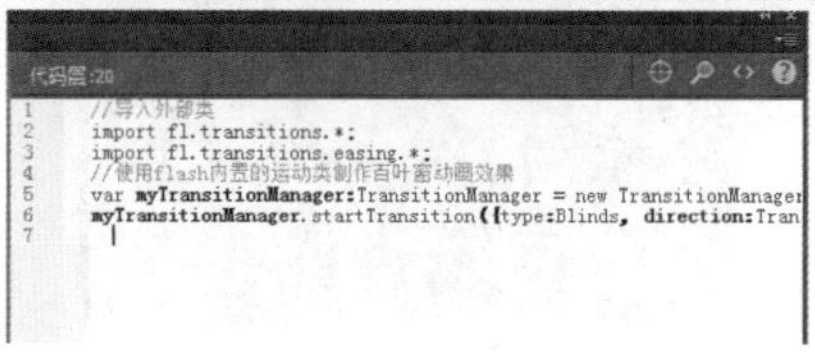

图16-53　输入脚本

11 选中“代码层”的第40帧，并按快捷键【F9】打开动作面板，在其中输入如下脚本，如图16-54所示。

```
import fl.transitions.*;
import fl.transitions.easing.*;
myTransitionManager = new TransitionManager(pic1);
myTransitionManager.startTransition({type:Blinds,
direction:Transition.IN, duration:.5, easing:None.
easeNone, dimension:0});
```

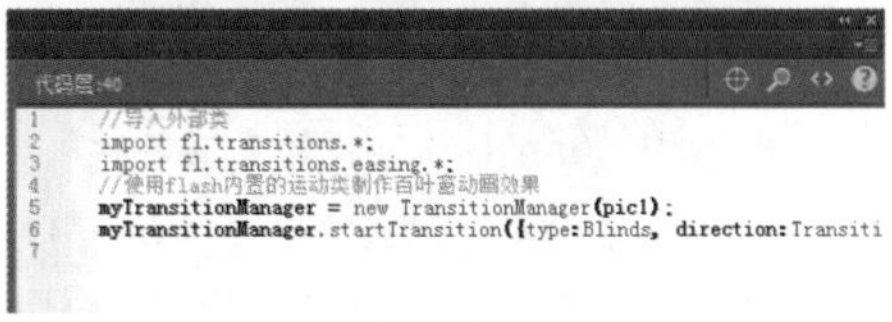

图16-54　输入脚本

12 选中“图片2层”上第40帧上的影片剪辑，按组合键【Ctrl + X】剪切该影片剪辑，并将“图片1层”第40帧拖曳到“图片2层”的第40帧位置，再选中“图片1”层的第40帧，按组合键【Ctrl + Shift + V】将刚才剪切的影片剪辑原位粘贴，这样便将两个图层上的影片剪辑交换了位置。

13 保存文件，按组合键【Ctrl + Enter】测试影片剪辑的效果，如图16-55所示。

图16-55　最终效果图

16.5　幻灯片动画

本案例效果如下图16-56所示。

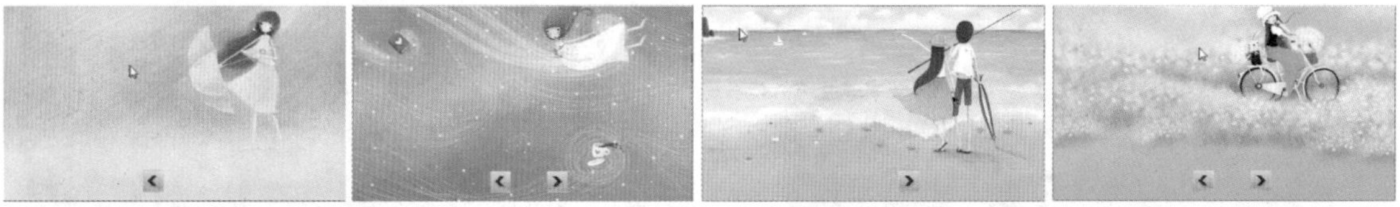

图16-56　案例最终效果

01 打开本案例的素材文件，本案例是制作一个按钮控制图片切换的幻灯片动画，库内的素材，如图16-57所示。

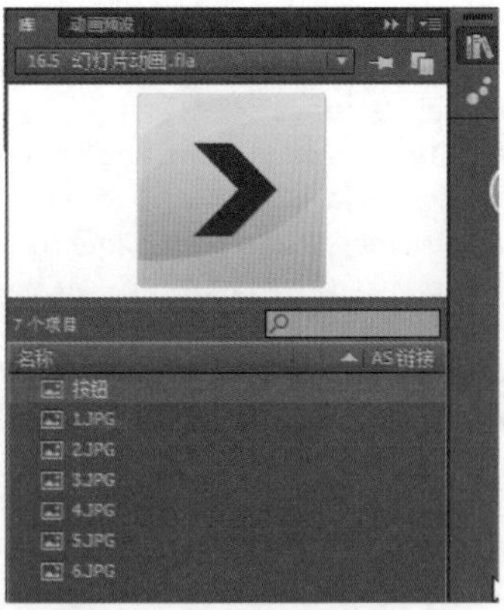

图16-57　库内的图片素材

02 在属性面板中修改舞台的尺寸为480 × 266，如图16-58所示。

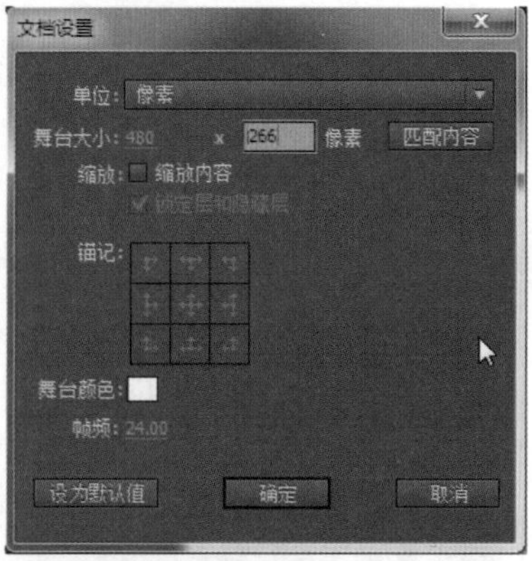

图16-58　设置舞台的尺寸

03 将图层1重命名为“图片层”，并将库内的

“1.jpg”图片素材拖曳到舞台上，并调整其位置使其左上角对准舞台最上角，如图16-59所示。

04 在第2帧上按快捷键【F7】插入空白关键帧，将“2.jpg”图片素材拖曳至舞台上，并与第1张图一样调整其位置，以此类推将库内剩下的图都拖入到一个单独的帧上，如图16-60所示。

图16-59　调整图片的位置

图16-60　处理剩下的图片

05 新建一个图层，命名为“按钮层”，并将库中的“按钮”图片素材拖曳至舞台上，并使用【任意变形工具】调整按钮的大小和位置，如图16-61所示。

06 选中刚才的按钮图形，按快捷键【F8】将其转换为影片剪辑原件，并命名为“翻页按钮”，如图16-62所示。

图16-61　调整按钮图形的大小和位置

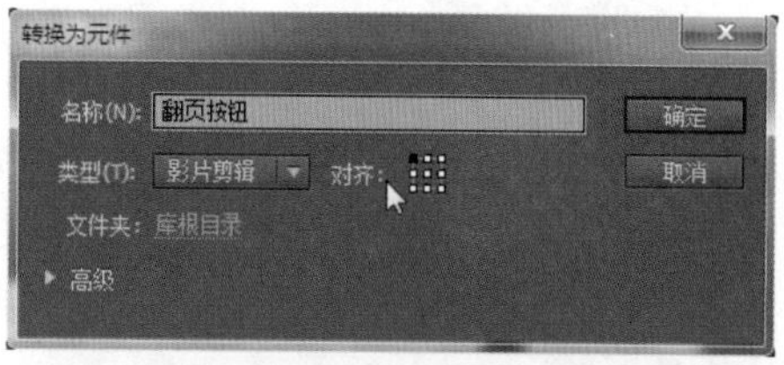

图16-62　转换为元件

07 转换完成后，复制该按钮，并粘贴一份该按钮，选中新粘贴的按钮影片剪辑，执行【修改】|【变形】|【水平翻转】命令，并调整其位置，如图16-63所示。

图16-63　粘贴一个按钮

08 选中左边的按钮，在属性面板中修改其实例名称为“btn1”，修改右边按钮的实例名称为“btn2”，如图16-64所示。

图16-64 输入实例名称

09 再次新建一个图层，并命名为“代码层”，选中上面的第1帧，并按快捷键【F9】打开动作面板，在其中输入如下脚本，如图16-65所示。

```
import flash.events.MouseEvent;

stop();
btn1.addEventListener(MouseEvent.CLICK,clickF);
btn2.addEventListener(MouseEvent.CLICK,clickF);
btn1.buttonMode = true;
btn1.visible = false;
btn2.buttonMode = true;
function clickF(e:MouseEvent):void{
        if(e.target.name == "btn1"){
                prevFrame();
        }else{
                nextFrame();
        }

        if(currentFrame == 1){
                btn1.visible = false;
        }else if(currentFrame == totalFrames){
                btn2.visible = false;
        }else{
                btn1.visible = true;
                btn2.visible = true;
        }
}
```

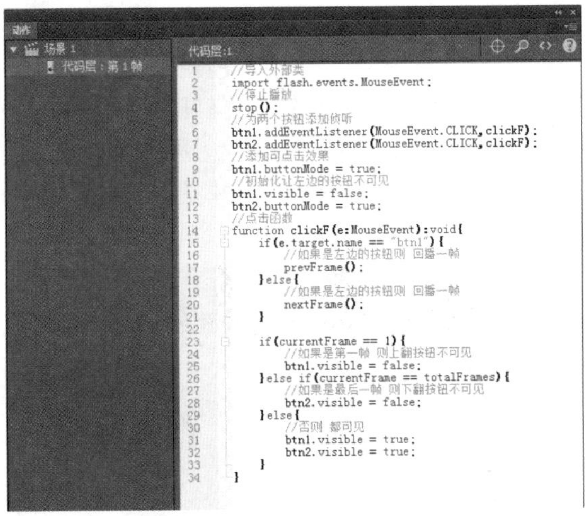

图16-65 输入脚本

10 保存文件，按组合键【Ctrl + Enter】测试影片，最终效果如图16-66所示。

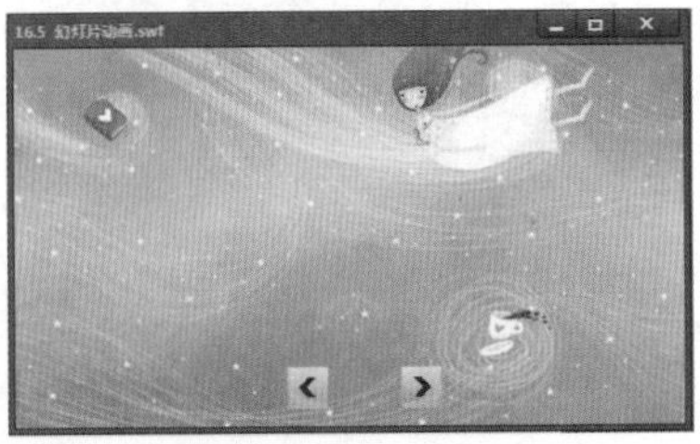

图16-66 最终效果图

16.6 数字大小排序功能

本案例效果如图16-67所示。

图16-67　案例最终效果

01 打开本案例的素材文件，本案例要制作的功能为数字大小排序，用户在文本框中输入数字后，单击“排序”按钮会对4个文本框内的数字按大小顺序排列库内的素材，如图16-68所示。

图16-68　库内的素材

02 将图层1重命名为”背景层“，并将库中的“背景图”素材拖曳至舞台上，调整其位置，如图16-69所示。

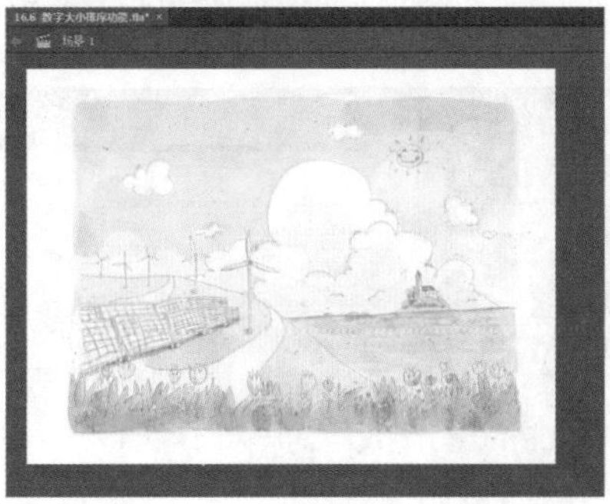

图16-69　调整背景图的位置

03 新建一个图层，并命名为“文本层”，并按组合键【Ctrl + F7】打开组件面板，在其中将组件TextInput拖曳至舞台上，如图16-70所示。

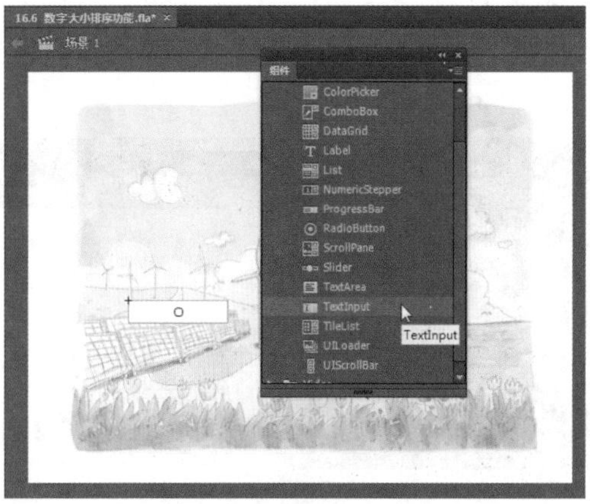

图16-70　拖曳组件

04 使用【任意变形工具】调整文本输入框的形状，并多复制几个文本框，如图16-71所示。

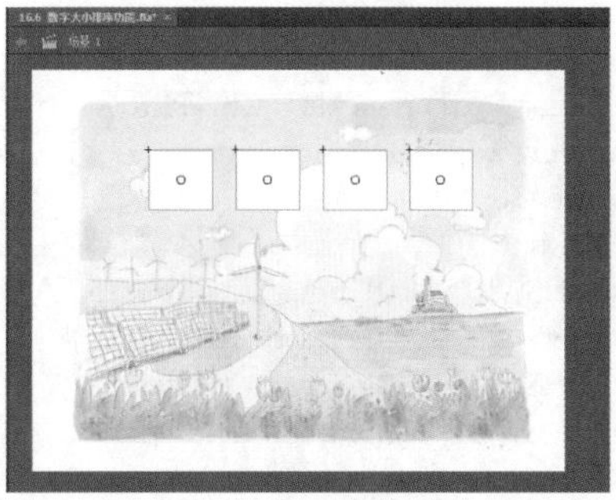

图16-71　复制多个文本框

05 选中最左边的文本框组件，在属性面板中修改其实例名称为txtInput1，以此往右边，之后的文本框的实例名设置为txtInput2、txtInput3、txtInput4，如图16-72所示。

06 再次新建一个图层，命名为“按钮层”，并将库中的“按钮背景”元件拖曳至舞台上，使用【任意变形工具】调整其大小，使用【文本工具】在上面输入文字“排序”，如

图16-73所示。

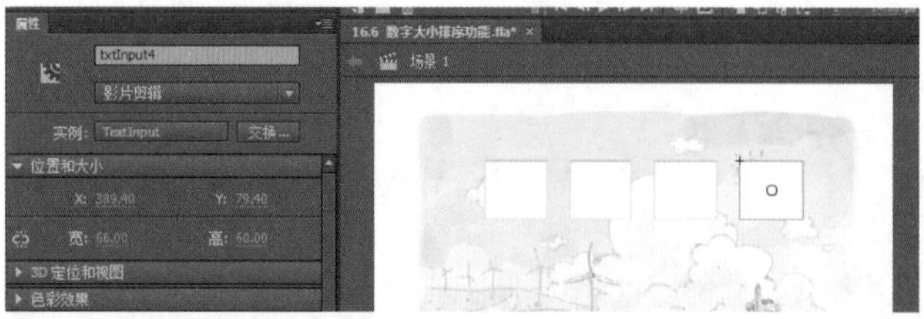

图16-72　设置实例名

图16-73　在按钮背景上输入文字

07 选中文字和按钮背景，并按快捷键【F8】将其转换为元件，并命名为“排序按钮”，完成后在属性面板中设置其实例名为orderbtn，如图16-74所示。

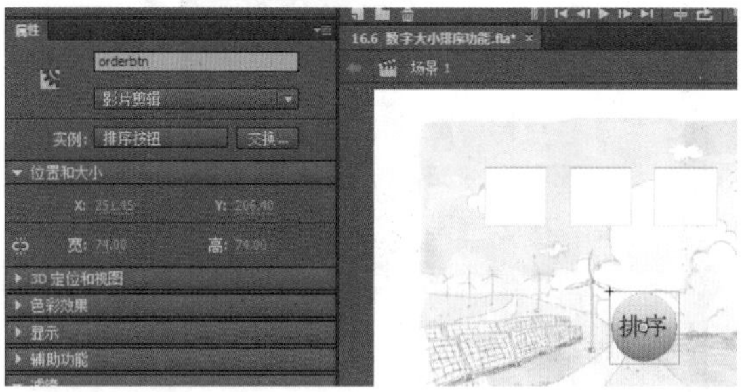

图16-74　输入实例名称

08 再次新建一个图层，命名为“代码层”，并在第1帧上按快捷键【F9】打开动作面板，在其中输入如下脚本，如图16-75所示。

```
var txtStyle:TextFormat=new TextFormat();
txtStyle.align=TextFormatAlign.CENTER;
txtStyle.color=0x000000;
txtStyle.size=30;
txtStyle.bold=true;
txtInput1.setStyle(“textFormat”,txtStyle);
txtInput2.setStyle(“textFormat”,txtStyle);
txtInput3.setStyle(“textFormat”,txtStyle);
txtInput4.setStyle(“textFormat”,txtStyle);
txtInput1.restrict=“0-9”;
txtInput2.restrict=“0-9”;
txtInput3.restrict=“0-9”;
txtInput4.restrict=“0-9”;
function getValue(txtInput):Number{
        var txtValue:int=0;
        if (txtInput.text==“”) {
                txtValue=0;
        } else {
                txtValue=Number(txtInput.text);

        }
        return txtValue;
}
orderbtn.addEventListener(MouseEvent.CLICK,orderNums);
function orderNums(event:MouseEvent):void {
        var numsArr:Array=new Array();
        numsArr[0]=getValue(txtInput1);
        numsArr[1]=getValue(txtInput2);
        numsArr[2]=getValue(txtInput3);
        numsArr[3]=getValue(txtInput4);
        for (var i:int=0; i<3; i++) {
                for (var j:int=i+1; j<4; j++) {
                        if (numsArr[i]<numsArr[j]) {
                                var minNum=numsArr[i];
                                numsArr[i]=numsArr[j];
                                numsArr[j]=minNum;
                        }
                }
        }
        txtInput1.text=String(numsArr[0]);
        txtInput2.text=String(numsArr[1]);
        txtInput3.text=String(numsArr[2]);
        txtInput4.text=String(numsArr[3]);
}
```

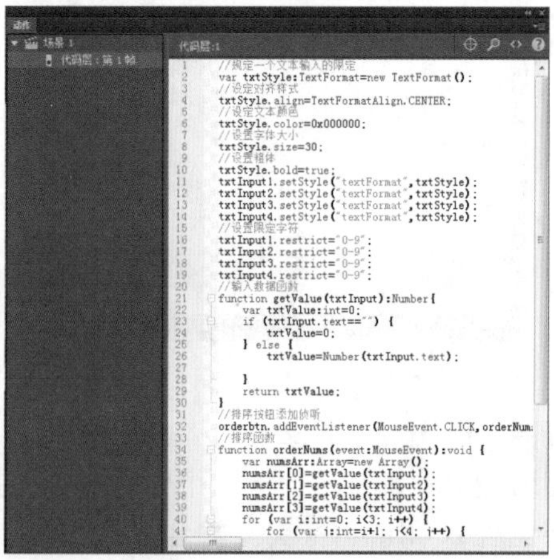

图16-75　输入脚本

09 保存文件，并按组合键【Ctrl + Enter】测试影片效果，如图16-76所示。

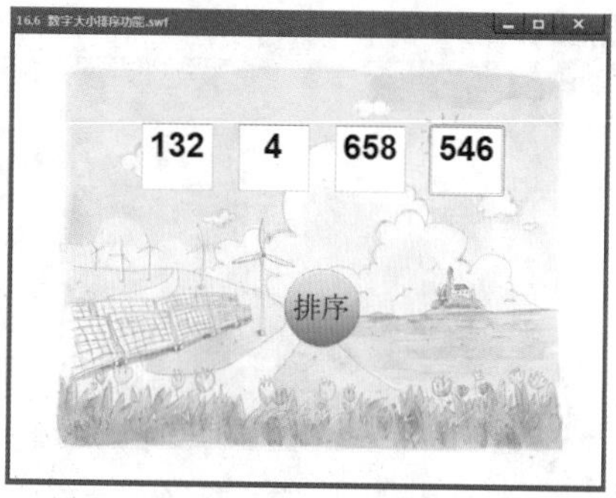

图16-76 最终效果图

16.7 模仿Windows桌面效果

本案例的效果如图16-77所示。

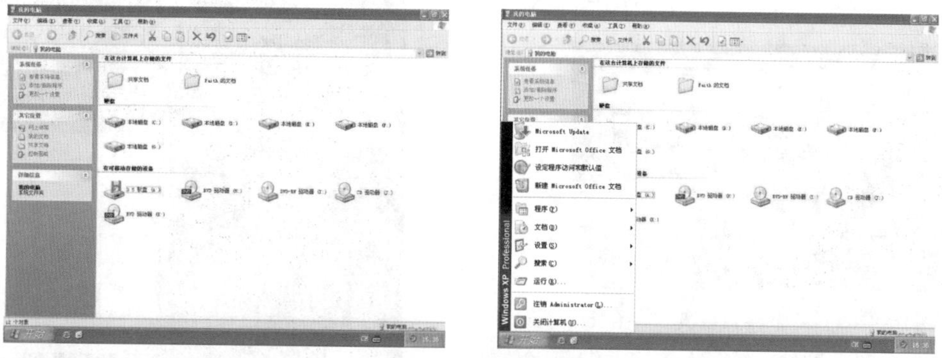

图16-77　案例最终效果

01 打开本案例的素材文件，本案例要制作的效果为模仿Windows XP的桌面效果，鼠标可以单击开始按钮和打开我的电脑，库内素材，如图16-78所示。

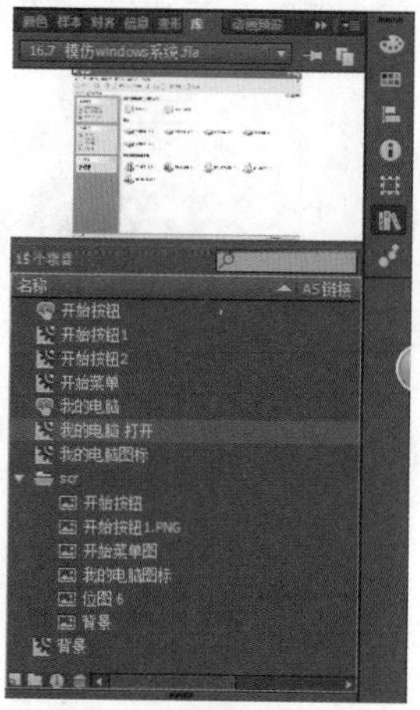

图16-78　库内的素材

02 在属性面板中设置舞台的尺寸为800×600，如图16-79所示。

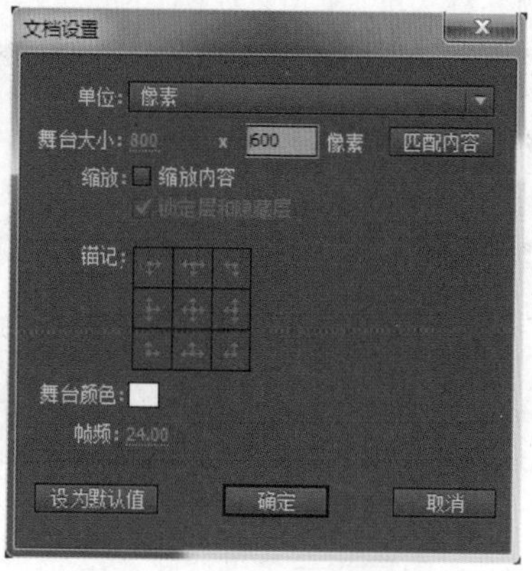

图16-79　设置舞台的尺寸

03 将图层1重命名为“桌面图片层”，并将库中的“背景”影片剪辑拖曳至舞台上，调整其位置使其占满舞台，如图16-80所示。

图16-80 将影片剪辑拖曳至舞台上

04 新建一个图层，命名为“按钮层”，并将库中的“开始”按钮和“我的电脑”两个按钮元件拖曳至舞台上，摆放的位置和系统摆放的位置大概一致即可，如图16-81所示。

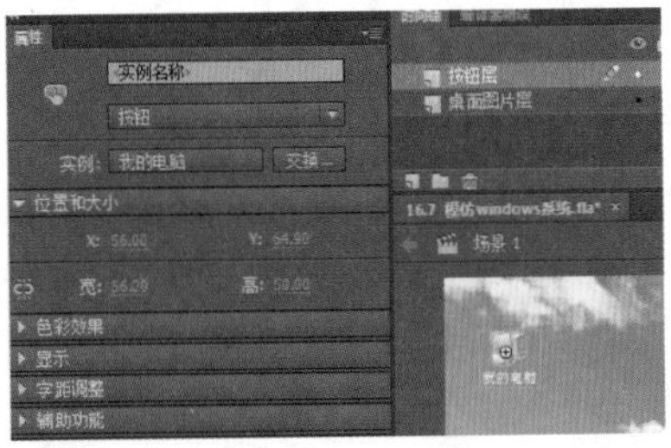

图16-81 将两个按钮拖曳至舞台上

05 分别选中两个按钮，在属性面板中为两个按钮分别输入实例名称，“我的电脑”按钮输入实例名称为btn_com，“开始”按钮输入实例名称为btn_start，如图16-82所示。

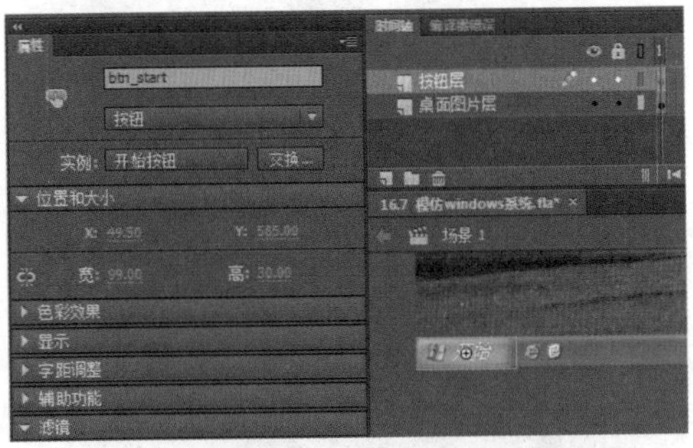

图16-82 输入实例名称

06 新建一个图层并命名为“我的电脑 界面”，并将库中的“我的电脑 打开”影片剪辑拖曳至舞台上，并调节其大小为800×570，并在属性面板中设置实例名称为mc_com，如图16-83所示。

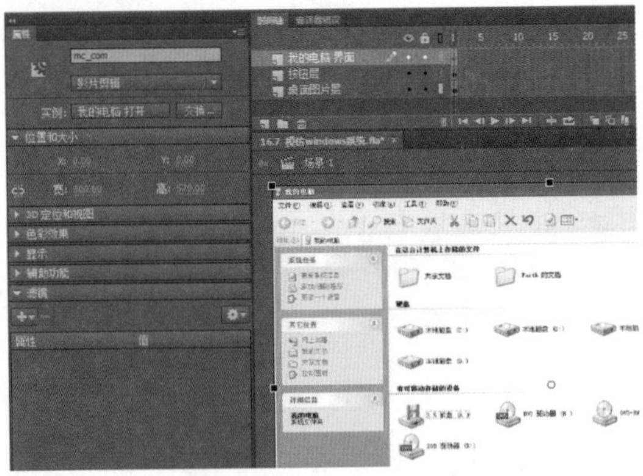

图16-83 输入实例名称

07 新建一个图层，命名为“开始菜单”，并将库中的“开始菜单”影片剪辑拖曳至舞台上，调节其位置在“开始”按钮的上方，并设置实例名称为mc_start，如图16-84所示。

图16-84 输入实例名称

08 再次新建一个图层，并命名为“代码层”，选中第1帧并按快捷键【F9】打开动作面板，在其中输入如下脚本，如图16-85所示。

```
import flash.events.MouseEvent;

mc_com.visible = false;
mc_start.visible = false;
btn_com.addEventListener(MouseEvent.CLICK,com_click);
btn_start.addEventListener(MouseEvent.CLICK,start_click);
mc_com.addEventListener(MouseEvent.CLICK,com_click);


function com_click(e:MouseEvent):void{
        mc_com.visible = !mc_com.visible;
}
```

```
function start_click(e:MouseEvent):void{
        mc_start.visible = !mc_start.visible;
}
```

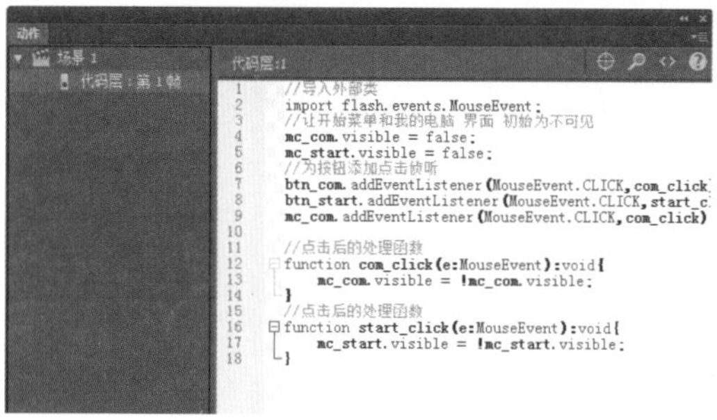

图16-85 输入脚本

09 保存文件，并按组合键【Ctrl + Enter】测试影片效果，最终效果如图16-86所示。

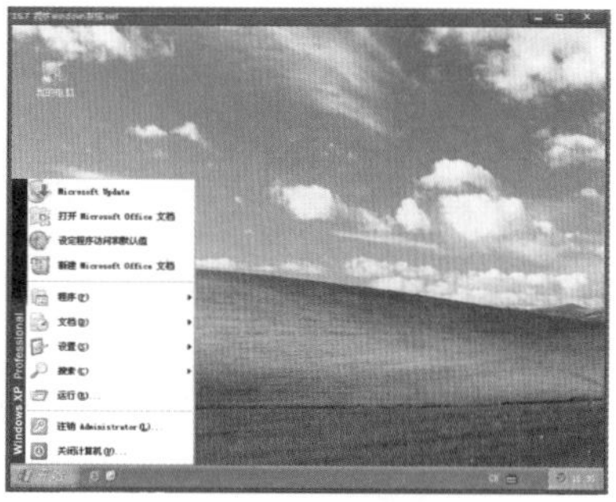

图16-86 最终效果图

16.8 便携式电子书

本案例效果如图16-87所示。

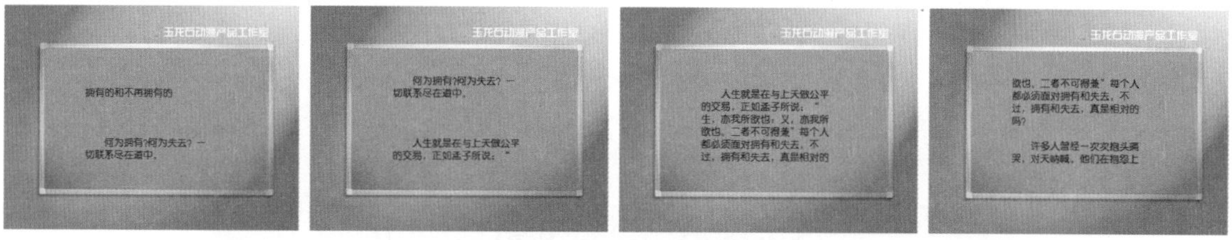

图16-87 案例最终效果

01 新建Flash ActionScript 3.0文件，将背景图片放入，并命名图层为“背景”，如图16-88所示。

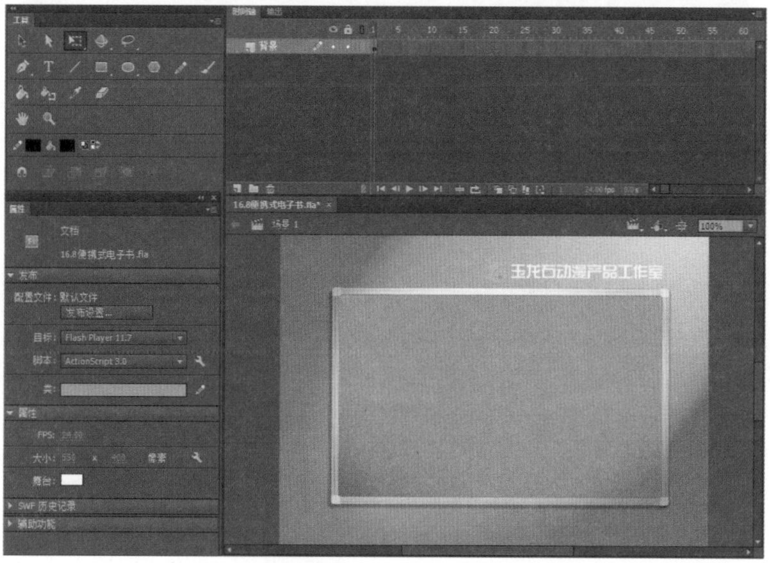

图16-88 新建Flash ActionScript 3.0文件

02 制作“向上按钮”元件与“向下按钮”元件，将按钮放入新建的按钮图层，分别命名属性实例“btn_up”、“btn_down”，如图16-89所示。

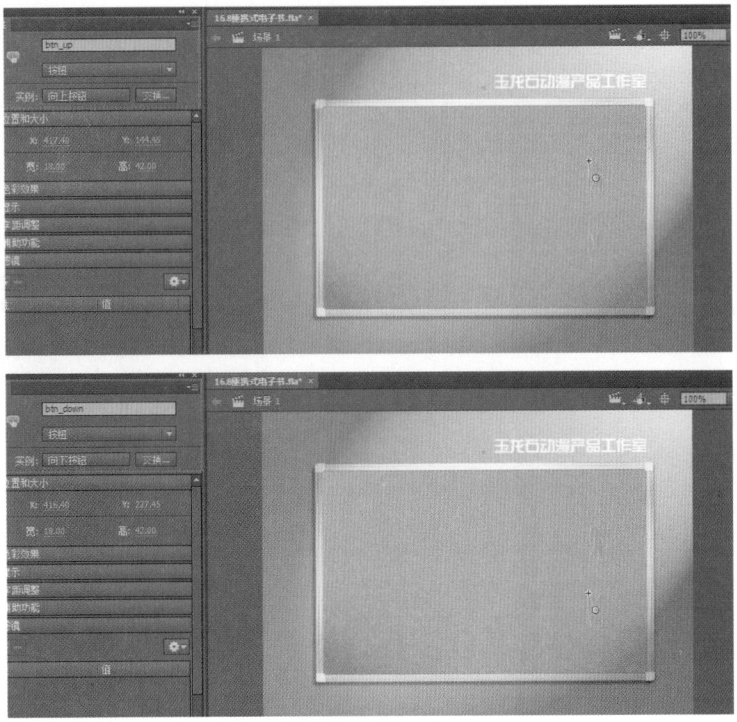

图16-89　制作“按钮”元件

03 新建“文本框”图层，在黄色便签处拖动出一个动态文本，置于按钮左侧，命名属性实例“displaytext”，如图16-90所示。

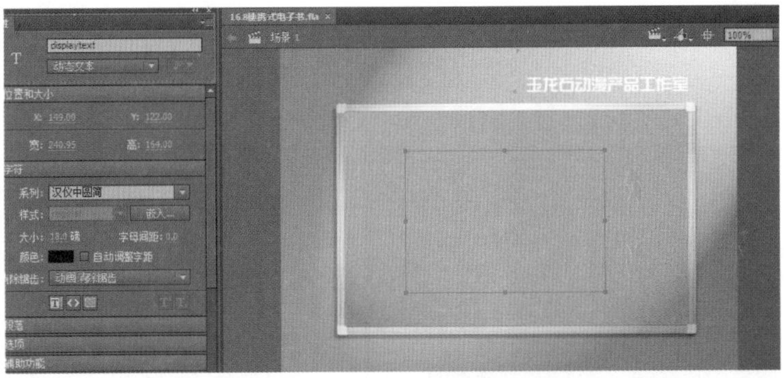

图16-90　新建“文本框”图层

04 新建动作图层，在该图层编写代码，如图16-91所示。

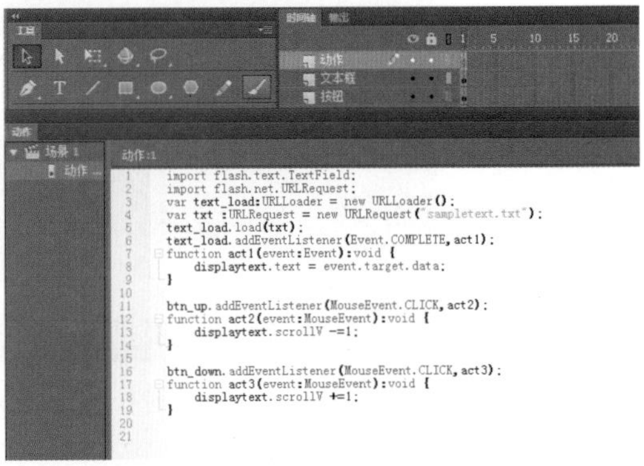

图16-91　新建动作图层

05 使用组合键【Ctrl+Enter】进行测试，如图16-92所示。

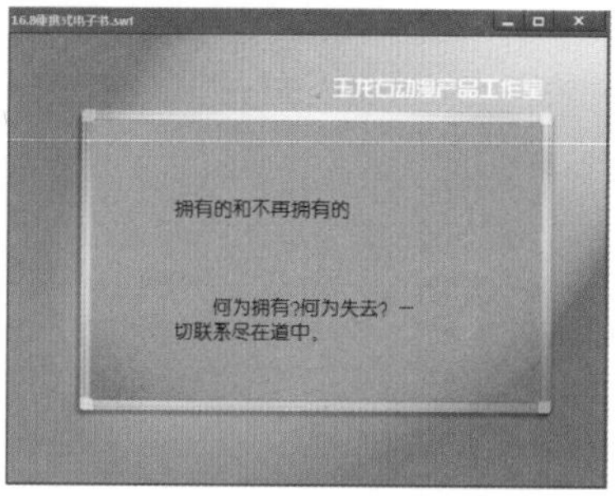

图16-92 最终效果如图

16.9 七彩风车效果

本案例效果如图16-93所示。

图10-93 案例最终效果

01 打开本案例素材，导入库中，创建“背景”图层，并将图形元件“背景”拖入舞台中央，并在第3帧处插入帧，如图16-94所示。

图16-94 创建图层

02 新建图形元件“云彩”，导入素材yun.jpg。新建影片剪辑元件“云彩运动”，将元件“云彩”拖入，再在第430帧处插入关键帧并创建补间动画。在第430帧处设置“云彩”图形元件的X坐标值为1300。最后在第430帧处输入脚本gotoAndPlay（1）；，如图16-95所示。

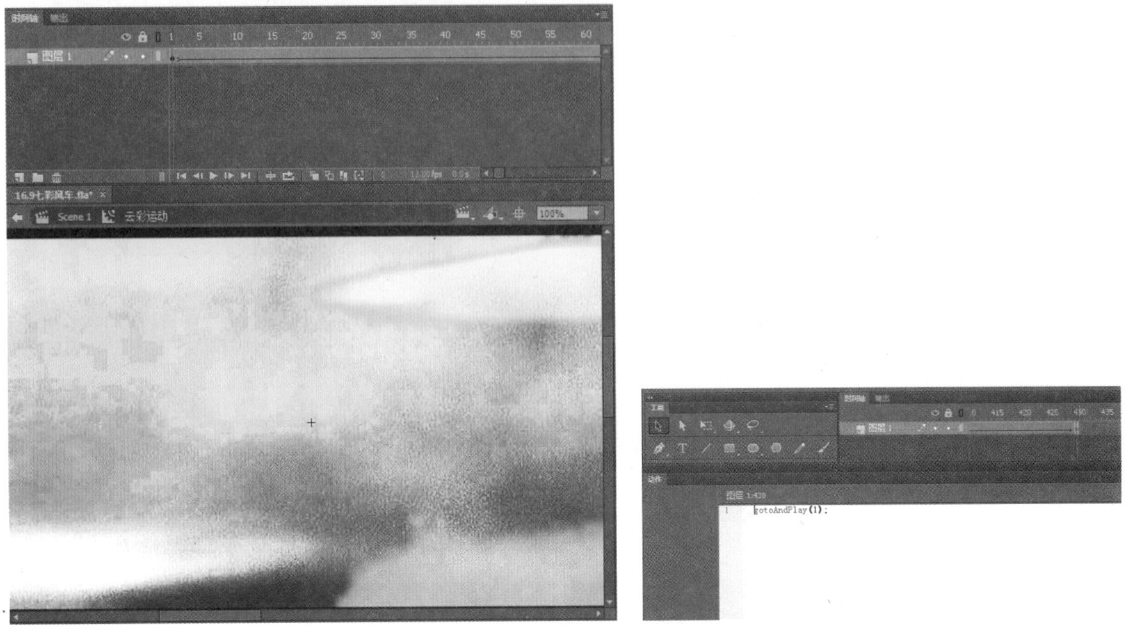

图16-95　创建元件并进行参数设置

03 新建影片剪辑元件“叶子1”，绘制叶片，用同样的方法依次创建不同颜色的“叶子2—4”影片剪辑元件，如图16-96所示。

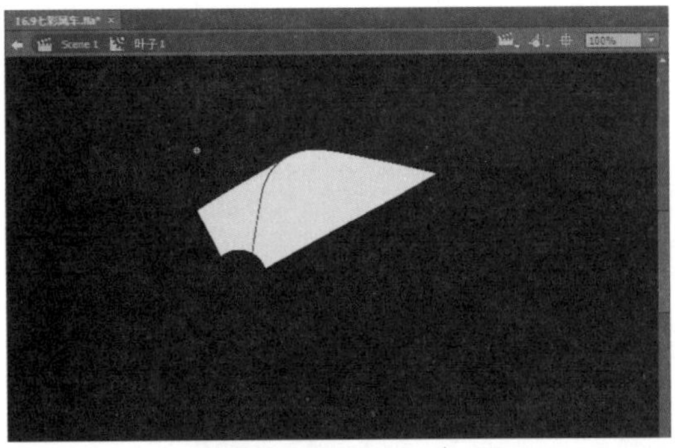

图16-96　新建影片剪辑元件

04 新建影片剪辑元件“中心”，绘制一个直径60的白色圆形。新建影片剪辑元件“风车杆”，利用【矩形工具】绘制白色倾斜的风车杆，如图16-97和图16-98所示。

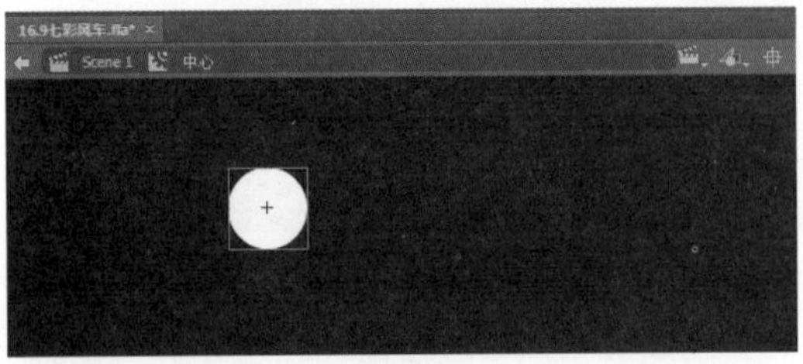

图16-97　绘制白色圆形

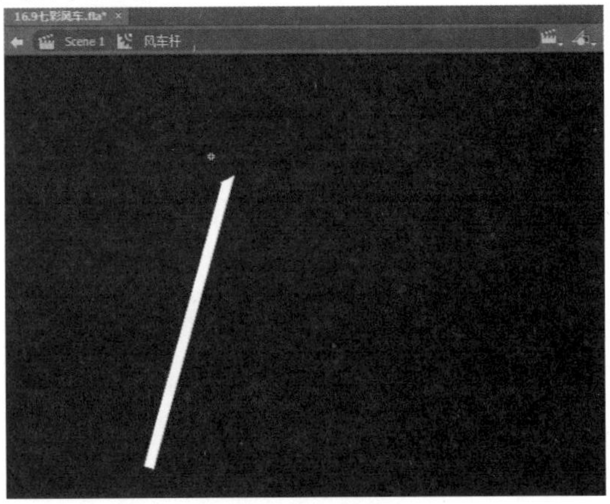

图16-98　创建影片剪辑元件并绘制图形

05 新建影片剪辑元件“完整风车”，将4片风车叶子和中心置于“图层1”中并拼成风车形状，如图16-99所示。

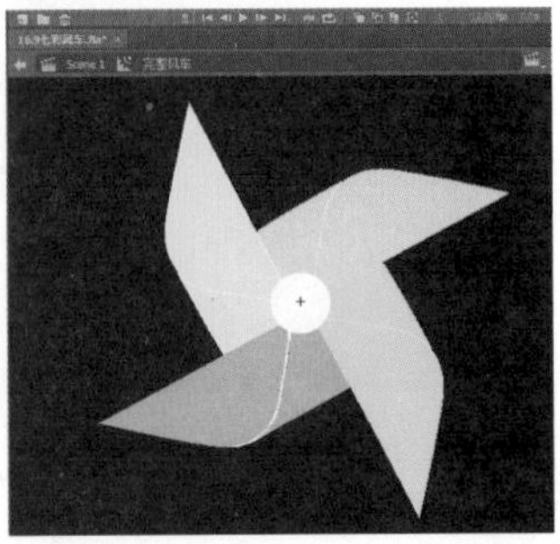

图16-99　继续创建元件并绘制完毕风车

06 新建影片剪辑元件“旋转”，在第17个关键帧上制作风车旋转一圈的逐帧动画，如图16-100所示。

07 新建影片剪辑元件“舞台按钮”，并绘制一个和舞台大小相同的蓝色矩形，如图16-101所示。

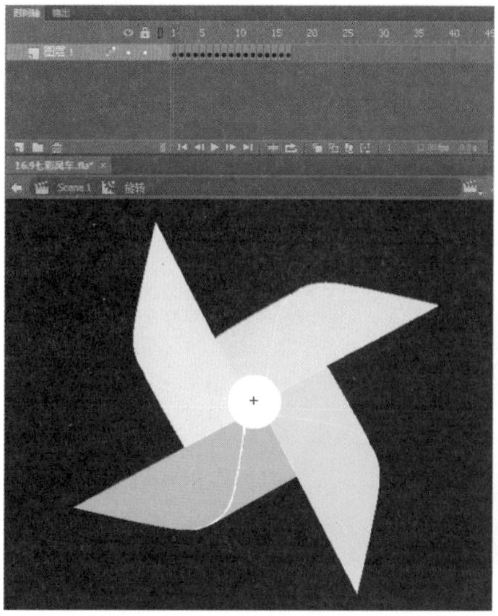

图16-100　继续创建元件

图16-101　继续创建元件

08 返回主场景，创建图层并放置元件，设置“舞台按钮”和“风车”的属性实例名分别为btn和rotating，如图16-102和图16-103所示。

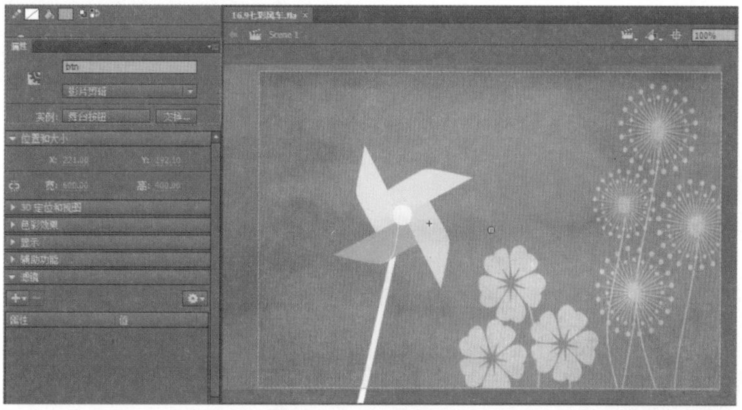

图16-102　创建元件

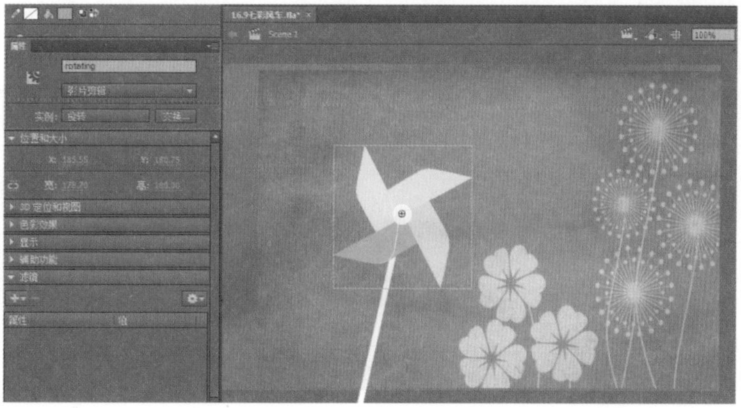

图16-103　创建元件

09 进入“旋转”元件编辑区，设置完整“完整风车”属性实例名为fch。进入“完整风车”元件编辑编辑区，设置叶片属性实例名为ye1、ye2、ye3和ye4，如图16-104所示。

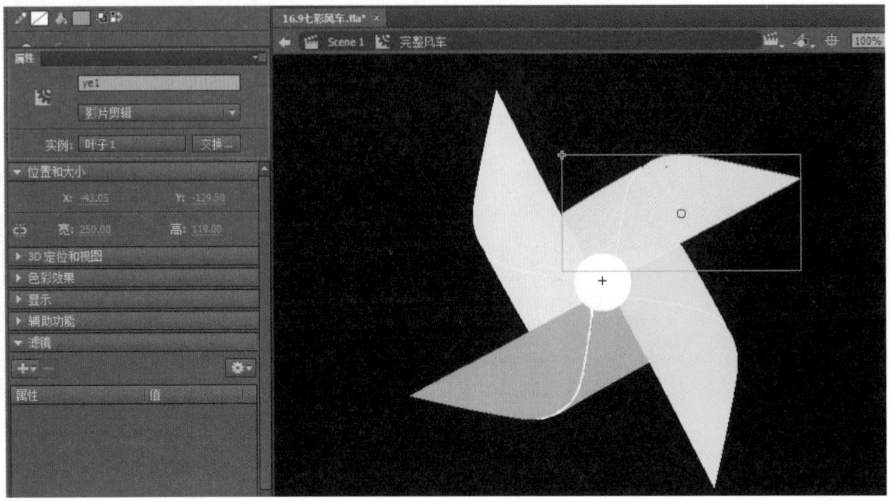

图16-104 参数设置

10 在动作图层的第1帧添加代码，以实现风车在旋转中，鼠标单击会随机变色，如图16-105所示。

```
array_colors=[0xF93B4D,0xFE3ED3,0x4F34F8,0x03FDFA,0x4DFB36,0xFAFD02,0xFD9602];
count=array_colors.length;
var randoms=new Array();
var new_color=new Array();
var changes=new Array();

changes[1] = new Transform(rotating.fch.ye1);
changes[2] = new Transform(rotating.fch.ye2);
changes[3] = new Transform(rotating.fch.ye3);
changes[4] = new Transform(rotating.fch.ye4);
new_color[1]=new ColorTransform();
new_color[2]=new ColorTransform();
new_color[3]=new ColorTransform();
new_color[4]=new ColorTransform();

btn.addEventListener(MouseEvent.CLICK,act1);
function act1(e:MouseEvent):void {

        for(i=1;i<=4;i++)
        {
                randoms[i]=Math.floor(Math.random()*count);
        for(j=1;j<i;j++)
        {
        if(randoms[i]==randoms[j]){i=i-1;}

}
new_color[i].color=array_colors[randoms[i]];
        changes[i].colorTransform=new_color[i];
}
}
```

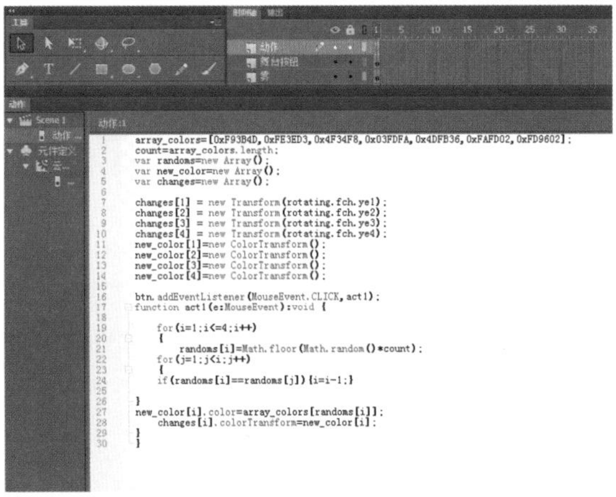

图16-105 写入代码

11 使用组合键【Ctrl+Enter】进行测试，效果如图16-106所示。

图16-106 案例最终效果

16.10　烟花效果

本案例效果如图16-107所示。

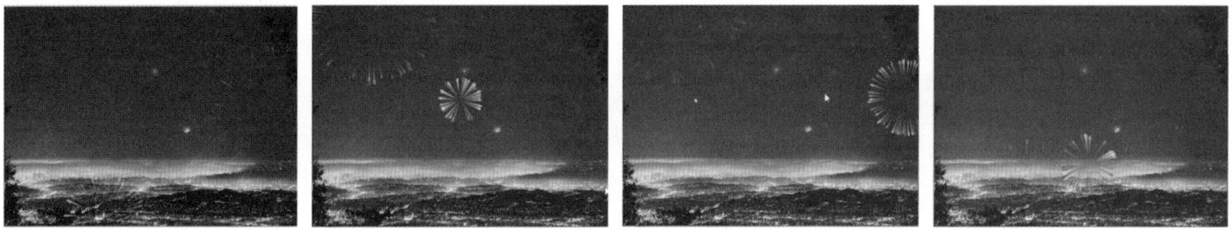

图16-107　案例最终效果

01 本案例要制作的效果为烟花在天空随机绽放的效果。新建一个空白Flash文档，并将舞台的背景色设置为黑色，如图16-108所示。

02 按组合键【Ctrl + F8】新建一个影片剪辑元件，命名为“光”，确定后进入剪辑内部，如图16-109所示。

03 使用【椭圆工具】和【矩形工具】绘制如图16-110所示的形状。

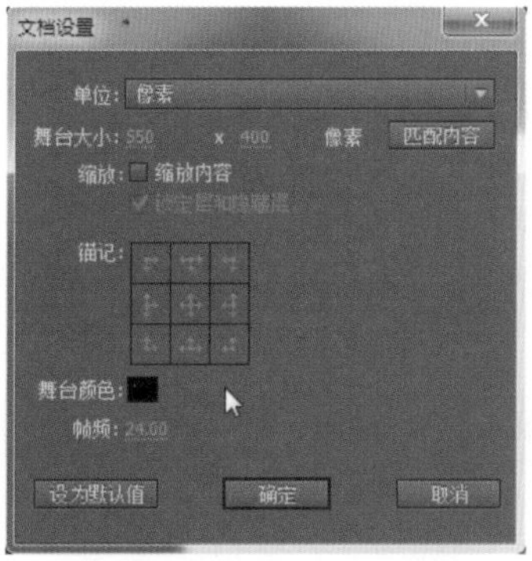

图16-108　设置舞台的背景色

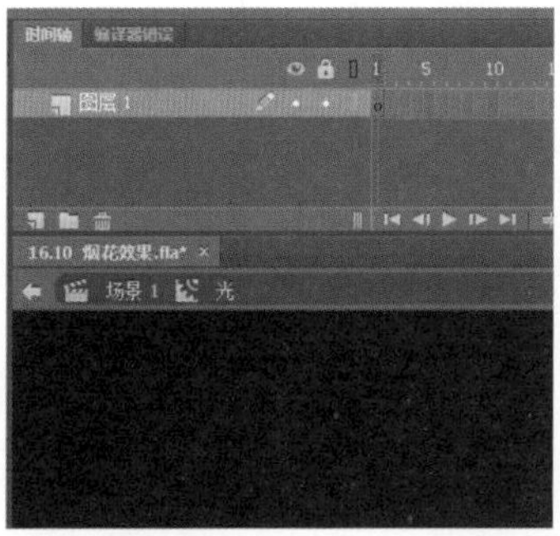

图16-109　进入影片剪辑内部

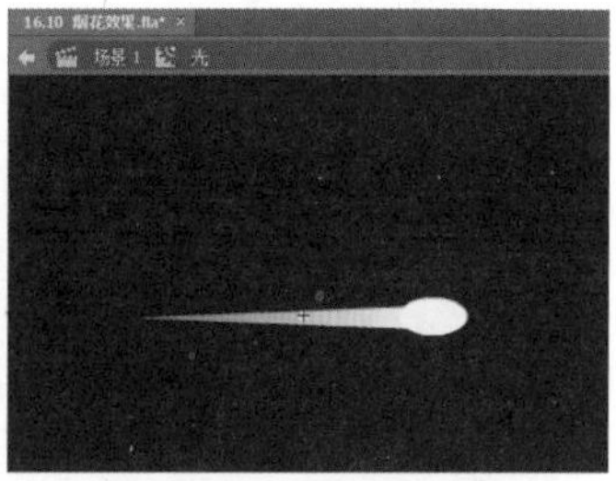

图16-110　绘制图形

04 按组合键【Ctrl + F8】新建一个影片剪辑元件，命名为“光运动”，完成后进入其内部，并将“光”影片剪辑拖曳至其内部并缩小其尺寸，如图16-111所示。

05 在第30帧按快捷键【F6】插入关键帧，并将第30帧上的“光”元件向右平移一段距离，并在属性面板中设置该帧上的元件的透明度为0，如图16-112所示。

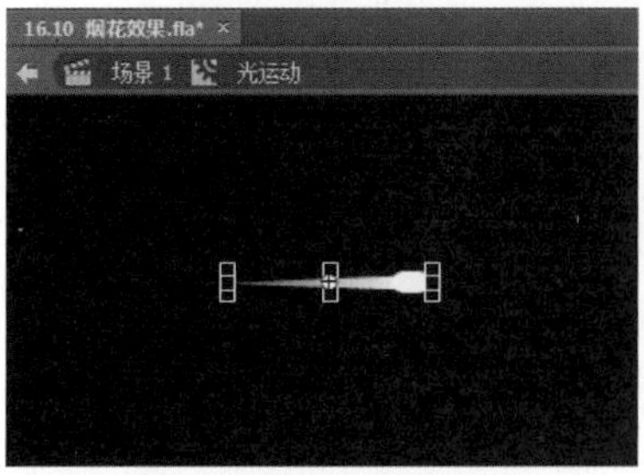

图16-111　调整元件的大小

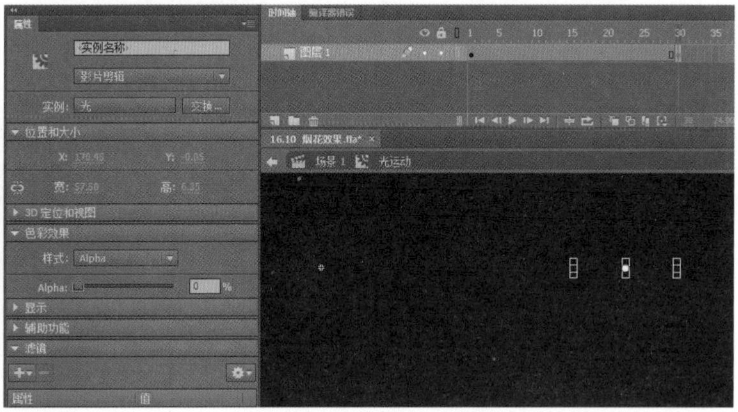

图16-112　调整元件的透明度

06 在第1~30帧之间创建传统补间动画，并在属性面板中设置补间的缓动系数为100，在第30帧上按快捷键【F9】打开动作面板，并在其中输入如下脚本，如图16-113所示。

```
stop();
parent.removeChild(this);
```

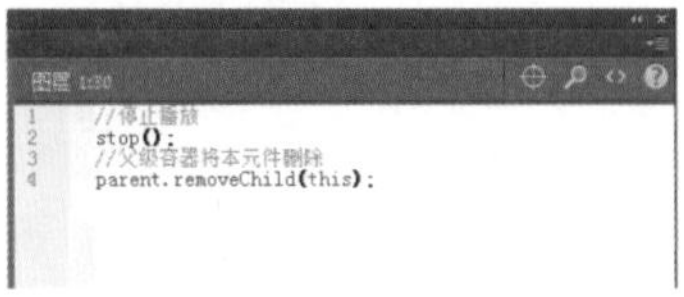

图16-113　输入脚本

07 返回主场景，右键单击库中的“光运动”元件，并在弹出的菜单中选择【属性】选项，在接下来弹出的对话框中进行如图16-114所示的设置，完成后单击【确定】按钮关闭该对话框。

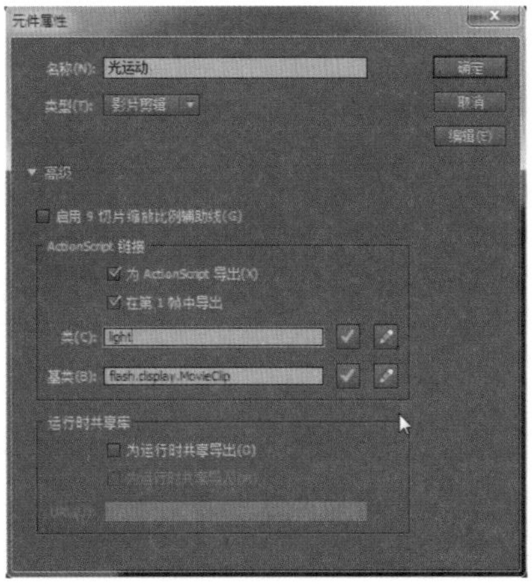

图16-114　设置元件的类链接

08 按组合键【Ctrl + F8】新建一个元件，命名为“烟花”，单击【确定】进入其内部，在其时间轴的第1帧上按快捷键【F9】打开动作面板，在其中输入如下脚本，如图16-115所示。

```
import flash.display.MovieClip;
import flash.geom.ColorTransform;

for(var i:Number = 0 ; i < 50 ; i ++){
        var mc:MovieClip = new light();
        addChild(mc);
        mc.rotation = Math.random() * 360;
        mc.scaleX = mc.scaleY = Math.random() * .1 +
.9;
        mc.transform.colorTransform = new
ColorTransform(
        Math.random(), Math.random(),Math.random());
}
```

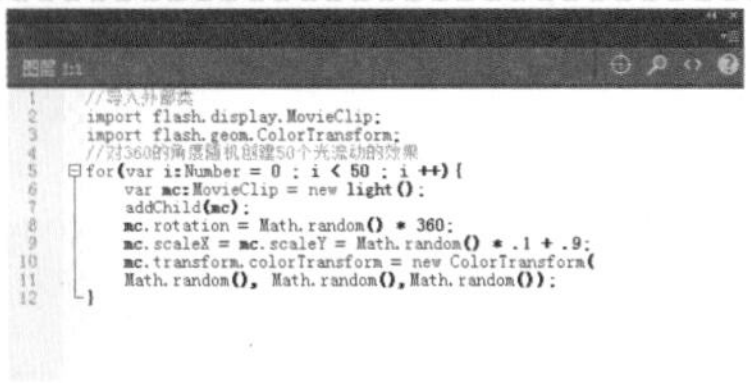

图16-115　输入脚本

09 返回主场景，在时间轴的第1帧上按快捷键【F9】打开动作面板，在其中输入如下脚本，如图16-116所示。

```
import flash.utils.Timer;
import flash.events.TimerEvent;
import flash.display.MovieClip;

var timer:Timer = new Timer(500);
timer.addEventListener(TimerEvent.TIMER,tick);
timer.start();
function tick(e:TimerEvent):void{
        var mc:MovieClip = new hua();
        mc.x = Math.random() * 550;
        mc.y = Math.random() * 400;
        mc.scaleX = mc.scaleY = Math.random() * .2 +
.8;
        addChild(mc);
}
```

图16-116　输入脚本

10 添加一个图片作为背景图层，保存文件，并按快捷键【Ctrl + Enter】测试影片，最终效果如图16-117所示。

图16-117　最终效果图

16.11 屏保动画效果

本案例效果如图16-118所示。

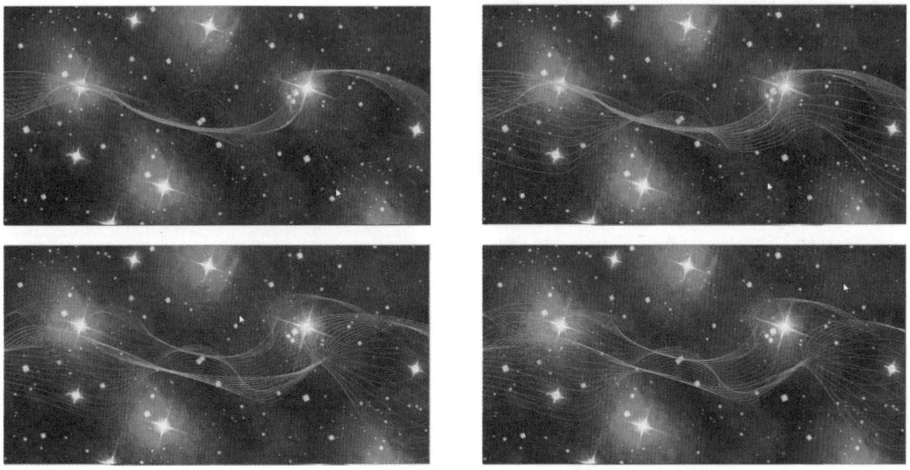

图16-118　案例最终效果

01 本案例要制作的效果为windows的屏保效果。新建一个空白Flash文档，并在属性面板中设置舞台的尺寸为800×400，背景颜色为黑色，如图16-119所示。

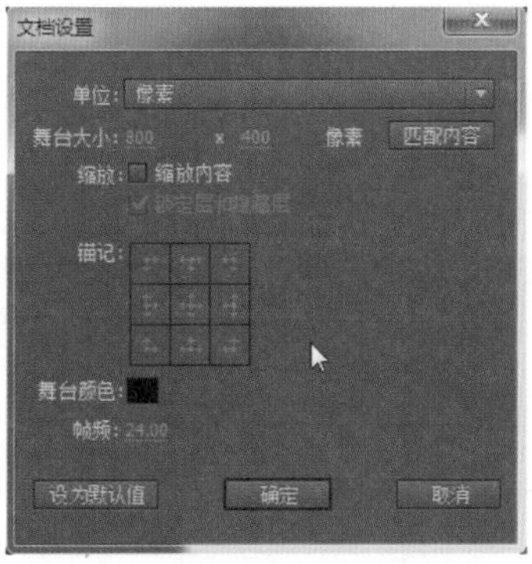

图16-119　设置舞台的尺寸和背景颜色

02 按组合键【Ctrl + F8】新建一个影片剪辑元件，命名为“变化的线”，并点击【确定】按钮以进入剪辑内部，如图16-120所示。

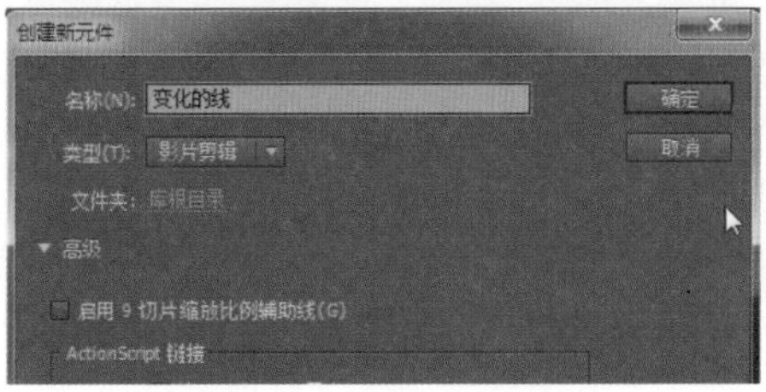

图16-120　新建影片剪辑元件

03 使用【钢笔工具】在第1帧上绘制一个任意形状的线条，如图16-121所示。

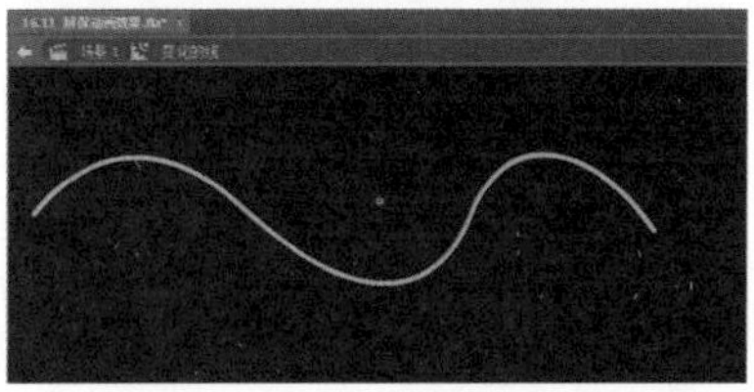

图16-121　绘制一个曲线

04 在第10帧上按快捷键【F7】插入空白关键帧，并使用另外一种颜色再绘制另一个曲线，如图16-122所示。

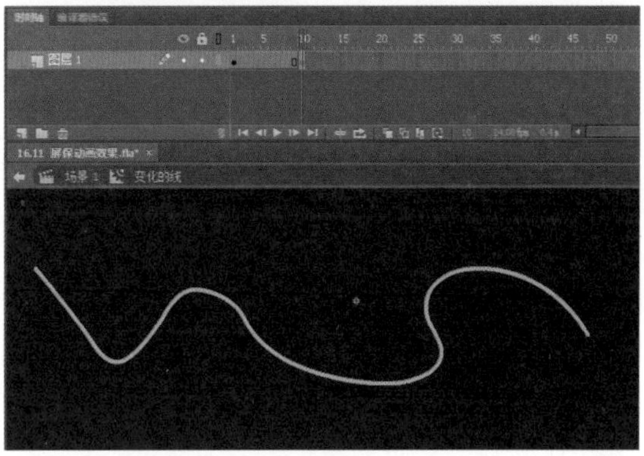

图16-122　再次绘制一条曲线

05 同样的步骤每隔10帧绘制一条曲线，如图16-123所示。

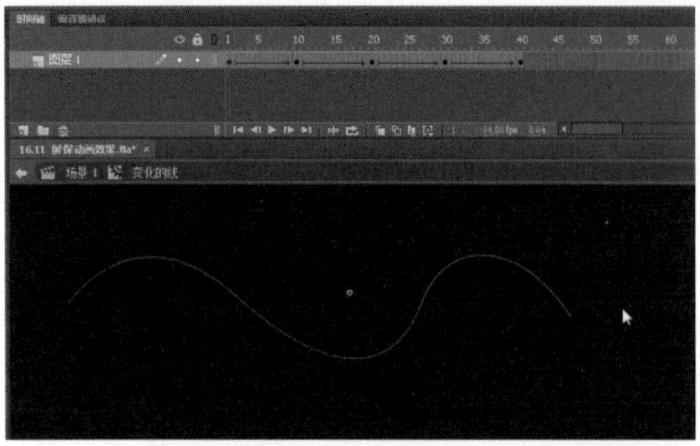

图16-123　绘制多条曲线

06 右键单击库中的“变化的线”元件，在弹出的菜单中选择【属性】，并在之后弹出的对话框中进行相应设置，如图16-124所示。

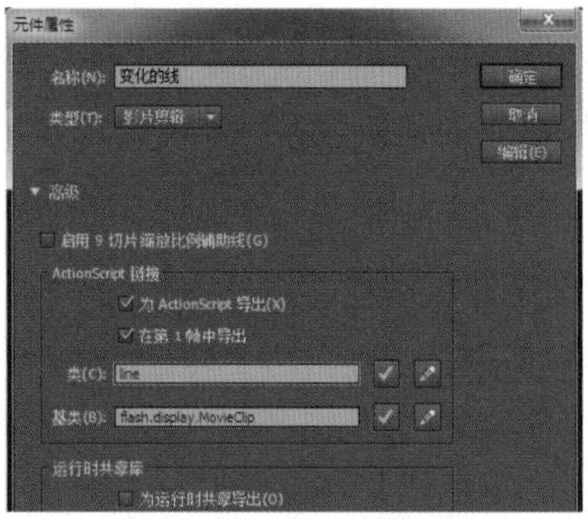

图16-124　设置类链接

07 完成后返回主场景，在第1帧上按快捷键【F9】打开动作面板，在其中输入如下脚本，如图16-125所示。

```
import flash.display.MovieClip;

var i:Number = 50;
var lastD:MovieClip;
var newD:MovieClip;
```

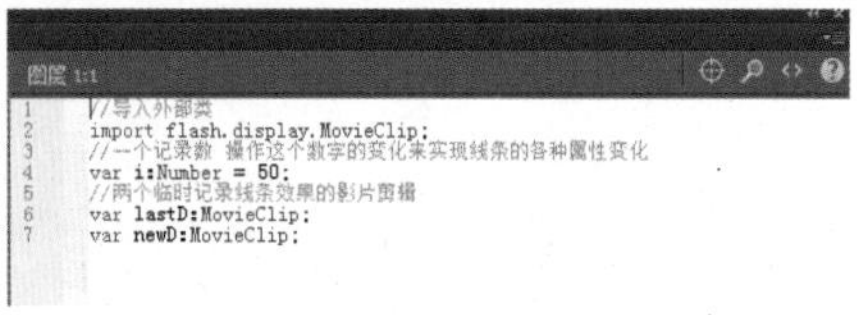

图16-125　输入脚本

08 在第2帧按快捷键【F7】插入空白关键帧，并按快捷键【F9】打开动作面板，在其中输入如下脚本，如图16-126所示。

```
i--;
newD = new line();
addChild(newD);

newD.x = 400;
newD.y = 100;
newD.alpha = 0;
if(lastD){

        newD.y = lastD.y + i / 20;
        newD.alpha =  (50 - i) / 50;
        newD.scaleX = lastD.scaleX + .02;
}

lastD = newD;
```

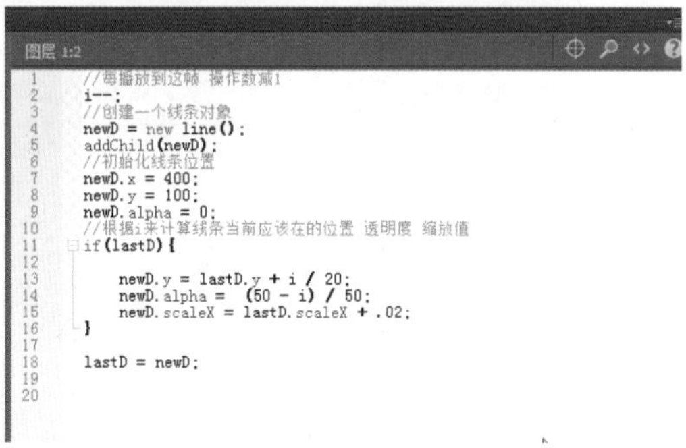

图16-126　输入脚本

09 在第3帧上按快捷键【F7】输入空白关键帧，并按快捷键【F9】打开动作面板，在其中输入如下脚本，如图16-127所示。

```
if(i >= 0){
        gotoAndPlay(2)
}else{
        stop();
}
```

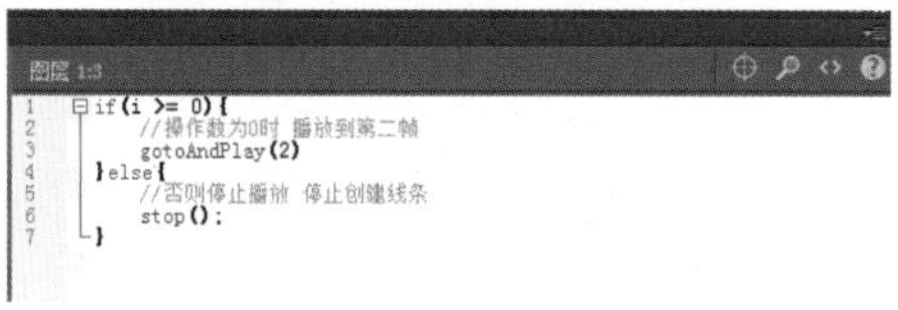

图16-127　输入脚本

10 添加一张图片作为背景图片，保存文件，并按快捷键【Ctrl + Enter】测试影片，最终效果如图16-128所示。

图16-128　最终效果图

16.12 课后练习

16.12.1 时钟动画

本案例的练习为制作始终动画效果，最终效果请查看配套光盘相关目录下的“16.12.1 时钟动画”文件。本案例大致制作流程如下：

01 添加背景图片。

02 制作“表盘剪辑”影片剪辑。

03 分别制作“时针”、“分针”和“秒针”的影片剪辑元件。

04 添加“时针”、“分针”和“秒针”元件的实例名称。

05 添加代码，如图16-129所示。

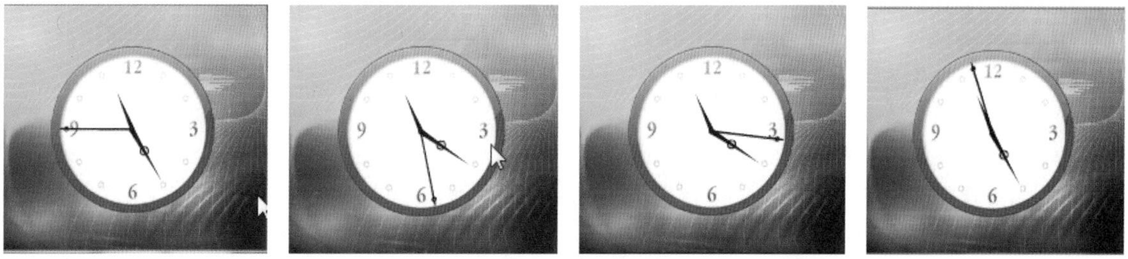

图16-129　案例最终效果

16.12.2 模拟真实下雨

本案例的练习为制作模拟真实下雨效果，最终效果请查看配套光盘相关目录下的“16.12.2 模拟真实下雨”文件。本案例大致制作流程如下：

01 添加一张背景图片。

02 制作荷叶摇动效果的影片剪辑。

03 制作下雨影片剪辑，修改属性。

04 添加相应代码，如图16-130所示。

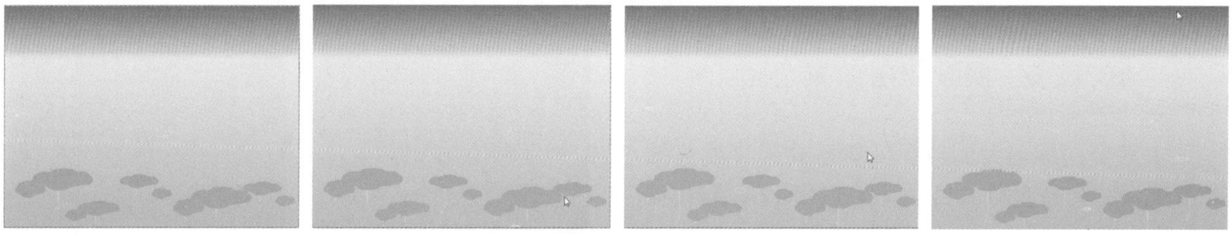

图16-130　案例最终效果

16.12.3 简易计算器

本案例的练习为制作简易计算器的效果，最终效果请查看配套光盘相关目录下的“16.12.3 简易计算器”文件。本案例大致制作流程如下：

01 添加背景图片。

02 制作按钮，并排列顺序。

03 给按钮分别添加实例名称。

04 制作显示屏影片剪辑，并添加实例名称。

05 添加代码以完成效果，如图16-131所示。

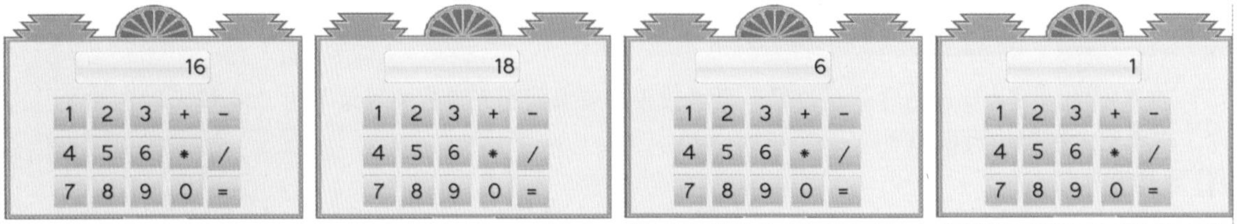

图16-131　案例最终效果

16.12.4　车流控制

本案例的练习为制作车流控制效果，最终效果请查看配套光盘相关目录下的“16.12.4 车流控制”文件。本案例大致制作流程如下：

01 制作高车速的影片剪辑。

02 在制作低车速的影片剪辑。

03 添加停止代码。

04 为影片剪辑添加实例名称。

05 添加组件，设置实例名称。最后添加相应代码，如图16-132所示。

图16-132　案例最终效果

16.12.5　枫叶飘落效果

本案例的练习为制作枫叶飘落效果，最终效果请查看配套光盘相关目录下的“16.12.5 制作枫叶飘落效果”文件。本案例大致制作流程如下：

01 将枫叶素材图片转换为影片剪辑元件，并添加库链接名。

02 在舞台上放置枫林的背景图。

03 在帧上输入枫叶飘舞的效果代码，如图16-133所示。

图16-133　案例最终效果

16.12.6 摇骰子

本案例的练习为制作摇骰子效果，最终效果请查看配套光盘相关目录下的“16.12.6 制作摇骰子效果”文件。本案例大致制作流程如下：

01 放入背景图片。

02 添加光线动画。

03 制作按钮，并变为按钮元件。

04 绘制骰子。

05 输入相应文字。

06 编写相应代码，如图16-134所示。

图16-134 案例最终效果

16.12.7 代码控制的放大镜效果

本案例的练习为制作代码控制的放大镜效果，最终效果请查看配套光盘相关目录下的“16.12.7 代码控制的放大镜效果”文件。本案例大致制作流程如下：

01 导入背景图片。

02 复制背景放大，并将图片变为影片剪辑元件。

03 绘制一个镜片，将其变为影片剪辑元件。

04 绘制一个镜框，将其变为影片剪辑元件。

05 编写相应代码，如图16-135所示。

图16-135 案例最终效果

16.12.8 圣诞节的雪

本案例的练习为制作圣诞节的雪效果，最终效果请查看配套光盘相关目录下的“16.12.8 制作圣诞节的雪效果”文件。本案例大致制作流程如下：

01 放入背景图片，将其变为背景图形元件。

02 新建按钮遮罩元件。

03 新建图层2，使用【文本工具】输入“下雪吧”。

04 新建雪花图形元件。

05 新建影片剪辑元件下落的雪，在图层1上用【铅笔工具】绘制一段圆弧，在第40帧插入帧。

06 新建元件中的图层2，放置于元件中图层1，将雪花元件拖入图层2，设置其中心位置于弧线左端点。

07 在新建元件的图层2的第20帧处新建关键帧，移动雪花的位置，调整其中心位于弧线的右端点。

08 在新建元件的图层2的第40帧处插入关键帧，设置雪花的中心位于弧线左端点，设置图层2为引导层。

09 返回主场景，在库面板中选中下落的雪影片剪辑元件，设置其高级属性。

10 编写相应代码，如图16-136所示。

图16-136　案例最终效果

16.12.9　九宫格菜单效果

本案例的练习为制作九宫格菜单效果，最终效果请查看配套光盘相关目录下的“16.12.9 制作九宫格菜单效果”文件。本案例大致制作流程如下：

01 制作绘制九宫格图案。

02 制作按钮元件。

03 添加相应代码，如图16-137所示。

图16-137　案例最终效果

16.12.10　开关动画效果

本案例的练习为制作开关动画效果，最终效果请查看配套光盘相关目录下的“16.12.10 制作开关效果”文件。本案例大致制作流程如下：

01 绘制相应的图案。

02 输入相应的文字。

03 编写相应代码，如图16-138所示。

图16-138　案例最终效果